U0120523

CAMBRIDGE

20世纪场论的概念发展

（原书第二版）

［美］曹天予 著
李宏芳 译

Conceptual Developments of 20th Century Field Theories

(Second Edition)

科学出版社
北 京

图字：01-2020-6746号

内 容 简 介

本书探讨了基本场论的概念基础和历史根基，揭示了基础物理学中的根本问题、逻辑和动力学。为了回应过去20年中这一领域的新进展，新版本对量子场论和规范理论章节进行了彻底修订和重新阐述。本体论综合与科学实在论一章的内容也被重新考虑，并提出了一种超越结构主义和历史主义的新进路。

新版本所呈现的物理世界的全面图景，对于对20世纪数学物理学发展感兴趣的理论物理学家和科学哲学家而言，无疑是一份宝贵的资源。新版本也为专业科学史学家和科学社会学家提供了进一步对所讨论的理论进行历史的、文化的和社会学分析的基础。

图书在版编目（CIP）数据

20世纪场论的概念发展：原书第二版/（美）曹天予著；李宏芳译. —北京：科学出版社，2024.7
书名原文：Conceptual Developments of 20th Century Field Theories
ISBN 978-7-03-077471-2

Ⅰ. ①2… Ⅱ. ①曹… ②李… Ⅲ. ①场论-研究 Ⅳ.①O412.3

中国国家版本馆 CIP 数据核字（2024）第 007132 号

责任编辑：邹 聪 高雅琪 / 责任校对：何艳萍
责任印制：师艳茹 / 封面设计：有道文化

科 学 出 版 社出版
北京东黄城根北街 16 号
邮政编码：100717
http://www.sciencep.com

北京九州迅驰传媒文化有限公司印刷
科学出版社发行 各地新华书店经销
*
2024 年7月第 一 版 开本：720×1000 1/16
2024 年7 月第一次印刷 印张：33 1/4
字数：580 000

定价：198.00 元
（如有印装质量问题，我社负责调换）

献给罗莎

第一版的评论

“曹天予这本书适时地对20世纪场论进行了广泛的概述……这是一份最新的、博识的和翔实的历史记录。”

——伊恩·艾奇逊,《自然》

（Ian Aitchison，*Nature*）

“他的研究是准确的，并且记录翔实，包含了对规范理论曲折发展的完整描述……这是一本引人入胜的书，包含了丰富的信息。正如《欧洲核子研究中心信报》（*CERN Courier*）的编辑戈登·弗雷泽（Gordon Fraser）告诉我的那样：‘这本书是我办公室里的必备书！’”

——马丁纽斯·韦尔特曼,《物理世界》

（Martinus Veltman，*Physics World*）

第一版的出版前评论

在这本深刻但可读性强的著作中，曹教授注意到，对微观世界所有观察到的现象的一致描述就在手边。这个所谓的“标准模型”产生于实验和理论之间复杂的相互作用。在与实验的所有对抗中，标准模型获得了胜利。然而，太多的问题仍未解决，因此它无法成为最后的奇迹。

在这些发展过程中，目前理论的概念基础变得模糊不清。曹很有说服力地指出，我们必须首先了解我们现在所处的位置，以及我们是如何走到这一步的，然后才能建立一个更好的理论，甚至理解标准模型的真正含义。他对经典和量子场论的发展和理解的清楚阐述，对所有自然力的一个规范场论的最终创立的清楚阐述，将使物理学家和哲学家能够表达科学是什么，以及它是如何演化发展的。

——谢尔登·李·格拉肖，哈佛大学

（Sheldon Lee Glashow，Harvard University）

曹天予的书直面当今物理学的一个基本问题：场论不再推进我们对自然基本原理的理解。在我们学科发展的这个关键时刻，这本书提供了一个受欢迎的场论概述，其清楚地记录了走到现在的道路、相互冲突的立场。曹天予属于新一代的物理史家/哲学家，他完全熟悉现代材料的技术复杂性。他的论述准确而富有细节和洞察力。

——罗曼·贾基夫，麻省理工学院

（Roman Jackiw，Massachusetts Institute of Technology）

这项工作令人印象深刻，综合了对现代场论（包括广义相对论、量子场论和规范理论）的许多技术细节的精湛理解，以及对理论物理学的合理性和客观性充满活力的哲学辩护，这可以在曹天予对结构实在论立场的拥护中捕捉到。这本书为当代科学史和科学哲学中的后现代时尚提供了一剂强效解药。

——迈克尔·雷德黑德，剑桥大学
（Michael Redhead，Cambridge University）

这是对物理理论背后的形而上学、哲学和技术假设的一个深刻的批判性研究，这一批判性研究深刻且准确地描述了迄今为止实验可以探索的领域的性质。和马赫一样，曹的论述展示了一种对历史敏感的哲学探究如何能阐明物理理论，他的书很可能会成为一个宝贵的指南，有助于规划基础物理学理论化的未来道路。

——西尔万·施韦伯，布兰迪斯大学
（Silvan S. Schweber，Brandeis University）

第二版前言

与第一版相比，第二版有两个主要变化。首先，对第三部分（基本相互作用的规范场纲领）进行了根本性的修订。在史学研究上，重新分析和评估了非阿贝尔规范理论的兴起、恩格勒特-布鲁特-希格斯（EBH）机制的出现，以及量子色动力学（QCD）的建构。在概念上，分开讨论了背景无关的量子引力理论中可实现的本体论综合（增加了第 11.3 节）和在规范理论纲领（作为几何纲领和量子场纲领的综合）中实现的概念综合。概念综合可以从两个方面来理解。在数学上或形式上，如果规范场可用纤维丛理论的语言作几何解读，那么可论证说实现了一个概念综合。但是，这个意义上的综合比上面提到的本体论综合要弱得多。更重要的是，如果引力和其他形式的基本相互作用的统一可以成功地用卡鲁扎-克莱因理论的数学概念框架或非平凡纤维丛理论来描述，那么也就实现了比本体论综合强得多的概念综合。

其次，对第 12 章（本体论综合与科学实在论）也作了根本性的修订，并详细阐述了科学实在论的一种具有历史构成性和建构性的结构进路。这样做是必要的，因为我的哲学立场（结构实在论）——本书的组织架构和论证的基础，过去已被误解了。这本书的第一版出版后，我的立场被许多科学哲学家视为结构实在论的本体论版本。由于我拒绝了这种解读，于是，我被指责为反结构实在论者。因此，澄清我的立场是适宜的。更何况，近 20 年来，科学哲学领域出现了一股新的思潮，即新康德主义思潮。它以一种哲学上更复杂的方式，试图加强托马斯·库恩的立场——这正是我这本书的主要靶标。

在分析量子场论的概念基础方面，我也做了进一步的重要改进：①在修订后的第 7.1 节中我强调了二次量子化在一种新的自然类——量子场的发现中的历史性作用，以及它作为粒子物理学的概念框架，在量子场论演进发展中的重要性；②在新增加的第 7.2 节中，我阐释了量子场的局域性和全域性问题。

xii 第一版因没有讨论许多重要的主题而受到批评，如路径积分形式、贝基–鲁埃–斯托拉–秋京（Becchi-Rouet-Stora-Tyutin，BRST）对称性、哈格定理（Haag's theorem）、里黑–施利德定理（Reeh-Schlieder theorem），只是偶尔提到它们或其他一些定理。新版仍然对这些批评持开放态度。从技术上讲，路径积分形式和BRST对称性是极其复杂和令人赞叹的。但从概念上讲，前者等价于规范化形式主义，而后者则没有触及本书所考虑的基础。哈格定理和里黑–施利德定理的情形不同，从概念上讲，它们是深刻而重要的。哈格定理挑战了作为微扰计算基础的相互作用图像的合法性，没有微扰计算，量子场论将变得毫无用处。但是，微扰量子场论效果非常好。尽管微扰量子场论能规避哈格定理的原因仍然未知，但这不是量子场论实际历史的组成部分，并且在量子场论的概念发展中不起任何作用。里黑–施利德定理对局域算子场论中局域激发的局域化提出了挑战，但这一挑战实际上可以通过怀特曼函数的簇属性规避。因此，很显然，这个定理在量子场论的概念发展中也不起作用。这两个定理值得公理化领域的理论家认真研究，但它们超出了本书的范围。

第一版前言

xiii

本书旨在给出20世纪场论的一个全貌概述和纵览，从广义相对论到量子场论和规范理论。这些理论主要是作为概念框架来讨论的，据此，我们形成了关于物理世界的概念。本书的宗旨是对这些理论的概念基础给出一个历史批判的说明，由此考察这些概念的演化模式和发展方向。

作为文化的重要组成部分，物理世界的概念包括自然界的构成模型和运行方式，还包括物质的终极组分之间基本相互作用机制的假设，以及对时空本性的解释。也就是说，这个概念包括哲学家通常称作形而上学假设的东西。现在谈论形而上学不再时髦，这在科学研究中尤其如此，现在大家主要关心的是局部的经验成功、社会利益和权力关系。当观察事实的客观地位甚至都受到社会建构论者的挑战时，谁还会在意弯曲时空或虚量子的本体论地位呢？但是，正如我们将在正文中看到的那样，形而上学的考虑对于具有开创性的物理学家的研究至关重要。其中一个原因是，这些考虑构成了他们的概念框架的基本组成部分。然而，与对专业研究的贡献相比，形而上学的文化重要性要深刻而广泛得多，我自己的经历可能对此很有启发性。

我是在阅读了笛卡儿、康德、黑格尔、罗素、爱因斯坦、海森伯和玻姆的哲学著作以后，才开始研究理论物理学的。我被物理学所吸引纯粹出于文化上的好奇心，试图获得物理学最新发展所认同的物理世界图景。我被告知牛顿图景是不合适的，机械世界观在19世纪已经被实质上是场论世界图景的电磁场世界观所取代。我也了解到，在20世纪相对论与量子论带来了物理科学领域两次意义深远的概念革命。因此，我们具备了探究物理世界的基础的新概念框架。但是，这些革命性的理论所揭示的世界的综合图景又是怎样的呢？当我12年前在英国剑桥大学开始从事科学史与科学哲学的研究时，我试图从20世纪的物理学家、物理学哲学家和物理学史学家的著作中 xiv 找到这样一幅图景，结果却劳而无功。

当然，我已经从恩斯特·卡西尔（Ernst Cassirer）、莫里茨·石里克（Moritz Schlick）、汉斯·赖辛巴赫（Hans Reichenbach）、卡尔·波普尔（Karl Popper）、杰拉尔德·霍尔顿（Gerald Holton）、阿道夫·格伦鲍姆（Adolf Grünbaum）、霍华德·斯坦（Howard Stein）、约翰·厄尔曼（John Earman）、约翰·施塔赫尔（John Stachel）、马丁·克莱因（Martin Klein）、托马斯·库恩（Thomas Kuhn）、约翰·贝尔（John Bell）、阿布纳·希莫尼（Abner Shimony）、阿瑟·法因（Arthur Fine）、迈克尔·雷德黑德（Michael Redhead）和其他许多学者那里学到了很多。例如，我已经知道了一些形而上学假设，如对应原理等，在革命性理论的创建者的理论建构中起着重要的启发性作用。我也了解到，对于大多数受过良好教育的人来说，这些理论的某些形而上学意义，如力学以太的取消、平直时空的废除，以及在微观世界中个体事件的因果描述与时空描述的不可能性，已经作为我们的世界图景的重要部分被接受。但是，我在任何地方都没有发现一幅完整的物理图景，更不用说对这幅图景的演化，以及演化模式和发展方向有说服力的阐述了。我决定填补这一空白，这部著作就是这一努力的结果。

本书主要是为理论物理学专业那些对他们学科中的基础问题感兴趣，并且力图从历史的视角来把握他们学科的内在逻辑和动力学的学生写的。但我也尽力使文字材料让接受过基本科学教育的普通读者也能够理解。这些读者往往感到那些通俗作品无法满足他们对当代的自然概念的文化好奇心。我最后面对的读者是主流的科学史和科学哲学家，尽管本书已经提供了对这些理论作进一步文化的和社会学分析的基础，并包含了许多哲学反思材料，但在目前，本书所进行的专题研究不大可能让这些学者感兴趣，遑论让他们接受。分歧来自不同的科学概念。反对当前立场的详细论证将会在导言与结束章节中给出，这里我只强调一些有争议的观点。

对于许多从事科学研究的学者来说，根据作为基本经验定律的科学理论所假定的终极成分和隐藏机制对世界图景的任何讨论，似乎都等同于在理论的不可观测实体和结构上预设了一个朴素的实在论立场，而这是完全不可接受的。这种反实在论的立场具有悠久的传统。对于古典实证主义者来说，任何关于如原子或场之类的不可观测事物的陈述，都超越了经验证据或逻辑推理的范围，因而是没有意义的，都必须从科学的论述中驱逐出去，因此，世界图景问题是一个伪问题。对于生活在后经验主义时期的建构经验主义者或老练的工具主义者来说，允许描述假想的不可观测事物的理论术语存在，但没有赋予其任何实存的地位，因为这些术语仅仅是“拯救现象”和作出预测的工具，或是对可观测量的一种简略的表述方式。那么，他们面临的一个问题是，这些工具的有效性来源是什么。

为了回答这个问题，需要澄清工具与外部世界的关系。但是，工具主义者一直没有作出这种澄清。不过，他们已通过借助于所谓的迪昂-奎因 **xv** （Duhem-Quine）的非充分决定性论题来怀疑理论术语的实在论解释，根据这个论题，任何理论术语都不能被经验数据唯一确定。但是，这个论题的说服力完全依赖于将经验数据作为确定理论所假定的理论术语的可接受性的单一标准。一旦经验数据被剥夺了这种特权地位，将科学理论看作只是由经验的、数学逻辑的和约定的成分构成的简单化的观点就被一种更站得住脚的观点所取代，其中形而上学的成分（如概念框架的可理解性和合理性）也包括在内，并作为理论可接受性的一个标准，从而将科学理论置于一个由各种根深蒂固的时代预设和无处不在的文化氛围构成的更广泛的网络中，因此，单凭迪昂-奎因的非充分决定性论题不足以推翻对理论术语的实在论解释。

更激进的是库恩的立场。如果说迪昂-奎因的非充分决定性论题接受存在多种相互冲突的理论本体论，所有这些理论本体论全都与一组给定的证据相容，从而消除了关于哪种本体论应该被视为真正的本体论的争论，那么库恩（1970）则是拒绝任何理论本体论的实在性。他问道，正像科学史似乎已经向我们显示的那样，既然由科学理论假设的无论什么本体论总是被后来的理论所假设的另一种不同的、经常是不相容的本体论所取代，而且不存在本体论发展的连贯方向，那么我们如何能够把任何一种理论本体论看作是世界的真实本体论呢？但历史事实却是，一些假说性的本体论总是或明或暗地存在于理论科学中。因而库恩面临的问题是，为什么理论本体论在科学的理论结构中是如此地不可或缺。

库恩的工作已经产生了一些反响。不像逻辑经验主义者，热心库恩理论的人专注于科学理论的抽象逻辑和语义分析。库恩已经试图在对实际存在着的理论进行历史考察的基础上发展他的科学观。然而，他的一些追随者对他把科学实践仅限于概念方面的做法并不满意。他们大声疾呼诸如实验和研究机构、社会利益和权力关系之类东西的重要性。但是，在我看来，库恩在这方面基本上是正确的：科学实践的核心在于理论建构和理论论争。实验是重要的，但是如果不放在某个理论语境中，它们的重要性是无法被理解的。所有外在因素对于我们理解科学都是有趣的和有价值的，但只有当它们与理论有关时，即与理论的起源、建构、接受、使用和后果存在关联时才是如此。否则，它们将与我们对科学的理解不相关。在这一点上，保罗·福曼

（Forman，1971）的著作是重要的，因为它描述了有助于接受在量子力学中发展起来的非因果性概念的德国文化氛围，虽然它没有触及在非因果性概念的形成中文化氛围是否扮演建构性角色的问题。

与此相类似的问题也被科学社会学强纲领的倡导者采纳，并作出了肯定的回答，他们持科学是一种社会建构的立场（见 Bloor，1976；Barnes，1977；Pickering，1984）。在不足道的意义上，现在很少有人与他们争论科学的社会建构特征。但是真正有趣的一点是他们关于自然的特殊立场。如果自然被设想为在科学的建构中不起作用，那么社会建构论者将没有理论源泉来提出涉及科学理论的真理地位和客观性的问题，而相对主义和怀疑论将是不可避免的。但是，如果允许自然在科学的建构中起作用，那么科学将不单单是一种社会建构，而且社会建构论者在把科学的本质解释为关于自然的知识这方面将不会有什么成就。

xvi

科学研究的最新潮流是一种激进的社会建构主义，它从后现代主义的文化时尚中吸收了大量辞藻。反科学论者认为：科学只是一种说服、操纵和制造事实和知识的修辞艺术；知识不过是一种权力行动，与真理或客观性全然无关；而客观性只不过是一种意识形态，与科学知识实际上是如何产生的无关。他们认为，从事科学研究的学者的重要任务不是要找出谁发现了事实以及谁构造了概念与理论，而是找出谁控制了实验室；不是解释为什么科学要在广义相对论所预言的红移确实可以被观测到的意义上来解释为什么科学是有效的，而是要质询谁从科学中获利。这些时尚追求者所面临的一个问题是，他们只能在彼此间讨论，而永远不能与科学家严肃地讨论他们的主要实践，即他们的理论活动。

另一种有影响力的立场是普特南（Putnam，1981）的内在实在论。这一立场允许我们谈论抽象实体、真理和实在，但只能在一个理论框架内进行。既然任何一种谈论总是在一定的框架内进行，因此，人们似乎不可能摆脱这一立场。值得注意的是，这一立场与卡尔纳普（Carnap，1956）的语言框架立场有着密切关系。两种立场都拒绝独立于我们的语言框架的理论实体的客观实在性这个外部问题，从而否定了在语言框架之间进行选择的任何客观的和理性的标准。正如普特南所说，对这一立场的辩护在于：即使形而上学的实在存在，我们也没有办法接近它。假设相继理论所假设的本体论能够被证明彼此之间没有联系，那么这一立场与库恩的立场是无法区分的。但是，如果相继理论的本体论承诺具有一个连贯的演化方向，那又意味着什么呢？因而，普特南不得不面对实在论者提出的老问题：这个连贯方向的本体基础是什么？

因此，为了证明物理学的概念史关注关于自然的终极构成和运作方式的基本假设，我们必须回答两个问题。首先，为什么这些形而上学假设对于物理学来说是必不可少的？其次，我们是否有接近形而上学实在的方式？对第二个问题的肯定回答将在最后一章给出。以下是我对第一个问题所持立场的简要概述。

众所周知（参见 Burtt，1925；Koyré，1965），在中世纪末期，亚里士多德哲学衰落，具有毕达哥拉斯主义面孔的新柏拉图主义复兴。后者把数学看作是实在的基础，认为宇宙的结构从根本上来说是数学的。人们假设可观测的现象必须符合数学结构，数学结构应当对更进一步的观测和超越已知事实的反事实推理给出暗示。从那时起，就存在一种强烈的倾向，特别是在数理学家中间，即把数学结构看作是描述物理世界的基本实体及其行为的概念框架。

xvii

这一时期形而上学的另一变化是，随着科学理性的兴起，在因果性概念中，动力因取代了目的因，与之相伴，理性（即因果推理）的力量取代了权威的力量。因此，力而不是亚里士多德的目的因，作为因果关系的动因，被视为自然现象的形而上学基础。从某种意义上说，物理学的所有后继发展都可以看作由寻找描述力的模型（力学的或任何其他的模型）所驱动的，都能被理解为因果动因。

这些变化的同时发生，导致了 17 世纪由笛卡儿、玻意耳（Robert Boyle），在某种程度上还有牛顿（Isaac Newton），为了解释和预测，在物理学中发展起来的假说–演绎方法的兴起。正是在物理理论的这种特定结构中，我们才能找到本体论假设不可或缺的深刻根源。力、场、以太、刚性或动力学时空、虚量子、禁闭夸克、规范势，所有这些假设的（在发展的特定阶段，它们被称为是形而上学的）实体对于理论物理是不可缺少的，因为它们为历史上出现的、这个学科所固有的假说–演绎方法所要求。理论中某种终极本体论的假设提供了将某一组实体还原为另一组更简单的实体的基础，从而赋予该理论一种统一的力量。不充分注意理论物理学的理论结构的这种特征，就不可能对理论物理学及其力量作出恰当的理解。在这方面，我认为迈耶森（Meyerson，1908）是对的，他认为，自哥白尼时代以来出现的近代科学作为一种建制，不过是自然形而上学的进阶，而常识则假设在可观测现象的背后存在永恒的实体。

在本书中我对场论的处理具有高度的选择性。考虑到这一主题的丰富内容，只能这样。这种选择是以我对科学理论的总体看法，特别是我对场论的理解为指导的。这些都提供了审视和解释各种议题的视角，因而最大限度地确定了在这一主题的演变中各种议题的意义。选择和解释材料的一般框架在很大程度上依赖于一些组织化的概念，如形而上学、本体论、物质、实在、因果性、解释、进步等。然而，这些概念在文献中经常是模糊不清和模棱两可的。为了澄清误解，我在第 1 章中详细说明了我对这些概念的使用，并讨论了方法论的重要性；在第 2 章概述了故事的起点，即从经典场论的兴起和危机到洛伦兹（Hendrik Lorentz）的工作。正文的主体，根据我想要详细阐述的我对发展结构的理解，分为 3 部分：几何纲领、量子场纲领和规范场纲领。每一部分包括 3 章：史前史、概念基础的形成，以及进一步的发展和评估。在结语一章探讨了这些发展的哲学意义，特别是对实在论和合理性发展的哲学意义。

xviii

关于参考书目的说明。参考书目中只列出了在本书写作中实际使用过的著作。除了至关重要的原始稿件外，书目中还列出了对原始著作提供解释的最新学术著作。但是，我没有试图就次级文献提供详尽的参考书目，只有那些与我对这个主题的解释有直接关系的著作才包括进来。至于在前两章经常提到的现代知识史的大背景，我直率地请读者参考几本杰出的史学著作，而不是给出原文的详细参考资料，而这事实上能够在所提到的书籍中找到。

我在这个项目上的工作分为两个阶段。第一个阶段（1983—1988 年，在英国剑桥大学期间），我与我的导师玛丽・黑塞（Mary Hesse）和迈克尔・雷德黑德，以及我在剑桥最亲密的朋友杰里米・巴特菲尔德（Jeremy Butterfield）进行了多次讨论，受益匪浅。他们每一位都阅读了手稿的几个早期版本，并提出了许多修改意见和建议。我对他们的宝贵批评、帮助，以及最重要的鼓励深表感谢。我也很感谢亨利・莫法特（Henry K. Moffatt）的关注、鼓励和帮助，以及戴维・伍德（David Wood）的友谊和帮助。

第二个阶段是从 1988 年我从英国剑桥搬到美国马萨诸塞州剑桥开始的。在过去的七年里，我有幸有许多机会与西尔万・施韦伯（Silvan S. Schweber）和罗伯特・科恩（Robert S. Cohen）讨论问题，我还与约翰・施塔赫尔和阿布纳・希莫尼进行了一些详细讨论。他们对当代物理学与哲学的知晓与理解给我留下了深刻的印象，我非常感激他们对手稿的全部或部分内容提出的重要批评和建议。自 20 世纪 80 年代中期以来，我一直受益于与劳丽・布朗（Laurie Brown）和詹姆斯・库欣（James T. Cushing）的长期友谊，我很感激他们。我感谢彼特・哈曼（Peter Harman）的激励和鼓舞。我也感谢许多为明辨事理而与我亲切交谈的物理学家，他们当中有斯蒂芬·阿德勒（Stephen Adler）、威廉·巴丁（William Bardeen）、西德尼·科尔曼（Sidney Coleman）、迈克尔·费希尔（Michael Fisher）、霍华德·乔治（Howard Georgi）、谢尔登·格拉肖（Sheldon Glashow）、大卫·格罗斯（David Gross）、罗曼·贾基夫（Roman Jackiw）、肯尼斯·约翰逊（Kenneth Johnson）、里奥·卡达诺夫（Leo Kadanoff）、弗朗西斯·劳（Francis Low）、南部阳一郎（Yoichiro Nambu）、约瑟夫·波尔钦斯基（Joseph Polchinski）、特霍夫特（Gerardus't Hooft）、马丁纽斯·韦尔特曼（Martinus Veltman）、史蒂文·温伯格（Steven Weinberg）、阿瑟·怀特曼（Arthur Wightman）、肯尼斯·威尔逊（Kenneth Wilson）、吴大峻和杨振宁。

这项研究工作首先得到了英国海外学位研修资格（ORS）委员会的海外研究奖学金、剑桥大学校长奖学金和剑桥大学三一学院的海外研究学生费用助学金（1983—1985 年）的联合资助，然后又获得三一学院的研究奖学金（1985—1990 年）、美国国家科学基金［编号 DIR-No.9014412（4-59070）］（1990—1991 年）和布兰迪斯大学的资助（1991—1992 年）。没有这些慷慨的支持，这项工作将不可能完成。此外，我在第二阶段的工作成效也因我与哈佛大学、布兰迪斯大学、波士顿大学和麻省理工学院建立了联系而得到了极大的提升。对于所有这些研究机构，我都报以深深的感激之情。我特别感谢哈佛大学的埃尔温·希伯特（Erwin N. Hiebert）和杰拉尔德·霍尔顿（Gerald Holton）、布兰迪斯大学的西尔万·施韦伯（Slivan S. Schweber）、波士顿大学的罗伯特·科恩（Robert S. Cohen），以及麻省理工学院迪布纳科技史研究所的杰德·布赫瓦尔德（Jed Buchwald）与伊芙琳·西姆哈（Evelyn Simha）的热情帮助。

xix

我亏欠最多的是我的家人，他们在艰难的条件下，为我追求学术上的卓越，提供了毫无保留的情感支持和实际支持，并容忍我的“书呆子气”。对于所有这些和其他许多事情，我感谢他们。

目　　录

第二部分 基本相互作用的量子场纲领

第 1 章

导　言

1

在本书中，主题的处理是有选择性和诠释性的，受一些哲学和方法论考虑的驱动和指引，如围绕形而上学、因果性与本体论概念的考虑，以及关于进步与研究纲领的考虑。然而，在文献中，这些概念的表述往往含糊不清，导致了误解和争议。近年来，由于理论话语的彻底重新定位，这些概念（和相关的动机）的争论涉及实在论、相对主义、合理性与还原论的意义，因而争论变得越来越激烈。因此，有必要尽我所能在我所选择并解释相关材料的框架中清楚地阐述这些内容。我首先在第 1.1 节中叙述我对科学的一般看法，在第 1.2—1.4 节中详细阐述物理学的概念基础，之后，在第 1.5 节转向对历史与科学史的理解，导言将以第 1.6 节的主要故事概述结束。

1.1　科　　学

近代科学作为一种社会建制，以一连串的人类实践出现于 16、17 世纪。通过这些实践，人类可以系统地理解、描述、解释和控制自然现象。我们发现促成科学起源的重要因素包括各种工艺（仪器、技能和行会或专业学会）、社会需要（新兴资本主义所要求的技术革新）、巫术和宗教。作为日常活动的延伸，实践层面的科学旨在解决难题、预测现象和控制环境，在这一点上，科学与工艺和社会需要的相关性是毋庸置疑的。[1]

然而，作为满足人类好奇心的一种方式，近代科学的诞生满足了人类对生活于其中的宇宙本质的好奇，满足了他们希望拥有对物理世界的一个融贯概念（一种对世界的构造、结构、规律与运作方式的理解，不是根据其表象来理解，而是根据其实在，也就是根据世界的真实图景、终极原因与统一性来理解）的渴望。然而，与近代科学的诞生更相关的是巫术和宗教，即文艺复兴时期的赫尔墨斯主义与新教改革，正如弗朗西斯·耶茨（Frances Yates）（Yates，1964）与罗伯特·默顿（Robert Merton）（Merton，1938）所分别指出的。在这些传统中，理解、操纵和改造物理世界的可能性和方法是通过某些先入之见来开展理性论证和证明的。这些先入之见在人类思想中根深蒂固，但只有通过宗教改革和近代科学的兴起，才能在近现代思想中占据主导地位。

这些先入之见中最重要的一个就是假定物理世界具有超验性。在赫尔墨斯传统中，假定了一种普遍和谐的异教宇宙论，其中偶像拥有神秘的力量，而人类与这些超验实体具有相似的性质和能力，并可以和他们进行交流与互惠。在宗教传统中，世界的超验性存在于上帝的意识中，因为世界的存在本身就是上帝旨意的结果，大自然的运作是上帝设计的。这个超验假设造成了近代科学的根本模糊性，既神秘又理性。它是神秘的，因为它旨在揭示自然的秘密，这些秘密要么与预先建立的神秘的宇宙和谐有关，要么与神圣的上帝有关。它又是理性的，因为它假设自然的秘密是理性可以接近的，并为人类所理解。新教神学家在他们的宇宙学表述中刻意对超验假设的理性主义的含义进行了详尽阐述。除了其他因素以外，这种表述不仅对近代科学的起源至关重要，而且还给近代科学遗赠了一些基本特征。

根据新教宇宙论，上帝通过自然运作，并按照自然规律行事，这些规律是他有意识设计的，因此是确定的、不可改变的、不可避免的和彼此和谐的。由于上帝的最高权威被认为是通过常规渠道执行的，并反映在世界的日常事件中，因此人们相信有秩序的世界容易被科学家研究，他们借助于经验试图发现自然现象的原因与规律。新教神学的宇宙论原理（把上帝与自然现象及其规律联系起来），为研究自然提供了宗教动机与正当理由。对于加尔文主义的追随者来说，对自然的系统的、理性的和经验的研究是通向上帝的舟车，甚至是对赋予人类生命的上帝表达崇敬的最有效方式。这样做的原因是：经过不断的探索研究与实践操作，自然将逐渐展现理性，越来越接近完美，最终呈现上帝杰作的真实本质、彰显上帝的荣耀。这种超验的动机，从近代理论科学出现以来，一直指引着它们的发展。而且这种超验动机的世俗化版本在当代科学文化中依然盛行。[2]

尽管近代科学对于世界的理性与系统化理解和改造，以及它的伦理和情感动机源于清教徒的价值观，符合资本主义伦理（在经济、行政和政治领域系统计算的行为），但是，作为一种智力追求，近代科学主要是由复兴的古希腊原子论与重新发现的阿基米德传统塑造的，特别是由文艺复兴时期的新柏拉图主义塑造。新柏拉图主义与柏拉图的形而上学或普遍和谐的神秘宇宙学及相关体系联系在一起，其目的仍然是在数学神秘主义与数学象征主义（mathematical symbolism）的帮助下，对自然现象的人类经验进行理性综合，从而激起了哥白尼和开普勒，以及爱因斯坦、狄拉克、彭罗斯、霍金和许多当代超弦物理学家的好奇心与想象力。

3

文艺复兴时期巫术中流行的另一个先入之见是关于“自然的齐一性”。巫师们相信，相同的原因总是导致相同的结果，而只要他们按照所定下的礼仪规则行事，想要的结果必定会随之而来。虽然对自然事件的关联关系的信念只有一个类比的基础，但是机械观念的先驱无疑相信，一系列自然事件是有规律的和确定的，并且是由不变的定律决定的；定律的运行可以被准确地预见和计算，从而从自然进程中排除了或然性和偶然性因素。

用有规律的定律来划分自然领域，有助于使上帝越来越远离经验科学中的因果性观念，将自然与超自然现象的领域分开，并以自然主义的原因作为解释自然现象的基础。与此相关的是，相信自然力是可操纵和可控制的。没有这种信念，就不会有占星术、炼金术与巫术用符号语言运作的实践。数学符号主义之所以受到尊重，只是因为人们相信它是操作自然的关键，通过它，人们可以操纵自然力，征服自然界。

有趣的是，在16、17世纪科学形成的时候，神秘学与科学的观点共存和重叠，巫术与宗教的先入之见帮助塑造了科学的特征，诸如：①理性主义和经验主义以及客观性，都与新教宇宙论设想的自然的超验性有关；②基于“自然的齐一性”思想的因果推理；③科学的理论表述中的数学象征主义；④在科学实验精神中显现出来的操作意愿。

然而，不同于巫术和宗教，科学有其独特的工具来理解和操纵世界。重要的工具有：①专业学会和出版物；②基于怀疑精神和包容差异的理性批评和争论；③经验观察与实验、逻辑和数学（系统地使用它们会导致独特的论证模式）；④富有成果的隐喻、概念框架和模型。利用这些理论结构，可以接近、描述和理解世界的结构和运作方式。

一个科学理论必须有一些经验性陈述。在具有可证伪的结果和假说性陈述的意义上，这些陈述不能单独被证伪，并对理解与解释现象至关重要。假说性陈述是用理论术语来表达的，包含不可观察的实体和机制，以及抽象原则。在科学哲学家中，对于理论术语在理论中作为组织经验的启发式手段，没有争议。有争议的是理论术语的本体论地位，我们应该以实在的方式看待它们吗？对于感觉材料经验主义，答案是否定的，但是，孔德对波动理论的诅咒和马赫对原子的反对被证明是严重的错误。对于约定主义，科学的基础比感觉材料更广阔，除了逻辑与数学之外，还包括约定。特别是，它以约定的数学表达式作为理性的基础，可观察量与不可观察量都从属于它，但是，“这些构成性约定有多真？”是约定主义者不愿意也无法回答的问题。对于内在实在论来说，理论术语的实在性是被接受的，但只能在这些术语出现的理论中，而不能脱离理论。理由是：我们无法接触到形而上学实在，即使它根本上存在。我对内在实在论的不同意见，将在文中各处给出。

关于理论术语的本体论地位，我在最后一章要捍卫的立场是结构实在论的一个特殊版本。简而言之，这种立场认为在成功理论中的结构关系（常用数学结构直接表达，也可用模型和类比间接表达）应当被视为是真实的，不可观察实体的实在性是逐渐构成的，在理想的情况下，最终由这些结构关系以一种独特的方式确定。

对这一立场的直接反对意见是，这是一种伪装的现象主义。在这种伪装的现象主义中，可观察的数学真理取代了可观察的经验真理，而且没有给不可观察量的实在性留有余地。批评者会争辩说，对问题作出解释，比起仅仅写出一组方程来概括观测到的规则要困难得多。

为了预测我在最后一章的论点，这里只需指出，除了可观察量的结构关系外，还有不可观察量的结构关系，它们对理解和解释更重要。针对反对意见——任何此类结构关系必须有不可观察实体的本体论支持，我的回答是在任何解释中，虽然结构关系在它们可检验的意义上是真实的，但是包含在结构关系中的不可观察实体的概念总是有一些约定俗成的要素（conventional elements），而实体的实在性是由它们参与其中的越来越多的关系构成的，或是衍生自这些结构关系。一旦我们接受了从本体论上讲，不可观察的实体是根据真实的（可观察的和可检验的）结构关系构成的；从认识论上讲，不可观察的实体是根据真实的（可观察的和可检验的）结构关系建构的，那么，我们在适应这些实体不断变化的解释方面，就有了更大的灵活性。

1.2 形而上学

据我所知，形而上学由关于宇宙的终极结构的预设构成。首先，它关心世界实际上是由什么构成的，或者世界的基本本体到底是什么。世界是由客体、属性、关系构成的，还是由过程构成的？如果我们把客体看作基本本体，那么进一步的问题就是：有哪些类别的客体？有精神客体和物质客体吗？物质客体的基本形式是什么？粒子、场，抑或其他形式？此外，空间和时间的本质是什么？本体论讨论的一个核心难题，是关于实在的标准，因为形而上学家总是关注实在实体(real entities)、基本实体（fundamental entities）或原初实体（primary entities），而不那么关注副现象或派生物。近代哲学家，例如笛卡儿与莱布尼茨，对这个问题的一个经典回答是，只有物质（substance）才是真实的。一个物质在没有任何其他物质的帮助下，自身就能永久地存在，并且在没有任何外因的情况下，就能采取行动。然而，正如我们将看到的，可以有基于潜能、结构或过程，而不是物质的实在概念。

其次，形而上学也关注支配世界的各种基本实体（fundamental entities）的性质和行为的原理。例如，同一性原理，即个体（individuals）能够随着时间发生变化并保持自身的同一。类似地，连续性原理，即不可能有不连续的变化。还有许多其他形而上学原理，它们在科学理论的建构中，都扮演着重要的调节性或启发性的作用，如简单性原理、统一性原理，以及时空的可视化原理。但这些原理中最重要的是因果性原理，它被猜想支配自然的运作，并有助于使各种实体（entities）的行为变得可理解。

因此，通过诉诸本体论假设与调节性原理（regulative principles），形而上学提供了科学论证的合理性前提和支持，并且非常不同于关于观测现象及其规律的经验的、实用的与局部的陈述。传统上，形而上学是高度猜测性的。也就是说，它的断言是未经审查的预设，也不必是经验上可检验的。然而，这些认识论和本体论意义的预设在文化中根深蒂固，以至于科学家把它们作为常识性的直觉。由于这些根深蒂固的假设提供了一幅看似合理的世界图景，并且实际上决定了认同这些假设的人们的思维方式的深层结构，因此形而上学构成了文化的重要组成部分。

威廉·休厄尔（William Whewell）曾经指出：

物理发现者不同于贫乏的思辨家，不是因为他们头脑中没有形而上学，而是因为他们有好的形而上学，而对手的形而上学是坏的；并且他们把形而上学与他们的物理学联系起来，而不是把两者割裂开来。

（Whewell，1847）

正如我们将在文中看到的，形而上学的假设可以用物理参量来充实。然而，比这更重要的是，形而上学提供了一个全面的概念框架，在这个框架内可以提出和检验具体的理论。众所周知，古代科学最初是从形而上学的思辨中发展起来的。但即使是现在，科学仍然与形而上学思想提供的这个或那个世界图景联系在一起的。对一种现象的解释总是根据特定的世界图景给出的。哪种本体论，物质、场、能量或时空，最好地解释了现象，这个问题对于物理理论来说是极其重要的，远比其经验定律的细节重要得多。例如，爱因斯坦的相对论只是细微地修正了牛顿力学的经验内容，但是没有人会否认这是物理学的发展中迈出的一大步，因为关于欧几里得空间、绝对时间和绝对同时性和超距作用的旧观念被抛到了一边，世界图景因此发生了变化。

6

物理学与形而上学相互作用的例子有许多。一方面，从19世纪的电磁理论到狭义相对论与广义相对论的演化发展中，考虑到相对性原理（principle of relativity）的普适性，人们广泛承认了形而上学假设的引导功能。另一方面，物理学的发展，特别是量子力学、量子场论（QFT）与规范场论的发展，也具有深刻的形而上学内涵，彻底改变了我们对物理世界的看法，在本书主体部分我们会对此加以讨论。这是物理学与形而上学相互渗透的必然结果。形而上学不仅对于物理研究来说必不可少，而且物理学也给我们提供了直接访问形而上学实在性的途径。例如，阿哈罗诺夫-玻姆效应（Aharonov-Bohm effect）与贝尔不等式的实验研究极大地澄清了量子势的本体论地位与量子态的本质，这两者曾被认为是不可接近的形而上学问题。由于这个原因，希莫尼（Shimony，1978）把这种研究称为实验形而上学，强调物理学在检验形而上学假设方面的重要作用。

因此，把形而上学仅仅看作科学理论中排除了经验内容与逻辑-数学结构的可接受的残余物是不恰当的。相反，形而上学为科学理论提供了一个具有特殊科学内容的概念框架。首先，它提供了一个基本的物理实在，使理论容易理解。其次，它更偏爱基于某些因果性概念的某些类型的解释。例如，在以动力因（efficient cause）的力学概念作为解释基础的情况下，这些形而上学假设不仅决定了物理理论的假设-演绎结构，而且也需要内在的还原论方法论。此外，由于实证主义者对原因持不可知论的态度，只有实在论者才会认真地看待原因，因此我们也不应该忽视实在论的形而上学假设的内在含义。

1.3 因 果 性

近代科学的兴起，使得对现象的解释或说明不再依赖权威和传统，而是探求现象产生的原因。科学的终极目标之一是理解世界，而这是通过科学解释/科学说明，即通过找出各种现象的原因来接近世界。然而，根据亚里士多德的说法，存在着不同种类的原因：质料因、形式因、动力因和目的因。在近代科学兴起以前，建立在目的因基础上的目的论解释，是主导的解释模式。随着新柏拉图主义、阿基米德主义，以及原子论在文艺复兴时期的兴起，科学解释的基本假设开始转换。例如，哥白尼、开普勒、伽利略和笛卡儿，都相信世界的基本真理与普遍和谐可以用简单而精确的数学表达式来完美地表达。自然的数学化在一定程度上导致了形式因的普及。但是，在与目的论解释的斗争中，最流行和最有力的因果性概念，却是一种建立在动力因概念基础上的力学概念。与目的因和形式因不同，动力因的思想侧重于原因如何传递给结果，即这种传递的方式。根据力学观点，因果性可以归结为时空中物体的运动规律，可观察到的质变可以用不可观察的组分微粒的纯粹量变来解释。

力学解释具有不同的变种，根据笛卡儿的说法，宇宙是广延的充盈物，不存在真空，任何给定的物体都是连续地与其他物体相接触的，因而宇宙的若干组成部分的运动，只能通过直接的碰撞与挤压来相互传递，超距作用是不可能的。不必举出伽利略用力或吸引来说明特定种类的运动，更不用说开普勒的“活力”（active power）了。一切都按照机器平稳运行的规律性、精确性与必然性发生。然而，根据牛顿力学，力是改变运动状态的原因，尽管力本身必须由运动定律来定义。对牛顿、惠更斯以及莱布尼茨来说，因果性的可理解性主要定位在力的概念中。于是，力传递的具体机制立即成为严重问题，这个问题对于物理学的后续发展非常重要，实际上它规定了物理学发展的内在逻辑。寻找这个问题的解决方案导致了经典场论、量子场论的出现，最终是规范场论的出现。

存在不同形式的力学解释。第一种形式，自然现象可以用现象中实际涉及的物质粒子的排列来解释，按照力在这些粒子中所起的作用来解释。第二种形式，采用一些力学模型来表示现象。这些模型是所谓的玩具模型，未必被视为对实在的表征，而是被视为证明现象在原则上能为力学机制所描述。也就是说，这些力学构造使得现象成为可理解的。第三种形式，力学解释也可以表述为拉格朗日（Lagrange）分析动力学的抽象形式体系。由此得到的运动方程独立于力学系统的细节，但是现象依然以质量、能量与运动的力学术语来解释，因而这些运动方程仍可归到这个形式体系所包含的力学解释的原理之中，尽管它们并没有被特定的可视化力学模型表示。

在这三种形式中，模型的使用具有特殊的重要性，甚至分析动力学的抽象形式体系也需要用模型来说明。此外，既然物理研究的主要动机之一是，当现象层面上的直接原因无法解释时，就需要在基础层面上找出力的动因，那么包含假设性的不可观察实体与机制的模型假定就是不可避免的。因此，假设的必要性内在于力学解释的思想观念中，或内在于对动力因的追求中。

任何假说都必须符合自然的基本定律，并且必须符合所有被普遍接受的关于所讨论现象的假设。但是，一个假说的正当性，只有通过解释现象的能力，将基本定律和普遍假设协同在一起，才能得到证明。因此，其具体内容将被调整，以允许对所调查现象的陈述进行推论。但是，一个关于不可观测量的假说，怎么可能解释现象呢？如何调整假说，才能实现这一目标呢？基于我在最后一章论证的立场，对这些问题的尝试性回答是，只有当一个模型（任何假说都是一个模型）的结构，基于从日常经验或其他科学上已知的现象中得出的类比，类似于现象的结构时，这个假说才能实现它的解释功能。

物理理论的假说-演绎结构具有直接的形而上学含义：如果一组相互一致的假说和一组不可观察的实体充当现象世界的原因，那么似乎不可否认的是，假说世界给出了现实世界的真实图景，而且现象世界可以还原为这个现实世界。例如，大多数力学解释都设想一个真实世界隐藏着不可观察的原子或运动中的基本粒子本体，它们是物理实在的基质。还有其他的可能性。例如，莱布尼茨将力的密集连续统作为现象的形而上学基础。18 世纪、19 世纪的其他物理学家超越了力学解释，但仍然在假说-演绎结构的一般框架内工作，提出了不同的非力学本体论，如活力原理、火、能量与力场[3]。运用每一种不同的本体论，物理学家不仅提供了不同的物理理论和研究纲领，而且还给现象世界背后的真实世界提供了一种不同的概念。

1.4 本 体 论

与表象或副现象相反，也与单纯的启发性和约定性的策略相反，本体论作为实在的逻辑构造中一个不可化约的概念要素，是同真实存在有关的，即同不涉及任何外部事物的自主存在有关。既然一种本体论给出一种世界图景，那么它就充当着理论建立的基础，这有助于解释它在科学理论的结构中的还原性与结构性作用。

尽管本体这一术语经常指称物质/实体（substance），如在机械世界观的情形下，其中基本本体是运动着的粒子，但这并不是必然的。本体论的概念，甚至在终极的真实实在的意义上，也比实体的概念更广泛，而实体的概念又比实体对象（entities）和个体（individuals）概念更广泛。例如，可以说，正如开普勒那样的新柏拉图主义者所认为的，数学关系，因为它们代表了宇宙的结构，所以是实在的基础；甚至力，作为因果原理，也必须用数学关系来定义。虽然可以认为任何数学结构都必须得到实体对象（entities）之间的物理关系的支撑，但从构成的角度来看，一个物理实体（physical entity）——如果它不仅仅是一个空名——只能由它所涉及的关系来定义。这只是卡西尔（Cassirer）所说的“再现实在的功能模式”的一个例子。另一个例子可以在怀特海的过程哲学中找到。根据怀特海的说法，活动功能不是一种固定不变的潜在物质的功能；确切地说，物理对象是一种连接，是基本功能或多或少的一种持久的模式。他认为自然是进化过程的结构，实在是过程，物质性的东西（substantial things）是在活动和变化过程中产生出来的，过程比事物更基本。

9

当然，这是一个非常有争议的话题。根据迈耶（Julius Mayer）的说法（他追随莱布尼茨，把力看作是自然的主要动因），力作为自然活动的体现，应当被视为非机械的但却是物质实体（substantial entities）。在迈耶森（Meyerson）看来，实体对象对于解释是重要的，不应当被消融在关系或过程中。更重要的是，作为历史事实，本体论的概念几乎总是与实体的概念相联系。这种联系构成了物理科学的话语基础，在物理学基础的检查中不能被忽视。

那么，什么是实体呢？实体总是为一系列重要的本质特性所刻画。这些特性存在于时空中，并且在它们的空间位置和时间时刻的变化中守恒，而且所有其他特性都能够还原为这些特性。由于在科学话语中，实在的性质只能按照它的符号表征来讨论，因此，一般本体论，特别是实体，作为实在的符号模式，是科学本身的一个片段而不能从科学中分离出来。因此，在不同的理论中对什么是基本特性的理解是不同的，而且每种理论决定了它自己的实体类型。但是，莱布尼茨时代以来，一个普遍的假设是，认为实体必定是基本的（与副现象相反）、活跃的或是活力的源泉，并且是自存的，这意味着实体的存在不依赖于任何其他事物的存在。本书的一个主要结论是，概念革命通常将先前的实体转变为一种副现象，因此改变了我们关于世界的基本本体论是什么的概念。

在经典物理学中，笛卡儿把空间或者广延看作实体。牛顿的情况要复杂得多。除了实体，他的本体论中还包括力与空间。他的实体不仅指涉被动的物质粒子（material particles），还指涉活动的以太。对于莱布尼茨来说，实体是原始活动的中心。这种活动不是材料或物质（matter）的显现，而是这种活动本身就是实体，物质只是这种活动在表面上的显现。

在莱布尼茨以后，占主导地位的观点是把实体看作是具有固有活力的客体，通常划分为不同的本体论范畴：离散的个体（如可见的有质量粒子与不可见的原子）与连续的充盈物（如笛卡儿的广延物与经典场）。个体是空间上受约束的客体，至少还有一些其他性质。它通常被刻画为能够被识别和再识别，并可以与这个领域的其他成员相区分的东西。[4]在此，同一性是由基本特性的守恒来保证的，可区分性在不可入性上有其根源，它预设了客体的空间约束。个体的概念通常与粒子的概念相联系，因为两者都必须是离散的。但是，由于粒子具有可区分性与不可入性的要求，因此个体的概念要比粒子的概念更狭窄。在量子理论中，量子粒子是可识别的，但是不能被再识别，也不能与它的同类粒子区分开来。因此，它们不是个体，但仍然能解释为粒子，主要是因为静止质量、电荷与自旋守恒。

这是我们的实体概念依赖理论的一个例子。另一个有趣的例子是能量的本体论地位的概念。在传统上，能量被认为是实体的最重要特征之一。因为它表明其载体是活性的，并且作为作用能力的量度，它是守恒的。然而，作为一种可度量的性质而不是自存在的客体，能量本身通常不被视为实体。例如，当卡尔·诺伊曼（Carl Neumann）声称势能是基本的且能够自行传播时，麦克斯韦（James Maxwell）则坚持认为能量只能存在于与物质实体的联系当中。[5]出于同样的理由，唯能论（根据唯能论，能量作为纯粹的能动性是物理实在的基础）通常被指责为现象主义，因为它拒斥实体。但是，唯能论也能以另外的方式解释。如果我们把能量看作具有这种新特征的实体：它始终活跃着，在保持它的量守恒的同时又不断变换其形式，那么它又是什么呢？因此，唯能论似乎是詹姆斯的功能主义与怀特海的过程本体论的先驱。

这两个例子表明，本体论假设不仅对于特定的理论是基本的，而且对于一个研究纲领也是基本的。让我们从这样一个视角出发，对场论纲领的产生做更细致的考察。电磁场被视为通过空间连续传导的电磁力的原因。在19世纪的物理学中，场的实体性是一个有争议的问题。有时人们论证说，麦克斯韦确立了场的实体性，因为他证明了场中能量的存在。但是，这种论断是有问题的。对于麦克斯韦来说，场不是一种客体，而只是遵循牛顿运动定律的一种力学以太状态。这意味着对于麦克斯韦来说，场不是自存的，因而不可能是实体性的（substantial）。场中能量的存在所确立的只是以太的实体性，而不是场的实体性。

有时也有人争辩说，力学以太的去除意味着场的实体性的去除。因而，这就支持了时空点是场论的基本本体的论断。[6]但是，根据我的意见，正是因为力学以太的去除才建立了场的非物质的实体性。这方面的理由是，在这种情形下，场成为场能唯一可能的储存库，而场能预设了一种实体作为它的储存库。至于时空点，之所以不能被视为场论的基本本体论，是因为在广义相对论之前的框架中，不能说它们是活跃的，或者是活动的源泉；而在广义相对论的框架中，时空点不是自存的，因为它们总是被引力场占据，而且更重要的是被引力场个体化。[7]在我看来，连续的实体场是世界的基本本体的假设，必须被视为场论的首个基本信条，虽然在物理学史上并非总是如此。

11

场与个体的区别在于它的连续性与个体的离散性形成对比，以及它不同部分之间的重叠性与不同个体之间的不可穿透性形成鲜明对比。诚然，场通过边界条件引入的周期性，也能显示为离散的一种形式（见第6.5节）。但是，这种离散存在不同于个体的离散存在，个体的离散存在是永恒的，而场的离散存在是短暂的。[8]

当电磁场被看作是世界的基本本体，而不只是一种数学策略或力学以太的一种状态时，实则存在着比这表面差别更深刻的内容。[9]场是一种新型的实体，莱布尼茨的原始力可视为场的先驱。场因其非机械的行为，既不同于物质个体，也不同于力学以太。这种新的非机械本体的引入开创了一个新的纲领——场纲领（field programme）。场纲领不同于机械纲领之处在于它的新本体论，以及通过场传播作用的新模式。洛伦兹的电子理论的出现在两种意义上标志着机械纲领的终结。首先，它抛弃了力学以太，致使电磁相互作用的传输不再能从机械纲领中得到解释。其次，它引入了一种独立的实体电磁场，那不能还原为机械本体论。这就为场纲领的进一步发展铺平了道路（参见第2章）。

接受本体论假设作为科学研究的概念基础的重要性并不难。但是，库恩主义者会争辩说，一个理论所假定的任何本体总是会被后继理论所假定的不同的且经常与之矛盾的本体所取代，这一历史事实似乎令人信服地表明我们的本体论假设与真实世界无关。但是，正如我将在最后一章中论证的那样，本体论的历史性更替，至少在20世纪场论的语境中，不是没有范式和方向的。也就是说，一种旧的本体总是会变成一种副现象，且能从一种新的更基本的本体论中推导出。这理所当然给理论本体论的实在论解释提供了支持。

应该直接补充两个说明。首先，这种范式并不总是以直线发展的方式实现的，而经常是通过辩证的综合来实现。其次，本体论还原只是科学发展的一个维度。正如我将在第11.4节规范场论语境中表明的那样，由于客观涌现的存在，世界的不同层次都有其相对自主的本体，它们不能还原为一个终极的基质。这就需要一种本体论的多元主义。

12

1.5 历史与科学史

历史不仅仅是过去事件的集合，而是由具有各种原因、模式和方向的运动所构成。如果我们考虑埋藏于过去事件中的大量信息，编史就不能简单地照搬真实的历史，而必须根据其历史意义来选择材料，这是由历史学家的解读来决定的。由于我们对过去的解读是根据现在和我们正在走向的未来而逐渐形成的，也由于编史学是从传统的传承开始的，这就意味着我们对过去的解读，是总结过去的教训而进入未来。编史学是过去与现在的对话，其目的是从现在看过去，促进我们对过去的理解，并从过去看现在和未来，促进我们对现在与未来的理解，即试图理解从传统到未来的转变。

因此，一部好的编史学著作必须提供一种合乎情理的，或令人信服的关于历史运动的原因、模式和方向的假说，以使过去的事件变得可理解，一个视角或建设性的观点可以扩大我们对历史运动的理解，因而为进一步探究开辟了道路。由于一些原因纯属偶然，而另一些却是普遍的，因此，我们对过去事件的理解，所做假设的核心是：“什么应当被视为主要原因？”在科学史上，这是一个有争议的问题。在这方面，社会建构论者与理性的科学史家的分歧，引起了他们之间的一些紧张关系。

诚然，科学作为一种文化形式，不能脱离社会。首先，科学使用的语言是社会交往的产物。其次，科学试图解决的问题、动机、材料和技术资源都是由社会提供的。最后，调动科学研究资源的机构受社会经济结构的巨大支持和制约。所有这些考虑都表明了科学活动的社会特征。此外，科学家只能从他的文化环境中获得解决问题的想法、隐喻和概念框架，并解释他的结果。在这种情况下，传统要适应现状。这种情况使科学知识具有一定的社会的、文化的和历史的特殊性。在这个庸常的层面上，人们对科学的这一社会特性几乎意见一致。

在社会建构论的科学说明中，“社会的”是指科学家之间的社会关系，以及科学家与一般社会（包括科学家团体、科研机构与社会经济结构）之间的社会关系。社会也指非科学的文化形式，比如宗教与巫术。但是，社会建构论的特殊之处在于它相对于个人和知识分子来定义社会。然而，在这种非凡的社会建构主义意义上，它对科学活动的描述是不完备的、有偏见的，并且存在严重缺陷。它存在缺陷的原因在于，建构主义的叙述忽略甚至刻意否定了这一事实：所有科学活动都受到认识自然这个目标的严格制约与持续指引。实际上，认识自然的目标内含在科学作为一种特殊的社会建制的概念中。忽略了这个关键点，科学活动的社会建构说明就不能以它现有的方式被接受。由于这个原因，我把概括了人类对知识的执着追求的概念史，而不是社会史，作为科学史的主体，虽然我也承认基于概念史的社会史可能是有趣的，如果它成功地提供了一幅科学作为一种知识追求实际上是如何发展的更完整的图景。 13

有时，人们主要是按照物理学在经验方面的成就来书写物理学的历史的。然而，它可以有不同的书写方式。基础物理学的发展必然涉及本体论假设的巨大变化。物理学的历史表明，大多数伟大的物理学家从事研究的目的是寻找真实的世界图景，这为概念革命铺平了道路。这不是物理学成长的次要特征，而是其最重要进展的核心特征。因此，物理学史在某种意义上就是世界观的表达史，其核心思想由在描述性框架中所概括的本体论假设组成。更具体地说，我计划在本书中做的是，通过对 20 世纪场论进行历史性和批判性的阐述，查明这些理论所暗示的不断变化的世界观的演变模式和发展方向；也就是说，展示在这些理论中发生的本体论转变与本体论综合（ontological synthesis）。

1.6 主要故事概要

在我的记述中，除了法拉第将场作为空间的状态的推测，可以作为智力上的先驱之外，场纲领，在把场看作世界的基本本体的意义上，是从洛伦兹的电子论开始的，而在爱因斯坦的狭义相对论（Einstein's special theory of relativity，STR）出现以后才被广泛接受。但是，这两种理论都以空间点或时空点的独立本体作为场的支撑为前提。因此，在还原论的意义上，这个阶段的场纲领还不是一个完备的纲领。

我的主要故事开始于场纲领发展的下一步，即始于爱因斯坦的广义相对论（Eintein's general theory of relativity，GTR）。在广义相对论中，传递相互作用的引力场，与时空的几何结构不可分割地联系在一起。由于这个原因，我把广义相对论和沿着这个方向的后续发展称为几何纲领（geometrical programme，GP）。

广义相对论的解释是一个有争议的议题。这取决于是否把物质、场或时空看作它的基本本体，也取决于对物质、场与时空之间关系的理解。从历史上看，有三种解释。首先，爱因斯坦本人，追随马赫，把可称重物体作为完全决定引力场与时空几何结构的唯一的物理实在。引力场方程的真空解的发现使得这个解释站不住脚（见第 4.3 节）。其次，赫尔曼·外尔（Hermann Weyl）和亚瑟·爱丁顿（Arthur Eddington）发展了一种观点（第二种解释）。根据这种观点，时空的几何结构被看作物理实在，引力场可还原为这个物理实在。在这个观点中，引力被解释为一种时空流形曲率的显现，即引力被几何化了。我称之为强几何纲领（见第 5.2 节）。爱因斯坦本人从未赞同过这个纲领。在他的统一场论（UFT）中，爱因斯坦给出了他自己的另一种解释。他把引力场看作表示终极物理实在的整体场的一部分，时空是它的结构特性。在某种意义上，这是爱因斯坦的时空几何引力的扩展，源于他在 1915 年为广义协变性原理作辩护而提出的点重合论证（point-coincidence argument）[10]。我把这称为弱几何纲领（见第 4.2 节和第 5.1—5.3 节）。虽然数学形式体系保持不变，但在不同的解释中本体论的优先性是不同的。

广义相对论构成了几何纲领的出发点。在这个纲领的进一步发展中，人们做出了四个推广：①引力与电磁学的统一；②通过引入时空流形的扭率来统一质量与自旋效应；③引力与量子效应的统一；④物质与场的统一。这些推广大多数是在强几何纲领下做出的。然而，我将表明，在强几何纲领中，把量子效应纳入其中的尝试必然会导致这个纲领的崩溃（见第 5.3 节）。这就证明了我的主张，强几何纲领是不合适的。而且弱几何纲领尝试把它的范围延伸到电磁相互作用、弱相互作用与强相互作用，也是不成功的。

此外，几何纲领有一个源自广义相对论自身的严重缺陷。即广义相对论方程，无论在膨胀宇宙的大爆炸中，还是在坍缩的恒星或黑洞中，都不能避免奇异解或奇点。奇点的不可避免的出现意味着，广义相对论在充分强的引力场情形下必定失效。但是，几何纲领还有另一种推广，这与量子场论框架中规范理论的新近发展有关，而且通过这种方式能克服奇点困难，这个有希望的尝试将在第三部分讨论。

20 世纪物理学中场纲领的另一个重要变体［始于约当与狄拉克的量子电动力学（QED）］，是量子场纲领（quantum field programme，QFP）。具有悖论色彩的是，场纲领似乎被量子理论挖了墙脚。首先，量子理论对整个空间的能量连续分布设置了限制，这与场本体论相矛盾。其次，量子理论也违背了可分离性原理。根据可分离性原理，具有零相互作用能量的远距离系统应当是物理上相互独立的。最后，在量子理论中，粒子在量子跃迁，或创生与湮灭过程中没有连续的时空路径，这与场纲领中的传导相互作用模式相矛盾。因此，我如何能声称量子场论应当被看作场纲领的一个变体呢？对这个问题的回答，依赖于我对量子场论中基本本体论和传导作用模式的解释。

15

那么，量子理论的本体是什么？总的来说，这个问题很难回答，因为非相对论性量子力学中的情形不同于量子场论中的情形。在非相对论性量子力学情形中，这个问题与波函数的解释密切相关。德布罗意与薛定谔（Erwin Schrödinger）坚持波函数的实在论解释。他们假设场本体论，拒绝粒子本体论。他们论证说，因为遵守量子统计的量子粒子显示出非同一性，因而其不是经典可观察的个体。但是，这种实在论观点遇到了严重困难：它隐含了一个多体问题中的非物理的多维性，一个非实在的叠加态（如著名的薛定谔猫），以及到现在都无法解释的测量过程中的波函数坍缩。这些困难表明经典场不是非相对论量子力学本体论的合适候选者。

在他的概率解释中，玻恩（Max Born）拒绝了波函数的实在性，使其丧失了能量和动量，假设了一种粒子本体论。但是，玻恩并不主张经典的粒子本体论。许多困难，如量子统计与双缝干涉实验，阻碍他这样做。作为对这些困难的回应，海森伯（Werner Heisenberg）把波函数解释为一种势（见第 7.1 节）。需要指出的是，这种对实在论的场本体论的重大让步，源于粒子本体论的概率解释所面临的困境，并为量子场论中本体论的大转变铺平了道路。

总之，在非相对论量子力学中的情形就是这样。除了许多数学工具不能做实在论解释外，基于场本体论的数学结构（波动方程）与基于粒子本体论的物理解释（概率解释）在概念上的不连贯融合，使得我们很难用经典粒子或场，为非相对论量子力学寻找一种连贯的本体论。有两条可能的出路。对待这一困难的工具主义解决方案是，把所有理论实体当作只是为了经济地描述观察现象所做的类比构造，而不是对量子世界真实面目的忠实描述。但这只是一种逃避，并不能解决量子理论的解释问题。或者人们可以尝试重塑我们的实体概念，不把本体论局限于经典粒子与场的二分。量子场论早期历史中的重塑过程将在第 7.1 节中考察，可以总结如下。

随着费米子场量子化的引入，在构想一种新的自然类方面，量子场论中基本本体的概念发生了意义重大的转变。之前，对于多体问题有两种量子化程序：二次量子化与场量子化。这些程序各自预设了粒子本体与场本体。二次量子化程序实际上只是量子系统中粒子的一种表象变换，与场本体无关。在这个表述中，粒子是永久性的，它们的创生与湮灭只不过是跃出或跃入真空态的一种表象，概率波只是用于计算的数学设置。相反，场量子化程序是从一个真实场出发，用产生和湮灭算符来展示场的粒子外观，这些算法能够通过傅里叶变换从局域场算符中被建构出来，并且能被解释为场谐振子的出现或消失，或场本身的激发与退激。

但是，当把非相对论量子力学中的量子化条件应用于场时，所量子化的只是场的运动（能量、动量等），它们显现为场的能量子，而不是场本身。实际上，不可能把场转变为一堆粒子，那将需要假定一个粒子本体论，除非假定运动的量子化需要运动载体，即场本身的量子化。但是，这是一个意义重大的形而上学假设，要求对实体的（形而上学的）分类方案作出激进的改变。

这两种量子化程序并不是矛盾的，而是平行的，它们源于不同的本体论假设。注意到以下一点是有趣的，狄拉克，这两种程序的最初提议者之一，在他的早期著作（Dirac，1927b，1927c）中把二者混为一谈。尽管他表现出粒子本体论的倾向，并倾向于把场还原为粒子的集合。这种倾向表明上面提到的激进的形而上学假设是狄拉克提出的，尽管只是下意识的。

约当与维格纳开创的费米子场量子化，在量子场论的解释中引入了更激进的改变。首先，一种实在论解释取代了波函数（作为量子态）的概率解释：在他们的表述中，波函数必须解释为一种真实的，进而是实体的场，否则，作为场量子的粒子不可能从场中获得它们的实体性，而薛定谔的实在论解释面临的一些原初困难仍然没有解决。其次，场本体论取代了粒子本体论：物质粒子（费米子）不再被看作一种永恒的独立存在，而是作为场的一种短暂激发，即场量子，因此这验证了我的主张：量子场论开启了场纲领的一个重要变体，即量子场纲领。

但是，回归到真实场的观点显然在实在模型的逻辑中留下了一条鸿沟，破坏了实体的自然类的传统分类体系。一个新的实体自然类——量子场，被引入或说被构造或说被发现。这个新的自然类不能还原为旧的自然类：新的本体（量子场）不能还原为经典的粒子本体，因为场量子缺乏持久的存在性和个体性。它也不能还原为经典的场本体，因为，当它的许多性质受制于量子化条件提出的限制时，量子场就失去了它的连续存在性。20 世纪的场论似乎暗示量子场和一些非线性场（如孤波）一起，构成了一种新的本体，雷德黑德（Redhead，1983）称之为瞬息本体。在量子场论的奠基者当中，约当自觉地推进了这种新的本体论并重塑了实体的概念，而狄拉克与海森伯则是不自觉地这样做了。

量子场论的这个新本体论具体体现在真空态中，真空态是狄拉克在他的空穴理论中最初设想的概念。[11] 作为一种根植于量子激发与重整化概念框架下的本体论背景，狄拉克真空对于计算至关重要，如韦斯科夫的电子自能计算、丹科夫对散射的相对论修正的讨论。狄拉克真空中涨落的存在强烈表明，真空必定是某种实体性的存在，而不是虚空。另一方面，根据狭义相对论，真空必定是零能量与零动量的洛伦兹不变态。考虑到在现代物理学中能量被笼统地认为是实体必不可少的东西，真空似乎不能被视为一种实体。在此，我们遇到了一个深刻的本体论困境，暗示我们有必要改变我们的实体概念，以及能量是一个实体性的属性的概念。

在量子场论中传导相互作用的方式与经典场纲领中的不同表现在两个方面。首先，相互作用通过场量子之间的局域耦合来实现，耦合在此的精确含义是量子的产生和湮灭。其次，作用不是通过连续场来传递的，而是通过离散的虚粒子来传递的，虚粒子和实粒子局域耦合，并在它们之间传递。[12]。因此，对于量子场论中相互作用的描述，通过局域耦合的概念，深深地根植于算符场的局域激发概念中。

然而，由于不确定性关系，局域激发需要可获得的任意数量的动量。因此，局域激发的结果不会只是单个动量量子，而一定是动量量子的所有适当组合的叠加。这就产生了意义重大的结果。首先，相互作用不是由单个虚动量量子（由费曼图中的内线来表示）来传递的，而是由虚量子的无穷多适当组合的叠加来传递的。这是量子场论中场本体论基本假设的必然结果。其次，具有任意高动量的无穷多虚量子对它们与实量子相互作用的过程做出了无穷大贡献，这导致了著名的发散困难。因此，如果不解决这个严重的困难，量子场论就不能被认为是一个自洽的理论。从历史上看，这个困难最早是通过重整化程序规避的。

原初重整化过程的本质是把无穷大量吸收到质量与电荷的理论参数中。这相当于模糊了局域激发概念背后精确的点模型。虽然量子电动力学满足重整化的要求，但是费米的弱相互作用理论和强核力的介子理论没有做到这一点。不过，这个困难能够用规范不变性的思想来排除（第 10.3 节）。规范不变性也能用来确定基本相互作用的形式（第 9.1 节和第 9.2 节），基于此，在量子场纲领内，为基本相互作用发展了一个新纲领——规范场纲领（gauge field programme，GFP）。

18

规范不变性要求引入规范势，它的量子负责传递相互作用，并弥补在不同时空点上相互作用自由度的内部性质的额外变化。在规范理论中规范势的作用类似于广义相对论中引力势的作用。从数学上讲，广义相对论中引力势能用一种几何结构（切丛中的线性联络）来表示，而规范势也能用一种相似的几何结构，即主纤维丛的联络来表示。广义相对论与规范理论在理论和数学结构上深刻的相似性表明了这样一种可能性，即规范理论也能被诠释为在深层上实际上是几何的。

基础物理学的新进展发展了规范势与时空几何结构相联系的途径。在粒子物理导向的超引力与现代卡鲁扎-克莱因（Kaluza-Klein）理论中，假定了固定背景，这一联系是与时空的额外维度中的几何结构相关的（见第 11.2 节）。在广义相对论导向的圈量子引力和更一般的规范引力纲领中，没有假定固定背景时空结构，这一联系呈现更复杂的形式（见第 11.3 节）。无论是哪种情形，如果我们以相互作用通过量子化的规范场（其量子与相互作用场量子耦合，负责相互作用的传递）实现这样一种方式来表达规范场纲领，那么将规范场纲领视为几何纲领和量子场纲领的一个综合似乎就是合理的，量子化的规范场可由几何结构来描述，这些几何结构或者存在于内部空间中，或者存在于时空的额外维度中，或者存在于一个结构比度规结构更丰富的四维时空中。

有趣的是，量子场纲领的本体论与几何纲领的本体论之间的密切联系，只有在规范场纲领将两者综合之后才可辨识。也就是说，两种纲领中的相互作用是通过“势”这种物理实体（physical entities）来实现的。这个历史事实表明，综合的概念有助于人们用概念革命前后它们的结构性质来认识理论本体的连续性。正如我们在第12.4节中指出的，科学观念的综合需要转变以往的观念。当我们把综合的概念延伸至对科学发展中基本本体论的讨论时，我们发现本体论综合也需要转变以往的本体论概念，作为一个一般的特征，并且导致以往纲领中的基本实体（基本本体论）转变为新的基本本体论的一个副现象，因此伴随着一场基本本体论发生变革的概念革命。

这个特征表明，本体论综合的概念抓住了概念革命的一些特点，概念革命的结果是以新本体论为基础的新研究纲领的诞生。按照这种观点，不大可能把革命前纲领的旧本体论直接合并到革命后纲领的新本体论中。但是，一些已经发现的世界的结构关系，如体现在旧本体论中的外部对称性和内部对称性、几何化、量子化等，在革命前后无疑将持续存在。我认为，这是本体论发展的连贯一致的方向，尽管研究领域可扩大，但却是朝着真实的局域结构的本体论方向发展的。因此，概念革命的发生绝不意味着理论科学的发展如库恩所说的是根本不连续或不可通约的。相反，理论科学的发展是连续的和可通约的，与某种科学实在论相容（见第12.5节）。

19

另一方面，通过从20世纪场论的历史分析中推导出本体论综合的新概念，我们也发现，科学增长未必是一种连续积累的单线发展形式，因此避免了站不住脚的趋同实在论（convergent realism）立场。本体论综合的概念作为一种关于世界结构的连续性与累积性的辩证形式，比趋同概念在解释概念革命的机制与科学进步的模式上更为有力。由于科学合理性的思想旨在获得关于世界的真实结构的更多知识，因此按照科学增长的综合观点，概念革命正是实现这种合理性的一种途径（见第12.6节）。

综合观点所提议的基础研究的未来方向不同于库恩的不可通约性观点所提议的。在一些库恩主义者看来，科学研究的方向主要由社会因素决定，与智力因素关系不大。在其他人看来，一组智力因素在一个特定的范式中是重要的，但在新范式中却不起任何作用，甚或新旧范式是不可通约的。然而，按照综合的观点，在新范式中，先前理论的内在结构一定会尽可能多地得以保留。

综合观点对未来研究的提议，也不同于单线观点的提议。根据单线发展观，现存的成功理论必须被当作未来发展的典范。但是，按照综合观点，科学家应该对各种可能性保持开放的心态，因为超越现存概念框架的一个新综合总是可能的。从这样一个视角来看场论的未来发展，场论的未来很可能完全不依赖于规范场纲领内的研究，也可以运用S矩阵理论产生的结果。S矩阵理论的基本概念，如本体论和力的性质的概念，完全不同于场纲领的基本概念。

注　释

1. 见 Zilsel（1942）。

2. 例如，见 Gross（1992）和 Weinberg（1992）。

3. 见 Cantor 和 Hodge（1981）。

4. 见 Strawson（1950）。

5. 关于能量的本体论地位的上述解释将在第7章的讨论中起重要作用。

6. 例如，见 Redhead（1983）。

20

7. 关于引力场的本体论优先于时空点，一些论证将在第4.2节中给出。

8. 在一些非线性场论中，如孤波理论，这一差别变得模糊。因此不可入性变成个体性最重要的判据。

9. 这首先出现在洛伦兹电子理论中，其中以太没有力学性质，与绝对静止空间同义，而在爱因斯坦的狭义相对论中，以太的概念完全从其理论结构中去除了。

10. 这一论证受1915年石里克研究的激励。参见 Engler 和 Renn（2013）。

11. 在真空态概念中空穴理论的粒子本体残余通过一些技术发展被去除（Furry and Oppenheimer，1934；Pauli and Weisskopf，1934）和重新概念化（见第7.4节和第7.6节；Schwinger，1948b）。

12. 虚粒子的传播只是一种隐喻，因为一个可识别虚粒子的确定的空间轨迹从未被探测到。虚粒子的本体论地位是一个难题，一些预备性的讨论能够在布朗与哈瑞的论文（Brown and Harre，1988）中发现。把虚粒子的传播概念化这个困难，已经被费曼通过路径积分的表述成功掩盖（Feynman and Hibbs，1965）。

第 2 章

经典场论的兴起

尽管我计划探究的这些发展始于爱因斯坦的广义相对论，但是如果没有适当的历史视角，是很难把握广义相对论的内在动力，以及作为场纲领更高阶段的后续发展的。对场纲领本身的兴起的适当说明，能自然地提供这样一个视角。本章旨在提供这样一个说明，简要概括导致场纲领兴起的那些发展的主要动机和基本假设。[1]

2.1 力学框架中的物理作用

正如我在第 1 章中提到的，在近代早期出现的两种智力倾向——对世界的力学化和数学化，有效地改变了人们的实在概念和因果性概念。根据笛卡儿与玻意耳等机械哲学家的观点，物理世界不过是运动着的物质。根据开普勒与莫尔（Henry More）等新柏拉图主义者的观点，物理世界在结构上是数学的。作为两者的综合，物理世界的内在实在，表现为只是其运动由数学定律支配的物质体。这里物质既可以采取充盈的形式，正如对笛卡儿而言；也可以采取微粒的形式，正如对伽桑狄、玻意耳和牛顿而言。我们很快就会看到，这两种力学体系的不同导致了对物理作用的不同理解。

世界的力学化也暗示着，人们能够在物质体的空间运动中发现现象的本质，以及所有变化与效应的实质和原因。例如，玻意耳论证道，颜色的本质不过是分子的位移。但是开普勒受新柏拉图主义的鼓舞，坚持认为现象的原因，即“它们为何如其所是”的理由，存在于基本的数学结构中；凡是数学上为真的东西，必定在现实中也为真。因果性概念中的差异，即动力因与形式因的差别，也导致了对物理作用的不同理解。正如我们将看到的那样，这一点与源于对不同力学体系的不同理解纠缠在一起。

22 我们感兴趣的一个核心议题是如何解释物理作用，如引力、电力、磁力，它们显然是远距离传输的。在笛卡儿的体系中，由于不存在虚空（void space），表观的超距作用不得不以一些不易察觉的物质形式、一些缥缈的实体（如火、气，以及各种流溢物），通过碰撞和挤压作为传递介质。这种力学解释的典型例子是笛卡儿的磁理论。根据笛卡儿的说法，不易觉察的物质的流溢物穿越磁体与周围空间，形成一个封闭的回路。由于流溢物的流动导致磁体与铁之间的空气变得稀薄，外部空气的压力迫使它们聚集在一起。通过这种方式，笛卡儿就把表观上超距传递的磁作用还原为物质粒子运动导致的接触作用。

正如玻意耳所论证的那样，在原子被虚空分隔的原子论体系中，仍然有可能通过接触作用来解释远距离的表观作用。就某些媒介物质的局部运动而言，其冲击或压力来自并施加于相互作用的物质。但是，从逻辑上讲，对虚空的承认意味着接受超距作用作为一种现实存在的可能性。在历史上，超距作用的概念之所以被广泛接受，主要是因为牛顿的引力理论在天文学上取得了经验上的成功，而笛卡儿的漩涡引力理论，基于接触作用的概念却失败了，这一点不久就被惠更斯认识到了。根据基本的接触作用来解释，如内聚力、弹性与磁性之类物理现象的困难，反过来也有助于人们接受超距作用。

但是，另一个重要因素也对超距作用概念的广泛接受做出了贡献，那就是新柏拉图主义者培育起来的因果性的形式概念。根据这个概念，如果某些特定现象能够被归入特定的力的数学定律之下，那么它们就得到了解释，因而也是可理解的和真实的。因此牛顿第二定律的方程 $F=ma$ 似乎建立了因果关系，即力是物体产生加速度的原因。既然数学定律被看作是现象的真正原因，那就没有必要探究力的起因了。牛顿的一些追随者和继承者，特别是英国经验主义哲学家洛克、贝克莱与休谟非常严肃地看待这个概念。牛顿本人在内心深处感到物体具有超距离作用的能力是不可思议的，尽管有时他也倾向于把这种因果性的形式概念作为避难所。

超距作用的概念受到莱布尼茨的批评。通过诉诸连续性的形而上学原理（据此原因与结果连续地相互关联），莱布尼茨拒绝了微粒在虚空中运动的思想，因为这意味着物体密度在其边界不连续地变化。对于莱布尼茨来说，物体从不会自然而然地运动，除非它被另一个物体碰撞或挤压，而吸引的神秘性只有借助于不可察觉物体的动因才会以一种可说明的方式发生。

莱布尼茨对超距作用的批评遭到了博斯科维奇（R. Boscovich）的拒绝，但具有讽刺意味的是，他的拒绝也是建立在连续性原理基础之上的。博斯科维奇论证道，如果物质的终极粒子是有限的，那么在它们的边界，密度将有一个不连续的变化。而且，如果它们相互接触，它们的速度将会不连续地变化，从而需要一个无穷大的力。无须求助于弹性部分的无穷回归，博斯科维奇就得出结论，物质的本原必然是无广延的简单点，这个无广延的简单点具有相互施加力的能力，而这个力的大小则由它们之间的距离所决定。也就是说，物体之间的碰撞最终必定涉及超距力，这些力能够由粒子之间距离的连续函数表示。

23

如何解释博斯科维奇的力函数是一个有趣的问题。它只是一种抽象的关系吗？或者说，我们应当把它看成表征了一个连续的实在吗？如果只是一种关系，那么它是如何转化为一种实际存在物，以至于能够在空间中独立传播呢？如果它表征着一种连续的实在，那么它的本质与构成是什么？我们如何能够描绘穿过这种连续介质的作用的传递呢？这些问题是有趣的，不仅因为博斯科维奇的思想（用具有力学性质的数学点取代广延的粒子，并把力看作某种独立于物质粒子而存在的准实体）的内在优点，也因为这些思想影响了后来的哲学家与物理学家，例如康德与法拉第。至于博斯科维奇本人，他完全处在数学物理的实证主义传统中。他只是根据描述运动的变化的数学函数来定义力，而没有任何检验力的终极本质的意向。对于博斯科维奇来说，正如对于牛顿来说，力既不代表任何特殊的作用模式，也不代表任何神秘的特性，而只是质量的一种接近和后退的倾向。

2.2　连续介质

虽然经验主义与实证主义的新哲学倾向加强了根植于新柏拉图主义中的因果性的形式概念，但是对表观超距作用的动力因的探究仍在持续进行。这种研究在机械世界观方面有其根源。从终极意义上讲，力学解释需要识别构成机械论基础的永恒实体；在机械论中，原因被一步步有效地传递给结果。这种不可抗拒的强烈愿望的范例能够在牛顿对以太的沉思中找到。

以太的概念由来已久，牛顿并不是创始人。以太思想对力学世界观非常重要，从力学哲学的早期兴起开始，它就在文献中相当流行。原因在于，以太实体能够为远距离传递运动提供介质，更重要的是，各种具有非力学性质的以太流体能够用来解释各种非力学现象，如内聚力、热、光、电、磁与引力。例如，笛卡儿及其追随者就提出了几种用以解释光、电和磁现象的流体。

作为传递作用的微妙介质或非力学效应的媒介，各种以太实体（如光和
24
引力以太，电流体、磁流体与热质流体，火与燃素，它们的分布和状态的变化会在普通物体中产生可观测的变化）被认为具有不同于力学构造的性质，它们是稀薄的、不可见的、无形的，能够渗入到稠密物体中，并弥漫于整个空间。通过这样一个以太概念，牛顿试图给出引力的因果解释。没有求助于笛卡儿的通过邻近粒子施加的压力与冲力的概念，牛顿将引力解释为稀薄介质中的粒子所产生的排斥力效应，这些粒子不均匀地分布于引力物体内以及整个虚空中，它们通过排斥力作用于可称重的物体。

牛顿把以太看成引力的原因与吸引作用力的媒介，从对自然的类比中推导出他的以太思想：类似于光线。牛顿认为，以太流体也是由坚硬的、不可穿透的粒子形成的。但鉴于物体可以毫无阻力地在以太中移动与漂浮，以太粒子，作为一种微妙的物质形式的组成部分，被认为更稀薄、更细微、更有弹性，没有惯性力，按接触作用以外的规律行动。然而，这些特征并不能使牛顿的以太是非力学的，因为它仍然是由物质粒子构成的。此外，引力的超距作用只是由排斥力所取代，而排斥力也是超距作用，将以太粒子分开。

不过，牛顿的以太有一个重要的特征，它标志着与机械论哲学的背离。也就是说，尽管牛顿的以太由本质上具有惰性的物质粒子组成，但牛顿的以太拥有活性，不能被还原为惰性的排斥力。因此，正如康德所认识到的，作为引力的一种活性起因，或者更一般地说，作为一种活性实体，牛顿的以太是力的构成的形而上学原则。

以太作为一种活性实体的想法，隐藏在牛顿的思辨著作中，莱布尼茨更清楚地阐述了这一思想。对于莱布尼茨来说，整个世界，无论是普通物体还是光线，都包含着稀薄的流体，即不可察觉的物质。甚至空间也不乏有一些细微的物质、流体或非物质实体。所有这些从根本上讲是由力的空间充盈（force plenum）构成的。力的空间充盈是一种活性实体，因为力作为运动的原因把活性具形化了。因此，对于莱布尼茨来说，自然的活力先天地存在于力的空间充盈中，而全部细节都是一个充满活力的统一体的方方面面。正如

彼得·海曼（Peter Heimann）与麦圭尔（J. E. McGuire）所提出的[2]，在从笛卡儿到玻意耳、牛顿、莱布尼茨以及后来的科学家的发展中，我们发现了在实体本体论中惰性广延性的衰落与活力的兴起。这就是为什么我把活性（activity）看作是近代科学中实体定义的组成部分。

然而，一个我们已经在牛顿的以太中遇到的深刻困难是，任何一种连续介质，不管是否具有活性，如果它是由物质粒子组成的，就不能给超距作用的候选传递作用模式提供一个本体论基础。正如康德指出的，原因是任何具有明晰边界的粒子总是作用于自身以外的某种东西，因而作用于它所不在的地方。因此，超距作用传递的真正候选者需要一个连续介质的新概念。

除了关于力的空间充盈、火或流溢物的一些猜测之外，这样一个连续介质概念在科学上的重要提议，直到 1802 年托马斯·杨（Thomas Young）提出光的波动理论时才产生。在光的波动理论中，人们提出一种弹性流体，这是一种传递远距离作用的新的媒介模式：通过流体的波形运动逐步传递。这种发光的以太很快就被采纳，在 1816 年菲涅耳（Fresnel）理论表述中以弹性固体的形式呈现。 **25**

起初，发光以太仍然被设想为由力或粒子的点中心以及粒子之间的作用力所组成（Navier，1821；Cauchy，1828），因而作用的连续传递被还原为邻近的中心或粒子之间的相互作用。由于康德的论证在这里可用，因而超距作用没有被一种真实的替代方案所取代，而只是被转移到一个较低的层次。

真正连续且可变形的介质概念，不是由无量纲的点，也不是由广延的却具有明晰边界的刚体组成的，是在 19 世纪 40 年代由乔治·斯托克斯（George Stokes）与威廉·汤姆逊（William Thomson）在光以太的数学研究中发展起来的。在他们的连续介质的新概念中，我们能够设想介质是可分的，介质的无穷小部分之间的作用，是由通过整个介质而非部分介质张力的重新分布来传递的；而力的概念被作用于介质的无穷小部分的压强与应力的概念取代了。刻画连续介质数学特性的，是用来计算连续介质无穷小部分的变化的那些纯形式程序，而不涉及介质体系的隐秘关联。对他们的研究起关键作用的概念是势的概念，而势的概念早就由拉普拉斯（Laplace）、泊松（Poisson）与格林（Green）发展起来，它与连续介质中的传输作用密切相关。

最初，拉普拉斯引力理论中的势，或者泊松静电学中某种物质的势，不是定义为空间的一种实际的物理性质，而只是一种潜在性质：如果试验质量（或试验电荷）被引入到空间中的一点，那么就会有力作用于空间中的那一点，即引力势（或静电势）除了对引入到定义势的空间中的质量（或电荷）施加吸引力的潜在可能性之外，不具有任何物理性质。有两种处理势的方式。如果用积分形式处理势，在这样一种处理方式中，需要对粒子之间所有超距作用做积分，那么势就不显示通过物理上的连续介质来连续地传递作用，而只是作为一种特设性工具，由此空间中每一点的力能够定义为超距作用源的合力。这样，势的概念似乎与连续介质的研究不相关。

但是，势也可以是一种满足某个偏微分方程的量。既然由牛顿首先发明的微分定理把系统的邻近态直接联系起来，那么这些微分定理进入物理学就很适宜，它们可以用来表达施加于连续介质的邻近部分之间的作用，在偏微分方程中它们可以表示一个连续系统的演化。更明确地说，在微分方程 $\nabla^2 V = 4\pi\rho$ 中，任何点附近的一个势 V 的二阶导数只是以某种方式与该点的密度相关，而在该点的势的值与距离该点有限距离的任意点 ρ 的值之间没有关联。因此人们推想，势的概念能够转化为具有物理实在的连续介质的概念。这种连续介质将为一种可供选择的传递作用（超距作用或接触作用）模式提供一个物理基础。在这种模式中，每个介质点由表征出现在那里的物理量（如能量）的某个数学函数来刻画，而表观超距作用由介质中压力状态的变化来说明。

26

把连续势转变为这样一种物理上连续的介质，与寻求表观超距作用的动力因的目标相一致。但是，如果物理介质事实上是不连续的，那么如何能够把一种假定为连续的数学工具看作是对一种物理介质的表征呢？一种可能是将不连续性看作在物理过程中将被消除的东西。虽然这在物理学上是可想象的，但在形而上学层面上是不令人满意的。而且，这也遗漏了一个要点，那就是存在一种能够处理严格连续介质中的作用，并且满足连续性原理的数学模型。

19 世纪 40 年代，一些数学物理学家以不同的方式处理这个问题。例如，斯托克斯不把物质的连续性或流动性或弹性看作组分粒子的宏观效应，而看作一种只在完全连续实体中达到极致的状态。他也从完全连续的实体的方程出发，把普通连续介质的运动看作是可决定的。这里，我们发现新柏拉图主义者实在概念中的结合点：“凡是数学上为真，也必定在现实中为真。”这个结合点发挥了作用，并帮助数学物理学家把他们的连续实体的新颖概念定型。在概念上，这种迁移对于场论的发展具有深远的影响。

2.3　力学以太场论

19 世纪场论的兴起是几个理论平行发展的结果。其中最重要的首先是光的波动理论的成功，这主要归功于托马斯·杨与菲涅耳的工作，这个理论假设了将一种弹性光以太作为解释光学现象的本体论基础；其次是由法拉第开创的，威廉·汤姆逊、麦克斯韦与其他许多物理学家详细阐明的电磁学研究，这一研究引导人们认识到光以太也可能是电磁现象的活动场所，因而在电磁学理论中发挥了解释的作用，类似于它在光的波动理论中所起的作用。

电磁现象能够非常成功地在超距作用的框架中得到描述。在法拉第与麦克斯韦的研究工作之前，较早的例子可以在法国物理学家库仑（Coulomb）、泊松与安培（Ampère）的系统表述中找到；较晚的例子则可以在德国物理学家韦伯（Weber）与亥姆霍兹（Helmholtz）的系统表述中找到。因此发展不同框架的动机主要是出于解释而不是描述。也就是说，研究的目的是发现表观超距作用的根本原因，并根据连续介质中作用的传递来解释超距作用。

27

但是，这样一种尝试在物理学史上早已存在，显然比法拉第和麦克斯韦登上历史舞台要早得多。如果我们把场概念看作是对所考虑空间区域的表示，考虑到试验物体在该空间区域的势行为，或者把场看作是传递作用的动因或介质，它们的局部压力与应力造成了试验物体的行为，那么正如海尔布伦（Heilbron，1981）所指出的，18 世纪 80 年代的电学家们就已经有了“场”的概念，尽管没有使用“场”这个词。

然而，在 18 世纪与 19 世纪早期发展起来的场概念，从本质上讲更像是一个特设性工具，而不是对物理实在的表征。理由很明显：场只能设想为没有其他属性的一个物体的作用场，因而不是独立的存在。考虑到这一点，我们发现法拉第开创的这些发展的新颖之处在于，把场作为一个特设性工具转变为对物理实在的一个表征。法拉第通过论证与实验演示表明，场这一介质除了与物体的势行为有关外，还具有其他性质，其中最重要的是场具有连续性和能量。

电磁场作为一种新型的连续介质，首先是从与流体的类比，特别是与弹性介质的类比中导出的。1844 年，法拉第修正了博斯科维奇的物质粒子是力线收敛的点中心假说，提出邻近粒子间的电磁作用不是超距传递而是通过力线传递的。他进一步提出电磁现象能用表示力的方向的力线来刻画。例如，与泊松势思想相对照，法拉第对博斯科维奇思想的修正似乎是第一个电磁场论概念：泊松势完全由粒子与电荷的排列决定，因此能从电磁理论的描述中去除掉，而法拉第主张连续力线是一种独立的存在，通过这些力线，电磁力能够连续地传递。

首先，法拉第反对把这些抽象力线等同于某种充满空间的弹性介质，如由细微粒子构成的光以太。然而，受到认真看待光以太的威廉·汤姆逊的影响，法拉第对以太思想采取更同情的态度。他愿意把磁力看作是以太的功能，虽然他承认自己对力线存在与传递作用的实际物理过程没有了解清楚。有一段时间，法拉第对于力线的本体论地位不是很有把握，他认为它们可能是某一点力的强度和方向的思想表征，或是一种物理实在，要么作为“纯粹空间的状态”，要么作为“我们称为以太”的不可称重实体介质的状态（Faraday，1844）。

28

为了使连续力线成为一种物理实在，法拉第提出了四条判据：①力线必定为它所经过空间的物质进行修正；②力线必定独立于它们所终止的物体；③力线必定在时间中传播；④力线必定显示一个有限的作用能力，这相当于假设在力线经过的空间安置了能量。最后一条判据是力线或说场（力线后来被称为场）具有连续性与实在性的一个必要条件。不难看出，如果假设了运动的连续性，那么场必定拥有某种能量：如果把粒子放在力线经过的空间中原先没有物质的一点上，那么粒子就会获得一定的动能，而这个能量一定来自周围的空间；否则，就会破坏能量守恒原理。（如果物体之间的作用是在有限的时间传递的，并且如果粒子的能量不是在力线经过的时间间隔中出现的，那么在这段时间间隔中能量就不守恒）。所有这些判据将引导后来的场概念发生转变，即由威廉·汤姆逊，特别是麦克斯韦实现的从一种特设性工具转变为一个物理实在的表征。

如果没有威廉·汤姆逊的开创性工作，麦克斯韦就不可能前行。通过数学类比，威廉·汤姆逊首先在1845年建立了电磁现象和傅里叶（Fourier）的热传导工作之间的一种形式上的等价，然后在1847年他一方面在静电学和电磁学之间，另一方面在静电学、电磁学与弹性固体的平衡条件之间，建立了形式上的等价性。他将斯托克的解用于弹性固体的一般平衡方程，对于纯应变的情况，解表示静电作用，而对于纯旋转情况，解则表示电磁作用。在1849年和1850年，威廉·汤姆逊更系统地应用了这条推理路线，并且论证了磁学理论能够通过研究磁性物质（他称为场）的连续分布来加以发展。

起初，威廉·汤姆逊并没有具体说明磁场的细节，只是提议，在法拉第发现的磁致旋光的基础上，磁力线可能等同于发光的以太，以太是一种旋转的弹性连续介质。从力学以太的概念出发，威廉·汤姆逊提出了几种理论，在这些理论中，以太是一种动力学实体，是自然界统一性的基础，并且自身分化为自然界的各种细节。从 19 世纪 50 年代起，威廉·汤姆逊开始对推测他的数学结果所代表的隐藏机制感兴趣。1856 年，他给出了他 1847 年正式结果的力学表示。在得知 1858 年亥姆霍兹关于涡旋运动的工作（这项工作表明一定的涡旋运动具有某种永恒性）之后，威廉·汤姆逊论证道，假设以太是整个空间中一种完美的流体，流体的这些永恒的顶点环可以被确认为普通原子。这是第一个将离散原子与连续的充盈联系起来的模型，用以太解释物质，避免粒子的超距作用或接触作用。

威廉·汤姆逊关于以太的思想在 19 世纪下半叶极具影响力。然而，他提出的所有模型本质上都是机械的。尽管威廉·汤姆逊在连续介质与位势方面的工作对麦克斯韦帮助很大，但是他本人并不能正确理解麦克斯韦的电磁场理论。1884 年，威廉·汤姆逊声称：

> 除非我能做出一个东西的机械模型，否则我永远不会感到满意。如果我能做出一个机械模型，我就能理解它。只要我一直不能做出一个机械模型，我就不能理解。这也是我不能得到电磁理论的原因。
>
> （Thomson，1884）

29

从威廉·汤姆逊的数学类比出发，麦克斯韦超越了它，进入了物理类比。从电磁现象与连续现象的相似性出发，麦克斯韦论证了电力和磁力一定包含通过连续介质的作用。为了发展他的电磁场理论，麦克斯韦把连续介质力学与位势理论中的形式等价性问题的解翻译为电学和磁学的语言。麦克斯韦从所得到的波动方程组中推断出，"光存在于引起电现象和磁现象的同一介质的横向波动中"（1861—1862 年）。然而，电磁介质与光介质的等同仍然不能算是光的电磁场理论，因为构成光波的"横波"并没有借助电磁变量给出任何明确的解释。麦克斯韦实现的不是把光还原为电与磁，而是把两者同时还原为单一以太的作用机制。

麦克斯韦的以太概念和威廉·汤姆逊的以太概念一样，在性质上也是完全机械的。在他 1861—1862 年《论物理力线》（"On Physical Lines of Force"）的论文中，麦克斯韦成功地把法拉第的思想具体化。法拉第设想在一个机械模型里面，就一串物质粒子的极限情况，力可以通过一定距离连续传递。不久以后，也就是从 1864 年开始，麦克斯韦重新处理了对力学以太的这种具体说明。他 1864 年的论文《电磁场的动力学理论》(“A Dynamical Theory of the Electromagnetic Field”）的发表是他从设计具体模型转向采用抽象的广义的（拉格朗日）动力学方法的转折点。为了避免任何不被允许的涉及以太的具体机制的假设，并且仍然坚持他对机械世界观的承诺，麦克斯韦利用拉格朗日变分原理推导出了著名的波动方程（Maxwell，1873）。他认为这个动力学理论是机械的，因为牛顿力学可通过使用拉格朗日形式的体系而得到重新表述。

在某种意义上，麦克斯韦是正确的。他对所发现的定律的解释是机械的，因为他的以太是牛顿动力学体系。如果基本动力系统被视为非牛顿的，那么就可能存在着麦克斯韦定律的非机械解释。但是，麦克斯韦对场概念的这种激进的修正还没有准备。虽然他给出了电磁作用的场论概念的数学表述，但是他没有完全明确地表达场的概念，因为他的场只是被设想为一种未知的动力学系统——以太的状态。当他具体描述时，他的以太表现为极化粒子的电介质的极限。场作为这样一种机械实体的状态，既不是在不可还原意义上的存在，也不是在与物质相等意义上的存在，因此场没有独立的本体论地位。

人们经常声称，麦克斯韦对场论的一个最重要贡献是：他用一组波动方程确立了场能的实在性。麦克斯韦的确说过“不过，在谈论场能时，我希望 **30** 被准确地理解”。诚然，他的方程组也显示在传递电磁作用时有时间延迟，这暗示着在电磁作用空间一定有某一物理过程发生。因此，法拉第的力线意味着在力线传过的空间一定存在某种东西。但是，这是否意味着麦克斯韦把场看作是一个本体论上独立的物理实在？这个物理实在携带从一个物体传递到另一个物体的能量？远非如此。关于在传递什么，麦克斯韦说道：

> 我们不能想象在时间中的传播，只能想象物质实体在空间中的飞行，或者在空间中运动或压力状态在一种已经存在的介质中的传播。
>
> （Maxwell，1873）

关于能量储存于何处，他说道：

> 我们如何能够设想这种能量存在于空间的一点上，既不与这个粒子也不与那个粒子重合？事实上，每当能量在时间上从一个物体传递到另一个物体时，必定存在一种介质或实体，能量在离开一个物体之后又没

有到达另一个物体之前，存在于其中。

（Maxwell，1873）

这个论证的目的是要显示，发生传播与储存能量的介质是必不可少的。因此，麦克斯韦著名的“能量论证”所建立的与其说是场的能量的实在性，还不如说是以太的能量的实在性。

毋庸置疑，麦克斯韦关于作为场的载体的力学介质的概念是与对场的另一种理解不相容的。对场的另一种理解是，把“场设想为以非常独立于力学介质的方式，从一个粒子投射于另一个粒子”（Maxwell，1873）。这是卡尔·纽曼于 1868 年在他的势能理论中提出的（Neumann，1868）。麦克斯韦的论证矛头直接指向纽曼的场观点。纽曼的场概念超越了力学以太场的框架，并很好地继承了力–能场概念的传统。

在德国物理学家中，纽曼并不是第一个对力–能场概念的形成做出贡献的学者。虽然 19 世纪的德国物理学界普遍偏爱超距作用的概念，但在精神上德国有一种深厚的偏爱场论的思想传统。我这里指的是莱布尼茨–康德的理性主义形而上学传统，这个哲学传统通过谢林（Schelling）与黑格尔的自然哲学在 19 世纪的德国知识分子中产生了深远影响。

从实体与活力的统一性原理出发，莱布尼茨推导出了作为力的密集连续统的实体概念。这种实体是一种动力学的充盈物，而不是一个广延的物质充盈，它遍及整个宇宙，是自然界统一性的基础，并把自身区分为自然界的各个不同的细节。类似地，康德写道：

> 物质运动力的基本体系依赖于实体的存在（原动力），这种实体是所有的物质运动力的基础……存在着一种在它所占据或通过斥力填充的空间内广泛分布的穿透物质，它在其所有部分均匀地激活自身并无休止地维持这种运动。[3]

31

上述思想在德国物理学中反复出现。例如，迈耶（Julius Mayer）坚持一种形而上学的力实体观念，力实体不依赖于物质，但仍具有与物质一样的实在地位。为了同时描述传过空间的光与热，迈耶不仅要求一种携带光波的物质以太，而且要求一种独立传递的、显然是非物质的热力。在 19 世纪的最后十年，迈耶的空间充满力场的观点在唯能论的新倾向中复活了，能量被认为是所有实在的基础。

场论在德国发展的另一个促进因素来自高斯的推测（Gauss，1845），即必定存在一些力，能够引起电作用在电荷之间以有限的速度传播。他的学生伯纳德·黎曼（Bernhard Riemann），早于纽曼，就在尝试发展势在时间中传播的数学表述。最初，黎曼（Riemann，1853）试图根据均匀以太抗拒容积（引力）和形状（光）的变化来分析引力与光的过程。他推断引力可能由不可称重的、充满空间的以太进入可称重原子的连续流所构成，这取决于直接包围可称重原子的以太的压强，而压强又取决于以太的速度。因此，不会存在超距作用。黎曼推测，相同的以太也会传播被视为光与热的振动。但黎曼的推测有一个严重问题，就是通过什么可能途径才能连续地产生出一种新以太。

在麦克斯韦建立电动力学的前几年，黎曼更为精致的统一以太场论成形了。黎曼假定，在任何一点物体运动与运动变化的原因，都应当从"连续扩散到整个无限空间的实体的运动形式"中去寻找（Riemann，1858）。他把这种充满空间的实体称为"以太"，并且提出一种能够再现引力与光传播的偏微分方程的均匀以太的特定运动。第一个方程是有关以太流的连续性方程。第二个方程是关于以光速传播的速度为 W 的横波振动（不是位移的振动）的波动方程。引力与光的这两种运动的组合产生了合乎要求的速度函数，证实了统一这两种过程的可能性。

在 1858 年提交给哥廷根科学学会的论文中，黎曼提出了一个光的电磁理论：

> 我发现，如果假设处于静止状态的电质量的作用不是瞬时发生的，而是以恒定速度（在可观测的误差极限内等于光速 c）在它们之间传播，那么伽伐尼电流的电动力学效应就可以得到解释。根据这个假设，电力传播的微分方程将与光和热辐射的传播方程相同。
>
> （Riemann，1867）（去世后于 1867 年出版）

32 借助"以太中的密度变化"这个概念，黎曼建议用方程 $\nabla^2 V - 1/c^2 \partial^2 V/\partial t^2 + 4\pi\rho = 0$ 取代静电势的泊松方程 $\nabla^2 V + 4\pi\rho = 0$，而根据前一个方程，势的变化将以光速 c 从电荷向外传播（Riemann，1861a）。从而他发现，把电学和电磁学整合到他的统一物理科学纲领中是可能的。

在描述黎曼的统一纲领时，我们发现黎曼所探寻的是把超距作用的离散力替换为在以太中邻近元素之间的连续推迟作用，以及以太中的状态与过程。采用这种方式，他为力提供了本体论基础，并使得以太的状态及其变化成为力的实在。这对于能量概念来说是相当重要的转变，因为在这个框架中力作为以太状态的变化形式而穿过空间扩散时能被理解为势能。黎曼的纲领也是有动力学特征的。他坚持“以太运动定律必须是为解释现象而假设的”，而且以太动力学的基础是运动的连续性原理与势的极值条件（Riemann，1858）。这些思想与威廉·汤姆逊、麦克斯韦，以及后来的菲茨杰拉德（Fitzgerald）、洛奇（Lodge）与拉莫尔（Larmor）的动力学理论的思想相似。

黎曼的把以太作为空间中传播力的方式的思想，把力变成了以太的能态，从而加强了承认能量是独立的和守恒的实体的更普遍认识，这一点正如纽曼的工作所表明的那样。为了描述韦伯的电以太粒子之间的表观超距力，纽曼以新的方式发展了黎曼早期关于传播力与推迟势的理论。在提交给哥廷根科学学会的论文（Neumann，1868）中，纽曼认为“势［能］是原生的、特有的原动力，而力是次生的，是原动力表现出来的形式”。然后，他证明了以光速传播的势使所有已知的电磁作用定律成为必要。这样，他就使得韦伯用以描述光传播的以太成为多余。虽然他可能考虑到传播势的物质基础（如以太场），但是他没有提及这一点，从而削弱了这种物质基础对力-能场的必要性。

通过忽视不可观测以太，把势能看作基本的并可在空间中传播的东西，纽曼赋予势能一个独立的能量场的地位，在某种意义上类似于迈耶关于充盈空间的力场。因此，后来的唯能论者有充分的理由把诺伊曼和迈耶追认为唯能论观点的先驱。

现在我们看到，在麦克斯韦与纽曼的分歧中，争议的焦点在于：是否存在一种本体论上不可还原的物理实体，它不同于物质实体，并负责连续传递电磁作用的功能？由于坚持实体的力学概念，麦克斯韦在对纽曼的批评中，否定了这种可能性，因此在对电磁场的本质的新理解方面，他没有做出贡献。

麦克斯韦的以太机械观，特别是威廉·汤姆逊的作为普遍基质（substratum）的以太机械观，在英国物理学的思想中的统治地位，不久就导致了机械世界观的兴起。在这以前，存在着两类承载具体力的电粒子，两类承载具体力的磁粒子，以及热粒子与光粒子。然而，由于威廉·汤姆逊与麦克斯韦的工作，这些多种多样的粒子和力不久就在文献中消失了，取而代之的是以太中的各类运动：电和磁现象被解释为以太的运动与应变；热也被视为不过是以太的运动模式。根本的假设是，所有自然现象都可以通过普遍的以太基质的动力学得到解释。

33

但是，具有讽刺意义的是，在麦克斯韦1864年的电磁场动力学理论之后，英国物理学的后期发展能够被描绘为一个去机械化的、与德国特别是莱布尼茨的非机械原始实体的思想相融合的过程。例如，克利福德（W. K. Clifford）受到了黎曼的影响。海因里希·赫兹（Heinrich Hertz）发现电磁波以后，在英国颇具影响力，电磁波使得赫兹与一般公众都相信场的实在性。此外，莱布尼茨的原始物质思想几乎能够在每一位英国物理学家的著作中发现，包括威廉·汤姆逊与拉莫尔的著作。

威廉·汤姆逊的普遍以太的动力学纲领认为，整个物理世界是从以太的涡旋运动中涌现出来的。作为回应，洛奇说道：

> 一种充满所有空间的连续实体：它可以像光一样振动；可剥离成正负电；它在旋转中构成物质；它通过连续性而不是通过碰撞来传递物质所能产生的每一个作用与反作用。这就是以太及其功能的现代观点。
>
> （Lodge，1883）

然而，洛奇坚持认为，“以太和普通物质，在性质上一定不完全相同”。由此，他暗示了以太的非机械本质。

19世纪80—90年代，菲茨杰拉德一直关注以太理论，他也认为，“全部自然界都将还原为宇宙间充盈物的运动”（Fitzgerald，1885）。根据菲茨杰拉德的观点，存在两类涡旋运动。第一类是存在构成物质的局域涡旋原子。第二类是在整个宇宙流体中伸展开一根根涡旋细线，并使流体作为一个整体具有以太的特性——它是光和各种力的承载者。也就是说，由于它精确地满足了麦克库拉格的动力学假说系统（MacCullagh's system of dynamical assumptions），因此，物质与以太都从宇宙充盈物中涌现了出来，正如斯托克斯指出的那样，对于任何物质动力学系统来说，这些都是不可能出现的。[4] 在这里，我们发现了非力学以太的另一种暗示。

拉莫尔是英国最后一位伟大的以太理论学家。他综合了前辈的工作，对现存的各种发展趋势进行了逻辑总结。这种综合是在动力学纲领的语境中实现的，动力学纲领代表着传统力学以太理论发展的最高阶段，因而为超越力学以太理论铺平了道路。这里的动力学纲领是指拉格朗日表述。传统上，在以太理论的拉格朗日方法中，抽象处理之后，迟早会尝试揭示拉格朗日形式体系所抽象处理的效应的隐机制，要么以实在论的形式，要么至少以直观模型的方式。但是，拉莫尔提出：

与无形的原始介质以及其他我们能直接观测其现象的动力学系统相比，具体模型更确切地说是在阐明与解释本质。

（Larmor，1894）

于是，情况就倒转过来了，这就带来了观念上的一个重大变化：此前，抽象的拉格朗日方法被看作通向终极理论的一步，这将显示以太是一个特定的力学系统，现在这个抽象的理论，在拉莫尔看来，已经是最后的终极理论，而特定的模型只是出于启发或教学的原因才有意义。

不久，拉莫尔更进一步，放弃了英国以太理论的基本信条。1894 年，他放弃作为机械物质基础的涡旋原子。1900 年，他声称“物质可能是并且很可能是以太中的一种结构，但以太肯定不是物质的结构”，从而与威廉·汤姆逊的物质以太传统分道扬镳。“主要是在拉莫尔的影响下，”惠特克（Whittaker，1951）评论说，“到 19 世纪末，人们普遍认识到以太是一种非物质介质，不是由在绝对空间中具有确定位置的可识别元素组成的。”

这一认识有助于物理学家更认真地对待能量场的概念。各种形式的能量的可转换性与守恒表明，能量体现了所有自然力的统一。因此，能量场似乎是普遍基质的合适候选者。虽然能量守恒的基础仍然被认为是机械能，但是能量场的非机械含义使得能量场这个概念渗透到物理学家的意识中，成为从力学以太场概念转向独立的、非机械的电磁场概念的必要步骤。

2.4　电磁场理论

在力学以太场理论中，电磁场不仅仅是一种用传递局部作用的连续介质，来解释表观超距作用的智力策略。相反，由于电磁场不只具有相关的传递作用的性质（其中最重要的是能量，以及通过场的作用传递的，具有光速并且需要经历时间的性质），因此，可以把电磁场设想为物理实在的一种表征。但是，由于英国物理学家把电磁场设想为只是力学以太的一种状态，而非独立的客体，因此，我把他们的理论称为力学以太场论，而不是电磁场论。

35

除了连续性之外，以太和普通物质之间的差别是非常模糊的。这在威廉·汤姆逊与拉莫尔的统一以太物质理论中尤其如此。在这类理论中，物质粒子要么被设想为充盈空间中的烟雾环或者涡旋原子（正如磁致旋光所暗示的那样），要么被设想为弹性以太中的旋转应变中心。既然以太和普通物质都由力学术语来描绘，它们之间就不存在清晰的差别。当然，电磁场遵守麦克斯韦方程组，而物质粒子遵守牛顿运动定律。不过，既然电磁场只是力学以太的一种状态，应该遵守牛顿定律，以太理论家就总是假定电磁定律可以还原为力学定律，尽管未能设计出令人信服的机械模型，这已经将还原的任务推迟到了未来。此外，既然电荷与普通物质之间的关系超出了以太场论的范围，普通物质与以太之间的相互作用就只能用力学的而非电磁学的术语来处理。这进一步取消了这个理论作为电磁场论的资格。

由麦克斯韦到拉莫尔的英国物理学家和欧洲大陆（不包括英国和爱尔兰）的赫兹和洛伦兹发展起来的电磁学的动力学方法（未对以太的力学细节作假定），对电磁场论的兴起至关重要。例如，赫兹虽然还是致力于力学以太的想法，用隐质量的运动来表示力学以太，用机械结构来连接它的各部分。但是，由于赫兹把麦克斯韦方程组从任何具体的力学解释中分离出来，从而把数学形式体系与其机械模型的表示完全分离开来，因此他的公理化方法促进了电磁场没有机械性质的思想的发展。

洛伦兹迈出了发展电磁场论的关键一步。与那些热衷于基于电磁场的以太的力学构造的英国物理学家相比，洛伦兹关注的是物体的电构造以及被视为对不带电物质完全透明的以太的电构造。他首先把以太完全从物质中分离出来，而后采用他的电子论处理以太与物质之间的相互作用。在他的二元本体论中，物质体被想象成嵌入到以太中的带电粒子（离子或电子）系统，而如电荷甚至质量之类的性质，其本质上是电磁的而非力学的。他的以太摒弃了所有的力学性质，因而完全从物质中分离了出来。在这个框架中，电磁场被当作是以太的状态。既然以太没有力学性质，其性质只是如同构成电磁场与物质之基础的虚空中的性质一样，那么电磁场就享有与物质一样的本体论地位，即它代表着独立于物质的一种物理实在，而不是物质的一种状态，像物质一样具有能量，因而具备作为非力学实体的资格。

36

洛伦兹的以太概念受制于若干约束，并且对于不同的解释与评价是开放的。[5] 由于这个概念对他讨论以太和物质之间的关系至关重要，也对他对物理世界的总看法至关重要，因此就值得多费一些笔墨。洛伦兹从菲涅耳的以太概念中提取了静止的特征，但对其作了修正。对于他来说，以太是处处局域静止的。这意味着“这种介质的每个部分都不会相对于另一部分运动，而天体的所有可感知的运动都是对于以太的相对运动”（Lorentz，1895）。因此，以太充当着给出正确测量长度与时间的普适参考系，起着与牛顿力学中的绝对空间相同的作用。

而且，洛伦兹的以太在特殊的意义上是实体性的。以太的实体性是洛伦兹的收缩假说所要求的，而反过来收缩假说又为他对静止以太的承诺所要求。洛伦兹试图对 1887 年迈克耳孙-莫雷实验（Michelson-Morley experiment）的否定结果作出清楚的解释。他假设，当物体在以太中运动时，除了电力和磁力，决定物体大小的分子力也受到影响，因而由此产生的物体尺寸的收缩将消除菲涅耳静止以太框架中所期望的效应。作为一种物理现象的原因，分子力的改变被认为是由以太与物体分子之间一些未知的物理相互作用引起的，因此以太必定是实体性的，这样它才能与分子相互作用。然而，由于洛伦兹的以太对不带电的物质完全不起作用，并且没有关于其结构的任何假设，因此从物理收缩的假说中推导出来的以太的实体性，就不足以把以太与真空区分开来。

在讨论物质与以太的关系时，洛伦兹推广了麦克斯韦的动力学方法，并假设动力学系统由两部分构成：带电粒子（电子）构成的物质和表示以太状态的电磁场。从而，两者的关系被还原为纯电磁关系，即电子与场的相互作用，不存在所假设的以太与物质间的力学联系。更精确地说，带电粒子的出现与运动，改变了以太的局域态，因而也在稍后的时间改变了这个带电粒子作用于其他带电粒子的场。也就是说，场产生于电荷的出现及其分布的变化，通过施加一种特定的“有质动”力（“pondero-motive” force），即所谓的洛伦兹力来作用于电荷。

洛伦兹对物质与以太关系的讨论涉及电磁场中运动电子的电动力学。在他的公式化的表述中，重新推导了场的动能与势能，并证明其与麦克斯韦给出的结果相同。唯一补充的是他的洛伦兹力方程。因此，他的电动力学表现为麦克斯韦电磁场概念与欧洲大陆的电动力学的一个综合；在电磁场概念中，作用是以光速传播的；在电动力学中，电作用是用带电粒子之间的作用力来解释的。

37

洛伦兹电动力学的一个特点是，当带电粒子受到来自以太（通过场）的可称重力时，以太和场没有受到带电粒子的反作用。这对于维持他的静止以太假说是必要的。庞加莱（Jules Henri Poincaré）批评洛伦兹违背了牛顿第三定律，即作用力与反作用力是大小相等的。但是，对于洛伦兹而言，以太不是一种能够运动并且与力相互作用的质量系统。[6]因此，对于洛伦兹来说，不仅以太与场是非力学的，而且构成物质体的带电粒子，在它们违背牛顿第三定律的意义上，也是非力学的。

洛伦兹确实相信空间和时间的绝对性，并保留以太作为绝对参照系。尽管如此，洛伦兹还是开始了对物理学基础的重大修正，因为他拒绝了牛顿运动定律的普遍有效性，拒绝了电磁场的力学基础，并设想在纯粹的电磁本体论和概念上建立物理学基础。不仅假定电动力学方程组的有效性是基本的，无须基本的力学解释，而且自然律被还原为电磁方程组所定义的性质。特别是，力学定律被视为普适的电磁定律的特殊情况。根据洛伦兹的理论，甚至物质体的惯性与质量，也必须由电磁术语来定义，而不能设想为恒定的。因此，牛顿力学的一个基本原理被否定了。

19 世纪 90 年代，洛伦兹的电动力学广受欢迎。在一种反力学的文化氛围中，马赫对力学的哲学批评和唯能论的兴起证明了这一点，洛伦兹的工作是有影响力的，并在电磁与力学世界观的文化交锋中发挥了决定性的作用。爱因斯坦把融贯始于法拉第，完成于麦克斯韦与洛伦兹的场论纲领作为自己的使命，在他生命的最后的几年里，他曾经评论过洛伦兹在发展场论中所采取步骤的重要性：

> 这是一个令人惊讶和大胆的步骤，没有它，后来的［场论纲领］的发展将是不可能的。
>
> （Einstein，1949）

注　释

1. 关于细节，见 Cantor and Hodge（1981），Doran（1975），Harman（1982a，1982b）、Hesse（1961）以及 Moyer（1978）。

2. 见 McGuire（1974）。

3. 参见 Wise（1981），我已经从中引用。

4. 见 Stein（1981）。

5. 对于不同的解释与评论，例如，见 Nersessian（1984）。

38

6. 正如霍华德·斯坦所指出的那样，洛伦兹力不是从定义动量流的麦克斯韦应力中推导出来的，否则就不会违反相当于动量守恒的牛顿第三定律。在那种情形中，因为部分动量流通过洛伦兹力把一些动量传递给运动的物体，所以场的总动量就必然会改变。19 世纪中叶以来，能量的转化与守恒被广泛接受，这隐含了对能量的非运动学形式的接受。这使得动量的非运动学形式合乎情理，这归因于以一定速度运动的没有确定质量的作为其载体的电磁场。因此力学与电动力学之间的表面冲突并非不可调解。详见 Stein（1981）。

第一部分

基本相互作用的几何纲领

经典场论的兴起深深地根植于寻找表观超距作用的动力因。以电磁学为例，威廉·汤姆逊和麦克斯韦在他们的以太场论中，通过引入一个新的实体（电磁场）和一个新的本体论（连续以太），成功地解释了超距作用。场拥有能量，因而代表了物理实在。但作为力学以太的一种状态，它没有独立的存在。在洛伦兹的电动力学中，场仍然是以太的一种状态。然而，由于洛伦兹的以太被剥夺了所有的物质属性，变成了虚空的同义词，因而场和物质一样，享有独立的本体论地位。因此，在物理学研究中，出现了一种新的研究纲领，即基于场本体论的场论纲领，与基于粒子本体论（连同空间和力）的力学纲领形成对照。

这一新纲领在爱因斯坦的狭义相对论中获得了崭新的形象，多余的洛伦兹以太本体论被从理论结构中移除。但从某种意义上说，场论纲领仍未完成。在洛伦兹的电动力学和狭义相对论中，场必须由空间（或时空）支撑。因此，这些场论的终极本体论似乎不是场，而是空间（或时空），或者更确切地说，是时空的点。正如我们将在第 4 章中看到的那样，这种关于场论的终极本体论的隐藏假设不是没有后果的。然而，随着广义相对论的发展，特别是由于他的点重合论证（见第 4.2 节），爱因斯坦证明时空没有独立的存在，只是作为引力场的结构性质而存在。也许是由于这个原因，爱因斯坦把广义相对论视为经典场论纲领的完成。我把广义相对论作为我讨论 20 世纪场论的出发点，因为它是第一个说明场是唯一负责传递力的本体论的理论。

作为传递力的媒介，广义相对论中的引力场通过在本体论上构成时空的几何结构发挥作用。时空的几何结构是作为编码引力场的动力学信息的衍生结构而出现的。从历史上看，广义相对论在场论纲领中开启了一个亚纲领——几何纲领。沿着这条线路进一步发展，是试图把其他力场（如电磁场），甚或物质及其性质（如自旋和量子效应），与时空的几何结构联系起来。这个亚纲领在某些领域是成功的，如在相对论性天文学与宇宙学中，但在其他领域是失效的。然而，从概念上讲，在这个亚纲领内的研究已经为规范场论的几何理解提供了基础，并为量子场论与广义相对论的综合奠定了基础（见第 11.4 节）。

第 3 章

爱因斯坦通往引力场的道路

爱因斯坦，在他成长的岁月里（1895—1902 年），感觉到了物理学基础的深刻危机。一方面，力学观点不能解释电磁学，这一失败招致了经验主义哲学家，如恩斯特·马赫（Ernst Mach），以及现象主义物理学家，如威廉·奥斯特瓦尔德（Wilhelm Ostwald）和格奥尔格·赫尔姆（Georg Helm）的批评。这些批评极大地影响了爱因斯坦对物理学基础的看法。他的结论是，力学的观点是没有希望的。另一方面，爱因斯坦追随马克斯·普朗克（Max Planck）与路德维希·玻尔兹曼（Ludwig Boltzmann），这两位对交变电磁观点持谨慎态度，也反对唯能论。不像马赫和奥斯特瓦尔德，爱因斯坦认为，存在分立的、不可观察的原子和分子，它们是统计物理学的本体论基础。特别说来，普朗克对黑体辐射的研究，使得爱因斯坦认识到，除了力学观点中的危机外，还有另一个基础性危机，那就是在热力学和电动力学中的危机。因此，当时的物理学“好像地基从更深处被抽掉了，看不到一块可以用来建造高楼的坚实地基”（Einstein，1949）。

爱因斯坦对于物理学基础的反思，受当时两种哲学倾向的引导。一种是休谟与马赫的批判怀疑论；另一种是以多种形式存在于亥姆霍兹、赫兹、普朗克与庞加莱的著作中的某种康德风格。马赫对牛顿绝对空间观念的历史概念批判，动摇了爱因斯坦对公认原理的信念，为他创立广义相对论铺平了道路。但是，一种经过修正的康德观点——按照这种观点，理性在科学理论的建构中发挥了积极的作用——对爱因斯坦的思想产生了或许更为深远和持久的影响，实际上塑造了他的理论风格。例如，庞加莱强调的“原理物理学”（the physics of the principle）（Poincaré，1890，1902，1904）是与热力学的胜利和“建设性努力”的失败联系在一起的。这使爱因斯坦确信，“只有发现普遍的形式原理才能导致确定的结果”（Einstein，1949）。庞加莱和爱因斯坦发现的一个普遍原理是相对性原理。这一原理适用于力学和电动力学，从而成为整个物理学的坚实基础。从惯性参考系情况来看，相对性原理的扩展，是从处理狭义相对论扩展至更一般的非惯性参考系，即通过另一个原理——等效原理（equivalence principle），将引力场引入到方案中。这让爱因斯坦通向广义相对论——一种引力场理论。

3.1 指导思想

众所周知，爱因斯坦的批判精神是在他年轻时阅读休谟与马赫的著作时培养起来的。休谟的怀疑论及其对时空关系的分析可能深入到了年轻爱因斯坦的潜意识中，而马赫的影响更加明显。尽管马赫本人喜欢坚持说他被忽视了，但他的经验批判主义实际上从19世纪80年代起就产生了巨大的影响。爱因斯坦（Einstein，1916d）曾评论说：“即使那些自以为是马赫的反对者的人，他们也像吮吸母乳一样，都潜移默化地吸收了马赫的观点。”是什么环境使马赫如此有影响力？

首先，经验主义的复兴和现象主义态度在实际从事研究工作的科学家中的传播，作为对思辨的自然哲学的抗拒，创造了一个接受马赫的经验批判主义的氛围。例如，玻尔兹曼（Boltzmann，1888）在给古斯塔夫·基尔霍夫（Gustav Kirchhoff）的信中说，他“将禁用所有形而上学的概念，如力、运动的原因”。其次，机械论的观点无力解释电磁学。按照机械论的观点，物理实在是由物质粒子、空间、时间与力的概念来描述的。在电磁现象领域，在赫兹探测到电磁波的实验以后，波动理论得以流行。在电磁波理论中，物理实在由连续的波场描述。场的机械论解释建立在以太概念的基础之上，而由于迈克耳孙-莫雷实验的否定结果，这一解释失去了根基。作为对这种失败的一种反应，在电磁论观点之外，出现了一种更为激进的唯能论观点。唯能论者拒绝承认原子的存在，并相信自然界的终极连续性，他们把热力学定律视为其理论基础，把能量看作是唯一的终极实在，因此提供了一种反机械论的观点。

一些唯能论者（奥斯特瓦尔德、赫尔姆以及默茨）在对他们激进批判机械论观点作辩护时，求助于实证主义（positivism）：主张去除假想实体，如原子和以太，因为它们的性质无法直接观测到。例如，默茨（Merz，1904）呼吁"重新考虑所有物理推理的终极原理，特别是绝对运动和相对运动的力和作用的范围"。因此，不难理解，为什么马赫的经验批判主义影响那么大，它提供了一种为物理学新分支作唯象学定向解释的认识论。

但是，就爱因斯坦而言，马赫的主要力量来自他对力学的历史和概念的分析。作为休谟的经验怀疑论的追随者，马赫想要通过追踪概念的历史根源，澄清可疑概念的经验起源。根据马赫的一般知识论，诸如概念、定律与理论之类的科学构造，只是经济地描述经验与事实信息的工具。然而，他对科学史的研究却揭示，一些结构尽管最初只是暂时性的，但很快就会得到形而上学的认可（因为成功的应用），并在实质上变得不容置疑。这样，这些结构就会从正在进行的科学活动情景中游离开来；而在科学活动情景中，批评、修正与拒绝就是法则。这些结构或者获得逻辑必然性的地位，或者作为自明的、直觉上已知的真理被接受。马赫并不接受这样一些无可辩驳的真理。

马赫的重要著作《力学》（*The Science of Mechanics*）于1883年首次出版，以他对所谓的"绝对空间的概念怪胎"的毁灭性批判而著称。之所以说绝对空间是一个概念怪胎，是因为

> 没有人能够预言绝对空间和绝对运动这种东西；它们是纯粹的思想之物、纯粹的心智构造，不能在经验中产生。我们所有的力学原理都是……讨论物体的相对位置与相对运动的经验知识。
>
> （Mach，1883）

马赫对绝对空间的批评包含四点：①空间不能独立存在；②只有按照宇宙中的物质客体及其性质和关系来谈论空间，才有意义；③运动总是相对于另一个客体的运动；④惯性力产生于相对于一个物质参考系做旋转运动或加速运动的物体中。这些批评显示了马赫的反传统精神和勇气，他反对毫无经验根据的先验形而上学侵入科学。这也表明，马赫的经验主义是对经典物理学进行批判性重新评估的有力的武器。

大约在1897年，爱因斯坦读到了马赫的《力学》。他回忆道，"这本书对我产生了深刻而持久的影响……这归功于它面对基本概念与基本定律时的物理取向"（Einstein，1952c），这本书动摇了他的教条主义信念，即力学是"所有物理思维的最终基础"（Einstein，1949）。根据爱因斯坦的说法，广义

相对论来自“某种程度上的马赫的怀疑论经验主义” ［与英费尔德和霍夫曼的谈话］(Infeld and Hoffmann，1938)，“这个理论［广义相对论］的整个思想方向与马赫的相一致，因此理应认为，马赫是广义相对论的先驱”(Einstein，1930b)。

尽管休谟–马赫的怀疑论将爱因斯坦从经典物理学（力学、热力学和电动力学）原理具有普遍性的教条主义信仰中解放了出来，但在寻求物理学的坚实基础的新概念过程中，爱因斯坦主要受到康德主义（Kantianism）的修正版本的指引。诚然，随着经典场论的兴起与非欧几何的发现，很多康德认为对于经验的建构不可或缺的先验原理（如欧几里得几何学的公理、有关绝对空间与超距作用的公理）都被抛弃了。人们普遍确信，康德的一般先验论，尤其是他的空间观与几何观再也站不住脚了。

然而，从科学理论的结构与认知内容来看，康德的理性主义，在如下意义上，在物理学与数学的发展中幸存了下来：①理性规定的普适原理构成了我们的经验世界，并且能够提供一幅连贯一致的世界图景，可以充当物理学的基础；②真实世界的所有经验知识必须符合这些原理。虽然普适的形式原理不再被视为固定不变的先验原理，而是作为历史演化的原理或者仅仅是约定，但是很多杰出的物理学家与数学家，如普朗克与庞加莱，对理论构造的合法性都作过强有力的争论，爱因斯坦仔细研究了他们的著作。

44

众所周知，在建立狭义相对论以前，爱因斯坦读过庞加莱的《科学与假说》(*Science and Hypothesis*，1902 年)，这对他产生了相当大的影响。[1]一些影响是明显的，另一些影响则微妙得多。在前一类影响中，我们发现了庞加莱对绝对空间与绝对时间的否定、对在不同地方的同时事件的直觉否定、对绝对运动的反对、对相对运动原理与相对性原理的论述。为了进一步找到庞加莱对爱因斯坦的更微妙的影响，我们得认真地看一看庞加莱的约定主义认识论（conventionalist epistemology）。[2]

对于庞加莱来说，主要的认识论问题是，既然在数学和物理学中发生了明显的分裂性变化，那么客观知识及其连续进步是如何可能的（Poincaré，1902）？在提出这个准康德式问题时，庞加莱考虑了非欧几何的发现、机械论的危机以及他自己的原理物理学（physics of the principles）的思想（见下文），并且拒绝了关于（绝对）空间、（欧几里得）几何学与（牛顿）物理学的正统康德立场。对于庞加莱来说，科学的本性在总体上是经验的，而非先验的。

但是，庞加莱也充分意识到，如果不借助于智力体系的设想，无声的事件将永远不会变成经验事实；并且正如康德（Kant，1783）断言的那样，如果没有理解，感官知觉也不可能变成科学经验。因此，根据庞加莱的观点，科学理论除了经验性假说外，还必须包括基本的或构成性的假说或公设。与经验性假说不同，基本的或构成性的假说或公设作为理论的基本语言，是约定选择的结果，不取决于偶然的实验发现。经验事实可以引导语言的选择或变化，但是它们在这方面不起决定性作用。经验事实只是在选定了的语言框架内，才可以决定性地影响经验假说的命运。

那么，科学的客观内容是什么？科学的不断进步可以用什么来定义呢？庞加莱对这个问题的回答可以概括为三个概念：原理物理学、本体论的相对性和结构实在论。

根据庞加莱的说法，原理物理学不同于中心力物理学。中心力物理学渴望发现宇宙的终极组分，以及现象背后隐藏的机制。原理物理学，如拉格朗日和威廉·哈密顿（William Hamilton）的分析动力学理论、麦克斯韦的电磁学理论，旨在阐述数学原理。这些数学原理把基于多个竞争理论取得的实验结果系统化，表达了这些竞争理论共同的经验内容和数学结构，因此这些数学原理对不同的理论解释是中立的，允许其中任何一种解释。

庞加莱赞同原理物理学对本体论假设的中立性，因为这恰好符合他的约定主义本体论观点。基于几何学的历史，他既不接受绝对不变的、植根于我们内心的先验本体论，也不接受能够被经验研究发现的内在本体论。对于庞加莱来说，本体论假设只是隐喻，与我们的语言有关，因而是可变的。

但是，在旧理论及其本体论向新理论过渡的过程中，除经验定律外，一些用数学原理和公式表达的结构关系，如果它们反映了物理实在，那么它们可能仍然是正确的。庞加莱以探索物理定律的不变形式而闻名。但是，这种追求背后的哲学动机可能更加有趣。受到索弗斯·李（Sophus Lie）的影响，庞加莱把描述对象集合的结构特征的转换群的不变性，看作是几何学和物理学（作为一种准几何学）的基础。在此，我们已经触及庞加莱认识论的核心，即结构实在论（structural realism）。这种立场有两个特征值得我们注意。首先，我们能够拥有物理世界的客观知识。其次，这种知识本质上是关系性的。我们可以掌握世界的结构，但是我们永远无法触及自在之物（things-in-themselves）。这就进一步证明了，庞加莱的立场只不过是一种修正版的康德主义。

从这样一种视角来看物理学的危机（这一危机在 1887 年迈克耳孙–莫雷实验之后变得明显），庞加莱意识到，需要的是理论上的重新定位，或者说是物理学基础的转变。然而，对于庞加莱来说，对物理学的进步至关重要的并不是隐喻的变化，如以太的存在或不存在，而是反映物理世界结构的强有力的数学原理的系统表述。在这些原理中，相对性原理突出地浮现在他的脑海中，他对这个原理的表述做出了实质性贡献。

爱因斯坦频繁地提及马赫，相比之下，他很少提及庞加莱。但是，爱因斯坦理论化的理性主义风格与庞加莱的修正版康德主义之间显著的密切关系，逃不过熟悉爱因斯坦著作的人的眼睛。在这一方面，一个说明性文本，是爱因斯坦在牛津大学的斯宾塞演讲（Herbert Spencer Lecture），演讲的主题是“论理论物理学的方法”（“On the Method of Theoretical Physics”，1933年），他把自己的立场概括如下：“经验内容及其相互关系必须在理论的结论中得以表现。”但是，理论体系的结构是“理性的产物”，“尤其是作为其基础的概念与基本原理……都是人类智力的自由发明”。“经验可以提示适当的数学概念，但是数学概念肯定不能从经验中推断出来……创造性原理存在于数学之中……我认为这是真的，纯粹思维可以在基础上更统一地把握实在”。作为像庞加莱那样的发生经验主义者（genetic empiricist），爱因斯坦承认，在概念与原理创造期间直觉的飞跃必定受可感事实的总体经验的指引，“经验当然仍然是判断一个数学构造物的物理效用的唯一标准”。然而，由于“自然是最简单的可想象的数学观念的现实化……因此，纯粹的数学构造物……提供了理解自然现象的钥匙”。

但是，强调这种密切关系，不应当无视爱因斯坦与庞加莱之间的理论化风格的差异。主要差异在于如下事实：总体来看，爱因斯坦比庞加莱更倾向于经验主义。这特别真实地体现在他们对具体理论结构的评判上。在狭义相对论的情形中，关于以太的存在地位，爱因斯坦不像庞加莱那样漠不关心。爱因斯坦不仅比庞加莱更加严肃地看待以太这个假想的物理实体，而且他去除这个多余的但并非逻辑上不可能的以太概念的意愿，也反映了马赫的思维经济原理的经验主义影响。在广义相对论的情形中，关于物理空间的几何结构，爱因斯坦明显偏离了庞加莱的几何约定论，采取了物理空间的几何学的经验主义概念。也就是说，他把物理空间的几何学看作是由引力场构成和决定的（见第 5.1 节）。

3.2 狭义相对论（STR）

除了爱因斯坦外，狭义相对论还与洛伦兹（变换）、庞加莱（群）、闵可夫斯基（时空）的名字不可分割地联系在一起。闵可夫斯基的著作（Minkowski，1908）是对爱因斯坦理论的数学阐释。爱因斯坦通过仔细研究洛伦兹（Lorentz，1895）与庞加莱（Poincaré，1902）的著作，认识到了那些对于狭义相对论的表述非常核心的问题和至关重要的思想。庞加莱的狭义相对论（Poincaré，1905）是对洛伦兹 1904 年工作的完成，洛伦兹 1904 年的工作又是庞加莱对洛伦兹早期工作批评（Poincaré，1900）的结果。然而，洛伦兹在他的早期论文（Lorentz，1892，1895，1899）中的动机之一，是想解决迈克耳孙–莫雷实验的否定结果所提出的困惑。虽然迈克耳孙–莫雷实验可用作其他方面的论证[3]，但至少在历史上，它是一系列发展的出发点，这些发展最终导致了狭义相对论的形成。

以太的概念是这一系列发展的核心。洛伦兹把菲涅耳的静止以太看作电磁场的载体，把以太与电子一起看作物理世界的终极构成（所谓的电磁世界观）。虽然洛伦兹赋予了以太一定程度的实体性，但以太仍然与能量、动量无关，除了是绝对静止的以外，它也与所有其他机械性质无关。因此，在洛伦兹理论中，不可动以太的实际功能，只是作为绝对空间的体现，或者作为一个优选参考系，用以确定物理客体的状态，不论它们是处在静止还是运动状态；在这个参考系中，时间被视为真实的时间，光速是恒定的。

因此，与力学以太不同，洛伦兹以太允许电磁场享有与物质同等的本体论地位。但是，放弃牛顿相对空间的概念（相互之间以恒定速度做匀速直线运动的所有惯性参考系，在对力学现象的描述上是等价的，没有一个比另一个更优越），给洛伦兹的电磁世界观造成了一个大难题。借助于不可动以太的概念，恒星的光行差就能够用物体相对于以太运动时对光波的部分牵引来解释（Whittaker，1951），但不可动以太的概念，确实与力学中有效的相对性原理不相容，并且隐含着存在物体相对于以太作绝对运动的效应。迈克耳孙–莫雷实验表明，借助于光学的（或等价地借助于电磁学的）程序，探测不到这类效应。这暗示着，相对性原理似乎在电动力学中也是有效的。如果情况是这样的，那么以太作为优选参考系的最后功能就会丧失，而成为多余的东西，虽然它与电动力学的其他方面并不矛盾。

47

洛伦兹在承认以太的优先权地位的前提下，试图解释电动力学中的表观相对性，即通过假设绝对运动的真实效应为其他物理效应所补偿，运动物体在其穿越以太运动的方向上收缩，以及在穿越以太的运动中时钟明显变慢，来解释用光学方法探测物体相对于以太的绝对运动的效应一再失败的原因。洛伦兹认为，这些效应是由“系统粒子与以太之间的作用力”所引起的，并用他新提出的二阶空间变换规则来表示（Lorentz，1899）。这里的经验主义倾向与洛伦兹立场的特设性本质是明显的：在电磁过程中，观测的相对性不是被看作普遍有效的原理，而是作为一些特定假设的物理过程的结果，这些物理过程的效应互相抵消，因此原则上永远无法观测。

庞加莱（Poincaré，1902）批评了洛伦兹的特设性假说，并鼓励他：①寻找一种普遍理论，其原理可以解释迈克耳孙–莫雷实验的零结果；②证明不论系统处于静止还是匀速平移运动状态，在系统中发生的电磁现象能够用相同形式的方程来描写；③找到处于相对匀速运动的参考系之间的变换规则，以使这些方程的形式相对于这些变换是不变的。

洛伦兹（Lorentz，1904）的理论在构思上与庞加莱的相对性原理一致，根据庞加莱的相对性原理，“光学现象只依赖于物质体的相对运动”（Poincaré，1899）。从数学上讲，除了一些小的错误，洛伦兹成功地提供了一组变换规则，即所谓的洛伦兹变换（Lorentz transformations）；在这个变换下，电动力学方程是不变的。但是，洛伦兹对这组变换所作解释的精神，却与相对性原理不一致。

造成这种不一致的主要原因是，洛伦兹变换以不同的方式处理不同的参考系。在系统 S 中，其坐标轴固定在以太中，定义了真实的时间，而在相对于 S 运动的系统 S' 中，尽管变换后的空间量被认为代表了真实的物理变化，但对变换后的时间坐标（当地时间）却没有赋予与真实时间同样的意义，而只是将其看作出于数学上的方便的辅助量。因此，洛伦兹的解释是不对称的。在这个意义上，不仅空间变换与时间变换具有不同的物理地位，而且两个系统之间的变换不能被看作本质上是互逆的，从而不能形成一个群，也不能保证电动力学定律的严格不变性。而且，洛伦兹把他的变换限制在电动力学定律上，并坚持力学系统仍然遵循伽利略变换（Galilean transformations）。

48

由于这些原因，洛伦兹（Lorentz，1915）承认，“我没有严格和普遍真实地证明相对性原理”，而且是“庞加莱……［他］得到了电动力学方程的完美不变性，并表述了‘相对性公设’（postulate of relativity），这个术语是他第一个使用的”。

在这里，洛伦兹提到了两个事实。首先，在 1895 至 1904 年期间，庞加莱根据以下思想表述了相对性原理：①用任何物理方法探测绝对运动的不可能性；②物理定律在所有惯性参考系中的不变性。[4] 如果我们也注意到庞加莱的光速不变假设（Poincaré，1898）[5]，那么正如吉迪明（Giedymin，1982；Zahar，1982）令人信服地论证的那样，相对性原理的非数学表述以及光速的有限性与不变性假设的提出就应当归功于庞加莱。

其次，在庞加莱1905年的论文（Poincaré，1905）中，他从一开始就假设："相对性原理无限制地成立，根据这个原理，地球的绝对运动不能由实验证明。"从这样一种把相对性理解为普适原理的观点出发，庞加莱提出了精确的洛伦兹变换，通过加强群的必要条件对它们作了对称的解释，并把它们表述为变换群的形式，而在这种变换群下电动力学的定律是不变的。因此，庞加莱与爱因斯坦同时用数学形式表述了狭义相对论。

庞加莱的成就不是偶然的，而是长期智力探索的结果，这开始于他对绝对空间与绝对时间的摒弃，然后继续批判绝对同时性（Poincaré，1897，1898，1902）[6]，他的批判建立在他的光速不变假设之上。这种探索总的来说是由他对电磁世界观的日益怀疑，特别是对以太存在的日益怀疑所驱动的，而这种怀疑论受他的约定主义认识论的指引。在《科学与假说》一书中，庞加莱宣称：

> 我们不关心以太实际上是否存在，那是形而上学家处理的问题。对于我们来说，最重要的事情是……［以太］只是一种方便的假说，尽管这种假说永远不会停止，但是毫无疑问，总有一天，以太将被视为无用的东西而被抛弃。
>
> （Poincaré，1902）

庞加莱对以太假说是不关心的，因为，与他的原理物理学的观点相一致（见第3.2节），他的主要兴趣在于两个或两个以上竞争理论的共同内容，这些内容可以用一般原理的形式陈述。因此，对于他来说，重要的不是以太假说本身，而是它在理论中可能承担的功能。由于以太假说与相对性原理的冲突日益明显，因此在圣·路易斯讲演（St. Louis Lecture，1904年）中，庞加莱不再考虑将以太视为相对性原理适用的物理系统的有机组成部分。

无疑，爱因斯坦关于相对论的第一部作品从庞加莱的著作中汲取了灵感与支持。但是，爱因斯坦对狭义相对论的同时性表述有其自身的优点：它在物理推理上更简单、更清楚地看到了相对性原理的物理内涵，尽管庞加莱的表述在数学细节上略胜一筹（见第3.3节）。 49

爱因斯坦以切断"戈尔迪结"（Gordian knot，希腊神话传说的成语）这一棘手的以太之谜而闻名。在他论文（Einstein，1905c）的开头，他指出：

> 寻找地球相对于"光介质"的任何运动的不成功尝试，暗示着电动

力学现象与力学现象一样，不具有任何对应于绝对静止思想的性质。它们反而暗示着……对于力学方程保持成立的所有参考系来说，电动力学与光学的定律同样都将是有效的。我们将把这个猜想（以后称为相对性原理）提升到公设的地位……

在同一段话中，爱因斯坦增加了他的第二个公设，而没有给出明确的理由。第二个公设是：光在虚空中总是以确定的速度 c 传播，而不依赖于发射体的运动状态。第一个公设已在力学传统中牢固地确立起来，而第二个公设只是作为光的波动理论的一个结果而被接受，其中发光以太是光在其中传播的介质。爱因斯坦在第二个公设中没有提及以太，而是谈到任意惯性系。既然伽利略变换不能解释光速的恒定性，那么具有明显局域时间的洛伦兹变换就必须在联系惯性系之间的现象上发挥作用。

在洛伦兹变换下，电动力学方程保持不变，但力学定律发生了变化，因为在洛伦兹的电子理论中，它们依照伽利略变换进行变换。因此，爱因斯坦发现，对于以太之谜来说，关键在于洛伦兹所使用的时间概念，洛伦兹理论背负着特设性假说、不可观测效应和不对称性。电动力学定律与力学定律的变换规则依赖于两种不同的时间概念：前者是局域时间的数学概念，后者是真实时间的物理概念。但是，爱因斯坦把相对性原理推广到电动力学中，暗示了与洛伦兹变换相关的惯性系的等效性。也就是说，当地时间是真实时间，而不同惯性系中的真实时间是不同的，因为它们中的每一个都取决于它的相对速度。这意味着不存在绝对时间与绝对同时性，时间的概念必须相对化。

时间的相对化，连同拒绝将洛伦兹空间变换解释为由特设的分子力所引起的物理收缩，使爱因斯坦得出结论：任何运动状态，甚至静止状态，都不能归属于以太。因此，以太，作为电动力学定律公式化的特殊参照系，被证明是多余的，除了没有物理过程与之联系的虚空外，什么也没有。

以太的移除破坏了力学世界观与电磁世界观，并为物理学的统一提供了基础。在电动力学的情形中，爱因斯坦的两个公设与建立在相对论的时空概念之上且与洛伦兹变换相联系的新运动学相一致。对于力学与物理学的其余部分，建立在绝对时间与绝对同时性（虽然空间概念是相对的）的概念之上且与伽利略变换相联系的旧运动学，与爱因斯坦的公设相冲突。基于爱因斯坦的两个公设的物理学的统一，要求力学和物理学的其余部分与新运动学相适应。这种适应的结果是产生了一个相对论性物理学，其中同时性依赖于运

50

动系统的相对状态，速度的变换与相加遵循新的规则，甚至质量也不再是物理实体的不变性质，而是取决于所描述的系统的运动状态，因而是可变的。

3.3　狭义相对论的几何解释

根据费利克斯·克莱因（Felix Klein）的研究（见附录 1），n 维流形的几何学是由 n 维流形的变换群的不变性理论来表征的。克莱因简单优美的方法迅速被同时代的大多数数学家所接受。这个思想的一个令人惊奇的应用是庞加莱与闵可夫斯基的发现，即狭义相对论不过是四维时空流形的几何学[7]，它能够被描述为洛伦兹群的不变性理论。[8]

在他 1905 年的论文中，庞加莱介绍了几个对正确掌握狭义相对论的几何意义至关重要的思想。他选择了长度与时间的单位，使得 c=1，这一实践很大程度上阐明了相对论时空的对称性。他证明洛伦兹变换形成了一个李群（Lie group）。他将这个群刻画为四维时空的线性变换群，它混合了时间和空间坐标，但保持了二次齐式 $s^2=t^2-x^2-y^2-z^2$ 的不变性。庞加莱进一步注意到，如果人们用复值函数（it）取代 t，这样（it、x、y、z）就是四维空间的坐标，那么洛伦兹变换只不过是这个空间绕着固定原点的转动。除此以外，他还发现了一些物理上有意义的标量与矢量，例如电荷与电流密度，能够组合成具有洛伦兹不变性的四分量实体（后来被称为“四维矢量”），从而为现在人们所熟悉的相对论物理学的四维表述铺平了道路。

虽然所有这些贡献是由庞加莱做出的，然而狭义相对论的几何解释主要是由闵可夫斯基发展起来的。在他 1907 年的论文中，闵可夫斯基理解了相对性原理的最深刻意义，即相对性原理带来“我们对空间和时间的观念的彻底改变”：现在，“时空中的世界某种意义上是一个四维的非欧流形”。在他 1908 年的论文中，他注意到相对性假设（关于物理定律的洛伦兹不变性）“意味着只有空间和时间中的四维世界是由现象给出的”。

根据闵可夫斯基的说法，物理事件总是包括地点与时间的组合。他称“在某一时间点上的一个空间点，即一个 x、y、z、t 数值系统，为一个‘世界点’（world point）”。既然任何地方、任何时刻都存在着物质，他就集中“注意力到世界点上的物质点”。从而，他得到了一幅关于“物质点的持续轨道，世界中的一条曲线，一条世界线（world-line）”的图景。他说：“在我看来，物理定律可能会找到它们最完美的表达，即这些世界线之间的相互关系。”由于这个原因，他更愿意把相对性公设称为“世界公设”（world postulate），它“允许对四个坐标 x、y、z、t 作相同处理”。他宣称：“从今往后，空间本身和时间本身，注定会消逝在阴影中，只有两者的结合才会保持一种独立的实在性。”

狭义相对论产生的空间和时间观念的变化包括时间的相对化，这使得惯性系等价（只是作为物理事件的不同部分，进入系列同时事件中），以太成为多余。结果，体现为以太的绝对空间被惯性系的相对空间取代了，尽管非惯性系仍然是相对于一个绝对空间来定义的。在狭义相对论的闵可夫斯基表述中，每个惯性系的相对空间与相对时间都能够通过一个四维流形的投影获得，这个四维流形，闵可夫斯基称之为的“世界”，现在通常被称为闵可夫斯基时空。

闵可夫斯基认为，狭义相对论赋予了四维流形一种独立于任何动力学过程的不变的运动学结构。这就抓住了狭义相对论作为新运动学的本质。这种运动学结构表现为一种由闵可夫斯基度规 g_{ij}=diag（1，−1，−1，−1）描述的时间几何学（chronogeometry），唯一地决定了闵可夫斯基时空的惯性结构（由自由下落系统定义，并由仿射联络刻画）。[9] 闵可夫斯基把物理实体表示为一个世界点上的几何客体（他称之为时空矢量）。由于这一表示不依赖于任何参考系，因此它是唯一确定的。因此，代替牛顿的绝对空间，物理学家就有了一个绝对的四维时空流形，并把它设想为物理事件的一个舞台，把物理定律表述为舞台上几何客体之间的关系。

通过这种方式，闵可夫斯基就将物理定律的洛伦兹不变性简化为四维流形中的一个时间几何学问题。闵可夫斯基的时间几何学是由定义为 $s^2 = g_{ij}(x^i-y^i)(x^j-y^j)$（这里 i，j=0，1，2，3）的闵可夫斯基间隔的洛伦兹不变性来表征的，而这种不变性总体上把 g_{ij} 固定为 diag（1，−1，−1，−1）。虽然对应的闵可夫斯基间隔对于非零的(x^i-y^i)能够是正的、负的甚至是零，但欧几里得距离总是非负的，这一事实隐含着由洛伦兹（或庞加莱）群表征的时间几何学，实质上是非欧几里得几何学。

在闵可夫斯基的解释中，更清楚的是，狭义相对论是一个时空理论，由在闵可夫斯基四维时空流形中定义的一个运动学群（即庞加莱群）刻画。庞加莱群及其不变性决定了这个时间几何学的结构，这反过来又决定了闵可夫斯基时空的惯性结构。不过，仅当没有引力时，这最后一点才是真实的。但是，爱因斯坦的狭义相对论（Einstein，1905c）工作完成后不久，引力就成了爱因斯坦关注的焦点。

3.4　引力场的引入：等效原理

狭义相对论废除了绝对空间，最恰当地重建了相对空间。绝对空间是与以太相联系的，在此，以太作为优选参考系；而相对空间是与一组惯性参考系相联系的，在此，惯性参考系成为优选参考系，或者说静态闵可夫斯基时空成为优选参考系。如果相对性原理的精神实质旨在为物理定律在参考系的变换下的不变形式作出论证，即否定任何优选参考系的存在，那么，爱因斯坦就可以问自己："相对性原理对于相互之间加速运动的系统是否也适用？"（Einstein，1907b） 52

对这个研究议程的不断追求，最终导致了广义相对论的发现。在爱因斯坦的思想中，广义相对论始终指涉相对性原理的延伸，或者优选参考系的废除。从历史上讲，也是从逻辑上讲，这种追求的出发点是探究惯性质量与引力质量之间的比例关系，这个表述后来被称为等效原理。

爱因斯坦在考察同时性的相对性的结果，即质能等价性（$M=m_0+E_0/c^2$，其中 M 是运动系统的质量，E_0 是相对于静止系统的能量）的一般意义时，发现"一个物理系统的惯性质量与能量，表现的就好像是同一个东西"，两者均是可变的。更重要的是，他还发现，在对质量变化进行测量时，人们总是暗中假设，这一测量可以用天平来实现。这就相当于假设：质量-能量等价性。

> 不仅对于惯性质量为真，而且对于引力质量也为真，换句话说，惯性与引力在所有情况下都是严格成比例的……惯性质量与引力质量之间的比例性，在当前所能达到的精度内，对于所有物体都是普遍有效的……我们必须把它作为普遍有效的来接受。
>
> （Einstein，1907b）

基于惯性质量与引力质量成比例或相等，爱因斯坦借助于假想实验（gedanken experiment）进一步提出了一种意义深远的等价性。

考虑两个系统 $\sum_1$ 与 $\sum_2$。$\sum_1$ 沿着 x 轴的方向以恒定的加速度 γ 相对于保持静止的 $\sum_2$ 运动。在 $\sum_2$ 中，存在着一个均匀的引力场，其中所有物体都以加速度 γ 下落。爱因斯坦写道：

> 就我们所知，所有涉及 $\sum_1$ 的物理定律，都与涉及 $\sum_2$ 的物理定律没有什么不同；因为所有物体在引力场中经历同样的加速度。所以，在我

们目前的经验状态下，我们没有理由去假设系统$\sum_1$与$\sum_2$在哪方面是不同的。因此，从现在开始，我们同意假设，引力场与参考系的相应加速度在物理上是完全等价的。

（Einstein，1907b）

爱因斯坦在1912年的一篇论文（Einstein，1912a）中把这个陈述称为等效原理（EP），在1919年的论文中，他把这个思想称为“我一生中最快乐的想法”。

53 为了延伸相对性原理，爱因斯坦借助于等效原理，引入了引力场，作为时空的惯性几何结构的基本因子。等效原理使匀加速运动丧失了绝对性，似乎把引力场约化到了相对量的地位（见下文的评论），从而使得惯性与引力不可分离。然而，爱因斯坦为等效原理援引的唯一经验证据是：“所有物体在引力场中经历相同的加速度。”这个事实所支撑的只是所谓的弱等效原理，弱等效原理要求力学实验在匀加速系统中和在静止系统中都遵循相同的过程，后一个系统处于匹配的均匀的引力场中。但爱因斯坦主张的却是所谓的强等效原理，强等效原理假设两个这样的系统是完全等价的，因此不可能借助于任何一种物理实验来区分它们。在下面的讨论中，等效原理总是指强等效原理。

在概念上，等效原理将“相对性原理”扩展至“参考系的匀加速平移运动的情形”（Einstein，1907b）。等效原理的启发性价值“就在于它能够使我们用匀加速运动参考系取代任何均匀引力场”（Einstein，1907b）。因此，“通过理论上对相对于匀加速运动参考系发生的过程的考虑，我们获得了这些过程如何在均匀引力场中发生的信息”（Einstein，1911）。正如我们将在第4.1节中看到的那样，等效原理的这种解释，对爱因斯坦根据引力场来理解（时）空的（时间）几何结构起到了指导作用。

最初，经典引力场（在某种意义上，它类似于牛顿的标量引力场），通过等效原理引入，作为一种协同效应（coordinate effect），是一种特殊类型的引力场。它被定义在与匀加速参考系相关联的相对空间上，而不是在四维时空中。因此，场的出现取决于参考系的选择，并且总是可以被变换掉。此外，由于等效原理只是对闵可夫斯基时空中的匀加速坐标系有效，因此，闵可夫斯基时空的惯性结构（由闵可夫斯基度规g_{ij}确定的仿射联络）与通过坐标变换得到的经典引力场，只能被看作是经典引力场的四维推广——广义引力场的一个特例。

通常认为，既然等效原理不能应用于非匀加速和旋转参考系来引入任意引力场，那么从总体上讲，它就在对任意加速运动进行相对化处理方面失败了，它也无法消除优选参考系，因而不能作为广义相对论的基础。[10] 等效原理只有非常有限的应用范围，这是事实。甚至等效原理与狭义相对论的组合，也不足以表述广义相对论，这也是事实。原因很简单，等效原理所建立的只是自由下落的非旋转参考系与狭义相对论的惯性参考系的局部等价性。但是，描述狭义相对论的惯性系的闵可夫斯基度规，作为闵可夫斯基时空平直性的一种反映，是固定的。所以，它不能作为广义相对论的基础，因为在广义相对论中，引力场具有动态性质，反映了时空的弯曲本性。[11]

54 然而，等效原理在方法论上的重要性在于，如果可以证明（例如，通过一个与从惯性参考系到匀加速运动参考系的变化相联系的坐标系的变换）匀加速运动参考系的惯性结构是与经典引力场不可区分的，那么我们可以想象，旋转任意加速运动参考系（通过坐标的非线性变换可得到）的惯性结构也可能等价于广义引力场：那些对应于旋转参考系的惯性结构的场将是速度相关的，而那些对应于任意加速运动参考系的惯性结构的场将是时间相关的。如果情况是这样（我们称这种假设为等效原理的广义版本），那么所有类型的参考系都不会有内在的运动状态，它们都可能被转化为惯性系。在这种情形下，所有参考系都是等价的，它们之间的差异仅来自不同的引力场。

因此，等效原理所提示的不是引力场依赖于参考系的选择，而是提出了一种构想相对空间与引力场之间的划分的新方法。如果负责惯性效应（仿射联络）的结构的起源在于引力场而非相对空间，那么相对空间就不具有任何固有性质，而且它们所有的结构都必须被设想为由引力场构成。在这里我们发现，推广相对性原理的内在逻辑不可避免地导致了引力理论。

对于广义相对论来说，等效原理的意义可以分两步建立。首先，对于爱因斯坦来说，广义相对论意味着所有高斯坐标系（以及它们适合的所有参考系）都是等价的。广义等效原理已把所有具有物理意义的结构从与参考系相联系的相对空间转移到引力场，因而参考系没有任何内在的结构能够用任意坐标系来表示。没有一个参考系比其他参考系更有特权。广义等效原理取消了任何坐标系的物理意义，使得它们是等价的，在这个意义上，对爱因斯坦来说，广义等效原理是用来获得广义相对论目标的必备工具。其次，在一个任意坐标系中，闵可夫斯基度规 g_{ij} 成为可变的。根据等效原理的观点，时空度规可以看作引力场。尽管它只是一种特殊的引力场，但闵可夫斯基度规 g_{ij} 为将其扩展到一个任意引力场的四维表述提供了起点。在这个意义上，等效原理也给爱因斯坦提供了通向引力理论（广义相对论的物理核心）的入口。

有趣的是，正如在他的相对性原理和光速不变原理的假设中一样，爱因斯坦在对等效原理的表述和对更具推测性的广义等效原理的探索中，没有为我们提供从经验证据到普遍原理的逻辑桥梁。人们常常对爱因斯坦的原理不是“通过‘抽象’从经验中推导出来”的这一事实感到困惑。但是，正如爱因斯坦后来所承认的那样：“所有概念，甚至是那些最接近经验的概念，都来自逻辑上自由选择的约定。”（Einstein，1949）从爱因斯坦对等效原理的探索所作的讨论来看，我们可以感受到庞加莱的约定主义对爱因斯坦的理论化风格的影响是多么深、多么大。爱因斯坦研究的巨大成就可能会鼓舞科学哲学家去探索约定主义策略富有成效的根源。

注　释

1. 例如，见 Seelig（1954），p.69。

2. 有趣的是，近年来庞加莱的认识论立场已成为争议的主题。感兴趣的读者可以发现杰拉尔德·霍尔顿（Holton，1973）和阿瑟·米勒（Miller，1975）作为一方与耶日·吉迪明（Giedymin，1982）和埃利·扎哈尔（Zahar，1982）作为另一方之间的分歧，前者把庞加莱这位理论物理学家主要看作是一位归纳主义者，后者则把庞加莱的约定主义立场看作是他独立发现狭义相对论的决定性因素。

3. 例如，霍尔顿（Holton，1973）提供了迈克耳孙-莫雷实验与爱因斯坦的狭义相对论表述无关的强有力论证。

4. 例如，1895 年，庞加莱断言不可能测量“有重量物质相对于以太的相对运动”。1900 年，他在巴黎国际物理学大会上说，“尽管洛伦兹不这样认为”，但他相信“更精确的观测也只能揭示物质体的相对位移”（Poincaré，1902）。在 1904 年的圣·路易斯演讲中，他阐述了相对性原理，“根据这一原理，物理现象的定律对于静止观测者和做匀速直线运动的观测者必定是相同的，因此我们没有也不可能有任何方式来确定我们实际上是否经历了这种运动”（Poincaré，1904）。

5. “光的速度是恒定的……这一假设不能用经验来证实，它为同时代的确定提供了一个新的规则。”（Poincaré，1898）

6. “不存在绝对的时间……我们不仅没有关于真实时间间隔相等的直接直觉，而且我们甚至没有关于发生在不同地点的两个事件的同时性的直接直觉。”（Poincaré，1902）

7. 在 18 世纪的一些文献中，时间被明确地指涉世界的第四维。达朗贝尔（D'Alembert）在《百科全书》（*Encyclopedie*）的论文“维数”中，建议把时间看作第四维（Kline，1972，p.1029）。拉格朗日在《分析力学》（*Mechanique Analytique*，1788 年）与《解析函数论》（*Theorie des Functions Analytiques*，1797 年）中，也把时间用作第四维。拉格朗日在后一部著作中指出，“因此，我们可以把力学看作四维几何学，而把分析力学看作解析几何的延伸”。拉格朗日的著作把三个空间坐标与代表时间的第四坐标放在同一个立足点上。但是，这些涉及四维的早期研究并不打算作为适当的时间几何学研究。它们只是不再与几何联系在一起的分析工作的自然推广。这一思想在 19 世纪很少受到关注，而 n 维几何学在数学家中间变得日益时髦。

8. 扩张的（非均匀的）洛伦兹群也叫庞加莱群，它是由均匀的洛伦兹变换和平移生成的。

9. 参见 Torretti（1983）。

10. 见 Friedman（1983）。

11. 同样的思想也可用来反对等效原理的无限小概念。关于这点的详细讨论，见 Torretti（1983）、Friedman（1983）以及 Norton（1989）。

第 4 章

广义相对论

狭义相对论是一种关于闵可夫斯基时空的运动学结构的静态理论，与狭义相对论相比，广义相对论作为时空几何结构的动力学理论，本质上是一种引力场理论。从狭义相对论过渡到广义相对论的第一步，正如我们在第 3.4 节中讨论的那样，是对等效原理的系统表述。通过等效原理，匀加速运动参考系的相对空间的惯性结构，可以用静态的均匀引力场来表示。下一步就是把等效原理的思想应用于匀速旋转的刚体系统。于是，爱因斯坦（Einstein，1912a）发现，由此产生的静态引力场的出现，使得欧几里得几何学失效了。爱因斯坦在 1913 年与格罗斯曼合著的论文（Grossmann，1913 年）中，以其独特的理论化风格直接推广了这个结果，得出如下结论：引力场的出现一般需要一种非欧几何，并且引力场在数学上能够用一个四维黎曼度规张量 $g_{\mu\nu}$ 来表示（第 4.1 节）。随着 $g_{\mu\nu}$ 所满足的一般协变场方程的发现，爱因斯坦（Einstein，1915a，1915b，1915c，1915d）完成了他对广义相对论的数学表述。

人们很容易将广义相对论解释为引力的几何化。但爱因斯坦的解释不同。对他来说，“广义相对论构成了场论纲领发展的最后一步……惯性、引力以及物体与时钟的度规行为，都被约化为单一的场质量”（Einstein，1927）。也就是说，随着广义相对论的出现，不仅时空理论被约化为引力度规场理论，而且对于任何其他场理论，如果要认为它是自洽的，就应该认真对待这些场与度规场之间的相互作用。这一主张的合理性为如下事实所证明：所有场都是在时空上定义的，时空本质上是度规场性质的展示，是动态的，很有可能，能够与其他动力学场相互作用。

当爱因斯坦声称时空依赖于度规场时，他意指的远不止是由度规场规定的时空结构的可描述性与可确定性。相反，在爱因斯坦通向广义协变性（GC）的推理中，他最后采取了一种形而上学的立场，凭此，时空本身的存在在本体论上是由度规场构成的（第 4.2 节）。因此，度规场的动力学理论也是整个时空的动力学理论，而在最初，时空被认为是度规场与物质和能量分布之间的一种因果关系（第 4.3 节），现在场方程的各种解能够充当各种宇宙模型的基础（第 4.4 节）。在这里，我们发现广义相对论确实给予了我们一幅世界图景。根据这幅图景，引力场把时空点个体化了，而且构成了可支撑所有其他场及其动力学定律的各种时空结构。

57

4.1　场与几何

从概念上讲，等效原理暗示，或至少启发性地暗示，相对性原理具有从惯性系推广到任意系统的可能性。这种推广可以通过引入引力场来实现，引力场作为因果动因，负责与不同物理参考系相联系的相对空间的不同物理内容。然而，为了获得广义相对论的物理理论，爱因斯坦必须首先把自己从坐标必定具有直接度规意义的观念中解放出来。其次，他必须获得只对时空的度规性质负责的引力场的数学描述。只有这样，爱因斯坦才能够找到正确的场方程。这一推理链条中的关键一环，如施塔赫尔（Stachel，1980a）所指出的，正是爱因斯坦对于旋转刚性圆盘的考虑。

广义相对论一个显著而神秘的特征是张量 $g_{\mu\nu}$ 的双重功能，它一方面作为四维黎曼时空流形的度规张量，另一方面也作为引力场的一种表示。但是，直到 1913 年，爱因斯坦既没有提到作为引力场的一种数学表述的度规张量，也没有提到为非平直（非欧几里得）时空引入度规张量的任何必要性，这时候他仍然只关注静态引力场，这种静态引力场是建立在借助匀加速参考系来考虑等效原理的基础之上的。

诚然，即使在狭义相对论的语境中，时空作为一个整体，正如闵可夫斯基所宣称的那样，必须被设想为一种非欧几里得流形。然而，一个三维的相对空间，与惯性系有关，并由平行的类时世界线的全等性所表示，本质上仍然是欧几里得的。此外，相对空间（在应用等效原理时，与匀加速参考系相联系）没有清楚地表明它们的几何性质：它们在本质上是否是欧几里得的。只有当爱因斯坦试图把他对引力场的研究从静态情形扩展到非静态的与时间无关的情形（最简单的一种是旋转刚性圆盘问题）时，他才确信非欧几里得时空结构对于描述引力场是必需的。

根据狭义相对论，刚体实际上不可能存在。但是，作为一种理想化，我们仍然可以定义：①刚体惯性运动；②刚性测量杆；③能够施加刚体惯性运动的动力学系统。[1]假定情况是这样，爱因斯坦发现：

> 在匀速旋转系统中，由于洛伦兹收缩［应用于周长的测量杆经历洛伦兹收缩，而沿半径应用的测量杆不发生收缩］，圆的周长与其直径之比一定不同于π。
>
> （Einstein，1912a）

58 因此，欧几里得几何的一个基本假设在这里是无效的。

在广义相对论的最终版本中，爱因斯坦使用了旋转圆盘论证来表明：

> 欧几里得几何不能应用于（一个旋转坐标系）K'。坐标的概念……预设了欧几里得几何的有效性，因而在涉及坐标系K'时失效了。因此，我们同样不能引入一个由相对于K'静止的时钟显示的、在K'中符合物理要求的时间。
>
> （Einstein，1916b）

但是，根据等效原理的扩展版本，

> K'也可以被设想为一个静止参考系，相对于这个参考系存在着一个引力场。因此，我们得出结论：引力场影响甚至决定了时空连续统的度规定律。如果理想刚体的构形定律是用几何学表述的，那么在引力场存在的情况下，几何学就是非欧几里得的。
>
> （Einstein，1921b）

爱因斯坦所熟悉的非欧几里得几何的数学处理是二维曲面的高斯理论。不像在欧几里得平面上，笛卡儿坐标直接表示由单位测量杆测量得到的长度；而在曲面上，人们不可能以相同的方式引入坐标，以便它们具有简单的度规意义。高斯首先通过引入任意的曲线坐标来克服这个困难，然后把这些坐标通过后来称为度规张量的一个量g_{ij}，与曲面的度规性质联系起来。

“以相似的方式，我们将在广义相对论中引入任意坐标 x_1、x_2、x_3、x_4”（Einstein，1922）。因此，正如爱因斯坦重申的那样（Einstein，1922，1933b，1949），如果人们：①承认坐标的非线性变换（正如由旋转圆盘的例子所暗示的，并由等效原理所要求的那样），那就导致了欧几里得几何失效；②按照高斯的方式处理非欧几里得系统，那么，坐标的直接度规意义就丧失了。

曲面的高斯理论的另一个启发性作用是其内涵涉及引力场的数学描述。“高斯曲面理论与广义相对论之间最重要的一点联系是，这两个理论的概念大体上都建立在度规性质之上。”（Einstein，1922）。1912 年，爱因斯坦在不知道黎曼与里奇（Ricci）和列维–奇维塔（Levi-Civita）的工作的前提下，就已经有了将广义相对论相关的数学难题与高斯曲面理论进行类比的明确思想。之后，他从格罗斯曼那里开始熟悉这些著作（黎曼流形和张量分析），并获得了关于引力场的一种数学描述（Einstein and Grossmann，1913）。

有三点对于实现这个目标是至关重要的。首先，闵可夫斯基的四维表述给出了狭义相对论的简洁描述，爱因斯坦把这看作是他所寻求的广义相对论的特殊情形。其次，旋转圆盘问题隐含着在引力场存在的情况下，时空结构本质上是非欧几里得的。最后，二维高斯曲面的度规性质是由度规 g_{ij} 来描述的，而不是由任意坐标来描述的。然后，正如爱因斯坦向格罗斯曼寻求帮助时理解的那样，他们所需要的是对高斯二维曲面理论的四维推广，或者，这可以归结为同样一件事，即由狭义相对论的闵可夫斯基表述的平直度规张量到非平直度规张量的推广。

在广义相对论的最终版本中，爱因斯坦把引力场与度规 $g_{\mu\nu}$ 联系了起来。在狭义相对论有效的闵可夫斯基时空中，$g_{\mu\nu}$=diag（−1，−1，−1，1）。爱因斯坦说：

> 一个自由质点相对于这个体系做匀速直线运动。因而，如果我们借助于我们选择的任意替代物，引入新的空间坐标 x_1、x_2、x_3、x_4，那么在这个新体系中，$g_{\mu\nu}$ 将不再是常数，而成了空间和时间的函数。同时，自由质点的运动在新坐标系中显现为非匀速曲线运动，而且这一运动的定律将独立于这一运动粒子的本性。从而，我们将把这种运动解释为引力场影响下的运动。因此我们发现，引力场的出现是与 $g_{\mu\nu}$ 的时空可变性联系在一起的。
>
> （Einstein，1916b）

正是基于这种考虑，爱因斯坦主张“$g_{\mu\nu}$ 描述了引力场”，“同时还定义了测量空间的度规性质”（同上）。

4.2 场与时空：广义协变性

运用度规张量 $g_{\mu\nu}$ 从数学上描述引力（更精确地说，是惯性–引力）结构的成功，这一引力结构同时定义了表征时钟与测量杆行为的时间几何学结构，为进一步研究引力场与时空结构之间的关系打开了一扇门。然而，在1913 年爱因斯坦与格罗斯曼进行合作的时候，对这个关系的澄清尚不在爱因斯坦的研究议程中。对于他们来说，直接任务是，一旦找到了引力场的数学表达式，就应当建立作为动力学结构的场方程。这一追求的指导思想与爱因斯坦在以前研究中的思想是相同的：把相对性原理（RP）从惯性参考系推广到任意参考系，以使自然界的普遍规律适用于所有参考系。[2]

正是这个推广相对性原理的要求，引导爱因斯坦借助于等效原理的表述引入了引力场，并且把 $g_{\mu\nu}$ 看作是引力场的数学表述。但是，随着 $g_{\mu\nu}$ 的出现，这个要求能够以数学上更精确的方式引入：$g_{\mu\nu}$ 所满足的方程应当相对于任意的坐标变换是协变的。也就是说，广义相对性原理要求场方程应当是广义协变的。

关于 $g_{\mu\nu}$ 的广义协变方程，通过推广引力势的牛顿方程（即泊松方程）**60** 很容易找到：通过把牛顿质量密度相对论地推广到二阶应力–能量张量 $T_{\mu\nu}$ 就得到了场源，因此，它们是与度规张量及其前两阶导数相关的。正如格罗斯曼所认识到的那样，能够从度规张量形成的唯一的广义协变张量是里奇张量 $R_{\mu\nu}$。爱因斯坦与格罗斯曼发现了建立在里奇张量基础上的广义协变方程，但他们拒绝了，因为这些方程无法还原为静态弱引力场的牛顿极限（Einstein and Grossmann，1913）。作为替代，爱因斯坦推导出了一组满足若干明显的必要条件的场方程，但它们只在约束协变群下才不变。[3]

起初，爱因斯坦为找不到广义协变方程而烦恼。但不久，他就发现这是不可避免的，并提出了一个反对所有广义协变场方程的简明的哲学论证。这里提到的这一论证，就是著名的空穴论证（hole argument）。相当有趣的是，爱因斯坦先是提出，而后又拒斥了空穴论证，这里面的最初考虑是因果性，或是唯一性，或是决定论，通过这一过程，爱因斯坦在广义相对论的框架内大大澄清了他对引力场与时空关系的理解[4]，这一关系刚开始被度规张量 $g_{\mu\nu}$ 的双重功能神秘化了。

下面是爱因斯坦对空穴论证的表述：

> 我们考虑一个时空连续统的有限部分∑，在这个部分没有任何物质过程发生。如果给出参量 $g_{\mu\nu}$ 作为描述坐标系 K 的坐标 x_ν 的函数，那么在∑中物理上发生的一切就是完全确定的。这些函数的总和用符号 $G(x)$ 表示。
>
> 假设引入一个新坐标系 K'，在∑之外，它与 K 相一致，然而，在∑内，它又以这样一种方式偏离 K，即 $g'_{\mu\nu}$ 指的是 K'，而且像 $g_{\mu\nu}$（以及其导数）一样，到处都是连续的。$g_{\mu\nu}$ 的总和用符号 $G'(x')$ 表示。$G'(x')$ 与 $G(x)$ 描述相同的引力场。如果我们在函数 $g'_{\mu\nu}$ 中用坐标 x_ν 取代坐标 x'_ν，即如果我们构成 $G'(x)$，那么 $G'(x)$ 也描述对应于 K 的引力场，但不对应于实际的（即一开始给出的）引力场。
>
> 现在，如果我们假设引力场的微分方程是广义协变的，那么，如果相对于 K 的 $G(x)$ 满足这些方程，那么（相对于 K' 的）$G'(x')$ 也满足这些方程。因此，相对于 K 的 $G'(x)$ 也满足这些方程。这样一来，相对于 K，就有两个不同的解，即 $G(x)$ 与 $G'(x)$，尽管这两个解在区域的边界上一致；也就是说，引力场中所发生的一切，不能唯一地被广义协变微分方程所决定。
>
> （Einstein，1914b）

这一论证有三个关键点。首先，新张量场 $G'(x)$（“拖曳”场）能够通过定义场的流形（“连续统”）上的一个（主动的）点变换（或一个微分同胚），从原始场 $G(x)$ 获得或产生。这个变换经过巧妙策划使得度规场 $G(x)$ 映射到新的度规场 $G'(x)$ 上，而应力−能量张量自我映射。其次，一组场方程的广义协变性要求：如果 $G(x)$ 是场方程的一个解，那么主动变换（或拖曳）场 $G'(x)$ 也是场方程的一个解。最后，$G(x)$ 与 $G'(x)$ 是同一个坐标系(K)里同一个点的两个物理上不同的张量场。考虑到这几点，爱因斯坦认为，广义协变性使得从应力−能量张量出发唯一地决定度规场成为不可能。也就是说，广义协变性违背了因果律，因而是不可接受的。 61

空穴论证反对广义协变性的根本理由是，它声称 $G(x)$ 与 $G'(x)$ 在空穴(∑)中代表着不同的物理情形。那么，这种说法的理由是什么？没有给出明确的说明理由。然而，心照不宣地，这一论证假定了一个关于时空本性的重要立场。那就是：甚至在度规场被动力学地指配给流形上的点之前，流形上的点就被设想为物理上可区分的时空点了。正是这一假设要求，定义在同一个流形点 x 上的数学上不同的场 $G(x)$与 $G'(x)$，应当被看作物理上有区别的场。否则，如果流形点作为时空点，其物理同一性必须由动力学度规场来指定，实际上是由动力学度规构成的话，那么在同一个时空点上定义两个不同度规场的合法性将是一个可争论的问题，取决于人们对时空的物理实在的理解（见下文）。

一个严肃的问题是，这个假设是否具有物理上的合理性。在牛顿理论的语境中，由于绝对的（非动力学的）空间和时间赋予流形上一个虚空区域的点以空间和时间性质，从而给出这些点原先就存在的物理同一性，因此这个假设具有合理性或说可辩护性。在狭义相对论的语境中，惯性参考系（例如，由处于刚性与非加速运动中的测量杆与时钟构成，或者由探测粒子的各种组合、光线、时钟以及其他装置构成）把流形的虚空区域的点个体化，起着与牛顿理论中绝对时间和绝对空间相似的作用，因而这个假设也是可辩护的。但是，在广义相对论的语境中，不存在这样能够用来把流形上的点个体化的（非动力学的）绝对结构，因而对这个假设的辩护是相当可疑的。但是，为了彻底考察空穴论证的基本假设的辩护理由，需要更多的哲学反思。

在克服关于场方程的有限不变性困难的斗争过程中，尤其是在他努力解释 1915 年 11 月的水星近日点进动现象时，爱因斯坦发展了一种有关时空的物理实在的新思想，结果成为拒斥空穴论证的关键。根据爱因斯坦的论文（Einstein，1915e，1916a，1949），关于时间与空间的独立物理实在，在狭义相对论与广义相对论中存在本质差异。在狭义相对论中，坐标（与参考系相联系）具有直接的物理（度规）意义：首先，一个流形的虚空区域的点被先存的惯性参考系所个体化；其次，与第一个点相关，这些点有着先存的时空个体性，这些个体性是由先存的刚性背景闵可夫斯基度规赋予它们的，这意味着时空具有独立于动力学度规场的物理实在性。

然而，在广义相对论中，所有物理事件都是通过物质点的运动建立起来的，根据爱因斯坦的研究，由动力学度规场描述的物质点的相会［亦即，这些点的世界线的交汇，或时空点重合的总体］是唯一的实在。与依赖于参考系的选择相反，只要注意到某些唯一性条件，点重合就可以在所有变换（不增加任何新的变换）下自然地保持。这些考虑剥夺了空穴论证中参考系 K 与 K'的任何物理实在性，而且“清除了空间和时间的物理客观性的最后残余”（Einstein，1916b）。

62

既然广义相对论中流形上的点必定从度规场中继承它们具有显著特征的时空性质与关系，那么只当一个四维流形是由度规场构造的时，它才能被定义为一个时空。[5]也就是说，在广义相对论中，在度规场被规定之前，或引力场方程被求解之前，不存在任何时空。在这种情形下，根据爱因斯坦的说法，把一组场方程的两个不同的解 $G(x)$与 $G'(x)$归于同一坐标系或同一个流形是没有意义的，也不具有任何物理内容。出于这个理由，爱因斯坦强调：

> 在连续统的同一个区域中，两个不同 g 系统（更确切地说，两个不同的引力场）的（同时）实现，从理论的本性上讲，是不可能的。……如果 $g_{\mu\nu}$ 的两个系统（或者更一般地说，应用于对世界的描述中的任何变量）是如此构成的，第二个系统能够通过一个纯粹的时空变换从第一个系统得到，那么它们就是完全等价的。
>
> （Einstein，1915e）

从逻辑上讲，不同于度规场，广义相对论缺乏将流形上的点个体化为时空点的结构，这一结构的缺乏证明了把拖曳度规场的整个等价类认同为一个引力场是正确的。这一认同损毁了空穴论证的基本假设（即拖曳度规场在物理上是不同的），并避开了空穴论证的逻辑力量（广义协变性将违背因果律），从而为爱因斯坦通往广义协变方程消除了一个哲学障碍。此外，由于爱因斯坦确信物理定律（方程式）应当描述和确定仅仅是物理上为真的东西（时空同时存在的总体），并且物理上为真的陈述将不会“在任何（单值的）坐标变换上失效”，因此，对广义协变性的要求就变得最为自然与绝对必要了（同上）。结果，很快就得到了广义相对论的最终描述，也就是场方程的广义协变形式，即爱因斯坦场方程（Einstein，1915d）[6]：

$$G_{\mu\nu} = k\left(T_{\mu\nu} - \frac{1}{2}g_{\mu\nu}T\right) \tag{4.1}$$

或者，等价地为

$$G_{\mu\nu} - \frac{1}{2}g_{\mu\nu}G = -KT_{\mu\nu} \tag{4.2}$$

对于爱因斯坦来说，广义协变性是推广相对性原理的数学描述。但是，这个论断被克雷奇曼（Kretschmann，1917）和其他后来的评论家所拒绝。他们论证道，既然任何时空理论都能够通过纯粹数学处理变成一种广义协变的形式，而这些广义协变的理论包含明显违背相对性原理的牛顿时空理论的变种，那么爱因斯坦所表述的广义协变性与相对性原理之间的联系就是一种幻 63

觉。实际上，他们认为广义协变性作为物理理论的某些数学表述的形式属性，没有任何物理内容。

克雷奇曼式的论证能够通过以下两步来反驳。首先，从上述讨论中我们清楚地看到，广义协变性，正如爱因斯坦在广义相对论中理解并引入的那样，是物理上深刻的论证即点重合论证（point-coincidence argument）的结果。点重合论证假设时空的物理实在由质点的世界线的交叉点构成，这些质点又由动力学度规场来描述。因此，从它的发生来看，广义协变性与其说是一种数学要求，不如说是有关时空与引力场的本体论关系的一个物理假设：只有被引力场描述的物理过程，才能把构成时空的事件个体化。在这个意义上，广义协变性在物理上绝不是空洞的。

其次，我们总是可以通过引入一些额外的数学结构（如广义度规张量或曲率张量）把一个原来不是广义协变的理论（如牛顿理论或狭义相对论）变成广义协变的形式，这是确定无疑的。但是，为了断言修正后的理论与原来的理论具有相同的物理内容，人们必须作出如下物理假设：这些附加结构只是辅助的，不具有独立的物理意义，即它们在物理上是空洞多余的。例如，在狭义相对论的情形中，为了能够恢复闵可夫斯基度规（与优先惯性参考系一起），必须对其施加一个限制（即曲率张量必定处处消失）。这一限制对于恢复广义相对论之前的理论的物理内容是必要的，因为它使得在这些理论的表述中表观广义协变性成为平凡的且物理上乏味的。尤其值得提醒大家注意的是，由于平凡广义协变理论的解必须满足强加在这些理论表述上的限制，因此它们本身不可能是广义协变的。

通过排除平凡广义协变性的情形，广义协变性与相对性原理的推广之间的联系似乎是深刻而自然的：两者都假定并且赞同对于时空的一个特定观点（对于其本质与暗示会在第三部分详细地说明），即拒绝承认时空有独立于引力场的物理实在性的实体论观点。[7]

4.3 物质与时空和场：马赫原理

虽然克雷奇曼不能严格证明用广义协变方程表达的相对性原理只是对没有物理内容的数学表述的一个要求，但是他的批评确实促使爱因斯坦重新考虑了广义相对论的概念基础。1918 年 3 月，除了（a）相对性原理和（b）等效原理[8]之外，爱因斯坦第一次撰写了“马赫原理”（Mach’s principle）的表

64

述并把它列出来，作为广义相对论所依托的第三个主要观点：

> （c）马赫原理：G场完全由物体的质量决定。由于依照狭义相对论的结果，质量与能量是同一的，并且能量在形式上借助于对称能量张量（$T_{\mu\nu}$）来描述，因此G场是由物质的能量张量限制与决定的。
>
> （Einstein，1918a）

在脚注中，爱因斯坦指出：

> 迄今为止，我没有在原理（a）与（c）之间作出区分，这是一种混淆。我已经选择了“马赫原理”的名称，因为这个原理具有一个重要意义，即马赫所要求的广义性、惯性应该从物体的相互作用中推导出来。
>
> （同上）

爱因斯坦坚持马赫原理的满足是绝对必要的，因为它表达了一种关于物质在本体论上优先于时空的形而上学承诺。他声称，场方程（4.1）作为马赫原理的具体化，暗示着没有任何引力场能够脱离物质而存在。他还宣称，既然宇宙中所有质量都参与到引力场的完善中，那么马赫原理就是关于整个宇宙的时空结构的陈述（同上）。

通过强调马赫原理的重要性，爱因斯坦试图澄清广义相对论的概念基础。然而，在广义相对论中马赫原理的逻辑地位，正如我们将会简单地看到的那样，远比爱因斯坦想象的复杂。不过，爱因斯坦的努力显示了他在发展与解释广义相对论时的马赫主义动机。实际上，早在1913年，爱因斯坦就已经宣告了其理论的马赫主义灵感。他假设：

> 物体的惯性阻力能够通过在其周围放置非加速的惯性质量而增加，并且如果那些质量分享着物体的加速度，那么这种惯性阻力的增加必定消失。
>
> （Einstein，1913b）

并且宣称：

> 这与马赫大胆的思想相一致，即惯性起源于所考虑的物质粒子与所有其他粒子的相互作用。
>
> （Einstein and Grossmann，1913）

在1913年6月25日给马赫的一封信中，爱因斯坦热情洋溢地写道：

> 您对力学基础有益的研究将得到卓越的确证。因为有必要证明惯性起源于某种相互作用，这与您关于牛顿水桶实验（Newton pail experiment）的考虑完全相符。
>
> （Einstein，1913c）

1916年马赫去世时，爱因斯坦在给马赫写的讣告中甚至宣称马赫“在半个世纪前就离推测到广义相对论近在咫尺了”（Einstein，1916d）。

65 正如我们在第3.1节中指出的，马赫的观念对爱因斯坦的思想产生了深刻的影响。其中最重要的是马赫对牛顿的绝对空间概念的批评。根据马赫的观点，牛顿的绝对空间的概念超出了经验范围，具有一种超常的因果功能：绝对空间影响质量，但没有什么东西能够影响绝对空间。牛顿通过诉诸与其有关的绝对运动概念来为绝对空间概念辩护，绝对空间能够产生可观测的惯性效应，如旋转水桶情形中的离心力。在反对牛顿的论证中，马赫进而建议：

> 牛顿的旋转水桶实验只是告诉我们，水相对于桶壁的旋转不会产生任何显著的离心力，这种力是由其相对于地球与其他天体质量的旋转产生的。
>
> （Mach，1883）

在这里，相对于物理参考系的相对运动的概念，取代了相对于绝对空间的绝对运动的概念。[9]

相对运动与物理参考系都是可观测的。但是，为什么相对运动能够产生惯性力仍然是神秘的。马赫认为，正如在上述引文之后直接暗示的那样，惯性力与惯性质量，以及与物理参考系相联系的相对空间中物体的惯性行为，都是由物体与其环境之间的某种因果相互作用决定的：

> 没有人能够有把握地说，如果容器的侧面厚度和质量增加，直到最终达到几里格厚①，实验结果会如何。
>
> （同上）

在其他地方，马赫断言，“最近处的质量对惯性力的产生和对确定物体的惯性行为的贡献，与最远处质量的贡献相比，等于零”（Mach，1872）。这就引出了马赫思想的另一个特征：局部惯性系或局部动力学是由整个宇宙中的物质分布决定的。

---

① 译者注：里格是长度单位，1里格约为3英里（1英里=1609.344米）或3海里（1海里=1852米）。

当爱因斯坦创造了“马赫原理”的表述，并断言空间状态完全由大质量物体决定时，他的头脑中无疑有马赫的整个复杂的想法：空间是物体空间关系的总体抽象（这体现在各种参考系中）、运动的相对性，以及由物体的因果相互作用确定的惯性。但是，马赫的因果相互作用思想建立在瞬时超距作用的假设之上。超距作用的思想解释了为什么远距离质量分布能够在局域动力学（如惯性力）中起重要作用，但是这与爱因斯坦非常珍爱的场作用概念直接冲突。因此，为了接受马赫的思想，爱因斯坦不得不按照场论的精神来重新解释这些思想。这种追求不存在特别的困难，因为爱因斯坦关于引力场的思想完美地充当了大质量物体之间因果作用的媒介。因此，根据爱因斯坦的思想，在引力场的概念中，“马赫的概念得到了充分的发展”（Einstein，1929b）。 66

在爱因斯坦对马赫原理的讨论中，存在着对马赫思想的其他修正，这些修正也在场论框架内展示了爱因斯坦思想与马赫思想之间的联系。首先，在爱因斯坦场方程中所描述的能量张量，不仅是物体的能量，而且也是电磁场的能量。其次，在爱因斯坦对马赫的惯性思想（即惯性质量、惯性力以及惯性定律起源于物体的因果相互作用）的推广中，“惯性”概念同样涉及惯性系（比如不同的参考系，在这些参考系中的自然律，包括电动力学的局域定律，采取特别简单的形式）。因此，马赫的惯性思想不仅为等效原理提供了灵感（如果因果相互作用被看作是引力相互作用），而且也为相对性原理的推广提供了灵感。通过这种推广，惯性参考系失去了它们的绝对性，成为由度规张量（度规张量同时描述了惯性–引力场与时空的时间几何结构）描述的相对空间的一种特殊情形。

正如我们上面提到的，爱因斯坦对马赫原理和相对性原理的区分，是对克雷奇曼批评的回应。最初，爱因斯坦可能认为，相对性原理作为惯性的相对性的马赫想法的推广，足以描述广义相对论的物理内容。但是，克雷奇曼批评广义协变形式的相对性原理是物理上空洞的，在这一批评的压力下，爱因斯坦觉得，为了避免混淆，有必要澄清广义相对论的概念基础。这可以通过表述一个独立的原理——马赫原理来完成，这个原理能表征广义相对论的一些指导思想，涉及：①惯性运动（由时空的几何结构来表示）与宇宙的物质内容之间的关系；②时空结构的起源与决定；③时空本身的本体论地位，同时坚持相对性原理的启发性价值。

毫无疑问，马赫的想法激励和启发了爱因斯坦在广义相对论方面的工作。然而，马赫原理在广义相对论中的逻辑地位是另一回事。这是一个复杂而有争议的问题。有人可能追随爱因斯坦，并不严格地声称，相对性原理是马赫关于加速和旋转运动（从而是物理参考系）的相对性思想的推广，等效原理产生于马赫的惯性来自大质量物体之间的（引力）相互作用的思想，以及爱因斯坦的场方程实现了马赫的物质是空间（时间）度规结构的唯一真实的原因的思想，其中空间（时间）度规结构作为物质关系的抽象，反过来又支配着物体的运动。[10]但是，爱因斯坦更进一步地从广义相对论出发，推导出了一些可检验的非牛顿性质的预测。这些预测，如果得到证实，将会对马赫的惯性的相对性思想给予强有力的支持，并意味着“整个惯性，即整个 g_{ij} 场，将由宇宙中的物质决定”（Einstein，1921b）。由于这个原因，这些预测被称为马赫效应（Machian effects）。

事实上，早在1913年提出马赫原理之前，爱因斯坦就根据他对静态引力场的试探性理论（和格罗斯曼一起），预见到了以下几种马赫效应。（A）当可称重质量堆叠到一个物体附近时，该物体的惯性质量必定增加（Einstein，1913b）。（B）当一个物体的邻近物体被加速时，该物体必定受到加速力（Einstein，1913a）。（C）一个旋转的空心体，必定在自身内部产生一个拖曳着惯性系的科里奥利力场（Coriolis field），以及一个离心力场（Einstein，1913c）。这些效应［特别是（C）效应，即旋转质量对惯性系的拖曳作用］被爱因斯坦以及后来的评论者作为广义相对论场方程的解具有马赫行为的判据（Einstein，1922）。但是，爱因斯坦最具马赫概念显著特征的观点在他的断言（D）中表述出来：

67

> 在逻辑一致的相对论中，不可能存在相对于“空间”的惯性，而只存在质量之间彼此相对的惯性。所以，如果我在充分远离宇宙所有其他质量的地方拥有一个质量，其惯性必定降低为零。
>
> （Einstein，1917a）

但是，断言（D）与爱因斯坦场方程存在多种解相矛盾。其中第一个是施瓦氏解（Schwarzschild solution）。在爱因斯坦的论文（Einstein，1915c）中，得到了真空中一个静态球对称质点的近似引力场的解，通过推广这个解，施瓦西（Schwarzschild，1916a）借助于引力势处处连续（除了在 $R=0$ 处）的假设（R，θ 与 ϕ 都是极坐标），得到了对一个处在别的空的时空中的孤立质点的精确解（一颗恒星或太阳系）：

$$ds^2=(1-a/r)c^2dt^2-dr^2/(1-a/r)-r^2(d\theta^2+\sin^2\theta\, d\phi^2) \tag{4.3}$$

其中，

$$r=(R^3+a^3)^{1/3}，\text{而 } a=2Gm/c^2$$

这个解表明无限远处的度规是闵可夫斯基的。因此，一个试验物体具有完全的惯性，而不论它离宇宙中唯一的质点有多远。非常明显，这个解是与断言（D）直接冲突的。

爱因斯坦很早就知道施瓦氏解，而且在 1916 年 1 月 9 日写信给施瓦西说："我非常喜欢你对这个问题的数学处理。"（Einstein，1916b）但是，这个数学处理清楚的反马赫的含义，促使爱因斯坦对施瓦西重申其马赫立场：

> 在最后的分析中，根据我的理论，惯性确切地说是质量之间的相互作用，而不是除了所考察的质量以外，该质量所在的"空间"本身也参与其中的一种"作用"。我的理论的重要特征恰恰在于，空间本身并不拥有独立的性质。
>
> （Einstein，1916b）

为了迎接施瓦氏解提出的通过场方程（它们规定了度规在无限远处具有闵可夫斯基特征）的貌似合理的边界条件[11]表达的对马赫概念的挑战，爱因斯坦在其经典论文（Einstein，1916c）中，诉诸"没有包括在我们所考虑的系统中的遥远物质"的概念。这些未知质量能够充当无限远处闵可夫斯基度规的源，从而提供了一个闵可夫斯基边界条件的马赫解释，并作为所有惯性的主要源头。 68

如果马赫概念被认可，那么就为遥远质量的存在提供了一个自洽的证据。人们以非常高的精度观测到，在我们所处的宇宙部分，惯性是各向同性的。但是在紧邻的附近（行星、恒星），物质不是各向同性的。因此，如果惯性是由物质产生的，那么惯性效应的绝大部分必定来自超越了我们有效的观测之外的各向同性分布的遥远质量。

但是，正如德西特（de Sitter）指出的那样，以这种方式拯救马赫立场的代价是非常高昂的。[12]首先，普适的闵可夫斯基边界条件是与广义相对论的精神相冲突的，因为它不是广义协变的；而各种引力势必然约化为闵可夫斯基值的思想，是绝对空间的伪装版本的一个组分。一般来说，边界条件的任何详细规定，正如爱因斯坦在 1916 年 10 月末给贝索（Besso）的信中很快认识到的那样，是与作为局域物理学的广义相对论不相容的。[13]其次，遥远质量被设想为有别于绝对空间，而绝对空间是原则上独立于参考系并且是不可观测的。但是，正如绝对空间一样，遥远质量也是原则上独立于参考系，并且是不可观测的：为了起决定无限远处引力势的作用，这些质量必须被设想为超越任何有效的观测。因此，与牛顿的绝对空间的观念相比，马赫纲领（Machian programme）的哲学吸引力已经黯然失色。

当爱因斯坦做出他的断言（D）时，他已经充分意识到了这些困难。不顾施瓦氏解以及与边界条件的马赫概念相关的各种困难，爱因斯坦坚持马赫立场，理由是他已经发展了一种贯彻其马赫纲领的新策略（Einstein，1917a）。这一策略导致了相对论宇宙学的产生，相对论宇宙学被正确地看作马赫原理最富魅力的结果。这一宇宙学考虑也使爱因斯坦对马赫的想法有了新信心，这在他 1918 年（Einstein，1918a）对马赫原理的表述以及 1922 年（Einstein，1922）对马赫效应的深入讨论中得到了证明。但是，在转向宇宙学以前，让我们简要回顾一下马赫效应。

爱因斯坦认为，效应（A）是广义相对论的一个结果（Einstein，1922）。然而，事实表明，这只是任意选择坐标的结果。[14]实际上，在等效原理成立的广义相对论中[15]，惯性质量是物体一种内在的、不变的性质，独立于环境。为了成功地表述通过与遥远质量的相互作用产生的惯性质量，至少需要一个由新的场（不同于 $g_{\mu\nu}$ 场）产生的更长程的力。但是，这就破坏了等效原理，相当于只是广义相对论的一个修正，如失败的布兰斯-迪克理论（Brans-Dicke theory）。[16]

在特定的初始边界条件下，效应（B）与效应（C）能够从广义相对论中推导出来。[17]但是，这不能简单地解释为是对等效原理有效性的一个证明。问题在于，在这些推论中，闵可夫斯基时空被默认为在无限远处成立，部分是在近似方法的伪装下。但是，正如上面提到的，这个假设在两个方面违背了等效原理。首先，在这个语境中，无限远处的边界条件假设了牛顿的绝对空间的作用，而且与马赫原理相冲突，这就排除了有争议的大质量物体的影响。其次，在这个语境中物质的存在，不是作为时空总体结构的唯一来源，而只是修正了后者的其他平直结构。虽然平直结构能够看作由不可观测的遥远质量描述的，但后者在哲学上的吸引力并不比绝对空间更多。

69

马赫效应确证的失败表明，马赫原理既不是广义相对论的必要前提，也不是广义相对论的逻辑结果。不过，仍然有两个额外的选择可以把马赫原理整合到广义相对论中。第一个选择是，我们能够修正广义相对论，使其成为与马赫原理相容的形式。这方面的一个尝试是求助于不可观测的遥远质量，但如同上面指出的，这一尝试失败了。通过引入宇宙学常量对广义相对论所作的另一个修正，将在第 4.4 节中讨论。第二个选择是，把马赫原理看作爱因斯坦场方程的解的一个选择定则。也就是说，马赫原理是作为这些解的外部约束，而不是作为广义相对论的本质组成部分。但是，这只有在相对论宇宙学的语境中才有意义。因而这也将在第 4.4 节中处理。

为什么甚至爱因斯坦本人在其晚年也不认可马赫原理，这有另外一个原因。马赫原理预设了物质体是决定时空结构，甚至是时空存在的唯一独立的物理实体。从 20 世纪 20 年代中期开始，当爱因斯坦开始着迷于统一场论的想法时，他就拒绝了这一前提（见第 5.3 节）。他论证道，“用来代表‘物质’的［应力-能量张量］T_{ik}总是预设了 g_{ik}”（Einstein，1954a）。爱因斯坦为此给出的理由非常简单。为了决定应力-能量张量 T_{ik}，人们必须知道控制物质行为的定律。非引力的力的存在，要求将这些力的定律从外部添加到广义相对论的定律中。写成协变形式的这些定律包含度规张量的分量。因此，除去了时空，我们将不知道物质。根据爱因斯坦后来的观点，应力-能量张量只是总场的一部分，而不是总场的源。只有总场才构成物理实在的终极材料，物质正是从总场中构造出来。因此，物质在本体论上先于场的立场，被坚定而明确地拒斥了。从这样一种观点出发，爱因斯坦总结了他后来关于马赫原理的立场：

> 在我看来，我们不应该再谈论马赫原理。马赫原理超前于这个时代，在这个时代，人们认为“可称重物体”是唯一的物理实在，不能由它们完全决定的所有要素都应当在理论中避免。
>
> （Einstein，1954a）

关于爱因斯坦在马赫原理上的立场需要几点说明。在我看来，实际上存在两个马赫原理：MP_1 与 MP_2。MP_1 为马赫和早期的爱因斯坦所持有，又被后期的爱因斯坦所拒绝，它宣称可称重物体是完全决定时空的存在与结构的唯一物理实在。MP_2 是爱因斯坦在统一场论时期所坚持的，它宣称时空在本体论上隶属于由总实体场表征的物理实在，在总实体场的组成部分中，我们可以发现引力场，时空的结构完全由总实体场的动力学决定。关于爱因斯坦对时空及其几何结构的观点，更多的讨论将在第 5.1 节中给出。这里有充分的理由认为，关于时空与场的关系，爱因斯坦后来的立场在精神实质上仍然是马赫的。爱因斯坦的立场（MP_2）与马赫的立场（MP_1）之间的唯一区别是，爱因斯坦把场而不是可称重物质看作给出存在并决定时空的结构的终极本体。 70

在 1952 年 5 月 12 日给玻恩的信中，爱因斯坦写道：

即使完全不知道光线的偏转、近日点进动和光谱线的移动，引力场方程也是令人信服的，因为它们避开了惯性系——那个作用于万物而万物不反作用于它的幽灵。

（Einstein，1952d）

不可否认的事实是，爱因斯坦成功地驱除惯性系幽灵，是受马赫关于惯性的相对性思想的启发和指引的，虽然在其原始表述 MP_1 中，这个思想既不能看作场方程的必要前提，也不能看作场方程的逻辑结果，正如我们将在第 4.4 节中看到的，它也没被确立为一个有用的选择规则。

4.4 广义相对论的一致性：相对论性宇宙学的产生

由于爱因斯坦将广义相对论的初始灵感、核心承诺和主要成就视为对绝对空间（还有惯性系的优先地位）的摒弃，因此，为了拥有一个自洽的理论，他必须回应两个挑战。一个是由旋转提出的挑战，旋转的绝对性质，正如牛顿及其追随者所论证的那样，需要从绝对空间结构得到支持。另一个是与场方程的边界条件相联系的挑战，这个场方程的边界条件充当作一个伪装版的绝对空间。为了消除旋转的绝对性，爱因斯坦追随马赫，求助于一直难以捉摸的遥远质量。但是，正如前面所提到的，这个策略受到德西特的尖锐批评与坚决拒绝。德西特不赞同爱因斯坦关于边界条件的论述，因为这一论述混合了马赫语境中遥远质量的思想，也不赞同爱因斯坦关于自洽的广义相对论应当是什么的论述。从历史上看，爱因斯坦与德西特的争论是相对论宇宙学出现的直接原因。[18]

在建立场方程以后，爱因斯坦试图确定无限远处的边界条件，这只是马赫关于一个质量的惯性在充分远离宇宙中所有其他质量的情况下必定趋于零的思想的一个数学表述。爱因斯坦清楚地认识到，边界条件的明确规定与“一个有限的宇宙，即一个其范围已经被自然所限定，在其中所有惯性都是真正相对的这样一个宇宙如何存在”的问题紧密相关。[19]

71 在 1916 年 9 月 29 日与德西特的谈话中，爱因斯坦提出了 $g_{\mu\nu}$ 的一组广义协变的边界条件：

$$
\begin{matrix}
0 & 0 & 0 & \infty \\
0 & 0 & 0 & \infty \\
0 & 0 & 0 & \infty \\
\infty & \infty & \infty & \infty^2
\end{matrix}
\qquad (4.4)
$$

德西特立刻认识到这组边界条件的两个含义：它的非马赫本质以及物理世界的有限性。既然在无限远处 $g_{\mu\nu}$ 的简并场（degenerate field）代表着非马赫的、不可知的绝对时空，那么“如果我们希望拥有实际世界的完全的［相容的］四维相对性，那么这个世界必定是有限的”。[20]

德西特自己关于边界条件的立场是基于他的一般认识论观点，即“超出观测范围的一切推断都是靠不住的”（de Sitter，1917e）。由于这个原因，人们必须完全避免去断言具有普适有效性的空间无限远的边界条件，而在所考虑范围的有限空间处的 $g_{\mu\nu}$ 必须在每个个别情形下被分别给出，正如在通常情形下，分别给出时间的初始条件一样。

在他的“宇宙论的思考”中，爱因斯坦承认德西特的立场在哲学上是无可争辩的。然而，正如他立即承认的那样，在这个根本问题，即马赫问题上完全听天由命，对他来说是一件困难的事情。幸运的是，当爱因斯坦写这篇论文时，他已找到了一条走出困境的道路，一条贯彻他的马赫式的广义相对论概念的自洽道路。爱因斯坦的新策略是发展一个宇宙论模型，在这个模型中，边界条件的缺乏与作为一个整体的宇宙的合理概念协调一致：

> 如果有可能将宇宙视作一个在空间维度上有限（闭合）的连续统，那么，我们应该根本不需要任何这样的边界条件。
>
> （Einstein，1917a）

然后，通过假设物质的分布是均匀的且各向同性的，爱因斯坦成功地证明了：

> 相对论的普遍假设与星体低速的事实，都与空间有限的宇宙假说相容。
>
> （Einstein，1917a）

这标志着相对论宇宙学的出现，它是对物质和时空之间的关系进行哲学反思的结果。

然而，为了贯彻这一思想，爱因斯坦不得不修改他的场方程，即引入一

个宇宙学常量 λ，使得场方程（4.1）转化为

$$G_{\mu\nu} - \lambda g_{\mu\nu} = -k\left(T_{\mu\nu} - \frac{1}{2}g_{\mu\nu}T\right) \tag{4.5}$$

72 引入 λ 项的理由，甚至不是为了得到一个闭合解——没有 λ 项，闭合解也是可能的，正如爱因斯坦在这篇论文中认识到的那样，以及亚历山大·弗里德曼（Friedman，1922）随后对此作出的富有成果的探索——而是为了得到一个爱因斯坦声称的为“星体低速的事实”所需要的准静态的解。在数学上，这是第一个定量的宇宙学模型，其本质上与施瓦西的内部解（Schwarzschild，1916b）相同。主要的差别仅在于：内部度规在无限远处约化为闵可夫斯基度规，而爱因斯坦的宇宙在空间上则是闭合的。[21]

λ 项的物理意义是相当模糊的。它可以被解释为真空的局域不可观测的能量密度，或者是随着距离增加的物理排斥力（负压力），抵消了引力效应，并使得物质静态分布甚至膨胀。在任何一种情形下，它都是引力场的一个明显的非马赫源项，代表着一种能够作用于一切事物而本身不能被作用的绝对元素。但是，借助于宇宙项，爱因斯坦能够通过把物质视为是不受压力的，来预言宇宙中质量密度 ρ 与其曲率半径 R 之间独特的关系，

$$k\rho c^2=2\lambda=2/R^2 \tag{4.6}$$

这种对宇宙边缘的限定消除了严格处理边界条件的任何必要性，而这正是爱因斯坦所希望的。

如果马赫动机是宇宙学建构中的唯一约束，那么 λ 项的引入既不是必要的，也不是充分的。它不是必要的，因为一个闭合解，尽管不是静态的，也能够从上面提到的初始场方程（4.1）中得出。它不是充分的，因为修正了的场方程仍然有非马赫的解。正如德西特（de Sitter，1917a，1917b，1917c，1917d）表明的那样，当时间也被相对论化以后，即使一个系统被剥夺了物质，仍然能够得出修正后的场方程的解，

$$ds^2=(1-\lambda r^2/3)dt^2-(1-\lambda r^2/3)^{-1}dr^2-r^2(d\theta^2+\sin^2\theta d\phi^2) \tag{4.7}$$

其中曲率半径 $R=(3/\lambda)^{1/2}$。该系统由德西特系统 B 来标记，相比之下，爱因斯坦的宇宙模型就由系统 A 来标记。

爱因斯坦对模型 B 的第一反应，正如德西特（de Sitter，1917a）在后记中所记录的那样，可以理解为是否定的：

> 在我看来，构想一个没有物质的可能世界是不令人满意的。$g_{\mu\nu}$ 场应该被物质所限制，否则它根本不会存在。

面对这一批评，德西特争辩说，既然在系统 B 中，所有普通物质（恒星、星云、星系团等）都被认为是不存在的，那么爱因斯坦与其他“马赫的追随者就被迫假设存在更多的物质，即世界物质（world-matter）”（de Sitter，1917b）。德西特写道，甚至在系统 A 中，由于宇宙常数非常小，正如由我们对太阳系扰动的了解所表明的那样，假设的不可观测的世界物质的总质量必须“非常大，与之相比，我们所知的所有物质都可以完全忽略不计”（de Sitter，1917a）。 73

爱因斯坦不接受德西特的推理。爱因斯坦在给德西特的信（Einstein，1917d）中坚持认为，恒星之外没有世界物质，系统 A 中的能量密度只不过是现有恒星的均匀分布。但是，如果世界物质只是普通物质的某种理想排列，那么按照德西特（de Sitter，1917b）的论证，系统 B 将会由于其方程而完全是空的（从马赫观点来看，这将是一个灾难），而系统 A 将是不自洽的。不自洽的原因如下：由于系统 A 中的普通物质是造成偏离稳态平衡的主要原因，因此要补偿这种偏离，物质张量就必须加以修正，从而允许内部压力与应力的存在。只有当人们引入世界物质，这才是可能的，世界物质不像普通物质，它等同于一种连续的流体。如果情况不是这样的，那么内部力将没有所期望的效应，而整个系统将如同人们设想的那样不会保持静止。德西特进一步论证道，假设的世界物质“取代牛顿理论中的绝对空间或者‘惯性系’的地位。它不过是这种惯性系的物质化”（de Sitter，1917c）。

撇开世界物质的确切性不谈，爱因斯坦在 1917 年 8 月 8 日给德西特的一封信（Einstein，1917e）中，提出了反对德西特的一个论证。既然在模型 B 中 dt^2 受系数 $\cos^2(r/R)$ 影响[22]，那么在距离 $r=\pi R/2$ 处的所有物理现象就都没有连续性。正如在引力质点的邻域附近，时钟趋向于静止那样（引力势的分量 g_{44} 趋向于 0），爱因斯坦论证道：“德西特系统无论如何都无法描述一个没有物质的世界，而只能描述一个物质完全集中在表面 $r=\pi R/2$［德西特空间的赤道］上的世界。”（Einstein，1918b）可以设想的是，尽管有上面讨论的各种困难，这个论证使得爱因斯坦确信他的马赫概念，同时有助于他阐述马赫原理。

但是，德西特在如下两个基本点上拒绝爱因斯坦的批评：①赤道上物质的性质，②赤道的可达性。在爱因斯坦信件（Einstein，1917e）的页边，德西特评论道：

如果对于 $r=\pi R/2$，g_{44} 必须通过存在于那里的“物质”变为 0，那么该物质的“质量”必须是多大呢？我猜想是∞！于是我们接纳了一种不是普通物质的物质……而那将还是一种遥远的质量……这是拯救马赫教条的一种物质机制（materia ex machina）。

在1917年的论文（de Sitter，1917c，1917d）中，德西特还论证了赤道不是“物理上可达的”，因为粒子只能在“无限的时间之后到达那里，也就是说，它根本不可能到达那里”。[23]

尽管时空的马赫概念有不同的含义，但系统A与系统B享有共同的特征：两者都是宇宙的静态模型。从概念上讲，一个引力世界只能在一些抵消了引力的吸引效应的物理排斥力的帮助下，才能保持稳定。宇宙常数可以作为实现这一功能的媒介。[24]从物理上讲，这种制衡是一件非常微妙的事情：如果没有任何干预的话，在极微小的扰动下，宇宙将膨胀到无限大或者收缩到一个点。[25]从数学上讲，俄国气象学家亚历山大·弗里德曼（Alexander Friedman）(Friedman，1922，1924）表明，系统A与系统B只是具有正的不同物质密度的场方程的无限多解的极限情形：它们中的一些解是膨胀的，另一些解是收缩的，这依赖于制衡过程的细节。虽然弗里德曼本人把他对各种模型的推导仅仅当作一种数学练习，但实际上他提出了一个演化宇宙的数学模型。爱因斯坦一开始抵制演化宇宙的思想，但是弗里德曼的严格工作迫使爱因斯坦认识到，他的场方程允许存在整体时空结构的动态解和静态解，虽然他对演化宇宙的物理意义仍持怀疑态度（Einstein，1923c）。

在1931年，概念情形开始发生变化。在不知道弗里德曼工作的情况下，比利时牧师和宇宙学家勒梅特（Lemaître，1925，1927）在研究德西特模型时，重新发现了演化宇宙的思想，并提出了一个模型：该模型的过去与爱因斯坦宇宙渐近，而未来则与德西特宇宙渐近。1931年，勒梅特的著作（Lemaître，1927）被翻译成了英语重新出版。这与哈勃定律（Hubble's law）（Hubble，1929）的发现（该定律强烈地暗示一个膨胀的宇宙）、爱丁顿对爱因斯坦静态宇宙的不稳定性证明（Eddington，1930）一起，使得演化宇宙的概念开始得到广泛的接受。因此，毫不奇怪的是，在1931年，爱因斯坦宣布了他对零宇宙学常量的非静态解的偏爱（Einstein，1931），德西特也宣告了他的信念：“毫无疑问，勒梅特的理论本质上是真的，并且必须接受为通向更好地理解大自然的非常真实且重要的一步。”（de Sitter，1931）

当爱因斯坦通过“相当艰难曲折的道路”于1917年创立了相对论宇宙学时，他写道，他为整个宇宙构造的模型，“提供了相对论思维方式的一种延伸”，也提供了“广义相对论能够通向一个无矛盾体系的证明”。[26]但是，德西特挑战爱因斯坦的这一声称，并且借助于他自己 1917 年的研究，证明了广义相对论的宇宙学模型直接与马赫信条相冲突。因此，根据德西特的研究，为了使广义相对论成为一个自洽的理论，必须放弃马赫信条。德西特在 1920 年 11 月 4 日给爱因斯坦的信中宣布“[引力] 场本身是实在的”，而不是隶属于可称重物质的（de Sitter，1920）。这实际上显示了爱因斯坦本人一直努力的一个方向，这开始于他的莱登演讲（Leiden Lecture）（Einstein，1920a），结束于他后来的统一场论观念。

人们可能会认为，随着演化宇宙观念被接受，演化宇宙观念提供了一个框架，在此场方程越来越多的非马赫解被发现[27]，马赫原理在一个自洽的广义相对论中应该没有了地位。但情况并非如此。一些学者论证道，虽然马赫原理是与场方程的一些解相冲突的，但是为了有一个自洽的理论，我们不能够放弃马赫原理，而应把马赫原理作为一个选择定则，以消除非马赫解。例如，惠勒（Wheeler，1964a）提出，应当把马赫原理设想为“一个边界条件，以将爱因斯坦场方程可允许的解与物理上不可接受的解分离开来”。对于雷恩（D. J. Raine）来说，马赫原理作为一个选择定则，不仅仅是一个规则性的形而上学原理。更确切地说，他论证道，既然马赫原理包含了整个宇宙，并且面临着宇宙学的证据，那么就可以用宇宙学模型来检验它，并用经验数据来证实它。人们能够论证的是，这样一种马赫原理的经验地位的研究，直接显示了我们对一个自洽的广义相对论的理解。让我们简要看一下这个论题。

75

马赫原理作为一个选择定则能够采取多种形式。[28]最重要的一种形式涉及旋转。我们先前关于场方程边界条件的讨论，显示了广义相对论是与物质宇宙只是绝对空间中的小摄动的思想不相容的。如果绝对空间存在，则我们就可以期待宇宙有某些相对于绝对空间的旋转。但是如果马赫原理是对的，并且不存在如绝对空间的东西，那么宇宙必须提供一个不旋转的标准，并且它本身不能旋转。因此，类似哥德尔宇宙（Gödel universe）（Gödel，1949，1952）或克尔度规（Kerr metric）（Kerr，1963）的旋转解，是不被允许的。在这种特殊情形下，经验证据似乎支持马赫原理，因为正如柯林斯与霍金的论文中（Collins and Hawking，1973a，1973b）解释的那样，观测到的微波背景辐射的各向同性，①给宇宙的可能旋转（局域涡度）设置了一个限制（在相对于整体质量分布的每一点上局域动力学惯性系的旋转的意义上）；②证明在宇宙历史上，宇宙绝不可能在短于膨胀时间标度的时间标度内一直旋转。按照雷恩的说法，这“为我们提供了支持［马赫］原理的最强有力的观测证据”（Raine，1975）。

雷恩更进一步论证道，马赫原理也得到了其他经验材料的有力支持。例如，①各向异性地膨胀的非旋转宇宙模型是非马赫的（因为局部的剪切运动模拟了物质相对于动力学惯性系的旋转），它们为平均哈勃膨胀的剪切的极小比例的微波观测所排除；②马赫型的罗伯逊-沃克宇宙（Robertson-Walker universe）的均匀性被观测到的零星系关联所支持，星系关联度量的是星系对（pairs of galaxies）在形成平均间距小于平均值的关联中聚集成团的趋势。因此，根据雷恩的观点，马赫原理的这些方面也得到了高精度的经验证实（Raine，1981）。

即便如此，马赫原理作为一个广义选择定则的有用性，在许多没有特殊对称性的情形中，还远未建立起来，正如沃尔夫刚·林德勒（Wolfgang Rindler）所指出的那样，“除了在具有特殊对称性的情形下，雷恩的方法很难应用”（Rindler，1977）。

注　　释

1. 见 Stachel（1980a）。

2. 爱因斯坦经常谈到坐标系（数学表示）而不是参考系（物理系统）。但是从语境上判断，当他谈到坐标系时，实际上意味着参考系。

76

3. 关于这些物理要求的详细说明，见 Stachel（1980b）或 Norton（1984）。

4. 参见 Stachel（1980b）与 Earman 和 Norton（1987）。

5. 或者，更精确地说，只有当流形上的点通过由度规场构造出来的黎曼张旦的四个不变量被个体化时。见 Stache1（1994）及其提到的参考书。

6. 这里 $G_{\mu\nu}$，是具有 G 收缩的里奇张量，而 $T_{\mu\nu}$ 是具有 T 收缩的应力-能量张量。方程（4.2）的左边现在被称为爱因斯坦张量。

7. 一些评论者（Earman and Norton，1987）试图利用空穴论证来反对时空的实体主义观点，他们把公式整合到一般的广义协变性原理中，甚至在前广义相对论的理论语境中也这样处理。他们的论证失效了，因为正如施塔赫尔（Stachel，1994）指出的那样，他们没有认识到在前广义相对论的理论中非动力学具体结构的存在，这阻碍了他们通过把所有拖曳度规场等同于同一个引力场来避免空穴论证。而且，在前广义相对论的理论中，时空本质上是刚性的（任何约化为某一区域的恒等式的变换，都可以约化为任何区域的恒等式），因而空穴论证（预设了在空穴以外约化为恒等式，但在空穴内却是不等式的变换）一开始就不能应用到这些情形中。出于这个理由，在前广义相对论的科学理论语境中，时空的本质不能由空穴论证所决定。关于更详细的内容，见 Stachel（1994）。

8. “惯性与重盘在本质上是等同的…… ‘对称的基本张量’（ $G_{\mu\nu}$ ）决定了空间的度规性质，以及在其中物体的惯性行为，还有引力效应。我们将空间的态表示为描述 G 场的基本张量。”（Einstein，1918a）

9. 在马赫的讨论中，物理参考系有时是由固定恒星来表示的，在另一些场合是由宇宙中质量的总体来表示的。

10. 例如，见 Raine（1975）。

11. 既然爱因斯坦场方程是二阶微分方程，边界条件对于方程的求解是必要的。

12. 见 de Sitter（1916a，1916b）。

13. 见 Speziali（1972），p.69。

14. 见 Brans（1962）。

15. 所以在广义相对论的框架中，沿着任何粒子的世界线定义一个局域坐标系，使得对于这个坐标系，物理现象遵循狭义相对论的定律，并且不显示周围质量的分布效应，总是可能的。

16. Brans and Dicke（1961）。

17. 见 Lense and Thirring（1918）；Thirring（1918，1921）。

18. 关于爱因斯坦—德西特争论的精彩总结，见 Kerszberg（1989）。

19. 爱因斯坦致贝索的信（1916 年 5 月 14 日），见 Speziali（1972）。

20. 见 de Sitter（1916a）。爱丁顿也清楚这一边界条件思想的非马赫本质。10 月 13 日，正当爱丁顿在等待德西特（de Sitter，1916a）论文的复印件时，他给德西特写信：“当你选择相对于伽利略轴旋转的轴时，你就得到了一个不能归因于可观测物质的引力场，但这一引力场在本质上归因于边界条件的补充函数——无限远处的源或穴……这对于我来说，似乎反驳了可观测现象是完全被其他可观测现象所限制的根本假设。”（Eddington，1916）

21. 目前看来，爱因斯坦的静态宇宙不是闭合的。它具有经典的宇宙时间，从而得到了“柱形宇宙”（cylindrical universe）的名称。

22. 一些数学技巧对于从方程（4.7）推导出这个论断是必要的，见 Rindler（1977）。

23. 与这些评论相联系的是奇点和视界问题。有关这些问题更多的讨论在第 5.4 节中给出。

24. 参见 Georges Lemaitre（1934）。

25. 参见 Arthur Eddington（1930）。

26. 见爱因斯坦致德西特的信（de Sitter，1917c），以及致贝索的信（Speziali，1972）。

27. 粗略地说，大多数宇宙学家把所有真空解［如德西特空间和陶布-纳特（Taub-NUT）空间］以及平直或渐近平直的解（如闵可夫斯基度规或施瓦氏解）看作非马赫的。他们也把所有均匀但各向异性膨胀的解（如各种比安基模型）或旋转宇宙的解（如哥德尔

77

模型和克尔度规）看作非马赫的。一些人也把具有非零宇宙学常量 λ 的所有模型看作非马赫的，因为这些模型中的 λ 项必须被处理为一个非马赫源的项，但是其他人对 λ 项表示了更多的容忍。关于马赫或非马赫解的判据或表述的概要，见 Reinhardt（1973）、Raine（1975，1981）与 Ellis（1989）。

28. 关于这些形式的概要，见 Raine（1975，1981）。

第 5 章

几何纲领 78

爱因斯坦的广义相对论开创了一种描述基本相互作用的新纲领：用几何学的术语来描述动力学。继爱因斯坦关于广义相对论的经典论文（Einstein，1916c）之后，这个纲领得到了一系列理论的应用。本章致力于讨论这个纲领的本体论承诺（第 5.2 节），并重新考察它的演化过程（第 5.3 节），包括只是在爱因斯坦去世以后，才开始对广义相对论产生新理解的一些论题（奇点、视界与黑洞）（第 5.4 节），但不包括一些试图合并量子化思想的最新尝试，这将在第 11 章中进行讨论。考虑到爱因斯坦的工作对几何纲领的源起与发展的巨大影响，这一章有理由先考察爱因斯坦的时空观与几何观（第 5.1 节），这构成了他的几何纲领的基础。

5.1　爱因斯坦的时空观与几何观

5.1.1　时空几何学与动力学的相关性

一般而言，一个动力学理论，不管它是不是对基本相互作用的描述，都必定会假定某种空间几何学来描述它的动力学定律及其解释。实际上，一种几何学的选择预先确定或概括了它的动力学基础，即它的因果结构与度规结构。例如，在牛顿（或狭义相对论）的动力学中，欧几里得（或闵可夫斯基）的时间几何学及其仿射结构，是由运动学对称群（伽利略群或洛伦兹群）决定的，这一对称群作为空间（时间）的运动学结构的数学描述，决定或反映了作为其基本动力学定律的惯性定律。在这些理论中，运动学结构不受动力学的影响。于是，动力学定律在运动学对称群的变换下是不变的。这意味着运动学对称性对动力学定律的形式施加了一些限制。但是，在广义相对论中，情况并非如此。在这些理论中，不存在时空的先验运动学结构，因而也就没有运动学对称性，也不存在对动力学定律形式的限制。也就是说，79 动力学定律在任何可想象的四维拓扑流形中都是有效的，因而一定是广义协变的。因此，应当指出，在广义相对论中，广义协变性对动力学定律形式的限制，本质上不同于在非广义相对论中，运动学对称性施加于动力学定律形式的限制。

5.1.2 时空的性质与运动的性质

人们早就认识到，时空的性质，一方面与时空的几何结构有着密切的联系，另一方面与运动的性质有着密切的联系，就运动的绝对性或相对性而言。在这里，绝对运动的概念相对简单：它意味着非相对的或内在的运动。但是，绝对空间（时间）的概念更为复杂，它可以意味着刚性的（非动力学的）、实体的（非关系的），或自主的（非相对的）。在关于空间性质的传统争论中，所有这三种意义上的绝对主义（absolutism），作为动态主义（dynamism）、关系主义（relationalism）及相对主义（relativism）的对立面，都涉及了。[1]但是，在广义相对论语境的当代讨论中，刚性不再是一个有争议的问题。不过，绝对主义的（更强的）实体主义或（更弱的）自治主义版本仍然经常涉及。

如果只有相对运动，那么绝对空间（时间）的概念将完全不值得辩护。在另一方面，如果空间（时间）是绝对的，那么必定存在某种绝对运动。但是，这里的蕴含关系并没有反过来。也就是说，空间（时间）的非绝对性并不意味着绝对运动的不存在，绝对运动也不以绝对空间（时间）为前提。尽管有这样的逻辑关系，绝对运动的存在的确要求时空必须被赋予结构，如质点和惯性参考系，这些结构丰富得足以支撑运动的绝对概念。因此，一个涉及这些时空结构的本体论地位的困难问题产生了。在历史上，这种概念状况经常被绝对主义者成功地加以利用。出于这个原因，在关系主义者中有一个悠久的传统，即拒绝绝对运动的存在，将其作为一种保护策略，即使这种策略在逻辑上不是必需的。[2]在采取这种策略的关系主义者当中，我们发现了马赫和爱因斯坦。

5.1.3 爱因斯坦的时空观

爱因斯坦的观点可以描述为：他拒绝牛顿关于空间和时间的绝对主义观点，受到场论发展的强烈影响，并最终把物理场视为本体论上构成时空及其结构的物理基础。

马赫的解释塑造了爱因斯坦对牛顿的理解。根据马赫的观点，牛顿认为空间必须被看作是空的，这样一个空的空间，作为一个具有几何性质的惯性系，必须被认为是基本的和独立的，以便人们可以进一步描述什么东西充满了空间。[3]根据马赫的观点，空的空间和时间在牛顿力学中扮演着至关重要 **80** 的双重角色。首先，空的空间和时间是物理学中发生的事情的坐标框架的载体，与其有关的事件是由空间和时间坐标描述的。其次，空的空间和时间形成了无数个惯性系中的一个，这些惯性系被认为在所有可想象的参考系中是有区别的，因为它们是使牛顿惯性定律有效的参考系。

这导致了马赫在重构牛顿立场时的第二个观点：空间和时间必定具有与物质点一样多的物理实在性，以使运动的力学定律具有意义。也就是说，"物理实在"被说成如牛顿想象的那样，一方面是由空间和时间构成的，另一方面是由相对于独立存在的空间和时间运动着的永恒存在的物质点构成的。空间和时间独立存在的思想能够以这种方式得到表达：如果不存在物质，空间和时间单独也可以作为有待发生的物理事件的一种潜在舞台而存在。

此外，马赫还注意到在牛顿的运动方程中，加速度的概念起着基本的作用，不能单单由大质量点之间的时间变量间隔来定义。牛顿的加速度只有相对于作为一个整体的空间才是可设想或可定义的。马赫推断（这一推断被爱因斯坦所接受），这使得牛顿有必要将空间归结为运动的一种非常确定的状态，即绝对静止，它不能由力学现象来确定。因此，根据马赫的观点，除了空间的物理实在之外，一个新的惯性决定函数也被牛顿心照不宣地归因于空间。在牛顿力学中，决定惯性的空间效应必须是自主的，因为空间影响质量，却没有任何东西能影响空间。爱因斯坦称这种效应为空间的"因果绝对性"（causal absoluteness）（Einstein，1927）。[4]

狭义相对论取代了牛顿力学，爱因斯坦则认为狭义相对论的出现是法拉第、麦克斯韦与洛伦兹发展的场论的必然结果。电磁场论在形而上学层面上不同于力学，其理由正如爱因斯坦在论文（Einstein，1917b）中总结的那样：

（a）“除了质点之外”，还出现了“一种新的物理实在，即‘场’”。

（b）“物体之间的电磁相互作用不是通过瞬时超距作用力实现的，而是通过以有限的速度在空间传播的过程实现的。”

考虑了（a）与（b）两点之后，爱因斯坦在狭义相对论中声称，事件的同时性不能被描述为绝对的，在相对于惯性系做加速运动的参考系中，由于洛伦兹收缩，支配固体的定律不符合欧几里得几何规则。从非欧几何出发，考虑到广义协变性与等效原理，爱因斯坦在广义相对论中提出，支配固体的定律是与引力场密切相关的。场论的这些发展从根本上修正了牛顿关于空间、时间与物理实在的概念，而场论的进一步发展则要求对这些概念作出新的理解。正是在这种互动中，爱因斯坦发展了他的空间、时间和物理实在的观点。

81

根据爱因斯坦的观点，没有物理特征的时空概念最后被取消了，这是因为：

> 在分离的时空点的邻域内，时空连续统的度规性质是不同的，并受到存在于所讨论区域外的物质的共同决定。这种［度规关系的］时空可变性，或者有关“虚空空间”的知识，从物理上讲，虚空空间既不是均匀的也不是各向同性的……驱使我们借助于十大函数，［即］引力势 $G_{\mu\nu}$，来描述它的态……空间和空间的部分无不存在引力势，因为引力势给出了空间的度规性质；没有引力势，空间完全不可想象。引力场的存在是与空间的存在直接联系在一起的。
>
> （Einstein，1920a）

对于爱因斯坦来说，时空也被剥夺了因果绝对性。在广义相对论中，时空的几何性质是由度规场来构造的；根据等效原理，度规场同时也就是引力场。因此，时空——其结构取决于物理上的动力学要素（ $g_{\mu\nu}$ ），就不再是绝对的。也就是说，时空不仅制约着惯性质量的行为，而且就其状态而言，它也受惯性质量的制约。

值得注意的是，爱因斯坦的时空观，虽然本质上一贯是反牛顿的，并且是以场论为导向的，但仍经历了微妙的变化。这种变化发生于20世纪20年代中期，显然伴随着他始于1923年的对统一场论的追求（第5.3节）。在他的前统一场论研究时期，牛顿的虚空空间的概念与空间和时间的因果绝对性遭到了拒斥，但是空间和时间的物理实在性仍然以某种方式得以保留：

> 我们的现代宇宙观接受两种在概念上互相独立的实在，即引力以太和电磁场，或者，如人们所称谓的——空间与物质，尽管它们可能是因果关联的［借助于马赫原理］。
>
> （Einstein，1920a）

与这种物理实在的二元论立场和空间的准绝对主义观点相反，爱因斯坦在统一场论研究时期的观点完全是关系论的："因此，空间只不过是场的四个维度"（Einstein，1950b），"'物'（物理对象的连续统）的一种属性"。

> 空间的物理实在性由场来表示，场的分量是四个独立变量——空间和时间的坐标——的连续函数……正是这种特殊的依赖性表达了物理实在的空间特征。
>
> （Einstein，1950a）

他甚至进一步断言：

> 空间与"填充空间的东西"相反，空间依赖于坐标，没有独立的存在，……如果我们设想除去了引力场，即函数 g_{ik}，那么留下来的就不是类型（1）空间［$ds^2 = dx_1^2 + dx_2^2 + dx_3^3 + dx_4^4$］+d］，而是绝对的无。
>
> （Einstein，1952a）

对于爱因斯坦来说，函数 g_{ik} 不仅描述了场，而且同时也描绘了时空的度规性质。因此， 82

> 类型（1）空间……不是一个没有场的空间，而是 g_{ik} 场的一个特例，对于这一点……函数 g_{ik} 具有不依赖于坐标的值。不存在如虚空空间的东西，即不存在没有场的空间。时空本身并不能自称为存在，而不过是场的一个结构特性。
>
> （同上）

就引力场在本体论上优先于时空而言，爱因斯坦早在1915年就是一位关系论者了，其时他拒斥空穴论证，重新回到了广义协变性（见第4.2节）。但是，他从物理实在的二元论观点转向一元论观点的关键，是他对 $g_{\mu\nu}$ 场的本质与功能有了新理解。如果 $g_{\mu\nu}$ 场的功能只是在本体论上构成了时空，并在数学上指明了时空的度规结构（因而还有运动），那么我们是否把时空看作是 $g_{\mu\nu}$ 场的一个绝对的或关系的表示，将只是一个没有任何本质差异的语义问题。但是，如果 $g_{\mu\nu}$ 场被看作是物理实体场的一部分，能够转换为其他物理场，并能从其他物理场得到，正如统一场论所主张的那样，那么物理实在的二元论观点将站不住脚；时空的完全关系论观点，不会给时空的任何自主观点留有余地，即使它仍然为定义绝对运动留有余地，绝对运动与绝对时空不相关，但与物理场总体（而不是某些物理场）构成的时空相关。

1952 年 6 月 9 日，爱因斯坦将其时空观概括如下：

> 我想表明，时空不必被看作是一个分离的存在，它依赖于物理实在的真实对象。物理客体不是处于空间之中，相反，这些客体具有空间上的延展性。这样，"虚空空间"的概念就失去了意义。
>
> （Einstein，1952b）

爱因斯坦在其生命的最后几年，经常坚持认为场论纲领是上述观点的基础，在场论纲领中，场表征物理实在，或表征终极本体论，或表征在物理实在的逻辑构造中不可还原的概念要素。他认为，只有这个纲领，才能使分离的空间概念成为多余，因为，如果人们坚持，只有可称重的物体，才是物理上真实的，那么，拒斥虚空空间的存在，就是荒谬的（Einstein，1950b，1952a，1953）。

5.1.4 爱因斯坦的几何观

与爱因斯坦的关系论时空观紧密联系的，是他的独特的几何观。这一观点既非公理演绎的，也非约定论的，而本质上是实用的，其试图坚持几何与物理实在之间的直接联系。爱因斯坦强调他的观点有特殊的重要性，"因为没有它，我将不能表述相对论"，并且"肯定不会跨出迈向广义协变方程的决定性一步"（Einstein，1921a）。

83

根据公理演绎的观点，其假定的并不是几何学所处理的有关客体的知识或直觉，而只是在纯形式的意义上所采纳的公理的有效性，即缺乏所有直觉或经验的内容。这些公理是人类思想的自由创造。几何学的所有其他命题都是这些公理的逻辑结果。"非常清楚的是，单单公理几何学（axiomatic geometry）的概念体系，是不能对真实客体的行为作出任何断言的"，因为几何学所处理的客体只是为公理所定义，而不必然与真实客体有关系

（Einstein，1921a）。

但是，对于爱因斯坦来说，几何学的“存在是因为需要了解真实物体的行为”（Einstein，1921a），“几何观念与自然界中或多或少精确的对象相对应，而这些对象无疑是这些观念产生的唯一原因”（Einstein，1920a）。“几何学”（geometry）这个词，意思是地球测量或说测地（earthmeasuring），支持了这一观点，爱因斯坦认为，“为了测地，必须处理某些自然物体相互之间各种可能的排列”，即必须处理地球各部分、标度等的布局（Einstein，1921a）。因此，为了能够对真实物体或近似刚体的行为作出断言，“几何学必须通过将公理几何学的空洞概念框架与经验的真实客体对应起来，以消除它单纯的逻辑形式特征”（Einstein，1921a），并成为“支配近似刚体相互空间关系的定律的科学”（Einstein，1930a）。这样一种“实用几何学”（practical geometry）可以被视为“物理学最古老的分支”（Einstein，1921a）。[5]

爱因斯坦认为，“实用几何学”的意义在于它建立了欧几里得几何体与实在的近似刚体之间的联系，因此，“宇宙的几何学是否是欧几里得的问题就有了明确的意义，而且这个问题的答案只能通过经验来获得”（Einstein，1921a）。

在庞加莱的几何观中，没有为近似刚体与几何体之间的这种联系留有余地。他指出，在更细致的考察下，自然界中真正的固体在几何行为上并不是刚性的，也就是说，它们的相对配置的可能性取决于温度、外力等。因此，几何学与物理实在之间的直接联系似乎是不存在的。因此，根据庞加莱的观点，将几何学应用于经验必然涉及关于物理现象的假说，如光线的传播、测量杆的性质，诸如此类，既具有抽象（约定）的成分，也具有经验的成分，正如在每一种物理理论中一样。当一种物理几何与观测不一致时，一致性可以通过更换不同的几何，或不同的公理体系，或修改相关的物理假说而得以恢复。[6]因此，在庞加莱的约定主义几何观中，无论现实中客体的行为的本质是什么，保留欧几里得几何学应该是可能的与合理的。因此，如果理论与经验之间的矛盾本身就已显露，人们总是试图改变物理定律，而保持欧几里得几何学，因为在直觉上，根据庞加莱的观点，欧几里得几何学是组织我们经验的最简单形式。 84

爱因斯坦在原则上无法拒绝庞加莱的一般立场。他承认根据狭义相对论，自然界中没有真正的刚体，因此刚体所预测的性质不适用于物理实在。但是，他仍然坚持认为：

> 精确地确定测量体的物理状态，使其行为相对于其他测量物体来说，足以毫无歧义地允许它去代替“刚”体，并不是一项困难的任务。这种测量体正是那些关于刚体的陈述所必须参考的。
>
> （Einstein，1921a）

爱因斯坦也认识到，严格地说，测量杆与时钟将必须被表示为基本方程的解（作为由运动着的原子构型组成的客体），而不是像以前那样作为理论上自足的实体，在理论物理中发挥独立的作用。不过，他论证道，“我们还远没有得到一种关于原子结构的理论原理的可靠知识，使我们在理论上能由基本概念构成刚体与时钟”，从这些事实来看，“在理论物理发展的目前阶段，我的信念是这些概念仍然必须作为独立的概念使用”（Einstein，1921a）。

因此，为了把时间几何学与物理实在联系起来，为了给出 $g_{\mu\nu}$ 场的时间几何学意义，爱因斯坦暂时接受了实用刚性杆与时钟的存在，而它们则是由实用时间几何学来处理的。

但是，人们对此会有严重误解，并因而认为爱因斯坦坚持一种外在的（时间）几何观，（时间）几何学在被看作由刚性杆与时钟构成的意义上是外在的。[7] 从以下三条理由来看，这是一种误解。首先，爱因斯坦承认广义相对论中的非线性坐标变换，这种变换使得坐标的直接度规意义消失了。因此，在高斯-黎曼的意义上，时空流形的几何学独立于坐标[8]，爱因斯坦的观点是内在的而非外在的。其次，爱因斯坦坚持时空的时间几何性质只是由引力场给出的（Einstein，1920b）。因此，在时空的时间几何结构被设想为独立于被测量杆与时钟探测而存在或甚至独立于测量杆与时钟存在的意义上，爱因斯坦的观点是内在的而非外在的。最后，爱因斯坦强调，在四维时空之外还引入两类物理事物，即一方面是测量杆与时钟，另一方面是所有其他事物（例如质点与电磁场），在某种特定的意义上是不相容的。虽然他认为一开始就承认这种不相容性会更好，但是这种不相容性在物理学的后来阶段，即统一场论的阶段，必须被消除（Einstein，1949）。

但是，如果我们接受爱因斯坦把时间几何学看作在本体论上由 $g_{\mu\nu}$ 场构成、在数学上由 $g_{\mu\nu}$ 来描述的立场，那么必将导致不可忽视的复杂性。首先，存在着对场方程进行解释的复杂性。既然场方程等价于用 $g_{\mu\nu}$ 表示的缩并曲率张量，$g_{\mu\nu}$ 和以对称的方式规定了物质分布的应力-能量张量一起，刻画了（时间）几何学的特征，那么就不能声称这一项比另一项更优越。因

85

此，场方程所提示的是度规场与物质（包括所有非度规场）之间的相互因果关系。但是，爱因斯坦早期痴迷于马赫的思想，这使得他声称度规场与时空的时间几何本身必须单方面地完全由物质决定（Einstein，1918a）。这似乎有利于爱因斯坦持有一种外在的时间几何观的主张。公平地说，就爱因斯坦坚持马赫原理而言，这一主张具有某种合理性。

但是，凭借他从真空场方程的研究中得到的印象，这一印象表明度规场的存在并不归功于物质，并凭借他从马赫原理转向统一场论的研究，爱因斯坦逐渐认识到，正如电磁场通过麦克斯韦获得了解放并赢得了作为独立的动力学实存物的地位一样，度规场也应该被允许在他的手中摆脱马赫给予它的束缚，成为自身权利的参与者，具有自身的动力学自由度，从而登上物理学的舞台。事实上，爱因斯坦在其生命的最后时刻明确指出，在他的统一场论中，“代表‘物质’的 T_{ik} 总是以度规张量 g_{ik} 为前提的”（Einstein，1954a）。

其次，存在着一些看待时间几何学的物理基础的考虑。爱因斯坦坚持认为，时空的物理实在性是由场来表征的（Einstein，1950a）；时空及其时间几何学只是作为物理场的一种结构性质而存在（Einstein，1952a），其中引力与度规只是其不同的表现形式；而“几何场和其他类型的场之间的差别不是合乎逻辑地建立起来的”（Einstein，1948a）。[9] 如果我们记住爱因斯坦的所有这些陈述，那么认为爱因斯坦持有一种时间几何学的内在观点甚或绝对主义观点，似乎是站不住脚的。

众所周知，爱因斯坦几何观的核心是黎曼的著名论题：

> 我们必须在它（即构成空间基础的实际事物）的外部，即在作用于它的约束力中，寻找它的度量关系的基础。
>
> （Riemann，1854）

在爱因斯坦看来，这里“约束力”显然是指引力，或者更精确地说，是以引力场为介质的引力相互作用。因此，似乎可以把爱因斯坦的几何观概括如下。

就爱因斯坦把引力场看作只是引力相互作用因而也是时间几何学的本体论上的充要构成要素，不需要任何测量杆与时钟作为时间几何学的必要构成要素而言，他的观点可以被认为是内在主义的。

在某种程度上，爱因斯坦坚持时间几何学不具有本体论上的基础性，相反，它只是引力场结构性质的一种表现。显然，他将几何学视为在物理上由引力场构成，并显现为场的整体结构的关系方面［更多爱因斯坦关于几何学

86

和时空的结构主义和建构主义观点，参见（Cao，2006）]。

5.2 几何纲领：强弱两个版本

爱因斯坦的广义相对论，为基本相互作用的几何纲领奠定了基础。就其本体论承诺而言，基本相互作用的几何纲领是场论纲领的一个变种；就其动力学描述而言，几何表达方式起着特有的作用。从概念上讲，两个假设构成了几何纲领的出发点。首先，等效原理，这一原理假设了惯性与引力的不可分离性，因而也就假设了引力场在构成时空的几何（即惯性的或仿射的）结构中的作用（见第 3.4 节），以及几何结构在描述引力的动力学中的作用。其次，“实用几何学”的观点，按照这一观点，几何学与近似刚性杆和时钟的物理行为直接相关。因而，时空的几何结构，作为物理现象的基础，不是先验给定的，更准确地说，是由物理力决定的。基于这个理由，几何学应当被看作是物理学的一个分支，物理世界的几何性质不是一个先验的问题，也不是一个分析的或约定的问题，而是一个经验的问题。正如我们在第 5.1 节末尾指出的那样，这个思想在黎曼 1854 年著名的就职演讲中就有其智力起源。

从这两个假设开始，爱因斯坦发现引力场中的粒子轨迹与光线具有非欧几里得流形中测地线的性质，引力场的出现是与非欧几里得流形的时空可变的度规系数 $g_{\mu\nu}$ 联系在一起的，并且是由度规系数描述的。在经典场论中，场是根据依赖于在预先给定的欧几里得空间或闵可夫斯基时空中的坐标的势函数来描述的；与经典场论相比，爱因斯坦在广义相对论中把引力势直接与时空的几何性质联系在一起，以便引力的作用能够用几何学术语来表示。在这个意义上，我们可以说爱因斯坦开创了引力理论的几何化，因而可称为“几何纲领”。

几何纲领的基本思想就是这样。引力（或其他）相互作用通过如时空曲率的特定几何结构得以实现。几何结构影响了物质运动的测地线，并被物质的能量张量所影响。后者的影响用场方程表示，而前者的影响用运动的测地线方程表示。测地线方程一开始是独立于场方程预设的（Einstein and Grossmann，1913），但后来证明其不过是场方程的一个结果（Einstein et al.，1938）。

几何纲领有两个版本：强版本与弱版本。根据强版本，首先，时空的几何结构本身是物理上实在的，如同物质与电磁场的实在性一样，而且具有作用于物质的实在效应；其次，引力相互作用被看作物质运动的时空几何效应的局域测量，作为时空曲率的一种表现，并通过测地线偏差方程得到表达。

爱因斯坦自己在早年坚持这种观点。实际上，直至1920年，他仍然把引力场等同于空间（Einstein，1920b），或者更精确地说，等同于定义在流形中的几何结构。依据这种观点，爱因斯坦把时空的几何结构从给定的、刚性的、不可变的和绝对的实体变换为与物质相互作用的可变的动力学场。值得注意的是，几何纲领的强版本与断言空间实在性和活动性的牛顿立场非常一致，虽然它有不同于牛顿立场之处：把空间看作是充满物理性质的动力学实在，而不是把空间看作如同牛顿主义所想象的那样是空虚的与刚性的。

几何纲领的弱版本拒绝时空结构的独立存在，只是把它们看作场的结构性质。爱因斯坦在他追求统一场论的晚年，坚持这种立场。但是，从逻辑上讲，弱版本不必预设统一场论。它所预设的是时空的几何结构在本体论上是由物理（引力）场构成的。

于是，几何纲领的弱版本面临的严峻问题是如何验证这个预设。这种验证很容易由爱因斯坦的实用几何观给出。根据这个观点，几何结构只在测量杆和时钟的行为中表现出来，并且完全由引力场与测量杆和时钟之间的相互作用决定。测量杆与时钟，除了它们作为时空度规探针的功能外，还可以影响引力场。但根据爱因斯坦的说法，场本身足以构成时空的度规。在空的时空中，引力场就是唯一的物理实在，并构成了时空的度规（闵可夫斯基的或其他的）；在非空的时空中，与物质（包括测量杆与时钟）相互作用的引力场和/或电磁场，起着同样的构造性作用。

爱因斯坦的引力理论，正如他从广义相对论诞生之日起，一直到其生命的最后，反复指出的那样，只能被看作一种场论，其中引力作为一个因果过程是由物理场调节的。

我已经把爱因斯坦的引力研究纲领描述为几何的，同时也是场论的。这两种描述显然是相容的。在爱因斯坦早期与晚期的观点中，场与时空的几何作为引力相互作用的传播媒介，都是直接地和不可分割地联系在一起的。实际上，形成几何纲领的两个发展阶段的两种几何纲领观点，也可以看作场纲领的两种观点或两个发展阶段。

观点1：时空的几何结构被视为物理上是真实的，引力场可约化为时空的几何结构。显然，这种观点是与物质和空间／场的二元论相容的。

观点2：引力场被看作一种物理实体，是根源于时空的几何结构，而时空是引力场的结构性质的表现。不难看出，这种观点为通向爱因斯坦统一场论所支持的一元论铺平了道路。

88

从爱因斯坦的出版物中我们发现，他从观点1到观点2的转变，发生在20世纪20年代的前半期，伴随着他转向对统一场论的追求。在20世纪20年代初，爱因斯坦仍然把空间看成是一种独立的实在（Einstein，1920a），空间的几何结构可能具有一些场性质（Einstein，1922）。但是，5年之后，爱因斯坦已经把度规关系看成与场的性质是同一的，并声称“广义相对论形成了场论纲领发展的最后一步”（Einstein，1927）。

在这一转变过程中，爱因斯坦的“实用几何学”观点发挥了重要作用。如果时空的几何结构只在测量杆与时钟的行为中表现自己，并且完全由引力场介导的引力相互作用决定，那么就可以非常自然地把与物质及其自身相互作用的引力场看作一种物理实体，而把几何结构看作它的结构性质，假如人们接受活动性、实在性与独立存在性作为实体的判据的话。值得注意的是，阐明爱因斯坦的几何学观点的两篇极其重要的论文（Einstein，1921a，1925b），恰好是在这一变革时期写成的。

因此，我们得出了最重要的结论。在他进入他的思想发展的第二个阶段之后，爱因斯坦所做的并不是将引力理论几何化，而是将时空几何引力化。[10]也就是说，他认为几何是引力相互作用的表现，而不是相反。时空的几何结构在引力化之后，随着引力相互作用的演化而演化，它的演化规律与场的动力学规律，即爱因斯坦场方程是一致的。

上述讨论涉及的只是爱因斯坦关于引力场与具有几何结构的时空之关系的观点。在爱因斯坦场论的前两个阶段，除了场的实在性以外，也预设了物质的实在性。但是随着场论的发展，尤其是对真空场方程的深入考察，爱因斯坦被迫表示要考虑场与物质的关系。

必须解决的是如下两难困境。一方面，爱因斯坦对马赫原理的承诺迫使他将物质视为场的唯一来源，是场变化的唯一原因；另一方面，真空场方程在数学上的有效解的存在似乎暗示着场本身是一种实体，而不是源自物质。如果他拒绝马赫原理，把场看作一种基本实体，那么他必须解释物质为什么像场方程显示的那样，充当场的来源和场变化的原因。爱因斯坦的解决方案非常简单。他把被他错误地简化为电磁场的物质，与引力场一起，看作是同一基质（即所谓非对称整体场）的两种表现形式。从概念上讲，这就为二者的相互转化提供了一个物质基础。因此他指出，“我确信，无论如何，几何场与其他类型的场之间的差别不是合乎逻辑地建立起来的”（Einstein，1948b）。[11]通过这个解决方案，爱因斯坦把几何纲领推向了一个新阶段，即统一场论的阶段。 **89**

总之，主要建立在广义相对论与爱因斯坦其他著作基础之上的几何纲领，其所有三个阶段都与牛顿物理学截然不同，因为它是一种场论。在牛顿纲领中，引力表现为一种瞬时超距作用，并且不能解释为一种由单个物体决定并从中流溢出来的活动能力，而必须被看作只是通过虚空相互作用的两个物体之间的纽带。在爱因斯坦纲领中，引力被看作是一种局域中间相互作用，不是瞬时的而是以光速传播的，并且这个力被分为一个物体的作用力（由这个物体决定的场单独激发）和另一个物体的反作用力（由场引起的动量的时间变化）。在两个物体之间，场把动量和能量从一个物体传递给另一个物体（Einstein，1929a，1929b）。

按照爱因斯坦的意见（Einstein，1949），马赫对牛顿理论的批评注定要失败，因为马赫预设了质量及其相互作用，而不是场，是基本的概念。但是，

> 对绝对空间概念或惯性系概念的胜利之所以成为可能，只是因为物质客体的概念逐渐被场的概念所取代，而成为物理学的基本概念……迄今为止，没有人发现任何可避开惯性系的方法，除非借助于场论的方式。
>
> （Einstein，1953）

爱因斯坦是对的，他对牛顿理论的胜利是场论的胜利。但不幸的是，尽管他想以令人信服的方式证明物质与场（既有电磁场，又有引力场）能够用统一场论描述，但他失败了。

当然，爱因斯坦的场论是一种特殊的场论，其中场不可分割地与时空的几何结构联系在一起。那么，它与更富有成果的场论，即量子场论的关系是什么样的呢？这个有趣的问题与大量历史与哲学的问题一起，将在本卷后面讨论。

5.3 进一步的发展

大约在爱因斯坦提交广义相对论的最后版本的同时，大卫·希尔伯特（David Hilbert）提出了一个物理学基本方程的新体系（Hilbert，1915，1917），把古斯塔夫·米（Gustav Mie）的物质的电磁场论（Mie，1912a，1912b，1913）与爱因斯坦的广义相对性综合起来。在他的新理论中，希尔伯特利用变分原理，从米的世界函数 $H(g_{\mu\nu}, g_{\mu\nu,\rho}, g_{\mu\nu,\rho}, A_{\mu}, A_{\mu,\rho})$ 出发，得到14个势的14个方程：这些方程中的10个包含着与引力势 $g_{\mu\nu}$ 有关的变分，因而被称为引力方程；而另外4个方程出自与电磁势 A_{μ} 有关的变分，从而给出了广义麦克斯韦方程。希尔伯特声称，借助于在应用变分原理的过程中的数学定理，将在 n 个场中求得4个关系：

90

> 4个［电磁方程］可以看作引力方程的结果……在这个意义上，电磁现象是引力效应。
>
> （Hilbert，1915）[12]

希尔伯特的引力与电磁的统一理论为几何纲领的早期发展提供了强有力的刺激。尤其是，他所设想的度规 $g_{\mu\nu}$ 与电磁势 A_{μ} 之间的联系，引导他通向物理学与几何学关系的一般观点：

> 物理学是四维质几何学，其度规 $g_{\mu\nu}$ 与电磁量即物质有关。
>
> （Hilbert，1917）

但是，希尔伯特既没有论及物理学的几何基础，也没有论及时空的几何结构。此外，电磁势 $A_{\mu\nu}$ 的几何对应物在他的理论中也是不清楚的。

对于以数学为基础结构的几何纲领的发展至关重要的是列维–奇维塔（Levi-Civita，1917）引入的矢量的无穷小平移概念。从这样一种概念出发，就能得到如黎曼曲率张量之类的黎曼几何中的基元。通过这种方式，黎曼几何被推广了。列维–奇维塔也赋予了克里斯托费尔符号 $\left(\Gamma^{\mu}_{\rho\nu}\right)$ 三指标以意义，即表达仿射联络流形中线元的无穷小平移，其中线元的长度是不变的。因此，矢量在弯曲空间中的平行移动被设计成等价于协变微分的概念：$a^{\mu}_{y} = a^{\mu}_{y} + \left(\Gamma^{\mu}_{\rho\nu}\right) a^{\rho}$。追随列维–奇维塔的思想，黑森贝格（Hessenberg，

1917）认为空间由大量通过平行移动而紧密联系起来的小基元形成，即成为一个仿射联络空间。

爱因斯坦理论在完全几何意义上的第一个延伸是由外尔（Weyl，1918a，1918b）给出的。受爱因斯坦早期思想的强烈影响，外尔坚持几何应被“视为一种物理实在，因为它作为作用于物质的实在效应的源头表现自己”，而且“引力现象也必须被放置在几何的说明中”（Weyl，1922）。而且，他想要提出一个理论，其中引力与电磁都来自同一个源，不能任意地被分离，并且其中“所有物理量在世界几何中都有意义”（Weyl，1922，1918a，1918b）。

为了这个目的，外尔必须推广爱因斯坦理论的几何基础。作为一个出发点，他把场论思想贯彻到几何学当中，而且作出了下面的批评：

> 黎曼几何只是走在达到纯无限小几何的理想的半途上。它仍然坚持根除“超距”几何的最后元素，即其往昔的欧几里得残余。黎曼假设也可以比较空间不同点上两个线元的长度；不允许在“无限接近”几何中使用超距比较。只有一个原则是允许的；通过这个原则，长度的划分可以从一个点转移到与其无限相邻的点。

91

（Weyl，1918a）

因此，在外尔几何中，一个特定的长度标准应该只在它所处的时间和地点使用，并且有必要在空间和时间的每一个点设置单独的长度单位。这样一种单位标准系统称为规范系统（gauge system）。同样地，向量或张量的概念仅在一个点上才是先验有意义的，并且只能在同一点上对它们进行比较。那么，它们在全部时空中的意义是什么呢？关于这一点，外尔吸收了列维-奇维塔关于无限小平行位移的思想以及黑森贝格关于仿射联络空间的思想。他自己最初的观点是假设规范系统，就像坐标系一样，是任意的。

> $g_{\mu\nu}$ 仅在其比例范围内由点 p 处的度规性质决定。在物理意义上，同样，只有 $g_{\mu\nu}$ 的比率才具有直接可感知的意义。

（Weyl，1922）

外尔要求一个正确的理论必须具有双重不变性的性质：关于坐标的任何连续变换的不变性和在任何一种规范变换下的不变性。在规范变换中，$\lambda g_{\mu\nu}$ 被 $g_{\mu\nu}$ 取代，其中 λ 是位置的任意连续函数。外尔声称：“第二种不变性的性质的随附性（supervention）是我们理论的特点。”（同上）

规范系统的任意性要求矢量在不同点的长度 l 经历无限小变化，并且能够表示为 $dl^2=l^2d\phi$，其中，$d\phi$ 是线性微分形式：$d\phi=\phi_\mu dx^\mu$（黎曼几何是当 $\phi_\mu=0$ 时的极限情形）。这使得我们从二次函数形式（黎曼线元）$ds^2=g_{\mu\nu}dx^\mu dx^\nu$ 出发，就能得到

$$g_{\mu\nu,p}-\Gamma_{\mu,\nu\rho}-\Gamma_{\nu,\mu\rho}=g_{\mu\nu,}\phi_\rho \tag{5.1}$$

在 $ds^2=g_{\mu\nu}dx^\mu dx^\nu$ 中用 $\lambda g_{\mu\nu}$ 取代 $g_{\mu\nu}$，人们很容易发现 $d\phi'_\mu=d\phi'_\mu+d(\log\lambda)$。因此，规范不变性暗示着，$g_{\mu\nu}dx^\mu dx^\nu$ 和 $\phi_\mu dx^\mu$ 是与 $\lambda g_{\mu\nu}dx^\mu dx^\nu$ 和 $\phi_\mu dx^\mu+d(\log\lambda)$ 地位相等的。因此，在反对称张量 $F_{\mu\nu}=\phi_{\mu,\nu}-\phi_{\nu,\mu}$ 中具有不变的意义。这个事实引导外尔设想在世界几何中，把 ϕ_μ 解释为四势的，把张量 $F_{\mu\nu}$ 解释为电磁场。

基于上述考虑，外尔认为，不仅电磁场能够从世界几何中推导出来（Weyl，1918a，1918b）[13]，而且时空的仿射联络 Γ 也依赖于电磁势中 ϕ_μ 以及引力势 $g_{\mu\nu}$，这从方程（5.1）可以很容易看出（Weyl，1922）。在时空的仿射联络 Γ 中 ϕ_μ 的存在，暗示着时空的几何必定偏离黎曼几何。因此，外尔的统一理论与希尔伯特理论的不同之处在于其更丰富的几何结构，以及其在电磁理论与时空几何之间更清楚、更紧密的联系。在把世界几何作为本体论上基本的物理实在，而把引力与电磁作为导出现象方面，外尔的理论也不同于爱因斯坦的理论，外尔的理论把世界几何作为一个在本体论上基本的物理实在，把引力和电磁力作为派生现象；也就是说，外尔的理论属于几何纲领的强版本。

92

外尔从长度单位的局部定义导出的长度转移的不可积性（nonintegrability）概念，招致了许多批评。其中最著名的是爱因斯坦，他指出了它与观察到的谱线的确定频率相矛盾（Einstein，1918b）。作为回应，外尔提出了“通过校准来确定”而不是“固定不变”的概念来消解这一困难（Weyl，1921）。但这太具猜测性了，而且他自己也没有详细研究过。

尽管这一概念遇到了种种困难，但另一个与之相关（或由其衍生）的概念，即（可扩容的）规范不变性的概念，具有重要的启发意义。在他的统一理论中，外尔建立了电荷守恒与可扩容规范不变性之间的联系。他把这个联系看作“支持我的理论的最强有力的一般论据之一”（Weyl，1922）。虽然可扩容规范不变性的最初构想在它出现不久就因其推断在新的量子力学语境中与观察结果相冲突而被放弃，但外尔在1929年复兴了这一思想（见第9.1节）。这一次，局域不变性是电磁学中量子相位的不变性。我们目前对电荷

与电磁场的看法在很大程度上依赖于这个思想。实际上，物理定律的规范不变性与时空的几何结构之间的关系，已经是当代物理学中最具有吸引力的主题之一（见第三部分）。

但是，在爱丁顿看来，外尔的几何仍然遭受了不必要的限制。爱丁顿希望证明：

> 一旦把外尔的几何从这些限制中解放出来，整个框架就变得简单化了，并对物理学基本定律的起源有了新认识。
>
> （Eddington，1921）

借助广义相对论，爱因斯坦超越了欧几里得几何，得到了引力。借助规范不变性原理，外尔超越了黎曼几何，得到了电磁学。因此，人们可能会问，进一步推广还能得到什么。爱丁顿的回答是，希望我们能获得可抵消库仑斥力并将电子束缚在一起的非麦克斯韦结合力。

像外尔一样，爱丁顿也从平行位移与规范不变性的概念出发。他们之间的主要差异存在于以下事实中：外尔采用 $dl^2=l^2d\phi$ 与方程（5.1），而爱丁顿则把方程（5.1）的右边写作 $2K_{\mu\nu,\rho}$，而非特殊形式 $g_{\mu\nu}\phi_\rho$。这导致 $dl^2=2K_{\mu\nu,\rho}\xi^\mu\eta^\nu dx^\rho$。于是，按照以下表示：

$$S_{\mu\nu,\sigma}=K_{\mu\nu,\sigma}-K_{\mu\sigma,\nu}-K_{\nu\sigma,\mu} \text{ 以及 } 2k_\mu=S^\sigma_{\sigma\mu},$$

广义规范不变曲率张量 $G^*_{\mu\nu}$ 被分成了对称部分与反对称部分：

$$G^*_{\mu\nu}=R_{\mu\nu}+F_{\mu\nu}, \text{ 其中 } F_{\mu\nu}=k_{\mu,\nu}-k_{\nu,\mu},$$

当 $F_{\mu\nu}$ 能够被看作电磁场时，对称部分 93

$$R_{\mu\nu}=G_{\mu\nu}+H_{\mu\nu},$$

其中，$H_{\mu\nu}=k_{\mu,\nu}+k_{\nu,\mu}-(S^\sigma_{\mu\nu})_\sigma+S^\beta_{\alpha\nu}S^\alpha_{\beta\mu}-2k_\alpha S^\sigma_{\mu\nu}$ 包括描述引力的曲率 $G_{\mu\nu}$，以及表示整个能量张量与电磁能张量之间差别的 $H_{\mu\nu}$。爱丁顿设想这个差别必定代表整个能量张量的非麦克斯韦电学部分。

虽然爱丁顿获得了一个更一般的几何学，但他坚持认为真实世界的本真几何是黎曼几何，而不是外尔的广义几何，也不是他自己的几何。他指出：

> 我们所寻找到的不是实际空间和时间的几何，而是世界结构的几何，这个世界结构是空间、时间与事物的共同基础。
>
> （同上）

毫无疑问，引入世界结构的几何概念对于几何纲领的发展，以及几何学概念的演化来说都是重要的（见第 11.4 节）。

在精神上，爱因斯坦与外尔和爱丁顿一脉相通，并在一定程度上受到两人论文的激励，提出了建立在反对称联络或“度规”基础上的统一场论。[14] 除了得到标准广义相对论的赝黎曼时空以外，他也致力于描述电磁学的一些更深入的几何结构。虽然在数学上相当复杂，但爱因斯坦的统一场论在物理思想上是相对简单的：除了代表引力的时空的度规结构外，必定也存在代表电磁力的一些其他时空结构。但是，在爱因斯坦看来，存在两种彼此独立的时空结构的思想是不能容忍的。所以，人们应当寻找一个能把两种时空结构组成一个统一整体的时空理论（Einstein，1923a，1930a）。从这个基本思想出发，我们能够看到爱因斯坦的统一场论如同他的广义相对论一样，显示出鲜明的几何印象，这实际上是几何纲领的另一个阶段。

在爱因斯坦（Einstein，1945，1948b）关于统一场论的著作中，整个统一场由一个复厄米张量 g_{ik} 来描述。这非常不同于广义相对论中由对称张量 $g_{\mu\nu}$ 来描述的引力场。统一场（或势）可以被分为对称部分与反对称部分：

$$g_{ik}=s_{ik}+ia_{ik}，其中\ s_{ik}=s_{ki}，a_{ik}=-a_{ki}$$

这里，s_{ik} 可以用度规或引力势的对称张量来标识，a_{ik} 可以用电磁场的反对称张量来标识。作为他 30 年来寻找统一场论的最终成果，爱因斯坦通过放弃无限小位移场 $\Gamma^{\sigma}_{\mu\nu}$ 必须在其较低指数上对称这一限制，推广了他的引力理论。通过这种方式，爱因斯坦得到了 $\Gamma^{\sigma}_{\mu\nu}$ 的一个反对称部分（这有望通向电磁场理论），另外还得到了一个对称部分（这有望通向纯引力场理论）（Einstein，1954b）。

94 因此，这个理论在美学上是令人满意的，引力场与电磁场构成了同一个统一场的两个部分。但遗憾的是，爱因斯坦的统一场论得不到经验事实的支持，显然也没有类似于广义相对论从惯性质量与引力质量的等价性那里得到的那种支持。迄今为止，缺少支持的理由远比没有合适的实验更为深刻。在数学上，正如爱因斯坦自己承认的那样，“我们完全没有任何方法得出系统的解……出于这个理由，我们现在不能把非线性场论的内容与经验进行比较”（Einstein，1954b）。从我们目前关于基本相互作用的统一的知识来判断，爱因斯坦统一场论的基本物理思想，如非引力场与时空的几何结构之间的关系、不同部分场之间的结构关系、部分场与总场之间的结构关系，都是没有经验基础的纯思辨的东西。

在 1923 年至 1949 年间，爱因斯坦花费了很大精力，但在统一场论方面没有做出主要的突破。在同一时期，电磁学变成了第一个完全狭义相对论性量子场论，没有为人所知的直接几何特征。后来的发展也证明了，弱相互作用与至少某些特定的强相互作用，看来也需要采用这种没有直接几何特征的相对论性量子场论来描述。[15]20 世纪 70 年代中叶以来，量子场论的成功已经刺激了统一场论思想的复兴（见第 11.2 节）。但是，在复兴了的统一框架中，总场与部分场之间的结构关系，以及不同部分场之间的结构关系，已被证明比对称部分与反对称部分的组合复杂得多。大量的新思想，如分级的对称性破缺与希格斯机理（Higgs mechanism），对于理解这些关系是必不可少的。因而在内在严密性与一致性方面，爱因斯坦的统一场论几乎不能被视为成熟的理论。

值得注意的是，根据爱因斯坦的时空观，在他的统一场论中，从无限小位移场构造出来的几何结构描述了总场的结构性质，而不是作为潜在的物理实在的时空结构。在本体论上，后者已经被毫无保留地还原为场的结构关系。因此，在爱因斯坦的统一场论语境中，"统一"指的是两种场的统一，而不是如惠勒（Wheeler，1962）所声称的物理场与时空的统一。

埃利·嘉当（Elie Cartan）提出了一种不太保守的方法，试图改变标准广义相对论的赝黎曼结构（Cartan，1922）。根据嘉当的理论，具有内禀角动量的物质分布的时空模型，应当由具有与自旋密度相联系的扭率的弯曲流形来表示。嘉当的基本思想被几位作者发展了。[16]可以想象，扭率可能会在这些物体（如中子星）内部产生可观测的效应，其具有内置的强磁场并且可能伴随着自旋密度的相当大的平均值。

与外尔相反（外尔引入了变分 dl^2 并把它和电磁势的存在联系起来），西奥多·卡鲁扎（Theodor Kaluza）（Kaluza，1921）仍停留在度规几何的王国里，通过扩张宇宙的维度来寻求将电磁场包括在内［的统一场论］。卡鲁扎 **95** 的五维几何的线元能够被写成 $d\sigma^2 = \Gamma_{ik}dx^i dx^k (i, k = 0，\cdots，4)$，这里 Γ_{ik} 是五维对称张量的 15 个分量，它们与四维 $g_{\mu\nu}(=\Gamma_{\mu\nu}，\mu，\nu = 1，\cdots，4)$ 和电磁势 $A_\nu(=\Gamma_{0\nu}，\nu = 1，\cdots，4)$ 有关。那么第 15 个量 Γ_{00} 意味着什么呢？根据奥斯卡·克莱因（Klein，1927）的观点，我们可以尝试将 Γ_{00} 与描述物质的波函数联系起来，从而实现物质与场的形式统一。在这个意义上，Γ_{ik} 能够被看成是爱丁顿的世界结构几何学的一种实现。

为了把量子效应整合到五维理论中，奥斯卡·克莱因追随德布罗意的思想（见第 6.5 节），猜想作用量子可能从第五维运动的周期性中产生。这些运动在普通实验中不是可察觉的，因此我们可以对整个运动取平均值。奥斯卡·克莱因（Klein，1926）甚至声称，“作为场方程的几何基础的激烈修正”，把第五维引入到物理图像中“是由量子理论提出的”。

虽然奥斯卡·克莱因（Klein，1927）本人很快认识到他在把量子现象整合到时空描述方面失败了，但维布伦（Oswald Veblen）与霍夫曼（Hoffmann，1930）并不因此泄气。他们建议以四维的射影几何（projective geometry）取代基于卡鲁扎-克莱因五维理论的仿射几何，而且证明了当施加于基本射影张量的限制（它被迫将射影理论还原为奥斯卡·克莱因的仿射理论）被放弃时，将会得到包含克莱因-戈尔登型波动方程的一组新的场方程。在这个数学证明的基础上，他们过分乐观地声称，相对论中射影几何的使用“似乎使得把波动力学带入相对论框架中成为可能”。

即使在今天，卡鲁扎-克莱因理论的基本思想也没有消亡。人们已经作出了很多尝试用来证明，表征内部（动力学）对称性的规范结构是高维时空的几何结构的表现（在第11.3节中有更多的讨论）。

约翰·惠勒是几何纲领最积极的倡导者之一。他在1962年发表了有影响的著作《几何动力学》（*Geometrodynamics*），在该著作中他把几何看作原初实体，认为引力不过是几何的一种表现，而其他所有一切均来源于几何，或者可从几何中构造出来。他认为在时空几何本身中可能存在负载能量的波，这就预设几何实体是一种物理实在。也就是说，惠勒把几何独立存在体实体化了（Misner et al.，1973）。

关于量子现象，惠勒的立场是相当适度的。他没有从时空几何中推导出量子理论的野心。相反，他把量子原理看作在物理学的建构中比几何动力学更基本的东西。他把量子原理补充到几何动力学中，并因而重新表述了几何动力学。这个立场导致了一些意义深远的结果。一开始，它把惠勒引向量子几何动力学。但在最后，它讽刺性地把惠勒引向了否定几何纲领。

96

根据量子几何动力学，在几何小距离中存在着量子涨落，这导致了多连通空间（multiply connected space）的概念。由于这些原因，惠勒论证道，空间必然具有泡沫状结构。他把电看作是陷落到多连通空间中的力线，而把电荷在自然界中的存在视为空间在小距离中是多连通的证据。根据他的观点，一个粒子能够被看作一种“几何动力学激发，而各种场同样能够根据多连通几何的激发模式来解释”（Wheeler，1964b）。

但是，“量子涨落”作为他宇宙的几何图景的基本元素，也悖论式地逐渐毁损了这幅图景。量子涨落使得连通性的变化成为必要。这是与微分几何的思想不能并存的，微分几何预设了点邻域（point neighborhood）的概念。

随着微分几何的失效，宇宙的几何图景也失效了：它只能提供在最小距离发生的事态的粗糙近似。如果几何不是物理学的终极基础，那么必定存在一种实体——惠勒称之为“前几何”（pregeometry）——比几何与粒子更原始，并且作为两者建立于其上的基础。

因而问题在于，几何与物质都成为其表现的前几何究竟是什么。惠勒的回答是：一种原初的底层混沌（Wheeler，1973）。实际上，惠勒对建立在量子原理基础上的前几何的理解，超越了几何纲领的视野。惠勒思想的演化，展示了在几何纲领中整合量子原理的内在困难之一——一种调和离散与连续的困难。

彭罗斯是几何纲领的另一位积极倡导者。他思想的演化是特别有趣的。起先，彭罗斯（Penrose，1967a）提出了时空结构的旋量进路（spinor approach）。最简单的构成要素（从它出发，标准场论中所有张量场与旋量场的值都能被构造）是二分量旋量，根据这一事实，彭罗斯提出，我们能够在一开始就把时空看作这类旋量场的载体，从旋量场的作用中推导出时空的结构。因此，他得到了时空的赝黎曼结构和旋量结构，后者的需要，是因为自然界中存在费米子。

随后，彭罗斯（Penrose，1967b，1975）提出了更雄心勃勃的理论——扭量理论（twistor theory）——来沟通时空几何学与量子理论。他注意到存在着两种连续统：四维的实连续统代表着时空的舞台，世界的现象被设想为在其中发生；而产生概率幅概念与叠加定律的量子力学的复连续统，引向了描述量子现象的复希尔伯特空间的图景。通常，量子力学的思想被简单地叠加到四维时空的经典图景中了。但是，扭量理论的直接目的是提供一个物理学框架，在这个框架中这两种连续统合二为一。

彭罗斯发现他的目标是可以实现的，因为在旋量群 SU（2，2）与闵可夫斯基时空 C_{+}^{Λ}（1，3）的15-参数共形群之间存在着局域同构，这种同构使得由定义了扭量空间的结构的两个旋量部分构成的复数，必须与时空的几何紧密联系在一起，并且也作为量子力学的概率幅以不同的姿态出现。 97

但是，在彭罗斯的理论中，表征处在自由运动中的经典无质量粒子的扭量是基本的，而最初在理论中不存在的时空点被看作是派生对象。根据彭罗斯的说法，“连续统概念最终可能会从物理理论的基础中被完全消除”（Penrose，1975）。但是，消除时空连续统破坏了几何纲领强版本的本体论基础。在这里，我们发现了几何纲领强版本的另一个叛逆者，虽然他的理论动机与智力探险完全不同于惠勒的。

5.4 拓扑学研究：奇点、视界与黑洞

说来也怪，彭罗斯在本体论层面上放弃几何纲领的强版本，是与他在描述性层面上把几何纲领带向新的阶段，并最终将其推向尽头紧密相关的，或者说直接受其激励，甚至是不可抗拒地受其支配。更具体地说，彭罗斯与霍金及其他物理学家一起，通过他们对强引力场的行为以及这些场作用于光与物质的效应的拓扑学研究[17]，已经成功地在广义相对论的形式化表述中澄清了奇点的本质，显示了时空的微妙结构，并因而帮助发展了20世纪60年代末以来广义相对论的一种新解释。但是，这些成就也显示了广义相对论的内在局限。因此，不得不求助于量子原理，以希望能够继续发展一个自洽的世界图景。

有三个概念对于广义相对论的拓扑解释是关键的：奇点（singularity）、视界（horizon）与黑洞（black hole）。

5.4.1 奇点（A）

广义相对论的形式化表述建立之后，物理学家就长期为出现在场方程的某些解中的奇点所困扰。如果我们看一下施瓦氏解：

$$ds^2=(1-2Gm/rc^2)c^2dt^2-dr^2/(1-2Gm/rc^2)-r^2(d\theta^2+\sin^2\theta d\phi^2) \quad (5.2)$$

（这里m是点质量或远离其他物体的无自旋的球对称星体的质量，而G与c是牛顿引力常量与光速），我们很容易发现，当$r=2Gm/c^2$或$r=0$时，度规不能很好地被定义。当$r=(3/\lambda)^{1/2}$时（或者在一种转换过的表述中，当$r=\pi R/2$时；见第4.4节），这同样发生在德西特解中：

$$ds^2=(1-\lambda r^2/3)dt^2-(1-\lambda r^2/3)^{-1}dr^2-r^2(d\theta^2+\sin^2\theta\phi^2) \quad (5.3)$$

98

当涉及这些度规奇点的本质与解释时，物理学家的意见出现了分歧。爱因斯坦（Einstein，1918a）认为，德西特度规中的奇点显示了德西特世界是“一个物质完全聚集在$r=\pi R/2$表面上的世界”。外尔（Weyl，1918a）把德西特奇点解释为一种不可达的视界，但坚持“至少在该视界上必定存在着质量”。他与爱因斯坦持有相同的观点，即世界只有达到奇点时才能是空质量的。

爱丁顿对于度规奇点的解释非常不同于爱因斯坦与外尔的解释。对于他来说，度规奇点“未必象征物质粒子”。这方面的理由是，“我们能够通过变换坐标来引入或消除奇点。我们无法知道，应当指责的究竟是世界结构，还是坐标系的不适当”（Eddington，1923）。

爱丁顿关于度规奇点只是坐标奇点的观点被他的学生勒梅特详尽描述。勒梅特（Lemaître，1932）是给出施瓦氏奇点的坐标本质的严格数学证明的第一人。在这个证明的基础上，他得出结论：“施瓦氏场的奇点是虚构的奇点，类似于德西特宇宙的原始形式中的中心视界的奇点。”

爱丁顿对度规奇点的另一种解释也很有影响力：奇点构成了一个不可穿透的球、一个鹰环，物质与光聚集其上，但不能穿透。他把德西特奇点（处于空间中 $r=\pi R/2$ 处的有限距离中的非连续性）看作物理上不可达的视界，而且指出在那里，

> 光，就像其他一切东西一样，被静止地约束在时间停顿的区域，而且它永远不能逃离这个世界。超越这个距离（$\pi R/2$）的区域总是通过这个时间之垒对我们关闭着。
>
> （Eddington，1918）

在他有影响的著作《相对论的数学理论》（*The Mathematical Theory of Relativity*，1923 年）中，爱丁顿进一步发展了他的度规奇点的视界观。通过评论广义解：

$$\begin{aligned}\mathrm{d}s^2=&(1-2Gm/rc^2-\lambda r^2/3)c^2\mathrm{d}t^2-\mathrm{d}r^2/(1-2Gm/rc^2-\lambda r^2)/3\\&-r^2(\mathrm{d}\theta^2+\sin^2\theta\mathrm{d}\phi^2)\end{aligned}\tag{5.4}$$

其中施瓦氏解或德西特解能够通过令 $\lambda=0$ 或 $m=0$ 而得到，爱丁顿指出：

> 在 g_{44} 消失的地方［即奇点出现之处］存在着一个不可穿越的垒，因为 $\mathrm{d}r$ 的任何变化都对应一个借助测量杆测量得到的无限大距离 $\mathrm{d}s$。g_{44} 的两个正立方根近似地为 $r=2Gm/c^2$ 与 $r=(3/\lambda)^{1/2}$。第一个根［施瓦氏奇点］将代表粒子的边界，并……给予它不可穿透性的表象。第二个根［德西特奇点］是在一个非常大的距离上，并可以被描述为世界的视界。
>
> （Eddington，1923）

99

5.4.2 视界

在德西特模型中，$r = \pi R/2$ 处表面的视界本质很快就被接受了。这个表面被视为在有限的但物理上不可达的空间距离上的时间表面，因为在那里所有物理现象已经不再具有时间延续，也没有任何东西能够到达。在施瓦氏解中，$r=2Gm/c^2$ 是在有限时间内不可达和不可穿透的，这个观点也被人们接受了——因为当 r 接近 $2Gm/c^2$ 时，光的波前倾向于保持静止（或等价于无限大红移），而所有事件倾向于被推向无限——但这种观点不是没有挑战者。

挑战这种观点的概念基础是勒梅特关于施瓦氏模型的非奇点解（Lemaître，1932）。只有通过这种对施瓦氏奇点的虚假本质的理解，才能使关于通向视界形成的物理过程的有意义的研究成为可能，对视界的拓扑性质的数学澄清可验证。看似不可穿透的视界的存在的物理理由，是由钱德拉塞卡（Subrahmanyan Chandrasekhar）（Chandrasekhar，1935）、茨维基（Fritz Zwicky）（Zwicky，1935，1939）、奥本海默（Robert Oppenheimer）与沃尔科夫（George Volkoff）（Oppenheimer and Volkoff，1939），以及奥本海默与斯奈德（Hartland Snyder）（Oppenheimer and Snyder，1939）等，在研究星体演化、引力坍缩（内爆）与到达临界圆周（即黑洞的形成，见下文）的过程中，于20世纪30年代提出的。但是，这些研究的大部分只挑战了施瓦氏视界的不可达性，而不是不可穿透性。正是罗伯逊（Howard Robertson）在1939年论证道，勒梅特的非奇点解允许对穿越视界（$2Gm/c^2$）并直达施瓦氏球心（$r=0$）的任何粒子或光子的轨迹进行完美的有规律的描述，因而否定了不可穿越的视界这个教条（Robertson，1939）。

罗伯逊注意到这种描述的一个令人困惑的含义：观测者永远不会看到粒子达到 $r=2Gm/c^2$（当粒子接近 $r=2Gm/c^2$ 时，观测者从粒子接收到越来越多的红移光，即在 $t = \infty$ 时，粒子穿越视界），虽然粒子在有限的固有时间内经过 $r=2Gm/c^2$ 并到达 $r=0$。因此，似乎有两个不相容的观点：从外部观测者的角度来看，在视界处时间停止了，事件也冻结了。这似乎暗示着视界不能被看作物理上真实的，因而广义相对论在视界处失效了。但是，下落的粒子会穿越视界，它们不会注意到时钟变慢，也不会看到视界上的无限红移或任何其他反常效应。这意味着从下落粒子的视角来看，视界不会对广义相对论构成任何挑战。大卫·芬克尔斯坦（David Finkelstein）引入了一个新的参考系，从而使两种观点得以协调（Finkelstein，1958）。

对于物理学家来说，视界的意义一直是非常不清楚的，直到1956年沃尔夫冈·林德勒（Wolfgang Rindler）将粒子视界（PH）定义为一个在任何宇宙瞬间把所有粒子（包括光子）分为两类的光前：那些已处在我们视野中的粒子为一类，而所有其他粒子为另一类。根据林德勒的观点，粒子视界不同于事件视界（EH），在事件视界中，一个球形光前向我们会聚而来，把在每一条测地线上所有穿过我们的实光子与虚光子分为两类：那些在有限时间内到达我们的光子，以及在有限时间内不能到达我们的光子（Rindler，1956）。林德勒的定义是精彩的。但是，视界的含义远比任何已经详细研究的定义更复杂。人们不可能在不提及黑洞概念的情况下澄清视界的含义。 **100**

5.4.3 黑洞

虽然黑洞一词是直到1967年底才首先由惠勒提出来的，但是黑洞的思想绝不是新鲜的东西。早在1783年，约翰·米切尔（John Michell）就从牛顿光的微粒说出发，在皇家学会宣读的一篇论文中，提出了可能存在临界圆周（其中没有任何光能够逃离）与“暗星”（dark bodies，正如20多年后拉普拉斯称呼它们的那样）的思想，文章设想：

> 光粒子像所有其他物体一样以同样的方式被吸引……所以，如果与太阳同样密度的星球的半径以500∶1的比例超过太阳的时候，所有从这样的天体发射出来的光，都将由于本身的固有引力而被迫返回天体。
>
> （Michell，1784）

在19世纪初光的波动理论取代光的微粒说以后，米切尔的思想被遗忘了。人们简直无法想象引力是如何作用于光波的。

在广义相对论语境中，米切尔的思想通过施瓦氏解复活了，施瓦氏解代表着在真空中单质量中心（即一个星体）的引力场，并决定着环绕该中心的几何学行为。这个解预言，对于每一个星体都存在着一个临界圆周，其值只依赖于它的质量。可以证明，施瓦氏解中的临界距离 $r=2Gm/c^2$，即所谓的施瓦氏奇点或施瓦氏半径（Schwarzschild radius），不过是米切尔的星体的临界圆周，在这个距离以下没有光能够逃脱其表面。或者，用现代术语说，它是一个事件视界。

虽然关于大质量星体的临界圆周的数值估计在这两种情形中是相似的，但数值估计所依据的概念非常不同。①根据米切尔的牛顿概念，空间和时间是绝对的，光速是相对的，而施瓦氏解预设了相反的立场。②按照米切尔的观点，光粒子能够飞离临界圆周一点点，当光粒子升高时，其速度将会由于星体的引力而降低，最后它们将被拉回星体。因此，对于一个靠近星体的观测者，通过慢行的光看到星体是可能的。但是，在施瓦氏解的情形中，从事件视界发出的光必定是无限红移的，因为在那里时间的流逝无限膨胀了。因此，对于一个视界外的观测者来说，来自星体的光是不存在的。光存在于星体内部，但它不能逃离视界，而且必定向中心运动。③从牛顿的立场来看，小于临界圆周的星体的稳定性能够维持的原因是引力挤压被其内部压力所制衡。但是，根据现代观点，当星体的核能源耗尽时，没有内部压力能够抗衡引力挤压，星体将在自身的重力作用下坍缩。

101 第一个注意到施瓦氏解的上述含义的人是爱丁顿（Eddington，1923）。在他的著作《恒星的内部结构》（*The Internal Constitution of the Stars*，1926年）中，爱丁顿进一步概括出在临界圆周以内会发生的事情：

> 首先，引力是如此巨大，以至于光不能从星体中逃离，光线就像石头落向地球一样落向星体。其次，光谱线的红移是如此巨大，以至于光谱被移到了不存在的地步。最后，质量产生的时空度规曲率是如此巨大，以至于环绕星体的空间将关闭起来，而把我们留在星体外面（即没有办法知道里面的情况）。
>
> （Eddington，1926）

他的结论只是“类似那样的事情不可能出现”。

爱丁顿的观点受到他的印度学生钱德拉塞卡（Chandrasekhar，1931，1934）的挑战，后者在量子力学所隐含的简并态的存在的基础上，论证了一颗大质量恒星，一旦耗尽了其核能源，就会坍缩；而且这种坍缩必定无限制地进行下去，直到引力变得如此强，以至于光不可能从星体中逃离。他也论证道，这种爆聚暗示着星体的半径必定趋向于零。爱丁顿（Eddington，1935）拒绝了他的学生的上述论证：“这几乎是相对论简并公式的归谬法……我认为应当存在着一种自然律把星体从这样一种荒谬的形式中解救出来。”

但是，爱丁顿的拒绝不具有逻辑说服力，而对引力爆聚含义的研究仍在继续。茨维基（Zwicky，1935，1939）证明了，当爆聚星具有较小质量时，将会引起超新星的爆发，导致中子星的形成。当爆聚星质量比中子星（两倍于太阳的质量为其上限）质量大得多时，奥本海默与斯奈德（Oppenheimer and Snyder，1939）论证道，这样形成的中子星将是不稳定的，爆聚仍将继续，星体的尺度将会缩到小于临界圆周（而形成黑洞），直到它变成具有零体积与无限大密度的一个“点”。也就是说，爆聚将在黑洞中心终结于一个奇点（具有无限大的潮汐引力），这个奇点会毁灭与吞没落入黑洞的一切东西（大质量旋转星体的坍缩结果是具有外部度规的黑洞，它最后将变成由场方程的克尔旋转对称解来描述的黑洞。见 Kerr，1963）。

在 20 世纪 60 年代，黑洞被看作空间中的一个洞，东西可落入洞中，却没有什么东西可从洞中涌现出来。但是，70 年代中期以来，人们开始认识到黑洞不是空间中的洞，而是一个除了自旋、质量与电荷之外，没有任何其他物理性质的动力学对象。

黑洞，即 $r<2Gm/c^2$ 的区域，是一个具有巨大密度与巨大引力场的区域。因此，黑洞的研究成了在巨大引力场背景中检验广义相对论的便捷方式。既然广义相对论的一致性只有当它能够完成其逻辑推论并且其最后结果得到检验的时候才能被澄清，那么黑洞的概念情景的澄清对于检验广义相对论的一致性是至关重要的。但是，没有对处于黑洞中心的奇点本质的清楚理解，澄清黑洞概念将是不可能的。 **102**

5.4.4 奇点（B）

对奇点本质的合理理解不可能在新牛顿式的框架内得到，其中在数学上黎曼时空流形的采用，是基于空间和时间的牛顿构想。在这个框架内，奇点是在函数理论的意义上被定义的，即当一个引力场在一个特定的时空点不可定义或变得奇异时，它被说成是具有一个奇点。但是，在广义相对论的框架内（见第 4.2 节），一个时空点本身必须被场方程的解定义，因为度规场是几何的，并由时空构成。如果度规在 P 点可以被定义，那么点 P 只能属于时空结构。世界不能包含无法定义度规场的点。因此，在广义相对论的框架内，声称度规在一个时空点是奇异的（类似于前广义相对论场或函数理论中的奇点），是毫无意义的。

根据霍金与彭罗斯（Hawking and Penrose，1970）的研究，时空奇点必须用测地线的不完备性来定义。无奇点的时空是测地线完备的时空。如果一条曲线是不可延伸的，那么它就是不完备的。不完备的类时测地线意味着存在测试粒子，它们在有限的固有时间间隔之前（或之后），能够从虚无中出现（或消失于虚无中）。因此，奇点是时空中缺失的某种东西。但是，这种缺失的东西及其与其他时空区域的关系，仍然可以用陷入时空的理想点来表示，虽然这些理想点本身不是世界点或可能发生事件的地点（Schmidt，1971）。

许多人认为，压碎物质的奇点和时空几何是单纯地将广义相对论应用于强场的结果，即大爆炸或引力坍缩的结果，尽管大爆炸得到了宇宙膨胀和宇宙微波背景辐射观测的支持，而坍缩得到了对中子星的观测的支持。例如，爱因斯坦就拒绝了奇点的思想，并坚持：

> 对于高密度的场与物质，人们不可以假设［引力场］方程的有效性，而且人们不可以得出如下结论："膨胀的开端"必定意味着数学意义上的奇点。
>
> （Einstein，1956）

彭罗斯与霍金作了不同的论证。借助于关于宇宙整体性质的一些明显合理的假设，如：①场方程的有效性；②负能密度的不存在；③因果性；④类似这样的 P 点的存在，即所有通过 P 点指向过去的类时测地线，在 P 点的过去的紧致区再次开始会聚（即这样一个思想论断，宇宙中的物质所产生的引力足以产生奇点），并利用拓扑学方法，他们成功地证明，无论是恒星坍缩，还是宇宙的演化，都将不可避免地导致奇点。

103

引入拓扑学方法探索施瓦氏时空最隐秘的结构，并因此能够检查黑洞内部时空的第一人是克鲁斯卡尔（Kruskal，1960）。但却是彭罗斯系统地引入了整体概念，并与霍金一起，利用它们得到了不依赖于任何精确对称性和宇宙物质内容的细节的关于奇点的结果，这些奇点，即著名的霍金–彭罗斯奇点定理（Hawking-Penrose singularity theorems）。

在上述假设当中，第一条是一个非常弱的、貌似合理的条件，第二条的违反将是我们物理推理的整体崩溃，而第四条不仅被微波背景辐射的观测所支持（Hawking and Ellis，1968），而且也被如下合情推理所支持。如果星体的引力强到足以形成视界，把要往外跑的光拉回到里面，那么在这一切发生以后，没有什么东西能够阻止引力变得越来越强，以至于星体将继续不可抗拒地内心爆聚为零体积与无限大密度，进而创造并融合为一个奇点，其中时空曲率或潮汐力变得无穷大，而时空将停止存在。这意味着任何黑洞本身内部都必定有一个奇点，因为它总是具有一个视界。因此，广义相对论所要求的坍缩星体中物理奇点的出现和宇宙的膨胀，正如奇点定理所证明的那样，已经对广义相对论本身的有效性提出了最严肃的概念问题。

在数学上，施瓦氏线元的两个奇点（$r=2Gm/c^2$ 与 $r=0$）具有不同的拓扑学意义。由 $r=2Gm/c^2$ 代表的奇点（它在物理上能够被解释为一种事件视界而非真正的奇点），提出了在一个球面边界两侧的不连续性问题，而且暗示着我们关于世界的因果联系概念的剧烈修正。由 $r=0$ 代表的另一个奇点，是一个真正的奇点，代表着时空的尖锐边缘，超越了这个边缘就不存在时空。既然霍金-彭罗斯奇点定理已经排除了关于大爆炸宇宙学的反弹模型，那么时间的经典概念在过去的奇点处必定有一个开端，而当星体已经坍缩时，至少部分时空将会终结。

在物理上，奇点处的引力如此之强，以至于那里的所有物质都将被摧毁，时空是如此地弯曲，以至于时间本身将停止存在。奇点处的无限大引力是广义相对论定律必定在黑洞的中心（奇点）失效的一个明确信息，因为不可能进行任何计算。这意味着广义相对论不是一个普遍有效的理论。

因此，为了拯救广义相对论的一致性，必须发现一种能够中断内爆危机的机制。考虑到近奇点处极其高的密度与极其小的距离，量子效应必定在那里的物理过程中扮演重要的角色。因此，物理学家几乎一致的意见是，只有量子引力理论（广义相对论与量子力学的美满结合），才能提供必要的机制阻止奇点的出现，拯救广义相对论的一致性，虽然这也意味着广义相对论将不再被视为完备的基本理论。 **104**

第一次成功地将量子力学应用于广义相对论问题，直到现在也可能是唯一的一次成功应用，是霍金对于黑洞热辐射的量子力学计算（Hawking，1975）。近来，有大量关于引力场的量子涨落和概率的量子泡沫的华丽辞藻（参见 Hawking，1987）。但是，缺少一个一致的量子引力理论，这已经迫使物理学家诉诸彭罗斯的宇宙监督猜想（cosmic censorship conjecture），这个猜想宣称一个奇点总是被一个事件视界所包围，因而对于外部世界来说总是隐蔽的（Penrose，1969）。虽然想要发现真正反例的所有尝试都失败了，但是这个猜想的任何证明还没有人给出。

注　释

1. 关于这个主题的历史说明，见 Earinan（1989）。

2. 绝对运动的存在未必与关系论不相容，因为与定义绝对运动有关的时空结构，仍然能够被证明在本体论上是由如广义相对论情形中的引力场之类的特定实体构成的。

3. 牛顿自己的观点复杂得多。可以用引文来证明马赫的解释是能够被反驳的。例如，牛顿写道，“空间绝对不能在自身中存在”（Newton，1978，p.99），以及“空间是事物对事物的作用……没有东西存在或能够存在，而不以某种方式涉及空间。空间是第一存在物的流出效应，因为如果任何一种东西都被设定为存在，那么空间也被设定为存在"(同上，p.163)。厄尔曼(John Earman)声称牛顿拒绝实体主义教条的任何形式，即"空间的存在不依赖于其他任何事物的存在"(Earman，1979)。但是，无论实际上牛顿采取什么样的立场，马赫对牛顿立场的解释和批评，在爱因斯坦关于物理学基础的观点成型的时候，都是富有影响力的，爱因斯坦全心全意接受了它们。

4. 这里出自牛顿的引文也能用来反驳马赫对牛顿立场的解释。例如，牛顿在"论引力"(De gravitation)中宣称空间"并不承受那些主导实体的有特征的影响，即作用，如在心灵中的思想和在物体中的运动"(Newton，1978，p.99)，因此他显然拒绝了空间是活动的或是活动的源泉的观点。

5. 值得注意的是，几何的这种实用观点与牛顿的意见一致，虽然关于空间的根本观点是与之完全不同的。牛顿指出，"几何是在力学实践中发现的，而且不过是普适力学的一部分"(Newton，1678，1934)。

6. 庞加莱写道，当天文观测与欧几里得几何学不一致的时候，"有两条道路向我们开放，我们可以要么重新审视欧几里得几何学，要么修正光学定律，并假定光线不是严格按照直线传播的"(Poincaré，1902)。

7. 格伦鲍姆坚持这种关于爱因斯坦观点的立场，而这是被施泰因拒绝的。格伦鲍姆与施泰因的激烈争论被厄尔曼、格利穆尔和施塔赫尔(Earman et al.，1977)所记载。这里，我只是试图概括我自己对于爱因斯坦关于(时间)几何学与测量仪器之间关系的观点的理解。

8. 见附录Al。

9. 即使爱因斯坦的确不知道超新星作为引力辐射之源的可能性，但这确实暗示着引力场与其他场的相互变化。

105 10. 这个结论被爱因斯坦自己的论断支持："我不同意广义相对论是引力场物理学几何化的思想。"(Einstein，1948a)

11. 这里由于时空几何与引力场的紧密联系，几何场意味着引力场。

12. 对希尔伯特错误结论的批评，见Renn和 Stachel(2007)。希尔伯特的错误结论建立在他对从他的理论的广义协变性假设得出的收缩的比安基恒等式(Bianchi Identity)的作用的误解基础之上。

13. 外尔指出，"有必要像处理引力现象一样，把电磁现象看作宇宙几何的产物"(Weyl，1921)。

14. 另见Schrödinger(1950)。

15. 在第11.4节中将讨论一些规范不变量子场论的几何方面，这些方面在很久以后才被认识到。

16. 见Papapetrou(1949)、Sciama(1958)、Rodichev(1961)、Hayashi 和 Bregman

(1973)、Hehl et al. (1976)。

17. 拓扑学是数学的一个分支，它定性地处理事物彼此或自身连接时的方式。拓扑学只关心连接，而不关心形状、大小或曲率。因此，当几何图形经过连续而光滑的变形而不撕破它成为另一个图形时，它们就是拓扑等价的。如对于奇点问题至关重要的问题：“时空到达尽头了吗？或时空有边界吗？越过边界，时空就不再存在吗？”以及对于黑洞的形成与存在至关重要的，也对宇宙学至关重要的问题：“时空的哪些区域可以相互发送信号，哪些不能？”都是拓扑学问题。

第二部分

基本相互作用的量子场纲领

在本书的这一部分，分析基本相互作用的量子场纲领的概念基础的形成，特别关注量子场纲领提出的基本本体论和传递基本相互作用的机制。第6章沿着两条线路来重建直到1927年的量子物理学史：①量子化（原子系统的机械运动和辐射或电磁波场的量子化）及其结果之一，即海森伯推导的用来描述量子力学的不确定性关系原理。②量子系统的波动方面，这由尼尔斯·玻尔（Niels Bohr）所强调，并将其整合到他用以描述量子系统的互补性（complementarity）基础概念中。第7章历史地和批判地评析量子场论的奠基者和后来的阐释者关于量子场论的概念基础所采取的立场。第7.1节详细检查量子场这个新的自然类发现的曲折道路，考察量子场建构过程中伴随着的诸多混淆和误解。第7.2节分析量子场论本体基础的多个方面（量子场、局域算符、福克空间表象及其虚空态、背景时空流形）。第7.3节是对（对理解量子场论中的相互作用至关重要的）局域耦合、虚量子的交换、不变性原理的概念演化的重构，这些概念被猜想为量子相互作用所遵守，因而对相互作用的形式强加了限制。第7.4节回顾20世纪40年代晚期、50年代初期对发散的认识和重整化纲领的制定。第8章总结量子场纲领的本质特征、它的起起落落，以及探索替代方案的各种尝试，直到20世纪70年代初它以规范场论的形式的复兴。

第 6 章

量子理论的兴起

相对论的起源与电磁概念的发展密不可分。电磁概念的发展要求一个相干场论表述，根据相干场论，所有的电磁行为能够以一种连续的方式变化。相反，量子理论是从原子概念的发展中产生的。这一发展的特征是承认经典物理学中的观念应用于原子现象时有一个基本的限制。这个限制以所谓的量子公设（quantum postulate）来表达，即认为任何原子过程本质上是不连续的，由普朗克作用量子表征，并且很快体现在了量子化条件（对易或非对易关系）与不确定性关系中。

量子场论是量子理论概念发展的后期阶段，前期为旧量子理论和非相对论性量子力学，这两种理论实质上是对原子和辐射之间相互作用的初步分析。本章将回顾与量子场论的兴起相关的一些量子物理学的特征。

6.1 运动的量子化

在解决物质与辐射之间平衡的问题上，普朗克（Planck，1900）指出，热辐射定律在描述原子过程时要求有非连续性成分。根据普朗克的描述，在由与辐射相互作用的线性谐振子表征的原子的统计行为中，只应考虑其能量是量子 $h\nu$ 的整数倍的振动态，其中，h 是普朗克常数，ν 是谐振子的频率。

普朗克本人认为，能量的不连续性只是原子的一个属性，他不愿意把能量量子化的思想应用于辐射本身。而且，普朗克只赋予了这些谐振子以纯形式上的性质，在这些性质之中，缺乏真实原子的一个本质属性，即改变其辐射频率的能力。

这与其他如维恩（Wilhelm Wien）和哈斯（Arthur Haas）等物理学家的思想完全不同。维恩（Wien，1909）把电磁谐振子看作真实的原子，它们除了能够吸收和发射辐射能量外，还具有其他特性。例如，它们能被紫外线或X射线电离。根据维恩的描述，“如果能量子从根本上说有任何物理意义的话，那么它只可能从原子的一个普适属性中导出”（Wien，1909）。

110

哈斯（Haas，1910a，1910b，1910c）通过仔细研读维恩关于原子结构问题的论文，以及J. J. 汤姆逊（J. J. Thomson）同一主题的著作《电和物质》（*Electricity and Matter*，1904），从而通向了用真实原子取代普朗克所使用的理想赫兹振子，并将作用量子的本质与原子结构联系起来的道路。通过假设原子的电子势能 e^2/a（a 是氢原子的半径）可以用普朗克能量子 $h\nu$ 加以描述，即

$$|E_{pot}| = h\nu \tag{6.1}$$

并运用离心力等于库仑引力的经典关系 $m\omega^2 a = e^2 a^2$，哈斯获得了一个方程

$$h = 2\pi e(am)^{1/2} \tag{6.2}$$

在方程（6.1）中，频率 ν 被认为与电子的轨道频率完全一致，$\omega = 2\pi\nu$。[1] 作用量子 h 和原子的参量 e、m 和 a（或说原子的量值）之间这一关系的确立，无疑是哈斯对原子运动的量子化思想的概念发展的巨大贡献。

索末菲（Arnold Sommerfeld）不愿意用原子量值来解释 h，而宁愿把原子的存在看作所有基本作用量子存在的结果。在他看来，作用量子作为一个新的物理事实，不能从其他事实或原理推出。1911年在布鲁塞尔举行的第一届索尔韦会议上，索末菲宣称：

> 在我看来，对 h 作电磁的或力学的“说明”，如同对麦克斯韦方程组作力学“说明”一样，是不合理和没有希望的……几乎不能怀疑，如果物理学需要一个新的基本假说，而这个假说必须要对我们的电磁世界观增加一个新奇的成分，那么，在我看来，作用量子的假说似乎比所有其他假说更好地发挥了作用。
>
> （Sommerfeld，1911b）

这是他对在1911年早些时候提出的量子理论基本假说（Sommerfeld，1911a）的进一步发展，据此，电子和原子之间的相互作用确定地和唯一地由

普朗克作用量子支配。在评论索末菲的观点时，洛伦兹说：

> 索末菲不否认在普朗克常数 h 和原子的量值之间有一种联系。这能用两种方式表达，或者普朗克常数 h 由这些量值确定（哈斯的观点），或者这些量值（它们被认为属于原子）依赖于普朗克常数 h 的大小。我认为在这些观点之间没有大的不同。
>
> （Lorentz，1911）

玻尔受索末菲上述观点的强烈影响。从 1912 年 3 月中旬到 7 月底，玻尔一直在曼彻斯特的卢瑟福研究所（Rutherford's Institute）工作，他接受了卢瑟福的原子的行星模型。这一模型所面临的严重问题是：一个带正电荷的原子核如何能与一个带负电荷的旋转电子保持平衡？是什么阻止了这个电子跌落进原子的中心的？这些关于稳定性的问题实质上构成了玻尔工作的起点。

111

到 1912 年年中，玻尔开始确信卢瑟福模型要求的稳定性是非力学起源的，只能由量子假说提供：

> 这个假设是，对于任何稳定的环（任何出现在天然原子中的环），在环中电子的动能和旋转时间之间有一个确定的比率，（并且对于这个假说来说）并不企图给出一个力学的基础（这似乎没有希望）。
>
> （Bohr，1912）

与定态（"稳定环"）相联系的力学运动的量子化规则，可看作玻尔对普朗克关于谐振子可能能量值的最初假设的一个合理推广：它涉及这样一个原子系统，在这个原子系统中，运动的力学方程的解完全是周期的或倍周期的，因此粒子的运动能被表示为离散的谐振动的叠加。

玻尔的伟大成就是把卢瑟福的原子模型和普朗克的量子假说进行了综合，在这个综合中，他引入了一系列假设，包括原子的定态假设，以及原子从一个定态跃迁到另一个定态时发射或吸收辐射的频率的假设。通过运用维恩的结果、德比耶纳（André Debierne）的结果，特别是斯塔克（Johannes Stark）[2] 的结果，加上这些假设，玻尔（Bohr，1913a，1913b，1913c）得以给出了支配元素线谱的主要定律，特别是氢原子光谱的巴耳末公式的简单解释。玻尔的原子光谱理论使得原子运动的量子化思想具体化，从而可以将其看作这一思想发展中的一个里程碑。

6.2 辐射的量子化

当普朗克引入量子思想描述纯辐射的光谱性质时，他只是把量子化手段应用于可称重物质，即物质振子。然而，他没有意识到，他的提议暗示着这样一个事实：经典场本身需要有一种新的思想，这种新思想认为，量子是辐射所固有的，它应该被想象为一种自由的粒子。他的推理声称只涉及对物质和辐射之间的相互作用的修正，因为这一相互作用完全难以理解；但自由电磁辐射不需要修正，因为人们对自由电磁辐射已有了较好的理解。

与之形成对照的是，当爱因斯坦在 1905 年提出光量子的概念时（Einstein，1905a），他敢于挑战高度成功的纯辐射的波动理论。在他“非常革命性”的论文中，爱因斯坦强调说：

> 应该记住，光学观测值是指波随时间流逝的平均值，而不是瞬时值。尽管衍射、反射、折射、色散等理论得到了完全的实验证实，然而可以想象，如果把一个用连续三维函数进行运算的光的理论应用于光的产生和转化现象，将导致与经验的不相容。
>
> （同上）

112

通过引入辐射的微粒结构，爱因斯坦似乎给自己确立了任务：消除，至少是部分消除横亘在本质上离散的物质原子理论和本质上连续的电磁场论之间的深刻差异。他提出，“光的能量是由有限数量的、局域在空间不同点上的能量子所组成的”，并且这些量子“只能作为单元被产生或吸收”（同上）。显然，光量子假说是关于自由电磁辐射的量子性质的一个断言，它应该被扩展到光和物质的相互作用。这的确是非常革命性的一步。

爱因斯坦在 1906 年注意到，普朗克辐射理论所依据的两个关键性公式彼此矛盾（Einstein，1906a）。根据麦克斯韦的电动力学定律，普朗克（Planck，1900）通过使用振子模型并心照不宣地假设一个振子的振幅和能量是连续变化的，获得了辐射密度 ρ 和一个振子的平均能 U 之间的关系式：

$$\rho = 8\pi\nu^2 / c^3 U \qquad (6.3)$$

然而，在推导下面这个表达式

$$U = h\nu / (e^{h\nu/kt} - 1) \qquad (6.4)$$

（这一表达式截然不同于统计热力学中的均分定理 $U=KT$）的过程中，普朗克假设了离散的能量级。其困境在于同时应用了方程（6.3）和方程（6.4），而这两个方程是从相互矛盾的假设中推导出来的。

爱因斯坦指出，实际上，普朗克的理论除了包含能量的离散假设之外，还包含第二个假设。那就是，当振子的能量被量子化时，方程（6.3）必须继续保持，即使它的推导基础（即连续性）已被去除。这第二个假设导致了与经典物理学的进一步分离，表明“普朗克在他的辐射理论中，（心照不宣地）在物理学中引入了一个新的假说性原理——光量子假说”（Einstein，1906a），尽管普朗克本人迟至 1913 年仍拒绝这一假说。

1906 年，埃伦费斯特（Ehrenfest，1906）以相同的精神独立地讨论了相同的问题，注意到这一点是有趣的。他指出，如果我们作出如下假设，即存在于标准频率模式中的场能总和只能是 $h\nu$ 的整数倍，那么，通过对辐射腔的固有振动幅度与物质振子的坐标进行类比，并运用辐射腔共振的瑞利–金斯（Rayleigh-Jeans）求和，有可能会得到普朗克能谱。相同的假设使得德拜（Debye，1910b）实际上得到了普朗克能谱。参照瑞利–金斯的模密度 $Nd_\nu = 8\pi\nu^2 / c^3 d\nu$，德拜在赋予每一个自由度以平均能量 $U = h\nu / (e^{h\nu/KT} - 1)$ 之后，直接获得了普朗克的辐射公式。于是，他指出，普朗克定律是从能量的量子化这唯一的假设推出的，“不需要谐振子的中介作用”（Debye，1910a）。 **113**

1909 年，爱因斯坦给出了支持其光量子假说的新论据（Einstein，1909a），这一新论据与他在 1905—1906 年建立在平衡统计分析（依赖于体积内的熵）基础上的论据不同，它建立在关于黑体辐射能量和动量的统计涨落的分析基础之上。他获得的能量和动量涨落公式是：

$$\langle \varepsilon^2 \rangle (\rho h\nu + c^3\rho^2 / 8\pi\nu^2) V \mathrm{d}\nu \tag{6.5}$$

以及

$$\langle \Delta^2 \rangle = 1/c(\rho h\nu + c^3\rho^2 / 8\pi\nu^2) A\tau \, \mathrm{d}\nu \tag{6.6}$$

其中，V 是辐射腔的体积；A 是腔中放置的镜子的面积；τ 是时间间隔。看来似乎有两种独立的产生涨落的原因。第一种机制（独立的光量子）将单独导致维恩定律，第二种机制（经典波）将单独导致瑞利–金斯定律。这两种机制中的任何一种都不能单独导致普朗克定律，但两者的结合则可以。

运用这样一种分析，爱因斯坦于 1909 年 9 月 19—25 日在萨尔茨堡会议上宣布：

> 因此，在我看来，理论物理学发展的下一个阶段将带给我们一个关于光的理论，这个光的理论能被解释为一种波动理论和发射理论的融

> 合……在我们关于光的本质和构成的观点中，一种深刻的改变是绝对必要的。
>
> （Einstein，1909b）

为了证明这两种结构性质（波动结构和量子结构）不一定是不相容的，爱因斯坦在论文的结尾提出了一个概念，这个概念后来被德布罗意在他1923年的论文（de Broglie，1923a，1923b）中被采用了[3]，并成为后来量子力学和量子场论发展的基础。这个概念可以概括如下：假设电磁场的能量局限于被力场包围的奇点中，力场遵从叠加原理，因此起着与麦克斯韦理论的波场相似的作用。

1909年爱因斯坦关于光的结构的概念发生了微妙的变化。早些时候，他曾倾向于用粒子完全取代场的观念。也就是说，粒子是唯一的实在，表观场应该还原为粒子间的直接相互作用。在1909年，爱因斯坦仍然赞成这样一种光的微粒模型，这一点在他1909年5月23日写给洛伦兹的信中得到证实：

> 我把光量子想象成一个由延展的矢量场包围着的点，这个矢量场以某种方式随着距离的增大而减弱。这个点是一个奇点，如果没有它，矢量场就不能存在……矢量场应该由所有奇点的运动位置完全决定，这样描绘辐射的参量个数才是有限的。
>
> （Einstein，1909c）

114

但在同一封信中已经可以察觉到微妙的变化：

> 然而，对于我来说，重要的似乎不是关于这些奇点的假设，而是关于这种场方程的书写；它们有解，根据这些解，有限数量的能量能够在确定的方向上以光速 c 做没有耗散的运动。人们能够设想这一目标可以通过稍稍修正麦克斯韦的理论而实现。
>
> （同上）

在他的萨尔茨堡论文（Einstein，1909b）中，场的物理实在也得到了承认，这是后来被称为波粒二象性（wave-particle duality）显现的第一条线索。[4]

波粒二象性的概念假定：一个物理实体既具有波的实在性，又具有粒子的实在性。然而，仍然缺乏一个完全成熟的关于辐射的粒子概念[5]的要素。爱因斯坦在1905年引入的光量子实际上只是能量子。直到1916年，爱因斯坦本人才清楚地提到光量子的动量，尽管方程（6.6）中的第一项可能已导致他有了这一想法。正是斯塔克（Stark，1909）从这一项得出如下陈述："加速电子所发射的总电磁动量不等于零，而是由 $h\nu/c$ 给出。"

爱因斯坦在专注于引力研究几年之后，由于受到洛伦兹关于涨落的计算结果发表（Lorentz，1916）的直接刺激，涨落问题是爱因斯坦以前处理过的问题（Einstein，1909a，1909b），于 1916 年又回到辐射问题。这时，量子理论已经有了新的形态。玻尔在他的氢原子和氢光谱理论中为量子思想开辟了一个应用领域。玻尔的工作明显地影响了爱因斯坦的思想。这一点从爱因斯坦关于"原子的内部能态"和"能态 E_m 到能态 E_n 的跃迁是通过吸收（和发射）一个确定频率 ν 的能量辐射"的新思想中可以清楚地看到。通过运用这些思想，并引入跃迁概率的新概念和新的系数 A_{mn}、B_{mn} 和 B_{nm}（分别代表自发辐射、受激辐射和吸收），爱因斯坦在假定玻尔的频率条件 $E_m-E_n=h\nu$ 的情况下，重新推导了普朗克定律（Einstein，1916c）。其时玻尔已假定了他的频率条件，因而爱因斯坦的工作在普朗克的辐射理论和玻尔的光谱理论之间架起了一座桥梁。

爱因斯坦本人在这篇论文中认为比上述结果更为重要的是他对辐射过程的定向性质的分析的含义："不存在球面波的辐射。"（Einstein，1916c）因此，"建立真正的辐射量子理论看来几乎不可避免"（同上）。至此，完全成熟的辐射粒子的概念出现了，在这个概念中，光量子携带动量 $h\boldsymbol{K}$（这里 $\boldsymbol{K}$ 是波矢，$|\boldsymbol{K}|=\nu/c$）。

在爱因斯坦光量子思想的影响下，辐射的微粒概念和波动概念之间的冲突变得越来越尖锐。然而，在 1921—1924 年，人们清楚地认识到，光量子假说不但能应用于斯特藩-玻尔兹曼定律（Stefan-Boltzmann law）、维恩位移定律和普朗克定律，而且也能应用于其他光学现象，如多普勒效应（Doppler effect）（Schrödinger，1922）和夫琅禾费衍射（Fraunhofer diffraction）（Duane，1923；Compton，1923a），这些现象已被看作光的波动概念的无可辩驳的证据。但正是康普顿（Compton）关于 X 射线散射的实验研究给了量子观点以坚定的经验基础。 **115**

1923 年，康普顿（Compton，1923b）和德拜（Debye，1923）各自推导了一个光量子在一个静止电子上散射的相对论性运动学方程：

$$h\boldsymbol{K}=\boldsymbol{P}+h\boldsymbol{K}',\ \ hc|\boldsymbol{K}|+mc^2=hc|\boldsymbol{K}'|+(c^2\boldsymbol{P}^2+m^2c^4)^{1/2} \tag{6.7}$$

其中，$h\boldsymbol{K}$、$h\boldsymbol{K}'$ 和 $\boldsymbol{P}$ 分别代表光量子的初动量、末动量和电子的末动量。这些方程隐含的初始光量子和终末光量子的波长差 $\Delta\lambda$ 为：

$$\Delta\lambda = (h/mc)(1-\cos\theta) , \quad (6.8)$$

其中，θ是光量子的散射角。康普顿发现这个关系式在误差许可的范围内得以满足，他得出结论说："理论的这一实验支持非常令人信服地表明，辐射量子既携带动量，也携带能量。"（Compton，1923b）

康普顿的贡献在于使物理学界的大多数成员接受了辐射的量子观点，这可与一个世纪以前菲涅耳使物理学界的大多数成员接受了光的经典波动理论的贡献相媲美。然而，爱因斯坦对康普顿实验的反应却是有趣地谨慎：

> 康普顿实验的肯定结果证明，不但在能量传递方面，而且在动量传递方面，辐射行为似乎都是由离散的能量发射物组成的。
>
> （Einstein，1924）

在爱因斯坦开创的光的量子概念取得胜利的情况下，更能阐明爱因斯坦的立场是他对光的波粒二象性的清晰阐述："因此，现在有两种光的理论，两者必不可少，没有任何逻辑关联。"（同上）

爱因斯坦的立场可被看作反映了这样的事实，即不能在两种相互竞争的概念之间硬要作出非此即彼的抉择。对于解释涉及光和物质之间相互作用的光学过程来说，量子观点似乎必不可少，而如干涉和衍射现象则似乎需要光的经典波动理论的概念工具。甚至更为糟糕的是，由无可争辩的实验证据支持的光量子假说，只有通过运用它自己的反面，即波动假说，才会变得在物理上有意义。正如玻尔、克拉默斯和斯莱特（Bohr et al.，1924）指出的那样，这是因为光量子是由只有通过应用如衍射的波动概念才能测量的频率所定义的。

116

6.3 矩阵力学的诞生

在1919—1925年，原子物理学中的研究工作主要是基于玻尔的理论。玻尔在1913年的三篇论文中（Bohr，1913a，1913b，1913c），把他的基本观点表达如下：①由量子条件确定的定态；②频率条件$E_1 - E_2 = h\nu$，它显示谱线的频率各自与两个态相关联。此外，还有一个重要的启发性原理，这一原理的推广形式后来被玻尔称为对应原理（correspondence principle），它在1918年被清楚地表述为：

> 在相互之间差别极其微小的相继定态中的运动的极限情况下，［由频率定律计算的频率］将倾向于与根据通常的辐射（来自处于定态中的系统的运动）理论所预期的频率相一致。
>
> （Bohr，1918）

这一原理使得在原子中保留电子运动的经典描述成为可能，但同时允许对结果作出某种修正以符合观测数据。

然而，这里仍然存在两个困难。其一，这个原理是经典理论和量子假说组成的一个蹩脚的大杂烩，缺乏逻辑一致性。其二，根据定态的力学模型，量子条件可以很容易地与原子中电子的周期轨道联系起来，并且谱线的光学频率应该与电子运动的傅里叶轨道频率相一致，这是一个从未被实验证实的结果，在这个结果中，所观测谱线的频率总是与两个轨道频率的差相关联。

在爱因斯坦关于跃迁（在此，跃迁被定义为与一个原子的两个态有关的量）的论文（Einstein，1917b）的影响下，物理学家的注意力从定态的能量移向定态之间的跃迁概率。正是克拉默斯（Kramers，1924）开始认真地研究了原子的散射问题，并认真地在辐射条件下的玻尔模型的行为与爱因斯坦系数 A_{mn}、B_{mn} 和 B_{nm} 之间建立了联系。

玻恩（Born，1924）扩展了克拉默斯的观点和方法，把它们应用于辐射场与一个辐射电子之间的相互作用以及一个原子的几个电子之间相互作用的情形。玻恩在执行这一［对应原理］纲领时表明，如果某种微分能用相应的差分替代，就能实现从经典力学到他称为“量子力学”的转变。对于大 n 和小 τ 来说，根据玻尔的对应原理，从定态 $n'=n-\tau$ 发出的跃迁的量子理论频率 $\nu_{n,n-\tau}$ 与经典频率 $\nu(n,\tau)$ 相一致。也就是说，在态 n 中，经典运动的基本频率的第 τ 个谐波为：

$$\nu_{n,n-\tau}=\nu(n,\tau)=\tau\nu(n,1) \tag{6.9}$$

其中，$\nu(n,1)$ 是经典基本频率，等于哈密顿量对作用量的导数：$\nu=\mathrm{d}H/\mathrm{d}J$。[6,7] 在这种情况下，将（经典频率）$\nu(n,\tau)=\tau\mathrm{d}H/\mathrm{d}J=(\tau/h)\mathrm{d}H/\mathrm{d}n$ 与（量子频率）$\nu_{n,n-\tau}=\{H(nh)-H[(n-\tau)h]\}/h$ 进行比较，玻恩认为，通过用差分 $H(n)-H(n-\tau)$ 代替微分 $\tau\mathrm{d}H/\mathrm{d}n$，就能从 $\nu(n,\tau)$ 获得 $\nu_{n,n-\tau}$。

117

克拉默斯和海森伯（Kramers and Heisenberg，1925）讨论了散射光的频率与入射光的频率不同的散射现象。他们的方法明显与玻恩的方法（Born，1924）有关联，完全按照与两个态相关联的量来实施，使用多重傅里叶级数，并用差商取代微商。在这里，散射光量子不同于入射光量子，因为在散射过程中原子发生了跃迁。当他们试图写下这些情形中的色散公式时，他们不但不得不论及爱因斯坦的跃迁概率，而且不得不论及跃迁幅度，并且不得不让两个幅度相乘，比如说从态 m 到态 n_i 的幅度乘以从态 n_i 到态 k 的幅度，然后对整个中间态 n_i 求和。

这些乘积的和几乎全是矩阵的乘积。从这些矩阵的乘积到用相应的矩阵元取代电子轨道的傅里叶分量，只是很小的一步，海森伯在其历史性论文《关于运动学和力学关系的一个量子理论转译》（“On a Quantum Theoretical Re-interpretation of Kinematic and Mechanical Relations”，1925）中实现了这一步。

海森伯论文中的主要观点是：第一，在原子范围内，经典力学不再有效；第二，他所寻找的是一种必须满足玻尔对应原理的新力学。关于第一点，海森伯（Heisenberg，1925）写道：

> 爱因斯坦-玻尔的频率条件已显示了与经典力学的彻底分离，更确切地说，是与作为这一力学基础的运动学的彻底分离，甚至对于最简单的量子理论问题，经典力学的有效性也完全不能保留。

在寻找新的运动学时，他不得不抛弃把量 x 解释为一个依赖于时间的位置的运动学解释。那么，在［新的］运动方程中，何种量将取代 x 呢？海森伯的观点是引入依赖于两个量子态 n 和 m 的“过渡量”。例如，在周期运动的经典情形中，$x(t)$的傅里叶展开式为

$$x(t)=\sum^{\infty}a_{\alpha}\mathrm{e}^{i\alpha\omega t} \qquad (6.10)$$

他写下了新的一项 $a(n,n-\alpha)\mathrm{e}^{i\omega(n,n-\alpha)t}$，以取代 $a_{\alpha}\mathrm{e}^{i\alpha\omega t}$ 项。海森伯宣称，强度，因此也就是$|a(n,n-\alpha)|^2$，与不可观测的经典函数 $x(t)$形成对照，是可观测量，由此推动了 $a(n,n-\alpha)$ 的引入（同上）。

在这篇论文中，海森伯特别强调的一个思想是关于“建立一个完全基于可观测量间关系之上的量子理论力学”的假设（同上）。这个建议曾作为量子力学成功的根基而被大加赞扬。然而，事实是，一方面，海森伯把电子的位置看作不可观测的，但他错了，因为根据充分发展的量子力学，一个电子的三个坐标 x、y 和 z 是可观测的（Van der Waerden，1967）；另一方面，薛定谔的波函数却是不可观测的，但没有人怀疑它的理论意义（Born，1949）。因此，在爱因斯坦和其他人的批评下，海森伯在晚年放弃了他的主张（Heisenberg，1971）。

118

关于海森伯对满足玻尔对应原理的新力学的寻找，其做了三个观测结论。一是一个满足对应原理的重要策略是玻恩用差商取代微商的策略。二是力学的哈密顿形式

$$Q_r = \partial H / \partial P_r,\ \ P_r = -\partial H / \partial Q_r \tag{6.11}$$

能通过用相应的矩阵取代所有动力学变量来保持。由矩阵表示物理量可以被看作新量子力学的本质，并且矩阵的引入，比起关于可观测量的主张来，更可以看作海森伯对量子理论概念发展的重要贡献。三是运用这一表示法，旧量子条件 $\oint P\mathrm{d}Q = nh$ 能被改写为对易关系式：

$$PQ - QP = (h / 2\pi \mathrm{i})I \tag{6.12}$$

作为原子运动量子化的一个特殊方案，矩阵力学的最初形式显然只适用于具有离散能级的封闭系统，不适用于自由粒子和碰撞问题。针对量子理论的这些应用，需要一些新的概念工具。

6.4　物质的二象性、个体性和量子统计

德布罗意认为，爱因斯坦关于辐射的波粒二象性的观念具有绝对普适性，有必要扩展至所有（微观的）物理世界。德布罗意划时代的新原理："任何移动的物体可能伴随一个波，不可能使物体的运动和波的传播分开"，首先在他 1923 年的一篇论文（de Broglie，1923a）中阐述。在 1923 年写的另一篇论文中，德布罗意指出，一束电子流穿过一个尺寸比电子波的波长小的孔径，"将显示衍射现象"（de Broglie，1923b）。

德布罗意的主要观点是优美的，并且是对爱因斯坦的辐射工作的精确完善。在爱因斯坦把粒子性赋予辐射的地方，德布罗意把波的性质赋予物质。通过方程（6.13），德布罗意把物质波的频率 ν 和波长 λ 与粒子的能量 E 和动量 P 联系起来：

$$E = h\nu\ ,\ \ p = h/\lambda \tag{6.13}$$

物质波的概念，的确使德布罗意能给出旧量子条件 $\oint P\mathrm{d}Q = nh$ 一个很神奇的几何解释：既然 $P = h/\lambda$ 暗示 $\oint 1/\lambda \mathrm{d}Q = 2\pi\tau/\lambda = n$，那么量子条件刚好就是覆盖轨道周长的波长数为整数的条件。

119

就在康普顿实验最终让许多物理学家相信了光量子的实在性之际，爱因斯坦站在了德布罗意一边，德布罗意提议相同的二象性不仅为辐射所有，而

且一定为可称重物质所有。在1925年关于理想气体的星子理论的论文中，爱因斯坦根据对涨落的分析，为支持德布罗意的观点提供了新论据。

爱因斯坦的出发点之一是萨特延德拉·玻色（Satyendra Bose）的工作。玻色（Bose，1924）只运用统计力学的方法，避免对经典电动力学（CED）的任何参考，就直接从爱因斯坦的光量子假说中推出了普朗克定律。他把量子看作粒子。但正如埃伦费斯特（Ehrenfest，1911）已经意识到的，具有显著个体性的独立量子只能导致维恩定律，而不能导致普朗克定律。因此，如果光量子被用来解释普朗克分布，那么它们必然因缺乏统计独立性（通常与自由粒子相联系），而显示某种关联［正如物理学家通常做的，这或者能被解释为这种现象的波动特征的一个迹象，或者正如爱因斯坦做的（Einstein，1925a），能被解释为粒子处在一种很神秘的影响下的一个迹象］，并遵守一种与独立粒子的玻尔兹曼统计不同的统计，即遵守不可分辨粒子的统计。这一点首先由埃伦费斯特及其合作者于1915年发展起来（Ehrenfest and Kamerling-Onnes，1915），尔后又为玻色于1924年重新独立发现（Bose，1924）。通过使用一种不寻常的计数程序，后来被称为玻色-爱因斯坦统计[8]，玻色含蓄地将这些相互关系纳入他的理论，有力地否定了光量子的个体性。

根据“辐射和气体间有一种深远的形式关系的假设”，爱因斯坦（Einstein，1925a）通过让$V\rho d\nu = n(\nu)h\nu, \langle\varepsilon^2\rangle = \Delta(\nu)^2(h\nu)^2$和$Z$（每个间隔中态的数目）$=(8\pi\nu^2c^3)Vd\nu$，把他的电磁辐射的均方能量涨落的方程（6.5）改写为：

$$\Delta(\nu)^2 = n(\nu) + n(\nu)^2 / Z(\nu) \qquad (6.14)$$

然后，他表明方程（6.14）对于他的量子气体同样有效，只要ν在后一种情形中用$\nu = E/h = P^2/2mh$来定义，并且使用玻色统计而不是玻尔兹曼统计。方程（6.14）中第一项是唯一代表独立粒子气体的项，第二项对应于辐射情形中的经典波干涉项。虽然第一项对于辐射来说是让人感到奇怪的项，但是对于气体情形来说，问题是怎么处理第二项，它体现了粒子的不可分辨效应。由于第二项与辐射情形中的波相联系，导致爱因斯坦“通过把气体与辐射现象（即波动现象）联系起来，用解释气体的相应方式去解释它”（同上）。

120 但是，这些波是什么？爱因斯坦建议，一个德布罗意类型的波场应该与气体相联系，他寻求德布罗意波的含义：

> 这个物理性质暂时仍然模糊的波场，原则上必定要用与之相应的衍射现象来说明。因此，穿过孔径的一束气体分子，必定经历一个类似于光线的衍射。
>
> （同上）

然而，他很快补充说，对于可控孔径来说，这种效应极其微弱。

受爱因斯坦论文的激励，艾尔萨瑟（Elsässer，1925）提出，能量值低于 25eV 的慢电子将理想地适合于用来检验“[这个] 假设，即对于粒子的每一个平移运动，必定与决定粒子的运动学的波场相联系”。他还指出，卡尔・拉姆绍尔（Carl Ramsauer）、克林顿・戴维森（Clinton Davisson）和查尔斯・库斯曼（Charles Kunsman）的现有实验结果，似乎已给出了物质波的衍射和干涉的证据。

6.5　波动力学的诞生

受德布罗意的思想和“爱因斯坦首先给出的具有远见的评论”（Einstein，1925）的启发，薛定谔在他的《论爱因斯坦的气体理论》（“On Einstein’s Gas Theory”，1926 年）一文中，把德布罗意的观点应用于气体理论。根据薛定谔的观点，爱因斯坦的新气体理论的基本要点是：将所谓的玻色–爱因斯坦统计应用于气体分子运动。考虑到如下事实，即除了玻色对普朗克定律的推导，还有德拜的推导，是通过把“自然”统计应用于场振子或辐射自由度而实现的，爱因斯坦的气体理论也能通过把自然统计应用于表征分子的波场振子而获得。于是，薛定谔声称：“这意味着，除了认真地接受德布罗意和爱因斯坦关于运动粒子的波动说之外，我们别无选择。”（Schrödinger，1926b）

在 1926 年的另一篇论文（Schrödinger，1926c）中，薛定谔发展了德布罗意在经典力学和几何光学（此两者都不能适用于小尺度情况）之间的类比，在波动力学和波动光学之间进行了类比。他由此主张：

> 我们必须按照波动说来严格地看待物质，也就是说，为了形成 [物理过程的] 微观结构的图景，我们必须从波动方程出发，而不是从基本的力学方程出发。
>
> （同上）

他还指出，关于微观结构的新近的非经典理论，

> 与哈密顿方程及其解的理论［有］一个非常密切的关系，也就是说，与已经最清楚地指出力学过程具有真实的波动特征的经典力学的形式有一个非常密切的关系。
>
> （同上）

121 运用哈密顿原理，薛定谔用一个变分问题替代了量子条件。也就是说，他试图找到这样一个函数Ψ：对于它的任一变化，"对整个坐标空间的"哈密顿密度的积分，"是稳定的，Ψ总是实数，是单值的、有限的，并且直至二阶都是连续可微的"（Schrödinger，1926b）。在这个程序的帮助下，

> 量子能级立即被定义为波动方程的本征值（波动方程本身带有其自然边界条件），［并且］在如下两个分立的阶段不再出现：①所有路径在动力学上都可能有定义；②丢弃大部分的解，通过特殊的假设［量子条件］选择少量的解。
>
> （同上）

薛定谔引入的波函数的解释是量子物理学史上最困难的问题，这个问题将在第7.1节给予考察。

6.6 不确定性与互补性

量子力学[9]的兴起已提出了如何刻画它的特征的困难问题。人们普遍接受，量子力学"的特征是承认经典物理学中的观念应用于原子现象时有一个根本的限制"（Bohr，1927）。这个限制的理由，正如海森伯解释的，被认为在于如下这一事实："电子和原子"拥有的物理实在性，根本不同于经典实体拥有的实在性（Heisenberg，1926b）。但是，如何描述这一不同，即使在接受这个根本差别的量子理论学家中，也是一个有争议的话题；这种争论非常不同于他们与有经典取向的物理学家，如爱因斯坦、薛定谔和德布罗意之间的争论。

量子理论学家群体的普遍策略是：首先，保留而不是抛弃经典物理学的概念；其次，对它们加以限制，禁止在同一时间充分使用它们，或者更精确地说，把它们分为互不相交的类别，只有属于同一范畴的概念才能同时应用

于假定由量子力学描述的实体和过程。玻尔是为经典概念的保留在哲学上作辩护的主要人物。他认为，人类的概念化能力脱离不开经典的直觉概念的限制。因此，假若没有这些经典概念，主体间关于经验证据的无歧义的交流就不可能实现。

当然，有趣的是这些限制的具体形式。在这方面的概念发展始于玻恩关于碰撞的研究（Born，1926），在这一研究中，玻恩提出了波函数的概率解释。然而，这篇论文的内容要比这丰富得多。因为在玻恩的散射理论中，非对角矩阵元是通过使用与傅里叶变换相关的波函数来计算的，泡利（Pauli）认为这意味着：

> 一个人可以用 p 眼光看世界，也可以用 q 眼光看世界，但如果同时用两种眼光看世界，就会误入歧途。
>
> （Pauli，1926）

玻恩论文的这一含义被狄拉克（Dirac，1926b）用更高的数学清晰性所阐明。狄拉克在他关于变换理论的工作中表明，玻恩的概率幅实际上是不同（正则共轭）表象间的一个变换函数。考虑到一对正则共轭变量受如 $PQ-QP=(h/2\pi\mathrm{i})\,I$ 的对易关系约束这一事实，狄拉克的理论给海森伯提供了一个用于将玻恩的概率幅中包含的关于共轭变量的同时可测性的限制概念化的数学框架，虽然海森伯已经认识到，作为对易关系的一个可能的结果，不可能在同一实验中测量正则共轭变量。海森伯在没有看到狄拉克的论文之前，在 1926 年 10 月 28 日写给泡利的一封信中声称： 122

> 因此，方程 $pq-qp=h/2\pi\mathrm{i}$ 在波表示中总是对应于这样的事实，即不可能在确定的时间点（或在一个很短时间间隔内）谈论一个单色波……类似地，不可能谈论一个有确定速度的粒子的位置。
>
> （Hendry，1984）

描述量子力学的下一步是海森伯关于不确定性关系的论文。在这篇论文中，海森伯（Heisenberg，1927）试图建立“[电子的]位置、速度、能量等词的确切定义”。他声称“不可能用通常的运动学上的术语来解释量子力学”，因为与这些经典概念不可分割地联系在一起的这些术语是矛盾的，并充满着“关于非连续统理论和连续统理论、粒子和波的观点的斗争”。根据海森伯的说法，这些直觉概念的修正必须由量子力学的数学形式体系来指引，其中最重要的部分是对易关系。他强调，“从量子力学的基本方程，似乎可直接得出对运动学和力学概念进行修正的必要性”。这里他再次谈到对易关系，并从中获得重要的教益。对易关系不但使我们意识到，我们“有正当的理由来怀疑对于‘位置’和‘动量’这些术语的不加批判的应用”，而且它们也给这些直觉概念施加了限制。

为了推导出关于如位置、动量和能态等经典概念的限制的具体形式，海森伯从一种操作主义立场[10]（据此，概念的意义只能由实验测量来定义）出发，并且诉诸思想实验。一个著名的思想实验是γ射线显微镜实验，这一实验阐明了位置和动量之间的不确定性关系：

$$\Delta P\Delta Q \geqslant h/4\pi \tag{6.15}$$

其中 ΔP 和 ΔQ 是动量和位置的测定误差。不确定性关系式（6.15）意味着，对于物理事件或过程的空间（或时间）中位置的精确描述，排除了对于伴随那一事件或过程交换的动量（或能量）的精确说明。物理学家在解释他们探索量子领域过程中遇到的奇异特征（如量子涨落）时，以不同的方式利用了不确定性关系的这一含义。

123 基于狄拉克按照主轴变换来解释的广义变换理论，物理学家给出了一个类似于式（6.15）的关于不确定性关系的更严格的推导。在一个沿着主轴的参考系中，一个与动力学量（或可观测量）相联系的矩阵（或算符）是对角化的。在物理系统上进行的每个实验都指定了一个特定的方向，它可能沿着主轴，也可能不沿着主轴。如果它不沿着主轴方向，那么存在一个由主轴的变换公式表示的某种可能的误差或不准确量。例如，测量一个系统的能量就会使系统进入位置具有概率分布的状态。这一分布由变换矩阵给出，能被解释为两个主轴间夹角的余弦。

海森伯声称，在物理上，不确定性关系需要每个实验以一种独特的方式，将物理量分为“已知量和未知量（或者：较精确或较不精确的已知变量）”，并且从实现已知量和未知量的不同区分的两个实验中，得到的结果之间的关系只可能是一个统计的关系。通过强调测量粒子的实验装置的认知意义，海森伯试图解释清楚量子力学中的特殊项，即干涉项，通常把它解释为量子实体的波动性质的一种表现。

海森伯用不确定性关系对量子力学的描述，受到了玻尔的批评，因为他忽略了物质和光的波粒二象性。在经典领域（我们通常使用的因果时空描述是适当的），二象性没有引起我们的注意主要是因为普朗克常数很小。但在原子领域，玻尔（Bohr，1928）强调，普朗克常数以一种“完全不同于经典理论”的方式把测量仪器与所研究的系统联结在一起。也就是说，“对于原子现象的任何观测都将涉及一种与观测介质的相互作用（由普朗克常数刻画），这种相互作用不可忽略”。因此，玻尔声称，必须认真考虑二象性的概念，在空间和时间中发展的不受干扰的系统的概念只能被看作是一种抽象，“经典的描述模型必须被推广”（同上）。

基于这些考虑，在国际物理学大会（1927年9月16日在意大利科莫召开）上，玻尔首次提出了他的量子物理学的互补性观点。他主张，按照波粒二象性的要求，必须对经典概念—物理实体只能或者被描述为连续的波，或者被描述为不连续的粒子，而不能同时被描述为两者，进行修正。在原子领域，玻尔强调，光和物质的波动模式和粒子模式既不对立也不矛盾，而是互补的，也就是说，在极端情况下，是相互排斥的。（因此，根据玻尔的说法，海森伯的不确定性关系只是互补性的一种特殊情形，因为正则共轭量并不真的相互排斥）。然而，对于原子现象的完整描述，波动模式和粒子模式都是需要的。[11]

随着1927年不确定性关系和互补性原理的提出，量子力学除了数学形式体系外，也获得了一个解释框架，变成了一门成熟的物理学理论。从那时起，许多疑惑和不一致，如波包坍缩和纠缠量子系统的不可分离性，就一直持续至今。然而，这些困惑和不一致，与我们关于量子力学扩展至相对论量子场论的概念发展的讨论，没有直接的关联，因此不在本书考虑的范围之内。 **124**

注　释

1. 方程（6.1）应用于氢原子的基态时，导致了与玻尔条件相一致的结果。因此，这里 a 可看作是氢原子的“玻尔半径”的第一个形式。

2. 维恩的工作是在普朗克振子的不同态和真实原子的不同态之间作了一个类比，使得同一个原子的不同能态的概念成为必需。德比恩关于原子内部自由度的假说基于辐射现象，斯塔克的光谱起源的观念类似于如下观点：单个价电子产生所有谱线，这些谱线是在电子从一个几乎完全分离的态到最小势能态的连续跃迁过程中辐射出来的。见Pais（1986）。

3. 德布罗意在他的双解理论中甚至更忠实地继承了爱因斯坦的这个概念（de Broglie，1926，1927a，1927b）。然而，由于玻恩对波函数的概率解释的统治地位，德布罗意新理论的出现，在历史上并没有起什么作用（见第7.1节）。

4. 更有甚者，在爱因斯坦关于粒子作为场的奇点的谈话中，他会有意无意地转到这样的思想路线上来：粒子（光量子或电子）被解释为奇点，或非线性场中其他内聚性的结构。这种追求能在爱因斯坦的统一场论和德布罗意的非线性波动力学中找到痕迹（de

Broglie，1962）。

5. 光的量子概念由 G・刘易斯（G. Lewis）命名为光子（Lewis，1926）。光子除了具有能量 E（$=h\nu$）之外，还有动量 $\boldsymbol{P}$（$=h\boldsymbol{K}$，$\boldsymbol{K}$是波矢），它满足色散定律 $E=c\,|\boldsymbol{P}|$。

6. 由于 H 是 J（$=nh$）的函数，因此玻尔频率条件规定 $\nu_{n,n-\tau}=\{H(nh)-H[(n-\tau)]\}/h=\tau\mathrm{d}H/\mathrm{d}J=\tau\nu$。

7. 强度与爱因斯坦发射概率成正比，后者与$|a(n，n-\alpha)|^2$成正比。

8. 玻色-爱因斯坦统计适用于一种不可分辨粒子（玻色子），它们在基本存储单元中的数量不受限定。对于另一种不同的不可分辨粒子（费米子）来说，它们在基本存储单元中的数量只能是 0 或 1，遵循一种不同的量子统计，即所谓的费米-狄拉克统计。

9. 薛定谔（Schrödinger，1926e）表明，矩阵力学的形式和波动力学的形式，在数学上和描述上几乎等价。

10. 同一年，美国物理学家布里奇曼（Bridgeman，1927）发表了他的操作主义。

11. 玻尔用其互补原理刻画量子力学。除了按照波和粒子进行互补描述外，还有时空和因果性（在能量和动量守恒的意义上）的互补描述："因此，我们或者有时空描述，或者有运用能量和动量守恒定律的描述。它们是互补的。我们不能同时使用它们。如果我们想运用时空观念，我们必须有外在于和独立于所考虑物体的钟表和测量杆，在那种意义上，我们必须忽略物体和所使用的测量杆之间的相互作用。为了应用时空观点，我们必然受制于通过仪器的总动量的确定。"（Bohr，1928）

第 7 章

量子场论概念基础的形成

量子场论可以根据其数学结构、概念架构，或基本本体论从逻辑上或历史上进行分析。本章只论述与其基本本体论相关的量子场论概念基础的起源，而不讨论其数学结构或其认识论基础。一些概念问题，如与概率和测量相关的概念问题，将被讨论，但仅仅是因为它们与量子场论的基本本体论相关，而不是因为它们内在的哲学旨趣。

本章的内容粗略地以年代顺序排列，涉及波函数、（能量或电磁场的）量子化、量子场、真空、场之间的相互作用，以及重整化等概念的形成和解释。前两个主题将联系量子场的发现及其各种表征来讨论，量子场是量子场论概念发展的起点。至于相互作用，它们是（经典和量子）场论的起源，也是本书的主题，除了这里给出的简要论述外，进一步的讨论将在第三部分给出。

7.1 通往量子场的曲折道路

量子场论不是应用于经典场的量子理论，而是关于量子场的理论。量子场属于一种新的自然类，与经典场的旧自然类截然不同。对量子场本身的认识，曾充斥着各种疑惑和误解，是一个复杂的建构过程。

7.1.1 波函数的解释

薛定谔在其波动力学中引入的波函数，正如我们将在下面的考察中看到的，曾经被视为一个量子化的场。因此，波函数的解释对于量子场论本体论的讨论至关重要，因此也是这一节的主题。

126 在我们考虑波函数的解释时[1]，我们将搁置形而上学的猜测和通常会受到漠视的尝试性的物理解释（如隐变量假说，流体动力学和随机解释），专注于在量子物理学的历史发展中充当引导者的解释。通常认为，波函数的公认解释是玻恩（Born，1926a，1926b）首先提出的概率解释。概率解释被称为量子力学解释中“决定性的转折点”和“最终阐明物理学解释的决定性步骤”（Ludwig，1968）。从历史上看，更准确的说法是，玻恩的解释并不是“决定性的转折点”或“终极阐明”，而只是对薛定谔原始论文中所隐含的不自洽的物质波解释困境明确表达了一种可供选择的替代方案。粗略地讲，玻恩的推测对于非相对论量子力学为真。但对于量子场论而言，情形要更为复杂，因为在整个概率框架中可以清楚地辨别出某种（判断错误的）实在要素。因此，为了下面讨论的方便，最好以一种历史的和比较的方式，对实在论和概率解释作一简要介绍。

正如我们在第6章所看到的，薛定谔的满足某种波动方程和自然边界条件的波函数，源起于德布罗意的物质波（matter wave）思想。在德布罗意的理论中，任何物质粒子的运动都与一组平面波相联系，每一个平面波都由一个波函数 $\Psi_{\mathrm{dB}} = \exp[2\pi i/h(Et-Px)]$ 表示（其中 E 表示粒子的能量，P 表示粒子的动量），这样，粒子的速度等于波的群速 V_g，波的相速等于 c^2/V_g。用一个波函数 $\Psi_1 = \exp[2\pi i/h(Et-Px)]$ 表示频率为 ν 的普通光波（其中，E 表示相应光子的能量 $h\nu$；P 表示相应光子的动量 $h\nu/c$）。比较 Ψ_{dB} 和 Ψ_1，我们注意到，普通光波只不过是附属于相伴光量子的德布罗意波。从这一事实出发，我们能获得两个具有不同本体论含义的推论。一个是实在论倾向的推论，最初由德布罗意本人得出，随后为薛定谔接受，这一推论断言德布罗意波和普通光波一样，是真实的三维连续物质波。另一个推论本质上是概率的，首先由玻恩得出。

在这里，我们应该非常仔细地论述德布罗意用波函数表达的物质波思想。为了使这一思想的意思更为明晰，避免在文献中频繁出现的混淆，有必要区分“物质波”这一术语的两种基本用法，这对于阐明量子场论的本体论是至关重要的。我们可用两个对照来说明物质波的两种用法：①物质波与光波相对照；②（物质或光的）物质（实体）波与（物质或光的）概率波相对照。在“物质波”的第一种用法中，德布罗意-薛定谔波与物质粒子的运动相联系。也就是说，它与光量子毫无关系。这是德布罗意相波的最初含意，这一点没有疑问。

在文献中令人混淆和引发争议的是“物质波”的第二种用法。人们可能认为在玻恩的概率解释发表以后，争论已解决。然而在量子场论的语境中这不是真的。一些通常接受玻恩观点的量子场论物理学家，当他们实际上把波函数看作物质波时，仍然把物质的意义归因于德布罗意-薛定谔波。我将在第 7.3 节讨论这种混淆的原因和含义。 **127**

薛定谔受德布罗意相波思想的影响，并推广了它。他用一个波函数表征单原子体系，认为波是原子过程的载体。他把波函数“与原子中的某种振动过程”相联系（Schrödinger，1926b），并把波看作“一个只依赖时间的简谐振动的叠加，它的频率精确地与微观力学系统的光谱项频率相一致”（Schrödinger，1926d）。但接着产生了一个大问题：它是什么波？

在 1926 年的另一篇论文（Schrödinger，1926e）中，薛定谔试图赋予波函数以电动力学意义：“电荷的空间密度由 $\Psi\partial\Psi^{-}/\partial t'$ 的实数部分给出。”但是，这里的困难在于，当对全空间求积分时，这个密度等于零而不是一个不依赖于时间的有限值。为了解决这一矛盾，薛定谔在他 1926 年的另一篇论文（Schrödinger，1926f）中用“这一系统的位形空间中的权重函数” $\Psi\Psi^{-}$ 乘以总电荷 e 来代替电荷密度的表达式 $\Psi\partial\Psi^{-}/\partial t$。这相当于下面的解释：

> （原子）系统的波动力学位形，是许多，严格地讲，是全部运动学上可能的质点力学位形的叠加。因此，每个质点力学位形对真实的波动力学位形贡献某种用 $\Psi\Psi^{-}$ 精确表示的权重。
>
> （Schrödinger，1926f）

也就是说，原子系统“同时存在于所有运动学上可能的位置，而不是‘同等地’处于所有的位置”（同上）。薛定谔在这一解释中如此强调：

> Ψ 函数本身不能也不可能直接用三维空间来解释——无论在这一点上单电子问题是如何经常地误导我们——因为 Ψ 通常是（$3n$ 维）位形空间的函数，而不是实空间的函数。
>
> （同上）

尽管如此，他仍然坚持实在论解释：

> 但是，在现在的概念背后也有可触知的某种真实存在，即关于电子空间密度的完全真实的电动力学有效涨落。Ψ函数要做的刚好是允许［波动方程］控制和检查所有这些涨落。
>
> （同上）

因此，他认为波具有某种与电磁波相同类型的实在，具有连续的能量密度和动量密度。

128 依赖速度为 V 的粒子能用以群速 V 运动的波包表示的假设，薛定谔（Schrödinger，1926c）提议彻底抛弃粒子本体，主张物理实在由波且仅由波组成。在1961年的一篇论文中，薛定谔把他拒绝粒子作为一个有确定特性或个性的、定义明确的不变客体的理由总结如下：①"由于质量和能量的同一性，我们必须把粒子本身看作普朗克能量子"；②在处理相同类型的两个或多个粒子过程中，"我们必定影响它们的同一性，否则，结果将会完全不真实，也与经验不一致"；③"根据［不确定性原理］，不可能以无可置疑的确定性两次观测到同一个粒子"[2]。

把连续波看作量子力学的基本本体的一个相似但更为精致的观点，由德布罗意（de Broglie，1926，1927a，1927b）在他的双解理论中提出。德布罗意和薛定谔观点的主要不同在于，薛定谔把物理实在看作仅由波组成，而德布罗意除了接受波的实在性之外，还接受经典粒子的实在性，而且德布罗意还把粒子看作由延展线性波Ψ引导的非线性波在一个奇异区的能量集中。因此，根据德布罗意的观点，物理实在由波和粒子组成，尽管后者只是前者的一种显现。

波函数的这种实在论解释不得不面对严重的困难。第一，这种波不能被认为是真实的，因为，正如玻尔在他1927年的论文中所指出的那样，波的相速是 c^2/V_g（V_g 是群速），它通常大于光速 c。第二，就波函数Ψ的位形空间的维数而言，正如洛伦兹1926年5月27日在写给薛定谔的信中所指出的那样，当波与借助于若干粒子作经典描述的过程相联系时，波就不能从物理上来解释。因为那时波变成了一个由 $3n$（n 是粒子数）个位置坐标组成的函数，并需要有一个 $3n$ 维空间表示它。第三，薛定谔的波函数是一个复函数。第四，Ψ函数依赖于表象。最后的也是最为严重的困难与所谓的波包扩散有关。洛伦兹在上面提到的信中指出，"从长远来看，波包不可能待在一起，而是被限制在一个很小的体积内"，因此，波包不合适表示一个粒子，"一个相当持久的个体存在”。薛定谔（Schrödinger，1926g）因受到在谐振子情形中成功地获得了一个不扩散的波包的鼓舞，他认为在通常的情形中得到它“只是一个计算技巧的问题”。但是，海森伯（Heisenberg，1927）和几乎所有薛定谔的德国同事，不久意识到，这是一项不可能完成的任务。

现在我转向玻恩的概率解释（Born，1926），这一解释与把粒子看作是量子物理学的基本本体的观点相一致，并迅速成为主导解释。

玻恩“因其在量子力学方面的基础工作，特别是对波函数的统计解释”（1954 年 11 月 3 日瑞典皇家学院官方声明）而获得 1954 年诺贝尔物理学奖。1926 年夏天，玻恩向《德国物理学杂志》（*Zeitschrift für Physik*）寄去两篇论文，报告了他用薛定谔波动方程处理碰撞过程的成功。在第一篇简短的论文（Born，1926a）中，他宣布了他的波函数的概率解释，并宣称自己支持非决定论。在第二篇论文中，他提交了一个更丰富的解释，玻恩承认，基本的观点本质上是爱因斯坦（Einstein，1909a，1909b）提议的，把满足麦克斯韦方程组的波场与光量子联系起来，即：

129

> [爱因斯坦说]波的提出只是为微粒光量子指明了道路，他在一个“鬼场”（ghost field）的意义上谈论它。“鬼场”决定了作为能量和动量的载体的光量子通过某一路径的概率。然而，场本身并没有能量和动量。
>
> （Born，1926b）

在这里，光波失去了它的实体性，变成了一种概率波。

我们能用几项重要进展来弥合爱因斯坦 1909 年的观点和玻恩 1926 年的观点之间的分歧。众所周知，玻尔、克拉默斯和斯莱特在他们 1924 年的论文中提出，电磁波的场只决定一个原子在相关空间中通过量子来吸收或发射光能的概率。这个观点实际上属于斯莱特。[3] 在这篇论文提交之前的几周，斯莱特给《自然》杂志写了一封信，在这封信中他提出，部分场将“引导离散的量子”，并且导致“[原子]以某种概率获得或失去能量，这与爱因斯坦已提出的意见非常相似”（Slater，1924）。

在爱因斯坦 1925 年关于气体理论的论文中，我们可以找到爱因斯坦的波动观点与玻恩的波动观点之间的另一条联系：爱因斯坦把德布罗意的波与他自己的运动气体分子相联系，利用粒子物理学的数学形式体系，指出他的理论的基本本体是粒子而不是波，尽管在所探讨的现象中其有波的一面，就像在分子神秘的相互作用中显示出波的一面那样。接下来，约当 1925 年的论文尽管为波粒二象性的精神所左右，但也完全是按照粒子来分析的。

关于波函数的解释，玻恩在他 1926 年的论文中打算要做的只是延伸上面提到的“爱因斯坦的观点”，把爱因斯坦关于光波与光量子之间的关系，扩展到也被他看作“鬼场”的波函数Ψ与可称重粒子之间的关系。玻恩的主要论据基于这两组关系之间的“完全类推”，可以总结为以下几点。

（1）Ψ 波，作为鬼场，本身没有能量和动量，因此没有通常的物理意义。

（2）Ψ 波，与上面提到的德布罗意的观点和薛定谔的观点形成对照，完全不表征物质的运动；它们只决定物质的可能运动，或关于运动物质的观测结果的概率。

（3）玻恩的概率意味着“在一组完全相同的、没有耦合的原子中，一种态出现的确定频率”。

（4）Ψ 波的概念预设了大量独立粒子的存在。

130 因此，显然，玻恩把粒子看作波动力学或量子力学的基本本体。

马克思·雅默（Max Jammer）把玻恩关于Ψ波的概率解释总结如下：

> $|\Psi|^2 d\tau$ 测量在单位体积 $d\tau$ 内找到粒子的概率密度，粒子在经典的意义上被设想为一个在每个时刻都拥有确定位置和确定动量的点质量。
>
> （Jammer，1974）

玻恩是否在经典的意义上考虑粒子是一个有争议的问题。

玻恩的解释导致狄拉克的变换理论（Dirac，1926b），后者反过来导致海森伯的不确定性关系（Heisenberg，1927）。据此，玻恩很快意识到：

> 不但必须放弃经典物理学，而且必须放弃关于实在的朴素概念，即把原子物理学的粒子看作好像是极其小的沙粒，在每一时刻有一个确定的位置和速度。
>
> （Born，1956）

玻恩承认在原子系统内“情形并非如此”。他也赞同薛定谔的观点，关于量子统计，“粒子将不被看成个体”（同上）。[4]关于这种非经典的、非个体的粒子，玻恩解释说，之所以“保留其粒子的观念”，是因为“它们表征可观测的不变量”（同上）。但出于同样的原因，波的观念也应该保留。玻恩甚至走得更远，把“概率波，甚至是 3*n* 维空间中的概率波，看作真实的东西，当然不仅仅是数学计算的工具”（Born，1949）。他问道：“如果凭借这个概

念，我们不指称某种真实且客观的事物，我们怎么能依赖概率预测呢？”（同上）

所有这些都表明，雅默的误导性论述不仅过分简化了玻恩在量子力学本体论上的立场，而且忽略了这样的重要事实：尽管玻恩的解释把一种粒子看作量子物理学的本体论，但是，玻恩的解释与经典粒子本体论是不相容的，而与波动本体论共有某些特征，例如缺乏个体性。

在海森伯的著名论文《量子理论解释的发展》（“The Development of the Interpretation of the Quantum Theory”）中，可以找到对玻恩 1926 年论文的另一个误导性论述。在这篇论文中，海森伯声称：

> 与玻尔、克拉默斯和斯莱特的假设相比较，［玻恩的］假设包含两个重要的新特征。第一个是断言在考虑“概率波”时，我们关注的不是普通三维空间中的过程，而是抽象位形空间中的过程；第二个是认识到概率波与单个过程有关。
>
> （Heisenberg，1955）

显然，第二个特征与玻恩的初衷不相符合。正如我们上面所评述的那样，玻恩是在频率解释的意义上使用概率概念的。这意味着概率波包含关于一组系统的统计陈述，而不只是关于一个系统的统计陈述。关于第一个特征，海森伯的评论流于表面，且忽略了要点。事实上，玻恩提出概率解释的主要目的，准确地说，是要把薛定谔引入的奇怪的位形波恢复到通常的三维空间。玻恩本人在他 1926 年论文的“结语”中清楚地指出了这一点：“它［概率解释］允许保留关于空间和时间的传统观念，在空间和时间中，事件以一种完全正常的方式发生。”

131

然而，这一成就的取得并不是没有代价的。正如海森伯在他 1927 年的论文中所清楚地意识到的，它把量子力学的解释引向如何从量子力学的表述中抽取实验信息的问题。以这种方式，人们能容易地解释“波包坍缩”，但不能解释双缝实验中电子的衍射。这个实验能以一次只有一个电子穿过孔径这样一种方式进行。在这种情形中，与每个电子相联系的 Ψ 波自己与自己干涉。因此，Ψ 波一定是某种物理上真实的波，而不仅仅是我们关于粒子知识的一种描述。

作为对玻恩解释所面临的这种困难的一个回应，海森伯把概率波重新解释为与上面提到的单个过程相关联的波，并把概率波看作一种新的物理实在，与一种可能性或“潜在”（potentia）相联系，是“实在的某种中间层次，位于物质的整体实在与观念的智力实在之间的中间状态”（Heisenberg，1961）。按照这种观点，一个由某个波函数（或这种函数的一个统计混合）描述的封闭系统，在性质上是潜在的而不是现实的，因此，在测量过程中发生的“波包坍缩”是一个从潜在到现实过渡的结果，这种过渡由封闭系统与外部世界（测量仪器）的关联所产生（Heisenberg，1955）。

“潜在”这一形而上学概念的引入，标志着基于粒子本体的概率解释所面临的困境，是对波函数的实在论解释或波动本体的一个重要让步。事实上，海森伯早在1928年就作出了这一让步；其时约当、奥斯卡·克莱因和维格纳证明，一个n粒子系统的薛定谔波描述与遵循量子统计（玻色-爱因斯坦统计和费米-狄拉克统计）的粒子的二次量子化描述等价。[5]例如，海森伯实际上认为粒子绘景和波动绘景只是同一个物理实在的两个不同方面（Jammer，1974）。他也意识到：

> 只有位形空间中的波，即变换矩阵，是惯常解释中的概率波，而三维物质波或辐射波则不是。根据玻尔、约当和维格纳的观点，后者有与粒子刚好一样多（和刚好一样少）的“客观实在性”；它们与概率波没有直接的关联，但有连续的能量密度和动量密度，像麦克斯韦场一样。
>
> （Heisenberg，1955）

132 这也就是说，海森伯接受物质波（material waves）的存在，它不同于概率波，有与粒子一样的本体论地位。

这里不太清楚的是：“物质波”意指什么。一方面，如果它们可以解释为可称重物质的某种实体波，那么就是对波函数的实在论解释的一大让步，尽管“三维的”限制似乎暗示，只有单个粒子的德布罗意波才能被看作“客观实在”。另一方面，如果“物质波”只是“辐射波”的同义词，那么问题是：如果辐射波（一方面，它们是光子的德布罗意波，但另一方面，它们又不同于概率波）被视为“客观实在”，那么，对于只有一个电子或其他可称重粒子的三维德布罗意波，情况又将如何？它们仍然是概率波，或是客观实在吗？事实上，海森伯和所有在量子场论领域工作的其他物理学家，不断地在这两种意义之间来回变换。使用意义不明确的“物质波”概念，实际上是所有关于量子场论本体论概念混淆的根源。同时，确切地说，正是在“真实”场和概率波之间的这种含糊性，使得量子场论的发展有可能建立在物质波场的概念基础之上。对于物质波场这一概念的任何清楚的、无歧义的使用，都将把量子场论带入死胡同。因此，这种含糊性似乎反映并标志着，从概念上把握量子场论的本体论时，所面临的最为深刻的困难。

7.1.2 量子化

量子场论的本体论概念，在很大程度上，也取决于人们对量子化（quantization）概念的理解：量子化意味着什么？量子化的数学程序意味着什么？量子化的物理含义与数学程序之间的关系又是什么？可以说，文献中盛行的一些影响深远的混淆，都可追溯到对量子化这一概念的误解。量子化的物理思想虽然早在 1900 年随着普朗克的黑体辐射理论的提出就已出现，并且与随后量子理论和原子物理的每一个发展阶段都相联系，但是量子化的逻辑上迫切的数学程序只是在 1925 年海森伯、玻恩、约当，特别还有狄拉克发展的量子力学出现以后才被建立起来。最初，数学程序只是充当着工具，实现量子化思想的物理含义。但是，一旦数学程序建立起来，它就呈现出基础性作用，因而成为一种独立的存在。

这一发展的缺陷是忽略或切断了量子化的物理方面和数学方面的密切联系，把形式化的程序看作是量子化的本质，进而看作是一种有效的模型或是适当的基础，在其中或基于其上，能实行量子化、二次量子化和场的量子化的讨论。一个简明的历史考察，足以确定这一概念的应有之义，澄清其主要误解。 133

对于普朗克而言，量子化被热辐射定律所要求，只意味着是一个简单振子的能量的量子化：在一个热原子中进行简谐振动的电子的统计行为中，只有那些能量是量子的整数倍的振动态才应该被考虑。在这里，能量的量子化是原子中电子的一个属性，由与辐射相互作用的振子来表示。

对于玻尔来说，量子化意味着原子中电子的周期轨道的量子化，量子化的电子轨道与离散的定态相联系。因此，与定态相联系的力学运动将由量子化条件（QC）从这种运动的连续流形中选择出来。根据玻尔的观点，量子化条件应该考虑为“对普朗克有关谐振子可能能量值的最初结果的一种合理推广”，因为在这里，机械运动的量子化不仅涉及能量的量子化，而且涉及动量的量子化，特别是原子系统中角动量的量子化。

从数学上讲，玻尔的量子化条件适合于运动的每个周期坐标 Q，能用 $J=\oint P\mathrm{d}Q=nh$ 表示，其中 P 是与 Q 相对应的正则共轭动量（如果 Q 是一个角，那么 P 可以是角动量）和一个周期的积分。选择这个积分 J 的最令人信服的理论依据由埃伦费斯特（Ehrenfest，1916）给出。埃伦费斯特表明，如果系统经受一个慢的外部微扰，那么 J 不变，因此非常好地与一个非连续“跃迁”量 nh 相匹配。

玻尔的量子化观念，既在它的物理学方面（作为原子中电子的力学运动的量子化），也在它的数学方面 $J=\oint P\mathrm{d}Q=nh$，构成了量子化的两个学派成长的起点。第一个是德布罗意-薛定谔学派。根据德布罗意的观点（de Broglie，1923a，1923b），运用表达式 $P=h/\lambda$，$J=\oint P\mathrm{d}Q=nh=2\pi rh/\lambda=snh$，$2\pi r/\lambda=n$，量子化条件可以解释为：与一个运动电子相联系的波，其围绕轨道周线的波长数必定是一个整数。对于薛定谔来说，正如其标题为“作为本征值问题的量子化”的四篇开创性的论文所表明的，量子化能约化为本征值问题（Schrödinger，1926b，1926c，1926e，1926f）。对于波函数 Ψ（与原子中某些振动过程相联系）的任意变量来说，如果（占据所有坐标空间的）哈密顿函数的积分是固定的，那么 Ψ 函数能被选作适合于一组离散的能量本征值，因此，被选的 Ψ_s 本身变成与本征值相对应的本征函数。

从数学上讲，薛定谔的变分问题要比玻尔-索末菲的量子化条件 $\oint P\mathrm{d}Q=nh$ 复杂得多。然而，其指导原则与后者存在的亲缘关系，能从“定态积分”的观念与埃伦费斯特绝热不变假说的相似性中找到。至于与德布罗意的概念之间的关系，薛定谔本人指出，他直接从德布罗意的如下结论中获得灵感：与相波的空间分布相关联，总存在着一个可以沿着电子轨道测量到的整数。薛定谔继续指出，他与德布罗意的“主要不同是德布罗意思考行波（progressive wave），而我们被引导到定态的固有振动”（Schrödinger，1926b）。

134

第二个学派以海森伯（Heisenberg，1925）、玻恩和约当（Born and Jordan，1925），以及狄拉克（Dirac，1925）为代表。在这个学派中，量子化的基本物理含义与玻尔概念中的物理含义完全相同：原子中的力学运动被量子化。但是，得到这个量子化的数学表达式的指导原则超越了埃伦费斯特的绝热假说。这决定性的一步由海森伯（Heisenberg，1925）完成。海森伯在唤起人们注意整个相空间积分（它表示原子中的力学运动）的量子化之余，还唤起人们注意原子物理学中动力学量（或物理可观测量）的量子本质。这些量依赖于两个量子化定态的跃迁量，因此应该用矩阵来表示，玻恩和约当（Born and Jordan，1925）两个月后证明了这一点。玻恩和约当表明，考虑这个可观测量，当引入 P 和 Q 的傅里叶展开（$P=\sum_{-\infty}^{\infty}P_\tau \mathrm{e}^{2\pi i\nu\tau t}, Q=\sum_{-\infty}^{\infty}Q_\tau \mathrm{e}^{2\pi i\nu\tau t}$）时，玻尔－索末菲量子化条件 $\oint P\mathrm{d}Q=\oint_0^{1/\nu}P\dot{Q}\mathrm{d}t=nh$ 能转化为 $1=2\pi i\sum_{-\infty}^{\infty}(\tau\partial/\partial J)(Q_t P_{-\tau})$。考虑克拉默斯的色散关系（Kramers，1924），这一色散关系宣称总和 $\sum_{-\infty}^{\infty}(\tau\partial/\partial J)(Q_t P_{-\tau})$ 必定对应于 $1/h\sum_{-\infty}^{\infty}[Q(n+\tau,n)P(n,n+\tau)-Q(n,n-\tau)P(n-\tau,n)]$。于是，量子化条件就变为 $\sum_{-\infty}^{\infty}[P(n\mathrm{k})Q(kn)-Q(nk)P(kn)]=h/2\pi i$，或者用矩阵表示为

$$PQ-QP=(h/2\pi i)1 \qquad (7.1)$$

通过重新解释经典哈密顿动力学方程，1925 年狄拉克获得了 q 数的相同的非对易关系（Dirac，1925）。

动力学量的非对易关系的数学表达式的建立，标志着原子中力学运动的量子化的数学描述的完成。在这一数学描述基础之上，提出了一种量子化程序：用相应的 q 数代替经典哈密顿表述中的正则共轭动力学量，并使它们受制于非对易关系（7.1）。这样就获得了量子化表述。

数学程序［原本只是］作为代用品和附属物，［现在反倒］迅速变成了可接受的量子化模型，在此基础上，人们给出了各种量子化解释。因此，这深刻地影响了量子物理学随后的发展，不但在其数学描述上，而且在其概念的物理解释和本体论解释上。因此，重要的是，我们应当理解这一数学程序的基础、前提、恰当的含义和限制。

正如我们在第 6.3 节指出的那样，海森伯的出发点是玻尔的频率条件，这一条件把一个原子（跃迁量或所谓的可观察量）发出的辐射频率与原子内运动的两个定态联系起来。因此，海森伯的“可观测量”的观念预设了原子中量子化定态的存在。最初，海森伯、玻恩和约当，还有狄拉克，他们对量子化条件的表达只是玻尔的量子化条件的重写。因此，如果不把它与原子中的量子化定态相联系，那么这一量子化条件的表达对于考虑量子化程序来说是没有意义的。然而，这一限制不久就被薛定谔和狄拉克随后开创的发展去除了。 **135**

薛定谔在寻找波动力学和矩阵力学之间的关系时，就认识到矩阵的本质特征是它表征了一个作用于矢量（列矩阵）的线性微分算符。用这种方式，薛定谔（Schrödinger，1926e）得到了他的算符微积分。如果坐标 q 作为一个普通变量，与在它自己的表象（Q 表象）中表示的一个动力学变量（比如说 Q）的对角矩阵相对应，那么相应的正则共轭动量 p 将随处被算符 $h/i(\partial/\partial q)$

取代。如此进行，量子化条件方程（7.1）就变成了一个平凡的算符恒等式。薛定谔的量子力学思想如下：系统的一个确定的态由一个在某种 q 表象中的波函数 $\Psi(q)$定义，q 是系统的一个可观测量。动力学变量（或可观测量）A 能用一个线性算符表示，并且使 A 作用于 $\Psi(q)$上，$A\Psi(q)$意指系统中一个新态的新波函数。于是，如果这个新函数，除了一个常数因子外，与 $\Psi(q)$完全相同，即 $A\Psi(q)=a\Psi(q)$，那么 $\Psi(q)$就称为 A 的一个本征函数，常数 a 是一个本征值。本征值的完全集表征了该算符 A，表示了这个可观测量的可能数值，它们可以是连续的，也可以是离散的。本征值全部是实数的算符称为厄米算符。显然所有物理量都必须用厄米算符描述，因为本征值被假定表示对一个物理量进行测量的可能结果。

在薛定谔洞见的基础之上，狄拉克（Dirac，1927a）表明了如何连接量子力学的各种可能的表述形式。他认识到最初的矩阵力学是以能量表象的形式发展的，最初的波动力学是以坐标表象形式发展的。这只是可能的表征形式中的两种特殊情形。除此以外，还有角动量表象、粒子数表象等。狄拉克指出，在他自己的符号体系中，如果动力学变量 G 最初采用 α 表象 $\langle|G|\rangle$，那么它的 β 表象能通过幺正变换（unitary transformation）获得：$\langle\beta' s|G|\beta\rangle=\iint\langle\beta'|\alpha\rangle\mathrm{d}\alpha\langle\alpha|G|\alpha'\rangle\mathrm{d}\alpha'\langle\alpha'|\beta\rangle$，其中变换函数 $\langle\alpha'|\beta\rangle$ 确切地说是表征这一动力学变量的算符的本征函数。例如，薛定谔波动方程（作为一个能量本征方程）的本征函数恰好是从坐标表象到能量表象的变换函数。这就是所谓的一般变换理论，因为 α 和 β 可以是对易的可观测量的任何集合。

在方程（7.1）中所陈述的量子化条件的基础因此拓宽了。首先，所考虑的物理系统不再局限于具有离散能级的原子，因为薛定谔波动方程使得处理连续的本征值成为可能。自由粒子和碰撞问题因此也进入了量子力学的范围。其次，狄拉克的变换理论表明了，除了能态以外，物理系统的其他可观察性质，是如何在量子力学中变成可处理的。

136

考虑到这些推广，量子化条件方程（7.1）似乎已成为量子化的普适条件。然而，仍有一个苛刻的限制保留在所有这些推广之上：只有那些真正的可观测量，正则共轭算符对、矩阵对或动力学变量对，受量子化条件方程（7.1）的支配。用“真正的可观测量”，我意指一个用厄米矩阵表示的可观测量，在对角化矩阵中能找到它的一个表象。

可能有人把这个限制看作是不切实际的，因为量子物理学中的动力学变量似乎等同于可观测量。但实际上这在量子场论情形中，甚至在量子力学的多体问题的情形中，却是不真实的。奇怪的是，我们会发现量子场论的所有先驱者和奠基者，如约当（Born et al.，1925；Jordan，1927a，1927b）、狄拉克（Dirac，1927b，1927c）、奥斯卡・克莱因（Klein and Jordan，1927）、维格纳（Wigner and Jordan，1928）、海森伯和泡利（Heisenberg and Pauli，1929），以及费米（Fermi，1932），都是让一组不可观测量（如粒子数表象中的产生与湮灭算符）服从量子化条件方程（7.1）的各种变种，然后声称得到了一个量子化理论或二次量子化理论。这个给出量子场论的物理学解释的量子化程序，因此成为引起量子场论本体论混淆的另一个根源，这一点我们将在下一节中详细说明。

量子化概念的另一个发展与量子场论关系更为密切。这里考虑的物理系统是连续场而不是离散粒子。这一发展的开创者是爱因斯坦。在普朗克物质振子的能量的量子化基础之上，爱因斯坦提出"由局域在空间不同点的有限数目的能量子组成的光的能量，只能作为一个单元而被产生或吸收"（Einstein，1905a）。这个思想为埃伦费斯特所接受，埃伦费斯特在其论文中提到，由一个简谐振子表示、处于频率 ν 的简正模式中的电磁场能量，只能是 $h\nu$ 的整数倍（Ehrenfest，1906）。埃伦费斯特的思想，即辐射本身可以看作简单振子系统，其中每一个简单振子都表示一个平面波的振幅，为德拜（Debye，1910b）、约当（Jordan，1925）和狄拉克（Dirac，1927b，1927c）所继承。因此场的能量的量子化可以通过把普朗克假说应用到场振子而轻易获得（德拜），或者通过应用量子力学中用于处理物质振子的数学方法而轻易获得（约当和狄拉克）。

然而，爱因斯坦关于场的量子化思想实际上要比这更为深刻。在上面提到的同一篇论文（Einstein，1905a）中，爱因斯坦推测了辐射本身是由"独立的能量子组成"的可能性。爱因斯坦的光量子假说进一步被他自己的贡献（Einstein，1909a，1909b，1916c，1916d，1917b）和康普顿的实验（Compton，1923a，1923b）所支持，这在第 6 章中曾经评论过。在此，我只想给出以下两点评论：①爱因斯坦的光量子思想涉及一种新的量子化，是物质场的量子化而不是粒子或场的力学运动的量子化；②对于场的量子化来说，不存在与爱因斯坦的光量子假说相伴随的数学程序。在场的量子化中，用作数学程序的只是在力学运动的量子化中所用的类似程序。因此，有一个概念上的缺口需要填补，并且需要给出这一严格类推的正当理由。

137

现在，让我们转向关于这些问题的讨论。

7.1.3 二次量子化：概率波变为实体场的概念飞跃

正如我们在上面注意到的，场的量子化的概念有两种含义：①场能（或说场能量）的量子化（或更一般地说，场的机械运动的量子化），这种量子化类似于量子力学中处理的粒子机械运动的量子化；②场作为实体的量子化。

如果我们接受麦克斯韦关于能量一定存在于物质中的观点，也接受爱因斯坦的思想，认为作为电磁场能量载体的物质不是力学以太，而是电磁场本身，它作为一个独立存在的实体，本体论上等同于可称重物质，那么“场”不能被看作“场能”的同义词，但前者与后者相关，如同物主之于他的财产。按照这种观点，关于场的量子化概念的两种含义，由含义①推不出含义②反之亦然。两种含义不存在蕴含关系的主张为如下事实所支持：在连续或非连续的能量与其载体之间没有必然的联系，这一事实在粒子的情况下很容易检验。一个电子，当它自由的时候，其能量是连续的；当它在原子内部时，其能量就是离散的。

然而，在量子场论的历史中，在“场的量子化”的含糊标题下，这两种含义经常被简单地混为一谈。人们从这样一个含义不明确的题目中，粗心地推出一些没有根据的推论。由于场的量子化概念是量子场论概念的基石，因此仔细地对这一概念的形成进行历史研究，似乎是必要的，下面就是对此所做的尝试。

通常认为，场量子化的思想可以追溯到埃伦费斯特的论文（Ehrenfest，1906）和德拜的论文（Debye，1910b）。[6]根据这两位作者的研究，如果我们把虚空空间中的电磁场看作一个谐振子系统，把普朗克关于物质振子能量的量子假说应用于场振子，那么不需要用物质振子，就能推出普朗克能谱。验证这些启发性思想的恰好就是普朗克思想本身，即被观测到的黑体辐射谱。显然，这里场的量子化只意味着场能的量子化，即只是第一种含义。

约当的工作在量子场论的历史上占据着显著的位置。在与玻恩合作的一篇论文（Born and Jordan，1925）中，约当不但给出了量子化条件方程（7.1）$PQ-QP=(h/2\pi i)1$ 的证明，而且给出了与现在的讨论更为贴近的原创性思想，即电场和磁场应该被看作动力学变量，由矩阵表示，并服从量子化条件，以使辐射的偶极发射经典公式可以纳入量子理论。在与玻恩和海森伯合作的论文（Born et al.，1926）中，如同埃伦费斯特和德拜一样，约当把电磁场看作一组服从量子化条件的谐振子。他以这种方式推导出黑体辐射场中的均方能量涨落。[7]

由于爱因斯坦从一个波场中的涨落定律推证出了微粒光量子概念的合理性，因此上述成功使约当确信，“令人烦恼的爱因斯坦光量子问题，可以通过把量子力学应用于麦克斯韦场本身而予以解决”（Jordan，1973）。在这里，应该注意两点：一是将要量子化的场是具有实质内容的连续的麦克斯韦场；二是微粒光量子能通过场的量子化而获得。考虑以下事实：爱因斯坦的光量子不但拥有确定的能量 $h\nu$（正如他最初提出的），而且拥有确定的动量 $P=hK$（正如他在1916年的论文中意识到的，见第6.2节），因此，爱因斯坦的光量子是完全成熟的“粒子”，而不仅仅是能量子。显然，这里是在含义①上使用场的量子化的。

为了判断约当的信念是否合乎情理，我们必须阐明约当实际上做了什么。对他1925年的论文所做的考察表明，他做的工作只是把海森伯-玻恩量子化条件应用于波场。请记住，海森伯-玻恩量子化条件预设了：①原子的量子化定态的存在；②可观测量与原子的两个态相关联（见第7.2节）。因此我们发现，约当对海森伯-玻恩量子化条件的应用隐含着他默认了两个假设，即将海森伯-玻恩量子化条件的预设推广至麦克斯韦场：①麦克斯韦场的能态也是量子化的；②场变量作为动力学变量总是与场的两个态相关联。他对这一推广没有给出清楚的理由，尽管原子的能量改变和场的能量改变之间的密切联系似乎间接地支持这样一个推广。但是无论如何，用这两个假设，约当能“证明”的只是场的能态的量子化，这确实是他已预示的一个结果，但与麦克斯韦物质场本身的量子化没有关系。事实上，约当的论文的意义在于它的数学方面：借助于振子模型，他为实现场能的量子化的物理假说提供了一种数学表述。

相对而言，1925年的情形还是比较简单的。尽管德布罗意推测物质波存在，但是情形并没有多大的改变。在1925年，当人们提到场时总是指物质场。当薛定谔1926年的工作取得进展后，情况就变得复杂多了。薛定谔的波很快就成为被量子化的基本实体。甚至电磁波被看作一种与光量子相关的薛定谔波（见下面关于狄拉克论文的讨论）。然后，正如我们已经注意到的，关于薛定谔波函数有两种解释：一种是实在论的，另一种是概率论的。**139** 它们各自为量子场论假定了不同的基本本体。除了对波函数的解释的混淆之外，还有另一种对场的量子化的两种意思的混淆。因此，需要对场的量子化的讨论进行仔细分析，以澄清这一复杂的情况。这将包含对量子场论奠基人原初论文中包含的误导性假设的澄清，和对流行的误解的批评。

我将从狄拉克的论文《关于辐射的发射和吸收的量子理论》（“The Quantum Theory of Emission and Absorption of Radiation”）（Dirac，1927b）开始，这篇论文由于包含“二次量子化的发明”，被看作量子场论发展的萌芽（Jost，1972）。关于这篇论文，有许多广泛传播的误解。首先，狄拉克继续进行量子化的场是什么？关于这个问题，约当在他的回忆录（Jordan，1973）中告诉我们，当狄拉克的论文刚发表时，他和玻恩把场看作“粒子的本征函数”，或者“单粒子的薛定谔场”。事实上，约当一生都坚持这种理解，并把他 1925 年的论文以及随后关于量子场论的论文，也都看作是以薛定谔场为起点的。与之相似，温策尔（Wentzel，1960）在他关于 1947 年前的量子场论历史的权威论文中，也声称场被看作“一个（复）薛定谔波函数”或“‘未受扰动的态’的概率幅”。

狄拉克和约当形成对照，约当在他的处理辐射场的论文（Jordan，1925；Jordan and Born，1925；Jordan、Born and Heisenberg，1926）中，混淆了辐射场和薛定谔波，而狄拉克在他的一篇论文的“导言和概要”中则清楚地区分了这两种场：

> 首先，光波总是真实的，而与光量子相关的德布罗意波……必须被视为包含一个虚指数。一个更重要的不同是：它们的强度是以不同的方式来解释的。与单色光波相联系的每单位体积的光量子数，等于波的单位体积的能量除以单个光量子的能量$(2\pi h)\nu$。另一方面，一个幅度为 a 的单色德布罗意波……必须被解释为表示每单位体积有 a^2 个光量子。
>
> （Jordan，1927b）

他还指出，上述对多体（多光量子）薛定谔波的解释，是波函数的一般概率解释的“一种特殊情形”。

> 据此，如果（ξ'/a'）或$\Psi_{a'}(\xi'_k)$是一个原子系统（或一个单粒子）的态 a' 的变量 ξ_k 中的本征函数，那么
>
> $$\left|\Psi_{a'}(\xi'_k)\right|^2$$
>
> 是每个具有值 ξ'_k 的概率。
>
> （同上）

现在很清楚，狄拉克的言下之意有两点。①他把薛定谔波等同于概率波，并把它们与粒子本体相联系；②他把真实的物质波和薛定谔波区分开来，声称

“没有与电子相联系的这种（物质）波”。这里不清楚的是他对光波（或光波中的能量子）和光量子之间关系的看法。他就这一关系的阐述对理解量子场论早期的概念情形至关重要，因此我们必须深入其细节。 **140**

在这篇论文中，狄拉克的一个根本观点是，“在相互作用的波描述和光量子描述之间有一种完全的和谐”。为了说明这一点，他实际上首先根据光量子的观点建立起理论，然后表明粒子表述能自然地转换为一种波的形式。

第一步的实施是借助于所谓的“二次量子化”程序。他从一个有 N 个相似的独立系统的微扰系综的本征函数 Ψ 出发，并用未受微扰系综的本征函数 Ψ_r 来表示Ψ：$\Psi=\sum_r a_r\Psi_r$，然后获得系综处于态 N_r 的可能数 r：$N_r=|a_r|^2$。通过引入变量 $b_r=a_r\exp(-i\omega_r t/h)=\exp(-i\theta_r/h)N_r^{1/2}$ 和 $b_r^*=a_r^*\exp(i\omega_r t/h)=\exp(i\theta_r/h)N_r+1)^{1/2}$，并且令 b_r 和 ihb_r^* 是满足量子化条件的正则共轭“q 数”：$\left[b_r,\ ihb_r^*\right]=ih\delta_{rs}$，他获得了一个理论；在这个理论中，相互作用哈密顿量 F 能用 N_r（粒子数）写为 8

$$F=\sum_r W_r N_r+\sum_{rs} V_{rs} N_r^{1/2}\left(N_s+1-\delta_{rs}\right)^{1/2}\exp\left[i\left(\theta_r-\theta_s\right)/h\right] \qquad (7.2)$$

在此，出发点是多粒子薛定谔波，基本本体论是光量子，一种携带能量和动量的稳定粒子。下面这段话是狄拉克的光量子观点最为清楚的表述：

> 光量子有一种特性，当它处于一个定态，即零态，动量为零，能量也为零时，它显然不再存在。当一个光量子被吸收时，可以认为它跃迁进了零态；当它被发射时，可以认为它从零态跃迁进了一个显现它的物理性质的态，因此表现为创生。
>
> （Dirac，1927b）

第一步中所做的一切与场的量子化无关，因为，首先，根本就没有任何真实的场（在第 7.1 节中提到，多粒子薛定谔波函数的任何实在论解释均面临严重的困难）；其次，还不存在波场的量子化或二次量子化的恰当定义。

这个结论性陈述的推理很简单，但经常被量子物理学家和量子物理学史学家忽略。请注意，量子化条件应该遵循的一个严格限制是：只当它涉及的动力学变量是由厄米算符表示的可观测量时，量子化条件才有意义。因此狄拉克的假设——人们能把表征概率场幅度的非厄米算符 b 和 ihb^*看作是正则 q 数，且服从量子化条件：$\left[b_r,\ ihb_s^*\right]=ih\delta_{rs}$ 或 $\left[b_r,\ b_s^*\right]=\delta_{rs}$ ——显然是令人误入歧途的。事实上，“二次量子化”这一具有误导性的称谓，只不过是对

粒子力学运动的量子化条件的等价表述，它是借助于粒子数表象中方便的
141 “产生”和“湮灭”算符 a^*（b^*）和 $a(b)$而实现的。特别是，“产生”和“湮灭”算符所满足的对易关系与概率场的量子化没有关系，因为没有涉及普朗克常数（$\left[b_r, b_s^*\right]=\delta_{rs}$）。它们只是这些算符的代数性质。

现在让我转到狄拉克的第二步。只有在这一步他才处理了场的量子化。这一步的起点是经典辐射场。狄拉克把辐射场分解为傅里叶分量，考虑每个分量的能量 E_r 和相位 θ_r，以形成一对描述场的正则共轭动力学变量，并服从标准的量子化条件 $\left[\theta_r, E_s\right]=ih\delta_{rs}$。[9] 在这里，辐射场真的被量子化了。因此，问题产生了：辐射场是在什么意义上被量子化的？在第一次量子化的意义上还是在第二次量子化的意义上？

答案就在手边，如果我们注意到，首先，场的量子化受场振子的量子化的影响（因为场的每个谐波分量实际上是一个简谐振子）；其次，场振子的量子化，作为振子的一种量子化，只能按照第一种意义来理解，即场能或场振子的量子化。

在这个解释中，只有当波场的能量子（这里，基本本体是场本体，能量子只是描述场的性质的一种方式）与由薛定谔概率波描述的光量子（这里，基本本体是粒子本体，根据玻恩，薛定谔波只是归因于有某些性质的粒子出现的概率）同一时，狄拉克关于假定场变量 E_r 和 θ_r（是 q 数）“直接把光量子的性质给予辐射”的断言才能被证明是正确的。狄拉克通过把多粒子问题的薛定谔方案中每个定态的 N_r' 个光量子数，看作是他 1927 年论文（Dirac，1927b）第 263 页上关于场分量中能量的 N_r 个量子数，心照不宣地假定了这种同一性。在那篇论文中，狄拉克根据他的新理论重新推导了爱因斯坦关于辐射和吸收的概率系数。用这种方式，他获得了一个描述原子和电磁波的相互作用的哈密顿量。

通过让人们注意到这个哈密顿量与原子和一组光量子相互作用的哈密顿量相等同，狄拉克声称“波动观点因此与光量子观点一致”。这个等同性的主张给人印象如此深刻，以至于许多物理学家，包括狄拉克本人，把它看作“辐射的波粒二象性之谜已经解决”的一个证明（Jost，1927；Dirac，1983）。

然而，这里我们应该注意以下几点。

（1）能量子作为波动系统中的峰是可以创生和破坏的。因此，作为一种副现象，它们预设了作为基本本体的场的存在，尽管它的数目能被用作确定

场振子的态和场的位形的参数。

（2）在狄拉克的头脑中，光量子是一种独立的、永久的粒子，携带着能量、动量和极化，并处于由这些参数确定的某个态。它们的产生或湮灭只是它们跃迁出或跃迁进零态的表现。这里粒子是基本的物质，概率波只是一种便于计算的智力设计。 **142**

（3）狄拉克将能量子与光量子视为同一，因此是一个重大的概念飞跃，通过这一概念飞跃，他把场的性质（场的量子化的能量）与一种离散的物质（光量子）的存在相等同，并把连续的物质（场）与非真实的概率波相混淆。然而却没有给出这种概念飞跃的正当理由。

如果我们认真地理解这些评论，那么狄拉克关于场的量子化能够实现从场描述到光量子描述的转换的断言，在它的本体论方面就不能认为是可靠的。原因在于这一转换严重依赖于上述那种等同性，而这种等同性是一个与转换本身一样根本的和重要的假设。

狄拉克在他接下来的一篇论文（Dirac，1927c）中表明，在他的方案中，就量子化而言，与广泛流行的观点相反，他认为被量子化的场总是指经典辐射场，而不是薛定谔波场，并且也与广泛流行的观点相反，他认为量子化仅仅指经典场的量子化，而不是薛定谔波的二次量子化。因而问题在于：为什么这一误导人的观点如此流行，以至于它甚至为量子场论的大多数奠基者如约当、克莱因、维格纳、海森伯、泡利和费米所接受。对于他们来说，这个误导性的观点是他们基本论文中的根本思想和起点。因此，这个观点已经深刻地影响了量子场论的概念发展。对此原因有两个方面：第一，它源于狄拉克原文中对场量子化的特殊处理；第二，它源于在与满足费米-狄拉克统计的粒子相联系的费米场论中所包含的一个更为深刻的概念混淆。

让我们首先来考察第一个原因。在狄拉克获得辐射场的量子理论的论文中（Dirac，1927b，1927c），主要步骤如下：（A_1）从经典辐射场出发；（A_2）把场看作动力学系统，即把能量和场的每个分量的相位 E_r 和 θ_r'（或等效地说，是能量子数 N_r 和正则共轭相位 $\theta_r = h\nu\theta_r'$）看作描述场的动力学变量；（A_3）假定 N_r 和 θ_r 是满足量子化条件的 q 数，$[\theta_r, N_s] = ih\delta_{rs}$。然而，在他的原始论文中，特别是在 1927 年的一篇论文（Dirac，1927b）中，狄拉克把这一条推理线路与另一条也由三个主要步骤所组成的推理线路混淆了起来。另一条线路的三个主要步骤是：（B_1）从多光量子系统的薛定谔波 $\Psi = \sum_r b_r \Psi_r$ 出发；（B_2）把概率幅 b_r 和它的共轭量 ihb_r^* 看作满足量子化条件的正则 q 数，[b_r，ihb_s^*]$=ih\delta_{rs}$；（B_3）用另一对满足量子化条件 $[\theta_r, N_s]=ih\delta_{rs}$ 的正则 q 数，N_r（光量子数）和 θ_r（薛定谔波的相位），通过式（7.3）把 b_r 和 b_r^* 联系起来，

$$b_r=(N_r+1)^{1/2}\exp(-i\theta_r/h)=\exp\left(-\frac{i\theta_r}{h}\right)N_r^{1/2}$$

$$b_r^*=N_r^{1/2}\exp(i\theta_r/h)=\exp(i\theta_r/h)(N_r+1)^{1/2} \tag{7.3}$$

143 导致这种混淆的原因似乎是双重的。首先，在本体论上，狄拉克混淆了场本体论中的能量子和粒子本体论中的光量子（Dirac，1927b，p.263；1927c，p.715）。当他把电磁场的每一分量看作“是与某一种类型的光量子相联系”时，他甚至表露出一些把真实的电磁场解释为光量子的德布罗意波的倾向（Dirac，1927c，p.714）。这种电磁场的粒子本体论解释，当然与爱因斯坦1909年的观点、斯莱特的观点、玻恩和约当的观点相一致（见第6.2节），并且也为后来量子场论的粒子本体论倾向的解释铺平了道路，现在这种解释在物理学家中间占主导地位。其次，从技术上讲，如果不依赖于光量子绘景并把能量子数等同于光量子数，狄拉克就无法在矢势和每个场分量中能量子数之间获得一个定量关系。

这种混淆给了人们一种错误的印象。约斯特的观点很有代表性，他把狄拉克的量子场论纲领概括为：“让矢势量子化并取代经典相互作用。”（Jost，1972）

矢势的量子化思想与“二次量子化”的思想联系密切，因为在两种情形中矢势的振幅 a_r 或概率幅 b_r 被假定是一个 q 数。b_r 是一个 q 数的假设起源于狄拉克的论文（Dirac，1927b，1927c）。然而，狄拉克没有明确假定 a_r 也是一个 q 数，尽管 a_r 在他的量子场论方法中所起的作用，与 b_r 在他 1927 年关于多粒子方法的论文（Dirac，1927b，1927c）中所起的作用完全相同。然后，从 1929 年起，费米在他极具影响力的演讲和论文（Fermi，1929，1930，1932）中，把狄拉克关于 $b_r s$ 的思想扩展到了 $a_r s$，从而使得这一思想对于量子物理学共同体来说变得可以接受。

然而，从概念上讲，所有这些思想都是混乱的。首先，振幅 a_r 或 b_r 从不能被看作在它原初意义上的 q 数，因为它不是一个可观测量，并且不能用一个厄米算符表示。事实上，$a^*(b^*)$或 $a(b)$能被解释为振子模型中的产生或湮灭算符，在振子模型中，它通过一个量子产生或退激一个振子的激发。因此振幅没有真实的本征态和本征值。也就是说，它们不能用厄米算符表示。其

次，由于$[b_r, b_s^*] = \delta_{rs}$，因此$b_r$（或$a_r$）不是一个 c 数。但是，这一关系本身不会给量子化施加限制，相反，它是量子化的一个结果。

为了清楚地说明这一点，我将强调下面的事实。在辐射的量子理论中，光量子数N_r和波场相位θ_r，作为可观测量一定是 q 数。如果情况是这样，那么从变换方程（7.3）可得出b_r不是一个 c 数。但是，反之也不为真。N_r和θ_r是 q 数不会自动地从非对易关系$[b_r, b_s^*] = \delta_{rs}$中得出。这一陈述为下面的观测结论证明是正确的：在方程（7.3）的两个式子中，第二个方程不能从b_r和b_r^*不是 c 数的事实获得，而必须从N_r和θ_r是正则共轭 q 数（Dirac，1927b）这样一个特殊的假设推出。简言之，b_r和b_r^*（或a_r和a_r^*）不是 c 数的事实，是从N_r和θ_r是 q 数的事实中得到的。这是这个理论的量子性的一个必然结果，但不是该理论量子性的一个充分条件。一方面，经典辐射场理论不能仅通过将振幅作为非 c 数来量子化；另一方面，在量子理论中，振幅总是可以用一个不是 c 数的量来表示。 **144**

因此，由于两个原因，“二次量子化”的想法是不适当的。首先，在量子理论中，它不是一个额外的量子化，而是一种形式上的变换。其次，在不假设N_r和θ_r是正则共轭的 q 数［正如狄拉克在 1927 年的论文（Dirac，1927b）中所做的那样］的情况下，它不能用作量子化经典场论的手段。

现在，让我们来谈谈第二个原因，为什么狄拉克量子场论的出发点是薛定谔波这个误导性观点会如此流行。正如我们上文所提到的，和量子场论的所有其他奠基者一样，狄拉克把薛定谔波解释为一种概率波。在本体论上，薛定谔波函数的概率解释与场论不一致，因为前者的基本本体是离散粒子（光量子起着与电子在玻恩最初的波函数解释中相同的作用），而后者的基本本体是连续场（能量子是其运动状态的显现）。不顾这一明显严重的困难，物理学家仍然认为，量子场论的起点一定是薛定谔波函数，必须把波函数看作一种经典场，服从“二次量子化”。事实上，“量子–经典–（二次）量子化的”这样一个概念设计成为已接受的量子场论的概念基础。我认为，个中原因当然要比物理学家的混淆，包括狄拉克本人的混淆，深刻得多，也与费米子场的特性密切相关。由于这个原因，我们需更仔细地研究这个有趣的观点。

狄拉克的辐射理论处理的是一个多粒子问题。根据新出现的波动力学，这个问题由高维位形空间中的薛定谔波函数所描述。从这样一个位形波出发，狄拉克做了一个表象变换，并获得了一个粒子数表象；在粒子数表象中，除了通常的三维空间外，不需要任何位形空间。这种被不恰当地称为“二次量子化”的方法，完全基于粒子本体论，与场论没有任何关系。对于多粒子问题，狄拉克还发展了另一种方法，即量子场论。他的量子场论显然相似于二次量子化的方法，但在本体论上却不相同，因为它的起点是通常三维空间中的经典场，而不是位形空间中的薛定谔波。诚然，狄拉克的量子场论也预示了离散粒子的存在。但这里粒子被认为是连续场的量子。也就是说，量子场论中粒子的地位被降低为副现象：它们只是基底实体（即场）的表现形式，能创生和破坏，因此与永久存在的场完全不同。

对于物理学家来说，把位形波看作某种真实的东西是奇怪的和困难的。**145** 大多数物理学家不喜欢这样做，而是企图只把它用作一种计算手段，而不是物理实在的一种表象。玻恩的概率解释和狄拉克的“二次量子化”，可以看作试图让日常空间避开位形空间的范例。狄拉克的量子场论提供了着手研究多粒子问题而不涉及位形空间的另一个例子，这是那一时期的中心任务之一。

接下来的一步由约当和维格纳（Jordan and Wigner，1928）跨出，他们将狄拉克的思想从玻色子（光量子）情形推广到费米子情形中去。对于约当来说，量子场论进路特别有吸引力，因为这本质上是在他的论文（与玻恩和海森伯合作，Jordan et al.，1926）中，引入到量子物理学中的东西：把量子假说应用于（麦克斯韦）场本身。约当-维格纳推广的主要任务之一是，使得以费米子为量子的经典场量子化。在这里我们到达了与我们的讨论相关的关键点。坦率地讲，自然界中根本没有这种经典场。当然，也没有如费米子这样的经典粒子。但这里的问题是，在量子场论的框架中，如何从某种假定的本体论中推导出费米子。面对这种情形，约当和维格纳能挑选出作为他们的量子场论起点的唯一候选者，就是单费米子的三维薛定谔场。

从这样一种“经典场”出发，多费米子问题的量子场论表述，能通过一种形式上与狄拉克在玻色子情形中的相似程序获得。仅有的不同在于对量子化条件的定义，它必须满足泡利不相容原理（Pauli exclusion principle）。[10]在这种表述中，为了提高或减少某一量子态中的粒子数，引入了产生和湮灭算符（即 a，a^*或 b，b^*）。场振幅被表达为这些算符的线性组合。这是被分解为振子振幅的电磁场量子化的直接推广。一个振子振幅的算符或创生或消灭该振子的一个量子。因此，费米子被看作一个场量子，就像光量子是电磁场的量子一样。这种量子能被创生或消灭，因此不是永恒的或持久的。

在一次访谈中，维格纳在回顾他与约当的合作时说：“正如我们通过电磁场的量子化得到光子一样，通过薛定谔场的量子化我们应该能够得到物质粒子。”（Wigner，1963）这里可以引出关于这个深层思想的一个重要问题。可设想的是，光子是从电磁场中激发出来的，因为后者是实体性的（substantial）（即携带能量和动量）。但薛定谔场的情形如何呢？它也是一个实体场（substantial field）吗？或仅仅是一个为了描述微观系统量子态的概率场？雷昂·罗森菲尔德（Leon Rosenfeld）告诉我们：“在某种意义上或其他意义上，约当本人实际上比大多数人，更为认真地看待波函数、概率幅。”（Rosenfeld，1963）但是，甚至约当本人也没有提供一个一致的说明，来证明他把概率幅用作一个经典场是正确的，这个经典场通常被看作是实体性的，具有能量和动量。在我看来，用一个单费米子的三维薛定谔波，作为将被量子化的经典场，是迈向所谓的“二次量子化”的关键一步，开启了概念化微观世界的根本性变革。

首先，对于单费米子的薛定谔波函数，实在论解释似乎取代了概率解 **146** 释。也就是说，薛定谔波函数开始被看作实体波（substantial wave），而不仅仅是概率波（或导波）。这种取代的理由很简单：否则，波将只与单粒子有密切关系，而与多粒子问题没有关系。一个甚至更重要的理由是：一个非实体性的概率波不能把实体性赋予通过二次量子化波而获得的量子。于是，粒子的实体性将没有源头且变得神秘。在 20 世纪场论历史中一个确切的事实是，在量子场论中，从 1928 年约当和维格纳的论文发表以来，单费米子的薛定谔波总被看作是一个实体（物质）波场。在这一取代之后，最初描述单费米子运动的薛定谔方程变成了场方程。只有那时，与电磁场的量子化相类似的过程才被合法地采纳，多费米子问题通过运用产生和湮灭算符得到解决，即费米子场论才得以发展。

然而，从量子力学的正统解释来看，对单费米子的薛定谔波的实在论解释，不能证明是对量子力学的逻辑一致的发展。它充其量只是一个权宜之计，为物质（费米子）和光（玻色子）的形式类比所要求。应该强调，这一合理解释实际上在于它带来的后续成功。

一旦物理学家习惯于将单费米子的薛定谔波看作一种新的实体波，作为费米子场论的起点，就会很自然，但也是误导性地假定：玻色子场论的起点也是一种薛定谔波（即单玻色子的薛定谔波），而不是经典（麦克斯韦）场，因此两种情形都可以放入一个“二次量子化”的概念框架中。

因此，单粒子波函数的实在论解释取代了概率解释，或退一步讲，薛定谔波函数取代经典场，或二次量子化方案的采用，实际上标志着引入了一种新的实体场，或发现了一种新的自然类—实体量子场，因此成为量子场论的开端，量子物理学理论发展的一个新阶段。

其次，二次量子化的框架用场本体论取代了粒子本体论，在这一意义上，物质粒子（费米子）不再被认为是永恒的存在或独立的存在，而是（费米子）场，一个量子场的激发。虽然，矛盾的是，相同的框架不仅提供了在量子场系统中最广泛使用的场本体论表示，也提供了粒子数表示（福克空间表示），因此，支持了一个流行的主张：（基于二次量子化的）量子场论将粒子作为其基本本体，而场只是作为一个工具，用以获得并处理粒子。表层原因很容易理解：量子场论主要用于粒子物理学。但是，还有许多微妙的概念和技术原因，我将在下一节中讨论其中的一些原因。

147

场的量子化把场变量转换为满足量子条件的算符，正如我们上面讨论的，量子条件能被重新表达为算符 b_r 和 b_r^* 满足一定的代数关系，$[b_r,b_r^*]=\delta_{rs}$，等等。[11] 在狄拉克的理论（Dirac，1927b，1927c）、约当和克莱因的理论（Jordan and Klein，1927）以及约当和维格纳（Jordan and Wigner，1928）的理论中，算符 b_r 和 b_s^* 仅仅用于引起粒子从一个量子态跃迁到另一个量子态。然而，一旦这些算符被确定了，它们就有可能自然地推广到粒子能被产生和湮灭的情形，即粒子总数不再是一个运动常数（见第 7.2 节）。这实际上就是实验观测到的情形，也是在相互作用相对论量子论中加以理论化的情形。例如，在电磁场中，光量子能被发射和吸收；因此其他玻色子，如 π 介子，也能被发射和吸收。在电子情形中，我们知道电子-正电子对能产生和湮灭。所有这些过程能用场论的产生和湮灭算符方便而精确地加以描述。这些算符也用来简洁而精确地描述费米子和玻色子之间的基本相互作用，它们由两个费米子产生算符和/或湮灭算符，与一个玻色子算符的乘积所组成。这被解释为一个费米子态的改变，即在一个态湮灭，在另一个态产生，同时伴随着一个玻色子的发射或吸收。关于相互作用的更多阐述将在第 7.5 节和第三部分给出。

量子场，同任何经典场一样，必定是一个在背景时空流形上定义的具有无限自由度的系统，从而构成一个连续的充盈空间。然而，在量子场论中，通常使用的是所谓的局域场，能作为产生子和湮灭子的傅里叶变换获得。也就是说，场变量只在一个空间点被定义（描述物理条件）。局域场，正如我们在上面已强调的，不是一个 c 数，而是一个算符，即局域场算符。当量子场论刚发明时，按照物理粒子的发射和吸收（产生和湮灭）的观点，算符场有清楚的和直接的物理解释。然而，在狄拉克引入他的真空观念（Dirac，1930a）之后，算符场变成了抽象的动力学变量，人们借助于这些动力学变量建构了物理态。它们本身没有任何基本的物理解释。更多关于狄拉克真空及真空对重整化的影响将在第 7.2 节中给出，而狄拉克在局域场算符方面对量子场本质的恰当理解的深刻影响将在第 7.4 节给出。

狄拉克借助其量子场论（在该理论中，粒子被看作场的激发），声称已证明，在波动观点和光量子观点之间存在"完全的和谐"或"完全的调和"。这一主张从提出那时起，就被科学共同体，包括大多数物理学家、物理学史家和物理哲学家认为是正确的。例如，约斯特断言，"辐射的波粒二象性之谜（那从 1900 年以来就强有力地推动了理论物理学的发展）"已被狄拉克 1927 年的论文"所解决"（Jost，1972）。然而，这一断言已受到雷德黑德的挑战（Redhead，1983）。雷德黑德的论据可以总结如下：如果场振幅是 **148** 对角的，那么这种表示法可以叫作场表象（field representation）；同样，如果数字算符全部是对角的，那么这种表示法就可以叫作粒子表象（particle representation）。然而，在后一种表象中，场振幅不具有明晰性，因为数字算符与表达场振幅的产生和湮灭算符不对易。因此，人们不能同时把明晰的值既归于粒子数又归于场振幅，从而再次显示出波粒二象性，虽然是以不同的形式。

在上面的讨论中，狄拉克的主张也受到了两种挑战，一是区分能量子和光量子的挑战，二是区分场运动的量子化和物质场的量子化的挑战。对付后一种挑战，可以通过指出由场算符激发的场量子不是能量子或量子化的能量，而是由场的能量、动量、电荷和所有其他属性的量子化载体来处理。在这种情形中，场量子和爱因斯坦的光量子（或其他玻色子或费米子）之间的区别消失了，并且场系统能按照粒子或场量子来描述。这是真的。但这不是狄拉克的观点。在狄拉克 1927 年的论文中，为场算符所激发的是场的量子化能量（能量子），而不是场能的量子化载体。因此，从本体论上讲，把场的量子化能量（动量、电荷等）与场的能量（动量、电荷等）的量子化载体视为同一，仍是一个大问题。

应该顺便提到，电磁场的能量和动量不是通常的四维矢量形式。它们是四维张量的分量，其行为与粒子的相应的量很不相同。因此，按照其能量、动量的洛伦兹变换，场通常没有粒子的属性。然而，正如费米所表明的，场可以被分成一个横向部分（光波）和一个纵向部分（静态库仑场）。前者在洛伦兹变换下的行为与粒子有某种相似性，因为它的能量和动量形成一个四维矢量。但对于后者来说，情形并非如此。在费米量子理论（Fermi，1932）中，只有前者服从量子化，导致光量子的存在（它在其他某些方面的行为也像粒子），而后者仍然未被量子化。

诚然，对场进行量子化，可以使场的粒子方面显现出来，特别是当使用场算符的福克空间表象时。但是，比起它的粒子解释所显现的东西，量子场论无疑更为复杂和丰富。所谓零点涨落的存在，暗示着甚至在真空中（即没有粒子或场量子出现的态中），场也存在。实际上，涨落的真空场产生可观测的效应。例如，我们可以把自发辐射，看作在真空涨落影响下，发生的受迫发射。另一个效应是空间中电荷位置的涨落，它产生了粒子的部分自能（Weisskopf，1939；另见第7.6节）。束缚电子的束缚能由于这些位置的涨落而减少，这解释了兰姆效应中的大部分水平移位（Welton，1948；Weisskopf，1949）。在费米子场情形中，在某些有限时空体积中，当粒子数一定时，也有电荷和电流密度的涨落。

149

狄拉克没有解决场的波粒二象性之谜，因为他没有找到联结连续场和离散粒子之间的桥梁。事实上，他只是通过场的量子化表述和他对这一表述的特殊解释，把场还原为粒子。他的解释最特别之处在于其零态光量子的概念，这一概念表明，对于他来说，光量子是一种稳定存在的真实粒子（他把光量子的产生和湮灭仅仅看作跃出和跃进零态的真实过程的显现）。简言之，对于狄拉克而言，场的量子化意味着场由离散和稳定的粒子或量子组成（对于狄拉克而言，表观上瞬息量子的产生与湮灭，实际上永恒粒子跳出或跳入零态的结果，如我们之前讨论的那样）。这是量子场论的粒子本体论解释赖以发展的基础。

事实上，解决这个谜的关键一步是由约当完成的。约当的数学表述与狄拉克的相同。两者的不同在于对表述的解释背后的本体论承诺。狄拉克从真实的连续电磁场出发，但却将它约化为一组离散的粒子。相反，约当工作的起点是薛定谔波。他不但在1928年处理费米子场的论文中，而且在1927年的论文中，也把电磁场看作单光量子的薛定谔波函数。

我们在上文中已注意到，约当很认真地考虑了薛定谔波的物理实在性。这个立场与他对量子物理实在的本质和波粒二象性的互补性理解密切相关。根据约当所说：

> 量子物理实在以一种显著的方式，比经典理论寻求表征它的观念体系更简单。在经典表征体系中，类波辐射和微粒辐射是两种根本不同的

东西；然而，实际上，只有一种类型的辐射，两种经典表征都只给出了它的部分正确图景。

（Jordan，1928）

也就是说，真实的情况是，辐射的类波和微粒两个方面，应看作同一种基本物质的不同的特殊显示。在这里，连接连续场和离散粒子的桥梁是：作为量子物理实在的辐射既是波也是粒子。

在经典理论中，粒子由于它们稳定的存在，根本不同于场的能量子，场的能量子能被产生和吸收。在量子理论中，根据约当，考虑到实在既是波又是粒子，粒子也能被产生或吸收，就像波场的量子一样，而场也能展示它们的离散存在。这样，波粒二象性之谜，似乎已为约当，按照他对量子场的理解而解决，而不是为狄拉克所解决。

有趣的是，这一谜得以解决所植根的基本本体是某种新东西，既不同于 **150** 经典粒子，也不同于场。它不能被看作经典粒子，因为从它跃出的量子没有稳定的存在和个体性（individuality）。它也不能被看作经典场，因为量子场，不同于它的基质，很大程度上已失去了它的连续性，就它的可观察量的表现（粒子性）和其他效应（来源于量子场及其相互作用的量）来说。一个新的自然类出现了，基于此，量子场论随后发展了。

7.2　量子场及量子场论的本体论基础

在一个很重要的意义上，量子场概念和相关的局域算符场概念，以及在历史上涌现出来的、二次量子化激发产生的量子场论，很大程度上在真空态中都有它们直接的物理解释。为了对此有清楚的了解，让我们来考察 20 世纪 20 年代晚期量子场引入前后物理学家的真空概念。

7.2.1　真空

爱因斯坦终结了以太概念之后，无场和无物质的真空被认为是真正空的空间。然而，这种情形随着量子力学的引入而发生改变。从那时起，真空再次变得充盈。在量子力学中，光量子数目 N 和场振幅的相位 θ 的不确定性关系 $\Delta N\Delta\theta \geqslant 1$，意味着如果 N 有一个给定的零值，那么场将显示对于它的平均值的某种涨落，这等于零。[12]

让真空变得充盈的下一步工作是由狄拉克做出的。在他的相对论电子理论（Dirac，1928a，1928b）中，狄拉克遇到了一个严重的困难，即负动能态的存在。作为对这个困难的一个可能的解决方案，他提出一种新的真空概念："所有的负能态都已被占满"，而所有的正能态没有被占满（Dirac，1930a）。因而，由于泡利不相容原理，一个电子从正能态到负能态的跃迁不可能发生。这个真空态不是一个空的态，而是一个充满负能电子的海洋。这个负能电子海作为一个普适的背景是不可观测的，然而在负能海中的空穴则是可观测的，这些空穴的行为就好像一个具有正能和正电荷的粒子。狄拉克最初试图把空穴看作质子。这一解释不久被证明不成立。1931 年 5 月，狄拉克接受了奥本海默（Oppenheimer，1930b）和外尔（Weyl，1930）的批评，把空穴看作一种带有正电荷和电子质量的新粒子（Dirac，1931）。

显而易见，狄拉克在 1930—1931 年提出的不可观测的无穷多负能电子海，类似于他 1927 年提出的不可观测的零能量光子的无穷集。这样一个由不可观测粒子组成的真空，允许粒子的产生和湮灭现象的存在。假定有足够的能量，一个负能电子会上升到一个正能态，对应于一个正电子（负能海中的空穴）和一个普通电子的产生。当然，相反的湮灭过程也可能发生。

151

一方面，有人可能会说，正如温伯格（Weinberg，1977）所做的那样，在不引入量子场论的观念的前提下，所有这些过程都可以用可观测态和不可观测态之间的跃迁概念来说明。这是真的。但另一方面，恰恰是真空和跃迁的概念为量子场论提供了本体论基础。事实上，负能海的引入，作为狄拉克关于电子的相对论理论所造成的困难的一个解决方案，隐含着如果不涉及一个无穷多粒子系统，那么单电子的一致的相对论理论将是不可能的；也隐含着量子场论描述对于相对论性问题（下面将有更多的讨论）是必要的。此外，可观测态和不可观测态之间的跃迁概念确实为量子场论中的激发（产生与湮灭）概念提供了一个原型，因此用场算符的傅里叶变换（产生与湮灭算符），给出了场算符的一种直接的物理解释。

我们注意到，产生和湮灭的概念在时间上先于量子力学，可以追溯到 20 世纪之初，其时这些概念建立在物质和光的以太模型基础之上（Bromberg，1976）。事实上，狄拉克的真空观念作为一种基质，具有与以太模型相同的一些典型特征，这就解释了为什么狄拉克在晚年又回到了以太观念[11]，尽管在最初对产生和湮灭过程的描述中，他并没有明确诉诸以太模型。

与以太的显著特征相类似，狄拉克真空的一个显著特征是，它的行为就好像一个可极化的介质。外部的电磁场扭曲了负能海的单电子波函数，从而产生了与感应场相反的电荷-电流分布。结果，粒子的电荷似乎减少了。也就是说，真空可以被电磁场极化。电荷和电流的涨落密度（即使在无电子的真空态也会发生），可以看作电磁场中涨落的电子-正电子场对应物。

因此，引入充盈真空后的情形就是这样的。假设我们从一个电子-正电子场 Ψ 开始，它将产生一个对初始场 Ψ 起反应并改变它的伴随电磁场。同样，一个电磁场将激发电子-正电子场 Ψ 相关的电流作用并改变初始电磁场。因此，电磁场和电子-正电子场密切相关，没有一个具有独立于另一个的物理意义。因而，我们得到一个由电磁场和电子-正电子场组成的耦合系统，对一个物理粒子的描述将不会被先验地写下，而只会在解决了一个复杂的动力学问题后出现。因此，非常明显，真空不是按照一个相关场缺少粒子或量子（电子或光子）来定义的，而是按照在一个处理相互作用场体系的理论中，缺少任意粒子或量子来定义的。也就是说，真空态的概念是一个特定的理论（theory-specific）概念，而不是一个专用的特定的场（designated-field-specific）概念。[14]

152

真空实际上是狂热活动（涨落）的舞台，存在着的无穷多负能电子，这个思想后来排除了这些电子实际存在的观念，因而得以缓和。弗里和奥本海默（Furry and Oppenheimer，1934）认识到，通过一致地交换那些作用于负能态的产生和湮灭算符的角色扮演，可以放弃填充真空的假设，而不对狄拉克方程有任何根本性改变。这样，作为单粒子的两个可供选择的态，电子和正电子对称地进入形式体系，真空的无穷大电荷密度和负能密度消失了。用这个形式体系，真空再次变成一个明显没有粒子的物理上合理的态。毕竟，在一个相对论理论中，真空必须有消失的能量和动量，否则这个理论的洛伦兹不变性将不能保持。

同年，泡利和韦斯科夫（Pauli and Weisskopf，1934）在他们对标量粒子的克莱因-戈尔登相对论波动方程进行量子化的工作中，使用了产生和湮灭算符交换作用于负能态的相同方法。标量场的量子理论包含空穴理论的所有优点（粒子和反粒子，粒子对的产生和湮灭过程，等等），而没有引入一个充满粒子的真空。

上述两篇论文令人信服地表明，量子场论能够自然地合并反物质的思想，而不会引入任何不可观测的负能粒子。因此，量子场论能够令人满意地描述粒子和反粒子的产生和湮灭，它们现在被看作场的同等量子。

对于大多数物理学家来说，这些进展，特别是温策尔有影响力的著作

《量子场论》(*Quantum Theory of Fields*，1943年)的出版，已经解决了这个问题：无穷大负能电子海的图景已被视为历史奇观，并且已被遗忘(Schwinger，1973b；Weinberg，1977；Weisskopf，1983)。然而，仍有一些人坚持认为狄拉克的真空观念具有革命性的意义，它所认为的真空不空而是充满实体的思想精髓，仍然保留在我们现存的真空观念中。[15] 他们论证说，充满实体的真空概念得到了如下事实的强有力支持：真空中物质密度的涨落，作为真空除了电磁真空涨落之外的一个额外属性，甚至在负能电子消除后仍然保持。

在这里，我们遇到了量子场论中最深刻的本体论困境。一方面，根据狭义相对论，真空必定是零能量、零动量、零角动量、零电荷，无论什么都为零的洛伦兹不变态，也就是说，是一个虚空态。如果考虑到在现代物理学和现代形而上学中，能量和动量已被认为是实体的本质属性(essential properties)，那么很明确，真空不能被看作是一个实体。另一方面，真空中存在的涨落强烈地表明，真空必定是实体性的东西，肯定不是虚空。走出这个困境的一个可能途径是：重新定义“实体”，去除能量和动量是实体的限定属性的定义。但是，这也将是一个特设，不可能从其他例子中找到支持。另一个可能途径是把真空看作一种前实体(presubstance)，一种具有潜在实体性的底层基质。真空能被能量和动量激发而变成实体，如果有一些其他属性也被注入其中，它将变成物理实在。

153

无论如何，没人能否定真空是没有真实粒子存在的态。只有当我们扰动了真空，只有当我们用能量和其他属性激发了真空，真实的粒子才会存在。既然场算符代表量子场的动力学方面，而真空态是量子场系统的基态，那么，上述简单而基本的事实就提出了两个基本问题：①真空态的本体论态是什么？②场算符的含义是什么？如果对量子场没有一个清晰的理解，就不可能对这些问题做出正确的回答。

7.2.2 量子场：局域与全域

从历史上看，量子场的发现源于对“二次量子化”的误解，其两个支柱是狄拉克的无限自由度的真空态(负能量的电子和零态光量子)以及产生和湮灭算符。因此，量子场论在局域算符场方面的进一步发展天然地偏向于粒子本体论。量子场论在粒子物理中的主要应用进一步加强了这种可以理解的偏见，正如我们将在费米的工作中(第7.3节)和施温格(第7.4节)的工作中看到的那样。

从概念上讲，产生和湮灭算符的基础是（在坐标空间中定义的）局域场，其傅里叶变换是（在动量空间中定义的）产生和湮灭算符；它们是由描述场的可观测的动力学量——如能量和场的每个分量的相位，即 E_r 和 θ'_r（或相当于能量量子数 N_r 及定义产生和湮灭算符的正则共轭相 $\theta_r = h\nu\theta'_r$）构成的，正如上一节提到的那样，或者更准确地说，它们是由相空间中的正则共轭量构成的，正则共轭量在量子化方案下被提升为操作算符（q 数）。因此，（通过一个复杂的数学操作）构建的局域算符场，提供了一个概念框架，在这个框架中，局域原理构成了局域激发（点粒子）和局域耦合（相互作用粒子的时空重合）概念的基础，也构成了它们产生的结果（发散和重整化，我们将在下面的章节中讨论），以及可观察量的类空对易的基础。

场算符作用的场态是什么？或场的可观察量能被测量的场态是什么？用数学语言来讲，算符代数的表现形式是什么？在量子场论的粒子本体论解释中，这一表现形式典型地是由真空态和产生算符反复应用于真空态而产生的激发态组成的一个希尔伯特空间，这也就是所谓的福克空间表象。当然，除了这个粒子图像，还可以有一个场图像，在这个场图像中，态由突出的局域场振幅刻画。但即使在福克空间表象中，真空态概念也揭示了粒子解释的不足：在没有粒子的态中，真空涨落清晰地表明，在真空态中存在一个（包含无穷多自由度的）实体场。福克空间表象（在动量空间中定义）及其真空态（有无穷多自由度，其既能在动量空间中定义，也能在坐标空间中定义）表明了量子场的全域方面。正是这个跨越局域涨落参量之间类空分离的全域关联，奠定了里赫-施利德定理（Reeh and Schlieder theorem）的基础，这一定理宣称，真空态相对于全域希尔伯特空间的任何局域代数具有周期性。

154

通过对量子场的局域和全域方面的正确认识，我们可以说在 20 世纪 20 年代晚期发现的量子场，作为一种新的自然类表示，是一个动力学的全域基质，事实上，这是一种具有无限自由度的复杂物理结构，它始终在涨落起伏，是局域可激发的，本质上是量子的。量子场可以由外部扰动或其内部涨落局域激发。一个场的物理性质在某一点或某一时空区域的内在的和原始的量子涨落，是不同尺度的物理学耦合的本体论基础，这继而成为物理学的重整化群组织的一个概念基础（更多内容参见第 8.8 节）。上文提到的“量子性”不仅指量子原理，如量子化条件、不确定性关系，而且还指场的局域激发及其动力学都是概率性的事实。

有了对量子场的这一理解，加上对真空态的本体论地位的澄清，我们就

能对局域场算符的直接物理意义作出回答，最初对局域场算符的直接物理意义的理解，是认为这是一个物质粒子的激发。首先，局域激发由作用于真空的一个局域场算符 $O(x)$所描述，意味着能量、动量和其他特殊属性在一个时空点上注入了真空。这也意味着，由于不确定性关系，各种物理过程都可获得任意数量的能量和动量。显然，由 $O(x)$|真空〉符号表现的这些属性的物理实现，将不仅仅是一个单粒子态，而且必定是所有合适的多粒子态的一个叠加。例如，$\Psi_{el}(x)$|真空〉=a|1 电子〉+$\sum a'$|1 电子+1 光子〉+$\sum a''$|1 电子+1 正电子+1 电子〉+⋯，其中，$\Psi_{el}(x)$是所谓着衣场算符，a^2是$\Psi_{el}(x)$激发形成的单个裸粒子态的相对概率，等等。

因此，场算符不再指称物理粒子，而成为抽象的动力学变量。借助于它们，人们构建了物理态。那么，我们如何从潜在的动力学变量（局域场算符）这个理论的起点，到达可观测的粒子呢？这是一个任务，只有在重整化程序的帮助下，这才能暂时得以实现。在第 7.4 节和第 8.8 节中将有更多关于重整化的讨论。

155

7.2.3 量子场论本体论基础的深层次：全域背景时空流形

但是，除了量子场，量子场论在本体论基础上还有一个更深的层次，即一个预先给定的全域背景时空流形，具有固定不变的经典时间几何结构，其中每个点都有其个体性，因此可以作为场体系中动力学自由度的表征指标。[16]

这样一个全域结构背景时空构成以下几点的基础：①场的全域真空态、场的局域激发，以及局域激发中的全域关联；②由时空点表征的场的无穷大自由度；③场的每个自由度的可局域性，即由此定义的局域场又为各种局域相互作用（局域耦合）提供了本体论基础；④量子场论的概念结构，这后来在怀特曼的公理体系或哈格的公理体系中都得以表述，还有更多表述形式，如庞加莱不变性、光谱条件（真空态和质量间隙）、因果结构（光锥）和量子结构（[反]正则对易关系、不确定性关系和受此约束的内在涨落、光锥奇点）。

总之，全域背景时空流形，为场和量子场的量子方面，提供了本体论支持。

7.3　相 互 作 用

粒子穿越空间相互作用的机制是物理学中的一个基本问题，整个场论纲领能被看作是对它的回应。在牛顿的万有引力定律表述中，在没有介质的情况下，物体可以在任何距离上瞬时相互作用。与此形成对照，在电磁现象领域，法拉第和麦克斯韦发展了力场的概念，在他们的理论中包含了介质的介入，相互作用的物体之间的力是通过介质相继的和连续的传播而传递的。但是这样一种力场的想法遇到了两个致命的困难，一个是物理上的，一个是概念上的。从物理上讲，人们不能以力学模型的形式为介质的想法找到令人信服的基础，而又不会产生与光学证据相矛盾的结果。从概念上讲，这一想法导致了无限的递归：每个力场都需要一种介质，所耦合的粒子之间传播，这种介质的构成粒子又必须为其他场所耦合，这需要一些其他介质用于其传播，如此等等。

为了规避这一概念上的困难，赫兹把粒子间的耦合描述为由一个未知的“中间项”实现的传递过程： **156**

> 第一个物体的运动确定了一个力，然后这个力确定了第二个物体的运动。这样，力能以平等的合法性被看作总是运动的原因，同时也是运动的结果。严格地讲，这是只在两个运动间设想的一个中间项。
>
> （Hertz，1894）

赫兹的思想在场论历史上是重要的，因为，第一，它把相互作用从一个普适介质中解脱出来；第二，它允许相互作用传递子的存在。但是它仍然遗留下了重大的问题：神秘的“中间项”是什么？回答这个问题的决定性进展是由爱因斯坦作出的，爱因斯坦认为赫兹所发现的电磁场就是基本的实体，并把它看作在粒子间传递相互作用的介质。值得注意的是，爱因斯坦关于电磁场的思想比赫兹的“中间项”思想更具有普遍性，因为它能独立存在，而赫兹的“中间项”的存在依赖于相互作用粒子的存在。

狄拉克在发展量子场论的过程中，遵循了赫兹的思想和爱因斯坦的思想，把相对论性经典电动力学中相互作用的观点总结为“每个粒子都发射波，这些波以有限速度向外传播并且影响穿过它们的其他粒子的思想”，他声称“我们必须找到一种把新的（相对论性的）信息接收进量子理论的方式”（Dirac，1932）。

事实上，带电粒子通过电磁场相互联系、电磁场由相互作用的粒子发射和吸收这一经典观念，的确已作为一种概念模型而被接收进量子场论的相互作用概念之中。经典观点和量子观点之间的不同在于以下两点。其一，根据量子观点，相互作用由电磁场的离散量子传递，这些相互作用“连续地”从一个粒子经过另一个粒子[17]，而不是通过一个同样连续的电磁场传递。因此，在量子理论中，离散粒子和连续力场之间的经典区分是模糊的。其二，从量子观点看，相互作用粒子一定被看作费米子场的量子，正如光子是电磁场的量子。所有这一类量子，不同于经典的不变粒子，它们能够产生和湮灭。因此，不但在传递粒子间相互作用的介质是一个场的意义上，而且也在相互作用粒子本身应该被看作场即费米子场的一种表现形式的意义上，这是一个场论。这样一种费米子场（比如电子–正电子场）能通过它的量子传递相互作用，就好像电磁场通过光子传递相互作用一样。因此，物质和力场之间的差别从这一场景中消失了，并且被一种普适的粒子–场二象性取代，这种粒子–场二象性同等地影响每一个构成实体。

量子电动力学建立在约当（Born and Jordan，1925；Born et al.，1926）、狄拉克（Dirac，1927b，1927c，1928a，1928b，1930a，1931）、约当和维格纳（Jordan and Wigner，1928）、海森伯和泡利（Heisenberg and Pauli，1929，1930）工作的基础之上[18]，它是关于相互作用的量子理论沿着两条路线发展的起点。一条路线导致了费米的β衰变理论，即弱相互作用的量子理论的原型，也导致了汤川秀树（Hideki Yukawa）的介子理论，即强相互作用的量子理论的原型。另一条路线导致了规范理论。本节的剩余部分将讨论第一条线路的发展，而第二条路线将在第三部分讨论。

157

相互作用的量子理论的早期发展与核物理学密切交织在一起。事实上，核β衰变和稳定原子核的核力是两个主题，这两个主题为相互作用的新思想的发展提供了主要的促进因素。

1932年，詹姆斯·查德威克（James Chadwick）发现了中子，这一发现被公认为核物理学史上的分水岭。在此之前，人们接受的核结构的理论是原子核的电子–质子模型。根据这一模型，原子核中除了质子外，还包含电子，因此在原子核中额外的电荷能被抵消，β衰变能得到解释。这个模型遇到了严重的自旋统计困难（spin-statistics difficulty），这一困难来自弗朗哥·拉塞蒂（Franco Rasetti）对N_2的拉曼光谱的测量（Rasetti，1929），它暗示着由21个自旋为1/2的粒子（14个质子和7个电子）组成的氮原子核服从玻色统计。因为，正如黑勒和赫茨伯格（Hehler and Herzberg，1929）指出的，拉塞蒂的分析意味着，如果电子–质子模型和维格纳规则[19]都正确的话，那么核内电子及其自旋将丧失对原子核的统计决定作用。

作为对这一困难的回应，苏联物理学家安巴祖米安和伊凡宁柯（Ambarzumian and Iwanenko，1930）提出，原子核中的电子就好像原子中的质子一样“失去了它们的个体性”，而β发射类似于原子的光子发射。这一观点的新颖之处在于电子可以产生和湮灭，因此总电子数未必是一个常数。[20]应当指出，这个观点是新颖的，因为它不同于狄拉克基于空穴理论的电子–正电子对的产生和湮灭的观点，狄拉克的观点只是一个电子在一个负能态和一个正能态之间的量子跃迁，总电子数是守恒的。它也不同于约当和维格纳的工作（Jordan and Wigner，1928），在约当和维格纳的理论中，产生和湮灭算符在处理非相对论性多粒子问题中，只是描述不同量子态之间量子跃迁的数学工具，并没有改变总电子数。这个新颖观点提前三年预见了费米β衰变理论的一个重要特征。事实上，这一观点被费米（Fermi，1933，1934）明确地用作建立他的β衰变理论的三个主要假设之一。

查德威克对中子的发现（Chadwick，1932）给电子–质子模型以致命的打击，并为原子核结构的中子–质子模型的建立开辟了道路。伊凡宁柯又是第一个把中子看作一个自旋为 1/2 的基本粒子并提出中子–质子模型的物理学家（Iwanenko，1932a，1932b）。几乎在同年，海森伯提出了与伊凡宁柯相同的模型（Heisenberg，1932a，1932b，1933），并且强调中子作为一个基本粒子将解决“自旋和统计”困难（Heisenberg，1932a）。他也建议中子和质子可以被看作同一个重粒子的两个内部态，由一个位形波函数描述，在这一位形波函数中必定包含重粒子的一个内禀坐标 P。这个内禀坐标 P 可假设只有两个值：+1 为中子态、−1 为质子态。P 坐标的引入显示了海森伯模型的非相对论本质，它与量子场论没有任何关系。然而，它预见了 6 年之后作为一个内部（非时空的）自由度的同位旋（isospin）概念。同位旋的概念由尼克拉斯·克默尔（Nicholas Kemmer）在 1938 年引入，并在随后的核力理论和规范理论的发展中起着重要的作用。[21]

158

然而，荒谬的是，海森伯试图在上述模型中合并中子概念，中子被描绘成一个由质子和电子构成的紧紧束缚的复合体，在这个复合体中，电子丧失了大部分特性，特别是它的自旋和费米子特征。海森伯相信，中子作为一个复合粒子，在核内衰变为一个质子和一个电子。这将能解释β衰变。在海森伯有关中子的复合模型的思想中更重要的是，他相信中子通过交换它的组分电子而与质子紧密结合，类比于在 H_2^+ 离子的化学键中电子的交换。因此，核力被认为是由“赝”电子的交换形成的。

海森伯交换力的基本思想为马约拉纳（Majorana，1933）所接受，不过马约拉纳抛弃了化学键的类比。马约拉纳从已观测到的原子核的性质出发，特别是从核力的饱和性（saturation）和 α 粒子的特殊稳定性出发，认识到他能通过一种不同于海森伯的交换力而实现核力的饱和。他舍弃了海森伯绘景（在海森伯绘景中，中子和质子处于两个不同的位置，它们只交换电荷而不交换自旋），消除了海森伯的 P 坐标，并且不仅涉及电荷的交换而且也涉及自旋的交换。这样，马约拉纳发现核力在 α 粒子上是饱和的，而海森伯的模型错误地使核力在氚核上达到饱和。

另一个重要的发展从 β 衰变的研究中获得了更直接的激励。查德威克发现了 β 射线具有连续能谱（Chadwick，1914），这只允许有两种可能的解释。一种解释为玻尔（Bohr，1930）所倡导，玻尔说能量守恒在产生自辐射的相互作用中只是统计地有效。另一种解释由泡利提出：

> 在原子核中可能存在电中性粒子，我称之为中子[22]，它具有 1/2 自旋，遵守不相容原理……通过假设在 β 衰变中一个中子随着电子一起发射，连续的 β 能谱就变得可以理解，以这种方式，中子和电子的能量之和是常量（Pauli，1930），[或]等于与 β 能谱的上限相对应的能量。
>
> （Pauli，1933）

在泡利最初的提议中，中微子被认为是原子核的构成要素，在发射之前就已存在于原子核中。中微子能在它发射的瞬间和电子一同被创生的思想，首先由弗朗西斯·佩林（Francis Perring）（Perring，1933）清楚地提出。佩林的思想与伊凡宁柯和安巴祖米安的思想一起，被费米吸收从而形成其 β 衰变理论，费米 β 衰变理论作为对先前发展的一个综合，至今在许多方面仍然是相互作用的标准理论。

159

首先，费米的理论清楚地表达了相互作用的过程不是跃迁的过程，而是粒子产生和湮灭过程的思想：

> 在 β 发射发生之前，电子的确不像所想的那样存在于原子核中，但当它们被发射时，它们瞬间就获得了它们的存在；以相同于光量子的方式，它们在量子跃迁中为原子所发射……因此，电子的总数和中微子的总数（和辐射理论中光量子的总数一样）将不是恒定不变的常数，因为

可能存在那些轻粒子产生或湮灭的过程。

（Fermi，1933）

其次，这一理论假定狄拉克和约当量子化概率幅的方法，能被用来处理场量子（电子、中微子）数目的变化：

电子的概率幅ψ和中微子的概率幅ϕ，以及它们的复共轭ψ^*和ϕ^*，被认为是作用于电子和中微子量子态占有数的函数的非对易算符。

（同上）

费米对狄拉克–约当量子化的解释和对这一量子化的场论应用，很快就成为量子场论中的正统解释；在场论符号中，费米的表示法成为标准的表示法，这一表示法保留了有关概率幅的量子化的物理解释的开放性。这就是为什么费米β衰变理论被韦斯科夫（Weisskopf，1972）看作"现代场论第一个范例"的原因。

最后，费米的四线相互作用（four-line interactions）表示法，在 20 世纪 70 年代初之前一直支配着弱相互作用理论，它作为一个有效近似，现在仍被用在低能弱相互作用领域：

一个中子转换为一个质子，必然伴随着一个电子和一个中微子的产生，这个电子被观测为一个β粒子；反之，一个质子转换为一个中子，必然伴随着一个电子和一个中微子的湮灭。

（同上）

总体上讲，费米的弱相互作用理论是在类比量子电动力学的基础上建立起来的。不但电子和中微子的产生和湮灭是通过类比光子的产生和湮灭而假定的，而且哈密顿函数中的相互作用项也采用的是类似于量子电动力学中库仑项的形式（Fermi，1934）。这样一种类比也为汤川秀谢、杨振宁和罗伯特·米尔斯（Robert Mills）所采用，并且也为许多希望把现存理论扩展到一个新领域的其他物理学家所采用。

无论费米的β衰变理论多么重要，他根本没有触及核力与核场的量子。至于重粒子（质子和中子）本身，与用"二次量子化"方法处理的轻粒子（电子和中微子）不同，它们被费米（就像海森伯一样）视为重粒子的两个内部量子态，由"位形空间中的通常表示法"描述，而"重粒子的内禀坐标p必定包含在位形空间之中"（同上）。 **160**

显然，重粒子在这里被看作是非相对论性粒子而不是场量子。因此，对于重粒子来说，没有产生和湮灭过程，而只有两个态之间的跃迁。从这方面来看，费米的理论似乎只是一个过渡性的理论，而不是一个成熟和自洽的表述。由于这个原因，要么通过将质子和中子也处理为场量子而把费米理论改造为一个自洽的量子场论表述，要么它以一致的方式回到跃迁的老观念，把电子和中子的产生和湮灭看作量子跃迁的结果或显现。后一条路线被所谓的费米场模型（Fermi-field model）采纳。根据这一模型，电子和中微子的同时产生被看作一个轻粒子从一个中微子的负能态跃迁到一个电子的正能态。[23]这里，我们能清楚地看到狄拉克充盈真空的思想对量子场论随后的发展的深远影响。

费米的β衰变理论也隐含着从一个电子–中微子对的交换推导出中子和质子之间的交换力的可能性。这种可能性由塔姆（Tamm，1934）和伊凡宁柯（Iwanenko，1934）发展的所谓“核力的β理论”或“核力的［电子–中微子］对理论”作了探究。在这个理论中，一个质子和一个中子能通过虚发射和再吸收一个电子–中微子对而相互作用。也就是说，核力与β过程相关。但是，作为一种二阶效应，这个相互作用非常弱。因此，甚至是这个模型的提出者也正确地怀疑核力的起源可能在于β衰变和它的逆过程。

核力的［电子–中微子］对理论是短命的，但在历史上却是重要的。作出这一论断的理由是双重的。其一，它在物理学史上第一次证明：相互作用能通过有限（即非零）质量的量子而传递。其二，这一理论澄清了，核相互作用的短程性是由传递核力的量子拥有非零质量这一事实所直接决定的。它还给出了估计核力场量子质量的一般方法的线索。例如，塔姆在1934年指出，交换能依赖于相互作用路程r的减函数$I(r)$，当$r \ll h/mc$时，$I(r)=1$，其中m是传递相互作用的电子的质量（Tamm，1934）。

从理论上讲，已知“中子和质子的相互作用是在$r \sim 10^{-13}$厘米的量级上”，塔姆就应该能够推断出传递相互作用的粒子的质量大约为$200m_e$（m_e是电子质量），就像汤川秀树后来所做的那样。从技术上讲，由于这里参量m已被预设为是电子质量，因此这样一种“马后炮”是无意义的，用另一种传递核力的粒子取代电子是将要采取的一大举措。然而，核力的粒子对交换理论在某种意义上已为采取这样一个关键性举措铺平了道路。

在核力理论或广义相互作用理论的发展过程中，汤川秀树“关于基本粒子的相互作用”（Yukawa，1935）或简称汤川介子理论的工作，是转折点。汤川于1933年开始他的研究，其时他受海森伯原子核和复合中子模型的驱动，曾企图通过在质子和中子之间交换一个电子来解释核力。在这一不成功

161

的尝试和所有其他相似的尝试中，一个众所周知的内在困难是自旋和统计的不守恒。幸运的是，仁科芳雄（Yoshio Nishina）给了汤川一个好的建议，即交换一个玻色子能克服这一困难。[24]

之后不久，费米、塔姆和伊凡宁柯的论文发表。交换力的观念，粒子作为场量子的产生和湮灭的观念，非零质量的场量子传递核力的观念，对于汤川来说，都是可利用的。核力不可能直接与 β 过程相联系，这一认识对于汤川来说也是可利用的。于是，在 1934 年 10 月初，汤川构想出了一个创造性的思想：一个与重子有强相互作用且具有约 $200m_e$ 质量的玻色子，可能是核力场的量子。这一思想是其介子理论的基础，也是整个现代基本相互作用理论的基础。

汤川思想的新颖之处在于以下几点。第一，核力由一个力场，即一个玻色子场传递，或者说由单个量子而不是由一对粒子传递。第二，核力是一种相互作用，这种相互作用不同于 β 过程的相互作用，因为“中子和质子之间的相互作用比起费米情形中的要大得多”（Yukawa，1935）。这一思想是强相互作用和弱相互作用之不同的由来，也是量子场论的基本原则之一。第三，核场或者说“U 场”，作为一个新的物理客体，不可还原为已知的场。这一点把汤川关于核力所做的工作与所有以前的工作区分开来，也是冲破 20 世纪 20 年代西方物理学思想禁锢的一步，按照当时的物理学思想，人们不应该增加“不必要的”实体。自汤川的工作以后，物理学的主导思想是：自然界中的每一种基本相互作用，都应该由一个中间玻色子场刻画。

有趣的是，汤川还提出玻色子可能是 β 不稳定的，因此原子核的 β 衰变可以用一个两步过程来解释，这个过程由一个虚玻色子传递。用这种方式，汤川的玻色子扮演着双重角色，既是核力量子，又是处于虚态的 β 衰变中间物。虽然汤川的方案不得不分成两部分[25]，但是理论的这样一种统一的特征的确很有魅力。20 世纪 50 年代后期以来，汤川关于弱相互作用的三线表示法（一条线代表中间玻色子，另两条线代表费米子，它们相互耦合）再次变得流行。确实，在后来的理论中，作为传递弱相互作用的媒介玻色子，不同于作为传递强相互作用的媒介玻色子。然而，在表述基本相互作用的两种情形中，基本思想是相同的，正如汤川所表明的，它本质上是以电磁相互作用为模型构造的。对于物理学共同体的大多数人来说，这样一种形式上的相似性似乎表明，在基本相互作用中存在着一个更深层次的统一。

在非阿贝尔规范理论（nonabelian gauge theories）登上历史舞台之前，在量子场论中，潜藏在相互作用概念之下的思想可以总结如下：场量子（费米

162 子或玻色子）之间的相互作用，由另一种（与相互作用场量子局域地耦合，并且在它们之间运动的）场量子传递，各种量子都是可创生和可湮灭的。由于介质场，作为局域场，它们局域激发的量子与相互作用量子局域地耦合，无穷大的能量和动量（通过局域量子涨落）不可避免地包含在相互作用中，因此，在相互作用的计算中不可避免会有发散。这是量子场论固有的一个致命缺陷，它深深地植根于相互作用的基本思想之中。因此，如果不解决这个严重的困难（通过局域激发和局域耦合的量子点模型），量子场论将不能被看作是一个自洽的理论。在这里，我们遇到了重整化问题，重整化在量子场论的概念结构中起着十分重要的作用，第 7.4 节、第 8.8 节和第 11.4 节将讨论这一问题。

7.4 重 整 化

7.4.1 无穷大的经典根源

在早期量子场论中，发散困难（divergence difficulty）与电子的电磁自能中出现的无穷大（infinities）紧密相关。然而，这不是量子场论特有的新问题，因为在经典电动力学中，这一问题就已出现了。根据 J.J.汤姆逊（Thomson，1881）的观点，包含在一个半径为 a 的球形电荷场中的能量与 $e^2/2a$ 成正比。因此，当一个洛伦兹电子的半径趋于零时，能量线性地发散。但是，如果电子被赋予一个有限的半径，那么在电子球中库仑斥力将使组态不稳定。庞加莱（Poincaré，1906）对这个佯谬的反应是，认为在电子中可能存在一个用来平衡库仑力的非电磁内聚力，这样电子就不会不稳定。这一模型的两个原理对后来几代人都产生了巨大的影响。第一，存在这样一种观念，认为电子的质量至少部分有一个非电磁起源。第二，非电磁的补充相互作用与电磁相互作用结合在一起时，就导致了电子的可观测质量。例如，斯托克伯格（Stueckelberg，1938）、玻普（Bopp，1940）、亚伯拉罕·派斯（Abraham Pais）（Pais，1945）、坂田昌一（Sakata，1947）和许多其他人，在他们研究电子自能问题时，都从庞加莱的思想中获取灵感。

正如费米 1922 年首先指出的（Rohrlich，1973），庞加莱电子的平衡是不稳定的，而且是扭曲变形的。这一看法引出对这一困难的另一种反应，由亚科夫·弗伦克尔（Yakov Frenkel）在 1925 年首先提出。弗伦克尔在经典框架内论证道：

> 一个广延电子的内部平衡……从电动力学的观点看，变成了……一个不可解决的谜。我认为这个谜（及与它相关的问题）是一个故弄玄虚的问题。它的产生源自把划分原则不加批判地应用于物质的基本组成成分（电子），当把这一划分原则应用于复合系统（原子等）时，才会得出这些确实是"最小的粒子"的结论。这些电子不但物理上不可分，而且在几何上也不可分。它们在空间中完全没有广延性。电子的组分之间的内力不存在，是因为这样一些组分无法获取。质量的电磁解释因此被排除，并且与在洛伦兹理论的基础上确定一个电子精确的运动方程有关的所有那些困难也一起消失了。
>
> （Frenkel，1925）

163

弗伦克尔关于点电子的思想迅速为物理学家所接受，并成为量子场论中局域激发和局部相互作用思想的一个概念基础。寻找电子的结构这一思想被放弃了，因为，如狄拉克在 1938 年的论文中提出的，"电子是一个过于简单的东西，以至于不能产生支配其结构的定律的问题"。因此，很显然，在局域性假设（locality assumption）背后隐藏着一个预设，那就是：承认我们对电子结构的无知和对量子场论描述的其他基本实体的结构的无知。这种对点模型和随之而来的局域性假设的正当性在于，它们在目前实验可以获得的能量上构成了近似真实的表示，毕竟目前实验可获得的能量太低，以至于无法探究这些粒子的内部结构。

通过采用点模型，弗伦克尔、狄拉克和许多其他物理学家消去了电子各部分之间的"自相互作用"，从而解决了电子的稳定性问题。但是，他们无法在不放弃麦克斯韦理论的前提下，消去点电子和其产生的电磁场之间的"自相互作用"。当量子场论出现时，弗伦克尔保持开放的这个问题变得更加尖锐。

7.4.2　量子场论中无穷大的持久性

奥本海默（Oppenheimer，1930a）注意到，当详细考虑带电粒子和辐射场之间的耦合时，尽管最低阶的第一项不会造成任何麻烦，但微扰方法的较高项总是包含无穷大量。事实上，在海森伯和泡利关于一个相对论量子场论的一般表述的论文（Heisenberg and Pauli，1929）中，这一困难就已经出现。他们发现，在不考虑负能电子的前提下，计算一个电子的自能时，在洛伦兹理论中出现的点电子的发散困难仍保留在量子场论中：虚光子的动量积分平方地发散。海森伯–泡利的方法被奥本海默用来研究原子中的能级，这就陷入了困境。一方面，为了获得原子的有限能量，就必须去掉所有的自能项。但这样一来，这个理论就不是相对论不变的。另一方面，如果保留自能项，那么理论就会导致一个荒谬的预言：谱线将无穷大地偏离由玻尔频率条件计算出的值，并且“两个不同态的能量差一般不是有限值”。这里，所有的无穷大项来自电子与它自己场的相互作用。因此奥本海默得出的结论是，发散困难使量子场论与相对论不相调和。伊瓦尔·沃勒（Ivar Waller）对孤立点电子的自能计算也导致了发散结果。因此，到 1930 年情况已变得足够清楚，自能发散困难仍然保留在量子场论中。

164

7.4.3 经典理论量子化修正的失败尝试

狄拉克、温策尔和其他一些物理学家认为，这个困难可能是从经典点电子理论继承下来的，在经典点电子理论中，已经有了自能困难。温策尔（Wentzel，1933a，1933b，1934）在经典框架内把一个“限制性程序”（limiting process）引入洛伦兹力的定义中。根据狄拉克的多时间理论（multitime theory）（Dirac，1932），每个带电粒子都有一个独特的时间坐标 t，温策尔从这一理论出发，提议“场点”在类时方向上应该逼近于“粒子点”。通过这种方式，在经典理论中，与麦克斯韦场相互作用的点粒子能够避免自能困难。这里，所谓的“逼近”是通过引入一个密度因子 $\rho_0(k)$ 实现的，对于一个点电子来说，$\rho_0(k)$ 应当等于 1。借助于 $\rho_0(k)$，静电自能的表达式可写为 $U = e^2 / \pi\int_0^\infty \rho_0(k)\mathrm{d}k$。直接假设 $\rho_0(k)=1$，静电自能将线性发散。如果人们首先把 $\rho_0(k)$ 写作 $\cos(k\lambda)$，并假设只在积分后 $\lambda=0$，那么 $\rho_0(k)$ 仍将为 1，并且所描述的仍然是一个点粒子，不过 U 显然等于零。

运用这种形式化的方法，可以避免由库仑场引起的自能发散。这种方法可以很容易地扩展到相对论情形，但对量子场论特有的与横场相联系的自能的特征发散无能为力。为了处理这种特殊的发散，狄拉克在他 1939 年的论文中，试图通过运用温策尔的限制性程序来修改场的对易关系。然而，狄拉克在他 1942 年的论文中发现，为了实现这一目标，有必要引入一个负能光子和负概率，即所谓的不定度规（indefinite metric）。因此，上面提到的经典方案必须彻底放弃。

7.4.4　量子场论中的自能困难

韦斯科夫（Weisskopf，1934，1939）首先对自能问题进行了最彻底的研究。他证明在基于狄拉克真空绘景的量子场论框架中，一个具有无限小半径的电子的自能，仅对在以 e^2/hc 的幂展开的表达式中的一阶近似对数无穷大。

韦斯科夫分析的主要步骤如下。通过与经典理论相比较，他发现，由于三个原因，单电子的量子理论已把自能问题置于一种不同的情形。第一，必须假定电子半径为零，因为如果只有一个电子出现，那么“对于点之间所有可能的有限距离来说，在两个不同的点同时找到一个电荷密度的概率为零”。因此，静电场的能量 $W_{st}=e^2/a$ 是线性地无穷大。第二，电子有一个产生一个磁场和一个交变电场的自旋。一方面，这个自旋的电场和磁场的能量一定相等。另一方面，在一阶近似上，部分地依赖于电子自能的电荷，由

$$(\pi/8)\int(E^2-H^2)\mathrm{d}r$$

给出。因此，如果自能用场能来表达，那么电的部分和磁的部分有相反的符号。这意味着自旋的电场和磁场的贡献相互抵消。第三，虚空空间中场强涨落引起的平方发散的额外能量，由 $W_{fl}=e^2/\pi hcm\lim_{p=\infty}p^2$ 给出。

165

韦斯科夫进一步详细分析了狄拉克真空绘景造成的这一新情况。他注意到，首先，泡利不相容原理隐含着，在两个等自旋的电子之间有一个“排斥力”。这个“排斥力”阻止两个粒子靠得太近，相距不能超过大约一个德布罗意波长。作为这种情形的一个结果，人们将会在这个电子的位置上发现真空电子分布中的一个“空穴”，它完全抵消了电子的电荷。但是，同时，人们也会发现在电子的周围有一个来自移位电子的更高的电荷密度云。因此，电子电荷会扩展至 h/mc 序列范围。韦斯科夫证明，“电荷分布的这一扩展刚好足以把静电自能（从初始的线性发散）约化为一个对数发散的表达”，

$$W_{st}=mc^2(e^2/\pi hc)\log(p+p_0)/mc,\ [\text{这里，}\ p_0=(m^2c^2+p^2)^{1/2}\ ]$$

其次，不相容原理也隐含着，在初始电子附近发现的真空电子，有一个与初始电子的涨落相位相反的相位涨落。这个相位关系适用于自旋的环形涨落，通过干涉的方式减少它的总电场，但不改变自旋磁场，因为后者由环形电流产生且不依赖于圆周运动的相位。因此，如果给真空增加一个电子，总

电场能将通过干涉而减少。也就是说，在量子场论中，一个电子的电场能是负的。韦斯科夫的精确计算给出 $U_{el}=-U_{mag}$。与单电子理论中的相应结果（$W_{sp}=U_{el}-U_{mag}=0$）相比较，我们发现，在量子场论中自旋对自能的贡献没有消失：

$$W_{sp}=U_{el}-U_{mag}=-2U_{mag}=-1/m(e^2/\pi hc)\lim_{p=\infty}[pp_0-(m^2c^2/2)\log(p+p_0)/mc]。$$

最后，量子场论中的能量 W_{fl} 与单电子理论中的相应能量没有什么不同。因此，自能的三个部分加起来的最终结果就是这样的。由于 W_{sp} 中的二次发散项被 W_{fl} 所平衡，因此 W_{sp} 的余项之和与 W_{st} 的总值为：$W=W_{st}+W_{sp}+W_{fl}=[(3/2\pi)(e^2hc)]mc^2\lim_{p=\infty}\log(p+p_0)/mc+\cdots$。而且，韦斯科夫还证明，自能发散在每一阶近似中都是对数发散的。

韦斯科夫的贡献在于，他发现在量子场论中，电子的电磁行为不再完全是类点的，而是在一个有限区域上扩展的。正是这一扩展和随之而来的自旋能量中涨落能量和二次发散项之间的抵消，使自能的发散保持在对数发散的范围之内。这一结果是 20 世纪 40 年代质量重整化理论的一个起点，并且在重整化理论的进一步发展中起着重要作用。值得注意的是，韦斯科夫的分析完全基于狄拉克的真空思想。这一事实令人信服地证明了狄拉克的真空思想确实为量子场论提供了本体论基础，尽管一些物理学家，包括韦斯科夫本人，否认狄拉克思想的重要性。

166

7.4.5 狄拉克真空的无限极化

然而，狄拉克真空思想一发表，就因它导致了一种新的与电子电荷相联系的发散，而受到了奥本海默的批评（Oppenheimer，1930b）。奥本海默指出，尽管我们能忽略自由态情形中真空电子分布的可观测效应，但是当外部电磁场出现时，我们就不能避免真空电子引起的无穷大静电场分布的无意义的“可观测效应”。唯一出路似乎是引入“一个无穷大的正电流密度以抵消负电子”（同上）。

这一进展是奥本海默在稍后与弗里关于同一主题的工作中，基于电子和正电子之间有一种完全的对称而作出的。然而，与电荷相联系的无穷大困难仍然保留，虽然在这种情形中它是另一种困难。在对狄拉克真空中由外部电磁场产生的电子-正电子虚粒子对对真空中能量和电荷产生的影响进行研究的过程中，弗里和奥本海默（Furry and Oppenheimer，1934）发现，虚粒子对的能量和外部场的能量之比是（ $-\alpha K$ ），其中 $K=(2/\pi)\int_0^\infty p^2(1+p^2)^{-5/2}\mathrm{d}p+(4/3\pi)\int_0^\infty p^4(1+P^2)^{-5/2}\mathrm{d}p$ 。这个有效电荷也将受到因子（ $-\alpha K$ ）的影响。对于大的 p 值来说，K 中的二次积分对数发散。他们认为，这一发散植根于“现有理论的一个真正的限制”，并“倾向于在所有涉及极端小长度的问题中出现”（同上）。

然而，在 1933 年 10 月的索尔维会议期间，狄拉克本人已经完成了关于这种新发散的最初工作。狄拉克首先引入了密度矩阵［通过使用哈特里–福克近似（Hartree-Fock approximation），给每个电子指定一个本征函数］。然后，他研究了外部静电势对一阶微扰计算中的真空电荷密度的影响，并表明在（产生外部势能的）电荷密度 P 和（由真空中的外部势能产生的）电荷密度 $\delta\rho$ 之间的关系是 $\delta\rho=4\pi(\mathrm{e}^2/hc)[A\rho+B(h/mc)^2\Delta\rho]$ ，其中，B 是一个有限常量，A 是对数无穷大。通过在导出 A 的积分中取一个适当的截止（cutoff），狄拉克发现：

> 通常在电子、质子或其他带电粒子上观测到的电荷，并不是这些粒子实际携带并出现在基本方程中的真实电荷，而是相差 1/137 因子的一个稍小的值。
>
> （Dirac，1933）

狄拉克提出的可观测量和在基本方程中出现的参量之间的区别，在重整化思想的发展中无疑具有重要意义。然而，在同一工作中出现的对截止的依赖性，表明这一工作并不满足相对论。

在 1934 年的论文中，狄拉克对真空中电荷密度的特性进行了研究。由于密度明显是无穷大的，因此“现在的问题是找到某种自然的方法消去无穷大量……以便留下有限的余项，然后我们可以假设这个余项为电子密度和电流密度”（同上）。这个问题要求他对光锥附近密度矩阵中的奇点进行详细的研究。研究结果表明，密度矩阵 R 可以自然地分为两部分，即 $R=R_a+R_b$，其中 R_a 包含所有的奇点，并且对于任何给定的场也是完全确定的。因此，在电子和正电子的分布中，人们可能做的任何变更将只是对应于 R_b 中而不是 R_a 中的一个变更；只有那些产生于电子和正电子的分布且与 R_b 相对应的电密度和电流密度，才是物理上有意义的。这提出了一种消去无穷大的方法。

167

在这里，去除无穷大只不过是从 R 中减去 R_a。去除无穷大的理由是，R_a 与电和电流分布中的变化没有任何关系。这种减法思想，虽然总体上不合理，但是在20世纪三四十年代一直是量子场论中用来处理发散困难的基本方式，直到20世纪40年代晚期重整化理论取得了重要进展，这一思想才被抛弃。狄拉克所提议的减法程序为海森伯（Heisenberg，1934）所推广，海森伯主张，所有出现在表达式中的发散项都应该被自动地减去，而不需要使用截止技巧。这似乎类似于后来的重整化程序，但没有后者的物理基础。

7.4.6 佩尔斯对电荷重整化更深刻的理解

同年（即1934年），鲁道夫·佩尔斯（Rudolf Peierls）也发现了一个包含在真空极化表达式中的对数无穷大量，它与自能发散没有直接的联系。关于这一发散的原因，佩尔斯说：

> 发散与这样一个事实相联系，即对于电子来说有无穷多态，并且外部场能够引起任何态之间的跃迁。
>
> （Peierls，1934）

这依次又是与点耦合相联系的，点耦合要求具有很高能量和动量的虚量子承担一种不实在的贡献。佩尔斯通过截止在一个动量上的积分（这个动量与等于经典电子半径的波长相对应），发现极化将处在1%的量级上。这一定与某一介电常量相对应，它通过一个常量因子来约化任何“外部”电荷或电流的场。因此，佩尔斯声称，我们应该假定，我们正在处理的所有电荷实际上比我们观测到的更大，这个假定与狄拉克的假定相一致。

无意义的发散的存在表明，这个理论是不完美的，需要进一步改进。然而，佩尔斯说：

> 不知道这一理论中必要的改变，只是一个形式性质的改变，即只是用来避免使用无穷大量的数学上的改变，还是在这些方程下面的基本概念必须进行本质上的修正。
>
> （同上）

168 这些话语表明，同弗里和奥本海默一样，佩尔斯对量子场论持悲观和怀疑的态度，因为它存在发散困难。我们注意到，有趣的是，同狄拉克、弗里和奥本海默一样，尽管佩斯要求对量子场论进行彻底的革新，但是他提出的获得一个有限结果的方法，并没有改变量子场论的基本结构，只是在动量积分中引入一个截止，代价是违反了相对论。

7.4.7 克拉默斯对重整化的建议

1936 年，人们已表达了这样的猜测，即高动量光子的无穷大贡献与无穷大的自质量、无穷大的固有电荷和不可测量的真空量，如真空的介电常量，均有联系。[26]因此，一个系统化的可以绕过这些无穷大量的理论，即重整化理论，似乎应该发展。沿着这一方向，克拉默斯（Kramers，1938a）明确提出，必须把无穷大的贡献从真正重要的那些贡献中分离出来并减去，这样，一些可观测效应，如“帕斯特纳克效应”（Pasternack effect）[27]，就可以被计算了。他还提出，通过消除电子的固有场，电磁质量必须包含在涉及物理电子的理论中（Kramers，1938b）。尽管在相对论性量子论场中，这一消除是不可能的，但是，对理论应该具有一个免除“固有场”的特性的认识，对于后来的发展产生了实质性的影响。例如，它成为朱利安·施温格（Julian Schwinger）形成其重整化理论的指导原则（Schwinger，1983）。

7.4.8 散射研究

在 20 世纪 30 年代后期，散射过程出现了另一种无穷大特征。[28]起初，布鲁贝克（Braunbeck）和魏因曼（Weinmann）发现，对 $\alpha(=e^2/hc)$量级散射截面的非相对论性辐射校正，是对数发散的（Braunbeck and Weinmann，1938）。泡利和菲尔兹（Pauli and Fierz，1938）把这个结果看作 α 的幂展开式不可能正确的证据。相反，他们进行了一个非相对论性的计算，没有涉及 α 的幂展开式。他们使用了一种后来在重整化过程中广泛使用的接触变换（contact transformation）方法，来分离无穷大的电磁质量并保留了余项，以使只有散射过程的特性得以表示。这个结果是荒谬的：高频效应将使整个截面消失。泡利和菲尔兹在这一结果中看到了量子场论不适当性的另一个例证。

为了研究包含相对论效应会在多大程度上修正泡利和菲尔兹的结论，西德尼·丹科夫（Dancoff，1939）以相对论的方式对待这个问题。他将相对论效应分为三个部分：第一部分，对非相对论理论中出现的项进行相对论修正的部分；第二部分，初始和终了波函数中被散射势能所散射的电子或正电子对；第三部分，散射势能所散射的产生和湮灭对。他的计算结果表明，第一部分和第二部分中的每一项都是对数发散的，但是在每一部分中，项的合并

169

给出了一个有限的结果。在第三部分中，情形更加复杂：总共有十项。其中，六项是有限的，而其余四项给出的散射截面修正的和是对数发散的。

负责这些修正的所有过程，都涉及负能电子向正能态的跃迁，受入射电子产生的辐射场的影响。有趣的是，丹科夫在脚注中提到：

> 瑟伯（R.Serber）博士已指出，在此，应该适当考虑散射势能场中虚粒子对库仑相互作用产生的 α 阶散射截面修正。
>
> （Dancoff，1939）

但是，只考虑了由三项组成的这类相互作用的一项之后，丹科夫就得出结论："与这类相互作用相对应的发散项直接源于真空的极化公式，可以被一个适合的电荷密度重整化消除。"（同上）朝永振一郎（Tomonaga，1966）评论说，如果丹科夫不是那么粗心的话，那么"重整化理论的历史将会完全不同"。我们将简短地给出这种说法的理由。

7.4.9 补偿

到20世纪30年代末，产生于场的反作用（粒子和它们自己的电磁场之间的相互作用）的各种发散，已使许多物理学家对量子场论失去了信心。在这样的气氛中，一种引入一个"补偿场"（compensative field）的新尝试被提了出来。玻普（Bopp，1940）是提出高阶导数经典场论的第一位物理学家，在这一经典场论中，出现在达朗贝尔方程（D'Alembert's equation）中的算符 $\Box$ 由算符（$1-\Box/k_0^2$）$\Box$ 代替。一个满足四阶微分方程的场能被约化为两个满足二阶方程的场。也就是说，新场的势能 A_μ 能被写作 $A_\mu=A'_\mu-A''_\mu$，其中，$A'_\mu=(1-\Box/k_0^2)A_\mu$，$A''_\mu=(-\Box/k_0^2)A_\mu$。显然，势能 A'_μ 满足麦克斯韦方程，A''_μ 满足一个质量为 kh/c 的矢量介子的方程。因而，新场中点电荷的标势 ϕ 为 $\phi=\phi'-\phi''=e/r\left(1-e^{-kr}\right)$。当 $r\gg 1/k$ 时，$\phi=e/r$，即通常的电磁标势；当 r=0 时，ϕ =ek，这意味着 $1/k$ 充当电子的有效半径。如果矢量介子场提供一个负"机械"压力（它对于补偿库仑排斥力是必要的），那么这个点电子在新场的作用下将是稳定的。在这种情形中，电子的自能是一个有限量。

玻普的理论满足相对论，并能推广到量子情形。在这个理论中，纵场的自能发散能被抵消，但这个理论仍然不能处理横场自能的发散，这是量子场论中的显著困难。尽管有这一困难，玻普从庞加莱那里继承来的补偿思想，

170

对派斯（Pais，1945）、坂田（Sakata，1947）、朝永（Tomonaga，1948；Tomonaga and Koba，1947，1948）和其他人，都产生了直接而巨大的影响。而且，费曼的相对论不变性的截止方法（Feynman，1948a，1948b）和泡利与维拉斯（Villars）的正规化方案（regularization scheme）（Pauli and Villars，1949），在为了消除奇点而引入一个辅助场的意义上，与玻普的理论等价。

受玻普的直接影响，派斯（Pais，1945）发表了一个克服自能发散困难的新方案。这个新方案把每个基本粒子看作一组场的源，用这种方式，各种对这些场引起的自能无穷大作出贡献的部分相互抵消，从而使得最终的结果变得有限。关于电子的具体情形，派斯假定电子除了是电磁场的源之外，还是一个中性的、短程的矢量场的源。这个“减去的”矢量场直接与电子耦合。如果收敛关系 $e=f$（e 是电荷，f 是电子与矢量场耦合中电子的电荷）得到满足，那么电子的自能对任何阶近似都是有限的。然而，派斯承认这样一种减法场与空穴理论要求的真空电子的稳定分布不相容。因此，在量子场论的框架中这个方案不得不被舍弃。

坂田（Sakata，1947）独立地获得了派斯已获得的相同结果。他命名辅助场为内聚力场或 C 介子场。然而，坂田对自能发散的解答实际上是一个幻想。正如木下东一郎（Kinoshita，1950）表明的那样，当讨论扩展至最低阶近似之外时，两个耦合常数之间的必要关系式将不再抵消发散。不过，把 C 介子假说用作一个催化剂却是富有成效的，它导致朝永引入了自洽的减去法。

受坂田用 C 介子场作为补偿场“解决”自能发散取得成功的启发，朝永试图把坂田的思想扩展到散射问题。最初他们没有成功（Tomonaga and Koba，1948），因为朝永和木庭（Koba）在计算中重复了丹科夫遗漏了某些项的错误。但是，不久之后，通过运用一种新的有效得多的计算方法（见下文），他们发现，比较丹科夫的计算和他们自己以前的计算中出现的各项时，有两项被忽略了。虽然只有两项被遗漏，但是它们对最终结果来说却是至关重要的。在他们纠正了这一错误之后，在电子的散射过程中出现的无穷大，由于电磁场和内聚力场而完全抵消了，除了真空极化类型的发散之外（这类发散能通过重新定义电荷而立即被消除）。这样，朝永通过结合两个不同的思想——电荷的重整化和 C 介子场的补偿机制——对电子的散射实现了一个有限校正。

在此，作一下评论似乎是合适的。补偿思想的提出者和追随者的先入之

171 见，与我们将要简短讨论的重整化思想的先入之见不同，他们不是分析和仔细应用已知的有关耦合电子和电磁场的相对论性理论，而是改变它。他们旨在取消已知相互作用产生的发散，以这样一种方式，引入未知粒子的场，因此超越了现存的理论。因此，对于量子场论来说，这是一种不同于重整化的方法，它是在现存理论中使用的一种方法，虽然这两种方法，由于它们消除发散的目标相似，而容易彼此混淆。

7.4.10 质量重整化的贝特-刘易斯方案

重整化的成熟思想始于汉斯·贝特（Hans Bethe）（Bethe，1947）和刘易斯（H. A. Lewis）（Lewis，1948）的工作。在兰姆和雷瑟福德（Lamb and Retherford，1947）用微波方法重新发现氢的能级移位之后不久，贝特接受了施温格和韦斯科夫的建议，尝试用辐射场来解释电子相互作用产生的移位。这一移位在所有现存理论中都出现无穷大，因此必须被忽略掉。然而，贝特指出：

> 用一个电磁质量效应来识别能级移位中最强的发散项（在非相对论性计算中是线性发散，在相对论性计算中是对数发散）是可能的。这种效应应该被适当地认为已经包括在观测到的电子质量中，因此必须从理论表达中被减去。这样，在非相对论性理论中结果只是对数发散而不是线性发散，而在相对论理论中则是收敛的，其中最强的散度就是对数无穷大。这将对光的频率设置一个数量级为 mc 的有效上限，它有效地贡献出一个束缚电子的能级移位。
>
> （Bethe，1947）

在解释了存在这样一个上限之后，贝特运用这个限制截止了在非相对论性计算中对数发散的积分，获得了一个与实验值（1040兆周）极好地符合的有穷结果。

贝特是把电磁质量效应从量子过程中明确区分开来的第一人。他把电磁质量效应合并到源于观测质量的效应之中，而不是简单地忽略它。除了电子质量本身的重整化外（这一点或多或少地为他的先辈所讨论过），贝特的质量重整化程序也能应用于各种量子过程。以前，只是因为无穷大量不可观测，就不讲道理地减去它们，这就会使产生无穷大量的这个理论是否有效的问题悬而未决。与上述做法不同，他们的“合并”程序已为对于发散的进一步物理解释铺平了道路。

受贝特的成功的鼓舞，刘易斯（Lewis，1948）把质量重整化程序应用到对散射截面辐射校正的相对论性计算中。在这样做的过程中，刘易斯使重整化思想的本质变得更为清楚。他主张，隐藏在整个重整化纲领之下的关键假设是：

> 电子的电磁质量是一个微小的效应，它表观上的发散源于当前量子电动力学超过某个频率时的失效。
>
> （Lewis，1948）

很显然，只有当一个物理参量（在量子场论的微扰计算中证明可能会发散）实际上有限并且很小时，它与“裸”参量的分离和合并才被认为是数学上合理的。量子场论在极端相对论性能量（ultrarelativistic energies）处的失效，正如微扰理论中发散所表明的，隐含着现存量子场论框架有效的区域应该与失效的区域分开，在这里，新的物理学将显示出来。虽然不可能确定界线在哪里，也不知道什么理论可以用来计算在量子场论中不可计算的小效应。然而，这种通过引入一个截止而在数学上实现的可知与不可知的分离，可以通过使用唯象的参量而图式化，这个图式化必定包括这些小的效应。 **172**

这种重整化微扰理论，其中量子场论的公式与无法解释的观测质量值混合在一起，有时被称作不完备的理论，或合理的工作假说。但是，它在理论上比所有先前的理论更合理，例如派斯或坂田的理论，在那些理论中，两个符号相反的无穷大量相互结合，给出了一个有限的量。这些理论只能算是解决发散问题的早期智力探索，但在物理和数学方面都没有说服力。与那些理论相反，刘易斯把假设为很小的电磁质量与有限的“力学”质量相结合，以获得观测质量，同时从相互作用中减去电磁质量的效应。这样，重整化过程就获得了坚实的物理基础。因此，上述提议应该算是重整化纲领形成过程中的重大事件。

刘易斯还证明了贝特的猜想，即电磁质量会在量子过程的计算中产生发散项。在他的相对论计算中，刘易斯发现电磁质量确实导致了一个表达式，该表达式只在乘法常数方面与丹科夫发现的发散辐射校正项不同。唯一的数值差异来自丹科夫所忽略的某种静电跃迁，一旦再次考虑丹科夫所忽略的项，这一数值差异将消失。因此，刘易斯非常强烈地建议，丹科夫发现的那些发散项，可以看作与电子电磁质量的表现形式是同一的。因此，如果有人在哈密顿量中使用了经验质量，包括电磁质量，那么就必须忽略由电磁质量效应引起的跃迁。使用经验质量并忽略由电磁质量引起的效应，是贝特–刘易斯质量重整化过程的本质内容。

7.4.11 施温格的正则变换

在贝特–刘易斯的方案中，关键点是形式上无穷大项的有限部分的无歧义分离。刘易斯承认，施温格发展的哈密顿量正则变换（canonical transformation）方法，正好适合这一目标。施温格（Schwinger，1948a）声称，刘易斯提到的分离能以如下方式实现：

173

> 变换当前空穴理论电动力学的哈密顿量，以清楚地展示自由电子的对数发散的自能，这产生于光量子的虚发射和虚吸收。
>
> （同上）

施温格认为，新哈密顿量在以下三个重要方面优于原初的哈密顿量：

> 它涉及实验电子质量，而不是不可观测的力学质量；电子如今只在外部场存在的情况下与辐射场相互作用……电子与外部场的相互作用能量，如今受制于有限的辐射校正。
>
> （同上）

对于由真空极化产生的对数发散项，施温格和他的前辈一样，认为：

> 这样一项相当于用一个常量因子改变电荷的值，只有终值与实验电荷完全一致。[因此] 所有的发散都包含在重整化因子中。[29]
>
> （同上）

直到 1948 年 3 月 30 日至 4 月 1 日波科诺会议召开，施温格才发表他的正则变换。尽管朝永在 1943—1946 年已发展了相同的方法（见下文），但由于那时的通信条件，这一方法在美国不可能获悉。运用这一方法，施温格（Schwinger，1948b，1949a，1949b）从电磁场和正电子–电子场之间的对称性观点出发，系统地考察了量子场论中的发散。根据他的研究，出现发散的基本现象是真空极化和电子自能。这两种现象非常相似，本质上描述了每个场与另一个场的真空涨落的相互作用：由电磁场产生的正电子–电子场的真空涨落，是电子–正电子对的虚产生和虚湮灭；由电子产生的电磁场的真空涨落，是光子的虚发射和虚吸收。施温格总结说：

> 即使依据对数发散因子，这些涨落相互作用的效应也仅仅是改变基本常量 e 和 m，而当前理论的所有物理上重要的发散都包含在电荷和质量重整化因子之中。
>
> （同上）

以对各种发散现象的这样一种完整和彻底的理解为基础，并配备先进的数学工具，如正则变换、变分原理和函数积分，施温格得以成功地处理一系列困难问题，如能级移位和反常磁矩。他的结果与实验符合得很好。这一事实已强有力地表明了重整化微扰理论的巨大威力，也激励了物理学家对重整化做进一步的彻底研究。 174

7.4.12 朝永振一郎的贡献

尽管朝永振一郎只是在贝特和刘易斯的工作发表之后，并且是在他逐渐放弃了补偿场的天真思想之后，才对重整化有了一个真正的理解，但是他对重整化纲领的形成中一些至关重要的技术发展，的确发挥了与贝特和刘易斯同等重要且独立的作用。早在 1943 年，朝永振一郎就用日文发表了一篇阐述量子场论的相对论性不变的文章[30]，文中他所做的相对论性推广，包含了如正则对易关系和薛定谔方程等非相对论性概念。他这样做，就把幺正变换应用到了所有场，为这些场提供了非相互作用场的运动方程；而在（态函数的）这个变换的薛定谔方程中，只有相互作用项保留了下来。也就是说，他利用了狄拉克的相互作用表象（interaction representation）。因此，他注意到，当考虑一个非相互作用场时，对于任意具有四维特征的时空点，在展示对易关系上不存在困难。至于变换的薛定谔方程，他用“一个类空表面”取代时间，使它获得相对论协变性。

然而，在处理发散时，朝永没有利用他强有力的技术方法。相反，他只是诉诸补偿的思想，直到贝特的工作发表，才强烈吸引了他的注意：

> 因为它也许表明了一条克服量子场论基本困难的可能路径，并且第一次与可靠的实验数据发生了密切的联系。
>
> （Tomonaga and Koba，1948）

于是，朝永提出了一个他称为“自洽减法”的形式体系，，以一种更精密、更合乎情理的形式来表达贝特的基本假设；在这个方法中，被减项的分离通过正则变换来完成。然后将这个形式体系应用于散射问题，以隔离电磁质量项，并借助于C介子场而获得一个有限的结果（Ito et al.，1948）。在朝永和木庭的论文（Tomonaga and Koba，1948）中，这个C介子理论仍被看作旨在实体化减法运算，以获得一个有限的自能和有限的散射截面。但问题在于这似乎是一个特设的策略。如果目标只是处理量子场论中的发散困难，那么C介子场的引入远不如重整化程序方便；更糟糕的是，它不能克服真空极化产生的发散困难。因此，C介子理论或更一般的补偿思想，在朝永和其他日本物理学家的工作中逐渐被重整化程序所取代。

175

7.4.13 费曼正则化

我们在上文提到，重整化程序的一个必要假设是：在量子场论计算中明显的和不适当的发散量实际上是有限的小量。只有在这种情况下，才能合理地将它们与在量子场论中获得的表达式分开，并把它们合并为裸量，且用观测值取代总和。因此，为了使发散量的分离和合并在数学上成立，必须建立一套正则化规则，使得以相对论和规范不变的方式计算物理量成为可能。费曼（Feynman，1948b）基于他对相应经典案例的讨论（Feynman，1948a），提出了这样一套规则。

费曼将这套规则叫作相对论截止（relativistic cutoff）。在有限截止的情形下，这种技巧本质上转换了发散量的纯形式操作，即重新定义了参量，将它们转换为准可接受的数学运算。这一思想的要点如下：对于一个辐射场的真空涨落，我们用新的密度函数 $g(w^2-k^2)=\int_0^\infty[\delta(w^2-k^2)-\delta(w^2-k^2-\lambda^2)]G(\lambda)\mathrm{d}\lambda$ 替换旧的密度函数 $\delta(w^2-k^2)$。这里，$G(\lambda)$ 是一个光滑函数，且 $\int_0^\infty G(\lambda)\mathrm{d}\lambda=1$。在光子传播子的动量空间表象中，这意味着用 $\int_0^\infty[1/k^2-1/(k^2-\lambda^2)]\,G(\lambda)\mathrm{d}\lambda$ 替换 $1/k^2$。在数学上，这等于用收敛因子 $c(k^2)=\int_0^\infty-\lambda^2(k^2-\lambda^2)^{-1}G(\lambda)\mathrm{d}\lambda$ 乘 $1/k^2$。

对于电子场的真空涨落，费曼试图用相似的方法，即将描述真空极化的表达式 $J_{\mu\nu}=-\mathrm{i}e^2/\pi\int_0^\infty \mathrm{sp}\,[\,(\gamma\cdot p+\gamma\cdot q-m)^{-1}\gamma_\mu(\gamma\cdot p-m)^{-1}\gamma_\nu]\,\mathrm{d}^4p$ 中电子的两条内线，分别引入收敛因子 $c(p^2-m^2)$ 和 $c\,[\,(p+q)^2-m^2\,]$。在这里，sp 意思是迹（spur），$(\gamma\cdot p+\gamma\cdot q-m)^{-1}$ 和 $(\gamma\cdot p-m)^{-1}$ 是动量分别为 $(p+q)$ 和 p 的电子的内

线动量空间表象（Feynman，1949b）。这种方法使得 $J_{\mu\nu}$ 收敛，但却以流守恒和规范不变性的破坏为代价。因此，必须放弃这种方法。然而，费曼意识到，收敛因子的引入在物理上隐含着一个质量为 m 的粒子的内线贡献将被一个质量为$(m^2-\lambda^2)^{1/2}$的新粒子的贡献所抵消的含义。考虑到真空极化图中任何内线将形成一个闭环这个事实，我们不应为两条内线引入不同的收敛因子。相反，我们应该引入一个质量为$(m^2-\lambda^2)^{1/2}$的新粒子对闭环的贡献，以获得一个收敛的结果。把 $J_{\mu\nu}$ 写作 $J_{\mu\nu}(m)$，并用 $J_{\mu\nu}^P=\int_0^\infty[J_{\mu\nu}(m^2)-J_{\mu\nu}(m^2+\lambda^2)]G(\lambda)\,\mathrm{d}\lambda$ 代替它，计算结果除了一些项依赖于 λ 之外，一定收敛。

对于λ的依赖似乎违反了相对论，正如以前引入的任何截止一样。而且，在λ趋于无穷大的极限时，这一计算仍然导致发散表达式。事实上，这里情况并非如此。这个量明显依赖于 λ，即使它是发散的，也能在重整化后被吸收，所以以这种方式引入的截止不会与相对论冲突。特别地，如果在质量和电荷重新定义之后，其他过程对截止值不敏感，那么重整化理论就可以通过让这个截止趋于无穷大而得到确定。如果一组有限数量的参量足以确定一个理论为重整化理论，那么这个理论就叫作可重整化的。 176

从物理上讲，费曼的相对论截止相当于引入一个辅助场（及其伴随粒子）用以抵消由于原初场的（“实”）粒子产生的无穷大贡献。[31] 费曼的方法不同于实在论的正规化理论或补偿理论。在后一种理论中，假定了具有有限质量和正能量的辅助粒子原则上是可观测的，并且由明确进入哈密顿量的场算符描述。费曼的截止理论是形式化的：因为辅助质量仅仅用作数学参数，它们最终趋于无穷大，并且原则上是不可观测的。“实在论”进路的代表是以下这些作者的论文：坂田（Sakata，1947，1950）、梅泽（Umezawa et al.，1948；Umezawa and Kawabe，1949a，1949b）和其他日本物理学家，以及拉伊斯基（Rayski，1948）。我们发现在“形式主义的”（formalists）论文中，除了费曼、维耶和斯托克伯格（Feynman，Rivier and Stueckelberg，1948）之外，还有泡利和维拉斯（Pauli and Villars，1949）。

费曼对重整化纲领的另一个贡献与物理过程计算的简化有关。他不但为因果传播子提供了简洁的形式，而且也提供了一组图解规则（diagram rules），以使在描述物理过程的 S 矩阵元中的每个因子，以一对一的方式与平面上的线或顶点相对应（Feynman，1949b）。图解规则是一个方便有力的工具，使得费曼能够表达和分析用量子场论描述的各种过程，并且清楚地体现朝永、贝特、刘易斯和施温格关于正则变换、发散的分离和重整化的思想。所有这一切为戴森（Freeman Dyson）通过进一步分析和组合图解的贡献而提出一个自洽且完备的重整化纲领提供了先决条件。

7.4.14 戴森的重整化纲领

戴森综合了贝特、刘易斯、朝永、施温格和费曼有关重整化的思想和技巧。他利用费曼图，详细分析了出现在S矩阵元计算中的各种发散。戴森在他1949年的论文中系统地提出了处理这些发散的重整化纲领（Dyson，1949a），并且在同年的另一篇文章中对这个纲领做了一些补充和完善（Dyson，1949b）。

戴森的纲领完全基于对费曼图的分析。首先，他论证了不连续的曲线图的贡献可以忽略掉。其次，他定义了初始发散曲线图，所有发散曲线图都可以约化成该初始发散曲线图。于是，通过分析这一图式的拓扑，他获得了那些发散曲线图的收敛条件 $k=3E_e/2+E_p-4\leqslant 1$，这里 E_e 和 E_p 分别是图式中的外电子线数和光子线数。运用这一收敛条件，戴森把所有可能的初始发散分成三类，即电子自能、真空极化和电磁场中单电子的散射。在进一步分析中，

177

戴森引入了关于图式的构架、可约化和不可约化的曲线图、规范和不规范的曲线图等思想。运用这些思想，他提出在计算S矩阵元时，我们应该①画出相关的不可约化曲线图；②将观测质量代入哈密顿量中；③用新的传播子 $S'_f=Z_2S_f$，$D'_f=Z_3D_f$ 和新的顶点 $\Gamma'_\mu=Z_1^{-1}\Gamma_\mu$ 取代最低阶传播子 S_f、D_f 和 Γ_μ（它们不会导致发散）[32]；④用新的裸波函数 $\Psi'=Z_2^{1/2}\Psi$，$\Psi'^{-}=Z_2^{1/2}\Psi^{-}$ 和 $A'_\mu=Z_3^{1/2}A_\mu$，代替不会引起发散的 Ψ、Ψ^{-} 和 A_μ，其中，Z_1，Z_2，Z_3 是“发散因子”。戴森声称，这样做了以后，所有产生于两类真空涨落的三类初始发散，即所有的辐射修正，就都得加以考虑，并会在质量重整化之后导致一个“发散因子”$(Z_2^{-1}Z_2Z_3^{1/2})^n$。n 阶过程中，必定有一个因子 e_0^n 出现（其中 e_0 是出现在更为基本的方程中的所谓的裸电荷），并假设观测电荷 $e=(Z_2^{-1}Z_2Z_3^{1/2})e_0$，那么将不再出现任何发散困难。

显然，这个程序在精细结构常量 $\alpha=e^2/hc$ 之内，可以被无限制地用到任何阶。人们不禁会问：为什么戴森称这样一个优美的方案为一个纲领而不是一个理论呢？他的回答是他没有给出有关高阶辐射修正的收敛的普遍证明。也就是说，虽然他的程序保证了在任意阶近似中获得的辐射修正是有限的，但是它不能保证对这些辐射修正的求和仍然是有限的。

7.4.15　小结

重整化纲领的形成包括三个主要步骤。首先，揭示各种发散项的对数性质。其次，将所有发散项约化为三种原始类型，这三种原始类型是由电磁场中单个电子的自能、真空极化和散射引起的。最后，找到一种明确的且一致的方法来处理发散量，具体操作如下：①使用正则变换以得到量子场论的协变形式（相互作用表象），并分离发散项；②质量和电荷重整化；③一致使用质量和电荷的经验值。借助于重整化纲领，可以获得有限辐射修正，处理发散难题。因此，量子场论成为预测各种物理过程的一个强有力的计算手段，也成为当代物理学中最具预测力的分支之一。

7.4.16　狄拉克对重整化的批评

具有讽刺意味的是，不顾重整化思想取得的所有这些巨大成功，重整化思想的积极开拓者之一——狄拉克（Dirac，1963，1968，1983）却对重整化思想进行了猛烈抨击。在狄拉克看来，运用重整化获得的所有这些成功，既没有一个可靠的数学基础，也没有一个令人信服的物理图景。从数学上看，重整化的要求违背了数学中的典型习惯，不是忽略无穷小量，而是忽略无穷大量。因此，这是一种人为的或不合逻辑的做法（Dirac，1968）。从物理上讲，狄拉克认为无穷大量的存在表明： **178**

> 我们关于电磁场与电子的相互作用理论存在某些根本性错误。鉴于这些根本性错误，我的意思是，机械力学是错误的，或者说相互作用力是错误的。
>
> （Dirac，1983）

然而，重整化程序无关乎这一理论中的错误的修正，也无关乎新的相对论性方程和新类型相互作用的探寻。相反，它只是一个给出实验结果的笨拙的处理规则。因此，它将误导物理学走上一条错误的道路（Dirac，1963）。狄拉克强烈谴责重整化，并强调说："这在物理上是彻头彻尾的胡说，人们应该做好彻底放弃它的准备。"（Dirac，1983）

朝永振一郎的态度没有那么消极。但是他也承认：

> 诚然，我们的（重整化）方法绝没有真正解决量子电动力学的基本

困难，但是在没有触及基本困难的前提下，它给出了一种处理场效应问题的无歧义的、连贯一致的方式。

（Tomonaga，1966）

7.4.17 为重整化纲领辩护

诚然，在狄拉克对重整化的批评中有一些深刻的洞见。但总体看来，他的批评似乎有失公允，因为他的批评忽略了重整化的概念基础。事实上，重整化纲领能够在两个层面上得以辩护。

从物理上讲，高阶的无穷大量全都与高动量虚光子（和电子–正电子对）的无穷大贡献相关联，这表明量子场论的形式体系包含来自与高动量虚光子（和电子–正电子对）相互作用的非实在贡献。虽然虚量子过程的物理实在性为实验所证实[33]，但是无穷大动量虚量子显然是非实在的。不幸的是，这个非实在的要素深深植根于量子场论的基础之中，植根于算符场和由局域算符场所产生的局域激发的概念之中。各种格林函数是这种局域激发之间的相关函数，而研究它们的时空行为，是识别这些物理粒子和它们之间的相互作用的唯一手段。在这种语境下，重整化可以恰当地理解为，把注意力从有关初始局域激发和相互作用的假设世界，转移到物理粒子的可观测世界上来。它的主要目的，正如戴森所说的：

> 不是对当前理论作一彻底修正，将所有无穷大量变得有穷，而是对这个理论作一转向，旨在使有限量成为主要的。

（Dyson，1949b）

179 从哲学上讲，重整化可以被看作是基于西方思维模式中根深蒂固的原子论之上的一种上层建筑。在量子场论框架内为描述亚原子世界而发展的各种模型，本质上仍然是原子论的：粒子由出现在拉格朗日函数中的场来描述，被认为是世界的基本组分。然而，未重整化理论所采纳的原子论或原子性（atomicity）的观念，具有不彻底性。正如施温格（1973b）所清楚地指出的，其原因是未重整化算符场理论，包含着对物理粒子的内部结构的一个隐含推测，即认为物理粒子的内部结构对高能状态的动力学过程的细节是敏感的。从数学上讲，这个假定在发散积分中得到了体现。[34]从形而上学的角度讲，这个假定暗示存在更基本的用拉格朗日函数中出现的场来描述的物理粒子的组分，这与粒子或场作为世界的基本组成部分的情形相矛盾。

重整化程序在这方面的基本重要性可用下面的方式来描述。通过排除所涉及的任何不可达的、极高的能量区和相关的结构假设，重整化程序强化了量子场论的原子论承诺。这是因为出现在重整化理论中的粒子或场，确实充当着世界的基本组成部分。但是值得注意的是，这里原子性不再指称严格的点模型。在某种程度上，人们排除了所涉及的不可达的高能区，因为，由于不确定性原理，高能区从概念上讲源自严格的点模型，这样，重整化就模糊了任何类点特征。

这种空间扩展但无结构的准点模型（quasipoint model），由重整化量子场论采用或产生，可以从两方面得到证明。一方面，它是由其经验上的成功所支撑的；另一方面，它也能通过论证从哲学上得到辩护：只要实验能量不是高得足以达到探测粒子的内部结构，那么关于它们的小距离结构的所有陈述根本就是猜测，因而准点模型不但是一个适合于实验目的的有效近似，而且也是我们必须经历的一个必要的认知阶段。

相比狄拉克（Dirac，1983）和朝永振一郎（Tomonaga，1966）曾经渴望获得的真实理论，以及超弦理论学家仍然在孜孜以求的“万有理论”，准点模型似乎只是一个在过渡时期需要的数学技巧。狄拉克的追随者会争辩说，一旦基本粒子的结构已知，准点模型就应该被放弃。这是真的。但那些信奉原子论的人会争辩说，在（目前制定和实施的）物理学中，对任何层次的对象的结构分析，总是基于下一层次（似乎）无结构的对象（真正的或准点状）之上。例如，如果没有对点状部分子（the pointlike partons）的弹性散射分析作为基础，那么对深度非弹性轻子–强子散射的分析将是不可能的。因此，在量子场论中采纳准点模型似乎是不可避免的。这可能就是费曼（Feynman，1973）作如下陈述时的意思：“我们将从假设存在［准点粒子］开始，因为否则我们根本不会有场论。”

180 原子论在这一背景下的辩证法可以概括如下。一方面，就我们所知，在任何层次上，粒子的无结构特征都不是绝对的，而是有条件的和依赖语境的，只被相对低能量的实验探测证明是正确的。当实验中可获得的能量变得足够高时，粒子的一些内部结构迟早会被揭示出来，绝对不可分的观念将被证明是一种幻想。另一方面，随着粒子结构在一个层次上的揭示，同时，作为这种揭示的一个前提条件，在下一个层次上出现了（似乎）无结构的物体。因此，只要量子场论保留这一表示模式，“结构化对象用（似乎）无结构的对象表达”的原初图式就会保留，并将继续保留。[35] 由于在没有不重整化的情况下，点模型场论没有任何意义，因此，狄拉克预言重整化“是将来不会保留的东西”（Dirac，1963）听起来毫无根据。相反，根据原子论的拥护者，重整化将始终起作用，与活跃的局域场论一同起作用。

7.4.18 恼人的问题

另一方面，彻底的原子论需要一种无限递归，这在哲学上不那么有吸引力。为了避免这个令人不愉快的结果，20 世纪 60 年代初，人们基于靴袢思想（当代粒子物理学中整体论的一个变种），提出了另一个不同的纲领：S 矩阵理论。[36]靴袢哲学远远超出了场论框架，甚至试图成为一个反场论纲领。S 矩阵纲领为双重模型提供了基础。基于此，弦论发展了起来，当合并了超对称之后，超弦理论得以发展。[37]超弦理论的一个显著特征是，它们中的一些已经承诺拥有一种不受无穷大阻碍的计算方案。如果事实证明这是真的，并且超弦理论的框架能发展成一个连贯一致的框架，那么狄拉克对重整化的批评最终将证明是正确的和有洞察力的。

此外，其他让人感到烦恼的问题仍然存在。首先，众所周知，重整化程序实际上只在微扰框架中起作用。它取决于 e^2/hc 的小量（大约为 1/137）。[38]但问题是，在极短程上，有效耦合常数变得比 1 大，并且在这种情况下，不能使用微扰方法。是否存在一种可以用非微扰方法重整化的理论呢？或者说，由于临界距离小于电子的施瓦氏半径，电动力学和广义相对论的未来统一将会治愈发散的痼疾吗？或者说，电动力学和强相互作用的统一将会给这个问题带来一个解决方案吗？无论如何，电磁力和弱相互作用的统一没有达到这个目的，因为它仍然在微扰重整化的框架内。第 8.2 节、第 8.3 节、第 8.8 节和第 11.2 节将对此主题进行更多的讨论。

181 其次，一个更深层的问题与规范不变性有关。量子电动力学的重整化之所以成功，主要是因为它的规范不变性，这要求其规范量子，即光子的质量为零。一旦将有限质量的玻色子引入理论以描述其他基本相互作用，规范不变性就会遭到破坏，这些理论通常是不可重整化的。重整化纲领的进一步发展与规范理论密切相关，这将在第 10.3 节中评述。

注　释

1. 关于波函数各种解释的一个总体回顾，能在雅默的著作《量子力学的哲学》（*The Philosophy of Quantum Mechanics*）（Jammer，1974）中找到。

2. 尽管总的来说，诉诸几十年后的声明，作为权威来描述历史角色的心理状态，是不靠谱的历史实践。特别是在 1925—1927 年那段时期，对于这些思考者来说，个体性问题是如此重要，但其时对与之相关的量子力学的理解又是如此地贫乏（Forman，2011）——然而，这一引证可能并不太背离那时薛定谔的心理。

3. 参见 Rosenfeld（1973）和 van der Waerden（1967）。

4. 这可能只是事后的认识。见 Forman（2011）。

5. 对于等价性，参见第 7.3 节。

6. 见 Wentzel（1960）和 Weisskopf（1983）。

7. 这里提到的思想归功于约当，见 van derWaerden（1967）和约当的回忆录（Jordan's recollection）（Jordan，1973）。

8. 在狄拉克的论文（Dirac，1927b，1927c）中，"h"实际上等于 $h/2\pi$。我遵照狄拉克在他论文（Dirac，1927b，1927c）的讨论中的用法。

9. 早在 1926 年 8 月，狄拉克就已指出："似乎可能建立一个电磁理论，在这个理论中，在时空中的一个特定点 X_0、Y_0、Z_0、t_0 上，场的势能由常量元的矩阵表示，它们是 X_0、Y_0、Z_0、t'_0 的函数。"（Dirac，1926b）

10. 在玻色子的情形中，量子化条件是 [θ_r , N_s] $=\mathrm{i}\,h\delta_{rs}$，因此 $b_r b^*_s - b^*_s b_r = \delta_{rs}$。这与具有对称波函数的位形空间波动力学相一致。在费米子情形中，量子化条件必须以 $\theta_r N_s + N_S \theta_r = \mathrm{i}\,h\delta_{rs}$，因此 $b_r b^*_s + b^*_s b_r = \delta_{rs}$，这样一种方式加以修正。这与具有反对称波函数的位形空间波动力学相一致，在此，泡利不相容原理得到满足（Jordan and Wigner，1928）。

11. 正如我上面已指出的，这些关系本身不能被看作量子化条件。

12. 场的零点涨落与零点能没有直接的联系，那纯粹是形式上的特征，能通过被称作"正规编序"（normal ordering）的重新定义去除（Heitler，1936）。

13. 关于狄拉克对于基质的思想，见他的《量子力学原理》（*Principles of Quantum Mechanics*）（Dirac，1930b）一书的前言；关于他后来对于非力学以太的相信，见他的论文（Dirac，1951，1952，1973a）。

14. 如何以严格的数学方式定义一个相互作用场体系的真空态，是一项非常困难的任务。然而，在弱耦合区域，它能被合理地近似为每个分量场的分离真空的直积，这是微扰理论的基础。目前，这个问题没有严格的解。一些相关的讨论，参见 Schweber（1961）以及 Glimm 和 Jaffe（1987）的第 6.6 节。

15. 例如，杨振宁坚持这一立场。至于狄拉克充盈真空的概念被奥本海默和弗里的工作，以及泡利和韦斯科夫的工作之后的进展所拒斥的说法，他对我评论说："这是肤浅的，其并没有领会狄拉克思想的精神实质。"（1985 年 5 月 14 日的私人谈话）。另见 Lee 和 Wick（1974）。

182

16. 这样一个背景流形的典型例子是闵可夫斯基时空，它足以表达量子场论。但这不是必然如此。等效原则允许人们将量子场论延伸到非动力学弯曲背景流形（伴随一些限制）。在引力很重要（但几何仍是静力学的）而量子引力不重要的情形，比如霍金辐射［作为一种极限情形，其初始和终了几何都是静力学的（比如在引力坍缩前是一个星体，或在引力坍缩后是一个黑洞）］中，能获得具体的结果，尽管在更普遍的非静力学情形，没有什么是不成问题的。

17. 根据罗森菲尔德（Rosenfeld，1968），这个思想在赫兹的思想中也有其经典渊源。他强调说，赫兹的“中项”（middle term）思想能被解释为传递相互作用的“另一种隐粒子”。

18. 从相对论性经典拉格朗日场论出发，海森伯和泡利（Heisenberg and Pauli，1929，1930）发展了一个普适的量子化场论，借助于正则量子化，为费米和汤川的相互作用理论准备了工具。

19. 根据维格纳规则（Wigner and Witmer，1928），一个由奇数个自旋为 1/2 的粒子组成的复合系统必须服从费米统计，一个由偶数个自旋为 1/2 的粒子组成的复合系统必须服从玻色统计。

20. 这一思想的新颖之处，同年为多尔夫曼（Dorfman，1930）所强调。

21. 见 Yang 和 Mills（1954a，1954b）。

22. 在查德威克发现中子之后，泡利的“中子”被费米和其他人重新命名为“中微子”。

23. 这个模型被汤川秀树和坂田昌一（Yukawa and Sakata，1935a，1935b）采纳。

24. 参见 Hayakawa（1983）。

25. 所谓“二介子假说”（two-meson hypothesis）的提出是为了取代汤川的最初方案：自然界中存在两种质量不同的介子，其中，重介子 π 负责核力，轻介子 μ 是重介子的衰变产物，并在与电子和中微子发生弱相互作用时被观测到。见 Sakata 和 Inoue（1943）、Tanikawa（1943），以及 Marshak 和 Bethe（1947）。

26. 见 Euler（1936）。

27. 帕斯特纳克（Pasternack，1938）讨论了观测到的氢的两个态 $2S_{1/2}$ 和 $2P_{1/2}$ 之间的能级分裂。这一效应再次为兰姆和雷瑟福德（Lamb and Retherford，1947）所证实，从那以后以“兰姆移位”著称。

28. 在那时，物理学家特别关心散射中的“红外灾难”。但是，这与重整化的讨论不相关，因此这个主题将不在下面的讨论中涉及。

29. 应该指出，施温格可能是充分认识到电荷重整化只是电磁场的一个属性，并导致电荷的分数缩减的第一个物理学家。例如，作为对照，参见佩斯给朝永振一郎的信，佩斯在信中写道：“最令人困惑的问题似乎是如何以这种方式‘重整化’电子和质子的电荷，以使这些量的实验值相等。”（1948 年 4 月 13 日，转引自 Schwinger，1983）

30. 这个英译本发表于 1946 年。

31. 应该强调，这里补偿思想的出现纯粹是形式上的，因为正如我们不久将看到的，

对 λ 的依赖是暂时的，在最终的表达式中将消失。

32. 这个程序只有当发散子图不重叠时才起作用，而在处理重叠发散时就失效了，这种重叠发散在量子电动力学中只出现在固有自能图中。为了隔离发散图，戴森定义了一个数学程序（没有发表）。萨拉姆（Salam，1951a，1951b）把戴森的程序扩展成普遍的规则，并把这些规则应用到标量电动力学的重整化。瓦德（Ward，1951）借助于瓦德恒等式（Ward，1950），解决了电子自能函数中的重叠发散困难。瓦德恒等式是规范不变性的一个结果，并且在电子自能函数的导数和若没有重叠问题就能直接重整化的顶点函数之间，提供了一个简单的关系。米尔斯和杨振宁（Mills and Yang，1966）推广了瓦德的方法，并解决了光子自能函数中的重叠发散困难。我感激杨振宁博士让我注意这个微妙的主题。

33. 例如，一个受激氧核的电子——正电子发射对虚光子过程的物理实在性的检验。 **183**

34. 黑塞（Hesse，1961）断言，发散困难的根源可以追溯到基本的原子性概念。如果原子性概念指称点模型或局域激发和局域耦合，那么这一断言是正确的。然而，如果如通常所做的，它指称没有结构的基本成分，那么发散困难的根源只是心照不宣地被未重整化算符场论采纳的结构假设，而不是原子性概念。

35. 因此，在万物是可分的 S 矩阵理论中，由靴袢假说表达的这一思想，与量子场论所采用的原子论范式相矛盾。

36. Chew 和 Frautschi（1961a，1961b，1961c），另见第 8.5 节。

37. 关于这一评论，参见 Jacob（1974）、Scherk（1975）和 Green（1985）。

38. 因此，严格地讲，汤川的介子理论，因为不能重整化（由于在强相互作用中耦合常数很大），从来就不是一个关于核力的场论——尽管它是在朝着正确方向迈出的一步，因此人们无法根据这一介子理论计算出什么。

第 8 章

量子场纲领

在量子场纲领框架内对带电粒子和电磁场之间的相互作用的研究称为量子电动力学。量子电动力学，特别是它的重整化微扰形式，被各种理论所仿效以描述其他相互作用，因而成为一个新的研究纲领——量子场纲领的起点。量子场纲领已由一系列理论贯彻实施，其发展受到它从量子电动力学中继承而来的一些典型特征的强烈限制。出于这个原因，我将从这些特征的概述开始，对量子场纲领的曲折演变进行回顾。

8.1 基本特征

量子电动力学（QED）是由局域场算符和希尔伯特态矢空间组成的理论体系，局域场算符服从运动方程、一定的正则对易和反对易关系（分别对应于玻色子和费米子）[1]，希尔伯特态矢空间是通过将场算符连续应用于真空态而获得的，真空态作为一个没有任何物理属性的洛伦兹变换不变态，被假定是唯一的。让我们仔细来考察构成该体系的三个假设。

第一个是局域性假设。根据狄拉克（Dirac，1948）的理论，“局域动力学变量是描述时空某一点上的物理条件的量。例如，场量和场量的导数”。“如果能建立一个波函数的表示，其中所有动力学变量都是可局域化的，那么量子理论中的动力系统就可以被定义为可局域化的。”在量子电动力学中，局域性假设，作为粒子的点模型及其对粒子之间相互作用的描述的产物，被表述为类空平面上相互对易（玻色子）或反对易（米费子）的场算符，这保证了在相对类空位置的场量的测量可以彼此独立地进行。

第二个是算符场假设。当约当在 1925 年、狄拉克在 1927 年把量子力学的方法扩展到电磁学时，电磁场分量就被从经典的对易变量提升为量子力学算符了。相同的程序也能用于那些描述费米子的场（Jordan and Klein，1927；Jordan and Wigner，1928）。这些局域场算符通过它们的傅里叶变换，对与粒子相联系的量子的产生和湮灭有一个物理解释，它们被看作是场的局域激发或退激。根据不确定性原理，对于粒子的产生而言，严格的局域激发隐含着可以获得任意数量的能量和动量。因此把场算符应用到真空态的结果，不是获得一个包含一个单粒子的态，而是获得一个包含任意数目粒子的叠加态，这个叠加态只受相应的量子数守恒的限制。[2]从物理上讲，这意味着与微粒论不同的是，在量子电动力学中相互作用机制下的本体，实质上是场而不是粒子。从数学上讲，这意味着算符场由其全体矩阵元定义。现在很明显，这些占压倒性比例的矩阵元指涉远离实验经验的能量和动量。

185

第三个是裸真空的充盈假设。有许多论据反对充盈真空的假设，其中最强有力的一个论据建立在协变推理之上：由于真空一定是零能量、零动量、零角动量、零电荷，无论什么都为零的洛伦兹变换不变态，因此它必定是一个空无一物的态（Weisskopf，1983）。然而，当分析某些据猜想是由真空涨落造成的现象时，同样还是那些反对充盈真空假设的物理学家，却又心照不宣地把真空看作某种具有物质的东西，即看作一种可极化介质，或假设它是一种潜在的基质或激烈活动的场域。换言之，他们实际上接纳了充盈真空的假设。

总之，考虑到在量子电动力学中，相互作用的粒子和传递相互作用的介质分别是费米子场量子和电磁场量子，即它们都是场本体的显示，因此，量子电动力学应该被看作一种场论。然而，在量子电动力学中，局域场（和通常的局域性原则）对量子场纲领中的相互作用机制的形式，有着深刻的影响。

由于量子电动力学中的相互作用是由场量子和被称作离散虚量子（而不是连续场）的传递之间的局域耦合实现的，因此这个表述通过局域耦合的概念，深深地植根于算符场局域激发的概念之中。从而，在量子电动力学中，相互作用的计算必须考虑包含任意高能量的虚过程。然而，除了如幺正性那样的通常限制所强加的影响以外，就这些能量而言，本质上不存在相信这一理论是正确的经验证据。从数学上看，把这些在任意高能量上的虚过程包括进来，导致了明显不可确定的无穷大量。因此，发散困难是内在的，而不是外在的，是量子电动力学的真正性质。它们在量子场论的正则表述中是必要的。在这个意义上，发散的产生清楚地指出了在未重整化量子电动力学的概念结构中深刻的不连贯。或用另一种方式说，任何量子场论只有当它可重整化时，才能被认为是一个连贯的理论。正如我们将要了解的，这就是为何量子场纲领的进一步发展会受到限制的原因。

186

8.2 失败的尝试

20 世纪 40 年代后期，在量子电动力学的重整化微扰表述取得显著成功以后，量子电动力学被当作核弱相互作用理论和核强相互作用理论模拟的一个范例。但是，把相同的方法应用到核相互作用的尝试是失败的。这些失败解释了为什么在 20 世纪 50 年代物理学家对于量子场论的兴趣减弱了。

费米最初在 1933 年提出的描述 β 衰变的弱相互作用理论，在 20 世纪 50 年代被修正以包括宇称破坏，并以大质量中间矢量介子（W 介子）理论的形式被重新表述[3]，因此它与量子电动力学享有相同的理论结构。虽然量子电动力学被认为是可重整化的，但是龟渊（Kamefuchi）在 1951 年的论文中指出，费米的四费米子直接相互作用是不可重整化的。稍后又有研究证明，甚至 W 介子理论也是不可重整化的。这里给出产生这一缺陷的原因。

对于一个可重整化的理论来说，当我们定位在高阶时，原始发散图类型的数目必须保持有限，以使无穷大量能被吸收进有限多个参量中，如质量和耦合常数，它们是任意参量，能由实验确定。然而，在费米的原始表述（四线耦合）中，空间耦合常数 $G_w(\sim m^2)$隐含着 G_w 的更高次幂与更严重的无穷大量和更多类型的发散积分相联系的含义。因此，要求有无限多的任意参量来吸收无穷大量。在 W 介子理论中，耦合常数是无量纲的，但是，有质量的矢量介子传播子 $q^\mu q^\nu/m^2q^2$ 的大动量渐近形式却包含量纲系数 m^{-2}。由于在微扰理论的更高阶上的 m^{-2} 因子必须由越来越多的发散积分补偿，因此有质量的矢量介子传播子的大动量渐近形式是不可重整化的。

对于强核力的介子理论的情形，特别是在π介子和核子的赝标量耦合形式中，情形更为复杂。从形式上讲，赝标量耦合是可重整化的。然而，由于这个可重整化形式的耦合常数太大，以至于不允许使用微扰理论——重整化程序起作用的唯一框架，　因此它的可重整化是不可实现的。更为特殊的是，重整化过程实际上只在如下这样的微扰方法中才有可能，即在涉及微扰计算的每一步上从一个“无穷大”项巧妙地减去另外一个“无穷大”项。微扰方法本身决定性地依赖于耦合常数相对很小这一事实。于是，情况立即变得很显然，微扰方法不适用于介子理论，介子理论相应的耦合常数比 1 要大得多（$g^2/hc \approx 15$）。量子电动力学类型的量子场论的这一失败尝试，为色散关系方法的流行铺平了道路，也为杰弗里·丘（Geoffrey Chew）的 S 矩阵理论方法的采纳铺平了道路。在这一失败尝试中，量子场论的整个框架受到相当多理论物理学家的反对（见第 8.5 节）。

但是，即使在电磁学领域中，量子场论的失败也是明显的。大卫·费尔德曼（David Feldman）在他 1949 年的论文中谈到，矢量介子的电磁相互作用是不可重整化的。在 1951 年，彼得曼（Peterman）和斯托克伯格发现，磁矩与电磁场的相互作用（形如 $f\psi\sigma_{\mu\nu}\psi F_{\mu\nu}$ 的泡利项）是不可重整化的。稍后，海特勒（Heitler，1961）和其他人发现，除了电荷外完全等同的粒子（如π介子和核子）的质量差，是不能用重整化理论计算的。不难证实，如果质量差具有电磁性起源，那么发散的电磁自能将导致无穷大的质量差。这个困难清楚地表明，重整化理论不能实现泡利关于重整化理论将提供说明“基本粒子”质量比的普适理论的希望。

187

除了这些失败外，量子场论的重整化表述也被批评为是一个过于狭窄的框架，无法容纳对如宇称守恒破坏（CP-violating）弱相互作用和引力相互作用这种重要现象的描述。但是，20 世纪 60 年代末以来，重整化理论最严重的缺陷变得明显，人们认识到，重整化理论与重整化出现在量子场论高阶上的手征性反常和迹反常，有直接且不可调和的冲突。具有讽刺意味的是，后者的出现是重整化要求的结果（见第 8.7 节）。

量子场论的这些失败在物理学家中产生了一种危机感，要求物理学家澄清，对于量子场论的可重整化，什么才是适当的态度。

8.3　对重整化的各种态度

20 世纪 40 年代以来，物理学家面对的一个基本问题是，是否自然界中所有相互作用都是可重整化的，进一步的问题是，是否只有可重整化的理论才是可接受的。

戴森意识到这个问题的答案是否定的，并以这种观点在奥尔德斯顿会议上作了报告（Schweber，1986）。在戴森关于量子电动力学的可重整化的经典论文发表以后，这种立场受到立即出现的具体的、清楚的、否定的例子的支持（见第 8.2 节）。

对于其他物理学家来说，如贝特，由于他们已把可重整化从量子电动力学的一个属性提升到了指导理论选择的一个调节性原理，因而这个问题的答案是肯定的（Schweber et al.，1955）。他们依据预测力（predictive power）为他们的立场辩护。他们的论据是：既然基本物理学的目标是用公式表述拥有相当大预测力的理论，那么“基本定律”一定只包含有限数量的参量。只有可重整化的理论才与这一要求一致。虽然不可重整化理论的发散项能通过被吸收进适当指定的参量中而得以消除，但是这要求有无穷多参量，而且这样的理论最初要用一个出现在拉格朗日函数中的无穷多参量来定义。根据他们的可重整化原理，与电磁场相互作用的自旋为 1/2 的带电粒子的相互作用拉格朗日函数不可能包含泡利力矩。运用相同的推理，费米的弱相互作用理论失去了它作为一个基本理论的地位。重整化的另一个应用上的限制是对强相互作用中耦合六介子与核子的赝矢量的拒斥。

188

然而，重整化理论自身的内在一致性受到了戴森、凯伦（Källen）、朗道（Landau）和其他人的挑战。凯伦在 1953 年的论文中声称，从所有重整化常量是有限的假设出发，能推得量子电动力学中至少有一个重整化常量一定是无穷大的。多年来，大多数物理学家把这个矛盾的结果理解为量子电动力学不一致的证据。然而，正如后来一些批评家所指出的（Gasiorowicz et al.，1959），凯伦的结果依赖于一些众所周知的不可靠论据，这些论据涉及在无穷多态上求积与求和顺序的相互交换，因而是非决定性的。凯伦（Källen，1966）本人后来承认了这一含混性。

对于重整化理论逻辑一致性的挑战，一个更为严重的论点是就微扰理论的破产而言的。众所周知，戴森的重整化理论只在微扰理论的框架内得到系统表述。微扰重整化理论的产物是一组对场论的格林函数形式上定义得很好的幂级数。然而，人们不久意识到这些级数（特别是适合 S 矩阵的级数）极可能发散。因此，理论学家陷入了混乱的状态，不能给出这个问题的答案：场论的微扰级数在什么意义上定义了一个解？十分有趣的是，第一个对微扰重整化理论不再抱幻想的物理学家是戴森本人。1952 年，戴森给出了一个有独创性的论证，表明重整化之后所有的幂级数展开都是发散的。随后由赫斯特（Hurst，1952）、瑟林（Thirring，1953）、彼得曼（Peterman，1953a，

1953b)、贾菲（Jaffe，1965）以及其他公理化场论（axiomatic field theory）和构造场论（constructive field theory）的理论学家给出的讨论，进一步加重了如下断言：绝大多数重整化场论的微扰级数是发散的，尽管在大多数情形中尚不存在完全的证明。

对于格林函数而言，一个发散微扰级数可能仍然是这个理论的一个渐近解答。20 世纪 70 年代中期，构造场论学家建立了某些场论模型的解，这些人后验地指出这个解由其微扰展开唯一地确定（Wightman，1976）。然而，这些解只适合于二维或三维时空连续统中的场论模型。就更能实现的四维量子电动力学而言，赫斯特在 1952 年已提出，量子电动力学与实验符合得极好，这说明微扰级数可能是一个渐近展开式。

然而，具有讽刺意味的是，凯伦、朗道，特别是盖尔曼和劳（Gell-Mann and Low，1954）对量子电动力学的高能行为的研究表明，在量子电动力学中，作为电荷重整化的一个必然结果，微扰方法不可避免地失效了。朗道及其合作者进一步论证，保留在微扰框架中内将导致毫无相互作用（零重整化电荷）[4]，或将导致鬼态（ghost states）的出现，使得理论明显不连贯（Landau，1955；Landau and Pomeranchuck，1955）。两种结果都表明，微扰理论在重整化量子电动力学中不适用。

189

在种类繁多的非阿贝尔规范理论中，特别是在量子色动力学（QCD）中发现了渐近自由之后，人们希望微扰量子色动力学将去除朗道鬼态，进而消除对量子场论一致性的大部分怀疑的。然而，这种希望没有维持多久。人们不久就意识到，在高能处消失的鬼态会在低能处重新出现（Collins，1984）。因此，场论学家被强烈而持久地提醒微扰理论的适用范围。结果，量子场论总体上的一致性问题，特别是它的微扰表述的一致性问题，仍然处于不确定的状态。

理论物理学家对可重整化问题的态度截然不同。对于大多数职业物理学家来说，一致性不过是一个迂腐的问题。作为实用主义者（pragmatists），他们只以自己的科学经验为指引，很少有兴趣去思考理论的终极一致性。

朗道和丘采纳的立场更为激进和极端。他们拒斥的不仅仅是相互作用的特殊形式和量子场论的微扰描述，而且拒斥量子场论本身的一般框架（见第 8.5 节）。对于他们而言，局域场算符概念本身和对在微观时空区域中相互作用的任何具体机制的假定是完全不可接受的，因为这些都太过思辨，以至于甚至在原则上也是不可观测的。他们的立场得到了量子场论存在发散且重整化理论缺乏一致性这样一些证据的支持，尽管朗道对重整化量子电动力学的不一致性的论据还不能称为是决定性的。

施温格关于重整化的观点特别有趣，这不仅仅因为他是重整化理论的奠基人之一，而且主要因为他对重整化纲领的基础给出了有洞察力的分析，并且还因为他是重整化纲领最为尖锐的批评者之一。根据施温格的观点，采用局域场算符作为其概念基础的未重整化描述，包含了对高能处具体情况非常敏感的物理粒子的动力学结构的猜测性假设。然而，我们没有理由相信在高能领域这一理论是正确的。克拉默斯认为，量子场论应该有一个不依赖于结构的特征，施温格赞同这一规则并把它接受为一个指导原则，他详细阐述的重整化程序去除了任何所涉及的极高能量过程、相关的小距离以及内部结构的假设。他由此就将焦点从关于局域激发和相互作用的假说性世界转移到了关于物理粒子的可观测世界。

然而，施温格发现，先引入与物理无关的结构假设，仅仅在最后删除它们以获得物理上有意义的结果，以这种迂回方式前行，是不可接受的。这个批评构成了对重整化的哲学拒斥。但是，如果局域算符场论能产生有意义的结果，那么重整化在该理论中将是重要的和不可避免的。为了使批评产生逻辑结果，施温格（Schwinger，1970，1973a，1973b）引入了用数字估值的（非算符）的源和数字场来取代局域场算符。这些源象征着对物理系统指派度量的干涉。而且，相关场的所有矩阵元、算符场方程和对易关系式，都能用这些源来表达。此外，人们业已表明，作用量原理能给出整个形式体系的简洁表达。

190

根据施温格的说法，他的源理论以有限量为主，因而没有发散。这一理论也有足够的可塑性，能够归并新的实验结果，并能以合理的方式对其进行推广。最重要的是，这一理论可以做到这一点，而不会陷入必须将理论扩展到任意高能量的陷阱。这构成了未被探索的领域，在那里肯定会遇到新的、未知的物理学。

因此，从施温格的角度来看，重整化的最终命运是被消除，将从对自然的任何描述中被排除出去。他试图通过放弃局域算符场的概念来实施这一点，因而彻底改变了量子场论的基础。施温格方法（其基础是在他 1951 年的论文中奠基的，在 20 世纪 60 年代和 70 年代又做了详细阐述）的激进特征，直到 20 世纪 70 年代中期才被认可，这一时期可重整化原理开始受到挑战。到那时为止，运用重整化群方法进行的研究探明了重整化和可重正性的新洞见，导致了人们对重整化和量子场论的新理解，也普遍导致了人们对科学理论的全新看法。因此，人们重新燃起了对不可重整化理论的兴趣，“有效场论”（effective field theory）方法开始流行（见第 11.5 节）。在这种变化了的概念背景下，一些敏锐的理论学家开始意识到，施温格的思想在基础物理学观点的激进转变中至关重要（Weinberg，1979）。

8.4　公理化方法

20 世纪 50 年代量子场论开始衰落，但是它并没有消亡。有些物理学家对量子场论持肯定态度。公理化场论学者的态度最积极[5]，他们竭力阐明量子场论的数学基础，希望消除其最明显的矛盾之处。

本着希尔伯特的精神传统，公理化场论家试图通过公理化来解决量子场论的内在一致性问题，并认为这是对概念问题作出明确回答的唯一途径。

当希尔伯特试图通过证明由数学实体组成的形式体系的一致性来使数学实体的使用合法化时，公理化场论家则采取了相反的做法。他们试图通过构造非平凡的例子（这些例子的存在只是公理的一个推论）来证明量子场论的内在一致性。在不从根本上改变量子场论的基础的情况下，他们试图一步一步地克服其一致性方面的明显困难。虽然许多重要的问题仍然存在（例如任何庞加莱不变局域场论的相互作用图像的合法性，作为戴森的微扰重整化理论的基础，庞加莱局域不变场论受到了哈格定理的挑战），但是，他们没有发现任何迹象表明量子场论包含基本的不一致性。

对于公理化场论家来说，局域场并不是完全局域的。他们把局域场看作赋值算符，并且只在分布的意义上存在。也就是说，局域场只能被理解为赋值算符分布，它们能用在无穷大处快速衰减的无穷大可微测试函数来定义，也能用紧支性的测试函数来定义。因此，对于公理化场论家而言，询问在时空点 P 上的场值是没有意义的。在这种方法中重要的是通过让这个值作用于其支撑包含在所选邻域中的测试函数，让在 P 的一个尽可能小的邻域中场的涂抹值处在所选邻域中。从本质上讲，这是对修正精确点模型的物理思想的数学表达。考虑到如下事实：量子场论中的发散起源于点模型（假设［无结构的］点量子之间的局域耦合），而重整化的实质是吸收无穷大量，这相当于把精确的点模型模糊化，因此，公理化场论中的涂抹（smearing）概念似乎暗示了公理化场论的基本动机和重整化理论之间的深刻联系。 191

对于公理化场论家来说，由于紫外发散的存在和源于无穷大时空体积的无穷大量，一个未重整化的理论毫无疑问是不连贯的。这种不连贯必须从理论中清理出去，并且要把福克表象（Fock representation）作为对正则对易关系的外尔形式（Weyl form）的一个候选者排除出去。这两种无穷大量的出现使得定义一个哈密顿算符成为不可能，量子场论的正则量子化的整个方案坍塌了。

重整化理论中的一致性问题完全不同于未重整化理论中的一致性问题。紫外发散被设想为可以通过重整化程序规避。公理化场论家声称，一些遗留的困难，如如何定义局域场和它们的等价类，如何规定渐近条件和相关的约化公式，可以借助于分布理论和赋范代数，以一种严格的方式进行分析（Wightman，1989）。

当然，以这种方式定义的理论在微扰理论的意义上仍然是不可重整化的。然而，20世纪70年代中期以来，人们已付出了巨大的努力，用构造场论的方法来理解不可重整化理论的结构，并建立使一个不可重整化理论可以有意义的条件。这项研究的一个显著结果是：一些不可重整化理论的解，只有有限数量的任意参量。这与它们按照微扰级数的描述相反。人们已猜想，在微扰理论中要重整化无穷多参量的必要性可能来自一个不合理的幂级数展开式（Wightman，1989）。

确实，在这些努力中，公理化场论家和构造场论家已展示了一个开放的和可变通的心境。然而，理解重整化理论的基础和证明其一致性的未来发展可能涉及假设上的改变，这些假设还没有受到现有理论的挑战，还没有为现有理论的任何公理化所捕获。无论如何，不顾20世纪50年代中期以来的精深努力，构建一个可解的四维场论的失败，表明公理化场论家和构造场论家在希尔伯特的意义上解决量子场论的一致性问题有相当大的困难。这也多少挫败了他们最初的乐观主义。

192

一个有趣但还没有被挖掘的主题是，在1955—1956年，公理化场论在构造S矩阵理论的发展中所起的作用。根据莱曼、西曼齐克和齐默尔曼（LSZ）（Lehmann et al.，1955，1957）以及怀特曼（Wightman，1956）的研究，量子场论或者它的S矩阵元，能直接只用格林函数（或推迟函数，或场乘积的真空期望值）来表达。正如怀特曼（Wightman，1989）曾经指出的，格林函数的LSZ约化公式“是不可数色散理论计算的出发点”；按照推迟函数，对于$2 \rightarrow n$个粒子反作用力来说，LSZ约化公式“对于n=2，是证明色散关系的出发点”。值得注意的是，南部在对色散关系做出重要贡献（Nambu，1957）之前，在1955—1956年曾发表了两篇关于量子场论中格林函数的结构的论文（Nambu，1955，1956）。这些论文富有公理化场论的精神并为双重色散关系的发展铺平了道路，这对于 S 矩阵理论的概念发展是至关重要的一步（见第 8.5 节）。

8.5 S 矩阵理论

如上所述，20 世纪 50 年代，量子场论中的危机感很重。除了在制定弱相互作用和强相互作用的可重整化理论方面的失败以外，在 20 世纪 50 年代中期，朗道及其合作者（Landau et al.，1954a，1954b，1954c，1954d，1955）指出，除了非相互作用粒子以外，局域场论似乎没有解。他们指出，只有把无穷大项从幂级数中除去，可重整化微扰理论才会起作用，并且对于四维时空中任何量子场论来说，通常没有非平凡的、非微扰的幺正解。当形式幂级数解法生成并满足每一阶展开式的幺正性时，他们可以证明级数本身并不收敛。他们还声称已经证明量子电动力学必须有零重整化电荷。[6]朗道把这些概念困难当作证明量子场论作为一个建立在量子局域场算符、微观时空、微观因果性和拉格朗日方法等概念基础上的研究框架，是不充分的证据。他竭力主张量子场论的不连贯似乎在这些不可观测量中有其根源。朗道所提出的用来反驳量子场论的这一论据，尽管不被当时的大多数物理学家认真地接受，但是对于一些激进的物理学家来说的确有强烈的哲学吸引力。

量子场论中的另一个概念困难与其原子论思维有关。量子场论的一个基本假设是，由场方程描述的基本场与“基本粒子”相关联，基本粒子反过来被认为是整个宇宙的基本建筑砖块。在 20 世纪 30 年代早期，尽管有 β 衰变的存在，但人们已经意识到，中子不应该被认为是一个质子和一个电子的复合体。因此，物质分割为基本的建筑砖块，只能被认为是一个近似的模型，这在非相对论性情形中很成功，但是在高能物理学中却不再适用。不可能断定质子和中子哪一个是更为基本的粒子，它们中的每一个不得不被看作同等基本。同样的思想不得不被应用到在 20 世纪 50 年代后期和 60 年代早期发现的大量新粒子。人们直觉上很清楚，这些新粒子不可能全部都是基本的。因此，量子场论被迫要在基本粒子和复合粒子之间作出一个清楚的划分。直到 20 世纪 60 年代，关于这一主题的研究文献才开始出现，但是并没有给出令人满意的划分标准。[7]因此，在强相互作用的范围内，用最先偶然发现的、被看作基本的少数粒子来探究量子场论，似乎是不得要领的。

193

此外，在20世纪60年代初期，量子场论也被打上了经验上不充分的烙印，因为它没有给出与雷杰轨迹（Regge trajectory）相关联的粒子家族存在的任何解释。与此相关的其他困难是：量子场论似乎不能产生解析散射幅，并且似乎也在色散关系中引入了任意的减去法参量。

与这一情境相反，在色散关系的发展中出现了一种新趋势，丘和他的同事把雷杰极点（Regge pole）和靴袢假说协调地结合在一起，形成一个高度抽象的方案——解析S矩阵理论（SMT），在20世纪50年代和60年代，这一理论成为强相互作用领域中一个主要的研究纲领。

S矩阵理论最初由海森伯在1943年和1944年提出（Heisenberg，1943a，1943b，1944），作为一种取代量子场论的自洽的研究纲领。海森伯对量子场论的批评集中在发散困难上；发散困难提醒他，未来的理论还需夯实基础。他关于S矩阵的工作的目的是想在量子场论的基础上提取那些普遍适用的、将包含在未来的正确理论中的概念。洛伦兹变换不变性、幺正性和解析性[8]是这一物质世界的概念，并被具体表现在S矩阵理论中。S矩阵由渐近态确定，因此其是由实验直接给出的量。而且，S矩阵理论似乎不遭遇任何发散困难。事实上，有限性（finiteness）是海森伯研究纲领的主要目标，而重整化纲领的出现排除了这一目标的必要性。与之前遇到的一些其他困难一起，重整化使海森伯的S矩阵理论退居到了幕后。然而，由这一纲领提出的问题，如“因果性和S矩阵元的解析性之间的关联是什么？”（Jost，1947；Toll，1952，1956）和“如何从散射数据中确定薛定谔理论的相互作用势？”导致盖尔曼和戈德伯格（Gell-Mann and Goldberger，1954；Mann et al.，1954）提出色散理论纲领（dispersion theory programme）。[9]

色散理论纲领为计算S矩阵元提供了动力学方案，这在海森伯纲领中是缺乏的。戴森计算S矩阵元的方法（Dyson，1949a，1949b），虽然也受海森伯纲领的启示，但在本质上是与海森伯纲领非常不同的一种方法，因为它明确地涉及场论。盖尔曼、戈德伯格和瑟林提出色散纲领的初始动机是从场论中提取精确的结果。他们所遵循的散射幅的解析性和色散关系，源于对可观测场算符的微观因果性的假设。他们用到的另一个“原理”，即交叉对称性（crossing symmetry），被看作一个普遍的性质，被表征场论的微扰展开式的费曼图所满足。

194

在1956年召开的罗切斯特会议上，盖尔曼（Gell-Mann，1956）声称，如果适当的边界条件被施加在无穷大动量的动量空间上，那么交叉性、解析性和幺正性将确定散射幅。他进一步声称，这对于确定一个场论来说也几乎是充分的。因此，色散理论纲领被其发明者之一盖尔曼认为只是一种在质壳（包括虚动量）上明确表达场论的方式。情况的确是这样的，虽然在罗切斯特会议上盖尔曼也提到，如果对色散纲领进行非微扰处理，那么将令人回忆起海森伯的希望——直接写下 S 矩阵而不是从场论中计算它。

事实上，在色散纲领中获得的结果是相当独立于场论细节的。幺正性将任一散射幅的虚部与涉及散射幅的平方的一个总截面关联起来，因果性（通过解析性）把散射幅的实部和虚部相互关联起来。以这种方式，一个闭合的、自洽的非线性方程组产生了（这或者能以微扰的方式解决，或者能以某种非微扰的方式解决），这使物理学家能从基本原理中获得完整的 S 矩阵，并且能从量子场论的概念困难和计算困难中把它们拯救出来。正是色散纲领和海森伯纲领之间的这种内在逻辑关联，使得盖尔曼对海森伯 S 矩阵理论的"偶然"提及，成为 20 世纪 50 年代、60 年代解析 S 矩阵理论进一步发展的强有力的推动力。[10]

然而，作为一个动力学方案，色散理论缺乏一个至关重要的因素：一个关于"力"的观念的对应物的清晰的概念。在这个理论中，计算方案是在质壳上实行的，因此只涉及渐近态，其中，粒子外在于彼此的相互作用区。因此，能使这个方案描述相互作用的一个关键性问题是，如何定义一个表征散射幅的解析函数。由盖尔曼、戈德伯格和瑟林（Gell-Mann et al.，1954）明确表达的初始色散关系，清楚地展示了粒子极点，这对于定义一个解析函数在数学上是必要的，因为，如果用刘维尔定理来定义，这个解析函数将是一个令人不感兴趣的常数。然而，对于理论的这一特征人们在最初并没有给出任何强调，更不用说对 S 矩阵的奇异性所扮演的角色的准确理解了，即对一个不同于量子场论的新纲领在提供"力"的概念上的作用没有适当的理解。

在这个方向上的进展是通过以下三种方式取得的：第一种方式是，把戈德伯格的相对论性色散关系（Goldberger，1955a，1955b）与丘和劳的 π 介子-核子散射理论（Chew and Low，1956）结合在一起；第二种方式是，把盖尔曼和戈德伯格的交叉对称性（Gell-Mann and Goldberger，1954）和曼德尔施塔姆的双重色散关系（Mandelstam，1958）结合在一起；第三种方式是，把解析延拓从线性扩展到角动量（Regge，1958a，1958b，1959，1960）。让我们依次考察这些进展。 **195**

（1）丘-劳理论（Chew-Low theory）把丘用于 π 介子-核子散射的静态模型（Chew，1953a，1953b）与劳用于散射幅的非线性积分方程（Low，1954）联合在一起，并且只涉及重整化量。在单介子近似中，它有一个满足幺正性和交叉性的解，有一个单极点和好的渐近行为，但它遭受了三位物理学家卡斯蒂列霍、达利茨和戴森（L. Castillejo，R. H. Dalitz and F. J. Dyson，CDD）提出的一个歧义性（ambiguity）的折磨。[11] 力的观念在传统的拉格朗日场论中是明确的。然而，通过应用解析函数，丘-劳公式允许与实验数据有更直接的联系。解析函数的极点是这一联系的关键。极点的位置与粒子质量联结在一起，极点处的留数与"力的强度"（耦合常数）联结在一起。这个半相对论性模型转变为完全相对论性的模型，导致了关于力的一种新概念：力存在一个解析 S 矩阵的奇点中（Chew et al.，1957a，1957b）。此外，色散关系本身被理解为用奇异性表达一个解析 S 矩阵元的柯西-黎曼公式。[12]

（2）交叉性是盖尔曼和戈德伯格在他们的一篇论文（Gell-Mann and Goldberger，1954）中发表的。交叉性最初被理解为一种关系，通过这一关系入射粒子变为出射反粒子。曼德尔施塔姆的双重色散关系（Mandelstam，1958）是从能量变量到散射角的解析延拓，或者同曼德尔施塔姆变量一起是从 s（在 s 信道中的能量变量）到 t（在 t 信道中的不变能量，或者通过交叉，在 s 信道中的动量传递变量）的解析延拓。曼德尔施塔姆双重色散关系的一个重要结果是，它把交叉性的概念转变为一种新的动力学方案，在这个动力学方案中，在一个给定信道中的力存在于交叉信道的一个极点之上。

这个新方案反过来导致了用于理解强子的靴袢方法。双重色散关系使得丘和曼德尔施塔姆除了能分析 π 介子-核子散射外，还能分析 π 介子-π 介子散射（Chew and Mandelstam，1960）。他们发现，两个 π 介子（后来被命名为 ρ 介子）的一个自旋为 1 的束缚态构成了一种力，这种力经由交叉性是制造相同的束缚态的中介；也就是说，作为一种"力"的 ρ 介子产生作为一个粒子的 ρ 介子。靴袢概念作为这种计算的一个结果而引入。没过多久，丘和弗劳奇（Chew and Frautschi，1961a，1961b）就提出，如在 ρ 介子情形中一样，所有的强子都是其他强子的束缚态，这些强子在交叉信道中由强子的极点表征的"力"支撑。所有强子通过这样一种靴袢机制而自生，这可以用来自洽地和唯一地确定它们的全部性质。

曼德尔施塔姆表象被证明与势散射理论中的薛定谔方程等价。[13] 而且，研究表明，薛定谔方程能作为对低能处的色散关系的一个近似而获得。[14] 这就支持了如下猜测：一个具有确立得很好的非相对论性势散射理论的自洽纲领，在它的极限情况下，可以取代量子场论。在这个纲领中，动力学不由时空中一个具体的相互作用模型规定，而是由受制于最大解析性要求的散射幅

196

的奇异性结构决定。散射辐的奇异性结构要求在这个散射幅中没有不同于由幺正性和交叉性要求的奇异性出现。[15]在这些靴袢计算中所遗留的一个更深的困难由渐近条件问题提出。对于势散射，这一困难被图利奥·雷杰（Tullio Regge）解决。

（3）在证明位势理论中的双重色散关系时，雷杰（Regge，1958a，1958b，1959，1960）能证明，同时把S矩阵延拓到复能量(s)平面和复角动量(j)平面是可能的。因此，在j平面中一个特殊极点的位置是s的一个解析函数，而一个固定的极点［α(s)=常量］是不被允许的。如果在某一能量（$s>0$）上，Re α (s)的值经过一个正整数或零，那么在这一点上将有一个自旋等于这个整数的物理共振态或束缚态。因此，通常，在j平面中一个单极点的轨迹作为改变了的s，对应于一个不同的js和不同质量的粒子家族。然而，当$s<0$时[16]，雷杰证明，雷杰轨迹$\alpha(s)$控制弹性散射幅的渐近行为，它与$t^{\alpha(s)}$成正比，当s充分为负时，$\alpha(s)$也为负。因此，只是在那些$l<\alpha(s)$的分波中，才可能有束缚态。这隐含着能在t信道的渐近行为中探测到$s<0$的轨迹，而最为重要的是，这隐含着折磨量子场论的发散困难至少是可以避免的。

这些结果被丘和弗劳奇（Chew and Frautschi，1960，1961c）注意到，并被假设在相对论性情形中也是正确的。最大解析原理从线性动量（“第一种”动量）到角动量（“第二种”动量）的合成延拓（resulting extension）隐含着，信道中的力存在于交叉信道的移动奇点上，这就使得对靴袢假说作如下重新表述成为必要：所有强子，作为S矩阵的极点，位于雷杰轨迹上。

靴袢假说的这一变种为动力学强子模型提供了基础。在这个也称作“核民主”（nuclear democracy）的模型中，所有的强子都被看作或者是复合粒子，或者是组分粒子，或者是结合力，这取决于它们涉及的特定过程。人们根本关心的不是粒子，而是它们的相互作用过程，强子的结构问题被按照强子反应幅的结构重新表述。[17]

根据丘和弗劳奇的研究，区分复合粒子和基本粒子的判据是一个粒子是否依赖于雷杰轨迹：复合粒子与一个在j平面上作为s的一个函数移动的雷杰极点相联系，而基本粒子极点仅与角动量相联系，不承认在j平面上有延拓。根据这个判据，他们声称：

> 一方面，如果自然界中确实出现了j=1/2和j=0的基本粒子极点，那么可以认为，直接用S矩阵工作只是一个评估传统场论的技巧。另一方

197 面，如果对所有重子和介子极点承认在 j 平面上的延拓，那么关于强相互作用的传统场论不仅是不必要的，而且是明显误导的或许甚至是错误的。

（Chew and Frautschi，1961a）

这是对量子场论的一个严重挑战，盖尔曼和其他场论学家对这一挑战的回应，导致了对调和量子场论和S矩阵理论的一次尝试，即雷杰化纲领（Reggeization programme）。[18]

作为一个反对量子场论的基本框架，S矩阵理论是由极少数粒子理论学家在20世纪50年代、60年代贡献的一个结果。然而，其中心思想和原理主要由朗道和丘提供。朗道为S矩阵理论奠定基础的贡献包括：①主张量子场论不足以处理相互作用；②促进人们认可在强子和解析S矩阵的极点之间存在普遍的对应性[19]；③表述S矩阵的奇异性的图解法和规则。[20]朗道的图解法不同于费曼图，并且绝不等同于微扰理论：所有相关粒子对一个物理过程的贡献都包括在奇异性中[21]，图中的线对应于表示渐近态的物理强子，不需要考虑重整化。因此，表示物理过程的朗道图成为一个新的研究主题，并成为S矩阵理论基础的组成部分。[22]事实上，朗道关于图解法的论文（Landau，1959）成为20世纪60年代开发公理化解析S矩阵理论的出发点。[23]

然而，丘是引领这场运动远离量子场论、朝向S矩阵理论发展的集成者和真正领袖。除了在建立新的动力学方案的整个三阶段中的原创性贡献以外，丘也提供了一些哲学论据来支持强子的这一动力学模型。他充满热情地给出了反驳量子场论中采用的原子论范式的论据，并拒斥任意指定基本粒子的思想。受盖尔曼和朗道思想的影响，也受他自己关于雷杰极点和靴袢计算的研究的激励，丘在写《强相互作用的S矩阵理论》（*S-Matrix Theory of Strong Interactions*，1961年）一书期间，于1961年曾在拉霍亚召开的一次讨论会上作了一次演讲。在这次演讲中，他简要说明了他的思想和海森伯的旧S矩阵理论思想之间的联系。在这一著名的演讲中，丘切断了与量子场论的联系，而采纳了S矩阵理论。[24]丘采取了极端激进的立场，坚持认为在强相互作用物理学中，我们不得不放弃量子场论而使用S矩阵理论。在1962年1月于纽约召开的美国物理学学会会议上，丘（Chew，1962a）宣称他致力于解析S矩阵理论，而拒斥被他“最熟悉和最亲密的朋友”所持有的“场论是一种同样合适的表达方式”的观点。在他看来，“基本的强相互作用概念，在纯 S 矩阵方法中是简单和优美的，而对于场论来说，如果不是不可能的，就是怪诞的”。

丘的反场论立场主要基于两个假设：①核民主和靴袢假说；②最大解析性。根据第一个假设所有的强子都是复合的，所有物理上有意义的量都是由幺正性方程和色散关系自洽地和唯一地确定，不允许有任意指定的基本量（如与出现在量子场论中的基本粒子或基本场相关的量）。最大解析性的假设除了要求由朗道规则要求的最小集合，或者要求所有的强子均位于雷杰轨迹上以外，还要求 S 矩阵没有奇异性。当时，所有强子位于雷杰轨迹上的这种性质，通常被理解为复合粒子的特征。根据丘的观点，雷杰假说提供了实现靴袢思想的唯一途径。他坚持量子场论与最大解析性原理不相容，因为量子场论假定了存在不能产生雷杰极点的基本粒子。由于低质量的强子，特别是核子，被发现位于雷杰轨迹上，因此，丘与把质子看作基本粒子的传统信念分道扬镳，并声称所有的强相互作用物理学将从最大解析性、幺正性和其他 S 矩阵原理中产生。

198

对于丘而言，量子场论之所以是不可接受的，主要是因为量子场论假定了基本粒子的存在，这不可避免地导致与核民主和靴袢假说相冲突，也与解析性相冲突。基本粒子的不存在，对于丘的反场论立场而言是那么关键，以至于他甚至选择这一判据来刻画其新理论的特征。[25]除了丘支持靴袢假说和最大解析性的论据以外，丘拒斥基本粒子的概念也为西岛和彦（Nishijima，1957，1958）、齐默尔曼（Zimmermann，1958）以及哈格（Haag，1958）的早期工作所支持。这些作者声称，就散射理论而言，复合粒子和基本粒子之间不存在任何差别，因为所有的粒子产生相同的极点和截止，与它们的起源不相关。丘甚至诉诸费曼原理——正确的理论不应该为确定哪些粒子是基本的提供可能性。[26]因此，从 1961 年 6 月的拉霍亚会议到 1962 年 7 月的日内瓦会议，丘给场论学家施加了巨大的压力。

作为靴袢假说的一个原创者和主要倡导者，丘把一致性和唯一性原则作为 S 矩阵理论的哲学基础。在 20 世纪 60 年代前半期，丘强有力地影响了强子物理学共同体。他的哲学立场，尽管甚至被他的一些亲密合作者（如盖尔曼和劳劳）视为是教条的和迷信的[27]，然而却被他及其合作者在 S 矩阵理论框架内获得的一些得到很好证实的物理结果所支持。在这些结果中最令人信服的是，人们发现大量重子和介子共振子几乎位于线性雷杰轨迹上。靴袢动力学另一个给人深刻印象的证明是 ρ 共振子的质量和宽度的计算，人们发现其计算结果接近于实验值。[28]丘关于核子、π 介子和（3，3）共振子的倒易靴袢计算，为这种靴袢计算提供了一个更为复杂的例子（Chew，1962a）。

S矩阵理论在物理学上及其哲学诉求上的成功，使得它在20世纪60年代早期非常流行。在强子动力学方面工作的物理学家，不可避免地要对丘对量子场论的挑战作出回应。然而，除了丘的一些最忠实的追随者之外，甚至在他的合作者之中，也很难发现有谁是全心全意地忠于丘的激进立场的。不过，仍然有一些物理学家，如布兰肯贝克勒（Blankenbecler），试图采纳对于丘的立场来说是至关重要的思想，他们实际上成了丘的立场的支持者。其他人，如盖尔曼，虽然吸收了一些丘鼓吹的思想，但是拒绝丘关于S矩阵理论与量子场论相对立的观点，并试图调和这两种方法，甚至不惜付出概念上不连贯的代价。[29]

199

无论如何，几乎每一位粒子物理学家都强烈地感受到了丘对粒子物理学基础施加的概念压力。例如，在20世纪60年代前半期，物理学家对靴袢内在对称性进行了雄心勃勃的研究。[30]另一个启发性的例子与温伯格有关，他后来成为一名杰出的场论学家。在1964—1965年，温伯格（Weinberg，1964a，1964c；1965b）试图把S矩阵理论从强子相互作用扩展到电磁相互作用[31]和引力相互作用，并在推导规范不变性和麦克斯韦方程组上取得了成功，也在S矩阵理论框架内成功推导出了等效原理和爱因斯坦方程。温伯格的目的是“质问场论在理解电磁学和引力上的必要性”，因为直到那时，电磁学和引力一直被认为是场论最可靠的例子。当时温伯格“还不清楚”

> 场论是否将继续在粒子物理学中起作用，或者是否它最终将被纯粹的S矩阵理论所取代。
>
> （Weinberg，1964a）

当温伯格在他的分析中使用费曼图的表达方式时，他要求读者“在此，请欣赏我们孩童时代训练的结果，而不是对场论有任何本质上的依赖”（同上）。

温伯格的态度反映了当时的流行风气，一年后，戴森将其描述为：

> 许多人现在对场论与强相互作用物理学的相关性深表怀疑。场论对现在流行的S矩阵处于防御状态……容易想象，几年后，场论的概念将完全从高能物理学的日常工作词汇中消失。
>
> （Dyson，1965）

量子场论和S矩阵理论在基本假设上的不同可总结为以下几点。

（1）在 S 矩阵理论中，基本本体是过程而不是实体；量子场论的建筑砖块是基本场或它们的量子——基本粒子。

（2）在 S 矩阵理论中，力由奇点结构表示；在量子场论中，力由与相互作用量子耦合的中介虚量子的传播表示。

（3）在量子场论中，费米子数守恒，玻色子数不守恒；而在 S 矩阵理论中，费米子和玻色子之间的这一差异不那么明显。

（4）在 S 矩阵理论中只有复合粒子的参量可由动力学方程唯一地确定； **200** 而在量子场论中存在具有任意参量的基本粒子。

（5）S 矩阵理论产生没有任何固定奇点的解析振幅；量子场论产生有固定奇点的振幅，这起源于有固定自旋的基本粒子。这一区分导致了它们高能行为的差异，S 矩阵理论中的高能行为要比量子场论中的柔和得多。

（6）从方法论上讲，S 矩阵理论仅从可观测量开始计算可观测事件，而不引入任何不可观测的实体。系统的动力学由一般原理决定，没有引入任何不可观测的机制。因此，它不需要重整化。然而，量子场论的计算是从基本场（有时是不可观测的，比如夸克和胶子）和用来确定基本系统的动力学的规范群开始的。量子场论给出微观时空中相互作用的详细描述。在这里，指导原理是经验上的“试错”（trial and error）。由于没有获得前后一致的解，因此不得不求助于微扰方法和重整化程序，以获得可与实验相比较的结果。

（7）在 S 矩阵理论中用靴袢机制实现的统一（unification）是横向的；在量子场论中这种统一是纵向的，即向下还原和向上重建。

20 世纪 60 年代中期，S 矩阵理论在强子物理学中的受欢迎程度开始下降，部分原因是在处理截止和试图将该理论扩展到双体通道之外时，遇到了数学上的困难，部分原因是夸克的观念在当时越来越流行。然而，从概念上讲，就其基本假设而言，相比量子场论，S 矩阵理论在很长一段时间内仍然非常有效。靴袢思想要求在 t 信道和 u 信道中互换的强子集等价于在 s 信道中形成的共振子集和束缚强子集，这导致双共振模型（dual-resonance model）。反过来，这又隐含着强子的弦绘景并为超对称和超弦理论的引入提供了背景。

从历史上看，S 矩阵理论产生以来，量子场论作为一个基本框架，一直处于来自 S 矩阵理论的概念压力之下，正如后者也处于来自前者的压力之下一样。一些物理学家试图把量子场论还原为 S 矩阵理论的一种极限情形，另一些物理学家则把 S 矩阵理论的原理看作量子场论的属性。[33]温伯格把量子场论看作实施 S 矩阵理论的公理的一个方便途径（Weinberg，1985，1986a，

1986b)。然而，量子场论和S矩阵理论作为两种独立的研究纲领，几乎没有物理学家去研究它们之间的相互影响，这种研究对于我们理解粒子物理学的概念发展来说，可能证明是有帮助的。[34]

8.6 轴矢流部分守恒假说[35]和流代数

对量子场论危机的第二种类型的回应，是建立在对称性考虑的基础之上的。对称性方法首先被应用于强子的弱相互作用和电磁相互作用领域。后来，它被扩展到低能强相互作用领域。从唯象学的角度看，这些相互作用似乎可根据强子流（hadron currents）用有效哈密顿函数很好地描述。人们推测，强子流是从强子场中构造出来的，然而，在某种程度上，它的细节只能有待于涉及强子的性质、支配强子行为的动力学定律（场方程）和解释这些定律的理论这些基本事件来决定。在20世纪五六十年代，物理学家对电磁学以外的精确定律知之甚少，也无法解决任何为解释强子动力学而提出的现实模型。因此，主流物理学家普遍放弃了沿着量子电动力学线路发展强相互作用理论的努力。与S矩阵理论（SMT）一样，在那个时期在强子物理学中出现的第二种趋向是推迟从“第一原理”来分析强子流。相反，这种趋向把注意力集中在对称性上，认为对称性的含义可以独立于动力学的细节来提取。

201

在20世纪50年代后期、60年代早期，一个被称为轴矢流部分守恒假说（partial conservation of axial current hypothesis，PCAC hypothesis）和流代数的新研究纲领逐渐成形。在这个纲领中，局域场论的对称性被用来超越这个理论的动力学细节，并拥有超出最初几阶微扰的有效性。这个对称性纲领（symmetry programme）与解析性纲领S矩阵理论一样，也是一个准自洽纲领。它之所以是一个准自洽的纲领，首先是因为其起源于量子场论。它是从量子场论中提取出来的，并且能用场论模型来研究。这个纲领研究的主要对象——流算符（current operators）被设想原则上是从局域场算符中构造出来，并能以与在量子场论中场算符相同方式进行运算：流算符能被嵌入两个物理态，以表示它对初态的作用，这一作用造成初态向末态的跃迁。由于对称性纲领是从一个没有动力学源（场方程）的物理系统的一些普遍属性（这个纲领中的对称性与S矩阵理论中的解析性、幺正性等相对照）中提取物理信息，实现了一个独立的理论推进，因此其是准自洽的。这个纲领的出发点是对称性。流主要被认作是对称性的表象，而不是从动力学系统中推导出来的，当时的动力学系统是不可解的。

如果我们关于物理世界的知识能从一个展现在各种典型的拉格朗日函数和物理流中的先验数学对称群中推导出来，那么柏拉图主义者和数学神秘主义的信奉者就可能从这一纲领中找到某种支持。但这是一个误解，或者说，至少是一个幻想。相反，这个纲领的真正性质是以逻辑经验为特征的。不变群结构，如 U(1)、SU(2)、SU(3)等，绝不是先验的，相反，它们是由实验数据中显现出的精确的或近似的规律性来间接表明的。流的矩阵元被猜想为描述了真实粒子中发生的物理上可观测的过程。

这样一种唯象学方法拥有通常与逻辑经验主义方法论相联系的所有优点和弱点。从积极的方面来看，坚持直接的可观测量（S 矩阵元、形状因子等）有助于它规避在一个可作重整化处理的局域场中，由于引入不可观测的理论结构所造成的全部困难；代数关系的形式操作（流对易子等）不但简化了真实情形，使得它们可操作，而且呈现出普遍有效性。从消极的方面来看，对通常的不可观测的实体和过程的否定，特别是对微观动力学的否定，妨碍它朝着对基本粒子及其行为的深入理解的方向前进。而且，如果没有对动力学的适当理解，就不能保证经常倾向于将真实情况过分简化的纯形式操作是普遍有效的。 **202**

值得注意的是，正如我们稍后将在本节中详细研究的那样，对称性纲领的发展很快就在 1967 年左右到达了极限。不仅它的理论潜力几乎耗尽，而且人们发现它的一些基于形式操作的预测与实验直接相冲突。实验令人信服地表明，对称性纲领的基本假设之一，即流对易子是不依赖于动力学细节的，是完全错误的。为了阐明这一情形，人们付出了巨大的努力，不久就导致了关于流代数的场论研究。其结果是对局域场论中的反常（anomalies）的深刻发现（见第 8.7 节）。这一偶然发现正好击中了重整化观念的核心。不但规范反常的出现破坏了对称性，从而破坏了理论的可重整化，而且更重要的是，反常的概念为正确理解重整化群方程提供了基础（见第 8.8 节），也为重整化的新概念提供了重要的组成部分（见第 11.5 节）。对称性纲领的讽刺意味是引人注目的。对称性纲领的出发点，是在不考虑动力学的意义上对局域场论的拒斥。然而，为了批判性地考察这个纲领本身，其发展却为回到论框架铺平了道路。当然，这不是简单地退回到以前的情形，而是作为一个否定之否定，在一个更高的层次对局域场论和重整化的丰富结构有了一个更为深刻的理解。

8.6.1 流及其矩阵元：形状因子

探究动力学系统的对称性，而又完全不求助于动力学，这样的思想在20世纪50年代是完全无效的，然而，从20世纪50年代末起，基本物理学中物理流的普遍出现，首先让人想到了这一思想。在数学上，经由诺特（Noether）的工作，众所周知的事实是，守恒流遵循动力学系统的对称性，并构成了一个对称群表象。然而，对称纲领研究的流不是纯粹的数学对象。确切地说，它们首先起因于对弱相互作用和电磁相互作用的描述。只是后来在研究这些流的过程中，随着守恒流或近似守恒流假设的作出，人们才把物理流和对称流视为一体，于是，动力学系统的对称性得以充分利用。

电磁学为物理学家的推理提供了原型。由于电荷守恒，轻子的或者强子的电磁流保持守恒，因此它们能被看作与U(1)对称流等同，而U(1)对称流是与一个物理矢量玻色子场耦合的。在这种情形中，守恒流既是系统的对称性的表象，也是相互作用过程中能量交换的介质。

203

物理学家关于弱流（weak current）的概念是在电磁流模式之后，经过一些必要的修改发展起来的。格尔什坦和泽利多维奇在他们1955年发表的论文（Gershtein and Zel'dovich，1955）中首先提及并放弃了同位旋守恒矢量流（和相应的矢量玻色子）与β衰变具有某种关联的思想。施温格在他1957年的论文中从对称性考虑入手，更仔细地思考了矢量玻色子的同位旋三重态的存在，这些矢量玻色子的普适耦合将给出弱相互作用和电磁相互作用：有质量的带电Z粒子将以与无质量光子作为介质传递电磁相互作用相同的方式，传递弱相互作用。这是弱相互作用的中间矢量玻色子理论的开始，具有深远的影响和重大的意义。

然而，在理解弱流的本质和结构上取得的更为实质性的进展，是受到弱相互作用中宇称不守恒的理论分析和实验证实的强有力进展的直接启发。在费米的原始论文中，β衰变是用矢晕（V）流的形式书写的。1957年对宇称不守恒的观测要求一个轴矢量（A）耦合。苏达香和马尔沙克（Sudarshan and Marshak，1958），还有费曼和盖尔曼（Feynman and Gell-Mann，1958），通过假设宇称的最大破坏，提出弱流的V-A形式。费曼和盖尔曼也提出了一个普适费米理论，在这一理论中，有效的弱相互作用哈密顿函数被写成弱流的乘积形式。依照格尔什坦和泽利多维奇所放弃的思想，还有施温格更为成熟的思想，费曼和盖尔曼猜测，弱流的矢量部分与电磁流的同位旋矢量部分同一；众所周知，电磁流的同位旋矢量是守恒的。因此，他们提出在物理弱流和 SU(2)同位旋对称性之间有某种联系。西德尼・布鲁德曼（Sidney Bludman）在他 1958 年的论文中更进一步地详细阐述了这种联系，从同位旋 SU(2)对称性扩展到手征 SU(2)对称性[36]，并从这一对称性推出弱流。

布鲁德曼的理论实质上是在弱相互作用的非阿贝尔规范理论方面的一个尝试。在这一规范理论中，有质量的带电矢量场与守恒弱流耦合。樱井纯（J. J. Sakurai）在他 1960 年的论文中，提出了一个与弱相互作用理论有相似理论结构的有影响的强相互作用理论。在樱井的理论中，强相互作用由三个守恒矢量流描述：同位旋流、超荷流和重子流。这些流与重矢量玻色子耦合。然而，在自发对称性破缺思想融入量子场论之前［当时自发对称性破缺思想刚刚开始成形（见第 10.1 节）］，规范玻色子的质量不可能得到说明，这个理论不久就退化为矢量–介子支配模型（在第三部分有对非阿贝尔或杨–米尔斯型规范理论的更多讨论）。

在所有这些情形（施温格、费曼和盖尔曼、布鲁德曼，以及樱井）中，包含在电磁、弱和强相互作用中的强子流，被认为是定义明确的洛伦兹四维矢量，是从基本强子场构造出来的，但其不能用一种可靠的方式分析。这些流能够相互作用，它们的耦合能通过交换矢量量子实现。最为重要的是，它们的发散和正则对易子表达了系统的对称性。因此，通过以一种合乎规则的方式巧妙地处理这些流，系统的对称性似乎是可利用的。假设其为真，这是对称性纲领思想的基础。 204

在耦合常数中，最低阶的强子流（或电荷）的矩阵元是直接可观测量，它们服从色散关系，被认为受一个极点的支配。撇开容易确定的运动学因子，通过运用对称性原理，这一矩阵元的剩余部分能用四维动量变换的一些未知的标量函数，即所谓的形状因子，如电磁形状因子 $F_i(q^2)$（i=1，2，3）来表达；这一电磁形状因子通过式（8.1）定义：

$$\langle p' |_a j_\mu^{em}(0)| p \rangle_b = u(p')_a \left[F_1(Q^2)(p'+p)_\mu + F_2(Q^2)(p'-p)_\mu + F_3(Q^2)\gamma_\mu \right] u(p)_b \tag{8.1}$$

其中，$q^2=(p'-p)^2$。弱形状因子 $f_v(q^2)$，$f_m(q^2)$，$f_s(q^2)$，$g_A(q^2)$，$g_p(q^2)$和 $g_E(q^2)$由式（8.2-8.3）定义：

$$(2\pi)^3 < P' |_{s'p} V_\mu(0) | P >_{sn} = iu(p')_{s'p} [\ _\mu f_v(Q^2) + \sigma_{\mu\nu} Q_\nu f_m(Q^2) + i Q_\mu f_s(Q^2)]\ u(p)_{sn} \tag{8.2}$$

和

$$(2\pi)^3 < p'|_{s'p} V_\mu(0) | p > sn = iu(p')_{s'p}$$
$$\left\{\gamma_5\left[\gamma_\nu g_A(Q^2) + iQ_\nu g_P(Q^2) + i(p'+p)_\mu g_E(Q^2)\right]\right\} u(p)_{sn} \quad (8.3)$$

其中，V_μ和A_μ分别是弱矢量流和弱轴矢流，而$q_\mu=(p'-p)_\mu$。

这些弱（或电磁）形状因子被认为包含了有效强相互作用对基本弱（或电磁）相互作用的修正的所有物理信息。不存在预测这些形状因子的量化细节的任何方式，因为这些是由强相互作用的动力学确定的，在20世纪50年代、60年代，它们是不可获得的。然而，这些形状因子仍然能够得到有效的研究。第一，对称性考虑给它们施加了强有力的限制，限制它们的数量并在它们中间建立联系。第二，极点支配假说有助于就虚粒子对形状因子的贡献提供具体的建议。例如，为了解释电子–质子散射形状因子，南部阳一郎（Nambu，1957a）首先推测了Ω介子的存在，然后在1962年，实验发现证实了这一推测。第三，由于形状因子是可观测量，因此所有基于对称性（和/或解析性）的分析，均可由实验检验。因此，对称性纲领可被看作一个完全合理的研究纲领。现在，让我们从历史视角来对这一纲领作贴近的考察。

205

8.6.2 守恒矢量流假说

费曼和盖尔曼在他们1958年的论文中推测，作为核β衰变原因的强子弱流（J_μ）的矢量部分V_μ是守恒的。他们的初始动机是要对核β衰变中的矢量流耦合常$G_V[=Gf_V(0)]$与μ介子β衰变中的矢量流耦合常数G很接近这一观测结果，给出一个解释。这一观测结果意味着，对于矢量流耦合常数而言，重整化因子$f_V(0)$[37]非常接近于1，并且不被强相互作用重整化。[38]一个对强相互作用守恒的流必定是对称流。也就是说，它可以从强相互作用的一个对称性中推导出来。因此，费曼和盖尔曼很自然地就把β衰变的流V_μ和同位旋矢量流看成是同一的。这明确地意味着，在β衰变中产生电荷的电性矢量流V_μ与同位旋的上旋流$J^V_{\mu+}=J^V_{\mu1}+\mathrm{i}J^V_{\mu2}$同一，而$V^+_\mu$将与同位旋的下旋流$J^V_{\mu-}=J^V_{\mu1}+\mathrm{i}J^V_{\mu2}$同一，而电磁流$J^{em}_\mu(=J^s_\mu+J^V_\mu)$的同位旋矢量部分($J^V_\mu$)是相同的同位旋矢量流的第三分量$J^V_{\mu3}$。

显然，这个假说使得已知的电磁过程与某些弱过程通过同位旋旋转关联起来成为可能。例如，由于对一个处于静止状态的π介子

$$<\pi^+|J^V_{03}=j^{em}_0(I=1)|\pi^+>=1 \quad (8.4)$$

对于π介子β衰变来说，相应的S矩阵元必定为

$$<\pi^0|V_0, |\pi^+> = 2^{1/2} \quad (8.5)$$

因此弱矢量流的标度是固定的。另一个例子是核 β 衰变的矢屈部分的形状因子，它与中子和质子的电子散射的矢量部分的形状因子之间的关系为[39]

$$F_i(Q^2)^+ = F_i(Q^2)^P - F_i(Q^2)^N \quad (8.6)$$

从这些关系中，盖尔曼（Gell-Mann，1958）给出了一个关于“弱磁性”$f_m(0)$ 的明确预测：

$$f_m(0) = F_2(0)^P - F_2(0)^N = (\mu_P - \mu_N)/2M$$
$$= (1.79+1.91)/2M = 3.70/2M \quad (8.7)$$

这随后为吴健雄（C. S. Wu）与她的学生李荣根（Y. K. Lee）和莫玮（L. W. Mo 所证实（Lee et al.，1963）。

守恒矢量流假说（CVC hypothesis）在粒子物理学史上占有重要位置。第一，它表明（虽然没有解释）弱相互作用、电磁相互作用和强相互作用之间存在着联系，进而揭示了它们的统一性特征：物理上的弱流起源于强相互作用的 SU(2)同位旋对称性，与在相同的对称性操作下的电磁流相联系。第 **206** 二，既然矢量流守恒表示一个守恒定律，那么守恒矢量流假说意味着杨–米尔斯的思想可以从强相互作用领域扩展到弱相互作用领域。这一扩展随后在布鲁德曼关于弱相互作用的规范理论中，用一个手征 SU(2)×SU(2)对称性予以具体表达。事实上，守恒矢量流假说的成功增强了物理学家对于杨–米尔斯理论的信念；作为一个正反馈，也鼓励樱井提出了一个扩展的强相互作用的规范理论。第三，弱矢量流 $J^V_{\mu i}$ 的守恒隐含着相伴电弱荷 Q^V_i 是 SU(2)弱同位旋对称性的生成物。它们产生一个满足如下正则对易关系式的 SU(2)李代数：

$$[Q^V_i, \quad Q^V_j] = i\varepsilon^{ijk} Q^V_j \quad i, j, k=1, 2, 3 \quad (8.8)$$

方程（8.8）是流代数中一个重大方案的起点。它处理存留奇异性的电性弱矢量流的电荷和电磁流的同位旋矢量部分的电荷。这对于整个电性弱矢量流（包括奇异性变化项）和整个电磁流的扩展来说是简单明了的，是以强相互作用（Gell-Mann and Ne’eman，1964）的近似 SU(3)对称性[40]或更成熟的卡比博模型（Cabibbo，1963）为基础的。在这种情形中，所有的弱矢量流和电磁矢量流，包括同位旋标盐电磁流、同位旋矢量电磁流的三重态和弱奇异性守恒流，以及弱奇异性变化流，都属于相同的八重态，相伴电荷 Q^V_α 产生一个更大的 SU(3)李代数，

满足：

$$[Q_\alpha^V, Q_\beta^V] = \mathrm{i} f_{\alpha\beta\gamma} Q_\gamma^V, \ \alpha, \beta, \gamma = 1, 2, \cdots, 8 \tag{8.9}$$

其中，$f_{\alpha\beta\gamma}$ 是 SU(3)结构常量。关于弱轴矢流 $J_{\mu\alpha}^A$ 和相伴电荷 Q_α^A 也给出了一个相似的提议。在手征对称性限制中，一个手征 $SU(3)_L \times SU(3)_R$ 代数是用附加的关系：

$$[Q_\alpha^A(x_0), Q_\beta^A(x_0)] = \mathrm{i} f_{\alpha\beta\gamma} Q_\gamma^V(x_0) \tag{8.10}$$ [41]

和

$$\left[Q_\alpha^A(x_0), Q_\beta^A(x_0)\right] = ii f_{\alpha\beta\gamma} Q_\gamma^A(x_0) \tag{8.11}$$

假设的。

当盖尔曼在论文（Gell-Mann，1962a）中第一次系统地提出流代数的框架时，他建议这些代数关系式应该用于补充弱流和电磁流的矩阵元计算中的色散关系。然而，在考察流代数及其应用之前，我们必须先来查看另一个假说——轴矢流部分守恒假说，尽管该假说在概念上多少是独立的，但它实际上经常与流代数缠绕在一起。

207

8.6.3 轴矢流部分守恒假说

如果弱流 J_μ（$=V_\mu - A_\mu$）的矢量部分 V_μ 因强相互作用而守恒，那么对于轴向部分 A_μ 来说情形又将如何呢？对于轴向耦合常数来说，重整化因子 $g_A(Q)$[42] 的实验值接近于 1（单位 1）（$g_A/f\nu \approx 1.25$）。费曼和盖尔曼（Feynman and Gell-Mann，1958）猜测，如果这个值精确地等于 1（他们认为实验上不排除会有这样的结果），那么对于轴矢流耦合常数将没有重整化，轴矢流也将守恒。因此，他们提议尝试构造守恒轴矢流，并考察所涉及的对称群的含义。

他们的提议不久就被波尔金霍尼（Polkinghorne，1958）和泰勒（Taylor，1958）采纳，也为布鲁德曼（Bludman，1958）和居尔塞伊（Gürsey，1960a，1960b）更为系统化地吸收了。布鲁德曼和居尔塞伊的工作有一个强对称性倾向，并以施温格（Schwinger，1957）和图切克（Touschek，1957）的工作为先驱。因此，对轴矢流的研究，如同对矢量流的研究一样，受对称性考虑的支配，这一研究后来导致了流代数的形成。

然而，沿着这一路线的进展受到了严格限制，因为轴矢流的精确守恒受到了几个实验事实的阻拦。第一，从单位 1 出发的 g_A/f_V 表明，轴向耦合存在重整化效应。第二，正如戈德伯格和特雷曼（Goldberger and Treiman，

1958a）所指出的，轴矢流守恒将引入较大的有效赝标量耦合，这与实验相矛盾。第三，正如波尔金霍尼所指出的，它隐含着存在 K 介子宇称的双重线。第四，正如泰勒所指出的，它隐含着一个等于零的π介子衰变常量，这也与实验相矛盾。

研究轴矢流的真实动力实际上来源于另一个理论传统，即解析性传统。当对守恒轴矢流的推测似乎是徒劳时，戈德伯格和特雷曼发表了他们关于 π 介子衰变的色散关系的论文。在他们的计算中，K 介子衰变常量的吸收部分被看作是色散变量 q^2（离壳π介子质量的平方）的一个函数，并涉及从离壳π介子到一个中间态完全集（这主要是核子-反核子对的态，通过轴矢流与轻子耦合）的过渡。最终结果为

$$f_\pi = Mg_A / g_{\pi \mathrm{NN}} \tag{8.12}$$

其中，M是核子的质量；g_A是在核β衰变中的轴向矢量耦合常数；$g_{\pi \mathrm{NN}}$是π介子-核子强相互作用耦合常数。除了与实验符合得极好之外，戈德伯格-特雷曼关系式（8.12）还展示了强相互作用量和弱相互作用量之间的关系。这一显著的成功与对称性或流守恒无关，它从有说服力的假说开始，通过给此假说提供一个解释或推导，挑战了理论物理学家。这也鼓舞了人们沿着不同方向进行研究，最终导致了轴矢流部分守恒假说的产生。

208 在寻求更为基本的假说的努力中，南部的方法（Nambu，1960d）占据着突出的位置，因为它建立在对对称性破缺的一个更为深刻的理解的基础之上。南部主张，如果一个有关无质量核子场ψ的理论，在$\psi \to \exp(i\alpha \cdot \tau\gamma_5)\psi$变换下，具有不变性，那么轴矢流将守恒。然而，如果真空态在这一变换下保持不变，那么核子将变成有质量的，而对称性也将明显破缺。但是，在一个腰标量态中，由于一个无质量的束缚核子-反核子对[43]的出现（这可被看作π介子态与核子的耦合），对称性将得以恢复。这种自发对称性破缺确保了π介子的存在，但不能解释π介子衰变：由于π介子的存在恢复了对称性，因而轴矢流仍然是守恒的。

然而，南部遵从了盖尔曼和利维（Gell-Mann and Levy，1960）的建议，并假定一个小的裸核质量为π介子质量量级。用这种方式，γ_5对称性显然破缺，π介子变得有质量，而且轴矢流的矩阵元能用形状因子 $g_A(q^2)$和 $G_A(q^2)$表示为

$$\langle p'| A_\mu | p \rangle_{sn} = u(p')[ig_A(Q^2)\,\gamma_\mu\gamma_5 - G_A(Q^2)\,Q_\mu\gamma_5\,]u(p),$$
$$Q = p' - p \tag{8.13}$$

这里，$G_A(Q^2)$由$Q^2=-m_\pi^2$处的极点支配，起源于核子和轴矢流之间交换一个虚π介子。也就是说：

$$G_A(Q^2)=2f_\pi g_{\pi NN}/(Q^2+m_\pi^2) \quad (8.14)$$

南部进一步主张，如果轴矢流几乎守恒（在当$q^2 \gg m_\pi^2$时发散消失的意义上），并且形状因子变化缓慢，那么戈德伯格–特雷曼关系式（8.12）可从方程（8.13）和方程（8.14）得出。

另一条流行的研究进路由盖尔曼及其合作者开创（Bernstein et al., 1960；Gell-Mann and Levy，1960）。他们研究场论模型，在如梯度耦合模型、σ模型和非线性σ模型上进行研究，并沿着泰勒的例子指引的方向构造了其发散与π介子场成正比的轴矢流：

$$\partial A_\mu^i/\partial x_\mu=\mu^2 f_\pi \phi \quad (8.15)$$

在这一方法中，他们所作的重要假说是：轴矢流的发散是一个柔和算子（gentle operator）。这意味着其矩阵元满足未减少的色散关系（π介子质量可变，就像其色散度可变一样），并且变化缓慢；在低频处，这些矩阵元受到来自π介子中间态的贡献的支配，在高频处（当π介子的质量可忽略时），这些矩阵元消失。因此可以说，轴矢流几乎守恒。

就轴矢流部分守恒假说而言，这两种方法差不多等价。然而，它们的理论基础很不相同。南部的方法是建立在对自发对称性破缺（SSB）理解的基础之上。无质量π介子的出现是自发对称性破缺的一个结果，尽管它也有助于恢复整个系统的对称性；而在盖尔曼的方法中没有这样的理解，尽管消失的π介子质量被用来表明某种近似对称性。

209

现在应该清楚，柔和假说（gentleness hypothesis）——轴矢流部分守恒假说的实质——在概念上不依赖于任何对称性考虑。它的重要性在于它允许轴矢流的矩阵元在物理上从π介子质壳延拓到离壳这一事实。当离壳π介子质量变量趋于零时，经常会产生令人感兴趣的论断。这一假说给我们以希望：当π介子质量变量返回到物理质壳上时，这些论断可能或多或少保持为真；而且这提供了一个重要的预见力，并能为实验所证实。

实际上，由于牵涉到低能π介子物理学中的复杂情况，轴矢流部分守恒假说的应用经常与流代数的思想缠绕在一起（见下文）。然而，存在一些独立的检验。例如，阿德勒（Adler，1964）表明，中微子诱导的弱反应ν+P →L+β（这里P代表质子，L代表轻子，β代表一个强子系统）的矩阵元M，借助于矢量流守恒假说，能写成：

$$M_{q2} \to {}_0 \sim G\langle \beta | \partial A_{\mu}^{1+i2} / \partial x_{\mu} | \mathrm{P} \rangle, \quad q = p_{\nu} - p_L \tag{8.16}$$

强 π 介子反应 π^{+} +P $\to \beta$ 的矩阵元 M_{π}，通过使用约化公式能写成：

$$M_{\pi} = \lim_{q^2 \to \mu^2} \left[(q^2 + \mu^2)/(2)^{1/2} \right] \langle \beta | \phi^{1+i2} | p \rangle \tag{8.17}$$

（其中 q 是 π 介子的动量，$\phi^{1+i2} / 2^{1/2}$ 是 π^{+} 的场算符）这［通过使用方程（8.15），并通过延拓 M_{π} 离开 q^2 处的质壳到 $q^2 = 0$ ］，这两个矩阵元能相互关联，这被猜想导致了一个与物理π介子的振幅相差不大的振幅］：

$$|M|^2_{q^2 \to 0} \sim G^2 f_{\pi}^2 | M_{\pi} |^2 \tag{8.18}$$

上述例子，像戈德伯格−特雷曼关系式一样，展示了弱相互作用和强相互作用之间的关系。事实上，轴矢流部分守恒假说导致了联结弱相互作用和强相互作用的一整套关系。如果人们知道强相互作用跃迁幅 T（$\pi^{+} + \alpha \to \beta$），那么这些关系就允许人们去预测弱相互作用矩阵元 $< \beta | \partial_{\mu} J_{\mu}^{A} | \alpha >$。通过使用这些关系，阿德勒证明（Adler，1965a，1965b），在只有玻恩近似贡献和 $< \beta | \partial_{\mu} J_{\mu}^{A} | \alpha >$ 能用弱耦合常数和强耦合常数表达的确定情形中，才能消除弱耦合常数，并获得一个只涉及强相互作用的一致性条件。阿德勒获得的 π 介子−核子散射的著名的一致性条件是，在对称同位旋 π 介子−核子散射幅 $A^{\pi N(+)}$（核子 $K^{NN\pi}$ 的介子的形状因子）和重整化 π 介子−核子耦合常数 g_r 之间存在着非平凡关系：

$$g_r^2 / M = A^{\pi N(+)} (\nu = 0, \ \nu_{\beta} = 0, \ k^2 = 0) / K^{NN\pi} (k^2 = 0) \tag{8.19}$$

210

其中，M 是核子的质量，$-k^2$ 是初始 π 介子的质量平方，$\nu = -(p_1 + p_2) k/2M$，$\nu_{\beta} = qk/2M$，p_1、p_2 和 q 分别为初始核子、终了核子和终了 π 介子的四维动量。阿德勒证明在 10%的误差范围之内，这一关系与实验相一致。[44]

在轴矢流部分守恒假说各种成功的应用和预测之中，有一个突出的例外，即一组涉及中性π介子的衰变，其中之一是 $\pi^0 \to$ 衰变。正如萨瑟兰（Sutherland，1967）和韦尔特曼（Veltman，1967）所指出的，轴矢流部分守恒假说隐含着衰变率为零，这与实验相矛盾。轴矢流部分守恒假说（PCAC）这一具有挑衅性的失败引发了对轴矢流部分守恒的研究，也引发对流代数的理论基础的研究。结果是导致了对反常的一个清楚认识（见第 8.7 节）。

8.6.4　流代数

1961 年盖尔曼首先提出，对于在强子的电磁和弱相互作用中产生的流的时间分量而言，流代数的本质要素是一组等时对易（ETC）关系。然而，对于在等时对易关系下形成一个封闭代数系统的电荷密度来说，相关的物理流必定是与物理系统的一些连续对称性相联系的诺特流（Noether currents）。20世纪60年代初期，人们注意到了强子物理学数据中的规律性。其中一些规律性能按照雷杰轨迹来说明，另一些则用对称性表达。在第二种情况中，我们能找到三种类型。第一种类型涉及精确的几何对称性，它隐含着能量、动量等的守恒，也隐含着电荷共轭、宇称和时间反演（CPT）不变性（在电荷共轭、宇称和时间反演联合变换下的不变性）。在第二种类型中，我们发现精确的内部对称性与电荷、重子数等的守恒有关。第三种类型是最令人感兴趣的情形，因为首先，它在那时就涉及了强相互作用的所谓的近似对称性[45]（如与同位旋和奇异性的近似守恒相联系的那些近似对称性）；其次，它提供了导致流代数观念的思维的出发点。

在方法论上，流代数由其独立于动力学细节的特色所刻画。它有时会用到拉格朗日函数，但仅仅是为了表达由实验数据显示出的对称性，并产生服从于由这些对称性支配的正则对易关系的流。在数学上有两种方式来表达这些对称性。它们能用守恒定律来表示。然而，这种方法的效用仍然是很有限的。麻烦在于强子物理学中涉及的大多数对称性是近似对称性，而用这种方法不能解决确定它们有多近似的问题。这个问题也能并且经常被翻译成一个物理上更精确的问题，即如何固定这些流的矩阵元的标度问题，这个问题与近似对称性相联系，因而受强相互作用重整化的支配。在概念上，这个问题要求阐明物理学中近似对称性的意义和含义。

211

在从物理学上和概念上解决这个问题的一次尝试中，盖尔曼采纳了用李代数表示对称性的另一种方法，这种方法由对称性生成元组成，并在正则对易关系下是封闭的。

在历史上，盖尔曼的方法标志着在现代物理学中对易子使用的第三个阶段。在第一个阶段，1926年海森伯引入位置q和动量$p\equiv \delta L/\delta q$，$i[p, q]=(h/2\pi i)I$之间非相对论性的正则对易子，来表示量子化条件。这个对易子独立于拉格朗日函数L的特定形式，能用来推导独立于相互作用的有用结果，如托马斯–库恩加法定则（Thomas-Kuhn sum rule）。第二个阶段与瑟林用两个场算符的对易子来表示微观因果性的方法（Thirring’s approach）有关，这两个场算符的对易子对于其函数的自变量的类空分离应该等于零。在形式上，盖尔曼用对易子代数定义对称性的方式，相似于瑟林用对易子定义因果性的方式，因为两者都采纳了量子场论的当代表述。然而，在精神上，盖尔曼更接近于海森伯而不是瑟林，因为对易子代数集注定会展示相对论性动力学中独立于相互作用的关系，这些关系能被用来提取物理信息，而无须求解这个理论的方程。

在数学上，如果有一个线性无关算符 R_i 的有限集，并且任意两个 R_i 的一个对易子是 R_i 的一个线性组合：

$$[R_i(t), R_j(t)]=\mathrm{i}c_{ijk}R_k(t) \tag{8.20}$$

那么，这个体系就叫作一个李代数。在物理上，这个抽象的公式在同位旋电荷算符中有它的现实化形式［参见方程（8.8）和随后的讨论］。心中有了矢量流守恒假说和同位旋对称性的想法，盖尔曼在 1962 年的论文中提出了一个 SU(3)代数，又在 1964 年的论文中提出了一个 SU(3)×SU(3)手征代数，它由矢量电荷和轴矢流八重态以及能量密度中的对称破缺项 u_0 组成［见方程（8.9）—方程（8.11）］[46]，由此开创了一个重大的流代数研究纲领。

从概念上讲，在对盖尔曼纲领的理解上存在困难。首先，在那时还没有被设想为与弱流耦合的矢量玻色子，因此流的作用显得非常神秘。其次，流被假定为 SU(3) ×SU(3)对称性的表象。然而，除了 U(l)规范对称性之外，其大多数亚对称性都严重破缺。因此，关于这些近似对称性的真实意义是什么，存在理解上的混乱。

盖尔曼解决这些困难的办法既彻底又巧妙。首先，他以一种抽象的方式考虑了更高的近似对称性，并把流看作研究的主要题目。因此，矢量玻色子尽管对物理过程的形象化是有帮助的，但不是必要的。其次，流是按照它们的等时对易关系而不是对称性本身来刻画的。这是在刻画流的这两种方式之间的一个细微然而却是关键的差异。在形式上，当等时对易关系被看作正则场变量的函数时，只依赖于流的结构。如果拉格朗日函数中的对称破缺项不涉及微商耦合，因而不依赖于细节，那么流将保留最初的结构，等时对易关系也将保持不变。用这种方式，矢量和轴矢流，甚至是在强相互作用的SU(3)对称性破缺的情形下，不是在它们的电荷守恒的意义上，而是在它们的电荷满足 SU(3)的等时对易关系的意义上，仍然有 SU(3) ×SU(3)对称性的八重态变换属性。因此，按照现在能被看作强相互作用的一个确切属性的等时对易关系，给近似对称性概念指定了一个虽是抽象然而却是精确的意义。 **212**

盖尔曼关于近似对称性的新颖理解使人们能够从破缺的对称性中推导出可测量的物理量之间的精确关系。这些关系有助于确定流的矩阵元的标度，特别是有助于把轴向流的标度和矢量流的标度联合在一起。此外，就轻子和强子弱相互作用的强度而言，普适性假说也获得了准确的意义。也就是说，关于总的轻子弱流的等时对易关系，与关于总的强子弱流的等时对易关系是相同的。借助于包括 u_0 在内的代数关系，也能计算恒等式的导数，即重整化效应。因此，在盖尔曼的经典论文（Gell-Mann，1962a，1964a，1964b）发表以后，物理学共同体获得了一个可行的研究纲领。

在这个纲领中，中心主题是涉及π介子的过程，因为在手征限制（$m_\pi \to 0$）下，π介子的矩阵元能通过直接应用等时对易关系，在轴矢流发散的情况下结合π介子极点支配的轴矢流部分守恒概念来进行计算。例如，通过轴矢流部分守恒假说和归约公式，过程（$i \to f + \pi$）的矩阵元与式（8.21）发生关系

$$\langle f | \partial^u A_\mu^\alpha | i \rangle = iks^\mu \langle f | A_\mu^\alpha | i \rangle \qquad (8.21)$$

同样，包含两个软π介子的过程也能通过分析以下矩阵元来研究

$$\langle f | \mathrm{T} \partial^u j_\mu^\alpha (x)\, \partial^\nu j_\nu^b (0) | i \rangle \qquad (8.22)$$

在脱离微分算符的过程中，我们除了获得一个双重流矩阵元的双重发散外，还获得了一个双重流的等时对易子，后来证明这对于计算是重要的。

然而，直到1965年富比尼（S. Fubini）和富兰（G. Furlan）提出了追随这一纲领的某些技巧，关于这一纲领的研究才有了快速的进展。他们的中心思想是：①在对易子的矩阵元中插入一个中间态的完全集；②分离出一个核子的贡献；③在无穷大动量系中计算。通过运用本质上相同的技巧，阿德勒和威廉·韦斯伯格（William Weisberger）分别独立地获得了一个用质心能量W处的零质量π^+（π^-）——质子散射总横截面来表达轴向形状因子g_A的求和定则：

213

$$1 - 1/g^2{}_{\mathrm{A}} = [\, 4 M_N^2 / g_r^2 K^{\mathrm{NN}\pi}\ (0)^2 \,]\, (1/\pi)$$
$$\int_{M_N + M_\pi}^{\alpha} W \left[\sigma_0^+(W) - \sigma_0^-(W) \right] \mathrm{d}W / (W^2 - M_N^2) \qquad (8.23)$$

这个公式产生了一个预测值$|g_A|=1.21$，该值与实验数据$g_A^{\exp} \approx 1.23$非常一致。

阿德勒–韦斯伯格求和定则也能解释为关于π介子–核子散射的低能定理，其影响是巨大的。它提供了对于轴矢流部分守恒—流代数纲领的最著名的检验，因此，为这一纲领确立了一个范例。正如特雷曼曾经表述的那样，它的发表为这一纲领开创了黄金时代。在两年之内，大约有500篇论文紧随其后发表，它在低能定理和／或高能求和定则中是成功的。

然而，在无数的成功应用之中也有突出的失败。最著名的事例是：①关于$\pi^0 \to 2\gamma$衰变率等于零的萨瑟兰–韦尔特曼定理；②卡伦–格罗斯（Callan-Gross）求和定则（Callan and Gross，1969），它预言在深度非弹性极限内，

脱离质子的总纵向电致截面等于零。对这些失败的全面考察，与对某种形式操作的有效性的精心关注一起，在流代数和轴矢流部分守恒假说的语境中导致了对反常对称性破缺的深刻理解。这一理解令人信服地表明，不诉诸潜藏在代数关系下面的动力学的形式操作是不可靠的。它也表明，等时对易关系不依赖于相互作用的细节的假设是完全错误的，因而削弱了整个研究纲领的基础。

然而，在转向这一重要的发展之前，对这个纲领进行一些评论是适宜的。第一个评论关系到在这个纲领初次出现时就被察觉到的观点。因为在这个纲领中的流被猜想为既是物理上的弱流和电磁流，也是强相互作用的对称流，所以用弱和电磁过程似乎可能检测强相互作用的对称性。就味对称性（味对称性是质量简并度的一种表达）而言，这一期望已部分实现。

在这一点上，就流代数和杨–米尔斯理论之间的可能关系而言，初步的成功引发了一些更高的期望。例如，盖尔曼（Gell-Mann，1962a，1964a，1964b，1987）声称流代数证明味手征 SU(3)×SU(3)对称性作为一种强相互作用的对称性是合理的，它将为强相互作用的杨–米尔斯理论产生一个规范群，至少等时对易关系是杨–米尔斯理论的一个先决条件。然而，事实证明味对称性与一个杨–米尔斯类型的强相互作用理论的构造不相关，虽然它的确与强相互作用的低能动力学有某种相关性。人们也期望（Bernstein，1968）等时对易类型的代数约束条件将有助于挑选出流的动力学模式。这一期望同样也没有实现。 **214**

然而，在轻子物理学中，流代数的确在推进杨–米尔斯类型的理论中起到了启发作用。通过用强相互作用的对称性把电磁流和弱流联系起来，它促进了在轻子物理学中引入新的量子数，即弱同位旋和弱超荷。由于与这些量子数相关联的弱流和电磁流被猜想为与矢量玻色子耦合，因此这些概念构造的确有助于构造一个杨–米尔斯类型的电弱理论。

第二个评论关系到方法论。轴矢流部分守恒–流代数纲领有意忽略了动力学细节，因此使得复杂的情形变得简单。正是这一简化使得在理解强相互作用的某些低能方面成为可能，这种理解主要是在 π 介子物理学上，这与强相互作用中的味手征对称性的自发破缺相关联。然而，当研究更为深入时，这种方法的不足很快就显露出来，1967 年后，人们逐渐认识到了说明这一纲领的动力学基础的必要性。

这种澄清沿着两个不同的方向进行。第一个方向由施温格（Schwinger，1966，1967）和温伯格（Weinberg，1967a，1968）开创，他们发展了一种对低能强相互作用的唯象学研究进路，即所谓手征动力学，以使人们能够找到关于如何超越软π介子限制的线索。这一思想很简单。如果人们构造了一个手征不变的有效拉格朗日函数，并计算了最低阶的图，那么轴矢流部分守恒和等时对易关系及其结果将会重现。

尽管施温格和温伯格都致力于唯象方法，然而两者之间存在显著差异。在施温格的唯象源理论中，最低阶耦合项的使用是通过数值（即非算符）有效拉格朗日函数的性质来证明其合理性的。施温格还主张，只要对称性的起源仍然模糊不清，唯象方法就是适合的。然而，对于温伯格来说，仅以最低阶进行计算的原因是为了重现轴矢流部分守恒–流代数方法（PCAC-current algebra approach）的结果，环的效应已经通过形状因子f_V和g_A的出场得以说明。至于对称性方面，与施温格相反，当温伯格不知道如何从基本的拉格朗日函数推导出对称性时，他对在唯象层面上使用对称性感到不安。显然，温伯格不像施温格那样以唯象为导向，即使温伯格也致力于发展唯象方法。

从历史上看，唯象方法的重要性并不在于它在各种低能介子过程中的应用，这经常可以从形式的（非动力学的）研究方法中推导出来，它的功能是作为在完全不同的背景下发展起来的有效场论的先驱，并在有效场论的发展中具有启发性价值（见第 11.5 节）。如果我们考虑有效场论纲领的创始人之一又是温伯格这一事实，尤其如此。

215 阐明轴矢流部分守恒–流代数方法的动力学基础的第二个研究方向是发展对该主题的根本性理解。这方面的研究活动持续了几年，这一领域的集体经验的累积最终导致了对反常对称性破缺的重要认识，这彻底改变了量子场论的概念基础和我们对重整化的理解。在第 8.7 节中，我们将对截止到 1969 年的研究活动进行说明。在第 8.8 节和第 11.5 节中，我们将考察 1969 年之后的发展，这些发展揭示了反常对称性破缺概念的丰富内涵。

8.7 反　　常

在 20 世纪 60 年代后半期，对局域场论反常行为的深入研究，沿着三条密切相关的路线进行：①作为对流代数采用的等时对易关系的形式（独立于动力学细节）操作的一个回应，主要由约翰逊、劳、贝尔和其他人进行；②作为对修正轴矢流部分守恒关系的必要性的一个回应，主要由韦尔特曼、萨瑟兰、贝尔、贾基夫、阿德勒和其他人作出；③作为对流的重整化研究的一部分，主要由阿德勒、巴丁、威尔逊和其他人进行。这些研究强有力地确立了局域场论某些反常行为的存在，给轴矢流部分守恒–流代数纲领采取的形式操作的有效性范围划定了界限，并使得微扰理论作为这一纲领的动力学基础变得更为清楚，因而结束了这一纲领作为一个自洽研究[47]的思想，为物理学家回到拥有各种精确和破缺的对称性的局域场论的框架铺平了道路，而在局域场论中，重整化是最迫切需要解决的问题。

8.7.1 反常对易子

对基于正则等时对易（ETC）关系基础之上的流代数的一致性或有效性的严重怀疑，首先由约翰逊和劳（Johnson and Low，1966）提出。怀疑的根源可以追溯到后滕和今村（Goto and Imamura，1955）以及施温格（Schwinger，1959），当时流代数还不存在。后滕、今村和施温格知道，在具有正度规的相对论理论中，对于矢量流或轴矢流来说，在涉及 δ 函数而不是正则 δ 函数的空间导数的 V_o 和 V_j 的对易子的真空期望中，一定有额外的项——后来被称为施温格项。

1961 年，约翰逊在一篇关于瑟林模型的具有重要历史意义和概念意义的论文（Johnson，1961）中引用了施温格的观测结果。在那篇论文中，约翰逊①解决了在同时发生的时空点上如何定义奇异场算符（例如，流）的直积问题；②证明了这些直积由于它们的奇异性和正规化的要求，因而不满足正则等时对易关系。约翰逊的论文除了运用场具有动力学标度维的思想为稍后威尔逊关于算符直积展开（operator product expansions，OPE）的研究工作（Wilson，1969，1970b，1970c；见下文）提供了一个出发点以外，他的论文还由于把施温格的观测结论从真空期望扩展到了 V_o 和 V_j 的对易子的算符（即非真空）结构而变得具有历史重要性。施温格的观测结果只涉及导致常数减法的运动学，而约翰逊的论文则深深地触及了局域场论的动力学。 216

随着流代数的出现和盛行，等时对易子的非正则行为由于隐含着流代数的一致性，因而成为深入研究的一个主题。[48] 在 1966 年出现的各种研究中约翰逊和劳的论文似乎是最富有成效和最有影响力的。[49] 通过用一个可重整化的相互作用夸克模型，并借助于一个后来称为比约肯–约翰逊–劳限制（Bjorken-Johnson-Low limit，BJL limit）的技术设计——通过这一设计等时对易子能与已知的格林函数的高能行为相关联——约翰逊和劳计算了到介子–重子耦合中的最低非零阶为止，对于全部 16 个狄拉克协变式和一个任意的内部群，一个介子和真空（或一个介子）之间的对易子的矩阵元。通过这一全面考察，约翰逊和劳令人信服地证明了，在对易子的矩阵元与某些费曼图（如三角形图；见下文）相关的某些情形中，对易子无疑有有限的额外项。正如约翰逊和劳所指出的[50]，这些额外项存在的原因如下。任何局域的相对论性理论，无论多么收敛，必定足够奇异以至于不得不引入正规化，这本质上是一种极限处理方法。当计算涉及一个比对数发散更厉害的积分时，这一积分将经受两个或多个不是合法可互换的限制，[51]这就有一个极限模糊性，额外项就是从对这个极限模糊性的一种精心处理中产生的。

受约翰逊和劳论文的激励，贝尔（Bell，1967a）举例说明了可解李模型中反常对易子的某些方面，特别强调了截止正规化。贝尔建议，当截止是有限值时，正则对易子对于零能量定理是正确的；只是对于涉及无穷大能量的求和定则来说，反常对易子才变得重要。

劳（Low，1967）和贝尔都认为，对易子的反常行为将出现在一些高能求和定则中，然而只是以一种抽象的方式（约翰逊和劳），或者是以一种非现实的模型（贝尔）出现。在1969年以前，对于反常对易子的讨论一直与实验相脱节。1969年，卡伦和格罗斯（Callan and Gross，1969）在比约肯（Bjorken，1966a，1969）提出的正则等时对易关系的基础上，发表了他们关于高能纵向电致截面的反常求和定则的推导，这立即受到了来自贾基夫和普雷帕拉塔（Jackiw and Preparata，1969），同时还有阿德勒和桐（Adler and Tung，1969）运用约翰逊–劳型反常对易子作为论据发起的挑战。

8.7.2 轴矢流部分守恒的修正

研究反常的另一条路线与实验有着更为密切的联系。作为一个历史事实，这直接受到在轴矢流部分守恒预测和介子衰变的观测结果之间挑衅性矛盾的激励。1966年末，萨瑟兰发现，在π介子有等于零的四维动星（q=0）的情形中，如果用轴矢流部分守恒和流代数的假定计算，$\eta \to 3_\pi$衰变将被禁戒。[52]这直接与实验相矛盾。在这里，轴矢流部分守恒以两种方式被使用。第一种方式，轴矢流通过把它的发散当作内插的π介子场进行计算。第二种方式，作为q^2的一个函数，计算的衰变幅从$q^2=0$一直延拓到$q^2=m_\pi^2$。由萨瑟兰提出的轴矢流部分守恒在实验上失效的一种可能解释是：由于一些未知的机制，这一延拓可能是非法的。例如，与短程W介子相互作用相比，光子相互作用的长程性质会造成差异，这两种相互作用都被假定是这一衰变的原

217

因。这一意见隐含着在第二种用法中修正轴矢流部分守恒。里亚兹丁和萨卡尔的论文（Riazuddin and Sarker，1968），就是我们可以找到的沿着这一进路所作的研究。

韦尔特曼（Veltman，1967）推广了萨瑟兰的观测结果，萨瑟兰的观测结果的大意是：任何包含一个 π^0 的过程，如 $\pi^0 \to 2\gamma$ 和 $\omega \to \pi^0\gamma$，当用轴矢流部分守恒和流代数计算时，必定被禁戒于 π^0 零四维动量限制中。[53] 根据这一观测结果，韦尔特曼作出结论：通常的轴矢流部分守恒［方程（8.14）］是不正确的，必须增加包含 π 介子场的梯度的额外项，以便能够说明观测到的衰变。韦尔特曼提出的意见隐含着在第一种用法中修正轴矢流部分守恒。沿着这一进路的还有阿诺威特（Arnowitt）、弗里德曼（Michael Friedman）和奈斯（Nath）的论文 （Arnowitt et al.，1968），尽管他们所提出的额外项的形式不同于韦尔特曼提出的形式。

贝尔深入参与了流代数和轴矢流部分守恒的研究，韦尔特曼的观测结果给他留下了特别深刻的印象。[54] 在大量的研究工作之后 [55]，贝尔及其合作者贾基夫共同发表了一篇有趣的论文（Bell and Jackiw，1969）。在这篇论文中，他们声称“要用一个很简单的例子来证明流代数计算常见的形式操作的不可靠性”[56]。他们也试图“为形式推理提供一个事物被充分定义的方案，从而可以进行明确的计算”，即这是一个“同时体现轴矢流部分守恒和规范不变性思想”的方案。贝尔和贾基夫调和这两种表面上矛盾的研究方式是迷人的，也显露了他们的研究已触及的当代理论物理学的概念预设有多深。

贝尔和贾基夫注意到，在σ模型中考虑过的 $\pi^0 \to 2\gamma$ 衰变提出了一个难题。一方面，韦尔特曼–萨瑟兰类型的轴矢流部分守恒推理意味着对于 $\pi^0 \to 2\gamma$ 的不变幅，当用一个轴矢流发散的 π 介子场进行离质壳延拓时，$T(k^2)$ 消失了，即 $T(0)=0$。这个结论既与实验相冲突，又与施泰因贝尔格（Steinberger，1949）的对该过程做出贡献的三角形曲线图的旧微扰计算相冲突，而这一微扰计算与实验符合得极好。[57] 另一方面，在σ模型中，将轴矢流部分守恒（PCAC）内置于算符方程，对相同的过程进行显式计算，刚好给出与施泰因贝尔格的计算相同的结果。这是贝尔和贾基夫所面对的难题。

为了揭示这一难题的起源，贝尔和贾基夫超越这一形式推理，考察了这一计算的细节。首先，他们发现，在σ模型计算中获得的非零 $T(0)$ 来源于一个表面项，当改变三角形曲线图的线性发散积分中的变量时，就获得了这一非零计算。这个额外项与轴矢流部分守恒相一致，但破坏了规范不变性。因而这是在轴矢流部分守恒和规范不变性之间的一个冲突。其次，他们追随约

218

翰逊和劳主张：相关三角形曲线图的积分的形式操作，尽管既遵守轴矢流部分守恒又遵守规范不变性，但是如果被积函数没有很好地收敛，它也可能失效。这导致表面项破坏规范不变性，并要求正规化。他们强调，传统的泡利-维拉里正规化虽然恢复了规范不变性，但却破坏了轴矢流部分守恒。轴矢流部分守恒和规范不变性之间的这种冲突再次出现。贝尔在他 1968 年 9 月 2 日写给阿德勒的信中评论说：

> 我们的第一个观测结论是，以传统方式解释的σ模型正好没有轴矢流部分守恒。这是这一难题的一个解决方案。[58]

然而，一种深深植根于对称性崇拜中的强烈的倾向，使得贝尔和贾基夫不满足于这一解决方案。这种对称性崇拜已为许多当代理论物理学家广泛拥有，并展示在我们前文刚刚提到的论文（Riazuddin and Sarker，1968）的第二个动机之中。贝尔和贾基夫试图用一种不同的方式来解决这一难题，这种方式能表达他们对轴矢流部分守恒和规范不变性的尊重。

与贝尔先前的论点（Bell，1967a，1967b）——这种论点认为，对易子中的反常是不相关的，它们能通过引入正规化而避免——相符合，贝尔和贾基夫提出了一种受轴矢流部分守恒规定的新的正规化。在这里，关键的假定是调节子场（regulator field）的耦合常数 g_1 一定随着场的质量 m_1 以如下方式变化 $m_1/g_1= m/g$=常数，即使当 m_1 趋于无穷且由真实场和辅助场造成的反常相互抵消时也是如此。因此，贝尔和贾基夫不是去修正轴矢流部分守恒，而是去修正σ模型中的正规化方案，以使得反常连同轴矢流部分守恒和规范不变性之间的冲突，以及形式推理和明确计算之间的差异，统统被消除。

不幸的是，贝尔和贾基夫修复的形式推理的一致性经不起详细的审查。正如阿德勒所指出的（Adler，1969）那样，新的正规化将使得σ模型中的强相互作用不可重整化。[59]阿德勒也指出，反常是那么深地植根于局域场论的理论结构之中，以至于不能被任何人为的操作去除。

尽管其动机缺乏创意，解决方案也站不住脚，但贝尔和贾基夫的论文确实发现了一些重要的东西。它的重要性在于两个方面：首先，它将三角图计算中出现的反常与可观测的 $\pi^0 \to 2\gamma$ 衰变联系起来，从而在物理学家中间产生了对反常的极大兴趣，并把物理学家的注意力吸引到反常上来；其次，它把反常与轴矢流部分守恒联系起来，从而为理解局域场论的反常行为的本质指明了正确的方向。然而，若不是阿德勒（Adler，1969）以一种更为完备、更为优美的表达形式阐明了这一反常情形的话，那么这篇论文的真正重要性不可能被及时地和适当地注意到。在回应贝尔和贾基夫关于轴矢流部分守恒疑难的解决方案时，阿德勒不是去修正σ模型以恢复轴矢流部分守恒，而是在传统的σ模型中尽力系统化和充分利用轴矢流部分守恒破缺，因而给出了 $\pi^0 \to 2\gamma$ 衰变的合理说明。然而，他在论文的附录中所作的这一回应，只是他在论文正文中所报告的主要思想的一个应用（Adler，1969）。这些思想独立于他与贾基夫的论文（Bell and Jackiw，1969），是在他对旋量电动力学的研究中发展起来的，这一研究受重整化考虑的驱动，是在与轴矢流部分守恒-流代数纲领完全不同的语境下实行的。[60]

219

8.7.3　流的重整化

阿德勒对量子电动力学中轴矢量顶点重整化的动力学研究，是他作为一个活跃于轴矢流部分守恒-流代数纲领中的理论学家跨出的重要一步，这与通过纯粹的对称性考虑而不诉诸动力学来提取包含在顶点形状因子中的物理信息的纲领相背离。然而，在阿德勒的研究中，对对称性着迷的后遗症仍然很容易察觉。对于阿德勒来说，这项研究很有趣，因为它与无质量量子电动力学的 γ_5 不变性有关。准确地说，因为这项研究是带着对它所具有的对称性的强烈兴趣进行的，所以在动力学计算和由对称性考虑规定的形式代数演算之间所发现的冲突，被有意识地充分利用，以揭示它对于我们理解由局域场论描述的系统的动力学对称性的意义：当考虑由环状曲线图表征的辐射修正时，一些展示在拉格朗日函数中的对称性可能消失，而额外（“反常”）项可能会出现在相应的计算中。因此，对称性考虑的有效性范围是由相关对称性破缺的存在与否来界定的，这是由辐射修正的特殊过程引起的。然而，在探究反常的含义之前，让我们首先仔细看看阿德勒所采取的步骤。

在他的微扰研究中，阿德勒发现在量子电动力学中轴矢量顶点一般满足通常的瓦德恒等式，除了定义费曼图的积分是线性发散或更严重的发散，因而积分变量的移位是不确定的情形之外。检测表明，量子电动力学中唯一令人烦恼的情形就是那些涉及三角形曲线图的情形。阿德勒发现，运用罗森伯格的三角形曲线图的明确表示（Rosenberg，1963），并运用通常的泡利-维拉里正规化来计算这种三角形曲线图时，如果这一计算与规范不变性相符合，那么轴矢量瓦德恒等式在三角形曲线图的情形中就会失效，一个额外项就会显现。[61] 在阿德勒的表述中，轴矢量瓦德恒等式的失效是两个因素相结合的结果。第一个因素是三角形曲线图的一个特殊性质，即它的线性发散导致了对于曲线图的表达上的歧义；第二个因素是由规范不变性强加的限制。

在微扰理论中，瓦德恒等式由基本拉格朗日函数的不变性（或部分不变性）及其表示所规定。因此，轴矢量瓦德恒等式的失效已经隐含着一种对称性破缺。然而，阿德勒更为清楚地说明了它的反常发现和对称性破缺之间的联系。阿德勒注意到轴向瓦德恒等式中破缺的出现，不但适合于基本的三角形曲线图，而且适合于用基本的三角形曲线图作为亚曲线图的任何曲线图，他表明，在一般情形中的破缺能通过取代通常的轴矢流发散而加以简明描述：

220

$$\partial j_{\mu}^{5}(x)/\partial x_{\mu}=2\mathrm{i}\,m_{0}j^{5}(x) \qquad (8.24)$$

$$(j_{\mu}^{5}(x)^{-}=\psi(x)\gamma_{\mu}\gamma_{5}\psi(x),\quad j^{5}(x)^{-}=\psi(x)\ \gamma_{5}\psi(x))$$

通过 $\partial j_{\mu}^{5}(x)/\partial x_{\mu}=2\mathrm{i}\,m_{0}j^{5}(x)+a_{0}/4\,\pi$：$F^{\xi\sigma}(x)\ F^{\tau\varphi}$：$\varepsilon_{\xi\sigma\tau\varphi}$ （8.25）

阿德勒把这看作是他的主要结果。通过把这个结果应用于无质量的量子电动力学的情形，阿德勒证明了轴矢量三角形曲线图的出现，为无质量量子电动力学的拉格朗日函数 γ_5 不变性的破坏，提供了一种特殊机制。在这种情形中 γ_5 不变性被破坏，完全是因为与 γ_5 变换相联系的轴矢流不再守恒，由于额外项 $\alpha_0/4\,\pi$：$F^{\xi\sigma}(x)\ F^{\tau\varphi}$：$\varepsilon_{\xi\sigma\tau\varphi}$ 的存在。[62]

阿德勒将导致方程（8.25）的相同思想应用于σ模型的贝尔–贾基夫版本，他发现相同的额外项也出现在轴矢流部分守恒关系式的右边。这需要轴矢流部分守恒必须在电磁相互作用出现的情况下以一种定义明确的方式加以修正。阿德勒修正的轴矢流部分守恒关系式给出了有关 $\pi^0\rightarrow 2\gamma$ 衰变（τ^{-1}=9.7 eV）的一个预测[63]，它不同于由萨瑟兰韦尔特曼以及贝尔和贾基夫给出的那些预测，它与实验值式相符合 $\tau_{\mathrm{exp}}^{-1}=(7.35\pm1.5)\mathrm{eV}$。

在这里，一个重要然而却不明显的假设是：反常是一个精确的结果，它对所有阶都有效，也不为高阶辐射修正重整化。在阿德勒的分析中，这个假设自然地源于这样一个事实：对于基本三角形曲线图的辐射修正，总是涉及多于三个顶点的轴矢量环，这在量子电动力学的情形中是处在对数发散的最坏情况下，因而满足法向轴矢瓦德恒等式。作为对贾基夫和约翰逊（Jackiw and Johnson，1969）提出的这一假设的不同意见的反应，阿德勒和巴丁（Adler and Bardeen，1969）设计出说明这一假设的论据的细节。这导致了一个非重整化定理，这一定理对于反常消除条件是至关重要的，也对由韦斯和祖米诺（Wess and Zumino，1971）以及特霍夫特（’t Hooft，1976a）提出的一致性条件是至关重要的。[64]

关于轴矢量顶点的重整化，阿德勒注意到，包括额外项在内的轴矢量散度不是乘法可重整化的，并且这显著地使轴矢量顶点的重整化变得复杂了，虽然通过为不同的费米子种类安排反常以致相消，能够避免这些复杂性的出现。[65]

阿德勒对贝尔和贾基夫的新正规化的批评，据说有助于去除反常，运用这种批评，与局域场论的反常行为相关联的概念状况得以大大澄清。这种批评令人信服地表明，如果不破坏规范不变性、幺正性或可重整化，就不能消除三角形曲线图反常。[66]以此为据，三角形反常不久就成了已确立的知识的组成部分。 **221**

首先在阿贝尔理论中被很好地确立的阿德勒–贝尔–贾基夫反常（Adler-Bell-Jackiw anomalies），不久就为格斯坦和贾基夫（Gerstein and Jackiw, 1969）以及巴丁（Bardeen, 1969）扩展到非阿贝尔情形。这一扩展与服从可重整化约束的标准模型的构造有直接关系（见第 11.1 节）。格斯坦和贾基夫认为，在 SU(3)×SU(3)耦合情形中，除了有一个反常的 VVA 三角形曲线图以外，唯一的曲线图是 AAA 曲线图，而巴丁则声称有一个更一般的 SU(3)反常结构。对于中性流而言，它与格斯坦和贾基夫的结论相一致，对于带电流来说，反常也在 VVVA 和 VAAA 方格曲线图与 VVVVA、VVAAA 和 AAAAA 五角形曲线图中出现。

8.7.4　短程算符直积展开

关于流的重整化效应，几乎同时也受到威尔逊（Wilson, 1969）的攻击。[67]威尔逊的不涉及拉格朗日函数的短程算符直积展开框架，以及他对标度不变性而不是 γ_5 不变性的关心，非常不同于阿德勒的框架，也不同贝尔–贾基夫的框架。然而，威尔逊的分析为理解重整化和对称性破缺之间的关系指出了相同的方向，这对后来的概念发展有相似甚至是更重要的意义。

自约翰逊和劳的工作以来，流代数在处理流的短程行为中的不足已为人熟知，作为对这一不足的回应，威尔逊试图发展一种新的表达方式，即算符直积展开，这种表达方式能给出强相互作用中流的短程行为的一幅更详细的图景：

$$A(x)B(x)=\sum{}_n C_n(x-y)O_n(x) \qquad (8.26)$$

这里，$A(x)$，$B(x)$和 $O_n(x)$可以是任何局域场算符（基本场、流、能量张量等）；$C_n(x-y)$包括$(x-y)$和$(x-y)^2$的对数，还可能在光锥上有奇点包含所有关于流的短程行为的物理信息。

算符直积展开起源于微扰理论中对重整化的详细研究。[68]然而，威尔逊现在是在破缺的标度不变性的新基础上发展它[69]，他利用破缺的标度不变性来确定 $C_n(x-y)$的奇异性结构。其出发点是约翰逊关于瑟林模型的工作，约翰逊的工作已表明：首先，正则对易子受到重整化效应的破坏；其次，场的标度元随着耦合常数而连续变化。威尔逊进行了推广，使得这两个观测结果在他关于强相互作用的算符直积展开表述的情形中也得以保持。威尔逊在论文 222 中竭力主张的主要观点之一是：从流的非相互作用数值中导出的流的标度元的存在，令人信服地表明重整化效应造成了标度不变性的破缺。这一意见也获得了约翰逊和劳的观测结果的支持。威尔逊也在论文中要求人们注意，正则等时对易关系将受到非不变相互作用的破坏。

威尔逊的分析似乎隐含着这样的观点：强相互作用的标度不变性，既不被拉格朗日函数中的对称性破缺项（在威尔逊的方案中没有这样的拉格朗日函数）所破坏，也不被一个可变真空所破坏，而是如同 γ_5 不变性的反常破缺一样，只被在重整化程序中引入的一些可变相互作用所破坏。这一观点不久就由威尔逊本人认真地作了考察（Wilson，1970a，1970b，1970c，1971a，1971b，1971c，1972），也为卡伦（Callan，1970），西曼齐克（Symanzik，1970），卡伦、科尔曼和贾基夫（Callan et al.，1970），科尔曼和贾基夫（Coleman and Jackiw，1971），以及其他人所考察。这一考察直接导致重整化群思想的复兴。

正如我们在下一节中将要看到的，威尔逊对标度不变性的反常破缺的态度与其他人很不相同。这一态度似乎发端于他 1969 年的论文。虽然承认反映在流的标度维（scale dimension）变化中的标度反常（scale anomaly）存在，但是威尔逊坚持所有反常都能被吸收进流的反常维（anomalous dimension）中，因此标度不变性将在渐近意义上保持，即标度律（scaling law）仍然成立，虽然仅仅对带电标度维的流成立。

威尔逊的态度似乎可归因于：首先，部分是盖尔曼和劳关于量子电动力学中裸电荷的标度律的工作（Gell-Mann and Low，1954）对他的工作的影响；其次，部分是费希尔、维多姆（B. Widom）和卡达诺夫临界现象上的标度假设对于他的工作的影响；最后，部分是他企图使自己脱离微扰理论的雄心。前两点使他相信标度律的存在，或者用后来的术语说，使他相信重整化群的不动点的存在；最后一点使得他不能用一种完全动力学的方式来分析标度反常。标度反常的这方面和其他方面问题将是下一节的主题。

8.8 重 整 化 群

20世纪70年代初，对于重整化群方程的复兴和重新表述来说，概念基础是标度反常的思想，或标度不变性的反常破缺。然而，历史上，在量子场论的框架中，物理参量的标度依赖性思想比标度不变性思想出现得早，并为正确理解标度不变性提供了语境。

物理参量的标度依赖性思想的早期（甚至是第一次）出现，我们可以追溯到戴森关于平滑相互作用表象（smoothed interaction representation）的工作（Dyson，1951）。在这一表象中，戴森试图把相互作用的低频部分和高频部分分开，除了产生重整化效应之外，高频部分被认为是无效的。为了实现这一目标，戴森采用了绝热假说的指导方针，借助于平滑变化的参量 g，为电子定义了一个平滑变化的电荷和一个平滑变化的相互作用。然后他指出，当 g 变化时，在依赖于 g 的相互作用的定义中必须作出某些修正，以使由依赖于 g 的电荷的改变造成的这一效应能得到补偿。 223

与戴森的思想相符合，朗道及其合作者在一系列有影响的论文（Landau et al.，1954a，1954b，1954c，1954d，1956）中，发展了一个模糊化相互作用（smeared out interaction）的相似概念。依照这个概念，相互作用的量值不应该被看作一个常量，而应该被看作相互作用半径的函数，当动量超过临界值 $P \sim 1/a$（其中 a 是相互作用的范围）时，相互作用的大小必定迅速下降。相应地，电子电荷必须被看作一个至今未知的相互作用半径的函数。朗道借助这个概念，研究了量子电动力学的短程行为，并获得了一些重要的结果，这在开始的几节中已经提及。戴森和朗道都持有这样的思想：与电子电荷相对应的参量是标度依赖的。此外，戴森暗示——虽然只是含蓄地暗示——量子电动力学的物理学应该是标度独立的。朗道则更为明确地提出，量子电动力学的相互作用可能是渐近标度不变的。

“重整化群”（renormalization group）这一术语首先出现在斯托克伯格和彼得曼写的一篇论文（Stueckelberg and Petermann，1953）中。在那篇论文中，他们注意到，虽然在重整化程序中引入的相反项的无穷大部分，是由消除发散的要求决定的，但是有限的部分是可改变的，它依赖于相减点的任意选择。然而，这种任意性在物理上是不相关的，因为不同的选择只是导致理论的不同参量化。他们评论说，能够定义一个变换群，这个变换群与该理论的不同参量相关，他们称之为“重整化群”。他们也指出了引入一个无穷大算符和构造一个微分方程的可能性。

一年后，盖尔曼和劳（Gell-Mann and Low，1954）在对量子电动力学短程行为的研究中，更富有成果地开拓了重整化不变性。首先，他们强调，被测电荷 e 是量子电动力学动量非常低时行为的一个特性，并且 e 能被参量 e_λ 中的任何一个成员取代，它与任意动量标度 λ 上的量子电动力学行为相关联。当 $\lambda \to 0$ 时，e_λ 变为被测电荷 e，当 $\lambda \to \infty$ 时，e_λ 变为裸电荷 e_0。其次，他们发现，由于可重整化，e_λ^2 服从方程 $\lambda^2 \mathrm{d}e_\lambda^2 / \mathrm{d}\lambda^2 = \psi\left(e_\lambda^2,\ m^2/\lambda^2\right)$。当 $\lambda \to \infty$ 时，重整化群函数 ψ 变为只是 e_λ^2 的一个函数，因而为 e_λ^2 确立了一个标度律。最后，他们指出，作为这个方程的一个结果，裸电荷 e_0 一定有一个不依赖于被测电荷 e 值的不变值；这就是所谓的盖尔曼–劳裸电荷本征值条件。

在斯托克伯格和彼得曼以及盖尔曼和劳的工作中，戴森的变化参量 g 和朗道的相互作用范围，被进一步指定为可调整的重整化标度或相减点。与盖尔曼和劳一致，参量的标度依赖特征和不同重整化标度上的参量之间的联系，按照重整化群变换详加描述，并且此物理学的标度独立特征在重整化群方程中得以具体化。然而，这些苦心经营的结果直到20世纪60年代末和70年代早期才受到重视。当时，主要是通过威尔逊的研究，由于量子场论和统计物理学之间富有成效的相互作用，人们对标度不变性思想和重整化群方程才有了更深入的理解。

224

理论的标度不变性的思想更为复杂，它非常不同于理论的物理学标度独立性的思想（由戴森模糊地提出），或理论的物理学重整化标度独立性的思想（由重整化群方程表达）。理论的标度不变性指的是它在标度变换群下的不变性。后者只为动力学变量（场）下定义，不为量纲参量（如质量）下定义。否则，一个标度变换将导致一个不同的物理理论。虽然理论的物理学应该独立于重整化标度的选择，但是，如果有任何量纲参量，那么该理论就不可能是标度不变的。

在盖尔曼和劳关于量子电动力学的短程行为的处理中，当电荷按照它在很大距离上的值被重整化时，这个理论不是标度不变的。由于电子的质量可以忽略，并且似乎没有其他量纲参量出现在这一理论中，因此在这种情况下人们可以期望获得标度不变性。标度不变性意料之外的失效，完全归咎于电荷重整化的必要性：当电子质量趋于零时，有一个奇点。然而，当电荷在一个相关能量标度上，通过引入一个可调整的重整化标度，以有效地抑制不相关的低能自由度而被重整化时，就出现了一个渐近标度不变性。盖尔曼和劳用关于有效电荷的一个标度律来表达这个“渐近标度不变性”。他们也把它当作裸电荷的本征值条件，即对裸电荷有一个不依赖于实测电荷值的不变值。

虽然约翰逊在 20 世纪 60 年代初期就提出，瑟林模型可能是标度不变的，但是直到 20 世纪 60 年代中期，由于统计物理学的发展，才有了关于标度不变性本质理解的真正进展。此外，在流代数研究中和量子场算符乘积的短程展开中所发现的场论反常，也促进了这一领域的研究。

在这里，量子场论和统计力学之间的相互作用（可以很容易地在威尔逊思想的形成中辨别出来），在这一发展中发挥了重要作用。从概念上讲，这一种互动非常有趣，但也相当复杂。1965 年，维多姆在论文（Widom，1965a，1965b）中为临界点附近的状态方程提出了一个标度律，就临界指数之间的关系而言，这推广了由埃萨姆（J. W. Essam）和费希尔（Essam and Fisher，1963）以及费希尔（Fisher，1964）早期获得的结果。威尔逊对维多姆的工作感到困惑，因为后者的工作缺乏理论基础。威尔逊熟悉盖尔曼和劳的工作。而且，当通过解决和消除这一问题的动量标度而致力于发展格场理论（lattice field theory）时，他刚好已为重整化群分析找到了一个自然的基础（Wilson，1965）。威尔逊意识到应该把盖尔曼和劳的思想应用到临界现象中去。一年后，卡达诺夫（Kadanoff，1966）把临界点变成在标度依赖的参量变换中的一个不动点，他从这一思想出发推导了维多姆的标度律，这本质上是把重整化群变换具体化了。威尔逊迅速吸收了卡达诺夫的思想，把它合并进他关于场论和临界现象的思考之中，拓展了破缺标度不变性的概念。[70]

225

威尔逊在 1964 年就算符直积展开也做了一些开创性的工作（未发表），但是，在强耦合领域，算符直积展开失效了。在思考了维多姆和卡达诺夫标度理论应用到量子场论时的含义，并且研究了约翰逊关于瑟林模型的标度不变性的意见的结果（Johnson，1961）和麦克关于强相互作用的短程标度不变性的意见（Mack，1968）之后，威尔逊重新表述了算符直积展开理论，并把它建立在标度不变性的新思想的基础之上（Wilson，1969）。他发现，如果把场算符的标度维——由正则对易关系的标度不变要求来定义——看作新的自由度，那么量子场论可能在短程上是标度不变的。[71] 这些标度维能被场之间的相互作用改变并且能获得反常值[72]，这些反常值对应于临界现象中的非平凡展开。

对量子场论进行根本性改造的最重要影响来自统计物理学的巨大进展，

这些进展可用威尔逊强调的两个概念加以总结：①局域理论中的统计连续统极限（statistical continuum limit）；②重整化群变换的不动点。

就第一个概念而言，威尔逊注意到，由统计物理学描述的系统和由量子场论描述的系统，具体表达了不同的标度。如果一个连续变量的函数，如在时空上定义的电场的函数，本身独立于变量并假设其形成一个连续统，以使函数积分和导数能定义，那么人们就能定义一个统计连续统极限，它由一个特征标度的缺失来刻画。这意味着在所有标度上的涨落相互耦合，并对过程所做的贡献相等。在量子电动力学的计算中，这典型地导致对数发散。因此，对于这些系统的研究而言，重整化是必要的。"统计连续统极限"这一概念在威尔逊关于量子场论，特别是关于重整化的思想中，占据着中心的位置，这反映在他如下的断言（Wilson，1975）中："标准重整化程序的最坏特征是，它没有给出关于统计连续统极限的物理洞见。"

第二个概念更为复杂。正如我们已注意到的，一个刻画不同重整化标度上的物理学的变化参量，反映了重整化效应的标度依赖性。这一参量的值通过重整化群变换相互关联，这些重整化群变换由重整化群方程描述。从20世纪60年代后期起，人们开始认识到，由于重整化的必要性，任何量子场论的标度不变性总是不可避免地被反常所破坏。这个论断的一个令人信服的论据是基于"量纲嬗变"（dimensional transmutation）的概念，对此具体描述如下。

226

一个理论的标度不变性等价于在这个理论中标度流的守恒。为了定义标度流，就要求有一个重整化程序，因为作为同一点上两个算符的乘积，标度流隐含有一个紫外奇点。然而，即使是在一个没有任何量纲参量的理论中，为了避免红外发散和定义耦合常数，在重整化时引入一个量纲参量作为相减点仍然是必要的。引入一个量纲参量的这一必要性，科尔曼和温伯格在他们的论文（Coleman and Weinberg，1973）中称之为"量纲嬗变"，它打破了这一理论的标度不变性。确切地讲，由于量纲嬗变，在任何重整化理论中的标度不变性不可避免地会被反常所破坏，虽然这一破缺效应能通过重整化群方程来处理。

在统计物理学中，重整化群方法影响了在不同标度层次上的物理学之间的联系。通过去除不相关的短程关联，并且通过确定稳定的红外不动点，重整化群方法使得各种描述［例如基本激发（准粒子）的描述和集体粒子（如光子、等离子体、自旋波）的描述］的概念一致性，各种临界行为的普遍性的解释，以及序参量和关键分量的计算成为可能。在量子场论中，相同的方法能被用来去除不相关的低能自由度，并找到稳定的紫外不动点。在两种情形中，正如温伯格（Weinberg，1983）已指出的，这种方法的实质集中在一个特殊问题的相关自由度上[73]，其目标是找到重整化群方程的不动点解。

根据威尔逊的研究，量子场论中的不动点只是对量子电动力学中裸电荷的盖尔曼–劳本征值条件的一个推广。[74]在不动点上，标度律，或者是在盖尔曼–劳–威尔逊的意义上，或者是在比约肯的意义上，保持有效，并且这个理论是渐近标度不变的。这一标度不变性在非不动点上破缺，这种破缺能用重整化群方程描述。因此，运用更为精致的标度论据，盖尔曼和劳的原初思想的含义就变得更为清楚了。也就是说，以一种定量的方式，而不是如戴森或朗道所建议的定性研究，即遵循由标度不变性的反常破缺引起的、理论的有效参量随着能量标度的改变而变化，重整化群方程能被用来研究各种能量标度上，特别是在很高的能量标度上的场论的性质。

显然，如果一个给定场论的重整化群方程拥有一个稳定的紫外不动点解，那么这个理论的高能行为不会造成任何麻烦；根据温伯格的研究，这个理论可以叫作“渐近安全理论”（Weinberg，1978）。如果一个渐近安全理论拥有的不动点是高斯不动点，那么它可能是一个可重整化理论。[75]然而，温伯格指出“渐近安全”的概念比可重整化的概念更为普遍，因此能用“渐近安全”的概念解释甚至取代可重整化的概念，并且他用一个五维标度理论的具体例子来支持他的观点（同上）。实际的情形可能是，如果理论是与威尔逊–费希尔不动点相联系的，那么在通常的意义上理论是渐近安全的却不是可重整化的。 227

在本节中描述的概念发展可以总结如下。在有许多相互耦合的标度但却没有一个特征标度（如由量子场论描述的那些标度）的系统中，由于重整化的必要性，标度不变性总是反常破缺的。这一破缺自我显现在算符直积展开框架中场的反常标度维中，或者出现在由重整化方程具体规定的不同重整化标度的参量的变化之中。一方面，如果这些方程没有不动点解，那么这一理论不是渐近标度不变的，因而严格地说不是可重整化的。[76]另一方面，如果方程拥有不动点解，那么理论就是渐近标度不变的和渐近安全的。如果不动点是高斯的，那么理论是可重整化的。但是，可能存在一些渐近安全理论，如果它们拥有的不动点是威尔逊–费希尔不动点，那么它们是不可重整化的。随着渐近安全是更为基本的指导原则这样一种思想的出现（这是重整化群方法的结果之一），可重整化原则的基本性开始受到严重的挑战（见第 11.5 节）。

8.9 来回摇摆

在20世纪40年代末、50年代初，经历了对量子电动力学的重整化微扰表述引人注目的成功的短暂沉迷之后，物理学家逐渐远离了量子场论的理论框架，这主要是因为量子场论在表达电磁学领域以外的各种问题上失效了。非常有趣的是，我们注意到这种变化始于20世纪20年代末海森伯和泡利的量子场论，然后又摇摆到20世纪30年代末、40年代初惠勒和海森伯的S矩阵理论。但是，更为有趣的事实是，20世纪40年代末物理学家皈依量子场论的重整化微扰表述，却是打算通过再次摆回到量子场论的框架来实现，虽然这次量子场论采取了规范不变理论的形式。

正如我们在先前的部分中所表明的，量子场论在20世纪50年代处于深刻的危机之中。除了极少数在公理化场论方面工作或在可重整化非阿贝尔规范理论方面思考的物理学家以外，主流物理学家为两种趋势所吸引。在强相互作用领域，主导思想是关于色散关系、雷杰极点和靴袢假说的思想，它们由丘及其同事发展为一个反场论框架，即解析S矩阵理论。在电弱磁过程和强子电磁过程的领域中，以及强相互作用重整化的领域中，形式推理和代数计算取代了场论的研究。在这两种情形中，场论框架即使没有被彻底放弃，至少也是受怀疑的。

228 但是，从20世纪60年代中期起，情形开始发生变化。在强相互作用领域，随着20世纪60年代在j复平面上越来越复杂的S矩阵的奇异结构的发现[77]，S矩阵理论逐渐衰退。那些仍然从事S矩阵理论的丘的追随者变成了一群孤立的专家，远离粒子物理学研究的主流。相比之下，主要是由于1969年在斯坦福直线加速器中心进行的实验发现了在深度非弹性散射中的标度律、自由场论的夸克–部分子模型（quark-parton model），以及后来，在规范理论框架中更为复杂的量子色动力学（quantum chromodynamics），作为强子物理学的框架，越来越受欢迎。

在弱过程和电磁过程领域中，在反常发现的刺激下，形式操作再次被对其动力学基础的场论研究所取代。而且，20世纪60年代末，在非阿贝尔规范理论的框架内，人们提出了一种统一描述弱过程和电磁过程的模型。随着韦尔特曼和特霍夫特对非阿贝尔规范理论的可重整化的证实，到1972年，粒子物理学家得到了弱力和电磁力的一个自洽的统一场论。接下来要做的就是获得实验证据来证明理论所预言的中性流的存在。这出现在 1973 年。

强相互作用中标度律的实验发现和弱相互作用中中性流的实验发现，使得预言或解释这些发现的非阿贝尔规范理论在 20 世纪 70 年代特别流行。但是，改变人们对规范理论（通常对于量子场论）的流行看法的是其可重整化的证据。在流行看法上的改变是那么激进，以至于朗道反对量子场论的颠覆性论证（虽然它不可能挑战渐近自由的杨–米尔斯理论，即重整化电荷的可能消失），完全被忘记了。

这在一个更为基本的层次上证明，在近 40 年的理论发展中，各种量子场论，除了一些非现实的模型以外，只能通过引入规范不变性的概念来实现重整化。由于这个原因，量子场纲领作为一个连贯和成功的研究纲领，它的进一步发展几乎完全是在一个规范理论的框架之内的。

注　释

1. 注意，二次量子化过程中衍生出的关系不同于量子化条件，量子化条件被定义为动力学可观察量及其 q 数（算符）。见第 7.1 节中的讨论。

2. 注意，我在这段引文中提到的场算符处于海森伯绘景中，这与在相互作用绘景中有一个不同的物理解释。

3. 对于早期的 W 介子理论，见 Kemmer（1938）和 Klein（1939）。他们在解释 π 衰变 $\pi \to \mu + \nu$ 中遇到了困难。W 介子理论的现代版本由施温格（Schwinger，1957）和格拉肖（Glashow，1961）在他们统一电磁学和弱相互作用的早期尝试中提出。

4. 然而，这是有争议的。见 Weinberg（1983）、Gell-Mann（1987）。

5. 一些公理化场论家后来以构造场论学家著称。怀特曼（Wightman，1978）把构造量子场论当作公理化场论的产物，但两者之间有一些不同。公理化场论关心的是量子场的广义理论，而构造量子场论从特定的拉格朗日模型出发，构造满足前者要求的解。关于公理化场论的早期发展，见 Jost（1965）及 Streater 和 Wightman（1964），关于构造场论，见 Velo 和 Wightman（1973）。 **229**

6. 这个结果通常不被接受。因此劳（Low，1988）在过去和现在都不相信朗道的证据，因为它基于微扰方法中一个重要的对数近似，他认为它作为一个证据还不够严密。波尔金霍尼（Polkinghorne，1989）持相似的立场。盖尔曼（Gell-Mann，1987）也持这样一种立场，他 1956 年访问莫斯科时，曾与朗道就这一点展开争论。盖尔曼也评论道：“用今天的语言来说，朗道大概想要说非渐近自由场论是不令人满意的。”（同上）

7. 在量子场论框架中，关于这一主题的最早研究出现在 1957—1958 年（Nishijima，1957，1958；Haag，1958；Zimmermann，1958）。其结果是，就散射理论而言，复合粒子和基本粒子之间没有任何不同。因此，在来自 S 矩阵理论方面的压力日益增加的情况下，出现了“Z = 0”猜测为粒子合成的一个判据，这首先由瓦尔和乔维特（Houard and Jouvet，1960）以及沃恩、亚伦和阿马多（Vaughn et al.，1961）提出，并证实了李模型（Lee，1954）。这个主题很流行，但只讨论了一些简化模型场论。进一步的参考能在温伯格（Weinberg，1965a）的论文中找到。

8. 克拉默斯（Kramers，1944）提出了解析性的重要性；克勒尼希（Kronig，1946）把解析性与因果性联系了起来。

9. 关于历史评论，见 Cushing（1986，1990）。

10. 根据盖尔曼在罗切斯特会议上的演讲来判断，他那时似乎不是一个鲜明的场论学家。他用这样的期待结束演讲：“可能这种方法［色散纲领］将阐明如何构造一个不同［于旧场论］的新理论，新理论将有可能解释场论无论如何也不可能解释的高能现象。”（Gell-Mann，1956）

盖尔曼的罗切斯特演讲对于 S 矩阵理论的产生是一个强有力的推动，这一论断为以下事实所证实：①曼德尔施塔姆的双重色散关系（Mandelstam，1958）——通常被认为是 S 矩阵理论的产生中具有决定性的一步——始于盖尔曼的色散关系可能取代场论的猜测；②丘在 1958 年的日内瓦会议上引用了盖尔曼的罗切斯特评论；③除了对 S 矩阵理论的概念发展的各种贡献外，正如我们在这段引文中所提到的，盖尔曼也是承认雷杰工作的重要性并支持靴袢假说的第一批物理学家之一。正如丘在 1962 年所评论的，盖尔曼“多年来对 S 矩阵理论和我施加了重要的积极影响；他的热情和过去几个月的敏锐观察已显著地加速了这些事件的进程，也刺激了我个人的兴奋感”（Chew，1962a）。

然而，盖尔曼后来关于 S 矩阵理论地位的立场与丘有很大的不同。对于丘来说，S 矩阵理论是理解强相互作用的唯一可能的框架，因为量子场论在这方面毫无希望。然而，对于盖尔曼来说，基本框架是拭子场论，因为 S 矩阵理论的所有原理和属性实际上都是从量子场论抽象出来的或为量子场论所提示的，S 矩阵理论本身只能被看作一种详细说明场论的方式，或是一个在质壳上的场论方法。盖尔曼对于 S 矩阵理论和量子场论之间关系的立场是处在费曼和戴森，以及莱曼、西曼齐克和齐默尔曼（Lehmann et al.，1955）的传统中，在这个传统中，S 矩阵被看作可以从场论导出，或至少与场论框架不是不相容的。但是对于丘来说，量子场论和 S 矩阵理论之间的冲突是不可调和的，因为由量子场论假设的基本粒子的观念导致了与解析性和靴袢观念的冲突。

11. 在关于分波振幅的色散关系中，卡斯蒂列霍、达里兹和戴森在此振幅中发现了一些额外的固定极点，因此它不能完全由输入分波振幅决定（Castillejo et al，1956）。CDD 极点通常与输入基本粒子相对应，但是，正如在 20 世纪 60 年代后期发现的，它们也可能出现于非弹性截止（Collins，1977）。

12. 关于色散关系和解析 S 矩阵理论之间的这个关系的讨论，见 Chew（1989）。

13. Blankenbecler 等（1962）。

14. Charap 和 Fubini（1959）。

15. Chew 和 Frautschi（196la，196lb）。

16. 在这种情形中，s 表示在 t 信道中的动量传播子平方，t 表示能量平方。

17. 关于 S 矩阵理论的本体论承诺的讨论，见 Capra（1979）。

18. 盖尔曼对于基本粒子雷杰化的最初动机的论述，见他的论文（Gell-Mann，1989）；对于雷杰化纲领的历史研究，见 Cao（1991）。

19. 见 Chew（1989）和 Capra（1985）。

20. Landau（1959）。库特科斯基（R. E. Cutkosky）在 1960 年的论文中给出了一个包括幺正性条件的进一步的规则。

21. 因此，在朗道图和费曼图之间有一种一对多的对应。

22. 这部分是由于在 S 矩阵理论中重点从客体（粒子）转移到过程（散射或反作用）。

23. Stapp（1962a，1962b；1965；1968）；Chandler（1968）；Chandler 和 Stapp（1969）；Coster 和 Stapp（1969；1970a，1970b）；Iagolnitzer 和 Stapp（1969）；Olive（1964）。

24. 见 Chew（1989）和 Capra（1985）。

25. 丘在美国物理学会的讲演（1962 年 1 月）的题目是“没有基本粒子的强相互作用的 S 矩阵理论”（Chew，1962b），他在日内瓦会议（1962 年 7 月）上讲演的题目是“没有基本粒子的强相互作用理论”（Chew，1962c）。

26. 费曼在 1961 年关于基本粒子的普罗旺斯地区艾克斯会议上的演讲表达了这个原理。见劳的论文（Low，1962）中的脚注 2。费曼的这一思想被丘和弗劳奇（Chew and Frautschi，1961a）、萨拉姆（Salam，1962a）以及 20 世纪 60 年代早期的许多其他物理学家广泛引用。

27. 盖尔曼的评论在（Gell-Mann，1987，1989）论文中，劳的评论在他的论文（Low，1988）中。

28. Chew 和 Mandelstam（1960），以及 Zachariasen 和 Zemach（1962）。

29. 见 Cao（1991）。

30. Capps（1963）、Cutkosky（1963a，1963b，1963c）、Abers 等（1963），以及 Blankenbecler 等（1967）。

31. 两年以前，布兰・肯贝克勒、库・克和戈德伯格（Blankenbecler et al.，1962）已试图把 S 矩阵理论应用于光子。关于这一点的更多讨论能在 Cao（1991）中找到。

32. 关于从纯 S 矩阵理论证明因果场算符的存在，见 Lehmann 等（1957）；关于把拭子场论还原到一个双重模型的极限情形，见 Neveu 和 Sherk（1972）；关于把超引力理论和超杨–米尔斯理论作为超弦理论的极限情形，见 Green 等（1987）。

33. 关于从场算符推导 S 矩阵元，见 Lehmann 等（1955），关于从因果性要求推导晁子格林函数色的散表象，见 Nambu（1955）。

34. 对于雷杰化纲领的初步研究，是量子场论和 S 矩阵理论之间概念相互影响的一个产物，能在 Cao（1991）的论文中找到。

35. PCAC 是“轴矢流部分守恒”的首字母缩写词。

36. 这个延伸预设了弱流的轴矢量部分也是守恒的。

37. $f_v(0)$由（2π）^{3}〈p′ |Vμ(0)|p〉=i$u(0)\gamma_4 f_v(0)u(0)\delta_{\mu 4}$定义，当 p=p′→0 时，这是方程（8.2）的极限情形。

38. CTC 假说隐含着对强相互作用 $f_v(0)$ 不可重整化，关于这一点的简单证明可以在 Coleman 和 Mandula（1967）中找到。

39. 定义 $T_+=\int dr(J_{01}^v(r,0)+iJ_{02}^v(r,0))$。根据同位旋对易关系，我们有 $J_{\mu+}^v$=［$J_{\mu3}^v$，T_+］，

231 因此［$J_{\mu3}^v,T_+$］，因此 $p'|_p J_{\mu+}^v|p_N=p'|_p\left[J_{\mu3}^V,T_+\right]|_{pN}=p'|_p J_{\mu3}^V|p_p-p'|_N J_{\mu3}^V|p_N=p'|_p j_\mu^{em}|p_p-p'|_N j_\mu^{em}|p_N$。

这里，T_+的属性是作为一个同位旋提升算符，并运用了 $J_\mu^{em}=j_\mu^s+j_\mu^v(=J_{\mu3}^V)$。如果我们定义 $F_1(q^2)^+=f_v(q^2)$，$F_2(q^2)^+=f_m(q^2)$，那么方程（8.6）就是从方程（8.1）和方程（8.2）得出的。

40. 注意，与规范 SU(3)对称性（即色对称性）不同，SU(3)对称性［及其亚对称性 SU(2)］在 20 世纪 60 年代初期很流行，它是一种整体对称性，后来被称作味对称性，是质量简并性的显示，先是三个坂田子［板田昌一在（Sakata，1956）论文中提出的核子的组分］(或者在 SU(2)情形中的质子和中子)，后来是夸克。在无质量的限制中，SU(3)或 SU(2)味对称性变成 $SU(3)_L\times SU(3)_R[SU(2)_L\times SU(2)_R]$手征对称性。

41. 我们将不给出在这个对易关系的定义中所涉及的所有复杂因素。关于这些细节，见 Gell-Mann（1962a，1964a，1964b）。

42. 在方程（8.3）的极限情形中，$g_A(0)$以相似于 $f_v(0)$的方式来定义（见注释 35）。

43. 这个束缚态的产生机制与在超导理论中的情形相似，束缚态是介质集体激发存在的原因。见 Brown 和 Cao（1991）。

44. 轴矢流部分守恒假说的另一个重要应用是将 π – N 散射的弹性幅和辐射幅联系起来的阿德勒规则，在这个规则中，一个额外的无质量（软）π 介子在零点能上发射。然而这个应用包含对于对称性的更多考虑，等价于南部和劳瑞（Nambu and Lurié，1962）的“手征性守恒”的早期思想，这一思想源于精确的γ_5不变性。

45. 我们区分了近似对称性和破缺对称性。前者是在经典层次上明显地被拉格朗日函数中一个小的非不变项所破坏。后者除了显然破缺的对称性外，还涉及当拉格朗日函数不变时，被非不变真空态自发破缺的对称性，以及在量子层次上被反常破坏的对称性（见第 8.7 节和第 10.3 节）。

46. 当电荷代数［方程（8.8）—（8.11）］被扩展至时时 ETC 关系时，形式推理被认为是安全的。然而，对于时空对易子，形式规则不得不被δ函数的某些梯度，即所谓的施

温格项所修正（Goto and Imamura，1955；Schwinger，1959）。至于涉及 u_0 的代数关系，见 Gell-Mann（1962a）。

47. 就威尔逊（Wilson，1969）而言，这一陈述不为真。稍后将在这节和下一节给出关于其思想的更多讨论。

48. 关于这个主题的一些研究成果，几乎与约翰逊和劳的论文（Johnson and Low，1966）同时出现，这些成果是：Okubo（1966）；Bucella 等（1966）；Hamprecht（1967）；Bell（1967a，1967b）；Bell 和 Berman（1967）；Polkinghorne（1967）；Brandt 和 Orzalesi（1967）。

49. 1966 年秋，在布朗大学召开的其时有影响力的东部理论物理学会议上，劳在“流代数的一致性”演讲中报告了那篇论文的基本点，并发表在论文集（Feldman，1967）中。在这次演讲中，劳也强调“[ETC 关系] 实际上是一个加法定则”，如果与加法定则相联系的积分是奇异的，“那么会出现反常行为”。

50. 汉普雷希特（Hamprecht，1967）和波尔金霍尼（Polkinghorne，1967）也作了分析。阿德勒和吴大峻（Adler and Wu，1969）作了最清楚的分析。见下文。

51. 用动量空间的用语，这个条件的一个等价陈述是积分变量不能正当地换元。

52. 人们不久就认可了流代数与这里和下面讨论的分歧无关。

53. 稍后的研究表明，萨瑟兰关于 $\omega\to\pi^0$ 的结论包含某些错误，并且即使在轴矢流部分守恒的框架中和流代数中也是可避免的。见 Adler（1969）。

54. 根据韦尔特曼（Veltman，1991），在韦尔特曼于 1966 年 11 月 2 日在皇家学会会议上发表演讲（Veltman，1967）之后，在韦尔特曼和贝尔之间曾有过广泛的讨论，包括电话交谈和信件交流。另见 Jackiw（1991）。 **232**

55. Bell，1967b；Bell and Berman，1967；Bell and Van Royen，1968；Bell and Sutherland，1968。

56. 通过参考约翰逊和劳的论文以及其他相关论文，可以更好地理解这一陈述。

57. 出于不同的理论动机，福田和宫本（Fukuda and Miyamoto，1949）及施温格（Schwinger，1951）都对三角形曲线图进行了相同的计算。关于这些动机的一个简要说明，见 Jackiw（1972）。

58. 我很感激阿德勒教授给我提供了这封信的复印件和其他相关材料。

59. 然而，正如巴丁（Bardeen，1985）所指出的，“当这个调节费米子的质量变大时，它不会退耦，而是产生了一个有效的‘Wess-Zumino’类型的有效手性场的作用，最近通过更普遍的退耦研究重新发现了这一机制。“

60. 虽然阿德勒通过他对于轴矢流部分守恒—流代数纲领的杰出贡献而赢得了他早期的声誉，但是，在他与达申（Dashen）合作并完成关于流代数的选集（Adler and Dashen，1968）的编写以后，他决定做一些不同的事情。见 Adler（1991）。

61. 阿德勒也注意到，由于积分线性发散，因此它的值是模糊的，并依赖于约定和计算方法。在他论文的正文中可以获得一个不同的结果，它将满足轴矢量瓦德恒等式，但却破坏了规范不变性。见 Adler（1969）脚注 9。

62. 约翰逊（Johnson，1963）没有借助三角形曲线图，他注意到，在非现实的然而却是精确可解的施温格模型（二维无质量量子电动力学），如果用一种规范不变的方式来定义流，那么拉格朗日函数的形式上的 γ_5 不变性将丧失。在这个简单模型中首次显示的定义规范不变轴矢流的不可能性，是由约翰逊提供的关于形式推理失效的另一个早期例子。

63. 在提取实验结果时，假定未实验的发散算符的矩阵元是光滑的。然而，由于方程（8.25）中的额外项，当矩阵元偏离 π 介子质壳时，显然不是光滑的，因而完整的发散算符不是一个光滑算符。参见 Bardeen（1969）和 Jackiw（1972）。因此轴矢流部分守恒在两种用法中均以明确的方式被修正。

64. 关于与不可重整化定理相关联的历史细节，见 Adler（1970）；关于其理论含义，见 Bardeen（1985）。

65. 这是历史上第一次出现反常抵消的想法，尽管当时的背景不是规范理论。

66. 如果有人愿意对破坏洛伦兹不变性的路径积分的测量下定义，那么幺正性能得到拯救。

67. 与阿德勒以及贝尔和贾基夫处理的轴矢流不同，威尔逊处理的流是 SU(3) × SU(3) 流，这是在物理过程的流代数分析中出现的最为普遍的流。

68. 按照这种说法，威尔逊给瓦拉廷（Valatin，1954a，1954b，1954c，1954d）、齐默尔曼（Zimmermann，1958，1967）、西岛和彦（Nishijima，1958）、哈格（Haag，1958）以及勃兰特（Brandt，1967）提供了参考。这种说法也为威尔逊大量吸收约翰逊的工作（Johnson，1961）所证实。

69. 关于这个概念，威尔逊提到他的前辈：韦斯（Wess，1960）关于自由场论，约翰逊（Johnson，1961）关于瑟林模型，以及卡斯特鲁普（Kastrup）和麦克（Mack，1968）关于强相互作用。此外，威尔逊也为标度假说所鼓舞，这个假说当时刚为埃萨姆和费希尔（Essam and Fisher，1963）、费希尔（Fisher，1964）、维多姆（Widom，1965a，1965b），以及卡达诺夫（Kadanoff，1966；Kadanoff et al.，1967）在处理统计力学中临界现象的方法方面作出了发展。参见 Wilson（1969，1983）和第 8.8 节。

70. 威尔逊（Wilson，1983）在诺贝尔奖演讲中，生动地描述了 20 世纪 60 年代中期统计物理学的进展，特别是维多姆和卡达诺夫的工作如何影响了他在理论物理学中的思考。

71.（a）威尔逊用对瑟林模型（Wilson，1970a）和 $\lambda\phi^4$ 理论（Wilson，1970b）的分析，进一步确证了他关于场算符标度维的动力学观点。

233 （b）从那时起，甚至时空维度也成了新的自由度，至少在工具论的意义上是如此。在统计物理学中，人们引入了 ϵ 展开技巧；在量子场论中则引入了维度正规化。这两种技巧都建立在这种时空维度的新概念基础之上。虽然现实的场论模型最终必须是四维的（而只有玩具模型可以是二维的），然而，在统计物理学中，二维模型在真实世界中是非常适当的。

72. 值得注意的是，在威尔逊关于短程上量子场论的渐近标度不变性的概念和比约肯（Bjorken，1969）的概念之间有重要的不同。比约肯关于深度非弹性轻子-强子散射中形状因子的标度假说表明，强相互作用似乎在极端距离上停止了，而威尔逊的算符乘积展开表述，只是在把相互作用效应和重整化吸收进场和流的反常维度之后，重建了标度不变性。但这只是表达对这个理论的标度不变进行对数校正的另一种方式。因此比约肯的思想不久就被放入非阿贝尔规范理论（量子色动力学）的框架之中，并被重新表达为渐近自由，而威尔逊的思想则在其他领域也有应用（参见第 10.2 节）。

73. 温伯格（Weinberg，1983）也注意到，有时相关性问题比简单地选择适当的能量标度更复杂，并且涉及开启集体自由度（如强子）和关闭基本自由度（如夸克和胶子）。

74. 威尔逊通过引入一个破坏这个理论的标度不变性的广义质量顶点，进一步推广了盖尔曼和劳的结果（Gell-Mann and Low，1969）。卡伦（Callan，1970）和西曼齐克（Symanzik，1970）详细阐述了威尔逊的推广并获得了一个非齐次方程，在这个方程中，重整化群函数ψ是精确的，而不像在盖尔曼和劳的情形中是渐近的。当忽略非齐次项时，盖尔曼-劳方程可重新获得。

75. 高斯不动点对应于一个自由的无质量场论，对于这个场论，场分布是高斯的。

76. 正如盖尔曼和劳所指出的，量子电动力学之所以被看作微扰可重整化的，只是因为忽略了在紫外相对论性能量中微扰理论的破缺。

77. 参见 Collins（1977）。

第三部分

基本相互作用的规范场纲领

从物理上讲，非阿贝尔规范理论作为描述基本相互作用的框架的想法，在20世纪50年代初从观测到的强核力的电荷独立性中获得了动力，尽管同时它也受到强核力的短程特性的限制。从方法论上讲，它是由拥有一个普遍原理的愿望所驱动的，以在多种可能性中确定一种独特的耦合形式。然而，从概念上和数学上讲，它是由外尔1929年的工作准备好的。在外尔的工作中，规范不变性概念和确定耦合形式的规范原理被清楚地表达和公式化。自20世纪50年代中期以来，一些物理学家对非阿贝尔规范理论感兴趣，部分原因是他们认为非阿贝尔规范理论是可重整化的，但他们中的大多数人很快就放弃了它，因为似乎没有办法用规范不变机制来解释核力的短程特性，这就决定了中介规范玻色子必须是有质量的，而不是如规范不变性概念所规定的是无质量的（第9章）

20世纪60年代初，一个巧妙构造的机制，所谓的恩格勒特–布鲁特–希格斯（Englert-Brout-Higgs，EBH）机制，恰当地处理了这一困难（第10.1节）；之后，在20世纪70年代初，这一困难又为渐近自由方面的研究工作所处理（第10.2节）。与量子化非阿贝尔规范理论的独特性有关的其他困难，在20世纪60年代由费曼和其他物理学家分析并适当地处理，他们的研究结果又被韦尔特曼和特霍夫特在其非阿贝尔规范理论的可重整化的成功证明中使用（第10.3节），因此，在20世纪70年代初，粒子物理学共同体获得了一个自洽的框架。

从概念上讲，这个框架在描述自然界中的各种基本相互作用，在探索（曾被认为是局域的）场论的新颖的全域特征方面非常强大；场的全域特征直接影响着我们对真空结构和电荷量子化的理解（第10.3节），从而在基础物理学中开创了一种新的研究纲领：规范场纲领。

按照规范场纲领，各种基本相互作用都能用规范势描述。在量子场论框架中引入规范势是为了确保：①当相关理论的对称性被视为局域而非全域的（刚性的）时，相关理论的协变性能恢复；②通过由此定义的协变导数概念来确定相关相互作用（耦合）的性质（第9.1节）。这个纲领在所谓的标准模型中获得了新面貌（第11.1节）。标准模型的成功鼓舞了这个纲领的进一步扩展。巨大的努力被付出，但是按照粒子物理的标准模型中使用的相同纲领，不论是在电弱作用力和强作用力的统一上，还是在引力的规范化上，都没有成功。因此，规范原理的普遍性问题仍然有待证实（第11.2节）。在这方面，一个有希望的发展是通向量子引力的背景无关进路（与基于刚性背景闵可夫斯基时空的标准模型中使用的方法完全不同）的兴起，正如圈学派所实践的那样（量子几何和自旋泡沫）（第 11.3 节）。

尽管规范场纲领的经验适当性发生了变化，但是它的方法论含义是相当有趣的。关于规范势的概念（只在量子理论的框架中才有意义，并且其数学表达是纤维丛中的联络）是否为量子场论的几何理解提供了基础，是否也为最初负责引力的几何结构的量子理解提供了基础，是有待商榷的。这意味着如果规范场纲领的潜能能够完全实现，那么规范场纲领就体现了量子场纲领和引力纲领的本体论综合（第 11.4 节）。

然而，20 世纪 70 年代末以来，规范场纲领在概念上并没有取得令人印象深刻的进展：既没有解释或预见基本粒子的新特性，也没有解决它所面临的概念上的困难（比如三代费米子，以及只能被当作经验输入而不是理论上可导出的许多参数），尽管规范引力的圈学派取得了一些进展。部分是由于这种停滞不前，部分是由于理论视角的改变，20 世纪场论的概念发展已经指向了一个新的方向：有效场论（第 11.5 节）。

第 9 章

规范理论的起源与尝试性步骤

这一章主要考察非阿贝尔规范理论在数学、物理和推测上的根源。回顾早期试图把这种理论框架应用到各种物理过程的尝试，并阐明这些尝试失败的原因。

9.1 规范不变性与规范原理

正如我们在第 5.3 节中所说明的，规范不变性的思想起源于 1918 年外尔统一引力和电磁力的尝试，这是基于四维时空中的几何方法（Weyl，1918a，1918b）。外尔的思想如下：广义相对论除了要求坐标系只能局域地定义之外，长度标准或标度（scale）也只能局域地定义，因此需要在每一个时空点上建立一个独立的长度单位，外尔称这样一个单位标准系统为规范系统。在外尔看来，规范系统对于描述物理事件与坐标系有着同样的必要性。由于物理事件与我们对描述框架的选择无关，外尔断言规范不变性和广义协变性一样必定为任何物理理论所满足。不过外尔的标度不变性的最初想法提出不久后就被放弃了，因为其物理含义似乎与经验相矛盾。比如，正像爱因斯坦所指出的，依赖于位置的标度意味着给定的原子跃迁不会有确定的频率（见第 5.3 节）。

尽管有最初的失败，但外尔的局域规范对称性思想还是保留了下来，并且随着量子力学的出现而获得了新的意义。众所周知，用哈密顿形式表述经典电磁学时，其动量 P_μ 要代之以正则动量（$P_\mu - eA_\mu/c$）。这种替代需要把电磁相互作用构造成经典运动方程，也就是要确定电磁相互作用的形式。正则动量的形式是受哈密顿原理启发而来的。这里的基本思想是从单一的物理学原理同时得到麦克斯韦方程组和带电粒子的运动方程。量子力学中的一个关键特征是经典哈密顿量中的动量 P_μ 被算符（$-\mathrm{i}h\,\partial/\partial x_\mu$）所代替。这样一来，正如福克（Fock，1927）所注意到的，量子电动力学可以建立在正则动量算符——$\mathrm{i}h(\partial/\partial x_\mu - \mathrm{i}eA_\mu/hc)$的基础上。不久伦顿（London，1927）指出了福克的工作和外尔的早期工作之间的相似性。外尔的规范不变性思想，如果其标度因子 ϕ_μ 被（$-\mathrm{i}eA_\mu/hc$）替代，那么就将是正确的。因此，我们考虑的是相变［$1-(\mathrm{i}e/hc)A_\mu\mathrm{d}x_\mu$］$\approx\exp$［$-(\mathrm{i}e/hc)A_\mu\mathrm{d}x_\mu$］，而不是标度变化（$1+\phi_\mu\mathrm{d}x_\mu$），并且相变可以看作虚的标度变化。 238

在外尔1929年的论文中，他把所有这些考虑结合起来，并明确阐述了①电磁势（作为规范势）的变换 $A_\mu \to A'_\mu = A_\mu + \partial_\mu\Lambda$（第二类规范变换）；②带电粒子波函数的相关相位变换 $\psi \to \psi' = \psi\exp(ie\Lambda/hc)$（第一类规范变换）；③规范原理，即耦合形式由按照规范势定义的协变导数确定。

在外尔（Weyl，1929）的形式化表述中，最重要的是认识到波函数的相位可能是一个新的局域变量。因此，之前对外尔原初思想的反对不再适用，因为在时空量如矢量长度的测量中，不涉及波函数的相位。因此，在电磁场不存在的情况下，相位的变化量可取任意常量值，因为这不会影响任何可观测量。当有电磁场存在时，在每一时空点，相位的不同选取，也容易通过把势 A_μ 解释成联络而协调起来，它把不同点处的相位联结在一起。相函数的特定选择不会影响运动方程，因为相位变化和电势变化恰好彼此抵消。按照这种方式，从前归于电势的明显“任意性”，现在就可以理解为，在不影响方程的前提下，自由选择波函数的任意相位值。这正是规范不变性的确切意思。

在对量子场论进行规范理论的处理中引入势 A_μ，以及势在理论中扮演的关键角色（包括它在规范理论的几何形式中被解释为联结），对它的本体论地位提出了一个严肃的问题。A_μ 仅仅是一个为了得到场强（场强是物理上唯一真实的参量，负责可观测的效应）的辅助的虚构设置？还是说我们应该把 A_μ 本身看作物理上的实在？钱伯斯（Chambers，1960）观察到的阿哈罗诺夫-玻姆效应（Aharonov and Bohm，1959）表明，A_μ 的确是真实的存在（更多有关阿哈罗诺夫–玻姆效应的讨论可见第 10.4 节）。

在把外尔的成果应用到量子场论时，泡利曾在他颇有影响的评论性论文（Pauli，1941）中指出，虽然全域相变下的理论不变性（第一类规范变换，Λ不依赖于其时空位置）要求电荷守恒，但局域规范不变性（局域的含义指Λ依赖于其时空位置）与电磁相互作用有关，并通过替换物［$\partial/\partial x_\mu \to (\partial/\partial x_\mu - \mathrm{i}eA_\mu/hc)$］，所谓的最小电磁耦合，外尔的规范原理的原型，确定了它的形式。

239 现在，有三点是清楚的。第一，没有量子力学，就不可能正确解释规范不变性。第二，规范理论与广义相对论在理论结构上有显著的相似性，即一边是电磁场、局域相函数、电磁势和规范不变性，另一边是引力场、局域切矢量、仿射联络和广义协变性，它们之间具有相似性。第三，正如迈克尔·弗里德曼（Friedman，1983）已经指出的，不变性的概念不同于协变性的概念。如果某些几何对象在群的作用下是不变的，那么这个理论在变换群下就是不变的；如果在变换群的作用下，这个理论中的方程形式是不变的，那么这个理论就是协变的。考虑到这个细微的区别，规范不变性的概念在许多情况下实际上都是指规范协变性，并且规范理论中涉及的对称群实际上是协变群，而不是不变群。[1]顺便指出，这个区分适用于本书的其余各处。人们频繁在协变性的意义上使用不变性和对称性。例如，说一个理论是对称的，或说变换不变的，是在相关的可观测自由度的不同表象之间的变换下，理论中的方程或定律的形式在变换群的作用下是不变的。但是，当我们说只有那些规范不变的量才是物理上的可观测量时，我们才是在它的真正意义上使用规范不变性的概念。

9.2 规范原理从阿贝尔相位对称扩展至非阿贝尔情形的推测

从历史上讲，第一个建议是什么？回首往事，我们会认为，非阿贝尔规范理论是克莱因（Klein，1939）对卡鲁扎–克莱因降维理论（见第 5.3 节）所做的大量的未被注意的修改，以给出电磁学和核力的统一解释。在这一追求中，克莱因偶然发现了可以解释为非阿贝尔 SU(2)规范势的东西。但是，由于没有认识到他自己的理论中可能存在的 SU(2)规范不变性，克莱因只使用了电磁规范原理。事实上，克莱因通过赋予带电矢量场以质量，违反了SU(2)规范不变性。

在这个方向上的系统推测，是基于观察到的电荷独立性，抑或是核相互作用中的同位旋不变性，这始于 1953 年泡利的研究。在一次报告会上，派斯（Abraham Pais）[2]提出运用全域的同位旋对称和重子数守恒来处理核相互作用。在接下来的讨论中，泡利特别提到介子和核子之间的相互作用。他问，

> 是否可以将常相的变换群用类似于电磁势的规范群的方法来放大，这样介子–核子相互作用就与这个放大群相关联。主要的问题似乎是将耦合常数合并到群中。（Pais，1986，p. 583）

在他随后写给普林斯顿大学高等研究所的派斯的信中（July 25，1953 and December 6，1953；Pauli to Pais，letters [1614] and [1682] in Pauli，1999），以及他 1953 年秋天在苏黎世的瑞士联邦理工学院（ETH）做的两次研讨会演讲中，泡利将卡鲁扎–克莱因理论推广到六维空间，这能使他给非引力相互作用引入一个非阿贝尔群，并且通过降维得到了 SU(2)规范理论中场强的正确表达，以及其他极其重要的东西。[3] **240**

泡利于 1953 年 7 月 25 日写给派斯的信和其中的注释[4]，标题是“写于 1953 年 7 月 22—25 日，为了查明它是什么。介子–核子相互作用与微分几何”，并说写这封信是“为了驱使你[派斯]进入真正的处女地”。当然，泡利心里并非只有派斯一人，因为他在信中还提到雷斯·约斯特（Res Jost）——他最喜欢的助手，也是派斯的亲密朋友，约斯特当时也在普林斯顿。事实上，这封信在该研究所最有才华的理论物理学家中间传阅；除了派斯和约斯特之外，至少还有两个人看了这封信——他们的亲密朋友：戴森（Freeman Dyson）和杨振宁。[5]

泡利发展非阿贝尔规范理论的数学结构的目的是想从中推导，而不是武断地假设，介子理论的核力。他的推导是成功的，但让他感到不满的是，他发现，

> 如果有人试图用公式表达场方程……那么他总会得到静止质量为零的矢量介子。人们也可以尝试得到其他介子场——具有静止质量为正的赝标量……但我觉得这过于人为了。（Pauli to Pais，December 6，1953，letter [1682] in Pauli，1953a）

因此，泡利清楚地认识到介子–核子相互作用的最自然形式应该是类矢量的，他之所以没有写下规范场的拉格朗日量，主要是因为零质量问题。[6]这就解释了为什么 1954 年 2 月底当杨振宁在普林斯顿研究所召开的一个研讨会上，报告了他和米尔斯（Robert Mills）在同一主题上的工作时，泡利用一个明显使他困扰的问题反复打断杨振宁的讲话："这个［规范］场的质量是多少？"（Yang，1983，p. 20）不久之后，在一封写给杨振宁的信中泡利再次强调，"对于静止质量为零的粒子所对应的矢量场，我过去和现在都感到厌恶和气馁"（Letter［1727］in Pauli，1953b），因为它与观察到的短程核力确实不相符。

这个零质量问题阻挡了泡利认真地把非阿贝尔规范理论作为核力的框架，以至于他没有费心发表他的结果。[7]然而，另一些人被这一想法在数学和概念上的优雅所吸引，他们确实发表了他们不成功的尝试，试图调和这两种似乎不可调和的观点：一方面是规范不变性、规范玻色子的零质量和重整化，另一方面是用于短程核力的大质量规范玻色子。[8]因此，泡利的想法对粒子物理学家的影响是深远的，虽然有时是微妙的。他的想法给其他人的追求设定了一个议程，即使这个追求的基础还未准备好。[9]因此，直到 20 世纪 70 年代早期，不管人们所追求的东西的产出多么富饶，都合乎情理地变成了别的东西，正如我们将在接下来的章节中所看到的那样。然而，如果没有泡利最初的议程，首先就不会开辟出转化之路。

241 泡利没有公开发表他仔细考虑过的东西，但杨振宁和米尔斯发表了他们的研究。他们的工作开始于 1953 年夏天，在完成了他们的主要工作后，于 1954 年 2 月在前文提到的普林斯顿高等研究所的一次讨论中进行了汇报，在 1954 年 4 月发表了一篇非常简短的摘要（Yang and Mills，1954a），并在 6 月将完成的工作提交给《物理评论》（*Physical Review*），在 10 月刊登（Yang and Mills，1954b），从而使非阿贝尔规范理论的概念为粒子物理学界和其他领域所熟知。他们的工作受两个目标驱动。首先，要找到一个原理，使理论学家能够在许多新发现的（和过去发现的）基本粒子之间提出的各种耦合中，选择一种独特的形式。他们提出的这个原理，就是外尔的规范原理。其次，杨振宁和米尔斯希望找到假设同位旋守恒定律的结果，因为这被认为是电荷的强相互作用类似物。[10]他们引入了同位旋规范势，定义了相应的场强，并从拉格朗日密度导出了场方程。他们当然意识到了零质量的问题，他们的理论的可重整性也是一个开放的问题。但是，与泡利不同，他们在正规期刊上发表了他们的研究结果。这一发表是历史上的一个重要事件，因为它激发了其他人在规范理论框架内，进一步探索概念化相互作用的可能性。

稍晚于泡利、杨振宁和米尔斯，罗纳德·肖（Shaw，1955）也独立地得到了与杨振宁和米尔斯相同的结果——场强和场方程等。但是肖的动机——将施温格的 SO(2)电磁学推广到 SU(2)同位旋不变性——与杨振宁和米尔斯的动机完全不同。因此，受此引导，他提出了杨振宁和米尔斯无法提出的一种可能性，即光子可能是一种规范玻色子。

内山凌友（Utiyama，1956）通过假设系统在一个更广对称群（一般李群）下的局部规范不变性，以一种确定的方式，为引入一种与原初场具有确定的相互作用类型的新场，提出了一种更一般的规则。因此，他为非阿贝尔规范理论制定了最广泛和最全面的框架。他最重要的一个结果是断言，任何“携带基本力的场，必定是数学中称作联结的东西，即现在称作的规范势”（Utiyama，1987）。

当杨振宁和米尔斯把注意力集中在内部对称上时，内山则把他的讨论延伸到外部对称上。因此，在内山看来，引力场和引力相互作用也可以纳入规范理论的一般框架。内山的规范引力的想法是有争议的[11]，但也是富有成果的（见第 9.3 节和第 11.2 节）。

9.3　早期的尝试：1957—1967 年

施温格（Schwinger，1957）提出了一个 SU(2)规范理论，在这个规范理论中，电磁相互作用和弱相互作用以一种统一的方式得以解释：中性矢量规范玻色子（光子）（被假定耦合到电磁流上）和带电矢量规范玻色子（$W^{\pm}$）（被假定耦合到弱守恒流上），形成一个三重 SU(2)对称群。在这个三重态中，无质量的光子和有质量的 $W^{\pm}$ 玻色子之间存在的巨大质量分裂，通过引入辅助标量场得以解释。施温格的想法被布鲁德曼（Bludman，1958）、萨拉姆和瓦德（Salam and Ward，1959）以及格拉肖（Glashow，1961）等认识到，后来，萨拉姆和瓦德（Salam and Ward，1964）、温伯格（Weinberg，1967b）和萨拉姆（Salam，1968）对其进行了详细阐述。 242

布鲁德曼研究的重要性体现在以下三个方面。首先，他把同位旋对称性扩展到手征 SU(2)对称性，使弱相互作用中的宇称不守恒得以解释。作为这项工作的额外收获，除了传统的电荷交换相互作用之外，他成为第一个提出“电荷固位费米相互作用”的物理学家，这一相互作用后来被描述为中性流。其次，他接受施温格的想法，认为轻子，像强相互作用中的强子一样，应该在弱衰变中携带弱同位旋，为了实现这个想法，他给已知的轻子分配了一种双重态的SU(2)手征群表示。这一分配为后来的研究者承袭，并成为标准模型的结构组成。最后，他提出带电中性矢量玻色子应该用有质量非阿贝尔规范场描述，这开启了一个研究的新领域。布鲁德曼也注意到，带电矢量玻色子有奇异的、不可重整化的电磁相互作用。这一观测结果激发了对带电规范玻色子的规范理论的可重整化的深入研究。[12]

格拉肖（Glashow，1961）沿着施温格的足迹继续寻求弱相互作用和电磁相互作用的统一。不过他认为在SU(2)群结构中，不可能按一种统一的方法描述宇称守恒的电磁流和宇称破坏的弱流。因此，他扩展了布鲁德曼的工作，在布鲁德曼的工作中，SU(2)对称性只对弱相互作用起作用；但除了SU(2)之外，布鲁德曼还通过引入一个阿贝尔群U(1)而把电磁作用包括进去。因此，基本群结构应该是$SU(2)\times U(1)$，并且轻子的相互作用的最终拉格朗日函数有四个矢量玻色子：两个$W^{\pm}$玻色子和带电弱流隅合，一个W^{0}玻色子和中性弱流耦合，一个光子和电磁流耦合。在四维矢量玻色子中，格拉肖也引进了一个光子——W^{0}玻色子混合角，后来称为温伯格角。从美学角度看，格拉肖的模型很吸引人。从唯象学的角度看，这证明是统一电磁相互作用和弱相互作用的最好模型，得到实验的强有力支持。不过，非阿贝尔规范理论仍然存在两个基本的理论困难，即如何在不破坏规范不变性的前提下得到一个有质量的规范玻色子，以及这种理论可疑的可重整化问题。1964年，第一个难题为恩格勒特-布鲁特-希格斯机制所去除（见第10.1节），这一机制被合并进由温伯格（Weinberg，1967b）和萨拉姆（Salam，1968）提出的模型中。然而，非阿贝尔规范理论仍然面对着另一个基本困难，即它们的可重整化证明，似乎难以企及。温伯格推测，由于规范不变性，他的模型将是可重整化的。但是，由于在第10.3节中阐明的原因，这个推测在技术上是站不住脚的，在概念上也是空洞的。

243 1960年，樱井提出了一个强相互作用的非阿贝尔规范理论，引起了广泛的关注。由于这一工作，樱井成为第一个对强相互作用的规范原理的结果不单靠猜测，而是探索一个详细的物理模型的理论家。他提出，强相互作用由五个有质量的矢量规范玻色子传递，它们与$SU(2)\times U(l)\times U(l)$规范群有关，因此，与三个守恒的矢量流（同位旋流、超荷流和重子流）耦合。

由于熟知零质量困难，樱井开始寻找质量产生的动力学机制。他提议，一种可能性是，从规范玻色子的自相互作用中产生质量。“希望能够从严格遵守我们的规范原理的基本拉格朗日函数，产生这种似乎违背了我们的规范原理的有效质量项，并非完全是荒唐的。”（Sakurai，1960）这句话预见到了南部的关于自发对称破缺[13]的工作（Nambu and Jona-Lasinio，1961a，1961b）和施温格关于规范玻色子的动力学产生的工作（Schwinger，1962a，1962b）（有关这些的更多讨论见第 10.1 节）。这一预见是大胆的一步。在论文的一个脚注中，樱井声明：“这一点［关于从拉格朗日函数中产生质量］已经遭到贝伦兹（R. E. Behrends）博士、奥本海默教授和派斯教授非常严厉的批评。”（同上）另一个脚注更为有趣：

> 对我们理论的几种批评已表明，由于我们不大可能成功地解决质量问题，我们不妨把具有质量的 B 场［的方程］作为理论的出发点，而把和规范原理的可能关联置之脑后。这种态度实际上是令人满意的。然而，作者认为，在任何理论中，都应该努力证明在先验理论基础上的基本耦合的正确性。
>
> （同上）

这些批评者当中有盖尔曼。最初，盖尔曼本人被非阿贝尔规范理论所吸引，并试图找到一个“软质量”机制让假想的无质量理论的“可重整化”保留下来。但他失败了。正如他后来回忆的（Gell-Mann，1987），他在 20 世纪 60 年代就对非阿贝尔规范理论失去兴趣，并且甚至劝说包括樱井在内的其他规范理论学家放弃强相互作用中的规范原理，转而采用“矢量介子支配”模型——一种更“实际”的可选方案。然而，盖尔曼早期对规范理论的迷恋不是没有结果的。理论上，他的流代数只有在一个规范理论的框架下才是可理解的，其中矢量（和／或轴矢）玻色子是与费米子的矢量（和／或轴矢）流耦合在一起的。其对易规则被看作是规范不变理论的对称性的结果。然后，通过去除玻色子（由于不能解决规范玻色子质量问题），所剩的就只是满足流对易规则的各种流了。[14]

在 20 世纪 60 年代中期，一些物理学家敏锐地觉察到流代数和规范理论之间的逻辑关联，并进行了卓有成效的探索，其时流代数取得了显著的成功，其中最引人注目的是阿德勒–韦斯伯格关系（Adler-Weisberger relation）。比如，马丁纽斯·韦尔特曼（Martinus Veltmann）(1966）用一组方程，他称作的发散方程组，成功地导出阿德勒–韦斯伯格关系和流代数的其他结果，以及轴矢流部分守恒 PACA。在发散方程组中，流代数的方程组和轴矢流部分守恒纲领，通过用（$\partial_\mu - W_\mu \times$）替代$\partial_\mu$，扩展到包括高阶弱效应和电磁效 244

应，其中 W_μ 代表矢量玻色子。作为对韦尔特曼工作的回应，贝尔（Bell，1967b）从规范变换的思考出发，提出离散方程的一个形式推导，因此，有一点是清楚的，即流代数和轴矢流部分守恒纲领的成功一定是规范不变性的结果，至少对于像韦尔特曼那样有场论取向的物理学家来说是这样的。察觉到流代数和规范理论之间的这种逻辑关联，韦尔特曼（Veltman，1968b）错把阿德勒-韦斯伯格关系的成功，当作非阿贝尔规范理论可重整化的证据，其中有一个隐蔽的假设，即只有可重整化的理论才可以成功地描述自然界中所发生的事情。正如我们将在第 10.3 节中所见的，韦尔特曼对规范理论的可重整化的确信产生了重要的结果。

除了电磁力和核力之外，内山在 1956 年的论文（Utiyama，1956）中首创的规范原理的另一条应用线是重力。[15] 通过规范洛伦兹群 SO（1，3），内山声称，他已经推导出广义相对论。尽管他把广义相对论解释为一个规范理论是有启发的和趣味性的，但他的推导实际上是错误的：与洛伦兹群相联系的守恒流是反对称的角动量流，而不是作为广义相对论中引力来源的守恒对称的能量-动量流。

基布尔（Kibble，1961）对内山的工作进行了概括（也提出了批评）。基布尔规范的不是洛伦兹群 SO（1，3），而是庞加莱群 P（1，3），即平移群 T（4）和洛伦兹群 SO（1，3）的半直积，并且推导出“最初由埃利·嘉当（Elie Cartan）提议的广义相对论的一个变种，这一变种使用的不是一个纯黎曼时空，而是一个有扭率的时空。在广义相对论中，曲率从能量和动量中获得。在庞加莱规范群理论的基本版本中，扭率在更大程度上是由自旋引起的”。

通过规范外部庞加莱群，基布尔得到了一种时空结构——时空的黎曼-嘉当几何——这比爱因斯坦的广义相对论最初使用的黎曼几何要丰富。因此，基布尔令人信服地揭示了规范原理的多产性。公平地说，内山和基布尔开启了一种理解时空性质和结构的新的研究传统，这一研究传统在量子引力研究的后续活动中产生了丰硕的成果。

尽管非阿贝尔规范理论具有启发性和激励性，但它在早期留下了许多没有解决的基础性问题。其中，最引人注目的是零质量问题。但是，也有其他同样基本却没有适当解决的问题，比如怎样量子化和重整化非阿贝尔规范理论。

注　释

1. 迈克尔·弗里德曼也把理论的对称群定义为标准形式的协变群，那只是（理论的）动力学客体的一组微分方程。由于在规范理论中所有客体都是动力学的，因此，对称群和协变群都是简并的。

2. 这是在 1953 年 6 月 22—27 日洛伦兹-卡末林・昂内斯 100 周年纪念会上提出的。**245** 细节参见派斯（Pais，1986，pp.583-587）。我感谢闵可夫斯基在 2005 年 10 月给我提供的额外的相关资料，并帮助我在 2006 年 7 月访谈了诺伯特・斯特劳曼（Norbert Straumann）教授——泡利的前助手约斯特（Res Jost）的一个弟子；感谢斯特劳曼教授接受访谈并提供了相关材料；也感谢戴森教授的电子邮件交流和提供的相关材料。参见 Gulmanelli（1954），Straumann（2000）；戴森给约斯特的信（1983 年 10 月）虽未发表，但斯特劳曼和我均收到了戴森的一份拷贝。

3. 主要的思想和技术细节在他写给派斯的第一封信的注释中给出，额外的细节在 Gulmanelli（1954）的文章中有记述。

4. 这之前还有 1953 年 7 月写的另一封信，在这封信中，泡利就广义的卡鲁扎-克莱因理论提及了一种可能的回答。

5. 杨振宁在他 1983 年出版的《文选》中说："他（译者注：指泡利）用德文写了一个粗略的思想提纲，然后给了派斯。几年后，戴森把这个提纲翻译成英文。"（Yang，1983：20）戴森在 1983 年写给约斯特的信（Dyson，1983）中说："正如你能看到的，第 11 页上有几个用德文写的单词，其余部分都是泡利用英文写的。因此，弗兰克・杨（Frank Yang）（译者注：指杨振宁）的《文选》第 20 页上的声称：原始稿是用德文写的，并不正确。我没有任何关于我的手抄本日期的记录，但它可能是在 1953 年完成的。"

6. 规范玻色子无质量的理由如下：为了从欧拉-拉格朗日方程得到矢量规范场的正确的运动方程，势的质量一定要通过形式为 $m^2A_\mu A^\mu$ 的项引入拉格朗日函数中。这一项显然不是规范不变的，因为势变换产生的额外项没有被费米子的波函数的变换所抵消。因此，在任何规范理论中，都要求规范场无质量。这是局域规范不变性无法逃避的结果。

7. 这是泡利行为模式的另一种表现。堪比泡利的另一个著名的未公开发表的独创性想法，即他在 1930 年提出的中微子概念（见 Brown，1978）。

8. 例如，参见 Schwinger（1957）、Bludman（1958）、Salam 和 Ward（1959）、Glashow（1959）、Salam（1960）、Kamefuchi（1960）、Komar 和 Salam（1960）、Umezawa 和 Kamefuchi（1961）。

9. Sakurai（1960）。注意在强子层级，没有规范不变性。只当物理学家的探究进入下一层级时，才能发现追逐泡利思想的丰硕基础。

10. 参见 Yang（1977，1983）。

11. 例如，见 Kibble（1961）和 Cho（1975，1976）之间的争论。关于外部规范对称性的更多内容，另见 Hehl 等（1976）、Carmeli（1976，1977）和 Nissani（1984）。

12. 例如，见 Glashow（1959），Salam 和 Ward（1959），Salam（1960），Kamefuchi（1960），Komar 和 Salam（1960），Umezawa 和 Kamefuchi（1961），以及其他许多论文。

13. 樱井的论文（Sakurai，1960）是在 Nambu 和 Jona-Lasinio（1961a，1961b），Goldstone（1961）有关对称性的自发破缺的论文之前向出版机构提交的。在第 10.1 节中有关于自发对称性破缺的更多讨论。

14. 尽管那被错误地认为是规范对称性［SU(3)对称］，后来证明是全域味对称。

15. 一些定义可能是有帮助的：一个对称，如果它的表示在每个时空点都相同，那么，它是全域对称；如果它的表示在每个点都不同，那么它是局域对称。因此，洛伦兹对称或庞加莱对称是全域对称，一般的坐标变换对称是局域对称。进一步讲，如果相关的可观察自由度本质上是时空的，那么对称是外部对称，否则是内部对称。因此，洛伦兹对称或庞加莱对称是外部对称，而在量子电动力学中的相位对称是内部对称。

第 10 章

规范场论概念基础的形成

246

量子场的规范不变性体系要想成为描述各种相互作用的自洽框架，就必须找到短程相互作用的机制（第 10.1 节和第 10.2 节），并证明它是可重整化的（第 10.3 节）。此外，非阿贝尔规范理论展示出一些新特征，这些新特征提出了关于真空态的结构和如电荷之类的物理参量的量子化条件的确定解释。因此，一个从没有在阿贝尔规范不变的量子电动力学中出现过，也没在其他非规范不变的局域场论中出现过的新问题，颇为紧迫地产生了，并在最近几年成为相当一部分数学物理学家最青睐的研究课题。这就是非阿贝尔规范场论的全域特征问题（第 10.4 节）。因此，本章回顾了规范理论的概念基础的形成，既作为一个理论框架，又作为一个研究纲领，并指出了一些有待未来研究者解决的问题。

10.1 短程相互作用机制：Ⅰ.恩格勒特–布鲁特–希格斯（EBH）机制

零质量困难挫败了泡利，阻止了非阿贝尔规范理论在粒子物理中的成功应用。然而，恩格勒特–布鲁特–希格斯（EBH）机制避免了这一困难。EBH 机制是在 20 世纪 60 年代中期从三条研究进路中产生出来的：①简并真空中的对称破缺；②具有对称破缺解的标量场理论；③使规范玻色子具有质量的机制。

10.1.1 简并真空中的对称破缺

从20世纪50年代中期开始，粒子物理学家越来越认识到正确理解破缺对称性的必要性。这在如PCAC（轴向电流的部分守恒，一个首先在弱相互作用的电流−电流图像中采用的假设）、樱井和格拉肖提出的规范理论，以及SU(3)味对称和流代数的发展中非常明显。然而，我们的更关切的是派斯早在1953年所做的一项观察，即已知的相互作用（强、电磁、弱）形成一种对称性递减以及强度也递减的层级。这个相互作用及其相关的对称性的等级概念，为海森伯（Heisenberg，1958）的非线性统一场论提供了重要暗示。这种统一理论的思想本身包括了多样性的推导，各种类型的相互作用中的现象具有来自基本场方程的各种对称性，这些场方程拥有比现象本身所显示的对称性更高的对称性。也就是说，除非基本理论的对称性以某种方式被打破，否则该理论将无法描述具有较低对称性的现象。

247

按照惯例，我们把理解基础场论的对称破缺解的核心思想网络称为自发对称破缺（Spontaneous Symmetry Breaking，SSB）。[1]因为这是惯例，所以，在接下来的论述中，我们将遵循这一惯例。然而，重要的是，在此首先强调，这个称谓并不恰当。我们将会看到，对称性从不会自发破缺，它总是为某一物理机制所打破。不对称状态的出现，只是因为某些特定的、可识别的动力学过程，强有力地促使它们比具有基础理论的所有对称性的态，更讨人喜欢。

某些量子场系统可以显示自发对称性破缺，对这一思想的明显探究起始于20世纪50年代晚期，最初是南部本人（Nambu，1959），然后是南部和他的合作者约娜−拉西尼奥（Nambu and Jona-Lasinio，1961a，1961b），再后来是戈德斯通（Goldstone，1961）和其他一些人。由于这个原因，许多物理学家倾向认为，大约在1960年，自发对称性破缺的思想才在上述作者的著作中初次显现。其实，自发对称性破缺的思想比粒子物理学还要早得多。而且，在1960年左右，它的重新发现和并入规范理论框架，是由于粒子物理学家借用了在凝聚态物理学中发展的新观念。

自发对称性破缺的早期思想

对物理学中对称性的重要性的现代认识，始于赖伊［与恩格尔（Engel，1893）一起］和皮埃尔·居里（Curie，1894）。赖伊主要关心自然律（即方程）的对称性，而居里感兴趣的是物理态（即方程式的解）的对称性。[2]居里没有现代的自发对称性破缺思想，但他认识到会发生某些现象。他说“一些对称性要素的丢失是必然的”，甚至宣称“非对称性创造现象”（同上）。自发对称性破缺的经典例子很多，有些甚至早在居里 1894 年的论文之前就为人所知[3]。这些自发对称性破缺例子的一个共同特征是：它们都发生于非线性系统，这种系统对一个参量（比如流体动力学中的雷诺数，或旋转的自重流体问题中的角动量的平方）的某个关键值有分岔点。

在统计热力学的语境中，庞加莱（Poincaré，1902）在讨论遵守牛顿时间可逆定律的微观现象如何能导致明显不可逆的宏观现象时，在一个更深层次上，指出了自发对称性破缺的另一面：系统必定由很多要素组成。因此，虽然各态历经定理要求系统随时间回归到随意接近其初始状态，但是，在真实的大物理系统中，“庞加莱循环”时间长得无法实现。

海森伯关于铁磁性的论文（Heisenberg，1928），对量子理论中自发对称性破缺，提供了一个到目前为止的经典说明。他为一对电子自旋的相互作用能，假定了一个明显的对称形式，即 **248**

$$H_{jj} = J_{ij} S_i \times S_j$$

（其中 S_i 和 S_j 是铁磁体的邻近格点上原子的自旋算符）。然而，磁场干扰破坏了 SU(2)自旋旋转群的变换不变性，产生了一个所有自旋方向都同向排列的基态。这个态可以用一个宏观参量〈S〉，即磁化强度来描述。虽然存在无穷多方向，所有自旋沿此方向都能排成一线，并且拥有相同的能量，但是由于所考察的系统太大，以至于既没有量子涨落，也没有热涨落，可引起在任何可想象的有限时间内，向不同基态的跃迁。因此，与铁磁体相关的自发对称性破缺现象，能从“大数论证”（large-number argument）的角度来理解，并用一个宏观参量，即磁化强度〈S〉的非零值来刻画。[4]

1937 年，朗道结合他的相变理论，推广了一个非零的宏观对称性破缺参数的思想（Landau，1937），并把这一思想应用于他和金兹堡（V. L. Ginzburg）得到的超导理论（Ginzburg and Landau，1950）。朗道的工作使自发对称性破缺重见光明。首先，在他的连续相变的讨论中，朗道表明，无论何时，只要不同的相具有不同的对称性，自发对称性破缺就会发生，因此建立了自发对称性破缺的普遍性；他还揭示了其物理原因，即系统在寻求一个积极地对系统更有利的态。其次，他引入了特征序参量的概念，这一参量在对称相中变为零，而在非对称相中不为零。

在超导的情况下，朗道引入超导电子的“有效波函数”Ψ 作为特征函数。他写下的这个唯象论方程有重要的结果：如果Ψ 不为零，那么自发对称性破缺一定发生，并且用Ψ 描述的超导态是非对称的。

1958 年 11 月 21 日，朗道出于对海森伯的非线性统一场论的支持，以及一个可能是从他早期有关相变的工作中得出的新奇念头，写信给海森伯：

> 这些方程的解比方程本身将有更低的对称性。电磁相互作用，或许还有弱相互作用，都是从非对称性中得出的……这更像一个纲领而非理论。这个纲领非常宏大，但仍然必须贯彻。我相信这将是理论物理学的主要任务。[5]

海森伯的真空新概念

为了与朗道的建议产生共鸣，海森伯探索了真空的概念，其性质构成场论的概念结构的基础。[6]

1958 年在日内瓦举行的高能核物理罗切斯特会议上，海森伯援引了简并真空的概念来解释内部量子数，比如同位旋和奇异性，简并真空概念为基本粒子相互作用提供了选择定则（Heisenberg，1958）。[7]

249 在 1959 年提交的一篇很有影响的论文中[8]，海森伯及其合作者运用他的量子场论中简并真空的概念，来说明电磁相互作用和弱相互作用引发的同位旋对称性破缺。他们评论道，“没有办法先验地确定，［这个理论］必定给出一个拥有初始方程的所有对称性的真空态”（同上）。而且“当构造一个完全对称的‘真空’态似乎不可能时”，应该“考虑这实际上不是一个‘真空’态，而是一个‘世界态’，它形成基本粒子存在的基底。因此，这个态一定是简并的”，并且可能“在目前的理论中，有一个实际上是无穷大的同位旋”。最后，他们把这个“世界态”作为“对称性破缺的基础，例如，量子电动力学造成的同位旋群的破缺是实验上所期望的，［因为相关的激发态能从‘世界态’中‘借用’某一同位旋］”（同上）。

海森伯的简并真空当时在国际会议上引起广泛讨论。[9]它被频繁引用，极大地影响了场论学家，并有助于为自发对称性破缺从流体动力学和凝聚态理论扩展至量子场论，扫清道路。然而，海森伯从未对自发对称性破缺的起源、机制和物理结果达成令人满意理解，他也没有给出自发对称性破缺的令人信服的数学表述。[10]

来自超导性的灵感

海森伯关于场论中（简并真空）的想法，首先由南部阳一郎（Yoichiro Nambu）(Nambu，1960a，1960b；Nambu and Jona-Lasinio，1961a，1961b）表明。但是，南部更多的是受超导性理论的新发展的启发，而较少受海森伯的提议的启发。为了解释超导体中所测到的比热容和热导率在低温时变得很小的事实，巴丁（Bardeen，1955）提出一个在能谱中仅高于最低能值的能隙模型。不久，他与合作者库珀（Leon N. Cooper）和施里弗（J. Robert Schrieffer）把这个模型发展成了超导性的微观理论，即巴丁-库珀-施里弗（BCS）理论［该理论以其发明者巴丁（J. Bardeen)、库珀（L. V. Cooper）和施里弗（J. R. Schrieffer）的名字首字母命名］(Bardeen et al.，1957)。在此理论中，能隙产生于明确的微观机制，即库珀对——结合在一起的电子库珀对，具有方向相反的动量和自旋，以及接近费米面的能量，这些都是由电子之间以声子作为介质的相互吸引作用引起的；并且"能隙"就是打破这种结合所需的具体能量大小。

规范不变性和BCS理论

BCS 理论能对超导体的热力学属性和电磁属性，包括迈斯纳效应（Meissner effect，超导体内部磁流的完全溢出)，给出一个定量说明，但是，这只限于特定的规范，即朗道规范（div A=0）内。如果 BCS 理论是规范不变的，那么，在这样一个特定规范内进行运算是没有异议的，但是情况并非如此。因此，从 BCS 理论推导出迈斯纳效应，以及 BCS 理论本身，成为 20 世纪 50 年代后期激烈争论的主题。[11]

巴丁、安德森（P. W. Anderson)、派因斯（David Pines)、施里弗和其他人试图恢复 BCS 理论的规范不变性，与此同时保留能隙和迈斯纳效应。[12] 巴丁在争论中提出一个重要看法，即能隙模型和规范不变理论之间的差异，仅仅在于静电势的规范不变理论中所包含的东西。这种包含物可能会产生纵向集体模，但却跟与横向矢势相联系的磁场相互作用没有什么关系。 **250**

安德森和其他人改进了巴丁的论点。安德森证明纵向型集体激发恢复了规范不变性。如果把长程库仑力包括在内，则纵向激发类似于高频等离子体，并且没有填满零点能附近的能隙。安德森的主张可以重新表述为：①规范不变性要求无质量集体模的存在；②长程力把这些无质量模再结合成有质量模。借用到量子场论中，第一点对应于南部-戈德斯通模式，第二点对应于希格斯（Higgs）机制。然而，这种借用要求在超导性和量子场论之间架设一座桥梁。这座桥梁很大程度上是由南部架设的。

通向BCS理论规范不变性的南部进路

20世纪50年代末，南部采用了博戈留波夫（Bogoliubov）对BCS理论的重新表述，把它看作一个广义的哈特里-福克近似[13]，从而澄清了规范不变性、能隙和集体激发之间的逻辑关系。更重要的是，南部为探究超导性和量子场论之间富有成效的类比，提供了一个恰当的起点。

博戈留波夫对超导性的处理是把超导体中的元激发描述为电子和空穴（准粒子）的相干叠加，这些电子和空穴遵守博戈留波夫-瓦拉京方程（Bogoliubov-Valatin equations）：

$$E\psi_{p+}=\varepsilon_p\psi_{p+}+\varphi\psi^{+}_{(-p)-},\quad E\psi^{+}_{p-}=-\varepsilon_p\psi^{+}_{(-p)-}+\varphi\psi_{p+} \tag{10.1}$$

其中$E=(\varepsilon_p^2+\varphi^2)^{1/2}$。$\psi_{p+}$和$\psi_{p-}$是动量为p、自旋为＋或为－的电子的波函数，因此$\psi^{+}_{(-p)-}$实际上表示动量为p、自旋为＋的空穴；$\varepsilon_p$是在费米面上测得的动能；$\phi$是源自以声子为介质的电子之间吸引力的能隙。这个理论不可能是规范不变的，因为准粒子不是电荷的本征态。不过，南部的工作表明，规范不变性的缺失并不是巴丁-库珀-施里弗-博戈留波夫理论（BCS-Bogoliubove theory）的缺陷，但是由于能隙是规范相关的，因此规范不变性的缺失深深地植根于超导体的物理实在中。[14]

南部系统地把量子动力学方法应用到巴丁-库珀-施里弗-博戈留波夫理论。他写下自能部分的方程，这对应于哈特里-福克近似，并且还得到一个非微扰解，其中规范相关的ϕ场最后证明就是能隙。他还写下顶点部分的方程，并发现如果把“辐射修正”包括在内，就与自能部分相关，因此建立了“瓦德恒等式”和理论的规范不变性。他得出一个重要发现：顶点方程的精确解之一是具有零能量和动量的粒子对的束缚态，这个解即准粒子对的集体激发，正是它导致了“瓦德恒等式”。

在南部关于超导性的自治的物理绘景中，准粒子总是伴随着周围介质的极化（辐射修正），并且如果把两者结合起来就会导致电荷守恒和规范不变性。极化场的量子表明，量子自身是介质的集体激发，而介质由运动的准粒子对构成。因此这些集体激发（束缚态）的存在表现为规范不变性的逻辑结果，是与规范相关的能隙的存在相耦合的。

251

从超导性到量子场论

南部在超导性方面的工作使他想到，有可能把非不变解的思想用在粒子物理学上（尤其在真空态中）。南部在 1959 年的基辅会议上第一次表述了这个重要观点：

> 场论中的 γ_5 不变性问题和博戈留波夫表述的超导规范不变性问题之间［存在］一种类比。在这种类比中，观测到的粒子的质量对应于超导态中的能隙。超导性的这种巴丁–博戈留波夫描述（Bardeen-Bogoliubov description）由于能隙而不是规范不变的。但已有人成功地按规范不变的方法解释了巴丁–博戈留波夫理论。按照这种方法，人们也可以处理 γ_5 不变性。因此，例如，人们容易得出结论，认为在可能和π介子态是相同的赝标量态下，存在束缚核子–反核子对。
>
> （Nambu，1959）

一年后，南部在 1960 年的美国中西部物理学会议上，用下面的对应表总结了这个类比：

超导性	基本粒子
自由电子	裸费米子（零质量或小质量）
声子相互作用	一些未知的相互作用
能隙	观测到的核子质量
集体激发	介子（束缚核子对）
电荷	手征性
规范不变性	γ_5 不变性（精确的或近似的）

在数学层面上，这种类比是完备的。在博戈留波夫–瓦拉京方程组［方程组（10.1）］和 γ_5 不变的狄拉克理论中的方程组之间有惊人的相似性。γ_5 不变的狄拉克理论中的方程组为：

$$E\psi_1 = \sigma\cdot p\psi_1 + m\psi_2\,,\ E\psi_2 = -\sigma\cdot p\psi_2 + m\psi_1 \qquad (10.2)$$

其中 $E=\pm(p^2+m^2)^{1/2}$，并且 Ψ_1 和 Ψ_2 是手征算符 γ_5 的两个本征态。通过利用广义哈特里–福克近似，核子质量 m 能够作为一个原本无质量核子的自质量来获得，而正是这个质量损坏了 γ_5 不变性。[15] 为了恢复这个不变性，就要求无质量的集体态，这种态可解释为核子对的赝标量束缚态，即基本场的自相互作用所产生的一种效应。[16]

注意一下狄拉克和海森伯对南部寻求这种类比的影响，是有趣的。首 252

先，南部认真对待狄拉克的空穴思想，并且不把真空看作一种虚空，而是看作一种塞满许多虚自由度的充盈空间。[17]这种充盈真空观使南部有可能接受海森伯关于真空简并性的概念，这个概念正是自发对称性破缺的核心。[18]其次，南部试图构建一个复合粒子模型，并且选择了海森伯的非线性模型，"因为对称性破缺的数学面貌在此已充分显露"，虽然他从不喜欢这个理论甚至也没有认真对待过它。[19]由于注意到超导性的博戈留波夫表述和海森伯的非线性场论在数学上的相似之处，南部引入了π介子-核子系统的特殊模型，把从超导理论中得到的有关自发对称性破缺几乎所有的结果，引进到量子场论中。这些结果包括非对称（超导类型）的解、真空态的简并和恢复对称性的集体激发。

这些平行概念的一个例外是等离子体（plasmon），等离子体在超导理论中源自集体激发和长程力的综合效应。在南部的场论模型中，等离子体没有类比物，一方面是因为π介子衰变施加的限制[20]，另一方面是没有类似的长程力存在。然而，南部预见到他的理论可能对解决杨-米尔斯理论的困境有帮助，他写道：

> 在这种类型的理论中，有另一个令人着迷的问题，即能否在规范不变理论中使玻色子产生有限的有效质量。因为我们已经在费米子上做到了，如果能把一些额外自由度加到场上，这应该不是不可能的。倘若这个答案最终是肯定的，那么关于矢量玻色子的杨-米尔斯-李-樱井理论可能的确非常有意义。
>
> （Nambu，1960c）

20世纪50年代末，自发对称性破缺的重新发现，以及将其合并到规范理论框架中，主要是因为物理学的两个分支的理论发展：一是博戈留波夫形式的BCS超导理论[21]，其规范不变性的争论，以及对其非对称基态的承认；二是海森伯基于其非线性旋量理论及其简并真空概念而做出的基本粒子的复合模型。

自发对称性破缺的加入，深刻地改变了量子场论的概念基础。正如施温伯（Schweber，1985）曾指出的："1947—1952年，强调协变方法的遗产之一，是给相对不变性强加了一个过于严格的解释。"这个严格的态度"导致人们心照不宣地假设，描述相对论量子场论真空态的海森伯态矢量，总是一个非简并矢，这个矢量始终有拉格朗日完全不变的属性"。南部证实了这个判断的精确性，回想他在自发对称性破缺上的工作时说："大概我的工作最需要勇气的部分就是挑战公理理论家有关真空性质的教条”（Nambu，1989），即将真空视为充盈而非空虚。[22]

10.1.2　带有破缺对称解的标量场理论

253

南部关于自发对称性破缺的工作，严重依赖于对海森伯非线性场论和BCS超导理论的博戈留波夫方案之间的类比。但是这个类比并不完美，因为超导性中的能隙与费米球相关，所以是一个非相对论性概念。为了完善这个类比，在海森伯相对论性不变的非线性理论中，要求有个动量截止。在海森伯理论中需要一个截止，这也是因为该理论不可重整化。因此，接下来一步是要超越这一类比，寻找一个可重整化模型，在这一模型中，自发对称性破缺能在没有任何截止的情况下得以讨论。

戈德斯通在读了南部的论文预印本后，很快完成了这一步（Goldstone，1961）。戈德斯通的工作推广了南部的结论。戈德斯通放弃非线性旋量理论，考虑了只有一个复玻色子场的简单的可重整化量子场论，其拉格朗日密度为

$$L=(\partial\phi^*/\partial x_\mu)(\partial\phi/\partial x_\mu)-V[\phi] \tag{10.3}$$

其中，$V[\phi]=\mu^2\phi*\phi-\left(\dfrac{\lambda}{6}\right)(\phi*\phi)^2$。在 $\mu^2<0$ 且 $\lambda>0$，势能 $V[\phi]$ 在由 $|\phi|^2=-3\mu^2/\lambda$ 决定的复平面 ϕ 中有一条底线。这些最小值是真空态中玻色子场可能的非零期望值，表明真空态是无限简并的。戈德斯通称这些真空解是异常解，或叫超导解。显然，含有 λ 的四次项对得到玻色子场的非零真空期望来说是至关重要的，按照我们的理解，正是非线性相互作用为稳定的非对称解的存在提供了动力学机制。

在 $\phi\to\exp(\mathrm{i}\alpha)\phi$ 变换下，拉格朗日方程有明显的不变性，并且方程的解能通过对相 α 的赋值而得以确定。戈德斯通通过禁止建立在不同真空上的态的叠加，而在相上设置了超选择定则。因此人们必须选择某一特殊的相，从而破坏了对称性。如果我们用 $\phi=\phi'+\chi$ 定义一个新场 ϕ'，χ 是实数并且 $\chi^2=|\phi|^2=-3\mu^2/\lambda,\phi'=2^{-1/2}(\phi_1'+i\phi_2')$，则拉格朗日函数变成：

$$L=1/2\left[\left(\partial\phi_1'/\partial x_\mu\right)\left(\partial\phi_1'/\partial x_\mu\right)+2\mu^2\phi_1'^2\right]+1/2\left(\partial\phi_2'/\partial x_\mu\right)\left(\partial\phi_2'/\partial x_\mu\right)$$
$$+(\lambda/6)\chi\phi_1'\left(\partial\phi_1'^2+\phi_2'^2\right)-\lambda/24\left(\phi_1'^2+\phi_2'^2\right)^2 \tag{10.4}$$

式（10.4）中的有质量场 ϕ_1' 对应于 x 方向的振荡，而无质量场 $\phi_2'^2$ 对应于 ϕ 方

向上的振荡。ϕ_2'的质量一定为零，因为相的对称性阻止了能量对于α的依赖。戈德斯通猜测当连续对称性自发破缺时，一定存在零质量无旋粒子，即后来被称为戈德斯通玻色子或南部–戈德斯通玻色子[23]。

戈德斯通（Goldstone，1961）对海森伯的简并真空中的对称破缺，进行探索的理论背景，与南部的不同。南部考察的是对称破缺解对于真空本性，以及在自相互作用费米子场的非重整化模型中必然出现的无质量、无自旋的束缚态的影响，而戈德斯通考察的是：在自相互作用玻色子场的可重整化模型中，场论具有对称破缺解的条件。南部和戈德斯通都认识到，在对称破缺场论中，一个恢复对称性的无质量玻色子的必要性。但是，戈德斯通的玻色子来自一个主标量场，与南部的束缚费米–反费米对，形成鲜明对照。在南部的情形中，手征对称性为费米子场中一种未知的自相互作用所打破，戈德斯通发现，除了玻色子场的自耦合之外，只有当玻色子质量的平方为负，并且耦合常数满足一个确定的不等式时，他所研究的场模型才有一个对称破缺解——这个解中，场将有一个由超选规则分离的无穷多最低能量态组成的简并真空。

254

戈德斯通模型的一个新颖之处，是引入了一个与“更基本的”费米子场无关的主标量场。戈德斯通所采取的这一步显得有些武断，或充其量是探索对称性破缺相关问题的一种特设性方式，因此，莱纳德·萨斯坎德（Susskind，1979）等认为，这一步是“一个严重缺陷”。人们做了许多努力来去除这个基本标量场。到目前为止，他们都失败了。[24]在它问世的50年间，基本标量场的概念已成为探索场理论模型对称性破缺的一种新的组织原则。

戈德斯通的工作最重要的结果是他观察到无论何时初始拉格朗日函数具有一个连续对称性，任何对称破缺解都将会因需要但不存在的无质量玻色子，即以戈德斯通命名的玻色子而变得无效。这一观察结果是第一个革命性的步骤，对于后来在称破缺的探索中的所有发展都至关重要，并很快被推广为一个定理，即戈德斯通定理（Goldstone et al.，1962）。该定理对探索规范理论的对称破缺解提出了极大的挑战，从而促使对称破缺的热烈支持者设置了一个规避它的议程。[25]尽管从数学上讲，这个定理不可回避，[26]但是，在随后的发展中，这个定理本身被证明几乎无关紧要。证明这个定理的关键是洛伦兹不变性的假设。但是，在规范理论的背景下，一个洛伦兹不变的形式包含非物理自由度，比如具有负概率的类时规范玻色子。由于这个原因，在这一情境中有关这一主题的所有有意义的讨论都必须使用库仑规范（或者稍后在电弱理论的背景下的幺正规范），在没有明确的洛伦兹不变性的条件下，这清楚显示了该理论在实验中可获取粒子的清单。这一合理的行动被认为与这一定理的假设相背离。[27]但是，这一行动实际上也揭示了这个定理的无关性，尽管甚至现在还有许多人不能立即弄清楚这个无关性。[28]然而，戈德斯通最初的恢复无质量玻色子对称性[29]的评论，不可避免地依然有效，并且有待解决。

10.1.3　致使规范玻色子有质量的机制

施温格（Schwinger，1962a，1962b）提出的创新方案使这种追求成为可能。回想一下，在规范理论中寻求对称破缺解的动机之一，就是要有有质量的规范玻色子来解释短程核力。施温格从动力学的视角探索了有质量规范玻色子的产生，而没有明确地提到破缺对称性，因为他相信"规范不变性的一般要求，似乎不再能解决这个本质上的动力学问题"（Schwinger，1962a）。 **255**

在一个二维无质量量子电动力学的玩具模型中，施温格论证道，当规范场与对称电流强耦合时，如果它的真空极化张量在类光动量处有一个极点，那么它就不可能是无质量的。假设的场电流耦合表明规范玻色子被检验的背景是一个相互作用的理论，而不是一个纯粹的规范理论，也就是说，电流中包含有另一个场，在一定条件下，它与规范场的相互作用可能导致极点的出现。虽然施温格没有援引破缺对称的概念，但不论是就极点本身而言，在此，极点与一个与规范场相互作用的场（一个主场或一个复合场）的非零真空期待值相联系；还是就极点赋予光子以质量这个结果来说，都与破缺对称性概念紧密相关。施温格没有详细说明为什么一个极点会出现在真空极化张量中；他只是声称它是动力学产生的，最有可能是由南部类型的一个束缚态产生的。但是，它的标量性质使它具有一个开放性的解释，即它可能由一个主标量场产生。恩格勒特和布鲁特（Englert and Brout，1964）很快就卓有成效地利用了这一解释的灵活性。

施温格的模型很普通[30]，但他在这一模型中展示的洞察力形成了一个大框架，许多人都需要适应。他的洞见开辟了一条许多人可以遵循的通向一个宏伟框架的道路。第一个遵循这一路线的人是安德森（Anderson，1963），他用等离子体的例子来证明施温格的洞见是正确的：南部的无质量集体模式或束缚态，通过与电磁场的相互作用，转化为一个大质量的等离子体。从这个例子中，安德森提出"赋予规范场质量的唯一机制是简并真空型理论"。他甚至声称“戈德斯通的零质量困难并不是一个严重的问题，因为我们或许可以把它与一个同样的杨-米尔斯零质量问题相抵消”。

就思想性而言，安德森是将施温格的机制与对称性破缺和戈德斯通玻色子联系起来的第一人。然而，就物理方面而言，这种暗示的联系是很脆弱的。安德森的非相对论等离子体的例子确实在对称性破缺和施温格的通过与其他场的相互作用赋予规范玻色子以质量的策略之间建立了某种联系。然而，在安德森的案例中，对称性破坏的物理来自南部的束缚态，而不是戈德斯通的主标量场。在当时的粒子物理学中，这种复合标量场在理论上是不可行的，甚至在现在也是这样（Noteix and Borelli，2012）。

恩格勒特与布鲁特（Englert and Brout，1964）首次用具体的物理术语而不是含糊的想法，认真地努力把戈德斯通的标量系统纳入施温格的框架。在他们的标量量子电动力学模型（可以扩展到非阿贝尔对称，而不需要实质性的结构变化）中对称破缺标量系统与规范场耦合，他们直接把在规范场真空极化环的最低阶微扰计算中恢复对称性的无质量玻色子解释为施温格极点的物理基，这个物理基可以诠释为一个数学表达式，与有质量的规范玻色子相容。这一解释可以看作是对安德森猜想的一种实现。但是，在理解戈德斯通的标量系统与规范系统的共生性（这体现了标量系统背后的对称性，因此与之耦合）方面，应该把这视为物理学上一个真正的突破：对称性破缺解的标量系统，抑或纯规范系统，都不能单独存在，除非有无质量的玻色子（标量或矢量）能使之有效，但并不存在这样一个限定的无质量玻色子；它们只有共同作为一个共生体的两个不可分割的力矩才能存在。

256

在恩格勒特和布鲁特对共生体本性的理解中，存在一个缺陷：他们错误地断言“规范场本身破坏对称性”。事实上，对称性的破坏主要是由于共生体的标量模式的自相互作用，虽然破坏可以通过标量模式的规范耦合传输到规范系统。但是，要理解这一点，需要先学会欣赏希格斯（Higgs，1966）的原创性贡献，现在我们来详细说明这一点。

10.1.4 EBH 机制的概念基础

一旦引入了由希格斯（Higgs，1966）提出的，带着极大的科学创造性的“诱导对称破缺”（ISB）的新观念，这一概念的情况就得到了极大的澄清。当对称性破缺的标量系统与一个旋量系统（这一旋量系统不包含额外的对称破缺机制）进行汤川耦合时，希格斯声称，标量系统的对称性破缺就破坏了旋量系统的对称性，这在一定程度上取决于汤川耦合常数，因此，允许系统有非对称的有质量费米子态，费米子的质量相应地与它们的汤川耦合常数成比例。恩格勒特和布鲁特的建议完全符合希格斯的想法：在此，规范耦合与希格斯情形中的汤川耦合所起的作用相同，即通过对称破缺标量系统来诱导矢量系统中的对称破缺。因此，在大质量矢量和费米子中显现的矢量和旋量系统的对称破缺，与它们自身的简并真空无关，而是分别通过规范耦合和汤川耦合，由标量系统的主对称破缺诱导。[31]

一旦基于EBH机制，对“标量场的对称破缺解”奠定基础的诱导对称破缺（ISB）观念，被有意识或无意识地吸收进对对称破缺物理学的理解中，一幅清晰的图景就出现了，就如海森伯（Heisenberg，1967b）提议的统一理论。在最基础的层面，标量场的自耦合（有耦合常数λ）是构成一个简并真空的机制［标量场相关的非零真空期待值，$v=\left(G_F\sqrt{2}\right)^{-1/2}=246\text{GeV}$，其中$G_F$是费米耦合常数，是电弱领域中的一个普适参数，弱标度与有质量的希格斯玻色子（$M_h=(2\lambda)^{1/2}v$）是相互构成的］。标量场与规范场的规范耦合（有一个耦合常数g）构成了有质量的规范玻色子的结构基础，为复杂的标量—矢量共生体负责，这一点通过对所涉及的场的重新定义，在一组有质量的规范玻色子（$M_g=\frac{1}{2}gv$）中显著地显现出来。标量场与费米子系统的汤川耦合（具有耦合常数η）构成了大质量费米子（$M_f=\eta v$）的结构基础，并且对CKM矩阵、宇称不守恒以及味物理学作出贡献。规范场的规范耦合规定了电弱相互作用，但对简并真空的构造没有任何贡献。费米子系统建立了它的对称破缺解，不是来自它自身的简并真空——不存在这样的真空——而是通过与标量系统的汤川耦合，因此，在电弱领域内，它不能被看作是概念上基本的，虽然在它的存在不能从别的任何东西中派生出来的意义上，它是最基本的存在。 257

因此，EBH机制可以适当地理解为，只是一组分别由耦合常数λ、g、η刻画的标量场的耦合集：它的自耦合导致了它自己的对称破缺解，它的规范耦合和汤川耦合导致了大质量规范玻色子与大质量费米子显示的规范场以及旋量场的对称破缺解，正如上面提到的那样。

如果这样来理解EBH机制的话，它“有助于我们理解亚原子粒子质量的起源”的说法似乎有些道理，但也并不必然。综上所述，应该清楚的是，EBH机制只是一个背景，通过它，所有质量都可以借助于经验上分别可协调的耦合常数而与标量场的非零真空期望值相关，$v=(G_F\sqrt{2})^{-1/2}=246\text{GeV}$。它没有说明这些质量的真正起源，因此，对于我们理解亚原子粒子质量的起源并没有什么深刻的贡献。它在这方面的实际贡献是将质量与标量场的非零真空期待值联系起来。然而，后者——虽然对于我们理解质量的起源是基本的，并且事实上充当作 EBH 机制的基础——但却是不相关的早先的成就的结果，归于戈德斯通对一个基本的标量场系统及其可能的对称破缺解的最初研究。

10.2 短程相互作用的机制：Ⅱ.渐近自由与夸克禁闭

在保持持场论的规范不变性的前提下，另一种描述核力的短程行为的可能机制，也是至今还没有很好地建立起来的机制，是在对重整化群分析的一般框架下，通过联合“渐近自由”（asymptotic freedom）和“色禁闭”（color confinement）的思想提出的。

总的语境是强子（强相互作用粒子：核子和介子）的夸克模型。在夸克模型中，强子被描述成为数不多的自旋为 1/2 的基本夸克的束缚态。这就使得是夸克而不是强子成为强核力的真正来源，而强子之间的总核力，即观测到的强核力，仅仅是更强大的夸克间作用力的残余。

258

这就表明，如果在规范不变理论中用夸克和无质量规范玻色子（胶子）之间的有效耦合描述的夸克间的力，在短距离上趋于减小（渐近自由），而在长距离上趋于发散（由胶子的无质量性造成），以致强子的夸克和胶子作为荷电（或有色）状态都被禁闭在强子中，不能被其他强子及其组分“看见”（色禁闭），那么在强子之间将没有长程力，虽然强子之间的短程相互作用的精确机制仍付诸阙如。

从概念上讲，渐近自由是场的重整化群行为［如耦合常数这类物理参数依赖于所探测的（动量）大小］，与非阿贝尔规范场（或任何非线性场）的非线性（自耦合）相结合所产生的结果。正如我们在第 8.8 节中提到的，威尔逊复苏了对重整化群的分析，而卡伦和西曼齐克进一步对它作了详尽阐述，其结果就是卡伦-西曼齐克方程组，该方程组简化了重整化群分析，并且能应用于各种物理情形，比如由威尔逊算符直积展开所描述的情形。

卡伦和西曼齐克在渐近自由思想的发展过程中起了关键性的作用。西曼齐克在完成了重整化方程的工作之后不久，试图建立一个渐近自由理论来解释比约肯标度无关性（见后）；他借助这些方程来研究在 ϕ^4 理论中耦合常数的巡行（running）行为（Symanzik，1971）。他发现，如果这样选取耦合常数的符号，以使得在相应的经典理论中能量有下限，那么耦合常数的大小将随外部动量的增加而增加。西曼齐克论证，如果颠倒耦合常数的符号，那么相反的情况就会出现，并且在很高的外部动量下，将会有渐近自由。正如科尔曼和格罗斯（Coleman and Gross，1973）所指出的，西曼齐克论证的困难在于：既然只当能量没有下限时，耦合常数才可能有“错误”符号，那么，这样一个渐近自由系统将没有基态，因此也将是不稳定的。

受西曼齐克的激励，特霍夫特对渐近自由产生了浓厚兴趣。特霍夫特是第一个在规范理论的语境中建立渐近自由的物理学家（'t Hooft，1972c）。在 1972 年 6 月的马赛会议上，他在西曼齐克的主题报告（Symanzik，1972）后的评论中汇报了自己的成果，认为如具有 SU(2)群并且少于 11 种费米子的非阿贝尔规范理论将是渐近自由的。这个报告非常著名，在 1973 年正式发表。

渐近自由的另外一条发展线索始于卡伦的工作，与强子现象有更为紧密的关系。在 1968 年的论文中，卡伦和格罗斯对深度非弹性电子–质子散射中可测量的结构函数，提出了一个求和规则。随后比约肯注意到，这个求和规则意味着深度非弹性散射截面的标度无关性（Bjorken，1969）。用结构函数 W_i 表述这个截面，则比约肯标度无关性关系式为： **259**

$$m\,W_1(\nu,q^2)\to F_1(x)\,,$$
$$\nu W_2(\nu,q^2)\to F_2(x)\,,$$
$$\nu W_3(\nu,q^2)\to F_3(x)\,, \tag{10.5}$$

[其中 m 是核子质量，$\nu=E-E'$，$E(E')$是轻子的初（终）能量，$q^2=4EE'\sin^2(\theta/2)$，θ 是轻子散射角，且 $0\leqslant x(=q^2/2m\nu)\leqslant 1$]。这个关系式表明结构函数并不分别依赖于 ν 和 q^2，而只依赖于它们的比率 x，而 x 在 $q^2\to\infty$ 时保持不变。

比约肯的预言不久就被斯坦福直线加速器中心（SLAC）的新实验所证实。[32] 这些进展激发了提出各种理论方案的积极性（这些理论中的绝大多数是在光锥流代数和重整化群的框架下进行的），它们非常有利于阐释强子的结构和动力学。

比约肯标度无关性的物理意义不久为费曼在其强子的部分子模型中所揭

示，此模型是深度非弹性散射的直观图景（Feynman，1969）。按照部分子模型，强子可以被高能轻子束看到，就像是一个充满类点部分子的盒子；而在标度区域（高能区域或短程区域）中的非弹性轻子-核子散射截面，等于弹性轻子—部分子散射截面的非相干之和。[33]由于轻子—部分子散射的非相干性意味着轻子所看到的核子就像是一群可自由运动的组分，因此在场论语境中，比约肯标度无关性要求，部分子场的短程行为要用无相互作用的理论来描述。

卡伦（Callan，1970）和西曼齐克（Symanzik，1970）正是在努力寻求比约肯标度无关性的前后连贯的理解的过程中重新发现了重整化群方程，并且把它们表述成标度不变性反常的结果。[34]卡伦和西曼齐克随后把他们的方程应用到威尔逊算符直积展开[35]，这一应用一直推广到光锥——一个用以分析深度非弹性散射的适当区域。[36]这些分析逐渐表明，一旦把相互作用引入理论中，没有标度无关性也是可能的。

在此语境中会产生一个问题。如果在部分子中没有相互作用，强子应该容易被打碎成它们的部分子组分，然而为什么从来没有观测到游离的部分子呢?

事实上，这个问题一直没有被很好地研究过，这是由于标度无关性仅涉及强子组分的短程行为，而打破强子却是一种长程现象。

然而，甚至在短程行为的范围内，标度无关性也曾受到过严峻的质疑，并且是建立在重整化群论证基础上的质疑。正如我们在第8.8节提到的，按照威尔逊的观点，标度无关性只能在重整化群方程的不动点成立，这就需要在短程范围内，有效耦合要接近不动点的值。由于这些值一般是强耦合理论中的值，因此结果就会出现较大反常的标度无关行为，这与自由场论中的行为很不相同。因此，从威尔逊的观点看（见第8章的注释67），人们可预期，非正则的标度无关性（伴随被吸收到场和流的反常维度的相互作用和重整化的效应）会在更高的能量上出现，这种非正则标度无关性表示着重整化群方程的非平凡不动点。

260

事实上，在理论学家中相当广泛传播的一种看法是认为在斯坦福直线加速器中心观测到的标度无关性不是真正的渐近自由现象。这种看法被如下事实进一步强化，即观测到的标度无关性现象甚至在相当低的动量转移情况下发生（所谓“早熟标度无关性”）。一直到1973年10月，盖尔曼和同事还推测，“可能有一个产生真正的标度无关性［威尔逊标度无关性］的高能修正”[37]。

在这种氛围下，格罗斯（丘的门徒，但后来转向盖尔曼的流代数纲领）在 1972 年底决定“证明局域场论不可能解释标度无关性的实验事实，因而不是一个描述强相互作用的适当框架”（Gross，1992）。格罗斯采用两步策略。首先，他打算证明，有效耦合在短程上的消失，或者说渐近自由，为解释标度无关性所必需；其次，证明不可能存在渐近自由的场论。

事实上，帕里西（Parisi，1973）不久就完成了第一步。他证明标度无关性只能用渐近自由理论解释，卡伦和格罗斯（Callan and Gross，1973）进一步把帕里西的思想扩展到除阿贝尔规范理论之外的所有可重整化场论。卡伦-格罗斯论证是建立在威尔逊率先提出的标度量纲思想（见第 8.8 节）之上的。首先，他们注意到，控制深度非弹性散射大小的复合算符有正则量纲。其次，他们证明了在重整化群的一个假定不动点处，正在减小组分算符的反常的标度量纲，必然包括正在减小的基础场的反常量纲。这反过来又意味着位于不动点的相互作用的基本场一定是自由的，因为通常只有那些自由场才有正则标度量纲。他们总结说，只有当重整化群的一个设定的不动点位于耦合空间的原点处，即该理论必须是渐近自由的时，比约肯标度无关性才能得到解释。

格罗斯论证的第二步失败了。然而，这个失败导致了对非阿贝尔规范理论渐近自由的一次重新发现，这一发现独立于特霍夫特的发现，可以用来解释观测到的标度无关性，因此，具有讽刺意味的是，至少在非阿贝尔规范理论情形，这一发现确立了作为强相互作用描述框架的局域场论的适宜性。

起初，格罗斯的没有任何理论会是渐近自由的断言听起来是合理的，因为在量子电动力学（即量子场论的原型）的情形，有效电荷在短距离处增大，并且在特霍夫特的工作中没有反例存在，这些格罗斯都是知道的。

作为电荷重整化的结果，量子电动力学中有效电荷会增大的原因容易理解。电荷重整化的根本机制是真空极化。按照狄拉克的观点，相对论性量子系统的真空是虚粒子（在量子电动力学情形是虚电子-正电子对）介质。把一个电荷 e_0 置入真空就会使真空极化，而具有虚电偶极子的极化真空则会屏蔽这个电荷，因此可观测电荷 e 也将不同于 e_0 而是成为 e_0/ε。这里的 ε 是介电常量。由于 ε 的值与距离 r 有关，电荷的可观测值可用一个巡行有效耦合 $e(r)$ 描述，它决定了距离 r 处的力。当 r 增加时，屏蔽介质增加，因此 $e(r)$ 随 r 的增加而减小，相应地随 r 的减小而增加。于是，直接减去 $\log[e(r)]$ 对 $\log(r)$ 的导数的 β 函数还是正的。

261

1973 年的春天，由于非阿贝尔规范理论吸引了物理学家的许多注意力，这主要是因为韦尔特曼和特霍夫特的工作（见第10.3节），以及盖尔曼和哈拉尔德·弗里奇（Hardld Fritzsch）提议的色八重态胶子图景（见第11.1节），因此，格罗斯在他自己的工作中不得不检查非阿贝尔规范理论的高能行为。同时，科尔曼及其学生戴维·普利策（H. David Politzer）出于不同的原因也进行了类似的考察。为了做到这一点，只要研究β函数在耦合常数空间的原点附近的行为就够了。在非阿贝尔规范理论中，对β函数进行的计算[38]表明，与格罗斯的期望相反，理论是渐近自由的。

非阿贝尔（色）规范理论（见第11.1节）与量子电动力学这种阿贝尔规范理论具有不同行为的原因，在于非阿贝尔规范场的非线性或自耦合。也就是说，在于这样一个事实：除了携带色荷的夸克外，规范玻色子（胶子）也携带色荷。就虚夸克—反夸克对而言，发生在阿贝尔情形中的屏蔽，同样也发生在非阿贝尔理论中。然而，携带色荷的胶子仍然对真空极化作了额外的贡献，主要倾向是强化而不是中和规范荷。[39]详细计算表明，如果夸克三重态的数目少于17，那么源于虚胶子的反屏蔽就会胜过虚夸克-反夸克对产生的屏蔽，并且系统是渐近自由的。

科尔曼和格罗斯（Coleman and Gross，1973）也证明，任何由汤川式的、标量的或阿贝尔规范相互作用构成的可重整化场论，都不可能是渐近自由的，而任何渐近自由的可重整化场论一定包含非阿贝尔规范场。这个论证极大地限制了描述强相互作用的动力学系统的选择。

根据他们对非阿贝尔理论中有效耦合的特殊行为（在短程时，它趋于衰减；在长程时，它变得很强）的理解，以及由对标度无关性的观测所提供的信息，格罗斯和维尔切克（Gross and Wilczek，1973b）讨论了把一个没有破缺对称性的非阿贝尔规范理论作为描述强相互作用的框架的可能性。尽管没有完全承诺这样一个框架（更多的讨论见第11.1节），但是他们论证道，至少杨-米尔斯理论的一个最初困难，即要有传递长程相互作用的强耦合无质量矢量介子，在渐近自由理论中消失了。

262

10.2.1 色禁闭

他们认为，色禁闭的原因如下。强子（夸克和胶子）的色荷组分的长程行为，在这种情形中可能是由理论的强耦合极限所决定的，并且这些组分是被禁闭在强子内。因此在长程范围内，除了色中性粒子（色单态或强子）以外，所有的色荷态都可能被抑制而不能从强子之外“看见”，并且这与强子之间不存在长程相互作用是一致的。

应当注意的是，虽然人们用这些术语能富有启发性地理解禁闭思想，并且也作过许多努力[40]，但是从来没有出现过关于禁闭的严格证明。

10.3　可 重 整 化

任何建立在非阿贝尔规范理论框架内的模型（不论有没有有质量规范玻色子，是不是渐近自由的），除非被证明是可重整化的，否则都没有任何预测能力。因此，规范理论要成为一个成功的研究纲领，它的可重整化必须得以证明。然而，当杨振宁和米尔斯提出他们关于强相互作用的非阿贝尔规范不变理论时，它的可重整化是假设的。这个假设仅仅建立在朴素的数幂律（power counting）论证（power-counting argument）之上：在量子化和导出费曼图的规则之后，他们发现，虽然费曼图中的基本顶点有三种类型（因为带荷规范玻色子的自耦合），而不是像在量子电动力学中只有一种类型，但"这个'原始发散'在数目上还是有限的"（Yang and Mills，1954b）。因此，按照戴森的重整化纲领，人们没有理由担心其可重整化。直到 1962 年费曼开始考察这个问题（见下文）时，这个信念才受到挑战。事实上，甚至在费曼的研究（和受此激发产生的其他研究）公开发表之后，许多物理学家仍然持有这种观念，比如温伯格（Weinberg，1967b）和萨拉姆（Salam，1968）。

随着 1957 年弱相互作用中宇称不守恒的发现，以及 1958 年弱相互作用中矢量和轴矢量耦合理论的建立，出现了许多关于传递弱相互作用的中间矢量介子 W 和 Z 的推测（见第 8.6 节和第 9.3 节）。人们试图把矢量介子等同于非阿贝尔规范理论的规范玻色子。由于弱相互作用的短程特征要求带荷中间介子是有质量的，因此这种等同的结果就是所谓的有质量杨–米尔斯理论。有质量杨–米尔斯理论的出现开创了两条研究路线。除了寻求一个"软质量"机制（通过这一机制，规范玻色子获得质量而理论却保持规范不变）外，更多的努力是试图证明有质量带荷矢量理论的可重整化。

研究非阿贝尔规范理论的可重整化的漫长过程始于布鲁德曼的评论：把非阿贝尔规范玻色子解释成实粒子的一个困难是，带荷矢量玻色子具有奇异的、不可重整化的电磁相互作用。布鲁德曼的评论是基于早年就已很好地建立起来的介子电动力学的一个结果。[41]

263

然而，众所周知，带电矢量介子的不可重整化特征，除了存在于电磁相互作用的处理中之外，甚至还持续存在于其他相互作用的处理中。例如，在讨论矢量介子与核子的矢量相互作用时，马修斯（Matthews，1949）就注意到中性矢量介子和带电矢量介子的矢量相互作用存在重大区别：前者被证明是可重整化的，后者的情况却并非如此。马修斯的发现随后被格劳泽（Glauser，1953）、梅泽（Umezawa，1952）以及梅泽和龟渊（Umezawa and Kamefuchi，1951）通过强调源流的守恒而精致化。马修斯是含蓄地猜测到，而格劳泽以及梅泽和龟渊却是明确地猜测到，这一发现的有效性只限于中性矢量介子的情形，如果矢量介子带电就不能保持。在讨论的这个阶段，应当注意的是，荷流不守恒被看作是破坏带电矢量介子理论可重整化的附加项的主要来源。

布鲁德曼的评论给施温格的规范纲领提出了一个严重问题。根据这个纲领，具有普遍规范耦合的有质量的不稳定带电矢量介子对弱相互作用的所有现象负责。对布鲁德曼的评论立即作出回应的是格拉肖（Glashow，1959），他是施温格的弟子，随后作出反应的有萨拉姆、梅泽、龟渊、瓦德、科马尔（Komar）和其他许多人。[42]关于带电矢量介子理论的可重整化，人们做出了相互冲突的论断，但在理解真实情况方面却没有取得任何进展，直到李政道和杨振宁的论文（Lee and Yang，1962）发表以后，才有了实质性的进展。

为了系统地研究这个问题，李政道和杨振宁从有质量带电矢量介子理论出发，通过推导费曼图规则入手。他们发现存在一些发散的相对论性非协变的顶点。通过引入一个极限过程（对拉格朗日函数添加一项$\left[-\xi(\partial^*_\mu\phi^*_\mu)(\partial_\nu\phi_\nu)\right]$，这个项依赖于正参数→0），费曼规则变成协变的，但这个理论仍然按一种不可重整化方式发散。为了弥补这一点，他们引入了一个负度规，使参数ξ起到调节子的作用。最终理论在$\xi>0$时既是协变的也是可重整化的。这一成功的代价是负度规的引入破坏了理论的幺正性。

李政道和杨振宁的体系缺乏幺正性，在物理上的表现就是出现非物理标量介子。由于幺正性的物理意义是概率守恒，幺正性本身是任何有意义的物理理论必须满足的少数几条基本要求之一，所以，李政道和杨振宁首先面对的困难是，如何去除这些非物理自由度以实现幺正性，这个困难成为重整化非阿贝尔规范理论的中心问题，也是随后几年人们追求的目标。

非阿贝尔规范理论的重整化的下一个里程碑，是费曼的工作（Feynman，1963）。[43]在形式上，费曼的研究主题是引力。但是，为了比较和说明，他也讨论了另一个非线性理论，即杨—米尔斯理论，其中相互作用也是用无质量粒子传递的。费曼讨论的中心议题是导出一组图形规则（尤其是环形规则），这些规则既是幺正的又是协变的，以便能够进一步系统地研究这些规则的可重整化。

费曼对幺正性的讨论是按照树图定理彼此联结起来的树（trees）和圈（loops）来进行的。根据树图定理，封闭的圈图由在实际可获得区域上的相应树图和在质壳上的相应的树图共同构成，它们是通过在圈中打开一条玻色子线获得的。此外，费曼明确规定在计算一个圈时，在圈的每一个树图中都开一条无质量玻色子线，只有玻色子的实横向自由度才应该考虑，以保证规范不变性。费曼在树图定理背后的物理学动机是表达物理量的深层愿望——用虚自由度（在圈图中脱离它们的质量壳）来定义这些物理量，用在实自由度的物理过程中涉及的实际可测量来定义这些物理量。

按照费曼的意思，幺正性关系是在封闭圈图和相应的物理树集之间的一种关联，但除此之外还有许多其他关联。事实上，他发现从通常路径积分公式导出的圈图规则不是幺正的。费曼用把一个圈图断开成一个树集的方法清楚地揭示了圈图的幺正性规则失败的根源。在一个协变形式体系（这对于重整化是必需的）中，圈图中的一条虚线，除了携带横向极化外，还携带纵向和标量自由度。一旦它被断开，变成一条外线，代表一个自由粒子，它就仅仅携带横向（物理）自由度。因此，为了保持洛伦兹协变性（并把圈与树相匹配），就不得不把有些非物理的额外自由度考虑进去。这样，费曼被迫面对一个额外粒子，一个“假的”或“虚幻”的粒子，它本来属于圈中的传播子，并且必须被整合掉，但现在变成了一个自由粒子。因此，幺正性被破坏，费曼认识到“有些事情［是］在根本上错了”（Feynman，1963）。错误出在两个基本的物理学原则——洛伦兹协变性和幺正性之间的一个正面冲突。

为了恢复幺正性，费曼提出要从圈图中的玻色子内线“减去一些东西”。这个富有远见的提议是这一主题的概念发展中第一个清楚的认识：必须引入某种鬼圈（ghost loop），以便能够得到一个自洽的非阿贝尔规范理论形式体系。这个洞见立刻被出席费曼演讲的一位眼光敏锐的物理学家抓住，他请求费曼 “如果您想要直接用圈图来重整化任何东西的话，请更详细一点地表明所需虚幻粒子的结构和性质”（同上）。这位敏锐的物理学家就是布赖斯·德威特（Bryce DeWitt），他自己将对此研究主题的发展作出实质性贡献（见下文）。

除了对图形规则的幺正性进行组合证实外[44]，费曼也讨论了有质量的情

形，并试图通过取零质量极限得到无质量杨-米尔斯理论。这个动机是双重
265 的。第一，他想避免无质量理论的红外问题，由于规范色子之间的自耦合，这个问题比在量子电动力学情形中的还要糟。第二，对于只有两个极化态的无质量矢量粒子，不可能写出明显的协变传播子。因为在以协变方式远离质壳的过程中，无质量的矢量粒子获得了第三极化态。这就是我们刚才提到的，在无质量矢量理论中，协变性和幺正性之间的冲突。

在这种语境下，有两点值得注意。第一，取零质量极限可能得到无质量理论这样一种假定，最终证明是一个错误（见下文），因为大质量矢量玻色子的纵向极化在零质量极限时没有退耦。第二，费曼试图找到“一种重新表示圈图的方法，当 $\mu^2 \neq 0$ 时，有一个不同［于方程（10），即 $(g^\mu_\nu - q^\mu q_\nu / \mu^2)/(q^2 - \mu^2)$］[45] 的传播子的新形式……在这样一个形式下能取 μ^2 趋于零的极限”。为了这个目的，他引入了一系列被随后的研究者所沿用的处理方法。无论如何，这是首次明确提出寻找一种不同于寻常的规范，以便可能改变大质量矢量粒子的传播子的费曼规则。这个提议的结果即所谓的费曼规范，其中矢量传播子取［$g^\mu_\nu/(q^2 - \mu^2)$］形式。费曼规范是可重整化规范的一种形式，其中有质量杨-米尔斯理论证明是可重整化的，因为导致所有问题的 $q^\mu q_\nu / \mu^2$ 项没有了。

受费曼工作的启发，德威特（DeWitt，1964，1967a，1967b，1967c）思考了一个规范选择和相关的鬼粒子（费曼提出的“虚幻粒子”）的问题。虽然幺正性问题没有讨论清楚，但在引力情况下，正确的费曼规则，却按费曼规范建立了起来。另外，德威特规则中的鬼粒子贡献被表示为包含复标量场的局域拉格朗日函数的形式，服从费米统计。[46]

在规范对称性自发破缺的情况下，恩格勒特、布鲁特和西里（M. Thiry）（Englert et al.，1966）也在朗道规范中导出了许多费曼规则，其中矢量传播子采用［（$g^\mu_\nu - q^\mu q_\nu / q^2$）/（$q^2 - \mu^2$）］的形式，并发现了相应的鬼粒子。在矢量传播子形式的基础上，他们表明该理论是可重整化的。

法捷耶夫和波波夫（Faddeev and Popov，1967）从费曼的工作出发，利用路径积分形式，导出了朗道规范中的费曼规则。在他们的工作中，鬼粒子①是直接产生出来的。但是他们的技术方法适应性不够，不能有效地用来

① 译者注：在物理学中，法捷耶夫-波波夫鬼粒子（Faddeev-Popov ghost，也称为鬼场），是一种为了保持路径积分表述的一致性而引入规范量子场论的附加场，以路德维希·法捷耶夫和维克多·波波夫的名字命名。

讨论一般规范，也不能用来理解之前在费曼规范中建立的规则。尤其是，他们引入的鬼粒子，跟德威特的鬼粒子不一样，没有方位，并且只能在朗道规范中获得简单的顶点结构。由于在他们的工作中选择定则和鬼粒子规则都不是按拉格朗日函数的局域场表示的，因此拉格朗日函数和费曼规则之间的关联不是很清楚。这项工作的另一个缺点是幺正性问题还没有解决。正如上面所指出的，由于鬼粒子的根源在于对幺正性的要求，而在法捷耶夫和波波夫引入鬼粒子（场）作为规范不变性破坏的一个补偿的过程中，幺正性并非是一个无足轻重的问题，因此这一缺陷在他们的推理中留下了一个大缺口。

德威特、法捷耶夫和波波夫的结果由曼德尔施塔姆在 1968 年（Mandelstam，1968a，1968b）用场论的完全规范不变性形式重新推导出来。因此在 1968 年夏天，无质量非阿贝尔规范理论的费曼规则建立了，至少对于某些特定的规范选择而言，它们是数幂律（power counting）意义上的可重整化理论的规范，因此这些规范选择被称为可重整化规范。然而，是否可以用微扰方法逐阶去除无穷大，在规范不变方法中还不清楚。此外，幺正性问题尚未解决，并且红外问题仍然困扰着物理学家。 **266**

在这个关键时刻，荷兰乌特勒支（Utrecht）的韦尔特曼（Veltman，1968a，1968b）对非阿贝尔规范理论的可重整化难题发起了英勇的攻击。韦尔特曼对当时的观点了解得很清楚，当时人们认为带电大质量矢量玻色子理论，作为弱相互作用的矢量流（V）–轴矢量流（A）（简称 V-A）理论的结果的复活，是毫无希望地发散的。流代数的成功被当作场论的规范不变性的一个结果，然而在韦尔特曼看来，这种成功，特别是阿德勒–韦斯伯格关系的成功，只是大质量矢量玻色子的非阿贝尔规范理论的可重整化的实验证据。于是，韦尔特曼开始仔细研究以证实他的理解。

就现象而论，把矢量介子看成是有质量的这一点很自然，因为矢量介子要负责短程弱相互作用的传递就必须是有质量的。理论上讲，有质量理论能绕过红外问题，因为“零质量理论包含可怕的红外发散”，也正是因为这一点而无法进行具有入射和出射软玻色子的 S 矩阵研究。追随费曼，韦尔特曼也错误地认为无质量理论可以从有质量理论取零质量极限而得到。

有质量理论显然是不可重整化的，主要是因为矢量场传播子 $(\delta_{\mu\nu} + k_\mu k_\nu / M^2) / (k^2 + M^2 - i)$ 中含有 $k_\mu k_\nu / M^2$ 项。根据费曼、德威特和其他人以前的工作，韦尔特曼注意到，“众所周知，如果人们对这一项进行规范变换，它就会被修正”，因为随着规范的改变，费曼规则也会改变。他的目标是找到一种改变规范的技巧，以使费曼规则可按如下方式改变，即矢量传播子将采取 $\delta_{\mu\nu}/(k^2+M^2-i\varepsilon)$ 的形式[47]，并且该理论至少在数幂律（power counting）意义上是可重整化的。

韦尔特曼称他发明的这个方法为自由场方法，而称关键变换为贝尔-特雷曼变换，尽管不论是贝尔还是特雷曼对此都没有贡献。这种方法的基本思想是引入一个与矢量玻色子没有相互作用的自由标量场。通过用矢量场和标量场的某种组合（$W^\mu+\partial^\mu\phi/M$）来代替矢量场（W^μ），并以标量场仍然是自由场的方法来增加新的顶点，韦尔特曼发现，虽然新理论的费曼规则是不同的（矢量场的传播子被组合传播子所代替），但是 S 矩阵，因此是物理学，保持不变。他还发现可以传播子采用以下形式的方式选择组合，即：

267

$$(\delta_{\mu\nu}+k_\mu k_\nu/M^2)/(k^2+M^2-i\varepsilon)-k_\mu k_\nu/M^2/(k^2+M^2-i\varepsilon)$$
$$=\delta_{\mu\nu}/\left(k^2+M^2-i\varepsilon\right) \tag{10.6}$$

这将导致较少发散的费曼规则。这一成果的代价是引入了包含鬼粒子的新顶点。[48]

韦尔特曼的自由场方法是在丘的 S 矩阵哲学的启发下，用图表的语言发展起来的。后来博尔韦尔（D. Boulware）在 1970 年的论文中重新用路径积分形式对其进行改造，弗拉德金（E. S. Fradkin）和秋京（I. V. Tyutin）也做了同样的工作（Fradkin and Tyutin，1970），他们通过引入拉格朗日函数中的一项进而引入了一般规范选择的可能性，并建立起一个程序，据此可得到一般规范的费曼规则。

通过改变规范和改变费曼规则的强有力手段，韦尔特曼得到了一个惊人结果，即具有明确质量项的杨-米尔斯理论相对于数幂律（power counting)（即直到自能的二次项、三点顶点的线性项和四点函数的对数项）是单圈可重整化的。在这一突破之前，关于规范理论的可重整性主张和陈述很少超出猜想。这一突破打破了带电大质量矢量玻色子理论无可救药地不可重整化的根深蒂固的观点，并激发了人们对这一主题的进一步研究。

从概念上和心理上讲，韦尔特曼的论文（Veltman，1968b）是极其重要的，因为它使物理学家确信通过改变规范，一套可重整化的费曼规则是可得到的。不过，在物理上仍有许多空白有待填补。为了适当地重整化具有规范对称性的理论，人们必须根据这种对称性来调整它。在韦尔特曼的研究（Veltman，1968b）中，该理论没有对称性，因为质量项确实毁坏了假定的对称性。此外，他还没有规范不变的正则化方案。由于这些原因，即使在单圈图情况下，该理论也不是完整意义上可重整化的。

这种情况在二圈图或多圈图时甚至更糟。人们很快就发现，费曼规则（通过在分母中加上质量来修正无质量规则而得到的）在单圈图层次上是有效的，但在二圈图上就明显违反了幺正性并导致不可重整化发散。[49] 博尔韦尔在其路径积分处理中也表明，在二圈图及多圈图层次上会产生不可重整化顶点。由于在无质量理论中没有这种顶点，因此估计它们也会以某种方式抵消。然而，斯拉夫诺夫和法捷耶夫（Slavnov and Faddeev，1970）确定，单圈图层次上，大质量理论的零质量极限已经不同于无质量理论，或者如范达姆和韦尔特曼（van Dam and Veltman，1970）所证明的对于引力而言甚至在树图层次上也是这样。

因此，进一步的发展取决于正确理解什么是二圈图或多圈图的精确费曼规则，以及如何验证由这样的规则描述的理论的幺正性。一般来说，非阿贝尔规范理论情况下的幺正性问题比在其他情况下更复杂。可重整化规范中的费曼规则显然不是幺正的。存在非物理的自由度或鬼粒子，这是用来补偿在法捷耶夫—波波夫公式中由规范固定项引入的规范依赖性。另外，在其协变形式的内部传播中，还存在规范场的非物理极化状态。只有当这些非物理的自由度不起作用时，一个理论才是幺正的。结果就会出现如下情况，即如果某些关系式或涉及规范场或鬼场的格林函数之间的瓦德恒等式有效，那么这些作用将不存在。也就是说，瓦德恒等式将确保在两种类型的非物理自由度之间的作用会严格抵消。因此为了满足幺正性条件，瓦德恒等式的建立是关键。 **268**

从起源上讲，瓦德恒等式是由瓦德（Ward，1950）导出的，并且由弗拉德金（Fradkin，1956）和高桥（Takahashi，1957）扩展为量子电动力学中规范不变性的一个结果：

$$k_\mu \Gamma_\mu(p,q) = S_F^{-1}(q) - S_F^{-1}(p), k = q - p \qquad (10.7)$$

式中 Γ_μ 和 S_F 是不可约化的顶点和各自的自能部分。这些恒等式说的是，如果一条或多条外线的极化矢量 $e_\mu(\mathrm{k})$ 被 k_μ 替代，而其他所有线都保持在质壳上并且由实际极化矢量提供，那么其结果为零。

在非阿贝尔规范理论的情形下，情况要复杂得多。除了那些类似于量子电动力学中出现的情况外，还有一整组只涉及非阿贝尔规范场和相关鬼场的恒等式。而且，由于这些恒等式与不可约化的顶点及自能部分无直接关系，因此它们的直接物理意义也就比在量子电动力学中的还少。然而，利用施温格的源方法和贝尔-特雷曼变换，韦尔特曼（Veltman，1970）成功地为大质量非阿贝尔规范理论推导出了广义瓦德恒等式。[50]这些恒等式与韦尔特曼（Veltman，1963a，1963b）早些时候得到的截止方程组（cutting equations）一起，可以用来证明包含鬼圈的非阿贝尔规范理论的幺正性。它们在进行实际的重整化过程中起着至关重要的作用，因为重整化理论必须被证明是幺正的。

因此，到1970年夏天，韦尔特曼已经知道如何从费曼图导出费曼规则，如何通过贝尔-特雷曼变换改变规范，从而得到不同的（幺正的或可重整化的）规则，以及如何通过使用广义瓦德恒等式和他多年发展起来的复杂组合方法来证明幺正性。所有这些都是重整化非阿贝尔规范理论的关键部分。然而，韦尔特曼实际实现的仅仅是对大质量矢量理论的单圈可重整化的一个说明，这一说明也仅仅是基于强行操作和朴素的数幂律（power counting)论证，并没有严格的证明。在他看来，一旦超出单圈图情形，这个理论就是不可重整化的。在韦尔特曼的方案中一个更严重的缺陷是缺乏适当的正则化程序（regularization procedure）。要证明所有抵消都能按一致的方法定义而不违背规范对称性，就必须有一个规范不变的调节方法。因此，当特霍夫特（一个在韦尔特曼的指导下作高能物理学研究的学生）表现出对杨-米尔斯理论的兴趣时，韦尔特曼向他提议找到一个好的调节方法用于杨-米尔斯理论。这一提议很快就导致了最终的突破。

269

特霍夫特在他1971年的论文（’t Hooft，1971a）中对单圈图提出了一种新的截止方案，在此方案中，他引入了第五维，并考虑了理论的规范对称性，并把这种方法用于无质量杨-米尔斯理论。他优美地推广了法捷耶夫和波波夫（Faddeev and Popov，1967）关于一般规范固定和鬼波产生的方法，以及弗拉德金和秋京（Fradkin and Tyutin，1970）在一般规范中导出费曼规则的方法，并根据局域非重整化拉格朗日函数给出了在一大类规范中包含定向鬼波的费曼规则[51]，这为全面的重整化纲领开辟了道路。通过使用韦尔特曼的组合方法，特霍夫特能够建立起广义瓦德恒等式，并且借助它们达到幺正性。不过，特霍夫特关于无质量杨-米尔斯理论的可重整化的证明只对单圈图有效，原因是新的截止方法只作用在单圈图上。

1971年，无质量杨-米尔斯理论被认为是一个不现实的模型，只有大质量理论，通过带电矢量玻色子，才被认为是物理相关的。由于在韦尔特曼以前的研究（Veltman，1967，1970）中的大质量理论似乎是不可重整化的，因此他十分希望扩展特霍夫特的成功，并拥有一个可重整化的大质量带电矢量玻色子理论。有了从韦尔特曼那里学到的技术，并受到本杰明·李（Benjamin Lee）关于σ模型重整化工作的启发，特霍夫特自信地承诺给予一个解决方案。

特霍夫特的基本思想是在杨–米尔斯理论中引入自发对称性破缺。这一想法受以下进展的推动。第一，矢量玻色子可以通过希格斯类型的机制获得质量。第二，无质量理论的红外困难因此可以绕过。第三，也是最重要的，无质量理论的可重整性可以保留，因为正如本杰明·李和其他人在σ模型上的工作所证明的那样[52]，理论的可重整性不会被自发对称性破缺所破坏。一旦采取了这一步骤，用于无质量理论的技术和那些韦尔特曼发展的大质量理论的单圈图可重整性技巧，就可以用来验证大质量杨–米尔斯理论的可重整性（'t Hooft，1971b）

这篇论文立即受到欢迎，被誉为“将以最深远的方式改变我们对规范场论的思维方式”[53]，并且与特霍夫特的另一篇论文（'t Hooft，1971a）一起，被普遍认为是一个转折点，不仅对于规范理论的命运，而且对于一般量子场论的命运和在此基础上建立的许多模型，都是一个转折点，从而从根本上改变了基础物理学的进程，包括粒子物理学和宇宙学。

虽然这个评估基本上正确，但要完成重整化纲领，还有两个缺口必须填平。首先，一个规范不变的正规化程序是至关重要的，这个程序不仅在单圈图层次有效，而且在微扰理论的任何有限阶上都将有效，因为随后必须进行减法程序。这个缺口是由特霍夫特和韦尔特曼（'t Hooft and Veltman，1972a）填平的，他们在 1972 年发表的这篇论文中，通过让时空维度取非整数值，并且在环积分执行之前就确定其连续性，提出了一个基于扩展的特霍夫特规范不变截止（在其中引入了时空的第五维）的系统程序，称为维数正规化（dimensional regularization）。[54]

270

其次，瓦德恒等式、幺正性和重整化必须逐一牢固地建立。特霍夫特和韦尔特曼在 1972 年发表的另一篇文章（'t Hooft and Veltman，1972b）中，提出了一种形式上的瓦德恒等式的联合推导，并运用它们提出了一个对非阿贝尔规范理论的幺正性和可重整性的证明，因此为规范理论纲领的进一步发展奠定了坚实基础。

韦尔特曼–特霍夫特纲领（Veltman-'t Hooft programme）的发展非常清楚地表明，保持规范不变性对于证明任何矢量玻色子理论的可重整性是至关重要的，有两个原因。首先，费曼规则的可重整集合的幺正性的建立需要瓦德恒等式，规范不变性的结果。其次，只有当理论是规范不变时，可重整化规则中的规则才等价于幺正规范中的规则。每当涉及玻色子场时，这个结论就严重制约了量子场论的进一步发展。[55]

10.4 全域特征

传统上，场论研究物理世界的局域行为。在规范理论的情况下，局域相互作用直接决定了规范势的局域特征，也决定了守恒定律。另外，随着规范理论框架的兴起，某些原本神秘的物理现象在这个框架内也逐渐变得可以理解，更为重要的是，已经揭示了规范势的某些全域特征，这里的全域性是指规范势的所有拓扑等价（可变形的）状态（或等价类）有共同的拓扑行为，并且不同的类具有不同的行为。

其中一种现象是质子和电子的绝对电荷相等。实验上，它们相等的精度很高。理论上，狄拉克（Dirac，1931）试图通过提出磁单极的存在来理解这种相等性，这意味着电荷的量子化。虽然至今还没有探测到磁单极[56]，但是这个主张确实触动了规范不变场论的理论结构的核心。规范理论在这方面的进一步探索已经揭示了规范势的整体特征，并使物理参量的量子化变得非常清楚，而不管是否隐含着磁单极的存在。杨振宁（Yang，1970）所作的另一努力是按照施温格的方法，试图把电荷的量子化和规范群的紧致性联系起来，紧致性是规范群的一种整体特征。[57]

另一个类似现象是著名的阿哈罗诺夫−玻姆（AB）效应。在由阿哈罗诺夫和玻姆提出，并且由钱伯斯完成的一个实验中，在电磁场强度 $F_{\mu\nu}$ 处处为零的螺线管外的双连通区域中出现的现象（电子束波函数中附加相位的移动引起干涉条纹的移动），最终依赖于 A_μ 沿一个不可收缩环路的积分，$\alpha = e/hc\oint A_\mu \mathrm{d}x^\mu$（或更准确地说，依赖于相位因子 $\mathrm{e}^{i\alpha}$ 而不是相位 α）。

271

AB 效应的含义很多，其中最重要的有两方面。第一，它确立了规范势 A_μ 的物理实在性。第二，它揭示了电磁场的非局域性或者说整体特征。

传统观点认为 $F_{\mu\nu}$ 是物理实在，具有可观测效应，并给出了电磁场固有的、完备的描述。与其相反的观点是把势 A_μ 仅仅当作辅助量并且是虚设的，没有物理实在性，因为它被认为是任意的而不能产生任何可观测效应。AB 效应已清楚地表明，在量子理论中 $F_{\mu\nu}$ 自身不能完备地描述电子波函数的所有电磁效应。由于有些效应只能用 A_μ 独自描述，同时 $F_{\mu\nu}$ 为自身总能用 A_μ

表示，因此，可合理地假定势 A_μ 不仅在它能产生可观测效应的意义上具有物理实在性，而且必须被看成比电磁场强更基本。给定电磁场的实体性，势也一定是实体性的，这样才能使得场从势中获得其实体性。这是 AB 效应对规范场纲领的本体论认同的一个重要含义。

此外，在场强不存在的区域观测到 AB 效应，也说明了由势所产生的电子波函数的相位的相对变化是物理上可观测的。然而，正如我现在就要讨论的，这种变化与其说是由任何具体势跟电子的任何局域相互作用所产生的，毋宁说它是由势的某种全域性决定的，这种全域性是由纯规范函数指定的，并对特定的规范群有唯一性。也就是说，根据其本体论基础，规范势在其“真空”中或者说在“纯规范”构形中是唯一的。因此最初反对规范势的实在性的意见——认为它有任意性——在此看来已没有说服力。

在一个更大的理论语境中详尽叙述第二点之前，这是我们这一节的主题，先让我提一个在物理上更明显的现象。如果不考虑到规范理论的全域特征，这个现象就会很难理解。这一现象就是 1969 年发现的阿德勒–贝尔–贾基夫反常（见第 8.7 节）。与非阿贝尔规范理论的有效拉格朗日函数中的这些反常相关联的是一个附加项，该项与 P 成正比，而 $P=-\left(1/16\pi^2\right)\mathrm{tr}F^{*\mu\nu}F_{\mu\nu}=\partial_\mu C^\mu[C^\mu=-(1/16\pi^2)\varepsilon^{\mu\alpha\beta\gamma}]\mathrm{tr}(\mathrm{F}_{\alpha\beta}A_\gamma-2/3A_\alpha A_\beta A_\gamma)]$［参见第 8.7 节中的方程（8.25）］。这个规范不变项对运动方程没有作用，因为它对规范不变量 C 总体上是发散的。这意味着：第一，反常引起的规范对称性的破缺有量子根源，因为经典动力学是可以完全由运动方程描述的；第二，它提示了反常与规范势的长程行为有关联。更准确地讲，它提示了反常所破坏的是在某些有限规范变换下的对称性，而不是无穷小规范变换下的对称性。

所有这些现象的共同点是有限规范变换的存在（不像无限的情形），作为一种等价代替，都用路径相关的或不可积的相位因子表示。[58] 在狄拉克磁单极情形中，规范变换不可积这一点很容易理解。正是磁单极的存在造成了规范势中的奇点，这使得奇点周围的势的环积分不可定义。在 AB 效应中，螺线管的存在起着与狄拉克磁单极同样的作用：相因子中的环积分不得不沿着一个不可收缩环进行。在反常的情况中，上面提到的附加项在无穷小变换下是不变的，但是在某些边界条件下，在非阿贝尔理论有限变换下，要增加一个附加项 $[A\to S_U A S_U^+=U^{-1}(r)AU(r)-U^{-1}(r)\nabla U(r)]$，这是由规范势的长程性质 $A_\mu(\mathrm{r}\to\infty)\to U^{-1}\partial_\mu U$ 决定的： **272**

$$\omega(U)=1/24\pi^2\int \mathrm{d}r\varepsilon^{ijk}\,\mathrm{tr}\left(U^{-1}(r)\partial_i U(r)U^{-1}(r)\partial_j U(r)U^{-1}(r)\partial_k U(r)\right)\quad(10.8)$$

其中，$U(r)$是有长程渐近线 I（或$-I$）的纯粹规范函数。在此情况下，有限和无穷小规范变换的区别在于涉及规范函数 $U(r)$的项。因此更进一步地考察规范函数看来是值得的。

事实上，对规范理论的整体特征的深刻理解，确实源自对规范函数 $U(r)$的这种考察。由于具有无穷远点的三维空间流形被标识为拓扑等价于 S^3，即由三个角标记的四维欧几里得球的表面，因此在数学上，U 函数提供了从 S^3 到规范群流形的映射。从附录 2 中我们知道，这样的映射属于不相交的同伦类，由整数标记；属于不同类的规范函数不能连续地相互变形；并且只有那些同伦平凡（其卷绕数等于零）才能变形为恒等式，即 Π_3（非阿贝尔规范群）$=\Pi_3(S^3)=Z$。而且，在非阿贝尔规范理论的有限变换 $[A\rightarrow S_U A S_U^{+}=U^{-1}r\mathrm{AU}(r)-U^{-1}(r)\nabla U(r)]$下，由韦斯祖米诺项（Wess-Zumino term，表示反常效应）获得的附加项 $\omega(U)$，正如在附录 2 中可看到的，就是有限规范变换卷绕数的解析表达式。

有限规范变换的概念内涵丰富，它用绕数标记的性质由整体规范变换 $U\infty$［$=\mathrm{li}\,m_{r\rightarrow\infty}U(r)$］唯一确定。首先，在任何具有手征源流的现实非阿贝尔规范理论中，规范变换不是平凡的，手征反常是不可避免的；规范不变性在量子水平上被破坏，重整性也被破坏，除非对源流作些处理，使反常项所引起的附加贡献相互抵消，从而恢复规范不变性。抵消反常的要求已为模型构建带来了严格的限制（见第 11.1 节）。

273 另外，当三维规范变换不是平凡的（比如非阿贝尔规范理论的情况，但不限于此）时，如果作用 I 相对于小的而不是大的规范变换是不变的，那么在某些情况下规范不变性要求就意味着物理参量的量子化。为了理解这一点，我们只要回忆一下，在路径积分公式中，理论由 $\exp(\mathrm{i}I/h)$确定，有限规范变换下理论的规范不变性能够通过如下要求达到，这个要求就是由有限规范变换引起的作用量的改变 ΔI 等于 $2n\pi h$，其中 n 是整数。在狄拉克的点磁单极情形中，由于存在磁单极引起的奇点以及 $\Delta I=4\pi eg$，因此 $U(1)$规范变换是非平凡的，这使得规范不变性的要求等同于如下要求，$4\pi eg/c=2n\pi h$ 或 $2ge/hc=n$，这是电荷的狄拉克量子化条件。关于非平凡规范变换下，规范不变性产生的物理参量的量子化的更多例子，可在贾基夫的论文（Jackiw，1985）中找到。

从上面的讨论中我们可知道，具有简单的非阿贝尔规范群（其中变换是非平凡的）的规范不变理论总是含有量子化条件。如果对称群被标量场自发

破缺到 $U(1)$群（其变换等同于电磁规范变换），那么这些量子化条件都是平凡的吗？特霍夫特（'t Hooft，1974）和波利亚科夫（Polyakov，1974）发现，在 SU(2)规范群的情形中，这些量子化条件将会保留，因为光滑 SU(2)单极子将会代替奇异的狄拉克单极子，其在原点时可能是匀称的构形（configuration），远离原点后就可能成为单极子。后来，人们找到光滑单极子的具有有限经典能的静态解，并且相信其相对于扰动解是稳定的。物理学家试图把光滑单极子和三维空间中的非线性场论的孤立子等同起来，并用半经典方法来描述它的量子态。[59]

特霍夫特–波利亚科夫磁单极及其推广必然存在于每一个大统一理论中，因为它们都基于一个简单的对称群，这个对称群会因 $U(1)$因子的存在而自发破缺。因此，证明磁单极存在的实验证据的缺乏及其成问题的理论暗示（比如质子衰变）都对模型的建立提出了重要的制约。

另一个非阿贝尔规范理论回应有限规范变换的有趣的潜在影响涉及真空结构的新概念。

在纯粹非阿贝尔规范理论中，人们固定了规范之后（比如采用规范 A_0=0），另外还有一些剩余规范自由度，比如那些有限规范变换 $U(r)$，它们只跟空间变量有关。因此，由 $F\mu\nu$=0 定义的真空，用 $\lim U_{(r\to)}=U$ ［这里的 U 指整体（与位置无关）规范变换］把规范势限制到“纯规范”和零能组态 $A_i(r)=-U^{-1}(r)\partial_i U(r)$。由于 Π_3（紧致非阿贝尔规范群）=Z（见附录 2），对于非阿贝尔规范理论来说，必定存在一个在拓扑学上可区分的但在能量上简并的无穷多态真空，它能用 $A^n=U_n^{-1}\nabla U_n$ 表示，n 从负无穷$-\infty$一直扩展到正无穷$+\infty$。因此物理真空的量子态应该是波函数 $\Psi_n(A)$ 的叠加，即 $\Psi(A)=\sum_n e^{in\theta}\Psi_n(A)$，其中每一个 $\Psi_n(A)$ 都位于经典零能组态 $A^{(n)}$ 附近。它们相对于同伦平凡变换一定是规范不变的。但是非平凡变换平移 n，即 $S_n\Psi'_n=\Psi_{n+n'}$（这里的 S_n 是幺正算符），意味着有限规范变换 U_n 也属于第 n 同伦类。因为 $S_n\Psi(A)=e^{-in\theta}\Psi(A)$，所以物理真空由 θ 刻画，θ 即著名的真空角，因而这种真空就叫 θ 真空。[60]

274

纯规范势 $A^{(n)}=U_n^{-1}\nabla U_n$ 类比于周期势的量子力学问题中无穷简并的零能量组态，而在拓扑真空态对有限规范变换的反应中相位的出现，类比于周期势问题中波函数由此得到一个相位的移动。和在量子力学问题中一样，如果不同拓扑真空之间彼此存在隧穿，其简并度就会增加。在纯粹非阿贝尔规范理论中，这种隧穿归因于瞬子（instantons）。[61] 当无质量费米子包括在理论中时，隧穿被抑制，真空保持简并，而θ角没有物理意义。[62]在非阿贝尔规范理论中，比如量子色动力学［其中费米子并非无质量（见第11.1节）］中，θ角在理论上应当是可观测的，虽然在实验上它还没有被观测到。[63]

总之，同伦非平凡的大变换或有限变换下的规范不变性概念，为规范理论开辟了一个新的视角，有助于揭示或推测本质上是全域的非阿贝尔规范理论的某些新特征，因此提供了将场论所描述的物理世界的局部概念和全域概念结合起来的有力手段。

10.5 开放性问题

尽管在过去的40年里规范理论的牢固基础已经奠定，但是许多概念问题仍未解决，这泄露了问题的真相，表明这些概念基础既非坚如磐石，也不是完美无瑕的。其中最重要的问题可以概括为四个。

10.5.1 戈德斯通标量系统的本体论地位

我们已经看到，就基本思想而言，戈德斯通关于自发对称性破缺的工作和南部的工作没有什么不同。不过，戈德斯通把标量玻色子作为基本粒子，并在玻色子系统中探索自发对称性破缺的条件和结果，而在南部的框架里，标量玻色子是派生物，因为这些是复合模式，它们仅仅作为费米子系统中对称性破缺的结果而出现。戈德斯通模型的一个优点是它可以重整化。这使它更容易找到非线性系统的反对称解存在的条件，然而，比这更有趣的是在自发对称性破缺研究中，基本标量系统的引入所产生的新特点。

275 首先，在戈德斯通玻色子系统中对称性破缺的一个征兆是有质量标量粒子，即所谓的希格斯玻色子（Higgs boson）的不完备多重态的出现。在南部的框架中，如果没有明显对称破缺，就不可能存在有质量的无自旋玻色子。因此，与南部的方法相比，戈德斯通的方法产生了一个多余的理论结构，即有质量的标量玻色子。由于它不为恢复对称性的费米子系统所需要，因而是多余的。

其次，在对称性破缺的研究中引入基本标量系统给对称性破缺强加了一个双重结构。也就是说，费米子系统的自发对称性破缺不是由其自身的非线性动力学结构决定的。相反，它是诱导的，通过汤川耦合，为标量玻色子主系统中的对称性破缺所诱导。对称性破缺的这个双重结构给标准模型带来了一个奇特的特征（见第 11.1 节），那就是，除了解释和预言观测结果的理论上确定的动力学部分外，还有一个可任意调节部分，这个部分对实际的物理状态做出唯象的选择。

戈德斯通标量系统的引入，开启了我们理解物理世界新的可能性，从基本粒子的谱系及相互作用到整个宇宙的结构和演化。特别说来，这一系统直接参与了规范理论纲领的两个最革命的方面。首先，它是 EBH 机制的重要构成部分，这一机制首次提出质量——不仅是规范量子的质量，还有费米子的质量——是如何通过相互作用产生的：标量和规范量子之间的规范相互作用产生有质量的规范量子，标量和费米子之间的汤川相互作用产生有质量的费米子。汤川相互作用是规范不变的，但不能从规范原理中派生。也就是说，虽然汤川相互作用与规范原理不相矛盾，但它自身并不在规范理论的框架之内，而在其之外。事实上，理解汤川相互作用的本质，要求在场论研究方面有一个新的方向。其次，希格斯场的多余结构扮演着一种新的真空类型，类似于过时的以太，充当一种连续的背景媒介，弥漫于整个时空。在某些模型中，这种结构被认为是宇宙学常量和宇宙相变的原因。因而问题是，这个以太来自哪里？或希格斯场的起源是什么？

因此，为了成功地贯彻规范理论纲领，对戈德斯通标量系统的性质和动力学进行彻底和详细的理解，似乎比理解规范场论本身更重要，正如理解规范场对于贯彻量子场纲领来说，比理解量子场论本身更重要。这样，关于标量系统的本体论地位，这个严肃的问题就出现了。

注意，标量系统和超导系统之间有很大的区别。在超导系统中，非对称相、对称相以及两相之间的相变都是真实的。然而，在标量系统中，戈德斯通玻色子是非物理的，系统的对称解丝毫没有引起物理学家的注意。非物理的戈德斯通标量——和其他非物理标量、协变鬼粒子，以及法捷耶夫-波波夫鬼粒子一起——都深深地纠缠在非阿贝尔规范理论的理论结构中，即纠缠在对规范玻色子的描述中。关于这些非物理自由度的一个不可避免的物理问题，涉及它们与自然的关系：它们是物理实在的表征，抑或只是没有直接物理指称，仅用于编码信息的辅助结构？　276

工具主义者把它们视为建立模型的特设性装置，像标准模型那样，以便能够获得所要求的观测结果，如 W 粒子和中性流。他们没有严肃地看待这些特设性设置，包括希格斯玻色子的全部意义。不过，工具主义者不得不面对进一步的问题。在这些结构中编码信息的状态是什么？我们有没有可能无须借助虚构的装置就可直接获取信息？也就是说，我们能否重新建构一个自洽的理论，其综合力、解释力和预测力均相当于标准模型的综合力、解释力和预测力，又没有所有深深植根于标准模型中的非物理自由度？

如果我们采取实在论的立场，那么寻找希格斯粒子，寻找标量系统的对称解，以及寻找促使系统从其对称相位到非对称相位的动因，都将是严肃的物理学问题。而且，还有一个关于标量粒子的本性的问题：它们是基本的还是复合的？

有些物理学家认为，只有在唯象模型中，才能把标量粒子看作是基本的，而在基础理论中，它们应当是从费米子中派生的。对于他们来说，戈德斯通的方法避开了南部更有雄心的纲领，而动力学对称性破缺的思想，包括特艺彩色（technicolor）的思想，似乎都比戈德斯通的方法更有吸引力。不过，标量系统在标准模型中所起的主要作用似乎支持另一种可供选择的观点，这种观点在20世纪50年代后期由西岛和彦（Nishijima，1957，1958）、齐默尔曼（Zimmermann，1958）和哈格（Haag，1958），以及在20世纪60年代初期和中期由温伯格（Weinberg，1965a）和其他一些人广泛探讨过，他们认为，就散射理论而言，基本粒子和复合粒子没有差异。

10.5.2 EBH机制的实在性

EBH机制是非阿贝尔范理论的基石。但它是否真实仍是一个尚未解决的问题。关于它的基础，一个看似天真的问题是：标量场的对称破缺解是否存在于物理世界（而不是只存在于数学公式中）？诚然，它是存在的，这一共识断言：它的无质量模式与无质量规范玻色子结合在一起，或为无质量规范玻色子所吸收，导致了理想的大质量规范玻色子，其结果已得到证实，没有任何疑问。至于其大质量模式，长期以来，一直难以捉摸，现在终于在欧洲核子研究中心的大型强子对撞机实验中观测到了。随着其存在的所有结果得到证实，人们可能会认为它的存在得到了证实。这似乎也表明EBH机制的证实是建立在这一实验观测之上的，正如现在的共识声称的那样。一个专家可能会争辩说，通过肯定结果来宣称前件的有效性，这在逻辑上是错误的。然而，对后果的确认至少为前因提供了证据支持。然而，在这种情况下，物理学产生的问题，比归纳逻辑的不完全有效性产生的问题，更令人不安。

277

这个共识的有效性或明确或含蓄地基于两个假设。首先，标量场的对称破缺解和规范场的对称解都在现实中存在，至少存在于一个现在、未来或任何思想实验都无法达到的深的层面上，即所谓的形而上学层面上。[64] 其次，在实验（物理）层面上，它们中的一些总是以重新定义（重新组合）的方式，以有质量的标量和矢量玻色子的形态出现。也就是说，无质量标量模式和无质量矢量模式都被假定为真，但不能以单独方式从观察-实验-经验上访问。

然而，如果根本没有办法通过任何实验获取——甚至不能通过思想实验，来获取它们的可识别的存在，特别是从可识别的戈德斯通模态派生的效应，或者直接通过它们的派生耦合，或者间接地通过把戈德斯通模式产生的效应，与大质量规范媒介玻色子事件分离开 [65]——那么，有什么理由或根据，相信它们存在？因此，一个工具论者可能会否认标量场的对称破解和规范场的对称解的实在性，并把它们归为虚构的燃素和以太之类的东西，它们仅有的功能是构造可观察的粒子（大质量规范玻色子和希格斯玻色子），和可测量的参数（弱标度和质量，它们的比率是相关的耦合），根据实证主义-工具主义哲学，可测量的参数是物质世界中唯一的实在。也就是说，一个工具论者会认为，从物理上讲，温伯格模型不过是格拉肖模型（Glashow，1961），除去多了一个希格斯玻色子之外，二者没有什么不同。[66]

一个实在论者的回应：标量-矢量共生体作为一个新的基本实体

由于没有经验（包括虚拟经验，即通过思想实验得来的）能获取一个标量场的破缺对称解，也不能获取一个规范场的对称解，这均强烈地支持了工具主义者的宣称：EBH 机制的物理基础没有实在性，他们由此也对 EBH 机制的实在论解读提出了一个严峻的挑战。

然而，一个实在论的解读仍然是可能的，如果一个人远离常识所采取的假设，并假定现实中存在的是一个标量矢量共生体，它的标量矩和矢量矩拥有对称破缺解，而不是一组标量场和向量场。或许，EBH 机制的物理基础就是这个本体论上的主要共生体——其内部动力学解释了 EBH 机制——而不是我们上面讨论的主标量场及其耦合集。

共生有机体，即一个物理上基本的、经验上可达的不可分解的单一实体，在数学上可以用解析可分离结构来描述（标量部分和矢量部分作为共生体的两种模式），但是，数学上的分离和操作没有任何物理意义，因为共生的两种模式在物理上是不可分离的。也就是说，它的标量矩的破缺对称解没有无质量激发，或者它的向量模的对称解应该是可以在现实（物理世界）中检测到的：这些激发只是对不可分解结构进行不合理分离的数学产物。共生 278

体的整体结构非常不同，例如一个耦合电子–光子系统的结构，一个耦合电子–光子系统的组分（电子和光子）在无规范限制中可以单独存在，它的组分无法以不同的方式重新组合，以产生不同结构的组分场系统的配置。对于这样一个整体共生体，有一句古老的基督教格言：上帝所联结在一起的东西，任何人不可分开。

两种物理上不可分割的模式在本体论上是基本的，在整体上是共生的，这一假设与两种模式在动力学上是可识别的假设并不矛盾，事实上，这一假设必须得到后者的补充。也就是说，每一种模式都有它自己的动力学特性，即它在不受其他模式的动力学特性影响的情况下，具有与其他系统耦合的特性。这意味着标量模中的每个自由度都具有模的自耦合特性，以及与费米子系统进行汤川耦合的特性，它们不受矢量模的规范耦合的影响；同样的，矢量模也不受标量模耦合方式的影响，具有与其他系统规范耦合的特点。

这个假设对于以共生体为基础的 EBH 机制的实在论解读来说是至关重要的，因为否则的话，在实在的一个深层的、实验不可及的层次，不能定义标量模的自耦合和汤川耦合（由此构成标量系统的破缺对称解和相关的简并真空，以及由前者诱导的费米子系统的破缺对称解和相关的大质量费米子），在实验可及的实在的层面上，不能定义矢量模式的规范耦合（和电弱相互作用）。也就是说，如果没有这个假设，根本就没有办法定义共生体中的两种独特的模式；作为结果，标量–矢量共生体的概念将会坍塌，同时，概念上建立在共生体基础上的 EBH 机制也会坍塌。[67]

一个时空类比：共生体的可重组时刻

这种整体共生体有一个著名的前身。闵可夫斯基在他 1908 年的文章（Minkowski，1908）中宣称："从今以后，空间本身和时间本身，注定要消失成为阴影，只有两者的结合才能保持独立的实在。"同样，我们可以说，戈德斯通的标量体系和格拉肖的规范体系注定要消失在阴影中，除了费米子系统外，只有两者（标量模和向量模）的共生体，才在世界的电弱势力范围中，作为一个整体性的实体而存在。

279 扩展这个类比，正如世界的空间和时间的区别依然存在，尽管只有时空是一个独立的实在，但我们仍然可以有意义地讨论共生体的标量模和矢量模——以及它们在实验上可获得的表现形式（作为共生体内部自由度重组的结果），即大质量的标量和矢量玻色子——它们由其动力学特性所刻画，对它们的理解是：它们只是单个物理实体的不同的模式（表现形式），在物理上不能分开存在。

标量模和矢量模不同于标量场和矢量场（无论是分开来讲，还是联结成一个耦合系统），因为两个模的共生本性允许它们的自由度在共生体中重组。[68] 如果没有这个重组，就不能定义共生体中的内部动力学，这个动力学用以产生 EBH 机制的物理背景：由标量模的非线性动力学（四重自耦）产生的破缺对称解，不能通过使规范玻色子有质量，来导致矢量（规范）模发生对称性破缺，而这只有通过共生体中自由度的重组才能实现。[69]

两个疑惑

重新定义模的，自由度（来源于共生体的不可分模式）的可重组性（作为所涉及的自由度的重组）是共生体的一个典型特征。它对于确定共生体内部动力学，以产生 EBH 机制的物理背景来说，是至关重要的，因此，对于切实地奠定 EBH 机制的现实基础来说，也是至关重要的。然而，当我们更仔细地研究这个概念时，一些令人不安的特征出现了，共生体的概念（以及 EBH 机制的实在论解读）受到了严重威胁。

在温伯格 1967 年的经典论文中，一个关键概念是场的重新定义（通过标量场和矢量场的自由度的重新组合，就像规范玻色子的重新定义一样），温伯格指出，重新定义意味着微扰理论的重新排序。如何将两者（重新定义和重新排序）联系起来的细节，可能是解决这里探讨的微妙概念问题（来自共生体的两种模式的自由度的重新组合）的有效技术手段。当然，温伯格假定的只是主标量场和矢量场，不是主共生体。但是，下文将进行探讨的重组的概念问题，在两种情况下是相同的。[70] 温伯格没有详细说明技术细节。但似乎有理由假设，在两种情况下，为了重新定义场（在我们的例子中是模）而需要重新组合的东西，以及在微扰理论中需要重新排序的东西，应该在前后保持它们的一致性；除非指定了相关的物理过程或物理机制来解释一致性是如何改变的，否则，就会出现无法控制的概念混乱。

自由度的同一性的一个重要方面是其动力学的同一性，这对于定义模态，即该自由度与其他系统特有的耦合方式，十分重要。因此，一个标量自由度有其与自身（自耦合）和费米子（汤川耦合）耦合的特有方式。在重组期间应保持自由度的动力学同一性，这一合理假设意味着，用更物理学的术语说就是，模态自由度与其他（包括它自身的）物理系统耦合（比如标量的自耦合或汤川耦合）的性质必须保持不变，无论这些自由度在任何重构（通过重组或重新定义来重组共生体内的自由度）过程中移动到什么组织中。 280

通过重组或重新定义，温伯格注意到“戈德斯通玻色子（温伯格的研究中标量场的无质量模、共生体论述中的标量模）没有物理耦合”。通过“物理耦合”，当然，他指的是实验上可达到的耦合，而不是所有的动力学作用与其他物理自由度在实验上无法达到的层次，标量场（或模态）的无质量模式不会通过场（或模态）的重新定义而消失，它们只是被重组成矢量场（或模态），作为它们的纵向分量。因此，它们的动力学能力（体现在它们与其他物理自由度耦合上）并未消失，只是以不同的化身重现。事实上，很容易就能理解，标量场（或模态）的无质量模与其他物理自由度的动力学作用，通过规范玻色子与其他自由度的动力学作用而实现，充当它们的纵向分量。因此，通过重新定义，似乎没有任何东西会神秘地消失。

但这里确实有一个谜，一个与众不同的谜：标量场（或矩）无质量模式耦合性质的嬗变之谜。在它们与标量场（或矩）的另一模式，即希格斯模式，以及与费米子的相互作用中，它们原初的自耦合和汤川耦合，通过重组已经转变为规范耦合，这使得它们成为大质量玻色子的纵向分量。

物理学家对这个谜没有任何讨论，甚或还没有注意到。虽然没有直接讨论它，但是，温伯格（Weinberg，1996）在他那篇经典论文发表差不多20年后，提供了思考这个问题的最切近的方法。在他的《量子场论》（第二卷：现代应用）一书的21.1节中，温伯格用一个一般物理过程[71]表明在无规范极限下，“规范玻色子交换矩阵元［描述了一个由规范玻色子介导的物理过程，其中规范玻色子与具有规范耦合的电流耦合，由他在书中的式（21.1.22）表示］与戈德斯通交换矩阵元［描述了一个由戈德斯通玻色子介导的不同的物理过程，其中戈德斯通玻色子与具有标量玻色子的电流耦合，这由他书中的式（21.2.24）表示］相同”。不同的耦合（一个是标量耦合，另一个是矢量耦合）产生了相同的数学结果，这可能已暗示着二者之间存在密切的联系，但这并不能充分解释，通过相同自由度的重新定位二者如何转变。根据他的数学操作，这种转变的物理机制是什么还不清楚。

281 如果我们想切实地看待EBH机制，而不仅仅是将其作为一个虚构的工具，以获得格拉肖模型所需的经验参数，那么就需要驱除这个谜。然而这仍有待完成。

一个紧密相关甚至更深层的问题是：对标量矢量共生体的两种模式的不同自由度进行重组，从而导致所涉及场（或模）的重新定义，这其中的物理动因或过程是什么？在时空的类似共生体中，空间和时间方面的重组是由两个参照系之间的相对速度驱动的，因此，重组是灵活的和可变的，这取决于所涉及的各种速度，并可导致各种不同的空间和时间方面的结构。在对我们的标量矢量共生体（或者那种情况中的温伯格方案）重组时，是否存在类似的灵活性和可变性？如果是这样，那么这种灵活性的物理基础是什么？到目前为止，还没有人做过这样的探索，事实上，除了固定的“重组”自由度从原初的拉格朗日函数到大质量规范玻色子和希格斯玻色子，在文献中并没有显示出灵活性和可变性的痕迹。如果这种固定性不能解决，那么共生体就只能是一种精神设置，以共生为基础的 EBH 机制将危及以获取可观测粒子和可测量参数为目的的特设性工具，因此不能被现实地看待。

不确定性依然存在

如果由于标量场的对称破缺解和规范场的对称解难以达成，迫使我们不再抱希望将 EBH 机制建立在标量-矢量场系统之上，并且不再把本体论上基本的整体标量-矢量共生体设想为 EBH 机制建基的一个可能的物理实体；如果共生体中每个模的动力学一致性［这对于定义模的特征耦合（甚或定义模自身）至关重要］和共生体的重组（这使得产生 EBH 机制的物理背景，以及定义共生体内部的动力学成为可能）都是共生体的典型特征，那么，解决耦合—嬗变之谜，消解重组矩的固定性，是发展一个关于 EBH 机制的实在论方案的必要条件。

在等待耦合—嬗变之谜解决和消解重组矩的固定性期间，EBH 机制的不确定状态——一个建立在物理实在共生体或一个特设性的虚构智识工具之上的亚原子领域中的物理实在——甚至丝毫没有因大质量玻色子的观测结果而略有变化。

而且，这种不确定性也对理解亚原子粒子质量的起源有潜在的影响。因为所有亚原子粒子的质量都用弱标度的乘积表示（ν，由标量模的自耦组成），并且这些粒子与标量模耦合（对于标量粒子来说，$M_h=(2\lambda)^{1/2}\nu$；对于费米子来说，$M_f=\eta\nu$；对于玻色子，$M_g=\frac{1}{2}g\nu$），如果标量矩即其耦合是实在的，那么，EBH 机制确实多少有助于我们理解亚原子粒子质量的动力学起源。如果 EBH 机制本身只是一个特设性的虚构智识工具，情形又将如何？如果这一机制中涉及的标量模只是一个虚构，因此弱标度和耦合常数仅仅是经验上可测量和可协调的参数，情形又将如何？在这种情况下，我们不得不承认，EBH 机制有助于我们理解质量的起源的说法，还有待充分证明。在这之前，EBH 机制只能被当作一个未完成的项目。

282

10.5.3 没有新的物理学吗?

在传统上，物理学家认为量子场论在短距离内容易崩溃，随着越来越强大的实验仪器探索越来越高的能区，新物理学迟早会出现（见第 8.3 节）。[72] 然而，随着渐近自由的发现，一些物理学家论证说，由于在渐近自由理论中，裸耦合是有限的并且消失了，因此从根本上讲不存在无穷大，这就重申了四维量子场论的一致性。特别说来，高能有效耦合的减少意味着在短程范围不会产生新物理学（Gross，1992）。

所有这些说法都很吸引人。然而，问题是，并没有严格的证据表明，在四维中存在渐近自由规范理论。这种证明必须建立在重整化群的论证基础之上，并要求证明紫外稳定不动点的存在。然而，在数学上，还没有完成不动点存在的证明。这个困难也出现在它的反面，红外动力学或低能物理学以一种更严厉的方式：不仅没有四维时空中色禁闭的精确解，而且通过渐近自由理论对低能π介子–核子相互作用作出解释，似乎也几乎做不到。[73]

10.5.4 重整化被证明了吗?

在更深的层次上，量子场论的可重整化的严格证明，只能通过重整化群的方法获得。如果一个理论对于重整化群有一个不动点，那么这个理论是可重整化的，否则就不是。然而，与渐近自由的证明情况一样糟，不动点存在性的证明在数学上从未实现。因此，声称非阿贝尔规范理论的可重整化已被证明，多少有些夸大其词。而且，近来的发展已经提出了量子场论中不可重整化相互作用的合法性（见第 11.5 节），因此，对理解量子场论的一致性和重整性证明在构建一个自洽的量子场论中的作用，提出了严重的质疑。

283

注　释

1. 这个短语是贝克（M. Baker）和格拉肖创造的（Baker and Glashow，1962），因为他们认为，对称性破缺机制不要求在拉格朗日函数中有任何明确的质量项，去明显破坏规范不变性。例如，如果拉格朗日函数在对称群 G 下是变换不变的，并且存在最小能态（基态）的简并集，它们构成 G 多重态，当这些态中的一个被选作系统的“那个”基态时，据说系统的对称性会自发破缺：就基本的定律而言，对称性仍然存在，但对称性不在系统的实际态中显现。

也就是说，一个对称的物理理论的物理表现，是相当非对称的。自发对称性破缺的一个简单例子能在铁磁体现象中发现：铁磁体系统的哈密顿量有旋转不变性，但是系统的基态有在某一任意方向上排成一线的电子自旋，因此表现出自旋对称破缺，从基态建造的任何更高的态享有它的反对称。关于这个问题的更详细的历史考察可参见 Brown 和 Cao（1991）。

2. 维格纳强调物理状态和物理学定律之间差异的重要性，并且断言对称性原理“仅适用于我们关于自然界知识的次级概念，即所谓的自然律”（Houtappel et al.，1965；另见 Wigner，1949，1964a，1964b）。维格纳的评论夸大了这种差异，因为物理状态（比如，基本粒子的状态）可以构成对称群表象。事实上，维格纳的著作（Wigner，1931）涉及把群论应用到原子态。采用维格纳关于对称性原理的可应用性的严格说法，将会阻断通向自发对称性破缺的推理线索。正如我们在下文将看到的，自发对称性破缺的概念完全建立在描述物理系统的方程的对称性和系统的物理状态的更严格的对称性的比较之上。

3. 能在 Radicati（1987）的论文中找到它们。

4. 在铁磁体的情形中，这个参量也是一个运动常数，这是自发对称性破缺的非典型简化特征。首先由安德森在 1952 年的文章中处理（Anderson，1952）的反铁磁情况更典型：宏观参数，虽然不是运动常数，但是仍然与自旋群的生成元有关，并表明了对称性破缺的程度。

5. Brown 和 Rechenberg（1988）引用。

6. 他这么做并非偶然，因为早在 1922 年，作为慕尼黑大学一年级学生，他曾研究过湍流问题。后来，在他的老师索末菲的建议下，海森伯把湍流的开始，自发对称性破缺的一个范例，作为他论文研究的问题，这个问题的真实意义，在场论框架中，只能通过简并真空的存在得以阐明，海森伯后来对自发对称性破缺的这一深刻理解做出了贡献。见 Cassidy 和 Rechenberg（1985）。

7. 这个想法是真空拥有很大的同位旋和其他内部量子数，或者用温策尔（Wentzel，1956）的术语说，真空有大量各种各样的“乱真子”（spurions），因此内部量子数能从真空中根据需要抽取出来。这个思想甚至在温策尔看来似乎也是不自然的，并且受到泡利的严厉批评。在日内瓦会议上，盖尔曼向海森伯发表讲话，他重述了泡利的如下反对意见：“根据你想要描述的 N 个粒子数量，你需要 2^N 个真空。我想你可以做到这一点，但这似乎很复杂，很像是添加了另外一个场。”见海森伯的评论（Heisenberg，1958）之后附加的盖尔曼的讨论意见。

8. Dürr 等（1959）。

9. 在 1960 年的罗切斯特会议上，海森伯发展了这些观点并重申用“世界态”取代“真空”（Heisenberg，1960）。

10. 在关于非线性场论的论文（Heisenberg，1961）中，海森伯从自己早期关于真空的简并性的更激进的立场退出，并开始诉诸非简并真空的大范围涨落的思想。因为这个原因，并且也由于他不能把他自己的工作和南部以及戈德斯通的工作联系起来，或把它与杨-米尔斯理论联系起来，海森伯对自发对称性破缺的发展的影响下降了。在他雄心勃勃的纯理论的非线性场论毫无结果之后，海森伯偏离了粒子物理学的主流。现在，他对自发

284 对称性破缺的发展所做的主要贡献，看似几乎被完全遗忘。

11. 这场争论实际上可以追溯到1956年，BCS理论出现的前一年。当时白金汉（Buckingham，1957）向巴丁挑战，后者在1955年就提出，假定光跃迁的矩阵元跟它们没有能隙时完全相同，能隙模型可能产生迈斯纳效应。白金汉证明了它们只有在朗道规范中才是相同的，而在一般情况中不同。沙夫罗斯（Max R. Schafroth）在1958年反驳了迈斯纳效应的BCS推导。他指出，早在1951年他就证明了，"在这一理论中包含的违背规范不变性的任何小差错，一般都会产生伪迈斯纳效应，一旦规范不变性得以恢复，伪迈斯纳效应也就消失了"（Schafroth，1951）。

12. Bardeen（1957），Anderson（1958a，1958b），Pines和Schrieffer（1958），Wentzel（1958，1959），Rickaysen（1958），Blatt等（1959）。

13. Bogoliubov（1958），Nambu（1960）。

14. 应当注意到超导相只是完备系统的一部分，其总体描述一定是规范不变的。

15. γ_5是4个狄拉克矩阵γ_μ的积，并且和它们中的任何一个都是反对易的。因此它和狄拉克方程$D\psi = m\psi$中狄拉克算符D也是反对易的，因为D在γ_μ中是线性的，但是它和质量m是对易的。因此只有无质量狄拉克方程是γ_5不变的。

16. Nambu和Jona-Lasinio（196la，196l b）。

17. 南部在他的中西部会议（the Midwest Conference）参会论文中写道："在金属中的费米子电子海类似于真空中的狄拉克电子海，在这两种情况下我们谈论的都是电子和空穴。"（Nambu，1960c）

18. 南部说得很清楚："我们的γ_5不变性理论能够近似于赝标量介子所作的唯象学描述。其原因在于真空的简并性和建立于其上的世界。"（Nambu and Jona-Lasinio，1961a）

19. 参见Nambu（1989）。

20. 在超导性中，库仑相互作用促使集体激发进入有质量等离子体，南部本可应用类似的推理得到π介子质量。但是这种严格对称的自发破缺，虽然允许π介子有非零质量，但这意味着轴矢流的守恒，这反过来意味着π介子衰变率趋于零，这与观测不符。受此物理考虑限制，南部放弃了这一类比，并接受了轴矢流部分守恒思想，后者是盖尔曼和利维等人提出来的（见第8.6节）。因此，南部采纳了小质量裸核子γ_5不变性的明确破缺（Nambu and Jona-Lasinio，1961a）。

21. 盖尔曼声称他和合作者在他们关于其发散是由低质量π介子极点所支配的轴矢流部分守恒的工作中，独立地找到了南部-戈德斯通玻色子。1987年他宣称："根据轴矢流部分守恒，当[轴]流的发散趋于零时，m_π而不是m_n趋于零。在极限情况下，实现了'南部-戈德斯通'机制，在差不多同时，这些作者都独立地发展了这一机制。"（Gell-Mann，1987）1989年他再次声称："在严格守恒的极限情况下，π介子将没有质量，并

且这是南部—戈德斯通机制的实现。”（Gell-Mann，1989）

轴矢流部分守恒的极限情况和南部-戈德斯通机制的冲突多少有些误导，因为产生这两者的物理学思想不同。南部-戈德斯通机制是建立在简并真空态思想基础之上的，这种真空态是非线性动力学系统的稳定的非对称解。因此，对称性在方程解的层次上而不是在动力学定律的层次上破缺。在轴矢流部分守恒的情形中，非线性和真空的简并性都不是它的典型特征，而且对称性在动力学方程的层次上破缺。一个说明性事实是，在轴矢流部分守恒的框架中，当对称性破缺时，就没有无质量无自旋玻色子。一旦获得无质量玻色子（通过取轴矢流部分守恒的守恒极限），就完全没有对称性破缺。与这种情况形成鲜明对比，在南部—戈德斯通机制中无质量标量玻色子的出现，是作为对称性破缺的结果。这些无质量玻色子和反对称解是共存的，因此整个系统的对称性能够恢复。总之，南部-戈德斯通玻色子是具有连续对称性群的理论中自发对称性破缺的结果，而在盖尔曼及其合作者的工作中无质量π介子和自发对称性破缺没有关系。考察盖尔曼和利维（Gell-Mann and Levy，1960）以及伯恩斯坦、富比尼、盖尔曼和瑟林的论文（Bernstein et al.，1960），在这些论文中，我没有发现关于真空简并性、反对称解的存在，或通过无质量场恢复对称性的说法。他们关于有质量的，或可能无质量的π介子的区分，发生在完全不同的语境中，与南部-戈德斯通玻色子无关。

285

22. 正如我在前文提到的，超导性的朗道-金兹堡理论（Ginzburg and Landau，1950），已经明确使用自发对称性破缺，并且包含可能被进一步发展并整合进规范理论框架中的自发对称性破缺特征。比如，复标量场ψ的相模（在 BCS 理论中其意义被阐释为“能隙”的序参量）被朗道和金兹堡引进来描述超导体中的电子合作态，被证明是无质量南部-戈德斯通模的原型，其振幅模被证明是希格斯模的原型。然而，由于朗道-金兹堡理论是一个微观理论，它的相关性没有引起粒子物理学家的注意。描述超导性和量子场论的理论结构之间的类似，只是在有关超导性的微观理论，即 BCS 理论于 1957 年发表之后，才变得明显。

23. 这是物理学概念基础中那些反复出现的辩证改变之一。我们能跟随它，在经典层面上，从笛卡儿到牛顿，从麦克斯韦到爱因斯坦；在量子层面上，从海森伯、薛定谔到狄拉克。狄拉克用负能电子海和其他费米子海填满真空，哥本哈根学派的成员及其追随者尽力从负能海中解放出真空（见 Weisskopf，1983）。从 20 世纪 40 年代后期起，真空是一种空虚这一观点，变得流行起来，直到简并真空的充盈观点（与自发对称性破缺联系），再次成为主导，这种情况才得以改观。

24. 从理论上讲，从 20 世纪 70 年代起，不能排除在动力学对称破缺框架内追求有类南部复合物的可能性，这为不满意我在文本中的下面解释的仲裁人所暗示，这种模式“仍然被考虑”。然而，这种可能性只能在超越电弱理论范围被追求，因为它要求为主自旋场引入新的束缚力，以形成一个束缚态，并在复合自旋场和主自旋场之间进行现象耦合，与主自旋场的自耦合相一致。迄今，还没有提出站得住脚的方案。对于失败尝试的一个详尽的调查和清晰的分析，参见 Borrelli（2012）。因此，在电弱领域内，标量场的基础性是被最终确定的，正如海森伯想说的那样。超出这一领域的情形如何（评论者用作挑战我的失败声称的基础）？当前的一致意见似乎是：猜测性想法的空间实际上是无限的，而真实的物理学空间几乎是类点的。

25. 例如，参见安德森（Anderson，1963）、克莱因和李（Klein and Lee，1964）、希格斯（Higgs，1964a）。

26. 这种不可能性为 Gilbert（1964）所暗示，Guralnik 等（1964）更清楚地表明了这种不可能性，在这里，戈德斯通玻色子的真正性质也为对戈德斯通定理的一个全面考察所揭示：他们注意到，洛伦兹变换不变对于证明戈德斯通定理是至关重要的。例如，它的缺乏，当有长程力或在辐射规范中处理的规范场时，这为 Englert 和 Brout（1964）所假设，也为 Higgs（1964a，1964b）所假设，这一定理是不适用的，并且场论的对称破缺解不会暗示无质量玻色子。然而，他们坚持认为，无论何时一个对称破缺理论是洛伦兹变换不变的，例如规范理论的洛伦兹规范形式—那显然是协变的，一定会出现无质量激发。但在它可能包含额外的非物理自由度的意义上，他们强调洛伦兹规范形式是物理上不自洽的。他们把出现在公式中的戈德斯通玻色子，只是当作这种纯粹的规范模式，而不是物理自由度。由于这个原因，他们推荐说应该只用辐射规范，这也为希格斯后来在他的论文（Higgs，1966）中所推荐。然而，就物理内容而言，使用哪一个规范没有任何差异：正如 **286** Kibble（1967）在他的论文中严格论证的，当对物理态施加规范不变性要求，并且排除所有未物理态时，洛伦兹规范公式中的物理结果（内容）刚好与库仑规范公式中的相同。因此，Guralnik（2011，2013）在近年来的论文中声称希格斯被广泛引用的论文（Higgs，1964a）在其主要主张中是错误的，即认为戈德斯通定理可以规避，这是合理的。希格斯的真正贡献发表在他 1966 年的论文（Higgs，1966）中，我们将在下一节中讨论。相比之下，他 1964 年的贡献（Higgs，1964b）（在这篇文章中，他初步提出了有质量标量粒子，因此被共同体认为是希格斯粒子）只是次要的，因为它是基于 Englert 和 Brout（1964）所做的工作。我感谢希格斯、艾伦·沃克（Alan Walker）与弗兰克·克劳斯（Frank Close）就这些问题进行了密切的交流。

27. 参见 Guralnik 等（1964）和 Streater（1965）。

28. 例如，参见下面的错误断言："希格斯在他 1964 年的论文（Higgs，1964b）中指出，在守恒的电流-矢量场耦合条件下，矢量玻色子不仅可以避免戈德斯通定理，而且可以通过局域规范对称性的自发破缺而以一种符合规范原理的方式获得质量"，并且"Guralnik 等（1964）的论文非常重要，特别是对于阐明与戈德斯通定理有关的质量产生机制的含义，从而指出了与规范原则一致的该机制的公式的明显协变性的重要性"（Karaca，2013）。

在最近的物理学史和物理学哲学家的出版物中，对"规范原理"的强调与另一种对 EBH 机制论述的错误解释密切相关，这种错误解释是由厄尔曼（Earman，2004a，

2004b）首先提出的。他错误地设想了该机制的规范依赖性，然后 Smeenk（2006）和 Struyve（2011）对此做出了回应，他们巧妙地化解了厄尔曼对机制的规范依赖性的批评，但是错误地接受了他对自发对称破缺在机制的诞生和概念结构中所起的关键作用的错误的和不合理的拒绝（更多的讨论可见本节的其余部分）。

错误认识的根源可以追溯到对规范固定作用的理解。物理上有意义的探索只能在库仑规范（或幺正规范）中进行，它不是明确的洛伦兹协变，因此偏离了戈德斯通定理的条件，而不是明确协变的洛伦兹规范。这个物理上必要的步骤（任何规范理论计算中的规范固定）被错误地认为是规范依赖的来源。但事实上，就物理后果（或内容）而言，情况绝非如此，正如 Kibble（1967）在 EBH 机制论述的语境中明确阐明的那样。为了在不涉及非物理自由度的情况下进行有物理意义的探索，当使用洛伦兹协变规范时，必须施加一些物理条件来消除它们。其结果是，在洛伦兹协变规范和非协变规范中的探索在物理上是相同的。详细的讨论可以在 Kibble（1967）中找到。一般来说，规范固定不会破坏规范理论经验内容的规范不变性。否则，任何规范理论计算都不会有物理意义，这当然是荒谬的。

29. 安德森（Anderson，1963）、恩格勒特和布鲁特（Englert and Brout，1964）、希格斯（Higgs，1964a，1964b，1966）以及后来的许多人称它们为戈德斯通玻色子，并声称它们能被取消，或与无质量玻色子联合从而产生大质量的规范玻色子。取消和组合的概念可能不是概念化物理情况的正确方法，但是在任何情况下，即使在戈德斯通定理不适用的公式中，无质量标量模式的出现也得到了适当的承认。但在 GHK 分析中，如果这些无质量模型不是，且不能成为戈德斯通玻色子，那么这些无质量激发的地位是什么？温伯格后来把这种恢复对称的无质量标量玻色子称为“虚构的”戈德斯通玻色子（Weinberg，1976），这与由戈德斯通定理产生的真正的戈德斯通玻色子形成了鲜明的对比，它的性质被 Guralnik 等（1964）清楚地分析为纯规范模式。

30. 对模型进行求解后，发现动力学是平庸的：在矢量介子之间没有相互作用。有关更多技术细节，请参见 Jackiw（1975）。

31. 如何定义相互作用场系统中的真空是一个非常困难的问题。然而，在弱耦合状态下，它可以合理地近似为各分量场的独立真空的直接乘积，这是微扰理论的基础。到目前为止，这个问题还没有严格的解决办法。要了解更多信息，请参见 Schweber（1961）、Glimm 和 Jaffe（1987）的第 6.6 节。 **287**

32. Bloom 等（1969）。

33. 关于如何从部分子模型推导出比约肯度规的技术问题，请参见 Pais（1986）。

34. Callan（1970）的题目是“标量场理论中的比约肯尺度不变性”；Symanzik（1970）的论文题目是“场论和幂计算中的小距离行为”。

35. Symanzik（1971）和 Callan（1972）。

36. 参见 Jackiw 等（1970），Leutwyler 和 Stern（1970），Frishman（1971），Gross 和 Treiman（1971）。

37. Fritzsch 等（1973）。

38. 它是由普利策（Politzer，1973）和格罗斯和他的学生维尔切克（FrankWilczek）（Gross and Wilczek，1973a，1973b）执行的。

39. 一个相同类型的贡献是由 $W^{\pm}$ 和 Z 玻色子做出的，它们是由 EBH 机制产生并携带电弱荷。但是与无质量胶子的贡献相比，这个贡献极大地被大规模玻色子的大质量抑制。另一方面，格罗斯和维尔切克（Gross and Wilczek，1973a）一开始担心自旋为 0 的希格斯玻色子会导致额外的屏蔽，破坏自发破缺的非阿贝尔规范理论的渐近自由。但如果希格斯玻色子质量非常大，那么同样的抑制机制将使它的贡献微不足道。

40. 对于例子，请参见 Wilson（1974）和 Creuz（1981）。

41. 请参见 Umezawa 和 Kawabe（1949a，1949b），Feldman（1949），Furry 和 Neuman（1949），Case（1949），Kinoshita（1950），Umezawa 和 Kamefuchi（1951），Sakata 等（1952）。

42. 见第 9 章注释 4。

43. 1963 年的出版物（Feynman，1963）是基于他 1962 年 7 月在波兰杰布隆纳举行的“引力相对论会议”上的演讲录音整理而成。

44. 由于费曼把幺正性作为圈和树状结构之间的连接，因此他无法讨论圈以外的问题。

45. 在这个矢量传播子的形式中（由所谓的幺正规范获得），包含 $q^{\mu}q_{\nu}/\mu^2$ 的项正如人们早已认识到的那样，对 S 矩阵的贡献是不可重整化的。

46. 因此这个幽灵传播子有一个方向或箭头，这是费曼没有提到的。韦尔特曼后来评论了德威特对规范理论中幽灵概念的贡献：“有点不合逻辑的是，这个幽灵现在被称为法捷耶夫-波波夫（Faddeev-Popov）幽灵”。（Veltman，1973）

47. 正如我们之前注意到的，这是从幺正规范向朗道规范的改变。

48. 自由场技巧和大质量量子电动力学（Stueckelberg，1938）中的斯托克伯格形式间有某种明显的相似性，因为两者都引入了一个额外的标量场。尽管如此，两者之间的差异还是相当大的。首先，大量量子电动力学的斯托克伯格形式中的纵向分量是退耦的，但是贝尔-特雷曼（Bell-Treiman）变换产生的新的费曼规则包括了新的顶点和一个幽灵场。其次，斯托克伯格标量场在规范变换下以某种方式变换，而韦尔特曼标量场就是规范变差本身。最后，由于规范不变性被引入电磁场的质量项所打破，并被标量场部分恢复，斯托克伯格方法可能会导致希格斯机理的发现，而不是法捷耶夫-波波夫幽灵——它补偿了规范不变性的破坏。我很感谢韦尔特曼教授澄清了这个复杂的问题。

49. Veltman（1969），Reiff 和 Veltman（1969）。

50. 后来，Slavnov（1972）和 Taylor（1971）利用路径积分形式为杨-米尔斯（Yang-Mills）理论导出了无质量的广义瓦德恒等式，这就是众所周知的斯拉夫诺夫-泰勒（Slavnov-Taylor）恒等式。这些恒等式类似于韦尔特曼对于大量理论的恒等式，也可以用

于规范对称性自发被打破的理论。它们包含了理论的所有组合内容，因为从它们可以推导出拉格朗日量的对称性。 **288**

51. 这些明确的幽灵费曼规则与法捷耶夫和波波夫相反，正如弗拉德金和秋京那样，而他们用行列式写出了拉格朗日量的幽灵部分。

52. 见 Lee（1969），Gervais 和 Lee（1969），Symanzik（1969，1970）。

53. 见 Lee（1972）。

54. 维度正则化涉及大多数对称性，但不涉及涉及 γ_5 矩阵的尺度和手性对称性，因为这两种对称性都是特定维度的（γ_5 矩阵只能在四维时空中定义）。

55. 实际上，规范不变性只是场论重正态化的两个关键因素之一。另一个是耦合常数的维数。能使希格斯类型的弱相互作用重整化的唯一原因是耦合常数 G_w 的维度 (M^{-2}) 在费米耦合中能被转换为中间大质量介子（$\sim q^{\mu}q_{\nu}/M^2q^2$）的传播子。然而，这种转换不适用于量子引力理论。在引力规范理论中，由于引力的长程特性，调节引力相互作用的规范量子（引力子）是无质量的。因此，尽管由韦尔特曼和特霍夫特所做的工作，量子引力理论的重正态化仍然是对理论物理学家的一个严峻挑战。

56. 除了 Cabrera（1982）的一份单极子观测报告。

57. 杨振宁（Yang，1970）论证说："[在] 作用于电荷 e_j 的电场 ψ_j 上的时空无关的规范变换中。"

$$\psi_j \to \psi'_j = \psi_j \exp(\mathrm{i}e\alpha) \tag{1}$$

……如果不同场的不同 e_j（$=e_1$，e_2，…）是彼此不可通约的，那么变换（1）对于 α 的所有实值都不同，并且必须定义规范群以包括 α 的所有实值。因此，群不紧致。

"另一方面，如果所有不同的 e_j 是 e 的整数倍，e 是电荷的普适单位，那么乘以 $2\pi/e$ 的整数倍，α 的两个值还是不同，变换（1）对任何场 ψ_j 都是相同的。换言之，如果 α 是相同的模 $2\pi/e$，那么两个变换（1）是不可分辨的。因此由（1）定义的规范群是紧致的。"

58. 见 Wu 和 Yang（1975）。

59. 见 Jackiw 和 Rebbi（1976），Colman（1977）。

60. 见 Callan 等（1976）和 Jackiw 和 Rebbi（1976）。

61. Belavin 等（1975）。

62. 见 't Hooft（1976a，1976b），Jackiw 和 Rebbi（1976）。

63. 对中子偶极矩严格的实验限制的分析表明 $\theta \leqslant 10^{-9}$，见 Crewther 等（1979）。

64. 一些追求所谓的 BSM（超越标准模型）物理学的物理学家更加乐观，他们希望一旦我们超越标准模型的范围，这些解决方案可能在实验上是可行的。

65. 永久封闭的夸克和胶子不能在实验室中单独接触。然而，通过对精心设计的实验数据的仔细分析，可以确定它们的存在。例子可以在 Cao（2010）的第 6.1 节中找到。在

EBH 机制的讨论中不存在这种路径。

66. 这一立场似乎非常接近 Earman（2004a，2004b）的目标，以及 Smeenk（2006）和 Struyve（2011）的主张：在得到大质量玻色子的过程中不应该涉及破坏对称。但是，正如 Kibble（1967）指出的那样，引入破坏对称的好处是“精确对称的出现比近似对称的出现更容易理解”。理解精确对称的出现是很重要的，原因如下：首先，正如基布尔所说，“从实验上来说，我们会发现一组四种质量不同的矢量玻色子的存在，但它们的相互作用表现出显著的对称性”。其次，正是基础理论的对称性保证了理论的可重整化。

289 67. 如果这两种模式和它们的特性耦合是无法定义的，那么，正如我们将在文中看到的，对于产生 EBH 机制的物理环境，共生体内部的动力学是无法定义的。

68. 严格地说，双场系统的耦合系统不允许这种意义上的重组，即通过将原有的自由度进行重组来重新定义场。EBH 机制及其追随者所引入的重组实际上已经隐含地引入了共生体观点，至少是其关键特征之一。

69. 这种情况下的重组类似于时空中的洛伦兹变换。莱雅（Lyre，2008）的“重新洗牌”（re-shuffling）与这里的“重组”有一些相似之处。然而，当他认为希格斯机制在技术上“仅仅”通过“重组”就能推导出来时，他错过了我们在第 10.1 节中指出的关键一点。此外，莱雅也没有探讨重组的本体论含义。

70. 温伯格的两个可分离场的假设和标量系统和矢量系统只是整体结构的两个模态的共生观点之间的差异，在解决动力学同一性和固定性问题上没有任何区别，如下面的分析将显示的那样。

71. 见 Weinberg（1996）。在规范玻色子媒质过程中，温伯格指出，计算中的规范耦合常数被质量矩阵中的规范耦合常数抵消了。但是，在计算中取消测量并不意味着测量耦合对于这个过程来说不是必要的：如果没有规范玻色子与电流的规范耦合，整个过程就不可能实现。同样，标量玻色子与电流的耦合对于标量玻色子介导过程的实现也是必不可少的：如果没有耦合，戈德斯通玻色子就无法在这一过程中发挥中介作用。所以不管在计算中发生了什么，这两个过程都严重依赖于两个不同耦合的存在。很容易理解，标量的耦合测量对称的打破［通过发展它的非零 VEV（真空期望值）］，并决定它与自身和与其他粒子的相互作用（温伯格的 V. II，p. 173，最后几行）。规范玻色子质量由规范耦合和标量 VEV 定义，因此规范玻色子质量与标量耦合有关，这也是很容易理解的。这里的神秘之处在于，当无质量的戈德斯通振荡模重组为规范玻色子时，作为它的纵向振荡模，它的动态特性，即它与其他粒子耦合的性质，必须从标量耦合转变为规范耦合。是什么强调了这种转变？我非常感谢阿德勒在这个问题上的交流。

72. 例如 Schwinger（1948b，1970）、Gell-Mann 和 Low（1954）。

73. 尽管在格点规范理论的框架内，通过使用各种有效作用方法，在理解这些作为量子色动力学结果的困难方面取得了一些进展。参见 Wilson（1974）、Kogut 和 Susskind（1975）。

第 11 章

规范场纲领

290

1971 年规范不变重矢量介子理论可重整化的乌特勒支证明（Utrecht proof）（第 10.3 节），正如当代有影响力的物理学家所评论的，“将以最深刻的方式改变我们对规范场论的思考方式”（Lee，1972），并“引起巨大的轰动，使统一成为最重要的研究主题”（Pais，1986）。粒子物理学界很快就建立了信心，认为动力学由规范原理确定的量子场体系，是一个以统一方式描述基本相互作用的一致且强有力的概念框架。

沿着这一路线开展的研究工作，在一个惊人的短时间内，产生了一对互补的理论，即电弱理论和量子色动力学，它们一起是如此成功，以至于很快被推崇为“标准模型”（第 11.1 节）。该模型经验上的成功及其强有力的基本概念鼓舞了物理学家，他们假定规范原理具有普适性，并且努力把该模型扩展为包含引力在内的大统一（第 11.2 节）。那些沿着标准模型路线量子化引力的失败尝试（这些尝试假设了固定的背景时空流形），引发了将规范原理应用于量子化引力的其他研究方向。从 20 世纪 80 年代中期的圈量子引力开始，已经发展了一个背景独立的规范引力研究纲领。这个纲领的特征是没有假设固定背景的时空流形，而是假设时空本身是从量子引力的背景独立理论中推导（或衍生）出来的（第 11.3 节）。从标准模型 20 世纪 70 年代末期开始停滞以来，这或许是规范场纲领中最活跃的研究领域了。

规范场纲领的出现表明了人们对 20 世纪场论发展的一个辩证理解：规范场纲领可以被视为几何纲领与量子场纲领的一个辩证综合。对这个观点的一些辩护将在第 11.4 节中给出。但是，场论的辩证发展并没有以黑格尔式的闭合（终极理论或一个封闭的理论框架）结束。相反，规范场纲领也似乎停滞了。关于这一点以及场论研究的新方向，参见第 11.5 节。

291

11.1 标准模型的兴起

“标准模型”这个术语是派斯和特雷曼在 1975 年首次创造的，用来指称具有四个夸克的电弱理论。在其后来的使用中，指强子和轻子结合在一起的六夸克图，及其用电弱理论和量子色动力学描述的在规范原理下的动力学。从概念上来讲，标准模型的兴起是如下三方面发展的结果：①概念框架的建立；②概念框架的一致性证明；③模型的建立。

11.1.1 标准模型的概念框架

建立标准模型的概念框架是把规范场论与强子的夸克模型相结合。夸克模型，最初由盖尔曼（Gell-Mann，1964a）和茨威格（Zweig，1964a，1964b）提出，有三种夸克（后来称为味）形成一个 SU(3)群的基本基底，作为合并强子之间破缺的 SU(3)（全域）对称性的一种方式，允许夸克（具有重子数为 1/3、自旋为 1/2 以及分数电荷的强子的有机部分）和轻子一起，被当作自然界的微观结构的基本成分。然而，夸克的真实性，是在几年后才确立的，否则，没有人（甚至盖尔曼本人）会认真地把夸克模型作为对微观世界进行理论化的本体论基础。建立夸克实在性的关键步骤是在 1969 年采取的，当时在斯坦福直线加速器中心进行了深度非弹性散射实验，以探测强子的短程结构。观测到的比约肯标度无关性表明，强子由自由点状成分或部分子组成（见第 10.2 节）：当有些实验数据按照流的算符乘积分析时，其中有些部分子表现出是带电的，具有 1/3 重子数、1/2 自旋。也就是说，它们看起来像夸克。进一步的数据也表明，它们跟赋予夸克的电荷量相一致。[1] 这些初步的但至关重要的进展，无疑使一些先驱物理学家相信了夸克的实在性，并鼓励他们使用夸克模型进行研究，并概念化亚原子世界。

20 世纪 60 年代中期以来，规范理论的框架和 EBH 机制为粒子物理学家所熟知（参见第 9 章以及第 10.1 节）。但是，还有一个重要的概念——反常的概念（见第 8.7 节），应该被强调。尽管它本身不是规范框架的组成部分，但是，当应用于非阿贝尔规范理论时，这个概念，特别是它的一个特殊版本，即体现在重整化群概念中的标量反常（见第 8.8 节），对建立框架的一致性具有至关重要的影响（见第 10.2 节），并在模型构建中也有重要的影响。重整化群的思想假设了在不同能量标度上，物理相互作用的结构之间存在特定类型的因果关系，否则，就不会有巡行耦合的思想，进而也就不会有渐近自由和大统一的想法，更不会有对可重整化的一个严格证明。

11.1.2　非阿贝尔规范理论的一致性证明

292

就大质量规范玻色子理论而言，EBH 机制使唯象学所要求的大质量规范玻色子与一个精确的对称性，而不是与一个近似的或部分对称性相容。这使得证明其可重整化成为可能。然而，对这一优势的认识，结合相信具有未破缺对称性的非阿贝尔规范理论是可重整化的，最终产生了一种天真的信念，即希格斯型大质量规范理论是先验可重整化的。

这种信念是幼稚的，因为这种信念仅仅基于幼稚的计数幂次的论证，因此是不合理的。这里我们必须记住，规范不变性和可重整化之间的关系，比 20 世纪 50 年代和 60 年代杨振宁和米尔斯、格拉肖、科马尔和萨拉姆、温伯格等许多人所想的要更微妙（见第 10.3 节）。对于可重整化的理论，规范不变性既非充分条件（比如引力的情形），也非必要条件（比如中性矢量介子理论的情形），虽然它确实对模型建构设置了严格的限制。因此，非阿贝尔规范理论的可重整化证明对于理论学家来说是一个巨大的挑战。它需要认真而艰难地探索，这正是从李政道和杨振宁开始，经由费曼、德威特、法捷耶夫与波波夫，一直到韦尔特曼和特霍夫特等一群理论学家所做的工作。他们以一致的方式量化了这一理论，并引入了公认的幺正性物理学原理和洛伦兹协变性所要求的非物理自由度的复杂系统。他们推导出费曼规则和瓦德恒等式，发明了可重整化规范，并证明了幺正性。最后，他们发明了规范不变的正则化方案。没有这些研究，非阿贝尔规范理论的可重整化证明是不可能的，并且所有仅基于对称性论证和朴素的数幂律（power counting)论证的先验类型的信念和推测，都是无根据和空洞的。

11.1.3　模型构建：I.电弱理论

在第 9.3 节中可以找到在非阿贝尔规范理论框架内构建模型来描述基本

相互作用的早期尝试。就弱相互作用而言，这些努力的两个主要成就似乎具有持久性，它们是由经验数据决定的（短程行为需要大质量玻色子，宇称不守恒需要手征不对称）：①把 SU(2) × U(1)作为统一描述弱相互作用和电磁相互作用的规范群；②采用产生质量的 EBH 机制。

然而，从理论上讲，这些努力非常脆弱，并没有给出模型逻辑一致的量化。如果没有适当的费曼规则的指示，那么关于可重整化的思考，或关于它是否会被自发对称性破缺所破坏的思考，在概念上就是空洞的。由于这个原因，正如韦尔特曼在其有影响力的评论（Veltman，1973）中批评的那样，这些努力“并不能令人信服，直到最近，这条研究路线才产生了进一步的成果”。韦尔特曼没有偏见的评论，由科尔曼（Coleman，1979）、沙利文（D. Sullivan）、科斯特（D. Koester）、怀特（D. H. White）和克恩（K. Kern）（Sullivan et al.，1980）以及派斯所证实。派斯注意到温伯格提出的模型“在1967—1969 年的文献中很少有人引用。在维也纳（1968 年）和基辅（1970年）的两年一次的罗切斯特会议上，大会报告起草人的谈话（常常专门讨论当时流行什么），甚至也没有提到 SU(2) × U(1)”（Pais，1986）。[2]

293

正如派斯注意到的，当 1971 年 6 月在由韦尔特曼组织的阿姆斯特丹会议上提出可重整化的乌特勒支证明时，巨大的变化发生了。除了大质量杨-米尔斯理论的可重整化证明之外，特霍夫特（'t Hooft，1971b，1971c）还提出了三个模型。特霍夫特的模型之一，是与先前由温伯格（Weinberg，1967b）和萨拉姆（Salam，1968）提出而又被遗忘的处理轻子的模型等同的，而温伯格和萨拉姆的模型除了 EBH 机制外，和格拉肖（Glashow，1961）提出的模型是经验等效的。

这个（后来成为）著名模型的核心是其规范群，规范群是由格拉肖首次提出来的。由于在唯象理论上受荷流和弱相互作用中宇称不守恒的限制，人们认为弱同位旋群 $SU(2)_T$会引起弱耦合。关于弱耦合，左手轻子场被指派为双重态（doublets），

$$L_{e(\mu)}=\left[\frac{(1-\gamma_5)}{2}\right]\begin{vmatrix}\nu_{e(\mu)}\\ e_{(\mu)}\end{vmatrix}$$

右手轻子场被指派为单态（singlets）$[R_e(\mu)=[(1+\gamma_5)/2]e(\mu)]$，而规范场被指派为三重态（triplets，$W_\mu^\pm$ 和 W_μ^0）。为了统一弱相互作用和电磁相互作用，人们引入了一个新的规范群——“弱超荷”群 $U(1)_Y$，和相关的矢量场 $B\mu$，其相应的量子数满足关系式 $Q=T_3+Y/2$，其中，Q 是电荷，T_3 是弱同位

旋 T 的第三分量，并且 T 和 Y 相互对易。按这种方式，联合相互作用可以用 $SU(2)_T \times U(1)_Y$ 乘积给定的新规范群的规范玻色子描述。在不破坏对称性的前提下，此规范玻色子的质量可以通过 EBH 机制获得。

可以探索性地把 $Q=T_3+Y/2$ 理解成这样一种陈述，即光子场 A_μ 是 W_μ^0 和 B_μ 的某种线性组合。那么正交组合 Z_μ 就代表自旋为 1 的中性大质量粒子：

$$A_\mu=\sin\theta_w W_\mu^0+\cos\theta_w B_\mu$$

和

$$Z_\mu=\cos\theta_w W_\mu^0-\sin\theta_w B_\mu$$

其中，θ_w 是温伯格角（$e=g\sin\theta_w g'\cos\theta_w$，$g$ 和 g' 是 W_μ 和 B_μ 各自的耦合常数）。因此，把规范群作为没有关联的群的乘积，这样的结合是通过规范场的混合实现的。

建立模型的下一步是由反常论证决定的。在有手征流的特霍夫特模型中，不可避免的手征反常肯定要破坏其可重整化，这是在 1972 年 1 月的奥尔赛会议上由巴丁首次指出的，当时特霍夫特认为反常没有危害。[3] 受到奥尔赛会议上争论的激发，巴乔特、伊奥普洛和梅耶尔博士（Bouchiat et al.，1972），以及格罗斯和贾基夫（Gross and Jackiw，1972）提出，如果在模型中包括适量的各种夸克，那么反常将不存在。特别是，他们指出，夸克和轻子之间的反常相互抵消，并且如果模型除了盖尔曼和茨威格 [4] 原先提出的三种夸克，还包括 c 夸克，那么可重整化就不会被破坏。因此，在建立模型的方法中，由反常论证所得出的关键点在于，仅当夸克以平行于轻子的方式被包括在模型中时，才有可能建立逻辑一致的电弱理论。 **294**

电弱理论的特征是存在大质量中性规范玻色子 Z_μ，它被假定与一个中性的、宇称破坏的弱流相耦合。中性流的预言在 1973 年得到证实。[5] 电弱理论的另一个建构，c 夸克，也通过 J/ψ 和 ψ' 粒子的实验发现得到支持 [6]，这些粒子等同于粲偶素，同时还得到 D 粒子 [7] 的实验发现的支持，后者也等同于粲粒子。随着 1983 年 W 粒子和 Z 粒子的发现 [8]，人们认为电弱理论被实验确证并成为标准模型的一部分。

11.1.4　模型构建：Ⅱ.量子色动力学 [9]

量子色动力学的创立是科学史上的一项伟大成就。它从根本上改变了我们关于物理世界的基本本体论概念及其动力学基础。它的创立远不仅仅是发现了新的粒子和新的力，更重要的是发现了更深层次的物理实在，一种新的实体。从动力学上讲，强核力不再被看作是基本力，而是降级为由胶子传递的更强的长程力未被消解的残余。从长远来看，或许比这些发现更重要的是，它为探索物理世界的一个未知层面的许多新奇特征，如瞬子、θ 真空、有效能量，开辟了一条新的道路。有效能量的想法，允许我们概念化量子数流和强子化。虽然有效能量的形而上学地位还不是很清楚，但是它为用一种统一的方式概念化处于复杂的嬗变过程中的物理世界打开了一扇窗（Lipatov，2001）。

（1）量子色动力学起源的天真逻辑

回想起来，我们清楚地知道，量子色动力学是关于夸克和胶子（规范玻色子）的非阿贝尔规范理论。我们会天真地认为，量子色动力学的创始包括两个部分：一是夸克的引入或构造或发现，二是SU(3)的色规范对称的引入或构造或发现。夸克是从1964年起由茨威格（Zweig，1964a）、南部（Nambu，1965）、达立兹（Dalitz，1966）和许多其他物理学家引入并研究的；SU(3)色规范对称是1965年由南部明确引入的。

295

那么，如何理解在1964年第一次提出夸克概念的物理学家盖尔曼的研究工作（Gell-Mann，1964a）？又该如何理解1972年他与弗里奇首次构想的一个切实可行的色八重态胶子图像？按照SU(3)色规范对称，南部可以轻易地宣称，他比盖尔曼和弗里奇更有优先权。然而，就夸克而言，情况就复杂得多了。盖尔曼因频繁地且始终如一地主张分数电荷的夸克是一个数学上的虚构设置，它们不可能是真实的，在这个意义上，它们永远不会在实验室中被单独探测到，而臭名昭著。这与南部的夸克带整数电荷，因此其是可观察的和真实的概念的观点，形成鲜明对比。盖尔曼拒斥夸克的实在性基于两个原因。首先，没有人知道把夸克聚合成强子的力是什么，如果没有胶合力，夸克作为强子组成部分的概念就毫无意义。其次，受靴袢（bootstrap）思想的约束，带分数电荷的夸克必定会永远被隐藏起来，决不能在实验室中被单独观察到。直到1971年，盖尔曼和弗里奇仍然声称，“如果夸克是真实的存在，那么我们就不能给它们分配3级准费米统计，因为据说这违反对远距离子系统的S矩阵的因式分解”。如果不给夸克分配这样一个准统计，面对与许多经验事实（如π介子双伽马衰变、μ介子和强子产生的总截面之比）的直接冲突，夸克理论学家就会陷入困境。夸克思想的随后成功，以及对夸克真实性的普遍接受，让许多物理学家、历史学家和物理哲学家有理由严厉批评盖尔曼是一位数学工具主义者，并赞扬夸克实在论者发现了夸克。

然而，科学发现是一个非常复杂且难以解决的议题。就物理实体而言，尽管普里斯特利观察到了氧气的许多重要效应，并且他称氧为“脱燃素空气”，但他并没有被认为是氧气的发现者，而 J. J. 汤姆逊仍然被认为是电子的发现者，尽管他的电子概念已经被卢瑟福和量子物理学家彻底地修正了。对这种不同的承认进行辩护的标准是什么？在我看来，标准是假定实体的概念核心必须包含随后会为实验发现的实体的可识别特征。如果核心概念历经具有可识别特征的实体的根本变化而保持不变，那么最初的发现就会得到尊重，而相反，则不会。

夸克的情形如何呢？夸克的实验发现实际上只是对先前理论发现的实验证实。那么理论上是谁发现了夸克呢？夸克现在被认为是强子的组成部分，具有一整套结构特性，比如分数电荷、带色、与色矢量胶子耦合，这些性质总是凝聚在一起，用以识别某种东西是夸克。从这个标准来判断，盖尔曼与茨威格在 1964 年提出的夸克概念，以及之后的南部和许多其他人提出的夸克概念，或多或少都可认为是朝着发现夸克是真实的物理实体迈出的一步，而不能算作发现了夸克本身。我将会回过头来讨论这个有趣而重要的问题，现在先来呈现量子色动力学产生的真实历史并讨论其产生的逻辑。 **296**

（2）量子色动力学起源的真实历史

导致量子色动力学诞生的科学发展是在充满矛盾、混淆和错误观念的背景下发生的，因而它具有丰富的结构。从理论上讲，量子色动力学诞生的路线图有三个组成部分：S 矩阵理论、流代数和组分夸克模型。

介子理论不可挽回的失败，以及朗道对量子场论的严厉批评，即量子场论是建立在对微观时空和微观因果性的错误信念之上的，它们实际上是人类无法认知的，这导致了 S 矩阵理论的兴起，以色散关系、雷杰轨迹、靴袢方案（bootstrap scheme）、核民主的形式呈现，最初由盖尔曼和戈德伯格发起，然后由丘引领（第 8.2 节和第 8.5 节）。为了避免有损量子场论形象的无穷大难题，靴袢理论者坚持经验上可获取且不在相互作用区域内的渐近态。从对强相互作用中发生了什么的基本探究到对现象的基本探究，这个转变受理解散射过程的一般原则（如因果性和幺正性）的指引，并且用散射幅度的极点来概念化相互作用，用色散关系作为柯西–黎曼公式，从它的奇异性方面表达 S 矩阵元。他们声称，作为 S 矩阵极点的所有的强子都位于雷杰轨迹上，这是复合性的特征。一个推论是，所有强子都享有同等的复合体地位；在强子层次，分裂永无止境，没有原子论意义上的基本粒子，更不用说在更深的、无法触及的层次上了。因此，S 矩阵理论，最重要的特点就是拒斥基本性。

在对称性思想的指引下，从基础到现象的转变还有另一个方向。第二次世界大战后，美国政府大力支持能量越来越高的对撞机，导致了新粒子和共振态的激增。对它们的性质的认识，为了解它们的基本结构提供了线索。这些基本结构很快就被编码进一个对称性层级结构的概念中：每种相互作用由层级结构中的一种或多种对称性刻画，由它们自己的矢量玻色子传递（Gell-Mann and Pais，1954）。

对称方法有两个版本：复合模型和流代数。最突出的复合模型是坂田模型（Sakata，1956）和 SU(6)夸克模型（Gursey and Radicati，1964；Pais，1964；Sakita，1964）。[10]强子系统的结构需要一个全域对称来表征，根据强子的静态性质来考察。就非相对论性地推测强子的可观察行为模式（对称）的物质基础和潜在机制而言，复合模型在光谱和选择定则方面取得了一些成功。SU(6)夸克模型成功地预测了质子与中子磁矩的比率为−3/2，这被视为复合性的显著证据，因为只有复合模型才能给出总磁矩的一个简单的比率。然而，由于不知道复合体是如何形成的，因而背叛了它的推测本质。

297

相反，流代数（Gell-Mann，1964b）是从基本的相对论场论模型提炼产生的结果。强子流（从概念化相互作用的基本模型推导出）被当作强子过程中的基本实体，而它们的未知组分被放到了括号里。这标志着本体论从强子到流的微妙转变，由此为探究实验上可获取的流的外部和内部约束开启了一扇门，随之另一个本体论转变是从流回到强子，正如我们很快会看到的那样。这个基本假设是：强子流是强相互作用的全域对称性的表现，这是由轴矢流守恒假说和轴矢流部分守恒假说的成功所表明的，因此它也遵守对称群导出的代数关系，这个代数关系在等时对易关系下达成。这个推测的对称约束允许从基本场论的全域对称性推导出可测量参量之间精确的代数关系。尽管需要一些来自数据的刺激和来自理论发展的动机，但探究基本模型动态对称性的大门没有关闭，正如我们将看到的那样。

为了给假设的对称性一个基本的解释，盖尔曼在 1964 年提出了夸克的想法。这一提议为研究受流代数约束的流夸克打开了一扇门，从而为进一步富有成果的探索开辟了一条新路。值得注意的是，盖尔曼的流夸克与组分夸克迥然不同，因为它们是夸克场的裸激发态；它们是虚构的，因为没有力把它们保持在一起成为强子。最重要的是，它们不是强子独立存在的成分，而是被假定陷入了一个关系网络中，仅仅作为流中的占位符（作为结构）存在，并满足所有流代数给出的结构约束。

在夸克性质的基本假设中，两种对称方法之间的冲突是明显的，但不像一方面认为有一个内在的基本性概念，另一方面靴袢又拒斥任何基本性，这二者之间的冲突那么激进，关于这一点我们很快就会看到。但是，在试图理解和领会导致量子色动力学诞生的概念发展中的关键因素时，最令人不安的是一些混淆和错误信念。事后看来，那些关于夸克和胶子的电荷和渐近态、关于大质量胶子传递的造成不同夸克三重态之间的大质量劈裂的色相互作用（Han and Nambu，1965），或者是关于强子层次的味规范不变性（Pauli，1953；Yang and Mills，1954a，1954b；Sakurai，1960；Veltman，1966；Bell，1967）的彻头彻尾的错误信念，现在都已经被摒弃和遗忘了。但是，关于规范原理的本体论基础的一些根本性混淆，关于夸克模型的有效性和真实性的一些根本性混淆，无论是否有量子色动力学作为它们的基础，甚至至今仍然广泛存在。

（3）创建量子色动力学的关键步骤 298

物理学家对假定实体及其解释现象的动力学没有任何认识通道，只能从现存理论和数据提供的约束中获得一些暗示。在量子色动力学的情形中，早期勾勒出的理论有相互冲突的假设，而数据——如强子光谱、雷杰轨迹（Regge trajectories）、π 介子–双伽马衰变率或强子的总截面比 R，以及电子–正电子湮灭中 μ 介子的产生——只有获得了理论解释，才有意义。因此，如何从这些暗示（其意义取决于解释）出发，通过概念的综合，形成一个新的基本理论的概念基础，对于理论家来说是一个巨大的挑战。正是这些发生在思想冲突战场上的概念发展，导致了量子色动力学的源起，其早期的辩护极其复杂且难以把握。

为了更容易判断哪些步骤是至关重要的，我建议，标准不应该是一个步骤，在没有前辈的前提下，应该有原创性思想。独创性可能适合于流代数或基于标度反常的重整化群分析，但肯定不适合于求和规则或规范不变性的情形。相反，标准应该是一个步骤的历史有效性。也就是说，一个步骤只有提供了新的视野，开辟了新的探索方向，开启了新的研究纲领，进而有力地推动了科学探索向前发展，才是至关重要的。

在这样一个标准的指导下，我们有理由认为通往量子色动力学的创建之旅始于 1962 年流代数的提出。在经历了局域流代数求和规则、标度与部分子、光锥流代数三大突破之后，它以一个伟大的综合而告终，1972 年宣布的这个综合实际上是量子色动力学的第一个清楚表达。

（a）流代数 正如早期概述的，流代数是探究强子系统的一个一般框架。最初，它专注于通过给强子过程中强子之间的外部关系施加代数约束来探究强子系统的结构。但是，它有探究强子内部的潜力，在阿德勒和比约肯的工作中，这个潜力得以实现。如果没有流代数所开启的从探究外部约束转向探究内部约束的结构主义方法，那么，沿着强子间的靴袢路径发展，是不可能深入的，或者说，如果没有任何动态探索强子内部的手段，只是直接推测强子的内部成分，永远不会导致量子色动力学的产生。

（b）局域流代数求和规则 把富比尼-富兰（Fubini-Furlan）方法（Fubini and Furlan，1965；采用无限动量框架和一套完整的中间态）应用于轴矢量流，同时运用部分守恒轴矢量假设，阿德勒（Adler，1965a）和韦斯伯格（Weisberger，1965）依据 π 介子-质子散射总截面，得到了他们表示轴向形式因子的求和规则，从而宣布了流代数的第一个巨大的成功。通过减少部分守恒轴矢量，阿德勒（Adler，1965b）能够得到一个新的求和规则，在这个求和规则中，高能中微子-核子非弹性反应取代了 π 介子-质子散射。

299 在盖尔曼的驱动下，阿德勒（Adler，1965c，1966）进一步推广了他的结果，在这一结果中，电荷代数求和规则在正向非弹性中微子反应和非正向中微子反应中得到检验，并根据局域流代数得出了一个包含弹性和非弹性形式因子的求和规则，这两个形式因子在高能中微子反应中都是可测量的。

在这些半轻子过程中，形式因子作为动量传递的标量函数（它是对核子结构的探测能力的一种度量），表明弱相互作用为虚的强相互作用引起的所有未知效应所修正。在传统上，形式因子是按照 S 矩阵的极型结构来研究的，这暗示着虚粒子对形式因子的可能贡献。事实上，南部（Nambu，1957）在他的核形式因子的质谱表征中，按照中间态的质量把形式因子看作一个总和。但是，在阿德勒的求和规则中，所有来自未知中间态的效应都被同等考虑。这一行动帮助他规避了隐性引入的内在不可观察结构所产生的全部困难，这种结构是从它潜在的局域场理论框架继承而来的。

阿德勒的局域流代数求和规则开创了一个新局面，为研究形式因子新的行为模式开辟了新方向，很快导致了核子的新图像。它比他的电荷代数规则更严格。它将强子散射中微子的局域化行为带到了最前沿，从而打开了一扇窥视强子的内部的窗户。我们可以把这个过程设想为轻子用它局域化的动量转移局域地探测强子。但更确切地说，这个过程应该被理解为强子流密度通过把它自己的局域化的动量，从或者如那时设想的直接地或者通过中间玻色子间接地与之耦合的轻子流传递给强子，而局域地探测强子。一旦焦点转移到强子流及其（当时还是未知的）组分上，就在强子流中为流夸克创造了一个位置。这一举措体现在比约肯的标度中，解决了求和规则的饱和问题。得益于使用轻子（以及后来的电子和光子），物理学家对轻子及其相互作用有了更多的了解，比用强子和强相互作用获得的了解更多，阿德勒和后来的比约肯能够比南部更成功地探测形式因子，就是因为南部仅仅依靠 S 矩阵的极点结构进行探测。即将到来的 SLAC 的实验表明，是强子的组分（部分子或流夸克），而不是共振，对形式因子做出了重要的贡献。

阿德勒关于局域流代数求和规则的工作，被丘——核民主运动的领导人，坚决地拒绝了。1967 年 10 月，在布鲁塞尔举行的第十四次索尔维会议上，丘否决了流代数及其求和规则的整个方案，理由是“局域流代数求和规则是根据完备性关系得出来的，但如果没有一个基本的下层结构，如粒子或场，完备性是不可能有任何意义的”。然而，根据严格的靴袢观点，分割是没有尽头的，因此不可能有基本的下层结构。丘承认，我们可以“在质壳上具有完备性，但没有完整的态集能赋予求和规则以意义”。例如，“对于非相对论强子物理学”，人们可以根据 π 介子的康普顿波长来定义什么是基本的下层结构。但是，一旦夸克和胶子揭示了它们自己的内部结构（这在未来是可以想象的），那么在这种新情况下如何定义求和规则将是不清楚的（Chew，1967）。

300

然而，阿德勒工作的开创性作用得到了其他积极的研究人员的恰当认可。比如，在 1992 年关于粒子物理史的 SLAC 会议上，比约肯对阿德勒的工作发表了评论：“当把这些想法应用于电致产生（电生）时，他的工作为随后的研究提供了最重要的基础。”（Bjorken，1997）

（c）标度和部分子　电致生产的比约肯不等式（Bjorken，1966b）（通过采用阿德勒的求和规则，并执行一个同位旋转获得），改变了高能物理学的图景，因为它使盖尔曼–阿德勒的工作与在 SLAC 进行的可行性实验发生了密切联系。更重要的是，它为比约肯提供了充足的背景知识（这些背景知识在 SLAC 积累了几十年），从而使比约肯能卓有成效地探索求和规则的饱和机制。也就是说，比约肯能诉诸与非相对论量子力学的历史类比，其中以原子或原子核的弹性散射测量电荷的平均时间分布，而具有粗能量分辨率的非弹性散射测量电荷的瞬时分布，并利用由此获得的见解，根据光子和强子的类点组分之间的准弹性散射，建立了饱和阿德勒求和规则和他自己的不等式模型。结果就是著名的标度（Bjorken，1969）。

标度是一个转折点。作为连接深奥的流代数–求和规则方案与深度非弹性散射模式的实验研究的桥梁，标度重新定位了可观测量之间外部关系的唯象学探索方向，以阐明强子组分及其作为观测到强子现象的基础的动力学。实验人员的期望不再局限于提高他们对由核子的无结构图像所形成的现象进行测量的范围和精度；理论家们的关注点也不再局限于对他们的预测进行验证，这些预测是从与他们的模型无关的深奥的流代数方案或解析 S 矩阵理论得到的。

比约肯的类点组分很快被费曼和比约肯本人命名为部分子。作为一种未指明的强相互作用的基础场论的基本裸粒子，部分子在无限大动量框架中没有质量。受标度的限制，部分子也被假定为彼此之间没有相互作用。因此，人们猜想部分子的行为应该用一个无标度不变量的场论来描述，我们很快就会看到，这对未来几年的理论构建造成了严重制约。但有一段时间，物理学家对用自由场论计算强相互作用感到相当困惑。此外，尽管每个部分子被假设携带质子总动量的一小部分，但是，部分子的动量分布函数（这一函数被认为包含了强相互作用的所有效应）不能根据任何动力学方案进行计算，而必须根据经验进行调整。缺少合适的动力学理论也迫使部分子理论家对部分子的强子化保持沉默，因此，就部分子的行为而言，不能声称其为强子物理学提供了一幅完整的图像。

301 尽管存在所有这些缺点，但标度–部分子项目的成就是巨大的。它不可逆转地巩固了强子的组分图像。更具体地说，人们很快就把无质量的部分子与流夸克相等同。详细的部分子模型计算也表明，质子中有一半非夸克部分子，这样就在强子的图像中复活了胶子的概念。胶子概念在盖尔曼 1962 年首次引入后，在组分夸克模型中没有发挥任何作用，而在随后的概念发展中却占据了中心地位。

从历史的角度来看，人们可能会说，这一条线路的工作，从探究外部结构约束到探究内部结构约束，揭示了流代数从强子的组分方面探究强子结构的潜力。随着对组成部分结构知识的积累，如类点性、准自由，以及夸克和胶子的对半比例，为识别强子的结构到底是什么，以及描述它们的行为的动力学理论应该是什么，铺平了道路。如果没有这条线路的工作所取得的成就，就不可能想象在这个方向会有进一步的发展。

（d）光锥流代数 在重整化微扰理论的框架内，一旦胶子回来，就必须考虑它们和夸克的相互作用，那么部分子模型假定的自由场论及其蕴含的标度不变性，就会受到严重的质疑与挑战。挑战采取反常和标度破坏的形式，当相互作用对理论不是对称性不变的时，反常和标度破坏由重整化效应引起。标度反常改变了流的标度，进而破坏了标度不变性和正则等时对易子。流代数的基础将坍塌。这样，整个局面就会基于破缺的标度不变性的新思想，按照算符直积展开和重整化方程的标度定律版本来重新概念化了。这些发展最重要的成果之一是一个光锥流代数的新方案的出现。

作为对（按照等时对易子制定的，处理强相互作用中流的短程行为，比如标度无关性破坏）流代数的失败的回应，威尔逊（Wilson，1969）提出了一个新框架，在这个框架中，当算符在相同点被定义，或一个算符在光锥上通过另一个算符被定义时，两个或多个局域场或在相同点附近的流的直积的算符直积展开（作为流代数的一个延伸），应该存在并包含一个奇异函数。事实上，早在算符直积展开方案出现之前，海因里希·卢泰勒（Leutwyler，1968）和萨斯坎德（Susskind，1968）就认识到了光锥场论的重要性。他们注意到，阿德勒等在他们流代数求和规则中采用的无限大动量极限的直观意义，只是用类光表面包含的相应电荷取代了等时电荷。由于无限动量极限中电荷的等时对易规则等价于类光生成元的相同形式，所以所有在无限动量框架中获得的结果都能按照坐标空间中被集成在类光平面而不是等时平面上的类光电荷的对易子的行为来表达。 **302**

20 世纪 70 年代初，弗里奇和盖尔曼深入探究的光锥流代数是一个代数系统，通过从一个场论夸克-胶子模型中抽取在光锥上的两个流对易子中最重要的奇异性而获得，其最终性质类似于根据从自由夸克模型抽取出的等时对易子定义的流代数。它综合了来自标度和部分子的所有好的结果，以及来自破缺的标度不变性和算符直积展开的所有好的结果，并将其扩展至在所有局域算符的对易子的光锥展开中出现的所有局域算符。这样一种推广使它能够处理远远超出正则流代数所能处理的过程，比如 π 介子-双伽马衰变、强子的总截面比 R，以及电子正电子湮灭中 μ 介子的产生（Fritzsch and Gell-Mann，1971a）。

但是，这个方案存在一个严重的问题或者说威胁。相互作用会改变光锥内的算符对易子，但是，如果算符是形式上被操纵而不是被重整化微扰理论一阶一阶地处理的，此方案就不会受到影响。由于基本模型是基于矢量胶子而不是基于标量胶子或伪标量胶子产生的，因此，为了用“标量密度和伪标量密度分别描述矢量电流和轴矢量电流的发散性”，弗里奇和盖尔曼意识到，阿德勒反常（Adler anomaly）会在电流的对易子中引起各种病症，从而破坏作为封闭系统的基本代数。虽然阿德勒反常只在低能状态下得到了确认，但低能反常散度与高能反常奇点之间存在的数学关系破坏了广义代数。

为了保持他们的方案，弗里奇和盖尔曼主张必须拒斥基于重整化夸克胶子理论的逐阶标度评估。重整化微扰理论揭示了在高能下没有标度不变性或自由场论行为，同时，他们声称，“就比约肯极限而言，大自然读懂了自由场论这本书”（Fritzsch and Gell-Mann，1971b）。

但是，他们很谨慎地意识到，这种态度“冒着对基本代数做出一些不明智的推广的风险”。他们在方法论上感到困惑，他们说：“关于抽象结果与重整化微扰理论的关系，最好有一些明确的观点。”除了这种方法论上的困惑外，他们还对其基本模型的性质，特别是对相互作用的性质以及传递相互作用的胶子的性质，感到困惑。这种想要澄清困惑的愿望驱使他们竭力寻求一种说明。然而，这需要其他思想的输入和一个伟大的综合（Fritzsch and Gell-Mann，1971b）。

（e）一个伟大的综合：来自组分夸克模型的色合并 早期的调查没有提到组分夸克模型的任何贡献，这是不公平的。这一模型确实对量子色动力学的发展做出了贡献，虽然主要方式是提供促进因素，而不是提供一个基本框架。其中一个促进因素与准统计法的概念有关（Greenberg，1964），这一概念后来转化成色的概念（Han and Nambu，1965），虽然事实表明，只有当色对于电磁是中性的时候，这两个概念才是等价的（Greenberg and Zwanziger，1966）。由于这个原因，韩和南部在他们的带整数电荷的夸克方案中采用的色概念不能为当时已被接受的准统计法观点所辩护，虽然从概念上讲准统计法的概念只能被物理学家后来意识到的新的色量子数充分证明。我们很快就会看到，南部想法的这一特征意义重大。

303

色首次严肃地出现，是阿德勒在相对论重整化夸克胶子场论中，使用流夸克图景而非组分夸克图景处理 π 介子–双伽马衰变时[11]。但是，这对于弗里奇和盖尔曼来说是不可接受的（Fritzsch and Gell-Mann，1971b），因为阿德勒的结果的推导方式与光锥流代数总体上不一致，特别是与标度不一致。但情况在 1972 年 2 月底发生了戏剧性的变化，当时盖尔曼的一个学生，罗德尼·克鲁瑟（Rodney Crewther）完成了一项工作，在没有假设微扰理论的情况下，从算符直积展开的短程行为重新导出了阿德勒的结果（Crewther，1972）。一旦盖尔曼明白了这一点，他就做出判断：“我们需要色！”原因是他想从组分夸克出发，把准统计法延伸至流夸克，并最终提议“从一种转变为另一种，保持统计学不变，但改变了许多其他的东西”（Gell-Mann，1972a）。这个转变是由盖尔曼的两个学生——杰伊·梅勒什（Jay Melosh）和肯·杨（Ken Young）完成的，他们连接了两种不同的代数，两个物理图像作为它们的基础。尽管这两个图像在物理上完全不同，一个是非相对论性，强子被认为只是由几个组分夸克组成的，而另一种是基于相对论夸克场，但在数学上它们是相似的。杨注意到的一个有趣的结果是："组分夸克看起来像是用流夸克对装扮的流夸克。"[梅勒什与杨的成果在盖尔曼 1972 年的文章（Gell-Mann，1972a）中被报告]。

通过计算电子-正电子湮灭过程中强子和 μ 介子产生的总截面比 R 进一步证实了色概念的稳健性。在这个关键时刻，胶子的概念已经牢固地融入了盖尔曼的基本场论框架，色概念显得如此的强大，等待着被整合到他的框架内，盖尔曼清楚地感觉到设置一个新的议事日程的时机已经成熟，为他自己和整个高能物理学界建立一个一致的概念框架，或者说一个统一的理论，通过"整合目前正在研究的所有值得尊敬的想法：组分夸克、流夸克、靴袢……标度和流代数"，总体上来处理强子物理学。"如果我们把我们的语言弄清楚，它们几乎全部兼容"（Gell-Mann，1972b）。

这一大综合议程的关键在于澄清、证明而不是宣布胶子概念和色概念之间的关系（胶子被认为是强作用力的载体，它们与夸克相互作用，并将它们结合在一起），胶子概念得到了来自部分子模型计算结果的强有力支持，色概念作为一个新的量子数，表明了夸克之间的全域对称性足够强大，足以被合并到光锥电流代数基本的夸克-矢量-胶子场论框架中。夸克有色的全部证据都来自弱过程或电磁过程。但是，胶子永远不会参与这些过程。那么，我们怎么知道胶子有没有色呢？ 304

除了从一致性要求提出的约束和审美考虑来间接推理外，可能没有简单的方法来回答这个核心问题。如果矢量胶子不带色，弗里奇和盖尔曼为此担心已久，那么它和一些矢量重子流可能存在于同一通道中并耦合。此外，这将表明夸克和胶子之间存在基本的不对称，夸克被认为是色三重态，由于它们在实验室中不能被单独探测到，因此可能不是真实的存在，而胶子作为色单态，它们可以在实验室中被单独探测到，因此很可能是真实的存在。因此，一旦弗里奇和盖尔曼在 1972 年春天接受色是整个方案中必不可少的组成部分，他们的答案就变得简单而明确，即胶子应该是色非单态。一旦作为强作用力传播子的胶子被认为是色非单态，就很容易将胶子作为 SU(3)色对称规范势的量子，这相应地从全域对称转变为局域规范对称。从数学上讲，这意味着胶子应该是色八重态。

（f）南部与 SU(3)色规范对称 有人可能会质疑，在这方面把所有功劳都归到弗里奇和盖尔曼身上是否公平，因为他们所做的一切，南部在 1965

年就已经清楚地阐述和发表了（尽管他没有使用“色”这个名字）。例如，乔治·约翰逊（George Johnson）在他的书《奇异之美》（Johnson，1999）中称赞南部的工作不仅“在正确的轨道上”，而且“非常有预见性。他甚至预测到了胶子，想出了一个方案，用八种不同的玻色子将夸克聚合在一起”。

我的回答如下。规范原理没有普遍的独立行动的非凡力量。如果它不被锚定在，或应用于，某一适当层次上的某一适当的实体系统，那么它是无用的。否则，人们就无法理解为什么那么多物理学家，包括泡利、杨和米尔斯、施温格、樱井、韦尔特曼和贝尔，全都试图用规范原理分析强子层次上的强相互作用，但都失败了。他们失败的原因是他们没有正确理解这一层次。

南部与之不同，他正确理解了这一层次，但是他对这一层次实体的理解是错误的。他的夸克带整数电荷的假设引起了严重的问题。最严重的是，这一假设导致了对胶子和色对称性质的错误概念。那就是，胶子作为色对称的规范玻色子被认为既携带强力又携带电磁力。他的错误的根本原因是他的推理在本质上是推测性的和特设性的。他先验地将规范原理应用于强子的某些子系统中，仅仅基于非相对论组分夸克模型中的统计问题，而没有来自其他地方的任何输入。相反，20 世纪 70 年代初，弗里奇和盖尔曼处理的胶子来自部分子模型计算，因此带着实验的所有约束条件，其中最重要的是胶子不能参与任何电磁或弱相互作用。

此外，语境也很重要。南部关于夸克和胶子的规范理论是在 20 世纪 60 年代中期提出的，是在非阿贝尔规范理论的量子化和重整化问题得到妥善处理之前。毫不夸张地说，只有当特霍夫特和韦尔特曼在 20 世 70 年代初发表了他们颠覆性的工作之后，物理学家才开始确信要认真地发展非阿贝尔规范理论模型来处理核力。由于这些原因，南部的两组三重态在夸克间规范力的思想上没有留下任何痕迹，尽管它作为一种可供选择的构造方案而广为人知。

305

（g）最后一笔 再次回到弗里奇和盖尔曼。1972 年 9 月在巴达维亚举行的第十六届国际高能物理会议的全体会议的讲话中确立了议事日程之后，盖尔曼在格罗斯主持的会议上提交了一篇他与弗里奇联合撰写的论文（Fritzsch and Gell-Mann，1972）。论文在他们的夸克矢量-胶子场论模型的一般框架内，对色单态的约束作了一个基本假设：“真实粒子必须是关于色的 SU(3)单态。”夸克的这个限制的含意是清楚的：“我们在这里假设，夸克没有可以在实验室中单独探测到的真正的对应物——它们应该永久地被束缚在介子和重子里面。”他们确信单态限制力的存在，这在下面这段话中清楚地表现出来：

> 我们最终可能会从夸克–矢量胶子场理论模型中提取出关于模型中色单态算符的足够的代数信息来描述现存的所有自由度……我们应该有关于强子和它们的流的一个完整的理论，除了色单态之外，我们不需要提到任何算符。
>
> （Fritzsch and Gell-Mann，1972）

盖尔曼承认，对可观察状态的单态限制，不过是规范不变性的要求，在靴袢哲学中有它的起源，就强子物理学而言，他非常尊重靴袢哲学。但是，这实际上回避了问题。在更深的层次上，施温格曾经警告说，规范不变性的一般要求不能用来处理本质上的动力学问题。在这一语境下，动力学问题是禁闭的奇迹，威尔逊和其他人用动力学的方式对此给予了抨击。

至于胶子，这篇论文宣称，“它们可以形成遵循杨–米尔斯方程的中性矢量场的一个色八重态”。此举通过告诉读者概念一致性的一个重大优势而得到了辩护：

> 如果把这一模型中的胶子变成色八重态，那么夸克和胶子之间恼人的反对称就消除了，也就是说，不存在带有夸克量子数的物理通道，虽然胶子能与包含 ω 和 ϕ 介子的通道自由交流（事实上，这种基本胶子势与重子数的真实流的通信，使得人们难以相信光锥流代数的所有形式关系都是正确的，甚至在“有限”版的单态中性矢量/胶子场论中）。
>
> （Fritzsch and Gell-Mann，1972）

306

这就足以规定量子色动力学的拉格朗日函数了。虽然这只是对量子色动力学拉格朗日函数的一个口头描述，而没有使用拉格朗日函数这个词，而且盖尔曼直到 1973 年才创造了量子色动力学这个名称，但是，对于知识渊博的物理学家来说，这一描述的重大意义相当清楚，即一种新的夸克–胶子相互作用的非阿贝尔规范理论诞生了。

（4）渐近自由性与量子色动力学

但是，一个广泛流传的观点认为，量子色动力学始于 1973 年渐近自由的发现（见第 10.2 节）（Pickering，1984；Pais，1986）。诚然，渐近自由的发现清楚地表明了量子色动力学满足短程标度提出的约束，因此证明了所谓的微扰量子色动力学（一个超强相互作用的可计算模型）是正确的，然而它与对强核相互作用的最初考虑完全不相关。它也为远距离禁闭提供了一种启发性机制。出于这些原因，渐近自由的发现确实有助于证明量子色动力学是正确的。但是，这一发现本身对于量子色动力学的创立不是决定性的，也是不足够的，量子色动力学的创立早在一年前就已经完成了。更严峻的事实是，这一发现没有色对称性的任何暗示，正如我们现在所知道的，精确对称或破缺对称对于标识量子色动力学至关重要。事实上，格罗斯和他的学生想要用破缺的对称性来避免红外问题（无质量胶子、长程力，这将导致状态光谱出现问题，并且损坏微扰理论中的 S 矩阵）。因此，他们宣称，在构建强相互作用的实在论物理模型时，“这些规范理论的主要问题是如何打破规范对称，为矢量介子提供质量”（Gross and Wilczek，1973b）。这显然不是量子色动力学。此外，当他们讨论弗里奇和盖尔曼（Fritzsch and Gell-Mann，1972）的工作时，他们评论道：

> 认为红、白、蓝夸克是一种数学抽象的支持者论证说，色 SU(3)群应该精确对称，所有非色单态应该完全被禁止。对于这样的奇迹，人们显然需要一个动力学的解释。
>
> （Gross and Wilczek，1973b）

给禁闭一个动力学解释的要求是值得尊敬的。但这份声明也明显暴露出直到 1973 年他们对什么是量子色动力学的识别特征仍缺乏了解。正如弗里奇、盖尔曼和卢泰勒（Fritzsch et al.，1973）随后指出的那样，渐近自由只是量子色动力学的一个结果，或者说一个优势，当时他们称之为色八重态胶子图像。

值得注意的是，在（1974 年 7 月召开的）伦敦高能物理会议上，在这样一个自洽的、看似合理的理论 “获得了荣誉奖——不多也不少”（Pais，1986）。这是一个证明任何科学发现、思想、模型和理论的认可度都高度情境依赖的例子。[12]

307 几个月后，随着 c 夸克的发现，情况发生了戏剧性的改变。将新发现的 J/ψ 粒子，作为束缚的“c 夸克–反 c 夸克”系统，或粲素，对 c 夸克的质量的需求十分巨大，其康普顿波长也因此很小。由于束缚力甚至在比这个长度还小的距离对夸克起作用，这就建议主体参与到夸克与胶子的短程行为，能用微扰量子色动力学去分析。粲素可以被合理地描述为具有禁闭势[13]的量子色动力学中的氢原子，这一事实创造了一个新情境，也就是量子色动力学很快就被高能物理共同体所接受了。

(5)盖尔曼与夸克的实在性

如果没有正确理解盖尔曼关于夸克实在性的概念变化，就不可能正确理解和领会量子色动力学起源的逻辑和促进作用。但是，如果没有对物理学和形而上学之间复杂关系的一个正确的哲学理解，也就不可能正确理解关于夸克实在性的概念变化。

由于科学家理论中基本概念的意义是由普遍流行的形而上学框架所提供的一个确定的意义结构所规定的，因此，在没有同时意识到有必要修正基本的形而上学框架，进而修正他们所使用的意义结构的情况下，物理学家很难理解伴随物理学的深刻发展，即量子色动力学中的色禁闭所产生的术语，如“组分”和“实在”的意义的根本性变化。但是，认识到有必要修正基本的形而上学框架，进而修正他们所使用的意义结构，即便对于哲学家来说也是一个相当困难的任务，更不用说物理学家了。举例来说，即使在物理推理中接受了一个巡行耦合的概念和随之发生的禁闭，物理学家仍然花了很长时间才意识到组分必须能够单独存在（一种还原论的意义）的想法只对弱耦合场论有效，当耦合很强时就必须修正。也就是说，它们可能永久存在于禁闭态而不是渐近态（一种重构的意义）。

因此，盖尔曼对永久禁闭的夸克是否真实存在的问题所做的痛苦挣扎，不能被轻率地当作数学工具主义而一笔勾销，而是必须放入夸克概念被提出时的语境中来考虑，根据当时流行的形而上学，对实在的真正想法是与可观察性不可分离地联系在一起的，而这一点又是按照渐近态来定义的。由于这个原因，可以理解盖尔曼不知道如何处理这一复杂情况，一方面，强子物理的进展给了他充分的理由相信强子是由夸克组分组成的，另一方面，他也有深刻的理由相信夸克不能渐近地被观测到。夸克是真实的吗？这个问题不停地折磨着盖尔曼。但后来，他意识到他之所以不能真实地看待夸克，是因为引入夸克的理论（他最初的带标量胶子的夸克模型）是错误的，如果他有一个矢量胶子的理论，他就会真实地看待夸克（Gell-Mann，1997）。这表明他是基于夸克–胶子模型的正确性来看待夸克的实在性的。然而，在一个正确的理论中夸克和胶子仍然是不可观测的，那么，它们是真实的吗？ 308

在各种逻辑推理的约束下，盖尔曼和整个共同体很快意识到，当实在这个概念应用于任何物理上隐藏的实体时，考虑到禁闭，它不仅仅是指实体作为一个独立的个体在认识上的可达性。更确切地讲，它把它的指称扩展为一些结构特征的组合，而没有赋予实体以任何的个体的可观察性。

通过这样的构想，物理学家就会在承认夸克和胶子的实在性上变得更容易，甚或更自然。但是，实在的意思已经彻底改变了。现在，真实存在的意思比单独可观察的意思要复杂得多。因此，随着量子色动力学的到来，物理学家已经令人信服地修正了“什么才算作一个真实存在”的形而上学标准。在这里重要的一点是，形而上学作为对物理学的反思，而不是对物理学的一个指示，是不能从物理学中分离出去的。随着物理学的发展，它必须不断前进，不断修正自己，以适应新的情况。

事实上，盖尔曼在看待夸克的实在性上痛苦挣扎的个人体验，只是人类在物理学进步的压力下，对形而上学的艰难调整的一种表达，这花了十年时间才完成。在20世纪60年代，盖尔曼对夸克的本体论本质（夸克真实存在或非真实存在）的理解，显然并不优于其他物理学家，但是，人们发现找不到理由去宣称，在20世纪60年代对夸克本质的本体论评估中，盖尔曼不如其他物理学家或哲学家。在20世纪60年代初，一些夸克实在论者确实宣称夸克具有实在性，但只是在夸克迟早会在实验室中被单独地观察到这一意义上讲的。但现在我们知道这只是一个错误的判断。

（6）量子色动力学起源的逻辑是什么？

量子色动力学是在标度、禁闭与色量子数存在的结构约束下构建的，它的产生源自通过探究流代数和构建场理论，从外部和内部对强子进行结构上的探索。既然理论实体的证据地位被编码在理论中，夸克和胶子（规范玻色子）的实在性不能与量子色动力学的有效性分离，正如盖尔曼意识到的和我们之前提到的那样，它们的实在性是在量子色动力学中被构造的。这一点坚决地剥夺了组分夸克模型以及南部错误构想的规范理论在量子色动力学起源中的任何建设性作用。

***** ***** *****

从1971年特霍夫特的工作使标准模型崭露头角，到1975年它在物理学家的基本相互作用的概念中取得了压倒性优势，人们仅花了四年时间就把弱相互作用和电磁作用统一起来，并用重整化理论加以描述，而强相互作用动力学也从一种混乱状态过渡到可用一个合理、可行的模型来描述。

11.2　进一步的延伸

309

然而，虽然标准模型很成功，但它仍然包含了太多的任意参量。除了弱耦合常数外，还有混合了规范耦合的温伯格角，混合了夸克味的卡比博角（Cabibbo angles），以及轻子、夸克、规范玻色子和希格斯粒子的质量参数。此外，为什么会有三代夸克和轻子，其原因仍然是个谜。因此，就统一而言，情况远不能令人满意，而统一是追求规范场纲领的基本动机之一。

同时，现有的理论工具，其中最重要的是重整化群和对称性破缺，已经为扩展标准模型并将规范场纲领带入其逻辑结论提供了强有力的激励。尤其是，由乔治、奎因和温伯格（Georgi et al.，1974）用重整化群方程组得出各种能量的强耦合和电弱耦合的计算，表明这两种耦合在相当于 10^{14}GeV 到 10^{16}GeV 能区附近相等。这种合并，加上这两个理论有相似的非阿贝尔规范结构的事实，为寻找进一步统一提供了强大的动力。在这样的大统一方案中，具有不同不变属性的自然律、对称定律和不对称物理态，所有这些都产生于一个具有更高对称性的情形。这一情形可以用早期宇宙条件下的物理学来描述，然后随着温度的降低和宇宙的膨胀，它经历了一系列相变，最终达到用标准模型描述的目前状态。

在这样一种基于规范原理的大统一中，物质场（费米子）的内在属性（量子数）拥有一种动力学表现：相应的规范场以一种独特而自然的方式与自身耦合，也与传递这些特性的物质场的守恒流耦合。因此，以量子费米子场形式存在的物质，最终在其完全成熟意义上获得实体的地位。物质和力场不仅作为两种实体相互交织和统一在一起，而且物质本身也变得活跃，其活力表现在规范耦合中。

然而，这种大统一，只有在群 $SU(2)_T \times U(1)_Y$ 和 SU(3)c（其规范量子负责相应的电弱力和强力）起源于一个更大的单群（其规范量子负责大统一力）的破缺时，才能实现。除了帕蒂和萨拉姆（Pati and Salam，1973a，1973b）提出的最初的大统一 $SU(4) \times SU(4)$模型，以及乔治与格拉肖（Georgi and Glashow，1974）提出的 SU(5)模型之外，还出现过其他几个模型。[14]它们全都建立在相同的基本思想之上，并且有许多共同特征。

泰勒（Taylor，1976）按照等级分明的对称破缺的一般形式，把大统一理论（grand unified theorie，GUT）的基本思想概括为：所有相互作用的一个基本的大局域规范对称性接二连三地破缺，给出了一个对称性破缺的等级结构。从一个规范群 G 和标量场 φ 开始。假定标量场 φ 的真空期望值是 F，$F=F^{(0)}+\varepsilon F^{(1)}+\varepsilon F^{(2)}+\cdots$，其中，$\varepsilon$是某一小参量。取 $F^{(s)}$的小群为 $G^{(s)}$（s=0，1，2，…），其中，$G\supset G^{(0)}\supset G^{(1)}\supset G^{(2)}$等。那么，$G$ 高强度地破缺到 $G^{(0)}$，在此过程中产生很重的矢量介子［$gF^{(0)}$数量级的质量］，$G^{(0)}$则强度较低地破缺到具有较轻的矢量介子的 $G^{(1)}$，如此等等。把三种力统一成一种力的优点之一，是能极大地减少任意参量的数目。例如，温伯格角能在 SU(5)模型中确定，大约为 $\sin^2\theta_w=0.20$。[15] 超重矢量介子的可观测效应在通常的能量下应当很小。

310

大统一理论的一个共同特征是夸克和轻子合并成相同的多重态。基本的规范对称性因此产生了有新性质的新的规范场类型。比如，在 SU(5)模型中，有 24 种统一的力场，这些场有 12 个量子为已知，包括光子、2 个 W 玻色子、Z 玻色子和 8 个胶子，剩下的 12 个是新的，人们为其取了一个集体名称 X。X 玻色子需要维持把夸克和轻子混合在一起的更大的规范对称性。因此，它们能把夸克变成轻子，反之亦然。也就是说，X 玻色子为重子数不守恒提供了一种机制。它的一个直接结果是质子衰变，这为宇宙学家考察宇宙重子过剩的老问题提供了一个新视角，也就是说，观测到的物质-反物质不对称可能是从对称的开端产生出来的。

大统一理论还有许多其他的宇宙学暗示，因为这些模型把物理学家的注意力引向早期宇宙，把早期宇宙作为超高能实验室，在那里可产生出质量 M_x 约为 10^{15} GeV 的粒子。作为一个理解宇宙结构和宇宙进化的框架，大统一理论，虽然在理论上是自洽的，但它却不能产生足够的重子非对称性以与观测数据保持一致，也不能为宇宙的“质量缺失”（missing mass）问题提供一个有质量的中微子解决方案。基于越来越大的统一群，更加复杂的竞争模型被提出来，这为问题的解决提供了新的可能性：新的重夸克和重轻子，以及大量有质量希格斯玻色子，等等。由于这些粒子在实验上不可获取，因此不可能在竞争模型之间做出选择。然而，这个事实是否已经暴露了规范场纲领可能超出了其经验基础，这一问题不是没有争议的。

一方面，大统一理论似乎还没有穷尽规范场纲领的潜能。不久大统一理论将进入这一阶段，在 1974 年的十一月革命之后，规范场纲领成为基础物理学中一个新的正统，更为雄心勃勃的努力是把规范场纲领扩展至引力。不过，在讨论这一扩展前，考察一下物理学家对规范原理的普适性的态度是适宜的。

当涉及外部对称性时，规范原理是普遍适用的主张受到一些物理学家的质疑。这里有两个问题：①引力相互作用是由对称性原理，即广义协变性原理决定的吗？②我们能否将广义协变性作为一种规范对称性，并且将其用来处理量子场论，从而得到一个量子引力的框架？

311

关于第一个问题，爱因斯坦最初声称的广义协变性，连同等效原理，导致广义相对论早在 1917 年就受到克雷奇曼的批评（见第 4.2 节）。后来又受到嘉当、惠勒和弗里德曼，以及其他人的质疑。[16]这些批评认为广义协变性原理没有任何物理内容，因为非协变的理论总能改写成协变的形式。他们声称，我们唯一能做的事情，是用协变导数代替常规导数，在理论中加入一个仿射联络 Γ_{ij}^{k}，并说存在这样的坐标系，其中仿射联络 Γ_{ij}^{k} 的分量恰好等于零，而最初的非协变形式是有效的。

但是，一些辩护者认为，引力相互作用实际上是由局域外部对称性决定的，因为在对最初的非协变理论的重新表述中，批评者也不得不承认仿射联络 Γ_{ij}^{k} 必定消失。但这就相当于假定时空是平坦的，外部对称性是全域的。然而，真正的广义协变性是一种局域对称性，这是弯曲时空所能满足的唯一一种对称性，在弯曲时空中，引力可以满足。因此，这些重新表述的理论所假定的广义协变性是虚假的。

第二个问题也并非没有争议。规范原理的忠诚追随者做出了许多努力，试过各种不同的对称群，试图找到引力的量子理论。其中，赫尔（F. W. Hehl）及其合作者的工作证明了庞加莱群，即洛伦兹变换和平移群，可以导出看似最合理的引力的规范理论，假若能对其给予积极的解释的话（更多这方面的工作见第 11.3 节）。

遗憾的是，所有早期按照粒子物理学的标准模型处理引力的规范理论的尝试，都未能使其模型重整化。[17]这种情形让人想起弱力在与电磁力统一之前的情形。引力和弱力都是不可重整化的。然而，在弱力情形中，一旦找到适当的规范对称性［$SU(2) \times U(1)$］，由此产生的统一的电弱理论中的无穷大就能通过一个重整化程序并入参数中。在这一经验的指导下，理论物理学家开始寻找一个比现存的外部对称性群更强有力的群，这个群将使引力可重整化。

把引力和其他力统一起来的部分困难在于，各个理论几乎没有共同之处，反而是有冲突的。用于规范引力的对称性与用于规范其他力的对称性本质上是不同的。规范引力的对称性是外部对称性，而所有其他规范对称性都是内部对称性（跟时空中任何坐标变换都没有关系）。在20世纪60年代中期，人们做了一些努力以实现外部对称群和内部对称群的统一。[18]然而，事实证明，在许多相当一般的条件下，庞加莱群（P）和内部对称性群（T）的一个统一群（G）只能在一个直积 $G=T\otimes P$ 的平凡意义上实现。人们推导出了许多不可行定理（no-go theorems），它们禁止对称群 G 以非平凡方式（即不是作为直积）包含 T 和 P，因此，对 G 的这一不合理要求将考虑对具有不同内部对称性的粒子进行统一描述的可能性。[19]

312

通过引入超对称性，至少可以部分地绕过这种不可行定理。[20]虽然内部对称性只符合具有相同自旋的粒子，但是超对称性通过把非对易数吸引为核心要素，从而把费米子与玻色子联系起来。结果是，虽然超对称性本身只是一种特殊的外部对称性（见下一段落），而不是一种外部和内部对称性的真正统一，但超对称性超多重态由一系列不同的内部对称性多重态组成。[21]

为了理解上面这种说法，我们只需记住，在量子场论中，玻色子场的量纲为1，费米子场的量纲为3/2。[22]因此不难理解，把玻色子和费米子联系起来的两个超对称性变换，产生了一个量纲单位的能隙。不同于场且可用于填充间隙的唯一量纲对象是导数。因此，在任何全域超对称性模型中，纯粹根据量纲，我们总能找到出现在双重变换关系中的导数，因此，从数学上讲，全域超对称性类似于取平移算符的平方根。这就是为什么全域对称性被看作是庞加莱群的一个扩展（所谓的“超庞加莱群”），而不是内部对称性。

在局域理论中每个点的平移算符都是不同的。这正是广义坐标变换的概念，它使一些物理学家预计引力可能存在。实际上，在局域超对称不变性要求的指导下，运用“诺特方法”，一些物理学家得到了自旋为3/2的无质量（引力微子/超对称引力子）的场规范超对称性和自旋为2的无质量（引力子）的场规范时空对称性。因此，超对称性的局域规范理论意味着引力的一个局域规范理论。这是局域超对称性理论被称作超引力的原因。

在简单超引力中，超对称性产生子的数目 N 为1。如果 N 大于1，那么这一理论就叫作扩展的超引力。扩展超引力理论的一个特点是，除了与引力有关的时空对称性外，还有一个全域 U(N)内部对称性，它与所有相同自旋的粒子有关，因此与超对称性没有任何关系。结果表明，内部对称性可以局域化，从而可以引入非引力相互作用。一些物理学家对在 N=8模型中发现额外的局域 SU(8)对称性感到非常兴奋，希望局域 SU(8)群可以产生大统一理论所需要的自旋为1和自旋为1/2的束缚态。[23]尽管出现了所有这些事态的发展，然而，超对称性和额外内部对称性之间的关系仍不清楚。因此，在超引力的背景下，外部对称性和内部对称性的统一仍然遥不可及，引力和其他力之间的关系仍然模糊不清。

超对称性是一种强大到足以使超引力可重整化的对称性吗？初步结果鼓舞人心。在扩展的超引力中，由于费米子（引力微子）和玻色子（引力子）之间的对称性，S 矩阵中的一阶和二阶量子修正相互抵消。[24]也就是说，包含引力微子的新图表抵消了引力子引起的发散。然而，尽管早期很乐观，但物理学家对超引力的热情很快就消退了。自 20 世纪 80 年代中期以来，随着超弦理论（将在另一卷中讨论）和圈量子引力（见第 11.3 节）的出现，很少有物理学家相信量子引力的问题——作为引力和自然界中其他三种基本力的统一的第一步，但它不同于，因此也不能等同于这种统一——能在超引力的框架内得到解决。

313

11.3　本体论的综合：没有固定背景时空的量子引力

量子引力场是量子场和引力场的一个真正的本体论综合，根据广义相对论，引力场的动力学信息被编码在时空结构中。但是这种本体论的综合不能通过量子化经典引力场来实现，正如费曼（Feynman，1963）和许多其他粒子物理学家后来试图做的那样，遵循标准模型并将引力场视为传统的规范场定义在一个固定的背景时空流形上（第 11.2 节）。这个追求必然失败的原因很简单，但很深刻：迄今为止发展起来的所有规范理论和量子场理论，只有在定义于闵可夫斯基时空时才有意义（见第 7.2.3 小节）。一旦考虑到引力，根据爱因斯坦对广义相对论的解释，时空就不能被认为拥有自己的存在，而只能作为引力场的结构性质。也就是说，时空的实在性根源于对时空点上同时发生（不同点上不同的巧合）的物理事件的编码，以及对在各种因果关系的运动学结构中各事件之间关系的编码。这就意味着作为一个编码引力场信息的本体论上非独立的范畴，时空必须从动力学引力场中继承它的动态性，并且显示出量子特性，如果引力场是量子实体的话。因此，如果我们认真地看待爱因斯坦的广义相对论所预示的时空观的话，那么一种引力场的量子规范理论——其中引力场作为规范场，被定义在一个固定的（非动力学的）经典时空中，并以量子力学的方式处理——是不自洽的，因而也是不可能的。因此，本体论的综合只能通过一个背景独立（BI）的量子引力理论来实现。

一个背景独立的量子引力理论的热门项目是圈量子引力（LQG）

（Ashtekar，1986；Ashtekar and Lewandowski，2004；Rovelli and Vidotto，2014）。圈量子引力作为一种动力学的自旋连接理论（而不是度规被视为代表引力场的主要实体），是通过使用非阿贝尔规范理论的机制（用于量子化和定义动力学算符的相空间结构等）驱动的。它属于规范引力传统，是规范场纲领的进一步发展。

为了对圈量子引力做出正确的评估，让我们简要回顾一下圈量子引力之前这条线上的工作。正如我们在第9.1节中提到的，伦顿和外尔意识到规范314不变性只在量子理论中才有意义，在量子理论中，原来的规范因子变成了物质场的波函数中的相位因子。但是在规范引力的初始阶段，他们的目的主要是再现和扩展广义相对论，他们关注的焦点是负责引力和相应的时空特征的动力学场，而没有关注必须用量子力学处理的源（物质场）。这种特殊情况使得实践者（即物理学研究者）经常忘记规范理论本质上是量子性的，而“经典地”处理他们的引力规范理论，不是把它们作为一个真正的量子场论来处理，至少在某种意义上没有努力通过构建希尔伯特空间和明确规定动力场算符来量子化他们的理论。对于内山菱友（Utiyama，1956）、基布尔（Kibble，1961）和赫尔（Hehl，1976）来说也是如此。他们都是在一个固定的背景时空中工作的。

内山菱友（Utiyama，1956）通过规范化洛伦兹群开启了规范引力纲领。他把联络当作规范势，作为产生引力和规定时空曲率的唯一动因。但是，联结洛伦兹群的流，作为引力的来源，是反对称角动量流，而不是对称的能量–动量流。这一缺陷之所以不被看见，只是因为在纯规范的情形中（在没有来源的情况下），它是隐藏的。

基布尔（Kibble，1961）将内山菱友（Ryoyu Utiyama）的洛伦兹群扩展到庞加莱群，这样，除了内山菱友的与平移变换相关的四分体关联外，他的规范势还包括负责洛伦兹旋转的其他联络部分，这在广义相对论中是不存在的。因此，他给出了一个引力的规范理论，该理论允许引入一个更大的对称群、更多的规范势，并可以获得更丰富的时空结构：除了与平移相关的曲率（这在粒子物理学的非阿贝尔规范理论中没有对应物）外，还有在能量–动量流中由物质场（费米子）引起（并与物质场耦合）的扭率。

赫尔及其合作者（Hehl et al.，1976）从一个平坦的闵可夫斯基时空开始他们的研究。他们将坐标和坐标系视为固定的，只关注规范势的动力学行为。他们使用庞加莱群的主动变换，而不是基布尔的被动变换，推导出基布尔的结果：时空不是闵可夫斯基时空，而是黎曼–嘉当时空（Riemann-Cartan spacetime)，既有扭率也有曲率。

赫尔受到了艾伦比（A. Lasenby)、多兰（C. Doran)、格尔（S. Gull）的批评（Lasenby et al.，1998)。他们指出，赫尔之所以推导出黎曼–嘉当时空，只是因为他已经预设他所研究的时空本质上就是黎曼–嘉当时空，在他们看来，这是不可取的：规范原理应该是一个概念框架，在这个框架中，人们可以借助规范势，从闵可夫斯基时空推导出黎曼–嘉当时空，规范势的功能不应仅限于添加扭率（和扭率–自旋相互作用）到（隐含存在的）时空曲率中。

在为赫尔辩护时，有人可能会说，如果我们从时空编码（引力场的动态信息）的视角来看，实际上赫尔并不是从任何一种时空开始的：他把所有非动力学的东西都固定下来，只关注动力学规范势及其在规范变换下的行为，315 其信息将被编码在从理论中涌现出的时空结构中。也就是说，赫尔所预设的甚至不是他自己声称的背景闵可夫斯基时空，产生的时空实际上是从规范原理中推导出来的。

艾伦比、多兰和格尔三位物理学家的工作只假定了闵可夫斯基时空和规范对称性。但他们对规范对称的理解比大多数物理学家更具普遍性，也更符合爱因斯坦的精神。他们从一个非常普遍的观察结果中推导出（而不是假定）规范势：场之间的内在关系不受它们出现的位置和它们本身所处状态的影响。因此，对于 a 和 b 两个场，他们声称：①如果 $a(x)=b(x)$，那么 $a(y)=b(y)$，$y=f(x)$；②如果 $a(x)=b(x)$，那么 R$a(x)$R~=R$b(x)$R~。陈述第一条意味着在任何位置变化下的不变性，或微分同胚不变性；陈述第二条意味着场本身在任何变化下的不变性。他们用基于“克利福德代数”（Clifford algebra）的几何代数严格地证明，这些不变性规定了规范势的引入：他们认为位置规范场产生微分同胚不变性，它们的源是对称能量–动量流；旋转规范场产生陈述第二条中提到的不变性，刻画纯场的旋转（在一个固定点上)，不与从一点到另一点的变化相混淆。他们把这个特征作为庞加莱规范不变性的一个独特特征，庞加莱规范不变性在不改变位置的条件下，不可能有一个纯场旋转。基于这些结果，他们作出了一个强有力的、影响广泛的声称：任何关系和任何可观察量在这两种变换下都是不变的。

但是，他们的工作可能受到如下批评。首先，他们不必从闵可夫斯基时空开始。任何非结构流形都足以让他们推导出一个结构足够丰富的时空，用以编码他们明确规定的规范不变性所约束的动力场的信息。其次，在描述量子系统的一般情形中，对规范场采取经典的处理方法，而不对它们进行量子化，这是非常不令人满意的。

现在回到圈量子引力本身。尽管圈量子引力从一开始就建立在一个非结构化的流形上，但是，圈量子引力是一个没有背景几何的背景独立理论。它假定微分同胚和SU(2)为规范对称。相应地，除了列维-奇维塔联络（Levi-Civita connection）平行传输（四维时空）矢量外，它还有自旋联络平行传输旋量。但是，与早期关于规范引力的工作不同，这是一个基于狄拉克纲领（规范约束下的正则量子化）的量子理论。由于它的基本构型变量、自旋联络必须被抹去，才能作为一种有意义的分布（正如公理量子场理论家所提议的），这导致了自旋联络沿着一维曲线的环移（holonomies）（威尔逊圈），因此取名为圈量子引力。由此建立起来的自旋网络成为量子希尔伯特空间的基础。由于自旋联络不是一个定义明确的算符值分布而自旋联络的环移可以，因此，环移与正则共轭动量（横跨两个平面的三元组 E）的通量一起成为相空间的基本动力学变量。随着希尔伯特空间与算符的成功构造，一条通往成熟的规范势量子理论通道被打破了。

316

除了对①规范势场态（自旋联络）的希尔伯特空间的构造和②量子算符（来自基本环移和通量算符的表面算符和体积算符）的构造，圈量子引力的主要成就之一是发现了这些（表面和体积）算符的本征值谱，其结果就是所谓的量子几何（Ashtekar and Lewandowski，1997a，1997b）。谱的特征是非常拥挤的，因此它们会迅速演化成平滑的经典时空。

值得注意的是，圈量子引力是另一种规范理论，不同于粒子物理标准模型中的规范理论。在后一类规范理论中，不能通过相空间结构将环移和通量定义为算符，而在具有环移-通量结构的圈量子引力中，不能定义福克空间，因此基本激发是一维环移，而不是动量空间中的粒子，因此，所有与引力子相关的困难都变得无关紧要。与我们的综合关注点最重要的区别是：圈量子引力的规范群不是纯粹的内部变换（通过仅在时空流形的同一点上相位因子的变换），而是涉及遍及不同时空点的变换。

尽管圈量子引力的量子几何学为一个成熟的量子引力理论提供了运动学基础，但是自旋泡沫（SF）方法为它的动力学提供了一个初步方案（Perez，2003，2013）。自旋泡沫方法将路径积分形式应用于自旋网络（自旋联络态），并将路径积分幅度视为量子几何态（自旋网络）的跃迁幅度，表现为自旋泡沫（一个双复合体）代表了量子几何态（代表空间）的时间（动力学）演化。但是，该理论的背景独立性质——该理论没有假定时空，时空必须从理论中涌现出来——使得这种对路径积分幅度的解释站不住脚：不涉及时间性，量子几何态只是自旋泡沫（图形）的边界态。事实上，自旋泡沫不是在时空流形上定义的，而是很重要地在群流形上定义的。因此，自旋泡沫方法的路径积分公式中的总和不能被理解为对历史求和，而只是对量子几何的量子规范变换求和；对于时空流形而言，它必须用自旋泡沫方法的结果来构造。

但是如何来构造？为了明白如何来构造，我们应该注意自旋泡沫扮演的两个角色：①自旋泡沫能用来从图形中提取入态和出态（边界态），将它们置于量子约束下，然后用它们来建立量子几何的物理希尔伯特空间；②自旋泡沫的边界态能被看作表征空间表面，时间因此能通过去参数化而获得。去参数化实质上是引入了内部时间的概念。内部时间既不是牛顿的绝对时间，也不是狭义相对论中固定于特定轨道的本征时间，更不是广义相对论中受微分同胚变换限制的坐标时间。相反，它是一个纯粹局域的关系概念：如果取一个物理变量并将其当作一个时钟，并观察与其互相作用的其他变量如何变化，那么通过查看当“时钟”变化时这些变量中的一个给定值的条件概率，人们就能计算出某一种时间。

317

自旋泡沫方法的主要成就可以总结如下。虽然自旋泡沫作为运动态（自旋网络）的规范轨迹不能等同于量子时空（不存在这种本质上是量子的时空），但它是推导时空的重要一步：它有助于通过量子化提取运动态，从而获得动力学自由度（环移和通量），然后通过去参数化重建与空间（态）和时间（过程）相关的量子化结构，这些结构通过挤压迅速收敛于光滑的时空。一个警告是：这只对空间结构为真，现在还不适用于时间结构。

从广义相对论的局域动力学关系的时空（对物理自由度的动态信息进行编码）观和规范理论的局域动力学关系的角度看，从圈量子引力到自旋泡沫方法的规范引力的发展已表明以下几点。①人们可以构想一个没有经典时空基础的量子场论。②时空能从圈量子引力衍生出的量子几何中显现（或被构建）。③建构的前提是，我们应该能够合理解释在量子引力领域会发生什么。这是一个康德式的假设。目前，不可避免的康德条件是一个作为要素总和的非结构的流形，这些要素不是必要的时空事件，它们可能是一组群要素（群流形）。④从任何一种非结构流形出发，采取一种量子实在论的立场（不是对经典实体和结构进行量子化，而是让经典实体和结构作为极限，从量子实体和结构中显现），假设场中某些内在关系普遍可得到，而不管它们是从哪里获得的，也不管它们的关系者的状态，那么可以构建一个广义相对论型的时空或具有更丰富结构的时空。

11.4 规范场纲领：几何纲领与量子场纲领的综合

在第一部分，我们考察了几何纲领，根据这一纲领，相互作用通过连续经典场传递，这种连续经典场与时空的几何结构，如度规、仿射联络和曲率，不可分地联系在一起。这个几何化相互作用的概念导致了对引力的一个深刻理解，但在物理学的其他方面没有丝毫成功。事实上，电磁理论、弱相互作用理论和强核相互作用理论呈现了完全不同的方向，在 20 世纪 20 年代后期，随着量子电动力学的到来，启动了基本相互作用的量子场纲领，这一点我们曾在第二部分考察过。按照量子场纲领，相互作用是通过虚量子传递，及其与相互作用场的局域耦合来实现的，但量子与时空几何无关。

两种纲领之间的概念差异如此之深，以致我们不得不说，两种纲领之间发生了范式转移。在此，我们遇上了一个激进的概念变革：就相互作用的传递机制而言，两种前后相继的研究纲领有不同的本体论承诺。尽管有明显的差异，但是我将论证，量子（它的耦合和传播，传递相互作用）与时空（编码引力）的动力学几何结构之间仍然存在可觉察的密切关联。这个观点直接瞄准了库恩的不可通约性论题。

318

这种关联不能通过简单地把量子场定义在一个固定的弯曲时空流形[25]上来建立，因为新的形式体系与传统的量子场论的唯一区别在于，非闵可夫斯基流形的几何结构和拓扑结构对系统有影响，否则系统将以传统的方式被量子化。然而这样一种固定的背景结构的观点，与广义相对论的真正精神直接冲突，根据广义相对论，时空结构本质上是动力学的。不过，与我们的讨论更相关的是，在这种形式体系中相互作用不被编码在几何结构中这一事实。

建立这种关联的一种方法是，把时空结构当作量子变量而不是一个固定背景，并且使其服从量子力学的动力学定律。在 20 世纪 60 年代，沿着这条路线，量子化引力的正则方法产生了著名的惠勒–德威特方程。[26]然而，除了不能成为可重整化的形式表述外，正则量子化还要求把时空分成三个空间维度和一个时间维度，这明显与相对论的精神相背离，[27]尽管这不是一个不可逾越的困难，正如我们将在下一节看到的那样。而且，对于等时对易关系的含义，还有一个解释的问题。这些关系只是在一个固定的时空几何上，才会对物质场给出明确的定义。但是，一旦几何结构被量子化，并服从态叠加规则和不确定原理，那么在这一情况下说两点是类空分离的就无意义了。

在 20 世纪 70 年代，量子化的路径积分方法变得流行，霍金在对四流形 M 上的所有黎曼四度规进行路径积分，并对具有某种规定边界的每个 M 求和的基础上，制定了他的量子引力的“欧几里得”方法（Hawking，1979），并且，当流形只有一个关联三边界时，得到了一个关于宇宙的“无中生有创世”理论（creation ex nihilo theory）。[28]但是，这个构想也是不可重整化的。

一些物理学家，比如彭罗斯（Penrose，1987），对量子化引力的反复失败的反应是，寻求从根本上修正量子理论的结构的出路；其他人，比如超弦理论学家[29]，则尝试用超越量子场论框架的完全不同的物理学理论；更有甚者，像艾沙姆（Isham，1990）（他试图看到传统的量子场论能推广到多远，在什么程度上，支撑引力纲领的几何概念和拓扑概念在量子场论中仍能保留），诉诸一种关于时空的几何结构和拓扑结构的极端激进的思想，即在宇宙中只有有限的点，在有限的点上只有离散拓扑，它们能解释为时空的结构。虽然超越量子理论、量子场论或时空理论的现存框架无可厚非，但是这些反应并没有产生能找到量子和几何结构之间联系的任何可持续的物理理论。 319

本节的主题是另一种方法，即通过探索规范理论的几何暗示，把两个纲领连接起来。尽管规范理论框架只在引力之外的领域是成功的，但是对规范理论框架进行几何学解释仍然在某种程度上体现了规范纲领与量子场纲领的一个综合，如果我们记得，规范场纲领只在量子场纲领的框架下才有意义。

为了继续探讨这个综合主题，我们只需要关注规范原理，它总体上把规范场纲领与量子场纲领区分开来。规范不变性要求引入规范势来补偿在不同时空点上内部自由度的额外变化。这模仿了广义相对论，在广义相对论中广义协变性作为一个局域对称要求引入引力势[30]，以补偿平移造成的额外变化。在广义相对论理论中引力势被编码在一种确定的几何结构中，即四维弯曲时空中或正交标架丛中的线性联络（Trautman，1980）。规范势也可被解释成被编码在某种类型的结构中，即主纤维丛（fiber bundle）上的联络（Daniel and Viallet，1980）。在广义相对论和规范理论之间的这种数学-理论结构上的深刻相似性表明了规范理论的几何本性。而且，一些物理学家也试着将广义相对论本身解释为规范理论的一种特例。因此，杨振宁重复谈到“规范场的几何本性”，主张通过规范场纲领来实现“物理学的几何化”（Yang，1974，1977，1980，1983；Wu and Yang，1975）。他甚至声称规范场正是爱因斯坦为了得到他的统一场论所尽力寻找的几何结构（Yang，1980）。

这一推理路线的出发点，当然，是引力的几何化，这至少在一种弱意义上得到了确认（见第5.2节）。让庞加莱对称局域化（这要求广义协变性），就去除了时空的平坦性，并要求引入非平凡的几何结构，如编码引力相关信息的联络和曲率。

对于其他能被规范势描述的基本力而言，容易发现相应理论的理论结构与引力的理论结构完全相似。有内部对称性空间——相空间，对于电磁学而言，它看起来像一个环；对于同位旋而言，它看起来像三维球体的内部；而对于强相互作用而言，它就像它的色空间；等等。在每个时空点上定义的内部空间称为一个纤维（fiber），这种内部空间和时空的结合称为纤维丛空间。如果假设在不同时空点上物理系统的（内部空间）方向是不同的，那么局域规范对称性就消除了纤维丛空间的“平坦性”，并且要求引入规范势，规范势产生规范相互作用，联结不同时空点上的内部方向。由于规范势在规范理论的纤维丛空间中所起的作用，与仿射联络在广义相对论的弯曲时空中所起的作用相同，因此杨振宁的几何化论题似乎得到了证明。

320 然而，批评家可能会回答说，这不是真正的几何化，因为规范理论中的几何结构仅在纤维丛空间上定义，而纤维丛空间只是一种数学结构（时空和内部空间的平凡积，两个因子空间彼此无关），不同于真实的时空。因此，所谓的几何化只能被视为一种暗示性的修辞，而不能被认真地看作是一个本体论主张。

意见分歧影响对基本物理学的认知方式。为了理解这一点，让我们从一个简单的问题谈起：什么是几何？在狭义相对论之前，唯一的物理几何是三维空间中的欧几里得几何。其他几何学，尽管逻辑上可能，但只被看作是一种编码各种信息的精神虚构。随着狭义相对论而来的是四维时空中的闵可夫斯基几何。今天没有人会否认这是一种真正的几何。这种信念产生的重要原因是，定义闵可夫斯基几何的四维时空，不只是三维空间和一维时间的一个平凡积。更确切地说，洛伦兹旋转把空间指数和时间指数混合在了一起。四维时空中的黎曼几何再一次不同于闵可夫斯基几何。这是一种真正的几何吗？还是说，只是一种以闵可夫斯基几何为背景的描述引力的数学技巧？

广义相对论给我们的一个教训是，引力相互作用必然反映或编码在时空的几何特征中。即便我们从闵可夫斯基几何出发，用量子场论框架重新表述广义相对论（在广义相对论框架中，引力由一个无质量的自旋为2的场描述），由此产生的理论也总是会涉及弯曲度规，而不是原初假设的平坦度规。[31]在此，平坦度规和弯曲度规之间的关系，非常类似于量子场论中裸电荷和着衣电荷之间的关系。因此，黎曼几何应当被看作真正的时空几何。或者，等价地说，我们应当认识到，时空几何的真正特征实际上由引力构成。准确说来，这是黎曼在他著名的就职演说中所推断的，也是爱因斯坦一生所坚持的。

那么，当涉及内部对称性时（或等效地说，当涉及引力之外的相互作用时），情形如何呢？为了正确评估这一情况，对广义相对论之后几何思想的进一步演化，稍讲几句话是有必要的。

1921 年，爱丁顿提出了关于“世界结构的几何，作为空间、时间和万物的共同基础”的思想。在最广泛的意义上，爱丁顿的几何学既包含了与物质相关的元素，又包含了与物质系统的相互作用机制相关的元素。爱因斯坦和薛定谔在他们的统一场论中探讨了这种世界结构几何学，卡鲁扎和克莱因在他们的五维相对论中也探讨过（见第 5.3 节）。正如我们将要看到的，在过去的 20 年里，人们对爱丁顿的几何学的兴趣，又在规范理论的纤维丛描述[32]中，以及在现代卡鲁扎-克莱因理论[33]中复活了。

在最初的杨-米尔斯理论中，所谓的微分形式体系、内部自由度，虽然从复数的简单相位推广到了李群的生成元，但是与时空毫不相干。杨振宁和米尔斯仅仅推广了量子电动力学，对于它的几何意义一无所知。但是，在 1967 年，内部自由度和外部自由度之间的联络点出现了。吴大峻和杨振宁在他们（Wu and Yang，1967）的论文中，提出了同位旋规范场方程的一个解，方程为：$b_{ia}=\sum_{ia\tau}f(r)/r$，其中 $\alpha=1, 2, 3$，代表同位旋指标，i 和 τ 是时空指标，而 r 是三矢量（x_1、x_2、x_3）的长度。这个解明确地把同位旋指标和时空指标结合起来。从概念上讲，这是一个重大的进展。如果闵可夫斯基几何能够被认为是真正的几何，因为在这一几何中洛伦兹旋转把它的时间指标和空间指标结合了起来，那么吴-杨的解就为一个新的真正几何提供了一个更广泛的基础。

321

在这一方向上的一个进一步发展，是 1974 年特霍夫特和波利亚科夫各自独立提出的 SU(2)规范理论的单极子解。在这种情况下，单极子解把物理空间中的方向和内部空间中的方向联系了起来。同种类型的联系也出现在规范理论的瞬子解中（参见第 10.4 节）。

当杨振宁（Yang，1974）提出规范场的一个积分形式体系时，规范理论的几何含义就变得更为清晰了。积分形式体系的要点是引入不可积相因子的概念，这一概念被定义为 $\phi_{A(A+\mathrm{d}x)}=I+b\mu_{\mu}^{k}(x)X_k\,\mathrm{d}x^{\mu}$，其中，$\mu_{\mu}^{k}(x)$是规范势的分量，$X_k$是规范群的生成元。借助于这个概念，杨振宁发现：①列维–齐维塔的平移概念是具有规范群GL(4)的不可积相因子的特殊情形；②线性联络是规范势的特殊类型；③黎曼曲率是规范场强的特殊情形。尽管杨振宁的特定GL(4)引力规范理论受到了帕维勒的批评（Pavelle，1975），理由是杨振宁的理论不同于爱因斯坦的理论，并且可能与观测结果相冲突，但是，杨振宁的这些总体想法还是得到了广泛认可。这个工作在表明规范场的概念是极其几何化上令人深刻印象。这一印象为吴大峻和杨振宁（Wu and Yang，1975）在规范场的全域表述上的工作所加强。在此，规范场的全域几何内涵，包括那些由AB效应和非阿贝尔单极子所暗示的东西，都依据纤维丛概念被探究和表述。[34]

考虑到这些进展在规范理论的纤维丛方案中达到顶点，很明显，与时空的外部几何相似，存在着内部（规范群）空间的内部几何。这两类几何都能置于同样的数学框架中。然而，尽管有令人印象深刻的数学相似性和内部几何与外部几何混合在一起的可能性，这两种几何的统一（与引力和其他基本相互作用的统一相联系）的真实图像，仍然不清楚。

这个图像，在现代卡鲁扎–克莱因理论中，变得更为清楚。在最初的卡鲁扎–克莱因理论中，一个在低能实验中紧致化的额外的空间维度，为了容纳电磁学，被嫁接到已知的四维时空上。在一个复活的卡鲁扎–克莱因理论中，额外空间维数升至7，体现在大统一理论中的对称算符数目和扩展至N=8的超引力被考虑。据推测，7个额外空间维度在低能时紧致化为一个超球体。这个7球体包含许多额外的对称性，这些对称性旨在把力场的基本规范对称性模型化。这意味着内部对称性是与额外的（紧致）空间维度相联系的对称性的表现，也意味着与内部对称性相联系的各种几何都是真正的空间几何，也就是与额外空间维度相联系的几何。

322

既然是这样，那么“内部几何和外部几何之间的关系是什么”这个问题就是无意义的。但在深层意义上，这个问题仍然是深刻的。当我们谈论规范场论的几何化时，真正的议题是什么？当四维时空中的几何结构确实对规范相互作用的信息编码，而不是对引力或超引力的信息进行编码时，这一几何化论题才有意义。如果这些四维时空中的几何结构跟与额外空间维度相联系的几何结构相混合，这一几何化论题也是有意义的。除非达到假设的紧致标度，即普朗克标度T=10^{38}GeV左右，否则我们不能知道情况是否就是这样。因此，在这之前，它将仍是一个开放性问题。不过，现代卡鲁扎–克莱因理论确实通过额外维度的几何结构，打开了建立非引力规范势和四维时空中的几何结构的关联之门。因此，在这种理论语境中，几何化论题（它与引力和其他规范的相互作用统一相关，但并不等同），原则上是可检验的，并且不能被指责为不可证伪，或与基础物理学的未来发展无关。

注意到下文中的情况是有趣的：在规范场纲领的几何解释语境中，规范场纲领和量子场纲领之间的区别，正是规范场纲领相似于几何纲领的地方。因此，尽管规范场纲领和几何纲领的根本区别，就像量子场纲领和几何纲领的区别一样激进，但是它们之间也显露出深刻的内在关联。两者都是场论。两者都受对称性原理指引，因此相互作用与几何结构相关。当然，从几何纲领过渡到量子场纲领，其基本思想发生了一些转变。例如，量子场取代了经典场，内部对称性扩展了时空对称性。这些转变都是在一个竞争的研究纲领，即量子场纲领中完成的。因此，如果我们注意到，规范场纲领是这样一种研究纲领，其中，相互作用通过量子化的规范场实现，其动力学信息被编码在纤维丛空间的几何结构中，那么，认为规范场纲领是几何纲领和量子场纲领的综合，就是可疑的。

根据这一讨论，可以清楚地看到，这种概念综合不要求也不暗示统一。概念综合能以本体论的综合为基础（体现在量子引力中），而无须统一。前提是几何结构（遵照广义相对论的精神，能被适当地理解为编码引力信息的结构）能被恰当地量子化，正如我们在第 11.3 节中讨论的圈量子引力中的情形那样。

11.5 停滞与新的方向：有效场论

323

正如温伯格指出的那样，在 20 世纪 70 年代末、80 年代初，经历了短暂的乐观之后，规范场纲领“已经不能在基本粒子的性质的解释或预言上取得进一步的进展了，难以超越 20 世纪 70 年代初已经取得的进展”。从概念上讲，他意识到“我们能理解量子场论在低能范围（1TeV 左右）上的成功，而不必相信量子场论是一个基本理论”（Weinberg，1986a，1986b）。但是，从 20 世纪 80 年代中期开始，量子场论的困难，甚至在其标准模型的最复杂形式中出现的困难，变得越来越明显：量子色动力学几乎难以解释低能 π 介子-核子相互作用。由于存在与如四维时空中夸克禁闭问题，以及三代费米子等问题相关的困难，因此，甚至标准模型的自洽性似乎也处于可疑的境地。而且，电弱与强相互作用的统一也遭到了攻击，虽然攻击没有成功。更不用说引力的量子化及其与其他相互作用的统一了。

与此同时，从 20 世纪 70 年代后期开始，最有洞察力的理论学家，例如温伯格（Weinberg，1979）更加清楚，量子场论的概念基础已经发生了根本性的变革，这既是尝试解决理论中概念反常的结果，也是量子场论和统计物理学之间富有成效的相互作用的结果。澄清了有关正则化、截止、维数、对称性和可重整化等概念的隐含假设，并且改变了对这些概念的原初理解。新的概念，如“对称性破缺”（“自发”或“反常”）、“重整化群”、“高能过程与低能现象脱耦”、“明显的不可重整化理论”和“有效场理论”，依赖于统计物理学的巨大进展得到了发展。这些变革的核心是出现了新概念：“破缺的标度不变性”和相关的重整化群方法。

温伯格（Weinberg，1978）首先透彻理解了这些物理洞见［这些物理洞见主要是由费希尔、卡达诺夫和威尔逊在临界现象的背景下发展起来的（见第 8.8 节），如重整化群方程的不动点解的存在，以及在耦合常数空间中通过不动点传递的轨道条件］，用一个更基本的他称作“渐近安全”（asymptotic safety）的指导原理解释并取代了可重整化原理。不过，这个纲领很快又被另一个纲领即“有效场论”（EFT）纲领遮蔽了光彩，“有效场论”纲领也是由温伯格首创的。一开始，有效场论不像渐近安全理论那样雄心勃勃，因为它还仍然以可重整化作为其指导原则。然而，最终，它对重整化产生了新理解，并对可重整化的基本原理提出了严峻的挑战，从而阐明了量子场论的理论结构及其本体论基础，最重要的是，在基础物理学中引入了根本性的观念转变。

324

11.5.1 根本性转变

截止

正如我们在第 7.4 节指出的，重整化程序本质上由两步组成。第一步，对于一个给定的理论，如量子电动力学，确定一套算法，以把可确定的低能程序从高能过程中无歧义地分离出来，高能过程不为人所知，因此一定为人所忽略，只有用新理论才能描述它们。第二步，通过重新定义该理论的有限数量的参数，把这一理论所描述的被忽略的高能过程对低能物理学的影响合并进来。重新定义的参数在理论上是不可计算的，但是可由实验来确定（Schwinger，1948a，1948b）。关于并入和重新定义的隐含要求的可能性，我们将在后面考察。现在我们将集中考察分离。

对于施温格（Schwinger，1948b）和朝永振一郎（Tomonaga，1946）来说，他们用接触变换（contact transformations）直接分离无穷项，用具有适当规范变换性质和洛伦兹变换性质的离散项简单地表示未知的贡献。然而，在他们的公式中，关于可知能区域与不可知能区域的分界线在哪儿，没有任何线索。它被隐藏在发散积分中的某处。因此，并入和重新定义只能被视为对发散量的一种本质上的形式处理，具有非常弱的逻辑正当性。[35]

费曼、泡利和维拉斯，以及大多数其他物理学家，采取了一种不同于施温格和朝永振一郎的方法。他们为了使积分有限，借助于正则化程序暂时性地修正了理论。在费曼（Feynman，1948c），以及泡利和维拉斯（Pauli and Villars，1949）引入的动量截止正则化方案中，动量截止清楚地表明了分隔可知区域和未知区域的分界线。[36]在截止点以下，理论被认为是可信的，并且高阶修正的积分可以被合理地处理和计算。发生在截止点以上的未知高能过程被排除在考虑范围之外，因为它们必须被排除。至此，费曼的方案在贯彻重整化的基本思想（首先由施温格清楚说明的）上，似乎要优于施温格的方案。从逻辑上和数学上来讲，费曼的方案似乎也更得体。

然而，各种正则化方案必须回答如下难题：如何考虑排除出去的高能过程对低能现象的影响？这个问题是局域场论所特有的，在那个框架内也是不可避免的。费曼的解决方案是在计算结束时将截止点设为无穷大，这一方案后来成为主导原则。这样，所有高能过程都得到了考虑，它们对低能现象的影响，也可以通过重新定义以施温格方式出现在该理论的拉格朗日规范中的参量，而合并进来。实现这一目标的代价是，截止不再被视为阈值能量（threshold energy）；在阈值能量处，该理论不再有效，而正确的物理描述，**325** 要求有新的理论。否则，就会出现严重的概念反常：把截止取作无穷大就意味着，该理论在每处都是可信的，高能过程是可知的。这与重整化的基本思想直接矛盾，当把截止取到无穷大时，随之产生的发散积分清楚地表明，情况并非如此。[37]

将截止设为无穷大的意义是重大的。首先，它隐藏了可知区域和不可知区域的分界线。其次，它改变了截止的地位，把截止从一种暂时性的阈值能量变成了一个纯粹形式化的设置，因而把费曼–泡利–维拉斯方案还原为了施温格的纯形式化方案。在这种情况下，人们能够把（取代施温格正则变换的）费曼动量截止正则化，看作一个处理发散量的更有效的形式化算法。或等效地说，人们能够把施温格对发散积分的直接确认，看作是费曼的两步联合方案：先引入一个有限截止，然后把它取为无穷大。更重要的是，把截止取为无穷大这一步，也强化了一种流行的形式主义断言，即认为物理学应该是独立于截止的，因此应该去除截止的所有明确指称，重新定义参数。这一声称似乎是令人信服的，因为这一步确实剥夺了截止相关量的所有物理意义。相反，这一声称反过来允许人们对截止采取一种形式主义的解释，并强行把它从物理学中去除。

如果截止被认真地对待，并现实地解释为新物理学的阈值能量，情况会怎样呢？那么，正统的形式主义方案就会坍塌，整个观点就会改变：截止不能取作无穷大，同一枚硬币的正面是：物理学也不能声称与截止不相关。事实上，20 世纪 70 年代中期以来，在理解重整化的物理学和哲学方面的重要进展都来自种实在论解释。[38] 导致这一立场的物理推理线索是相互交织的。因此，为了澄清围绕这一问题的概念情况，必须对它们进行梳理。

首先，让我们考察一下对截止采取实在论立场为什么可能。正如我们前面所指出的，把截止取作无穷大的动机是考虑到高能效应对低能现象的影响，引入有限截止就会排除高能效应。如果我们能找到保留这些效应的其他方式，同时又保持有限截止，那么取无穷大截止就毫无理由了。事实上，自 20 世纪 70 年代末以来，实在论立场之所以变得有吸引力，是因为理论学家逐渐认识到，不把截止取作无穷大，高能效应也能保留。通过增加有限数量的新的不可重整化相互作用（它们具有原初拉格朗日函数相同的对称性），结合对理论参数的重新定义，也能实现这一目标。[39] 应该指出，不可重整化相互作用的引入不会引起任何困难，因为理论有一个有限截止。

采用实在论立场会付出代价。首先，通过添加新的补偿性相互作用，形式体系变得更加复杂。然而，必须添加的新相互作用数量有限，因为这受制于各种限制。此外，实在论立场在概念上比形式主义立场更简单。因此，采用实在论代价不是很大。其次，实在论的形式体系应该只在达到截止能量时才有效。由于任何实验都只能探测有限范围的能量，因此，实在论形式体系的这一局限性实际上不会在精确度上造成任何真正的损失。因此，表观的代价只是一种错觉。

326

接下来的一个问题是如何明确表达截止的物理实现，以便找到确定其能量标度的方法。在实在论理论中，截止不再是一个形式主义的设置或一个任意参数，而是作为量子场论等级结构的体现，作为（由不同组参量和有不同对称性的不同物理定律/相互作用分别描述的）能量区的一个分界线，而获得了物理意义。自发对称性破缺和退耦定理的发现（见第 11.5.2 小节）表明，截止的值与重玻色子的质量有关，重玻色子的质量是与自发对称性破缺联系在一起的。既然对称性破缺使原本微不足道的不可重整化相互作用成为可探测的[40]，由于缺乏所有其他相互作用，它们为对称性所禁止，那么，通过测量一个理论中不可重整化相互作用的强度，就能够确立截止的能量标度。

这些初步论证已经表明，截止的实在论概念不是一个站不住脚的立场。然而，只当把这个概念整合到为理解重整性、不可重整化的相互作用和一般量子场论提供新基础的新概念网络中时，我们才有可能令人信服地证明其可行性。现在让我们转向这个网络中的其他线索。

对称性和对称性破缺

在传统程序中，把解的无效（发散）部分从有效（有限）部分分离出来之后，高能效应就被吸收到修正后的理论参数中。然而，为了使这种结合成为可能，模拟不可知高能动力学的振幅结构必须与负责低能过程的振幅结构一样，否则多重重整化将是不可能的。为了确保所需的结构相似性，必须作出一个关键的假设，这个假设实际上以隐含的方式成为多重重整化方案的组成部分。这个假设就是，高能动力学和低能动力学受相同的对称性的约束。由于理论的解构成了该理论的对称群的表示，因此，如果不同能区的动力学显示不同的对称性，那么这就意味着不同的群论约束，进而也就意味着，在不同的动力学部分中的解有不同的结构。如果情况果真如此，那么理论的可重整化就会受到破坏。

在量子电动力学的情形中，可重整化由 U(l)规范对称性的神秘的普遍性所确保。然而，随着对称性破缺［20 世纪 60 年代初自发对称性破缺和 60 年代末反常对称性破缺（ASB）］的发现，情况变得越来越复杂，[41] 关于对称性和可重整化之间的关系，精细化的考虑是必须的。 327

首先来看自发对称性破缺。在凝聚态和统计物理学中，自发对称性破缺陈述的是一个动力学系统的解的属性，即在能量上有些反对称组态比对称组态更为稳定。从本质上讲，自发对称性破缺关注的是解的低能行为，断言一些低能解的对称性低于系统的拉格朗日函数展示的对称性，而另一些则拥有系统的完整对称性。追根究底，自发对称性破缺是系统的内在属性，因为反对称解的存在和规定是由系统的动力学和参数完全决定的（见第 10.1 节对戈德斯通的工作的讨论）。它们跟解的等级结构密切相关，在统计物理学中，这表现在连续（二阶）相变现象中。

在量子场论中，自发对称性破缺只有在涉及连续对称性的规范理论中才有物理意义。否则，它的一个数学预言（无质量戈德斯通玻色子的存在）就会与物理观测结果相矛盾。在规范理论的框架内，前面提到的所有关于自发对称性破缺的陈述都是有效的。此外，还有另一个与我们的讨论相关的重要论断。在规范理论中，区别于明显对称破缺情况，各种低能现象凭借自发对称性破缺，可以纳入一个等级体系，而不会破坏理论的可重整化（见第10.3节）。原因是，只有在能量低于对称性破缺的标度时，自发对称性破缺才会影响物理学结构，因此，自发对称性破缺不会影响理论的可重整化，这本质上说的是理论的高能行为。

至于反常对称性破缺，它是由量子力学效应引起的经典对称性的破坏（见第8.7节）。由于量子方案可能引入了一些对称破坏过程，因此系统在其经典表述中所拥有的某些对称性，有可能在其量子化方案中消失。在量子场论中，这些情况会因圈图修正而出现，同时也跟重整化程序以及不变调节子的缺位有关。

反常对称性破缺在量子场论中起着重要作用。特别是，为了保护对称性不反常破缺会给模型的建构施加一个很强的限制（见第11.1节）。如果关涉的对称性是全域的，那么反常对称性破缺的出现是无害的，甚至是被希望的，如为了解释$\pi^0 \to \gamma\gamma$衰变的全域γ_5不变性的情形，或为了获得作为束缚态的有质量强子的具有无质量夸克的量子色动力学中标度不变性的情形。但是，如果关涉的对称性是局域的，如规范对称性和广义协变性，那么反常对称性的出现是致命的，因为其破坏了理论的可重整化。标度不变性反常对称性破缺的最深刻的含义是重整化群的概念，不过这一点我们已在第8.8节评论过。

328

11.5.2 退耦定理和有效场论

按照重整化群方法，不同的重整化规定只会导致理论的不同参数化。这种自由选择实用的重整化规定的一个重要应用体现在退耦定理中，退耦定理首先由西曼齐克（Symanzik，1973）提出，然后由阿佩尔奎斯特和卡拉宗（Appelquist and Carazzone，1975）表述。基于数幂律（power counting）参数并考虑可重整化理论（其中有些场具有比其他场更大的质量），退耦定理断言，能在这些理论中找到一个重整化处方，来表明一个重粒子能从低能物理学中分离，并产生重整化效应和修正，且这些效应和修正被重粒子质量除以实验动量的幂所抑制。

这个定理的一个重要推论是低能过程可由有效场论描述，而有效场论只吸纳那些在所研究的能量方面有实质重要性的粒子。也就是说，没有必要去探索描述所有轻粒子和重粒子的完备理论（Weinberg，1980b）。

借助于重整化群方程、耦合常数、质量和格林函数标度，通过从完全可重整化理论中删除所有重场，并适当地对其重新定义，可得到一个有效场论。显然，有效场论对物理过程的描述是依赖情境的。这由可获得的实验能量所限定，因此能够密切跟踪实验的状况。有效场论的情境依赖性，也体现在与自发对称性破缺相联系的重质量所表示的有效截止中。因此，随同退耦定理和有效场论的概念，出现了由量子场论提供的自然的等级概念，这解释了为什么在任何一个层次上的物理学描述都是稳定的，不受在更高能区所发生的任何事情的干扰，从而为这种描述的用处作了辩护。

重整化群概念背后的思想与有效场论概念背后的思想，似乎有明显的矛盾。前者以所考虑系统中特征标度的缺乏为基础，后者则严格地将重粒子的质量标度作为物理截止或特征标度，以区分有效场论的不同有效区。然而，如果我们记得重粒子仍然对有效场论中的重整化效应做出贡献，这种矛盾马上就消失了。因此在有效场论中，重粒子的质量标度只能看作赝特征标度，而不是真正的特征标度。这种赝特征标度的存在反映了在不同能量标度上的一个有等级秩序的耦合，但是它没有改变量子场论所描述的系统的本质特征，即特征标度的缺乏和在不同能量标度上涨落的耦合（见第 8.8 节）。虽然在高能标度和低能标度上的涨落之间的某些耦合普遍存在，并且在低能物理学的重整化效应中显现出来，但是另一些耦合却被抑制，并且在低能物理学中没有可观测的线索。

重粒子对低能物理学的影响在有些情况下是可直接探测的，这一重要观测结果加强了退耦不是绝对的这一论断。如果有一些过程（如弱相互作用过程）确实为对称性（比如宇称、奇异数守恒等）所禁止，在导致这些过程的对称破缺相互作用中的重粒子（比如在弱相互作用中的 W 和 Z 玻色子）缺乏的情况下，重粒子对低能现象的影响就是可观测的，虽然，由于退耦定理，这种影响受到了能量为重质量分割的抑制。 **329**

通常，一个有效的不可重整化理论（如关于弱相互作用的费米理论）作为可重整化理论（如电弱理论）的一个低能近似，拥有一个由重粒子设定的物理截止或特征能量标度（比如费米理论的 300GeV）。当实验能量接近截止能量时，不可重整化理论就变得不适用，新的物理学出现了，新物理学要求一个可重整化的理论或一个具有更高截止能量的新有效理论来描述它。第一种选择代表正统。第二种选择代表对可重整化原理的基础性提出了一个严峻挑战，目前正获得发展动力和人气。

11.5.3 对可重整化的挑战

有效场论的概念阐明了不同标度的量子场论如何采取不同的形式，并允许有两种不同的看待这种情况的方式。第一种方式是如果能获得一个高能可重整化理论，那么通过对该理论的重磁场求积分，就能以一种系统化的方式获得任何低能的有效理论。因此，可重整化的电弱理论和量子色动力学（被理解为某种大统一理论在低能下的有效理论），已经丧失了它们作为基础理论的假定地位。第二种方式（即另一种可能性，也符合看待这种情况的方式）是假设存在一系列包含不可重整化相互作用的有效理论，每一个理论比最后一个理论都有更少的粒子数和更小的不可重整化相互作用项。当物理截止（重粒子质量 M）远大于实验能量 E 时，有效理论是近似可重整化的，因为不可重整化项被 E/M 的幂所抑制。

第二种方式与高能理论学家的实际研究情形更相符。由于没人知道难以达到的更高能量的可重整化理论是什么样子的，甚至不知道它是否根本上存在，因此他们不得不首先探测可获取的低能区，并设计符合这个能量范围的表示方法。只有当理论对于物理学的理解有意义时，他们才会将理论扩展至更高能区。这个实践过程体现在理论之塔永无止境的概念中[42]，其中每个理论对特定的实验情况都有特定的反应，没有一个理论最终能被视为基本理论。按照这种构想，可重整化要求被有效场论中不可重整化相互作用的条件所取代：在一个标度 m 上描述物理学的有效理论中的所有不可重整化相互作用，必定由质量标度为 $M(\gg m)$ 的重粒子产生，由此被 m/M 的幂所抑制。而且，在包括质量为 M 的重粒子的可重整化有效理论中，这些不可重整化相互作用必定消失。

330

这些澄清与重整化群方程一起，已经帮助物理学家对重整化产生了一种新理解。正如格罗斯（Gross，1985）所说："重整化是一种关于物理相互作用的结构随着被探测现象标度的改变而变化的表述。"注意，这个新理解截然不同于原有的理解，它完全聚焦于高能行为和规避发散的各种方式上。这表明一种对各种物理相互作用随能量标度的有限改变而有限变化的更一般的关注，为考虑不可重整化相互作用提供了足够的余地。

关于在理论建构中应当把什么看作指导原则的问题，近年来，在有效场论背景下，物理学家的态度已经发生了重大改变。多年来，可重整化被视作理论可接受的一个必要条件。随着认识到实验只能探测一个有限的能区，对于许多物理学家而言，有效场论是分析实验结果的一个自然框架。由于不可重整化相互作用很自然地发生在这个框架之内，因此，在建构理论模型来描述当前可使用的物理学时，就没有先验的理由把它们排除出去。

除了相宜并与重整化的新理解相容之外，认真看待不可重整化相互作用也为其他一些论证所支持。第一，不可重整化理论可塑性强，完全能够适应实验和观测结果，尤其是在引力领域。第二，它们拥有预测能力，并能通过取越来越高的截止来改进这种能力。第三，由于它们的唯象学本性，它们在概念上比可重整化理论简单，正如施温格强调的，这引发了对物理粒子的动力学结构是物理上无关的猜测。第四个支持论据来自构造理论学家，20 世纪 70 年代中期以来，他们帮助人们理解不可重整化理论的结构，并且发现了使不可重整化理论有意义的条件（见第 8.4 节）。

反对不可重整化理论的传统论据是，它们在高于它们的物理截止的能量上是不可定义的。因此，让我们来看看不可重整化相互作用的高能行为，许多物理学家已经把这当作量子场论中最基本的问题之一。

在有效场论的最初框架中，不可重整化理论只是作为辅助手段。当实验上可达到的能量接近它们的截止，且新物理学开始出现时，它们就变得不正确了，必须被可重整化理论所替代。在温伯格的渐近安全理论的框架下，不可重整化理论获得了一个更为基本的地位。不过，它们仍和有效场论有一个共同的特征，即关于它们的所有讨论都是基于让截止达到无穷大，因此陷入了对截止的形式主义解释的范畴。

然而，如果我们采用基于有效场论的思想得出其逻辑结论，那么一个激进的观点改变就会发生，一个新视角就会出现，量子场论的一个新解释就会发展，量子场论的一个新的理论结构也有待于探索。有效场论的完全拥护者，如乔治（Georgi，1989b）和勒帕热（Lepage，1989），论证说当实验上可获得的能量接近不可重整化有效理论的截止时，它总能用另一个具有更高截止的、不可重整化的有效理论来替代。这样，在截止之上的不可重整化相互作用的高能行为，就能适当地用如下方式来处理：一是变更重整化效应（由截止的改变引起的和用重整化群方程可计算的）；二是附加的不可重整化抵消项。[43] **331**

因此，在发展的任何阶段，截止总是有限的，并能得出一个实在论解释。除了有限的截止之外，还有两个新的组成部分在量子场论的传统结构中缺乏或被禁止，但在有效场论的理论结构中却变得合法和不可或缺。这两部分是：①随截止的具体改变而变化的重整化效应；②由有限截止的引入而合法化的不可重整化抵消项。

应当提及新的重整化概念产生的一些困难。首先，它的初始假定认为重整化群方程有不动点解，但是不能保证这些不动点总是存在。因此整座大厦的基础并不牢固。其次，有效场论是由退耦定理辩护的。然而，当对称性破缺时，这个定理面临许多复杂困难，这里涉及的对称性破缺，不管是自发对称性破缺还是反常对称性破缺，都是现代场论模型的确定情形。[44] 再次，退耦论证没有处理小量假设，即在重整化效应中包含的发散（这也存在于退耦情形中）实际上是小效应。最后，朗道首先提出的局域场论的长期存在的困难，即零荷论证（zero-charge argument）仍然尚待处理。

11.5.4 原子论和多元主义

在量子场论框架内发展起来的用于描述亚原子世界的各种模型，在本质上仍然是原子论的。在拉格朗日函数中出现的用场描述的粒子，被认为是世界的基本组分。在某种意义上，有效场论方法进一步扩展了原子论范式，因为在这一框架下所研究的领域被赋予一个更可分辨、更明确定义的等级结构。这一等级结构由与自发对称性破缺链相联系的质量标度界定，并由退耦定理证明。

退耦定理并不反对不同等级层次之间因果联结的普遍思想。事实上，人们总是假定存在着这样的因果联结，其通过重整化群方程是可描述的，最值得注意的是，它们通过高能过程对低能现象的重整化效应来自我显示。因此，它们深植于定理的概念基础之中。试图赋予因果联结以普遍意义，并给出它们与科学探究的直接相关性的规定，被不予考虑。更准确地讲，认为有可能仅仅通过这类因果联结，就可以从没有任何经验输入的高能标度简单性，推断出在低能标度出现的复杂性和新颖性，这种假定是不予考虑的。正如退耦定理和有效场论所要求的，在适用于低能标度的理论本体论中经验输入的必要性（经验输入与科学研究中更高能量标度上的本体没有直接相关性），正在助长一种特殊的物理世界的表征。在这一图景中，可以考虑将物理世界分层为准自治域，每一层都有各自的本体论和相关的“基本”定律。每一层的本体论和动力学都是准稳定的，几乎不受其他层发生的任何事情的影响，因此称为准自治域。

332

从一个形而上学的视角来看，对建立在有效场论基础上的等级结构的考察，产生了两个似乎矛盾的含义。一方面，这种结构似乎支持用一种还原论甚或一种重构主义的方式，解释物理现象的可能性，至少在自发对称性破缺的限度内发生作用。在过去 20 年间，高能物理学共同体的主流花费的大量努力，包括从标准模型到超弦理论，可以看作是对这种发展潜能的探索。因此，从一种弱的意义上来讲，这样一种等级结构还是落入了原子论的范畴。

另一方面，认真看待退耦定理和有效场论就会认可客观的涌现属性的存在，这需要对可能的理论本体论采取多元论的观点。[45] 这反过来又为还原论方法设置了内在的限制。因此，量子场论作为追求一种原子论–还原论的发展，由其内在逻辑决定，已经达到了一个临界点；具讽刺意味的是，在这一临界点，它自身的还原论基础在某种程度上遭到了破坏。

正是对不同层次之间关系的强烈的反还原论承诺，把有效场论滋长的原子论的多元主义版本与传统量子场论采纳的原子论的粗糙版本区分开来，而量子场论的组成部分是还原论的和重构论的。此外，对经验输入的强调（这在历史上是依情况而变的），也将原子论的等级多元主义版本和新柏拉图主义的数学原子主义形成鲜明对照。在量子场论学家的传统追求中，新柏拉图主义总是被隐含地假定，这一点被流行的信念所证明，这一信念认为应该将非历史的数学实体看作他们研究的本体论基础，由此就能推导出经验现象。

11.5.5　量子场论基础的三条进路

本节中回顾的基础转变和相关概念发展为接受和进一步发展施温格的深刻洞见提供了肥沃的土壤。施温格的洞见在他对量子场论的算符表述和重整化的批评中得到发展，并在他的源理论的呈现中精细化。施温格的观点强烈地影响了温伯格的手征动力学的唯象学拉格朗日函数方法和有效场论的工作。我们很容易找到施温格的源理论和有效场论的三个共同特征：一是它们对基础理论的拒绝；二是它们能把新粒子和新相互作用结合到现存方案中的灵活性；三是它们都有能力考虑不可重整化相互作用。 **333**

然而，这两个方案存在根本性的区别。有效场论是局域算符场论，不包括任何特征标度，因此必须处理任意高能涨落的贡献。在各种动量标度上的局域场中的局域耦合行为能用重整化群方程追踪，虽然这种方程不是一直但时常有一个固定点。如果情况果真如此，那么局域场论就是可计算的，并且能作出有效预言。因此，对于有效场论而言，有效局域算符场的概念是可接受的。相反，在施温格理论中，完全反对这样一个概念。施温格理论是一个彻底的唯象理论，同算符场不一样，这一理论中的数字场只对低能单粒子激发有影响。因此，在施温格理论中没有重整化的问题。相反，正如我们前面注意到的，在有效场论的表述中，重整化已经采取了越来越复杂的形式，并且已经变成一个更加强有力的计算工具。

如果我们严肃地对待有效场论，认为它提出了一幅新的世界图景、一个关于量子场论基础的新概念，那么前面提到的一些概念困难就不可能是常规困难，可以用既定的方法来解决。在处理这些概念困难时所要求的，似乎是对我们的基础物理学自身概念的巨大改变，即从关注基础理论（作为物理学的基础），变为关注在各种能量标度上都合理的有效理论。

许多理论学家拒斥对有效场论的这种解释。对格罗斯（Gross，1985）和温伯格（Weinberg，1995）而言，有效场论只是一个更深层理论的低能近似，并能以一种系统的方式从中获得。然而，一个有趣的观点值得注意，尽管他们认为在还原主义方法论中，借助于更复杂的数学或新颖的物理思想，或者只是通过挖掘亚夸克物理学中越来越深的层次，迟早会找到摆脱高能物理学概念困难的出路，但是他们两人对量子场论作为物理学的基础都失去了信心，认为更深层的理论或终极理论并不是场论，而是弦论，虽然目前弦论还不能真正被视为一个物理学理论。

由此，一个意义深远、值得探讨的问题出现了，这就是：从弦论学家的观点来看，在量子场论的基础中，什么缺陷使量子场论丧失了作为物理学基础的地位？对于一些更“保守”的数学物理学家，比如怀特曼（Wightman，1992）和贾菲（Jaffe，1995），以及其他许多物理学家而言，这个问题根本不存在，因为他们相信，借助越来越多的数学上的详尽阐述，一个自洽的量子场论表述（最可能以规范理论的形式出现），能够被建立，并且能继续作为物理学的基础。

334

因此，目前主要有三种进路来解决问题，一是解决量子场论的基础问题，二是解决量子场论作为物理学的基础问题，三是解决量子场论为什么不能再作为物理学基础的原因。除了物理学研究之外，对这三种进路的评估还需要对还原论和涌现论做出哲学上的阐明，然而，这超出了本书的范围。[46]

注　释

1. 对于强子的一致图像，也需要一些中性成分（胶子，一段时间后，被确证为夸克间力的规范玻色子）。关于理论分析，见 Callan 和 Gross（1968）、Gross 和 Llewelyn-Smith（1969）以及 Bjorken 和 Paschos（1969，1970）。有关实验报告，参见（Bloom et al.，1969）和（Breidenbach et al.，1969）。

2. 派斯提到的大会报告起草人的谈话，能在《1968 年国际高能物理会议论文集》(维也纳)[Proceedings of 1968 International Conference on High Energy Physics (Vienna)] 以及《1970 年国际高能物理会议论文集》(基辅)[Proceedings of 1970 International Conference on High Energy Physics (Kiev)] 中找到。

3. 见 Veltman (1992)。

4. 第四种夸克首先由哈拉 (Y. Hara) 引入 (Hara, 1964)，以实现弱相互作用和电磁相互作用方面轻子-重子的基本对称性，并希望避免不希望的中性奇异变化流。由于比约肯和格拉肖的论文 (Bjorken and Glashow, 1964)，它被称为粲夸克，并因格拉肖、伊奥普洛和马亚尼的论文 (Glashow et al., 1970) 而闻名。

5. Hasert 等 (1973a, 1973b)。

6. Aubert 等 (1974)，Augustin 等 (1974) 以及 Abrams (1974)。

7. Goldhaber 等 (1976) 以及 Peruzzi 等 (1976)。

8. Amison 等 (1983a, 1983b) 以及 Bagnaia 等 (1983)。

9. 量子色动力学这一名称最早出现在马奇努 (W. Marciano) 和海兹 · 帕各斯 (Heinz Pagels) 的论文 (Marciano and Pagels, 1978) 中，并被认为是盖尔曼提出的。

10. SU(6)群包含一个变换固定自旋的夸克类 (或味) 的 SU(3)子群，和一个变换固定类 (或味) 的夸克自旋的 SU(2)子群，因为人们假定夸克形成了味 SU(3)三重态和自旋双重态。

11. 见 Adler (1969)。

12. 量子色动力学领域中的其他例子是由韩-南部的提议和特霍夫特对非阿贝尔规范理论的渐近自由的发现提供的；在电弱理论的领域中，这样的例子由格拉肖-温伯格-萨拉姆模型提供。

13. Appelquist 和 Politzer (1975)，Harrington 等 (1975)，Eichten 等 (1975)。

14. 例如，见 Fritzsch 和 Minkowski (1975)，Cürsey 和 Sikivie (1976)，Gell-Mann 等 (1978)。

15. Weinberg (1980a).

16. 见 Misner 等 (1973) 以及 Friedman (1983)。

17. 参见第 10 章的注释 49。

18. 通过与维格纳 (Wigner, 1937) 提出的核物理学中的 SU(4)对称性 (它是自旋旋转和同位旋旋转的联合) 进行类比，崎田文二 (B.Sakita) (1964) 以及格鲁斯 (F. Gürsey) 和拉迪卡蒂 (L. A. Radicati) (Gürsey and Radicati, 1964) 提出了把内部对称群 SU(3)和自旋群 SU(2)作为子群包含在内的夸克模型的非相对论性静态 SU(6)对称性。由于自旋是庞加莱群的两个守恒量之一 (另一个是质量)，这就被看作外部对称性和内部对称性的一种统一。

19. 例如，见 McGlinn (1964)、Coleman (1965) 以及 O'Raifeartaigh (1965)。有关 **335**

评论，请参见 Pais（1966）。

20. 超对称作为全域对称性的观念首先出现在雷蒙德（Ramond，1971a，1971b）以及内沃和施瓦茨（Neveu and Schwarz，1971a，1971b）关于S矩阵理论传统中的对偶模型的工作中。这个想法后来被韦斯和祖米诺扩展到量子场论（Wess and Zumino，1974）。它最令人惊讶的性质之一是两个超对称性变换导致一个时空转变。

21. 参见 van Nieuwenhuizen（1981）。

22. 这个约定来自作用量是无量纲（以 $h=c=1$ 为单位）的要求，连同另一个约定，即玻色子场在作用量中有两个导数，而费米子场只有一个导数。

23. 例如，史蒂夫·霍金（Stephen Hawking）在他的就职演讲（Hawking，1980）中取 $N=8$ 的超引力作为规范场纲领的顶点，甚至是理论物理学本身的顶点，因为它原则上可以解释物理世界中的一切，所有力和所有粒子。

24. 只有在扩展了的超引力理论中，无穷大才能抵消，因为只有在那里，所有粒子才都能转化为引力子，所有图形才能约化为只有引力子的图，从而才能证明引力子具有有限和。

25. 例如，见 Friedlander（1976）。

26. Wheeler（1964b）、DeWitt（1967c）。

27. 如果一个人拒绝外部时间的概念，并试图用度量变量的某个函数来标识时间，然后重新解释这个“内部时间”的动力学，那么他就会发现，在实践中不可能有如此精确的标识。参见 Isham（1990）。

28. Hartle 和 Hawking（1983）。

29. Green、Schwarz 和 Witten（1987）。

30. 为了比较，我们称第二类 $\Gamma^{\sigma}_{\mu\nu}$ 克里斯托费尔符号称为引力势。$\Gamma^{\sigma}_{\mu\nu}$ 总是用 $g_{\mu\nu}$ 及其一阶导数表达的，$g_{\mu\nu}$ 常被泛泛地叫作引力场。

31. 这是德塞尔（Deser，1970）首先展示的。另见第11.3节。

32. Yang（1974）、Wu 和 Yang（1975），以及 Daniel 和 Viallet（1980）。

33. 关于现代卡鲁扎-克莱因理论，见 Hosotani（1983）。超弦理论学家也对爱丁顿几何感兴趣，但是超弦理论超出本书范围。

34. R^4 上的纤维丛是时空和内部空间的积空间（product space）的推广，这允许在丛空间（bundle space）中的可能扭曲，并因此产生时空和内部空间的非平凡融合。从数学上讲，外部和内部指标可以通过特定的转换函数混合在一起，这些函数在规范理论中的作用是通过广义相位来实现的。有关技术，请参见 Daniel 和 Viallet（1980）。

35. 关于狄拉克的批评，见他的论文（Dirac，1969a，1969b）。

36. 至于其他正则化方案，可以对格点截止方案提出相同的要求，这在本质上是等效的，但不适合维数正规化，它更加形式化，与这里讨论的要点无关。

37. 勒帕热（Lepage，1989）在没有进一步解释的情况下断言：“现在看来，这最后一步［取截止至无穷大］在包括量子电动力学在内的许多理论的非微扰分析中也是错误的一步。”

38. Polchinski（1984）和 Lepage（1989）。

39. 见 Wilson（1983）、Symanzik（1983）、Polchinski（1984），尤其是 Lepage（1989）。

40. 这种不可重整化相互作用模拟了不可达到的高能动力学的低能证据，并因被实验能量除以重玻色子质量的幂所抑制。

41. 明显对称破缺，比如，在纯杨-米尔斯理论中添加非规范不变质量项，与我们这里的讨论无关。

42. 有效场论的层次可能是无穷的，这一点通过量子场论的局域算符表述得到说明。见第 8.1 节。

43. 见 Lepage（1989）。

44. 关于这个论题有广泛的讨论。例如，见 Veltman（1977）和 Collins 等（1978）。 **336** 主要的论点是这样的：如果存在一个在没有重粒子的情况下被禁止的过程，那么重粒子引起的不可重整化效应将是可检测的。

45. 波普尔（Popper，1970）令人信服地论证了理论本体论中的多元主义的涌现观点的含义。

46. Cao 和 Schweber（1993）。

第 12 章

本体论综合与科学实在论

前几章对 20 世纪场论的历史研究为科学如何发展的模型提供了充足的试验场。在此基础上，我将在本章中论证，实现概念革命的一种可能途径，我称之为“本体论综合”（第 12.4 节）。这一概念基于科学实在论的一个特殊版本，并为其提供了强有力的支持（见第 12.3 和第 12.5 节），也为科学发展的合理性提供了坚实的基础（第 12.6 节）。

12.1　关于科学如何发展的两种观点

关于科学如何发展的问题，当代科学哲学有许多观点。我将特别考虑其中两种观点。根据第一种观点，科学是通过将过去的成果逐步纳入现有的理论而发展起来的，简言之，科学是不断进步的。经验主义哲学家欧内斯特·内格尔（Ernest Nagel）提出了这种“通过合并实现增长”的观点。内格尔想当然地认为知识有累积的趋势，并声称“相对自主的理论被某种包容性理论吸收，或归结为某种包容性理论的现象，是现代科学史上不可否认和反复出现的特征”（Nagel，1961）。因此，他谈到了科学增长中有稳定内容和连续性，并把这种稳定内容作为比较科学理论的通用衡量标准。可通约性（commensurability）的思想被认为是对科学理论进行理性比较的基础。

塞拉斯（Sellars，1965）和波斯特（Post，1971）提出了一种更复杂的

“合并增长”的观点。特别说来，波斯特诉诸所谓的“一般对应原则”，根据这一原则，“任何可接受的新理论 L，通过‘退化’为其前任理论（S），都应该能解释其已被确证的前任理论（S）的成功（Post，1971）。因此，波斯特论证说，“科学很可能最终会汇聚成一个独特的真理”，“科学的进步似乎是线性的”（Post，1971）。

这一观点背后的哲学立场可以是经验主义-实证主义，也可以是科学实在论。但前者越来越不如后者受欢迎。科学实在论是科学哲学中的一种特殊立场。根据其朴素版本，在一个成熟的科学理论中，不可观察量——无论是关于事物的真实本质，还是关于世界的因果动因和隐藏机制——都只是对存在于客观（独立于心智）世界中事物的表征，它们以理论所描述的方式存在。因此，一个成熟的科学理论所提供的就是客观世界的真知识，科学发展的合理性就在于客观知识的积累。因此，根据这一版本的科学实在论，科学事业的客观性和合理性的唯一基础，就是表征性知识与被表征的客观世界之间的对应关系。几乎所有实际从事研究工作的科学家，还有大量的科学哲学家，都把这种朴素的科学实在论视为理所当然。然而，从哲学上讲，这是经不起推敲的。从 20 世纪 50 年代起，下述两种观念的影响日益增强：[一种观点认为] 数据负载着理论，这种观点剥夺了数据表达理论陈述时的纯粹和权威；[另一种观点认为] 数据不能充分决定理论，这使理论（理论陈述和理论实体）不可避免地处于约定地位。这两种观念都排除了理论家直接且可靠地接近实在的可能性，因此，任何试图把理论科学中不可观察量，看作是世界上存在和发生的事物的真实表征的尝试，都是极其可疑的。 **338**

理论实体的约定性而不是真实性的观点为鲁道夫·卡尔纳普（Rudolf Carnap）的语言框架概念所表达：任何科学陈述的意义和真理性只有在一个语言框架内才有意义（Carnap，1934，1950）。这一概念背后隐藏的一个假设是，只有通过语言框架的中介，经验和知识才是可能的；没有人能直接接触实在。语言框架在知识生产中的构成作用，暴露了它与康德主义的密切关联。然而，与康德的先天构成性（和规制性）原则不同，康德的先天构成性（和规制性）原则是永恒的、不变的、普遍的和绝对确定的，卡尔纳普的语言框架概念符合新康德主义的相对化的先验原则的思想，为框架相对主义奠定了概念基础。他的宽容原则进一步加强了这种相对主义立场，这种相对主义立场支持框架多元主义，并为他的一般逻辑经验主义立场证明是合理的，这一相对主义立场把任何语言框架之外的判断，例如那些赋予一个框架优于另一个框架特权的判断，拒斥为形而上学的和无意义的，因而必须从科学和哲学话语中驱逐出去。

20世纪50年代末出现了相反的观点，这种观点的倡导者拒绝在科学史上“叠加”一种“虚假的连续性”观念。例如，汉森（Hanson，1958）提出，科学中的概念革命类似于格式塔转换，在这种转换中，相关事实开始以一种新的方式被看待。图尔敏（Toulmin，1961）也指出，剧烈的概念变化往往伴随着一种包容性理论被另一种包容性更大的理论所取代。在他们看来，一种理论被另一种理论取代，通常是通过革命推翻的。这种激进观点的最著名拥护者是库恩和保罗·费耶阿本德（Paul Feyerabend）。在没有注意到卡尔纳普早期已经采取的步骤的前提下，库恩在20世纪50年代和60年代初期，通过一条非常不同的途径，即通过对物理科学的特定历史时期的创新性考察，得到了一个相似的观点（Kuhn，1962）。库恩的范式、范式转变时的科学革命，以及不可通约性的概念都是众所周知的，因此本章只需对此作简要的说明。

第一，库恩的范式概念，类似于康德的先天构成原则、新康德主义的相对化的先天构成原则，以及卡尔纳普的语言框架，起着一个构成性框架（constitutive framework，CF）的作用，既是科学知识的必要前提，也是规定科学探索中概念可能性空间的必要前提。

第二，库恩研究的显著特征是他的历史敏感性。科学知识总是在一种历史构成的构成性框架中产生[1]，反过来，又促进、制约和限制了科学知识的生产。强调知识生产的历史性，具有解放的潜能，有助于我们避免教条主义：如果今天认为是理所当然的想法、概念和规范实际上都是历史条件的产物，而不是自然真理，那么任何宣称它们拥有不可挑战的权威性的说法，都是毫无根据的。这一历史性命题也为正确理解知识生产提出了任务，知识生产如何从一组历史条件向另一组历史条件转变，其意义将在第12.3节中简要探讨。

第三，库恩的历史相对主义，体现在他的不可通约性论题中，该论题由范式转换前后不同范式之间的关系来加以刻画。尽管库恩的历史相对主义具有一定的说服力，而且其影响力也有历史事实作支撑，但它在概念上不过是卡尔纳普框架—相对主义的一个特例而已，只要我们记得，如上文所说，范式和语言框架都只是不同形式的构成性框架。于是，库恩面对的跨范式合理性问题，就类似于卡尔纳普面对的赋予一个语言框架比另一个语言框架更有特权这样的形而上学问题，因而必须凭借超越其共享的构成性框架来解决，并寻求制约从一个构成性框架向另一个构成性框架转变的隐藏的逻辑基础。

这项工作在库恩的历史生成的范式情形中，比在卡尔纳普的任意定义和选择的语言框架情形中，容易得多。

第四，除了历史相对主义，不可通约性论题对科学实在论的破坏性影响也很明显，并且被各种反实在论者大肆利用。库恩（Kuhn，1970）声称，在科学史上“我看不到本体论发展的连贯方向”。如果物理学的基本本体论——被实在论者假定为是对物理世界的基本本体（即物理世界中存在和发生的基础）的表征，几个世纪以来经历了彻底的变化，从亚里士多德的有限宇宙中的自然位置，到牛顿的无限宇宙中的力，再到爱因斯坦的引力场所规定的宇宙学，每一个都与其他的不可通约，那么，库恩提出异议，我们如何能认真地或真实地看待其中的任何一个呢？更严重的是，由于在未来，科学革命不会结束，任何理论科学所研究的基本的本体论都不能幸免根本性的变革，因此，在目前或未来的任何理论科学中，没有任何一个基本本体论能有比过去的基本本体论更好的命运。如果任何理论科学中的基本本体论在世界上都没有指称，那么科学实在论只不过是一个信念。随着科学实在论的破坏，科学的客观性和合理性基础也变得岌岌可危。 340

为了哲学分析之便，我们以不可通约性论题为核心，根据基本本体论而不是范式来重新表述库恩的科学哲学。范式作为构成性框架，是一个整体结构，它本身由一些历史上可获得的假设构成：既有由根深蒂固的常识信念结晶而成的形而上学假设，也有来自公认的科学原理的科学假设。这些假设规定了在现象世界什么存在、什么发生、什么可能存在、什么可能发生，或者说，什么本体论或内容可以用科学陈述表征。在一个整体结构中，所有要素都是因果或非因果联系的，并且不可分割。可以合理地假设，在所有存在（发生）或可能的存在（发生）中，有些比其他更基本，因为所有其他的存在（发生）都依赖于那些更基本的存在（发生），或至少与那些更基本的存在（发生）相关联。让我们称那些基本的存在（发生）为基本本体论（fundamental ontology，FO）。显然，一个特定的基本本体论（例如在绝对空间运动并沿着绝对时间演化的大质量粒子，或者一组量子实体根据一定的量子动力学定律从一个状态跃迁到另一个状态），体现了一个特定的构成性框架的构成原则，因而是构成性框架的核心：在某种意义上，每个构成性框架都以其对特定的基本本体论的本体论承诺为特征，而在另一种意义上，它又由基本本体论的本体论承诺构成，然而，在科学中，基本本体论的本体论承诺容易遭受根本性的或其他变化的影响。构成性框架与其基本本体论之间的辩证法，使得构成性框架不再是一个静态的框架，而是一个动态框架，从而为研究构成性框架变化背后的理论基础提供了空间。

与［库恩］原始表述相比，新表述的一个决定性优势是关于不可通约性论题及其含义的争论，能够用一种更易处理的方式加以分析，即可以用精确定义的基本本体论的概念，而不是含糊其辞的范式概念（或它的变种，包括库恩在其职业生涯的最后阶段使用的词汇结构）（Kuhn，2000）来进行分析，我们在下文中将会明白这一点。

最后，库恩的康德式联系——就本体世界、现象世界、先验原则、人类认知行为以及它们之间的关系——在近十年来引起了越来越多的关注，并被迈克尔·弗里德曼（Friedman，2001，2009，2010，2011，2012，2013，2014）和许多其他人（例如 Massimi，2008）放大了，可以总结如下。

首先，库恩承认存在一个稳定而持久的世界，然而，类似于康德的自在之物（thing-in-itself），他认为这个世界是不可言喻、不可描述和不可讨论的。其次，对于库恩而言，现象世界是由给定的词汇结构，以一种新康德主义的方式组成的，该词汇结构是库恩在他后期的反思中所采用范式的一个精致版本，包括由语言共同体成员所共享的相似/差异关系图式（patterns of similarity/difference relations），它使交流成为可能，并将共同体成员联系在一起。再次，库恩坚持认为，一个结构化的语料库，作为一个构成性框架，体现了人类关于世界的稳定知识部分，它构成了所有差异和变化过程的基础，因此是我们描述世界和对真理性主张进行认知评价的前提。最后，作为推论，如果构成性框架经历了根本性改变，现象世界就是可改变的。

341

就现象世界的结构能被体验且经验能被交流这一点而言，它是由栖居于这个世界的特定共同体的词语结构构成的。然而，库恩在他后来对批评者的回应中反复强调，世界不是由生活于其中的人用他们的概念体系（假说和推论等）构建的。对于这第五个值得注意的观点，库恩给出了两个论据。一是现象世界是经验地给予的。也就是说，出生在一个由词汇结构构成的现象世界中的人，必须接受他们所发现的现象世界：它是完全坚实的，一点也不顾及观察者的愿望和欲望，完全有能力提供决定性的证据，来反对与其行为不相匹配的虚构假说和概念框架。也就是说，概念框架受现象世界的制约，是可证伪的。库恩坚决反对激进的社会建构主义，这为自称是他的追随者所鼓吹，主要原因是他坚定地与康德的现象实在论保持一致。二是尽管人们用他们的概念体系能够与既定的现象世界相互作用，并在知行过程中改变世界的同时也改变了自己，但他们所能改变的不是整个现象世界，而只是其中的某些部分或方面，平衡保持不变。结果可能是也可能不是从更具试探性的方案中演生出一个新的构成性框架，那将构成一个新的现象世界。然而，确切地说，究竟什么使得"可能"，而不是"不可能"，这是一个有待填补的惊人的空白，库恩对此没有提供任何富有启发性的说明。库恩的科学哲学中还缺乏对辩证法和动态关系的清晰理解，如本体世界和现象世界之间的制约与适应，康德本人对此也保持沉默。

因此，对于库恩来说，无论是具有结构的现象世界，还是具有他的构成框架授权的有行为能力的主体，都是处于历史境遇中的：它们都是经验给定的，实际上是可变的。库恩的客观性概念完全受制于他的现象世界和认知主体的概念，并包含两个组成部分：主体间性［就共同体成员互动（交流）产生的社会共识而言］，以及现象世界对共识产生的约束。这一客观性概念是有历史和概念背景的，既有积极的一面，也有消极的一面，在这一背景下，结构主义的客观性概念，以及由此产生的科学实在论的不同版本得以发展。

第二种观点也有一个温和的版本，是由塞拉斯、黑塞和劳丹提出的。局域定律的语言不可通约性，基于某些意义观，遭到拒斥（见第12.2节）。科学进步是基于以下论据而被承认的。首先，他们论证说，作为知识的科学，主要不是宏大的理论，而是低层定律和特定描述的语料库。其次，这些定律和描述在理论革命中得以保留，因为科学具有从经验中学习的功能。最后，科学理论的变革或革命往往基于概念问题，而不是经验支持的问题，因此许多低层定律没有受到影响。[2,3]科学因此在特殊真理和局部规则性的积累上显示出进步。但是这种"工具性进步"不同于一般定律和理论本体论的进步；因为，按照黑塞（Hesse，1974，1985）的说法，科学的局部或特定成功并不需要有严格为真的普遍定律和理论本体论。 342

因此，在局部进步和本体论进步之间就产生了一个重大区别。局部进步得到承认，而本体论进步遭到否定。黑塞声称："没有理由假设这些理论本体论会显示出稳定性或趋同性，甚至在任何给定时间都没有，只有一个毫无争议的'最好的'本体论。"（Hesse，1985）这符合库恩关于理论的原初立场："我看不出（在亚里士多德、牛顿和爱因斯坦的体系中）有连贯一致的本体论发展方向。"（Kuhn，1970）

反对理论本体论中的进步概念的论据相当有力。首先，关于证据对理论的不充分决定的迪昂-奎因论题，似乎使得真正的理论本体的概念本身变得可疑。其次，历史记录似乎表明，不存在持久的理论本体。最后，业已证明，仅当在原则上能得到一种理想真实的一般理论（其中理论实体"趋向"真正实体）时，本体论进步才能被定义；然而"这将要求在未来的科学中不存在概念革命，而这种概念革命在迄今为止的科学史上都有充分记载”（Hesse，1981；另见其1985年的论文）。

在现代科学哲学中有许多争议性问题涉及这些论据，我不想冒昧提出本体论进步问题的一般性的解决方案。相反，我的目标很适度：从前面几章的历史研究中吸取教训，并为一种本体论进步而辩护，进而为一种科学实在论和科学增长的合理性辩护。然而，为了达到这个目的，需要对我讨论本体论进步的框架做一个简要概述。在给出这样一个概述之前，对现有的可以用来应对不可通约性论题挑战的框架作些评论，可能是有帮助的。

12.2 反对不可通约性论题的框架

为了对抗不可通约性论题，彼得·阿钦斯坦（Peter Achinstein）（Achinstein，1968）提出“语义相关属性”（semantically relevant properties）的概念，并将其限制为知觉属性，但却负责将物理客体识别为本体类成员。在这一概念的基础上，可以论证，某些知觉属性或理论术语 X 的语义相关条件，可以独立于理论被认识，并且与术语 X 的意义有特别密切的关联。因此，在此框架下，一个理论术语（或全称谓词）特指一个特定的本体类，它在两个理论中有相同的意义，一个理论所使用的术语的意义，在不知道该理论的前提下，也是可以知道的。

343 十分相似，在讨论描述性术语的意义变化和理论负载时，黑塞（Hesse，1974）按照意向指称（intentional reference）提出了对意义稳定性的解释。在黑塞的普遍性的网络模型中，正是意向指称的概念为把谓词归属到物理客体提供一个感性基础，或者说给谓词提供经验意义，成为可能。由于客体之间存在感性上可认识的相似性和差异性，因此许多关于可观测属性、过程及其类比的理论论断，以及经验定律的一些近似形式，在理论之间都是可转换的，因此可以是近似稳定和积累性的。这里，尽管一个谓词可能是特指理论本体论中一个特定的客体种类，但是它仍然建立在对相似性的感性认识之上。意向指称因此是认识可观测量的一种经验方式，只在不可观察量出现于谓词指涉可观测量的理论中时，它才与不可观测量相关。

因此，在上述两个框架之内，很难有机会找到不可观测的本体论的连续性。另一个似乎能容纳这种连续性的框架，是普特南的因果指称理论（causal theory of reference）。[4] 根据普特南的说法，一个科学术语（比如水）

与（关于水的）描述不是同义的，但是都指向具有如下属性的客体，即客体属性的出现是用包含该术语的陈述的适当类型的因果链联结在一起的。这个理论借助于“怀疑受益原则”（principle of benefit of the doubt），可扩大到涵盖科学中的不可观测术语（比如电子）。这个原则说的是，对用来规定一个不可观测术语的指称，但指称失效（比如玻尔对电子的描述）的描述进行合理的再表述，总是可以接受的。这种重新表述（比如量子力学中对电子的描述），使得那些指称各类客体的早期描述，从稍晚理论的立场来看，的确存在某种相同的作用（Putnam，1978）。因此，我们能够谈论不可观测术语的跨理论指称，并且能根据这个指称的稳定性来解释意义的稳定性。与不可观测术语在不同理论中不可能有相同的指称这个激进的观点相反，这个因果指称理论允许我们谈论由一个不可观测术语规定的同类客体的不同理论（Putnam，1978）。

普特南（Putnam，1978）进一步论证道，如果没有早期理论是后来理论的极限情况这个意义上的趋同，那么“怀疑受益原则”就不可能证明总是合理的。不合理的原因是，过去不得不指称的理论术语，像燃素这样的理论术语，在理论发生了巨大变化后不可能仍然保留它们的指称。另外，普特南论证说，相信趋同将导致一种方法论，这种方法论能尽可能多地保留早期理论的机制。这将限制候选理论的种类，从而增加成功的机会。

我将在第 12.5 节和第 12.6 节讨论这一限制的方法论意义。在此，我只想对普特南的因果指称理论作一评论，这与我为适应本体论进步而采用的框架有关。普特南（Putnam，1978）正确地注意到，与理论术语的特定指称相关的，不仅有假说性指称对象的个体属性（电荷、质量等），还有假说性指称对象所说明的效应和所起的作用。即使我们通过类比可观测客体的属性可以把理论实体的个体属性解释成感性的，但是由“效应”和“作用”所暗示的其他性质，在普特南看来，也并不是直接感知的。在我看来，这些属性与我称作的“结构性质”（structural properties）相关，或说是属性的和实体的关系。这些结构性质虽然并不是直接感知的，但是对规定理论术语的指称是至关重要的，因此在确定理论术语的意义上起着决定性的作用。

344

以上观点基于一个哲学立场：结构实在论。结构实在论者对库恩挑战科学实在论和科学合理性的回应，从 20 世纪 80 年代中期起就引起了科学哲学家的极大关注。由于库恩挑战实在论的核心论据是，他声称在科学发展中本体论不连续。因此，一些结构主义定向的实在论者回应这一挑战的一个实在论线路是，直接用数学结构（所采用的相关理论）来表达理论之间的关系，将世界的形式，不涉及物理本体论（即物理上存在且发生的东西）或世界的内容，作为一种媒介。

需要指出的是，在成熟的理论科学中，基本本体论的存在及其各种活动，是理论用以描述、解释和预测经验现象的终极资源。理论的基本本体论可以采用各种各样的范畴，例如客体（objects）或实体（客体到非客体物理实体的扩展，比如场）或是物理结构、性质和关系、事件和过程。但是，由于不存在没有任何属性的裸实体，不存在与其他实体没有关系，不参与事件和过程的裸实体，并且也没有任何可以不依附于某个物理实体而自由漂浮的本体论范畴，因此，尽管性质、过程和其他非实体本体论偶尔也被采用，如能量学中的能量和S矩阵理论中的过程，但是，从传统上来看，更经常地，物理学假定一些基本的物理实体作为它的基本本体论。

很明显，基本实体在理论中的地位和作用，类似于库恩的结构性框架中的基本本体。而且，由于基本本体必须以基本实体的某种形式体现出来，库恩的不可通约性论题的两个层面，即基本实体的理论层面和基本本体的构成性构架层面，是紧密联系在一起的。因此，尽管当代围绕结构实在论的争论往往狭隘地聚焦于，在科学理论的结构和变化中忽视或拒绝物理对象（实体，基本的或非基本的）的存在的合法性或非合法性，而不是表达库恩更广泛的构成性框架、基本本体论的概念及其根本性变化，但是前者对后者的影响是不可否认的。

实在论者竭力主张用结构主义线路来回应库恩对科学实在论的挑战，即他的相对主义和反实在论主张，这清晰地显露在他们试图通过不同历史阶段，不同框架下物理理论（比如牛顿和爱因斯坦的理论）所使用的数学结构

345 （涉及超越经验规律知识的似律陈述）之间的指称连续性，来建立科学发展中的一个认知连续性。这一线路的结构主义-整体论特征体现在如下情形中：以形式关系取代（具有内在的、因果有效的属性的）物理实体，拒斥原子主义形而上学（据此，由其本质和内在属性所刻画的实体彼此独立存在），以及把实体仅仅当作我们用以取代真实存在的概念名称。

结构主义作为20世纪一场极具影响力的智力运动，一直为伯特兰·罗素（Bertrand Russell）、卡尔纳普、尼古拉斯·布尔巴基（Nicholas Bourbaki）、诺姆·乔姆斯基（Noam Chomsky）、塔尔科特·帕森斯（Talcott Parsons）、克洛德·列维·施特劳斯（Claude Leve-Strauss）、让·皮亚杰（Jean Piaget）、路易·阿尔都塞（Louis Althusser）、巴斯·范弗拉森（Bas van Fraassen），以及许多其他人所倡导，并在各个学科分支如语言学、数

学、心理学、人类学、社会学和哲学中得以发展。作为一种探究方法，它把结构整体而不是它的要素，作为主要的甚至是唯一合法的研究对象。在此，结构被定义为要素之间稳定的关系组成，或被定义为随特定主题而变换的自我调节的整体。结构主义者坚持认为，整体的特性甚或实在性，主要由整体的结构性定律决定，不能还原为它的部分；确切地说，一个部分在整体中的存在和本质，只能通过它在整体中的地位及其与其他部分的关系来确定。因此，基于科学的还原性分析的基本实体的概念，与结构主义的整体论立场直接相对立。根据这一立场，科学理论的经验内容在于理论与现象在结构层面上的总体对应，这是用数学结构来兑现的，而不涉及现象的性质或内容，无论是就其内在属性而言，还是就不可观察实体而言，包括基本实体。

在涉及不可观察的实体这一认识论上有趣的情形中，结构主义者通常论证说，我们经验上可获取的只有要素的结构和结构关系，而不是要素本身（属性或携带属性的实体）。显然，这种反还原论的整体论立场为现象主义提供了一些支持。然而，作为反对条块分割的一个努力，这一愿望在数学、语言学和人类学中尤为强烈，结构主义者除了要揭示各种变换下的不变性或稳定关系之外，还试图揭示各种现象之间的统一性，这有助于发现包含在深层结构中的深层实在。此外，如果我们接受将实在归属于结构，那么非充分决定性论题的反实在论意蕴就会有所缓减，因为，尽管我们不能直接谈论参与结构关系的实体本身的实在性，但是我们可以谈论结构的实在性，或者显而易见的不可观察实体的结构特征的实在性。事实上，结构主义的这种实在论暗示，是当前人们对结构实在论感兴趣的起点之一。[5]

在科学哲学中，结构主义可以追溯到庞加莱的原理物理学（Poincaré, 1902）。根据庞加莱的研究，不同于中心力物理学，旨在发现宇宙的终极成分和现象背后的隐藏机制，原理物理学，如分析动力学和电动力学，旨在明确地表达数学原理。这些原理将多个竞争理论的实验结果系统化，并表达这些竞争理论共同的经验内容和数学结构。由此，它们对于不同的理论解释保持中立，但也易于受其中任何一种解释的影响。庞加莱赞同原理物理学中立于关于终极存在的本体论假设，因为这正好符合他的本体论的约定主义观点。基于几何学的历史，庞加莱不接受由我们的心智官能先天构成的固定不变的本体论。对他来说，本体论假设只是隐喻，它们与我们的语言或理论有关，因此，当我们为了便于描述自然而改变语言或理论时，它们就会改变。但是，在旧理论及其本体论向新理论转变的过程中，除了经验定律之外，一些由数学原理和公式表达的结构关系，如果它们表征了物理世界的真实关

346

系，可能仍然有效。庞加莱对物理定律的不变形式的著名探索，植根于他的认识论的核心，即我们能对物理世界有客观的认识，然而，这种认识本质上是结构性的；我们可以把握世界的结构（形式），但我们永远无法触及世界的终极成分（内容）。

在20世纪的前25年，现代抽象物理学（相对论和量子理论）的迅速发展强化了这种结构主义倾向，并反映在石里克（Moritz Schlick）和罗素的著作中。逻辑经验主义者石里克论证说（Schlick，1918），我们无法凭直觉知道数学物理中不可观察的实体，因为它们不是感官材料的逻辑构造，但是我们可以通过隐含的定义来把握它们的结构特征，这是全部科学知识所需要的。与这一倾向相一致，罗素（Russell，1927）引入了含蓄定义的结构化对象，并声称在科学中我们只能知道结构，它们能用数学逻辑或集合论中的术语来表达，而不能知道客体的属性和本质。

值得一提的是，结构主义者如此看重的数学结构，作为一种关于关系陈述的结构，既是因果无效的（缺乏在因果有效的属性之间建立结构定律的结构动因），也中立于关系者的性质，因此不能穷尽关系者的内容。例如，经典力学与量子力学共有许多数学结构，因此这些结构不能告诉我们所研究的物理实体的任何经典的或量子的性质。经过一定的解释，一个置换群可以帮助区分玻色子和费米子，但不能区分标量和矢量。诚然，随着越来越精细的数学结构和相关解释的引入，相关的关系者的内容和本质能逐渐被揭示并不断地被接近。但这是通过引入额外的本体论假设来实现的，因此超越了结构主义的限制。

347 我们这个时代的庞加莱的追随者，所谓的认识结构实在论者（epistemic structural realists），已做出了三个主要断言（Worrall，1989，2007）。首先，他们声称，客体可能存在，也可能不存在，不论在哪种情况，客体都是完全不可接近的，我们永远看不到它们。因此，就客体而言，我们不能进行任何有意义的言说。其次，他们声称，科学家们能够发现真实世界中的实质关系和结构，这些关系和结构是累积性的，并在彻底的理论变革中得以保留。他们论证说，结构知识，特别是那些用数学结构表达的知识，全面地反映了世界的真实结构。这一立场证明了结构实在论这个词的正当性。最后，他们声称，结构实在论是理解科学的唯一可辩护的实在论立场；没有更强有力的立场是可辩护的或是有任何真正意义的；诚然，这并不是追求对科学理论做逐条实在论解读的立场，也不是追求在传统指称语义学意义上的指称连续性的立场。

认识结构实在论的这一立场有两个严重的缺陷。首先，如果实体，特别是那些对科学理论至关重要的实体（比如菲涅耳光学中的以太；爱因斯坦用来解释光电效应的光子，这样的基本实体）仅仅是我们用来代替真实存在的图像的名称，那么科学革命就会沦为一种幻觉。但是，在科学演化中，科学革命一直存在并且起着重要的作用。关于科学革命究竟是什么，我们可以给出不同的说明，但很难忍受科学史上如此重要的现象仅仅是一种幻觉。基本实体对于科学理论的理解如此重要的原因在于，一个理论的本体论承诺具体规定了该理论要研究的是什么，也规定了它的理论结构和进一步发展的方向，进而构成了拉卡托斯所说的一个研究纲领的硬核（构成性框架的另一个名称和形式）[6]。我们能用结构给出科学革命一个可接受的说明吗？不能。诚然，在结构实在论的著述中可以动用结构，对革命性的理论变革中的连续性提供一个说明。但这样一来，这些变革中的不连续性就会变得看不见了。不能够看见不连续性，是结构主义固有的，因为没有物理解释的数学关系——正如雷德黑德（Redhead，2001）所论证的，那作为一种附加的本体论假设是结构主义的一个禁忌—对于关系者的本质是中立的，因此也就不能穷尽关系者的内容，正如我们上面所指出的。由于这个原因，专注于共享的数学结构，虽然有助于将物理学的历史设想为一个累积的进步过程，但会使例如量子革命变得不可见。

其次，有人认为，逐项的实在论解读是不可能的，因为没有办法直接通达世界上一个孤立的实体。确实如此。但也没有人能够直接通达世界上的结构，这也是事实。说到底，我们唯一能直接通达的东西就是感觉材料或内省，甚至不是概念或知觉对象，更不用说世界的结构了。如果，从认知上讲，结构是我们通过推理能力可以接近的，那么结构的组分也应该是我们通过相似的推理能力可以接近的。对结构的存在性、对照性和连续性的论证，可以以同样的方式应用于实体。 **348**

以电子为例。讨论电子的指称连续性是合法的吗？我们当然能这样做。电子的存在是通过指向那些质量最轻、负电荷最小的存在来表明的，这些特征可以被认为是电子的本质。只要某个粒子显示拥有这种本质，我们就知道它是“电子”的自然类成员。诚然，现在电子的概念只有在一个特定的理论框架内才有意义，比如 J. J. 汤姆逊的理论、卢瑟福的理论、玻尔的理论，或海森伯的理论框架。我们无法直接接近电子。任何关于电子的概念都必须由某种理论加以规定。但是无论在 J. J. 汤姆逊理论中的电子和海森伯理论中的电子发生了多么剧烈的变化，如果两者具有相同的本质，我们就知道在理论变革之间存在着指称连续性[7]。因此，一个更深层次的问题是：当对假设性实体的描述发生了根本性的变化（根本性是指假设性实体的本质也发生了变化）时，是否有可能宣称一个实体的存在？答案取决于你采取的立场。如果实体是用结构术语概念化的，正如将在下面讨论的，那么答案是肯定的。在实体用非结构术语（如个性或实体）概念化的任何其他情形，答案是否定的，正如库恩主义者在过去的数十年里所论证的。

约瑟夫·斯尼德（Joseph Sneed）(Sneed，1971）和沃尔夫冈·施坦格缪勒（Wolfgang Stegmuller）(Stegmuller，1979）采用了一种不同形式的结构主义方法。在他们非正式的集合论方法中，结构是指整个理论的结构，包括数学形式体系、模型、预期应用和语用学，因此为经验内容留有足够的空间。但是，这种以意义整体论为基础的结构主义所支持的，不是科学实在论和相关的科学连续发展的观点，而是库恩主义的反实在论和与之相关的颠覆性的科学史观。对于其他结构主义者来说，结构这个概念通常被限定为数学结构，而理论的经验内容，正如本体结构实在论（OSR）所提议的，只能通过数据模型被偷运进结构化的知识中，这种结构实在论的结构指向的是理论的数学结构。

本体结构实在论声称，除了结构，什么都没有。这意味着什么呢？当它意味着（在保持纯粹结构主义形而上学的同时，作为对设想没有关系者的关系的困难的一个回应）实体的概念必须用结构化术语重新概念化时，这在本质上是对的。必须拒绝任何完全脱离关系和结构网络的个体式的实体概念。之所以拒斥这种观念，是因为不可能存在这样的实体，至少我们人类无法通达这种神秘的实体。我们有充分的理由相信，所有实体都有其内部结构，并且它们本身植根于各种结构化网络中。正是这种结构化网络的参与，为人类提供了认知它们的可能性。[8]

但是，当这个声称意味着［正如斯蒂文·弗伦奇（Steven French）和詹姆斯·莱德曼（James Ladyman）(French and Ladyman，2003a，2003b）频繁强调的］实体只不过是结构中的节点时，这个声称就是模糊不清的，并且没 349 有区分结构主义论述中的两种情况：一是关系之间有物（there are things between relations），二是物之间有关系（there are relations between things）。第一种情况指的是整体结构，其中关系者只是占位符，它们的存在和意义由它们在结构中所占据的位置和所起的作用构成。第二种情况指的是组分结构，其中结构的存在取决于其组分的存在和它们的结构方式。

值得注意的是，第二种情况仍然存在于结构主义的论述中：结构的组分本身嵌入在各种结构关系中，并有自己的结构。当然，它们永远不能单独存在。不过，第二种情况证明了在组分结构的每个层次上原子性概念的合理性。氢原子是一个电子和一个质子通过电磁力胶合在一起的一种结构，但是电子和质子作为结构都不是由氢元素构成的。然而，这种原子性并不与一般主张的共存的本体论范畴（结构和组分，或关系和关系者）相矛盾，不能证明一个本体论范畴在本体论地位上优于另一个，虽然就认知的可及性而言，结构关系绝对优于关系者（组分）。

因此，在用结构化术语重新概念化实体的观念中存在一种张力。它可能意味着，正如本体结构实在论倡导者所打算的那样，将（物理）实体消解在（数学）结构中，也可能意味着，一个实体由它参与其中的结构关系所构成（Cao，2003a，2003b）。这个消解的观点将会遭遇与无实体立场（因而没有基本实体）同样的困难，它们在理解科学革命方面都无能为力。要注意的是，当说一个实体（作为一个自然类成员）是由它所参与其中的结构关系构成时，这意味着，从概念上讲，我们通过知悉参与其中的实体的结构关系，形成了我们关于实体的概念。但更重要的是，这也意味着，从形而上学和本体论上来讲，一个实体是由它参与其中的结构关系所构成。没有这些关系，任何实体都不会首先存在。

在结构实在论的拉姆齐语句（Ramsey-sentence）版本中，结构意指可观察内容的结构。但是，为了适当地组织安排可观察内容，科学家需要在拉姆齐理论的中心安置一个基本实体。如果不采用某种解释性的基本实体，如真空场或夸克和胶子，研究任何基础理论的科学家都不能明确表达其理论的经验内容，比如卡西米尔效应（Casimir effect）或三射流现象（three-jets phenomenon）的结构。因此，在结构实在论争论中的关键问题是：我们应该把基本实体（在拉姆齐语句形式中无疑是一个理论术语）看作是组织可观察内容的一种方式，还是真实世界中的存在？我本人在这个问题上的立场是：基本实体作为一种自然类术语，必须指称能在自然界中找到的某种东西，而这种东西本身是由世界上存在的一些潜在因素构成和个体化的。如何为这一立场辩护，并进而根据基本实体来回答不可通约性论题是否有效的问题，需要一个更复杂巧妙的科学实在论版本，这是下一节讨论的主题。

12.3　科学实在论：超越结构主义和历史主义　350

我自己的科学实在论进路是一种结构主义的、具有历史构成性和建构性的进路。

科学哲学中的结构主义，因其对唯结构形而上学的承诺，拒绝实体的存在或实体的（科学）相关性，把科学知识限制为世界的形式而非内容，因而不能对科学革命提供任何令人信服的说明，科学革命只是从一个构成性框架到另一个构成性框架的激进的（不可通约的）转变，每个构成性框架都承诺一个特定的基本实体，并由这个基本实体所构成。然而，它（用结构术语对实体）的重新概念化论题，给我们提供了一个重要的洞见。虽然它的初衷是将物理实体消解为数学结构，但是，由此突显的实体与其结构特征之间的密切关联，可以用一种构成性方式来解释，并支持这样的主张：实体仅由它的结构性质和结构关系构成（这是科学家认识客观实在的唯一途径），因此构成的实体是客观存在的。依据这种解释，结构主义就能够把科学描述为一个开放的累积的过程，在这个过程中，我们就可以获得对世界的客观认识，包括它的形式和内容。

然而，在结构主义话语中，构成性框架的概念缺失，使得结构主义无法把握科学知识的构成性和建构性：所有的结构知识都是在构成性框架内获得的，这一事实被完全忽略了。对构成性框架的构成性作用的忽视，是结构主义不能正确理解科学革命的深层原因之一。与此相反，当代科学哲学中的历史主义——库恩派的或非库恩派，将科学知识描绘为必然是在构成性框架内构成和构建的，因此，它能够容纳科学的重要特征，如科学在一个构成性框架内有客观内容（内在实在论）；随着构成性框架的变化而发生科学革命，以及许多其他重要特征。

历史主义的困难在构成性框架这一概念本身中有其最深刻的根源。构成性框架按其原初的康德主义形式，或是它的各种新康德主义分支来看，都以封闭性为特征：它给所有可能性规定了空间，因此在构成性框架内产生的所有知识都不能超越它，特别来说，不能与它相矛盾。知识和真理只能在构成性框架内加以界定，要么是先验的，要么是约定的。对于康德来说，构成性框架的概念是自洽的；它根植于人类的本性中，人类的心智能力中。然而，一旦康德的先验论被拒斥，所有形式的新康德主义都会出现困难问题：构成性框架从何而来？如果它不是先天赋予的，那么它是由什么构成的？是随意的约定还是别的什么？怎么会有不同的构成性框架？为什么有些构成性框架相互是不可通约的？

因此，概念上的情况是这样的：结构主义基于对世界形式的客观结构性认识，为获得世界的客观知识提供了一个相对坚实的基础，但因其无视构成性框架而无法容纳科学革命的历史事实；历史主义捕捉到了构成性框架的所有含义，但仍然无法理解它的本质，特别是它的起源和它发生变化的原因。因此，如果不超越结构主义和历史主义，并同时吸收这两者提供的见解，似乎不可能有一个关于科学的连贯画面。 351

关键是要认识到，构成性框架，无论是先验的、约定的还是其他的，它本身就是由一组假设构成的。其中一些本质上是形而上学的，即基于根深蒂固的常识信念；另一些则从成功的科学理论中获得了权威。构成性框架的这种构成无疑是康德先验论的情况，无论他是否认识到这一点，19 世纪中期康德先验论的崩溃清楚地揭示了这一点，当时非欧几何和非牛顿（非基于对象的）场论已兴起。在新康德主义中先验论的相对化，以及在由弗里德曼等人倡导和捍卫的当代新康德主义的后库恩科学哲学中先验论的历史化，都是由构造构成性框架的假设的变化所驱动的，特别由基础物理学的深刻变化所驱动，如相对论和量子理论的兴起。

如果所有的知识，科学的抑或常识性的，都是在构成性框架内建立的，构造一个构成性框架的假设怎么可能发生变化呢？用我们在本章中使用的概念说就是：在一个构成性框架内构造的基本实体，如何能变为一个不同的基本实体，进而构造并描述一个新的构成性框架？当然，这种变化确实发生了，康德主义的崩溃和科学革命的历史事实证明了这一点。问题是如何使这种变化概念化。因此，有必要超越历史主义和结构主义。

考虑到科学在构造构成性框架中的作用（康德主义的兴衰证明了这一点），20 世纪基础物理的发展极其重要地推动了我们对构成性框架的本质，以及构成性框架变化的原理和机制的新理解。这些发展中最重要的是关于时空本性的广义相对论的兴起，关于在微观（原子和亚原子）世界中一切的存在和发生之事都具有概率性的量子理论的兴起，关于永久禁闭的实体的实在性的量子色动力学的兴起，特别是，关于没有时空结构的更深层次实在的量子引力的兴起，量子引力描述的实在没有时空结构，但却构成了具有时空结构的微观和宏观的领域的基础。[9] 这些发展清楚地表明，客观知识是在一个历史性构成的构成性框架内被结构性地建构的，这样构建的结构知识的增长，迟早会改变迄今为止积累的结构知识的配置（这些结构知识构成了一个构成性框架），从而导致一个新的构成性框架的出现。

受这些重大进展的驱动，我提出了一个结构主义的、具有历史构成性和建构性的（a structuralist and historically constitutive and constructive approach to scientific realism，SHASR）科学实在论进路，根据这个进路，科学知识的

客观性和进步就能从结构主义和历史主义（具有历史构成性和建构性）的角度概念化。

352 这个研究进路的核心在于：理解如何运用一个构成性框架内的结构知识来构造一个基本实体，并且仍然在相同的构成性框架内运用增加的结构知识来重构一个新的基本实体，新的基本实体超越了既定的构成性框架，也可能与既定的构成性框架相冲突，而刻画了一个新的构成性框架。这是如何可能的呢？诚然，如果构成性框架像历史主义假设的那样是封闭的，那就是不可能的。但是，上述构成性框架的历史构成表明了科学与构成性框架（它们相互构成）之间的辩证法，这就使得封闭性论题（the closeness thesis）难以成立。更恰当地说，我们应该将构成性框架视为科学探索世界的中介，这是科学成为可能的必要条件。但是，作为中介，构成性框架对于科学察觉到实际上存在什么、发生了什么来说，更像是一扇窗户，而不是一个窗帘，如果这扇窗户并不适合用来发现从这一探索中涌现出来的东西（这个赫然出现的东西越来越清晰、越来越大），甚至这种不适当只能通过这扇不合适的窗户（当前的构成性框架）才能感受到，那么这个中介本身也因此受制于这一探索，它必须调整自己以适应这一探索所产生的条件。科学史学家很熟悉刚才提到的情况，即反常的发生，它是催生新科学理论和新构成性框架的助产士。

让我们首先来考察构造。对实体（基本实体作为一个特例）和结构的相互构成至关重要的，是恰当理解实体的本质。作为一个因果动因（causal agent），实体被赋予一组特定的基本属性，这些属性决定了实体的律则行为（nomological behaviors），从而也使实体嵌入到各种因果层级关系和结构（causal-hierarchical relatios and structures）之中。为此，不同种实体的同一性和某一种实体中每个成员的个体性，都是由一组组相关的结构性质组成的。因此，当一组基本要素（构成性的结构特征）结合成一个存在时，一种基本实体就被构造好了，而我们能把具体实体看到一个纽结（nexus），由一个内核和一个外围保护带组成，这个内核包含了一组相互紧密依赖的结构特征，这些结构特征组成了这个实体的本质，而外围保护带的一组可交换的附着结构性质，则允许实体在保持其存在的同时改变其特征。[10]

更详细地说，当我们拥有一组经验上适当、质性上明显不同的结构陈述（所有这些陈述都包含一个不可观察的实体，且都描述了它的一些科学发现的特征）时，对于一个实体（或基本实体）的客观构成而言，有必要对一组给定的结构陈述（结构知识）的组织方式进行约束，这组约束条件可以表述如下。

如果在给定的集合里有一个子集，它满足如下条件：①它在该集合的位形结构中是稳定，并且在位形结构的变化中可再生。②它在位形结构中占据着一个中心位置（核心）。③它描述一些特定的物理特征，这些特征可以解释为实体的内在特征[11]，它们不同于这一位形结构外围的那些子集描述的偶然（情境依赖）特征。在这些特征中，有些特征（比如自旋）为不同的物理实体所共有，另一些特征（比如分数电荷）从质上讲为一个实体（比如夸克）所特有，因此，它们能被看作是这个实体的本质特征，能用作标识指称来描述该实体，并把它与其他实体区分开来。④它的一些陈述描述那些内在特征（特别是本质特征）的因果效力，这些因果有效的特征能被作为解释与预测的基础。于是，我们有理由声称，首先，存在由结构性质和关系的集合构成的不可观察的实体；其次，在本体论上，不可观察的实体与集合中全部陈述所描述的结构性质不可分离，也是这些性质（特别是动力学性质）产生的一般机制（基本的经验规律）的原因；最后，集合中的客观结构陈述为我们提供了对不可观察实体的客观认识。

353

应当强调的是，这样构成的实体的客观性有两个来源，一个来自这一构成中结构知识（陈述）的客观性，另一个来自这一构成的整体特征的客观性。也就是说，构成这一物理实体的结构陈述的集合有一个新特征，这个新特征是这个集合中每个结构陈述所没有的。不同于结构陈述的一个混合体（那本身是无结构的），这个构成性集合是有层级结构的。最重要的是，这个集合有一个稳定的核心子集，它提供了关于假设实体的放置特征（feature-placing）的事实，因此能被用作实体的标识指称，使实体在指称上是可识别的。作为集合的分层结构化配置的整体特征的结晶，在一个特定的理论中，通过对所涉及陈述进行特定的角色分配（必要或不必要）和位置分配（核心或边缘）（除了可指定的时空位置上的结构配置的相干存在外），这样构成的实体相对于所有变化都是稳定的，除非核心陈述的作用发生了变化。

对于科学实在论来说，重要的是这样构建的基本实体，作为一个自然类词，必须在世界上有其指称对象。在此，取得自然类成员资格的充分和必要条件不仅仅是结构陈述本身，还涉及刚才提到的一组结构陈述的整体特征或具体配置。这不仅对于建构的基本实体的指称固定和客观性很重要，而且对于理解基本实体的重组以及新的基本实体的出现和科学革命，也是至关重要的，这一点我们很快就会看到。

但是，结构知识的构成集由此构成的基本实体存在一个不充分决定性问题，它为约定主义打开了大门，从而破坏了由此构成的基本实体的唯一性，甚至是其实在性。这个问题似乎很难摆脱，因为满足构成集的无论是什么，都必须被认为是对由此构成的基本实体的指称。但是，这个满足并没有给基本实体的内部因果成分或是功能组织施加任何限制，除了限制基本实体的上向可达关系之外，当然也没给实体的下向组分施加限制，因为任何位于与其他理论实体和可获取关系的界面上的实体，都是科学家感兴趣的研究对象。一个经常被遗忘的不言而喻的道理是，实体的性质总是比任何对其结构性卷入的具体描述要丰富得多。原因很简单。实体的许多特性和关系不可能在任何情况下都会被认识到，也不可能为描述者或科学家都知道。

354 由于在没有任何经验结果的条件下，由构成集构成的基本实体的完全不充分决定性在科学上是无趣的，能通过修正形而上学框架来改进它，而那些与经验结果相冲突的方案可以在更具差异性的背景下，通过进一步的调查研究来解决，因此，在哲学上唯一有趣的不充分决定性情况是那些具有相容实体的情况。在此，我发现生成固化（generative entrenchment，GE）的观念非常有帮助。根据威廉·威姆萨特的观点（Wimsatt，2003），在一个复杂系统中，实体的生成固化是对复杂系统中已生成的结构或活动，在多大程度上依赖于实体在场或活动的一种度量。生成固化度越高的实体，在这种系统的演化变迁中越保守。因此，生成固化在进化过程中充当作一个强有力的建构性的发展约束。科学显然是一个不断进化的高度复杂的系统，而一个理论科学中的基本实体有着最高的生成固化度（该理论描述的所有现象都依赖于基本实体的在场与行为），因此，在不改变整个理论描述和结构的前提下，实际上不可能用其他任何东西来取代这一基本实体。我们无法最终确立［建构基本实体的］唯一性，但是，我们可以通过以下方式来假定实际的唯一性，即通过将越来越多的结构描述作为标识性特征，以确定或更恰当地构成基本实体的同一性。一个理论实体的唯一性和实在性，可以在一种积极的意义上建立或构建，这种建构方式，某种程度上可通过包含该实体的结构性知识来实现。如果生成固化的观念可有效用作一种强约束条件，以反驳心灵哲学中的多重可实现性，而赞成心灵只是一种大脑现象的观念，那么就相当容易论证，量子色动力学作为一种复杂的概念体系，只能在夸克和胶子中实现。也就是说，夸克和胶子的实在性，几乎是由量子色动力学提供的结构描述唯一确定的。[12]

生成固化的观念很容易从实体拓展到实体的构成要素，这实际上对于我们理解基本实体的重建是一个重要的概念资源，而基本实体的重建对一个结构主义的、具有历史构成性和建构性的科学实在论进路（SHASR）是至关重要的。

12.4　通过本体论综合的概念革命：认知和本体涌现

上一节概述的框架可用于讨论本体论的进步。我所说的本体论进步是指世界的连续理论所展示的结构关系的累积和扩展过程，这些累积和扩展的结构关系构成了连续的基本本体论（基本实体）。一个理论的统摄力之源在于它的本体论，本体论作为一个实体是一种隐喻，并且能够进行所谓的隐喻性扩展，它作为结构性质的载体在本质上是稳定的和累积的。[13]

乍一看，几何纲领和量子场纲领在描述基本相互作用方面很是不相同，以至于它们可能被视为不可通约性论题的典型案例。在几何纲领中，传递相互作用动因的物理实在的表征是可微时空流形的动力学几何结构；而在量子场纲领中，相应的表征是在一个刚性的背景时空流形上运动着的离散量子。在几何纲领中，广义协变性是一个指导原理；而在量子场纲领中，对量子行为的连续时空描述是不可能的，并且狭义坐标系的假定无须辩护。两个纲领之间的差异如此分明，以致没人能否认确实发生了范式转移。那么，谁敢说旧的本体论（动力学几何结构）能被合并到新的本体论（量子）中呢？我们能在什么地方看到本体论发展的连贯一致的方向呢？

355

概念框架确实发生了转变。但它对本体论进步的可能影响是一个争论的主题。如果我们利用后见之明的优势，在更深的层次上探索这两种纲领的本体论基础和潜在可能性，那么整个图景就将与库恩和费耶阿本德提供的完全不同。

前几章的历史研究可以总结如下。20 世纪场论的全部方案都源自经典电动力学。经典电动力学是实体性的电磁场理论，洛伦兹群是它的对称群（见第 3.3 节）。[14]

引力场论直接继承了经典电动力学：爱因斯坦把洛伦兹不变性（整体外部对称性）推广到广义协变性（这是局域庞加莱不变性的一部分，也是洛伦兹不变性的一个推广；见第 11.3 节），并通过等效原理引入引力场，两者结合发展了他的广义相对论（见第 3.4 节和第 4.2 节）。广义相对论开创了几何纲领，其中实体场与时空的几何结构不可分地联系在一起，相互作用通过时空的几何结构传递。按照几何纲领的弱版本，它的基本本体也是实体场：时空及其几何结构本身没有存在性，而只是作为场的一种结构特性而存在（见第 5.1 节和第 5.2 节）。在这里，几何纲领和经典电动力学之间的本体连续性是明显的。

量子电动力学是经典电动力学的另一个直接继承者。当量子化电磁场取代了经典电磁场，并通过类比玻色子场，引入了实体性的费米子场时，物理学共同体获得了量子电动力学（见第 7.1 节）。量子电动力学开创了量子场纲领，在量子场纲领中，场以传递相互作用的离散量子的形式自我显现，在这个纲领中，基本本体也是某种实体性的场（见第 7.1 节）。

诚然，量子场纲领中的实体场（量子场），在结构性质方面，完全不同于经典电动力学中的实体场（经典场），这个本体论差异也使得它们属于不同的范式。然而，量子场和经典场仍然共同享有一些硬核结构性质，如“不同部分的可叠加性”和“个体化的不可能性”。一般来说，在任何两个具有看似不同的本体论的理论所共有的硬核结构性质的基础上，我们总能在这两个理论之间建立起本体论对应[15]，从而在两个可辨识的理论中，依据它们的结构性质的连续性，总能够使它们在本体论上有指称连续性。特别来说，借助于玻尔的对应原理，我们能在经典电动力学和量子电动力学的本体论变化中找到一种连续性，也就是说，在量子场和经典场的结构性质方面找到一种指称连续性。

356

规范理论是量子电动力学的直接继承者。声称规范场纲领和量子场纲领之间具有本体连续性，这一说法没有受到挑战，因为规范场跟“物质场”一样，也是被量子化的。但是，规范场纲领和几何纲领的本体论之间的关系又是什么呢?

这两个纲领之间的本体论连续性，就像量子电动力学和经典电动力学之间的连续性一样，在于量子化规范场和经典几何场，主要按照它们的结构性质，对引力场的动力学信息进行编码的指称连续性。不仅几何纲领中的理论，比如广义相对论或者它的推广或变体（至少在原则上），能被写成量子化形式，这很类似于规范场纲领中理论的数学结构（见第 9.3 节、第 11.2—11.4 节），而且也能赋予规范场纲领中的理论以一种几何解释（见第 11.4 节）。以这种方式，能表明两个纲领的本体论有共同的结构性质甚或基本特征。规范场纲领和几何纲领之间的本体论连续性，能以现代卡鲁扎-克莱因理论（第 11.4 节）和规范引力的背景无关版本（第 11.3 节）清楚地显现，以致我们能毫不犹豫地宣称，规范场纲领是几何纲领的直接继承者。

注意到量子场纲领和几何纲领的本体论之间的密切联系，只有在规范场纲领作为两者的综合登台亮相之后才变得可辨识，是有趣的（见第 11.4 节）。这个事实告诉我们，综合的概念对于认识经历概念革命的理论本体的指称连续性，是有帮助的。

在这里，科学观念的“综合”并不意味着以前的观念或原理的一个“综合的混杂物”的联合，而是指一种更高级的选择性联合，它预设了以前的科学观念（概念、原理、机制、假说等）的转变。挑选了以前的每个观念中的一些有用要素，其余的都被舍弃。只有当所选择的观念被转变，并且成为本质上新的不同观念时，综合才成为可能。比如，牛顿综合了开普勒的惯性概念（惯性作为物质的一种属性，当物体运动的作用力为零时，惯性能使物体静止）和笛卡儿的惯性运动概念（作为自然律而不是运动定律，即万事万物总是保持在相同状态），并形成了他自己的惯性概念，即惯性作为物质的一种属性，能使物体保持它们所处的任何状态，无论是静止状态还是匀速直线运动状态。在这种综合中，以前的两个概念全都得到了改造。

我们可以把综合的概念扩展至本体论的讨论，并发现本体论综合也预设了转变。事实上，几何纲领的诞生是综合了广义协变性思想和等效原理的结果，而广义协变性思想源自于，但又不同于，洛伦兹不变性的思想；量子场纲领的诞生是综合了经典电动力学和量子原理的结果，而场量子化的思想源自于，但在本体论上又不同于，原子运动的量子化思想（见第 6.1 节、第 6.2 节、第 7.1 节）；规范场纲领是综合了量子场纲领和规范原理的结果，而规范原理源自于，但又不同于，最小电磁耦合（见第 9.1 节）。在所有这三种情形中，以前的原理都转变为新的形式，并且只有在那时才变得对本体论综合有用。

357

而且，作为一般特征，本体论综合经常把一个基本实体变成一个派生实体，因此伴随着一个基本本体论的变化。比如，在几何纲领中，牛顿的引力势被看作度规场（的一个组成部分）的显示，在量子场纲领中，经典场被看作量子场的一个极限情形，在规范场纲领的标准模型中，量子电磁场被看作是量子化规范场的一个副现象（见第 11.1 节）。因此，正如这一节所概述的，这三个纲领之间的确定联系表明，本体论综合是实现概念革命的可能途径之一。一方面，通过概念革命，本体论的进步能被实现。综合的结果是诞生了新的研究纲领，新的研究纲领建立在一个新的基本本体论之上。根据这个观点，正如内格尔（Nagel，1961）和波斯特（Post，1971）所表明的，是不大可能把旧的本体论直接合并进革命后新的研究纲领的新本体论中的。

另一方面，经过概念革命，在一种限制性的意义上，体现在旧本体论中的关于世界的已发现的结构关系（例如，外部对称性和内部对称性、几何化、量子化）仍然保留。通过范式转变和综合实现的概念革命，绝不是一个绝对的否定，而是可看作黑格尔意义上的“扬弃”（Aufhebung），即战胜、有保留地改变的意思。因此，科学不仅以经验定律累积的形式显示进步，而且，甚至更显著地，以概念革命的形式显示进步。科学旨在用典型的本体论充当富有成效的隐喻，这些隐喻由关于世界的甚至更详细的结构知识组成。我们沿着概念革命的方向前进，因为随着概念革命产生的新本体论，能比旧本体论更好地把经验定律统一起来。

正是在这种关于世界的结构知识保持和累积的意义上，我们能声称本体论的连贯一致的发展方向是朝着世界的更真实的结构方向发展。注意，这里所说的“世界的更真实的结构”应该理解为“一个确定的，但总是可以扩大的研究领域的更真实的结构”。由于没有理由假设世界的结构性质只能被分成有限层次，也没有任何理论能够捕获无穷多的结构性质，因此终极真实的本体论的概念（它给我们提供整个世界的真实结构），显然是毫无意义的。相应地，这里的用语“更好”和“更接近”只有一个新旧理论相比较的含义，而没有绝对的内涵。

上面讨论的内容能在结构主义的、具有历史构成性和建构性的科学实在论进路框架内，依据“基本实体的重构”得到进一步证明。这种论证方式也能为科学革命的理论建构中至关重要的认识论和本体论涌现，提供一些说明。

358 由于通往不可观察的基本实体的任何直接通道都是关闭的，因此，任何基本实体的构造都必须随着一组结构陈述的位形的不可避免的变化，而一次又一次地重建，由此一种自然类（基本实体）得以构成。随着结构知识（陈述）的增加，一些核心和外围陈述的重新配置，以及一些核心陈述（描述本质特征或否）的角色改变，这一结构位形的起决定性作用的特征也随之改变。作为结果，这个自然类的标识指称、内容、典型特征、形而上学或其他方面，也都发生了改变。也就是说，由此构成并被构想出来的东西是与原初的东西不同的一个类。这样一个重构过程的完成是一场科学革命的实质，理论家们通过这场革命改变了他们的本体论承诺，从而改变了整个理论的本体论性质。

此外，基本实体的结构建构与重构，虽然可靠，但也易犯错误并可进行修改。因此，在基础实体层面上，客观知识的获得只能通过经验调查员、理论思考家以及形而上学诠释者之间的历史协商过程来实现。我们接近基本实体的这个特性，对于实在论者概念化科学史，是至关重要的，正如我们即将看到的那样。

让我们回到中心问题：在激进的理论改变中，宣称基本实体的指称连续性是合法的吗？例如，当对电子的描述，经由 J.J.汤姆逊的理论到卢瑟福的理论，再到玻尔的、海森伯的，以及狄拉克的理论时，我们指的是同一个"电子"吗？既然我们没有直接通达电子的渠道，电子的概念只在特定的理论语境下才有意义，所以许多整体论者争论道，当用完全不同的理论来描述电子时，电子的"同一性"无疑不能被证明是正确的。

这是真的。然而，从结构主义的、具有历史构成性和建构性的科学实在论进路的视角来看，通过诉诸上面讨论的重构概念，仍然可以论证一个实体的某种指称连续性。[16] 基于重构的这个指称连续性，不论是从认识论上讲还是从本体论上讲，可以三种不同的方式呈现。首先，如果有一些标识占位特征的结构表述，例如，电子在原子中拥有最轻的质量和最小的负电荷，在新的结构位形中仍然保留，那么不管这个概念革命在理论之间造成了多么激进的变化，比如 J.J.汤姆逊的理论与狄拉克的理论之间发生的变化，我们都可以合理地说，物理学家基本上谈论的是同一个电子。[17]

其次，研究领域内的一个实体和其他实体的结构知识的扩展和重构，可能导致实体的本体论地位（基础的或派生的）的改变。例如，在强相互作用的情形中，汤川理论中的 π 介子是强相互作用的一个主要作用动因；随后它的地位在夸克模型和量子色动力学中降为一种副现象。但是地位的改变并没有否定它的存在和它的身份，因此在这个例子中不能否定指称连续性。

最后，指称连续性也可以通过本体论综合机制来实现，这与上面提到的两种方式不一样，不用经过太多反思就能接受，只从我们看待实体的新方法的角度就可以理解。如果有两个独特的结构位形，它们由一组结构表述组成，每个结构位形负责组成一个独特的实体，且每个结构位形的核心子集的一个（或多个）基本结构表述，经过一个经验适当的组合，以一个扩大的结构表述和/或一组结构表述的重构的形式，组成了一个新的核心子集，那么这个有着新的核心子集的新结构位形，就可以负责组成一个新实体，如果这获得了自然的认可，那么其就是本体论综合的一个例子。下面将会给出一些例子。 359

值得特别指出的是，在基本实体（一种建构的自然类）的组成上，重构这一概念已给理解（既在常规科学中又在科学革命期间）科学发展的丰富结构提供了理论上的资源。在科学史上，基础科学在其演化发展中频繁地重新配置和重新组织其基本实体的构成要素。除了简单地放弃或保留理论变化中的基本实体之外，重构的概念还提供了一种调节机制，既可以适应表观的本体论不连续性（新的基本实体取代了旧的基本实体），也可以适应我们对世界上存在什么的认知上的深层连续性，就基本实体的构成要素而言，它们存在于激进的理论变革前后，部分组成了旧的基本实体，部分也组成了新的基本实体。

然而，从结构主义的、具有历史构成性和建构性的科学实在论进路的视角来看，更加有趣的是，重构的概念也有助于我们理解一个新的基础理论是怎样被创造的。总的来说，重构作为一个新的基本实体出现的基础，本质上是一个广义的本体论综合版本。“广义”意指被综合的因素，未必就是已经组成了一个基本实体的那些因素，而是包含了一些尽管还没有组成任何基本实体的构成性要素，它们生来就如前面暗示的那样是牢固确立的。

一个新的基本实体通过本体论综合而涌现，应该被理解为一个认识过程，通过这一过程，实在的另一方面，或许是实在的更深层次得以显现。比如，正如我在其他地方讨论的那样（Cao，2001，2006），广义相对论和量子场论的本体论基础的修订，能被看作一个本体论综合的尝试，因此，两个结构特征的组合——一个（普遍耦合）由引力场构成，另一个（剧烈起伏）由量子实体构成——能一致地被采用，来组成一个新的基本实体，量子引力场，它既是剧烈起伏的，也是与所有物理实体普遍耦合的。在这里，由前任理论（广义相对论和量子场论）提出的基本限制必须被严肃地对待，因为这些限制对我们通过前任理论获得的所有知识进行编码，从而也为我们提供了（我们打算在后继理论中描述的）不可观察实体的唯一认识通道。另一个广为人知的例子是夸克与胶子（量子色动力学的基本实体）从前任理论模型（部分子模型和组分夸克模型）提出的结构约束（即标度定律与色概念）综合中涌现出来。

360 与上文讨论的认识论涌现密切相关的是本体论涌现，然而，本体论涌现必须以不同的方式来理解。让我用量子引力中的一个例子来说明这个微妙之处。在一定的量子约束下，量子实体在认识论上是从经典实体中为人所知的（即作为认识论上本体论综合的结果），这个经典实体不可能只是在不同能量标度上表现不同的同一种实体。如果我们认真考虑这一点，我们就必须放弃对某些不适当量子化的经典自由度进行量子化的积极尝试，例如在引力情形中。这意味着我们必须对本质上已经是量子的东西采取量子实在论的立场。接下来的困难问题是，这个量子实体是什么。答案的一个线索是这样的。为了恢复经典引力，这是由上面讨论的前任理论提出的一个硬约束，它必须与引力共享一个特征，即与包括自耦合在内的所有类型物理自由度普遍耦合，尽管它不可能是度规类型或连接类型的实体。让我们称之为量子引力场。

无疑，经典极限的恢复，作为量子引力构造的一致性检验，例如，由几何发生学方法（量子引力中的流行模型之一）提出的，从同一基础场的动力学过程中恢复几何和物质自由度，是本体论涌现的一个典型例子。这一恢复或本体论涌现不得不经历一系列相变，这些相变由量子引力理论所描述的量子系统内子系统的相互作用决定。也就是说，作为异质性涌现的结果，它们具有质性上新颖性，不同于在量子引力领域中发生的情况。需要强调的是，异质性涌现能以不同的方式实现，从粗粒化到集体激发——比如凝聚态物理中的声子，或南部的轴矢流部分守恒模型中的 π 介子（Cao，1991）——到更为复杂的过程，类似于量子色动力学提议的强子从夸克和胶子中涌现的过程（Cao，2010）。

这方面的一个显著例子是所谓的双重狭义相对论。除了通过移除量子效应或使普朗克常数 h 接近零这样的传统方法恢复经典极限外，这导致广义相对论，还有另一种通过移除引力效应或者使引力常数 G 接近零来实现的特殊极限。这个结果应该是在闵可夫斯基背景时空上定义的传统量子场论系统。但是，在这个极限过程中涌现的异质性，在量子引力的情形中，可能以如下一种出乎意料的方式自我显现。如果让 h 与 G 都接近于零，但是，保持 G 与 h 的比率——G/h 为一个常数，比如等于普朗克质量的平方，那么除了常规的狭义相对论外，我们会获得一个变形的或双重狭义相对论，除了传统的黑洞现象、大爆炸物理学、二进制脉冲星的观测结果所暗示的引力波之外，这还提供了另一个可证伪的预测，即光速对能量的依赖。对这个附加的预测的观察检验，如果被确证了，将会对量子引力的相关模型给出一个令人印象深刻的经验支持，如果被证伪了，将会使给出这一预测的模型失去权威性（Cao，2007；Amelino-Camelia，2010）。 361

12.5　概念革命与科学实在论

在本节中，我将讨论如下问题，即如何让上一节得出的经验对科学实在论的论证产生影响。依照已经接受的观点，[18]科学实在论假定：①虽然不能断言理论所给出的对实体的每个特定描述一定为真，但是被逐步接受的理论所假定的实体及其结构性质确实存在；②理论旨在给出与世界相符合的真命题；③至少成熟科学[19]的历史显示出一种逐步接近所研究领域的真实内容（在相似的意义上）的趋向，这种进步既是从“低层次”定律的角度来说的，也是甚或更重要的从支撑“低层次”定理的本体论角度来说的。第三点和本书的历史研究最为相关。

科学实在论要求历经概念革命的本体论具有连续性。否则，在一个范式中的理论本体论对下一个范式就没有任何存在论的要求，实在论也会完全成为虚假的。就本体论而言，反实在论者拒斥第三点。对于他们而言，概念革命的存在意味着，从历史上讲，理论科学是根本不连续的，他们还给出了一个强有力的论证来反对上述定义的实在论：既然成功的科学理论已经为具有完全不同本体论假设的理论所拒斥（只有以前承认的低层次定律幸免于难），那么如此定义的科学实在论似乎就不是一个站得住脚的立场。

普特南（Putnam，1978）在他著名的“元归纳”（meta-induction）讨论中，对这一情形做了清楚的概括。如果概念革命必然使得科学史是绝对不连续的，那么“下面讲的‘元归纳’最终就会变得令人信服：正如没有一个术语是按照 50 多年前科学中的指称来使用一样，在未来也没有一个术语将会按照现在科学中的指称来使用”（Putnam，1978），否则，科学实在论就是一个虚假的教义。

对概念革命的本质进行诠释对于科学实在论来说至关重要，因此，实在论者必须找到一些论证来阻止这一灾难性的“元归纳”。普特南在他的因果指称理论中为实在论提供了一种论证（见第 12.2 节）。从逻辑上讲，具有“怀疑受益原则”的因果指称理论有可能将科学革命描述为涉及理论术语的指称连续性。显然，有了这样一种指称连续性，就可以成功地阻止灾难性的“元归纳”。内格尔和波斯特所采用的科学增长的单线性观点，即特殊的趋同实在论，也能或多或少地得到辩护。

但是，这种对反实在论论证的反驳，既过于简单化又太抽象。说它过于简单化，是因为虽然指称连续性概念能够作为概念革命进步实在观的基础，但是，比起连续性提议的单线性形式，科学进步的结构要丰富得多。说它太抽象，是因为所涉及的逻辑论证既解释不了概念革命的出现，也解释不了理论的发展，特别是关于新的不可观测实体的假定。因此，它对实际科学发展的历史分析并不能令人信服地支持实在论。

362

普遍性网络模型（Hesse，1974）为实在论提供了另一个论证。从逻辑上讲，普遍性网络模型使得把科学革命描述成包含理论术语的相似连续性成为可能。显然，用这样一个相似连续性的思想，再加上认识到理论术语的指称必须从可观测量导出并意向性地理解，也可以成功阻止“元归纳”灾难。基于这个论证，一个容纳“工具性”进步的弱版本实在论得到了辩护（Hesse，1974）。

我在这个问题上的立场是基于在结构主义的、具有历史构成性和建构性的科学实在论进路（SHASR）框架内定义的本体论综合的概念，通过引入本体论综合的概念，旨在超越独特的趋同实在论和弱实在论。本体论综合的概念是从对 20 世纪场论的历史分析中直接得到的，因此不能被指责为是纯粹的猜想，与真实的科学实践不相关。此外，它还可以用来解释跨概念革命的复杂进步形式。科学的增长和进步并不一定以连续性和累积性的单线性形式呈现。本体论综合的概念作为对已发现的世界结构的连续性和积累性的辩证形式的刻画，能使我们以一种令人信服的方式理解和解释概念革命的机制和科学进步的模式。事实上，科学的连续性、累积性和统一性很少以直截了当的形式实现，而经常是以变换–综合的形式实现的，正如上一节所总结的。

事实上，人们能令人信服地论证，经由变换的本体论综合，作为实现概念革命的一种可能方式，代表了科学增长中变革和保守之间的一种调解。因此，它非常适合透过科学史上表观的不连续性来捕获其本质的连续性。因此，尽管本体论综合概念本身需要科学实在论的辩护，但是这个概念对科学实在论的一个精致版本，提供了一个强有力的支持（正如我在第 12.3 节中详细说明的结构实在论的结构主义历史方法一样）。

应该强调，结构主义的、具有历史构成性和建构性的科学实在论进路超越了结构主义与历史主义，同时又绝对不同于传统的科学实在论，也断然不同于迈克尔·弗里德曼等倡导的新康德主义的历史化版本或库恩化版本。它与传统科学实在论的不同集中在两个议题上：不可观察的实体概念（包括基本实体）和客观性概念。关于第一个议题，在传统实在论中基本实体的内在本性或本体论内容经常是以非结构化的术语（比如个体性和物质）来构想的，而在科学实在论的结构主义的、具有历史构成性和建构性的方法中，它们完全由实体所拥有的结构性质和结构关系构成，而且是以我们前面讨论的一种整体论的方式构成。虽然传统实在论者在构想实体时会引出结构术语，但是他们把实体设想为一个预先存在和固定的自然类成员，而对于科学实在论的结构主义的、具有历史构成性和建构性的方法来说，一个自然类不是预先存在的和固定的，而是历史建构的、可修改的，需要一次又一次地重建。 363

客观性的本体论基础，对于传统实在论而言，是独立于人类活动的客观世界的存在，因此，知识的客观性只能根据与这个客观实在的对应关系来定义。然而，对于结构主义的、具有历史构成性和建构性的科学实在论进路来说，客观性概念并不是与人类参与相分离的：分离是一种幻觉。相反，它是根据自然对任何任意的人类建构的抵抗来构想的。根据结构主义的、具有历史构成性和建构性的科学实在论进路，这种抵抗是客观性唯一的本体论基础。以量子色动力学为例（Cao，2010），强子的组分以各种各样的方式被构想。沿着一条概念线，人们最初通过一定的结构知识，把强子设想为部分子，然后又把部分子设想为夸克和胶子。随着颜色概念（源自组分夸克模型）带来的结构约束进入"流夸克"图景，强子又被重新构想为带色夸克和胶子，这一概念获得了大自然的认可，并被高能物理学共同体接受。沿着另一条思想线路，人们设想强子的组分带整数电荷，这没有获得大自然的认可，因而也被高能物理学共同体所抛弃。所有这些都是人类根据结构知识建构的结果。但是一些概念和建构物获得了自然的认可，其客观性得到了保证，而另一些却没有。

通过关注它们对本体世界在知识产生中的作用的不同态度，可以最好地捕捉到科学实在论的结构主义的、具有历史构成性和建构性的方法与新康德主义的异质性差异。作为一个库恩化的康德主义，新康德主义具有库恩历史主义的所有缺陷，即历史相对主义和反实在论，主要是因为它具有后者的缺陷，从而无法看到本体世界在知识产生中的积极作用。根据新康德主义，如果它是在一个构成性框架内被构建的，那么客观知识是可能的，因而只有在这个构成性框架中才有意义。是的，新康德主义的拥护者承认，现在不能再认为构成性框架是一个先验的框架，相反，它必须被历史化。但是，他们争辩说，它依旧根植于心智能力，除此之外，不可能是其他，因而完全与本体世界相分离。弗里德曼强调，科学的进步与合理性是通过科学的规范实现的，不是像康德学派所坚持的那样是通过先验理由实现的，而是通过哈贝马斯风格（Habermasian style）的主体间共识实现的。这里非常清楚的是，本体世界是完全无关紧要的。值得称道的意图是坚持"启蒙理性和规范性"（Friedman，2012）；但是，科学实在论或形而上学实在论，已经消失了（当然，实在论不是他想要的），主体间共识变化的原因变得神秘，库恩历史主义的困境也由此而生。

相比之下，根据结构主义的、具有历史构成性和建构性的科学实在论进路，本体世界是科学知识真理性的最终仲裁者。在这方面，它是通过对上面讨论的响应和抵抗发挥作用的，为科学的客观性提供了本体论基础。更重要的是，一个构成性框架（它与本体世界的相互作用导致现象世界的出现，在现象世界中，各种科学知识被建构），必须适应发生抵抗时产生的历史情况。也就是说，构成性框架是半封闭而不是完全封闭的框架：本体世界要费尽周折才能影响它。构成性框架与本体世界间的这种辩证法，才是构成性框架发生历史变迁的真正原因。它调节科学的发展，使科学的进步和合理化变得可理解。

总之，结构主义的、具有历史构成性和建构性的科学实在论进路是一个关于本体世界（noumenal world）的实在论，而不是一个关于孤立的不可观察实体、属性和机制的实在论。根据结构主义的、具有历史构成性和建构性的科学实在论进路，科学产生并扩展了我们关于本体世界的客观知识，这些知识的各个方面和丰富而层级分明的结构层次，如上面讨论的经典电子和量子电子所表现出来的那些结构层次，都是在历史上一步一步地为科学所捕获的，一方面，通过构成性框架与经验之间的相互作用，另一方面，通过构成性框架与本体世界的相互作用。科学与其文化背景的相互作用，包括形而上学的方案，导致了世界图景或世界观，它是人类行动的基础和指南，并随着人类行动，包括科学探索所创造的情况的不断变化而变化。

12.6　概念革命与科学合理性

科学合理性的概念[20]与真理的概念密切相关。只有当科学的目标越来越真实地认识了经验定律和世界的结构性质时，科学才可以被看作是一种理性活动。从这个意义上说，一方面，实在论可以被视为科学合理性的一个基础，虽然不一定是唯一的基础；另一方面，科学推理在确定哪种理论更真实地描述世界方面起着至关重要的作用。因此，根据理论的真理性来评估理论，并在相互竞争的理论中做出决定性的选择，也是有必要的。[21]

对科学合理性的威胁来自库恩的概念，即将科学革命视为格式塔转换甚至宗教皈依。这个概念及其更理论化的表述（不可通约性命题）直接否定了真理和本体论进步的概念。从这个意义上讲，科学革命的思想对科学合理性提出了质疑，产生了科学合理性危机。这之所以是一个严重的担忧，原因之一是，它使合理性的理论评估和理论选择变得不可能。实际上，科学不断地在发展理论。基础物理学尤其如此，其中重大发展往往采取概念革命的形式，涉及本体论的变化，但没有明显的不合理性。因此，基于不可通约性思想的科学哲学，将变得与实际的科学活动无关。

但从概念上讲，我们仍然必须提出令人信服的论据来捍卫科学合理性免365受威胁。也就是说，人们必须论证，概念革命的进步意味着理论对所研究领域的描述越来越真实。正是在这个关节点上，我发现本体论综合的概念作为实现概念革命的一种方式，对论证至关重要。在此，进步是用结构关系的扩展来定义的，它强调理论结构（本体论、机制、原理等）的连续性，而不是唯一的趋同。

基于本体论综合概念的合理性立场，意味着科学进步的综合观所提议的基础研究的未来方向，不同于不可通约性观点所提议的方向。对于后一种观点的一些拥护者来说，科学研究的方向主要是由外部因素决定的，如社会的或心理的因素，与智力因素关系不大。对于其他人来说，智力上的考虑虽然重要，但由于科学的演进发展具有灾难性的特征，因此它们起着本质上不可预测的作用。相比之下，综合观点要求必须尽可能地保留早期理论的内在机制。

这一立场的另一个重大含义是科学增长不是单线的，而是辩证的。新的实践总会产生新的数据，因为世界的各个方面实际上可能是无限的。从新数据中涌现出新想法，通常伴随着现有想法的转变。因此，一个新的综合，进而一个新的概念革命，总是被需要的。因此，从这个意义上讲，科学进步和未来的概念革命并非不相容。革命是永恒的。趋同于一个固定的真理与综合的进步观是不相容的。

综合观点和单线观点还有一个不同。根据后一种观点，现有的成功理论必将成为未来发展的典范。例如，人们曾期望爱因斯坦的广义相对论能够导致对电磁学和物质的理解。众所周知，这个期望被证明是错误的。事实上，科学史上对早期模型的抛弃一再发生。17、18 世纪流行的“机械哲学”后来被抛弃；19 世纪末流行的“电磁世界观”在 20 世纪也被抛弃。20 世纪 20 年代，在狄拉克发表了他的相对论电子波动方程之后不久，玻恩就声称“我们所知道的物理学将在六个月内结束”[22]。所有这些期望都被证明是错误的。不幸的是，同样的事情近年来再次发生。这次作为典范的成功理论是规范场纲领的标准模型。[23]规范场纲领的命运将会如何？事实上，如果我们记得汤川耦合和生成问题，以及许多其他问题（见第 10.5 节）都不能用规范原理来解释的事实的话，我们就会知道规范场纲领远不是一个完备的理论框架。[24]

相比之下，综合的观点对未来研究的建议在种类上完全不同。它建议科学家对所有的可能性都要保持开放的心态，因为超越现有概念框架的新综合总是可能的。本着这种精神，场论的未来发展可能不全是来自规范场纲领内的研究，也会尝试将汤川耦合甚至超对称性纳入这一纲领。很有可能它们会被一些想法和技术的使用所激发，例如在 S 矩阵理论中开发的一些想法和技术，其基本思想，如本体论和力的本质，与规范场纲领中的情形完全不同。 366

因此，有理由主张，科学合理性旨在获得物理世界的结构知识，这一合理性是在科学增长的综合观点上通过概念革命来实现的。

但是，科学合理性的概念有更深的层次。结构主义的、具有历史构成性和建构性的科学实在论进路，（通过回应的方式）在本体世界的制约和规定下，通过采纳对基本实体（因而是对构成性框架）重构的概念，①能够摆脱结构主义无基本实体的困境及其无法对科学革命做出说明的不幸后果；②能够应对库恩主义提出的挑战，成功地拒绝其历史相对主义和反实在论。建构和重构属于形而上学范畴，尽管它们也有认识论的含义，并且在认识论上会表现为对基本实体和构成性框架的建构和重构。在形而上学的意义上，重构可以被看作是涌现的哲学基础，它刻画了从旧概念到新概念质的转变，新概念的涌现是旧概念内部动力学演化的结果。

涌现无处不在。在人类认知领域中，我们看到科学从直觉判断中涌现出来；在科学内部，我们看到新的构成性框架从旧的构成性框架中涌现出来，即激进的概念变革或科学革命。根据库恩的观点，世界也发生了改变：一个新的世界从旧的世界中涌现出来，在科学革命前后，我们生活在不同的世界中。这诚然为真。但是，这里的世界，指的是现象世界（这个现象世界与构成性框架密切相关，甚至与构成性框架共同延展），而不是本体世界，对于库恩来说，本体世界是不可言喻、不可描述和不可讨论的。

本体世界会改变吗？涌现与本体世界有什么相关性？对于所有康德主义者和新康德主义者而言，包括库恩和弗里德曼，这些都是无法理解的不合理问题。然而，从结构主义的、具有历史构成性和建构性的科学实在论进路（SHASR）的视角出发，涌现与本体世界的相关性是无可争辩的，这种相关性可以总结如下。

第一，本体世界的存在体现在现象世界中。现象世界，作为人类与本体世界相互作用的结果，是与本体世界不可分离的，因此人类可以通过现象世界接近本体世界。

第二，本体世界是无限丰富的。本体世界的丰富性体现在不断涌现的新的现象世界之中，它丰富的结构种类，为科学史上不断涌现的新的构成性框架所逐渐展示。

第三，从这一视角来看，科学实在论是一种关于本体世界的形而上学实在论，科学的历史发展只是对这个处于行进中的实在论项目的持续不断的追求，这体现了科学理性最深层的意义。

367

注　释

1. 一个构成性框架在历史上是如何构成的，将在下面讨论，尽管库恩本人没有适当的概念资源来讨论它。

2. Kuhn（1962）和 Feyeraband（1962）。

3. 例如，见 Sellars（1961，1963，1965）、Hesse（1974，1981，1985）、Laudan（1981）。

4. Putnam（1975，1978，1981）；另见 Kripke（1972）。

5. Cao（2010）的著作中详细探讨了这一含义。

6. 关于有限元在理论物理中的重要作用的详细讨论，请参见 Cao（2010）。

7. 不用说，上面的整个讨论仍然在结构主义的论述中，因为电子作为一种实体的概念完全是用结构术语来表述的，质量和电荷的概念是（而且只能）用关系和结构的术语来定义的，如果一个实体孤独地存在于没有其他质量存在的世界中，那么它就没有质量，因此它与其他质量之间就没有引力关系，电荷的概念也可以这样说。

8. 关于本体论结构主义观的进一步讨论，见 Chihara（1973）、Resnik（1981，1982）、Giedymin（1982），以及 Demopoulos 和 Friedman（1985）。

9. 这些发展的详细描述和分析可在 Cao（1999，2001，2006，2010，2014a，2016）的著作中找到。

10. 参见 Simons（1994）。

11. 在情境不敏感的意义上，而不是孤立地存在而不与他人联系。

12. 量子色动力学的案例见 Cao（2010，2014a）；关于这个声明的更广泛的讨论，请参见 Cao（2014b）。

13. 另见 McMullin（1982，1984）和 Boyd（1979，1984）。

14. 这里的理论对称群被理解成理论的标准表述的协变群，这只是理论自身的动力学客体的微分方程系统，见 Friedman（1983）。

15. 当然，这不是没有争议的。关于理论变化，存在大量从不同立场处理这个论题的文献。例如，见 Feyerabend（1962）、Sneed（1971，1979）、Post（1971）、Popper（1974）、Kuhn（1976）、Stegmüller（1976，1979）、Krajewski（1977）、Spector（1978）、Yoshida（1977，1981）和 Moulines（1984）。关于此论题近来的贡献，见 Balzer 等（1984）的研究。

16. 在与由此构成的新实体（具有新的不同的本质，因此与旧实体不同的实体）相关联的新配置中，正如上文提到的 GE 的扩展概念所指出的，尽管它们的位置（在核心或外围）和功能（识别–特征–放置与否）已经改变，但旧配置中保留的结构特征在新的环境中保留了它们的构成角色。

17. 在一个重要的意义上，汤普森理论中的经典电子和狄拉克的理论中的量子电子是不同的实体。在一个更深的意义上，然而，他们是两家不同级别的两个不同方面的表现相同的电子因果层次的本体世界的结构，是指同一个实体，或者更准确地说，是指各级不同的模式相同的本体的电子。因此，SHASR 所定义的实在论不是关于不可观察的实体、属性或机制等的朴素实在论，而是本体世界的因果层次结构的各种表现形式的实在论。

18. 见 Putnam（1975）和 Hacking（1983）。

19. 成熟科学包含一个或一个以上的成熟理论，而成熟理论以一个连贯的数学结构、有效领域（经验支持）以及横向（根据它和其他不同分支的理论之间的关系）和纵向（根据它和其他成熟理论之间的关系）的连贯性为特征。所有下面涉及科学实在论的讨论，只是就成熟科学而言才有意义。关于成熟科学的更多讨论，见 Rohrlich 和 Hardin（1983）。

20. 本节中关于合理性的讨论限于科学合理性的概念，不包括合理性的其他形式，比如实践上或美学上的考虑。应该指出的是，库恩，这位在此节中被批评的人，已经在近年来（Kuhn，1990，1991，1993）发展了科学事业中实践合理性（practical rationality）这样一个意义深远的概念。 **368**

21. 关于理论选择的问题，我假定了一种强内在主义立场，根据这个立场，最终的经验上和逻辑上的考虑在作出选择时起了关键作用。然而，它太复杂且不太相关，因而不能在简短的哲学讨论中抵御社会建构论者的攻击。见 Cao（1993）。

22. 转引自 Hawking（1980）。

23. 例如，见 Hawking（1980）和 Glashow（1980）。

24. 与规范场纲领有关的问题的进一步讨论可在第 11.4 节找到。

附 录

369

附录 1 内蕴几何学、局域几何学和动力几何学的兴起

A1.1 内蕴几何学

在高斯致力于微分几何的研究（Gauss，1827）之前，平面一直被作为三维欧几里得空间中的图形来研究。但是高斯表明，关于平面的几何学能通过专注于平面本身得以研究。平面 S 是具有两个自由度的点的集合，因此 S 上的任意一点 r 能用两个参数 u_1 和 u_2 来表示。我们能获得表达式：$\mathrm{d}r=(\partial r/\partial u^1)\mathrm{d}u^1+(\partial r/\partial u^2)\mathrm{d}u^2=r_i\mathrm{d}u^i$（$r_i\equiv\partial r/\partial u^i$，关于 i=1，2 时的求和缩写法），并且 $\mathrm{d}s^2=\mathrm{d}r^2=r_ir_j\mathrm{d}u^i\mathrm{d}u^j=g_{ij}\mathrm{d}u^i\mathrm{d}u^j$。高斯得出观测结论：平面的属性，如弧长、平面上两条曲线之间的夹角，以及通常所谓的平面的高斯曲率，仅仅取决于 g_{ij}，而这有许多推论。如果我们引入坐标 u^1 和 u^2——这来源于三维空间中平面的参数表示 $x=x(u^1, u^2)$，$y=y(u^1, u^2)$，$z=z(u^1, u^2)$——并且运用由此确定的 g_{ij} 我们就获得这个平面的欧几里得性质。但是，我们能从这一平面出发，引入两组参数曲线 u^1 和 u^2，并用 g_{ij} 作为 u^1 和 u^2 的函数而获得 $\mathrm{d}s^2$ 的表达式。因此，这一平面有一个由 g_{ij} 确定的几何学。

这一几何学是内蕴于平面的，并且与周围的空间没有关系。这表明这个平面本身能被看作一个空间。如果这个平面本身被看作一个空间，那么它拥有什么类型的几何学呢？如果我们认为那个平面上的“直线”是测地线（平面上两点间的最短连线），那么此几何学可能是非欧几里得的。因此，高斯的工作所隐含的是，至少在本身被看作空间的平面上有非欧几何。

受高斯关于欧几里得空间中平面的内蕴几何学的引导，黎曼为一个种类更为宽泛的空间发展了一种内蕴几何学（intrinsic geometry）（Riemann，1854）。尽管三维几何学显然是重要的几何学，但是黎曼更喜欢处理 t 维几何学。他把 n 维空间当作一个流形来讨论。在一个 n 维流形中的点由赋予 n 个变元参数 x_1，x_2，…，x_n 的特定数值和构成 n 维流形本身的所有这些可能的点的总数表示。同高斯的平面内蕴几何学一样，黎曼流形的几何学性质是用流形自身可确定的量来定义的，并且没有必要把流形看作位于某种更高维的流形之中。

A1.2　局域几何学

370

根据黎曼的观点，

> 我们对现象的因果关系的了解，本质上依赖于我们对无穷小现象理解的精确性。最近几个世纪力学知识上的进展几乎完全依赖于构造的精确性，这种精确性已通过无穷小积分运算的发明而变得可能。
>
> （Riemann，1854）

因此，“关于在无穷小空间中的测量关系的问题”是最重要的（Riemann，1854）。

与欧几里得的有限几何学相比，黎曼几何作为本质上一种无限近点几何学，符合莱布尼茨关于连续性原理的思想，根据连续性原理，没有一个相互作用定律能用超距作用来表述。因此，黎曼几何能与法拉第关于电磁现象的场概念相比较，或与黎曼自己关于电磁、引力和光的以太场论相比较（参见第 2.3 节）。外尔曾把这种情形描述为：“从无穷小部分的行为获得外部世界的知识的原理，是无穷小物理学中也是黎曼几何中知识理论的主要推动力。”（Weyl，1918a）

A1.3 动力几何学

黎曼指出，如果物体依赖于位置，“我们就不能从极大物体的度规关系到极小物体的度规关系中得出结论”。在这种情形中，

> 基于空间的度规测定所建的经验概念——固体的概念和光线的概念对于无穷小量似乎不再有效。因此，我们可以相当自由地假定，无穷小空间中的度规关系不遵循（欧几里得）几何的假说；如果我们能由此获得关于现象的一个更为简单的说明，那么我们实际上就应该这样假定。
>
> （Riemann，1854）

这就表明，物理空间的几何学，作为一种特殊的流形，不能只是从关于流形的纯粹的几何概念中导出。区分物理空间和其他三重延展流形的性质，将只能从经验中获得，即通过引入测量仪器，或通过拥有一种关于以太力的理论等而获得。黎曼继续说道：

> 关于在无穷小量中的几何假说的有效性问题，是与空间的度规关系的基础问题缠结在一起……在一个连续流形中的……我们必须在这一流形之外，在作用于其上的束缚力之中，寻求这一流形的度规关系的基础……这把我们引入另一门科学的领域，即物理学的领域。
>
> （Riemann，1854）

371 这段话清楚地表明了黎曼拒绝如下这样一种观念：关于空间的度规结构是确定不变的，而且它作为物理现象的一个背景，天生独立于物理现象。相反，他断言，空间本身只是一个缺乏所有形式的三维流形：只有通过给其填充物质内容并确定其度规关系，它才获得一个确定的形式。在此，物质内容由他的以太理论描述（见第 2.3 节）。考虑到世界上物质的配置会发生变化这一事实，度规的基础形式也会随时间改变。黎曼的这种度规依赖于物理数据的预期，后来为避免绝对空间的概念提供了辩护，绝对空间的度规不依赖于物理力。例如，60 多年后，爱因斯坦把这里提到的黎曼关于几何的经验概念，看作对他的广义相对论的一个重要辩护（见第 4.4 节）。

黎曼把物质和空间联系起来以确定真正的物理空间是什么的想法，进一步为克利福德所发展。对于黎曼而言，物质是空间结构的动力因；在克利福德看来，物质及其运动显现了空间的变化曲率。克利福德这样表述：“从一点到另一点可能会出现曲率的轻微变化，它们自己随时间而变……我们甚至

可以进入到给它们的空间曲率变化赋值的层面，观察‘在我们称作物质运动的现象中，真的发生了什么’。”（Newman，1946，p.202）1876年，克利福德发表了一篇论文《论物质的空间理论》(“On the Space-Theory of Matter”)，他在其中写道：

> 我认为事实上①空间的一小部分实际上与一座在平均平坦的表面上的小山丘性质相似；也就是说，在这些空间和平面上，几何学的常规定理不再有效。②这种弯曲的或扭曲的性质，以波的形式，连续地从空间的一个部分传递到另一个部分。③空间曲率的这一变化，在我们称作物质运动的现象中确实发生，不论这些物质是有重量的还是虚无缥缈的。④在物理世界中，除了这种（可能）服从连续性定律的变化外，没有其他任何事情发生。
>
> （Clifford，1876）

显然，所有这些想法都受到了黎曼以太场论的强烈影响，尽管黎曼的以太被克利福德的空间重新命名。

A1.4　不变量

黎曼在他1861年的论文中，阐述了度规 $ds^2=g_{ij}dx^idx^j$ 何时能通过方程 $x_i=x_i$（y_1，…，y_n）转化为给定度规 $ds'^2=h_{ij}dy^idy^j$ 的一般问题。对于这一问题的理解是 ds 等同于 ds'，以使除了坐标的选择外，这两种空间的几何学相同（Riemann，1861b）。1869年，埃尔文·克里斯托费尔（Elwin Christoffel）在他的两篇论文中重新思考和阐述了这个主题。在这两篇论文中，他引入了克里斯托费尔符号。克里斯托费尔表明，对于 μ 阶微分形式 $G_\mu=\sum$（i_1，…，i_μ）$\partial_1 x_{i1}\cdots\partial_\mu x_{i\mu}$ 来说，下面的关系式（α_1，…，α_μ）$=\sum$（i_1，…，i_μ）$\partial_1 x_{i1}/\partial y_{\alpha 1}\cdots\partial x_{i\mu}/\partial y_{\alpha\mu}$ 对于 $G_\mu=G'_\mu\equiv\sum(\alpha_1,\cdots,\alpha_\mu)\partial_1 x_{i1}\cdots\partial_\mu y_{\alpha\mu}$ 来说是充要的，其中（$\mu+1$）指标符号能通过里奇和列维–齐维塔后来叫作“协变微分”的方法，从一个按照 g_{rs} 定义的 μ 指标符号（i_1，…，i_μ）中导出。

372

上述研究隐含着，对于完全相同的流形来说，可获得不同的坐标表象。然而，流形的几何性质必须独立于表征它的特定坐标系。这些几何性质用不变量解析表示。黎曼几何中关心的不变量包括基本的 ds^2 二次项形式。据此，克里斯托费尔推导出高阶微分形式，他的 G_4 和 G_μ 也是不变量。而且，他还表明了如何能从 G_μ 导出另一个不变量 $G_{\mu+1}$。

不变量的概念得到了费利克斯·克莱因（Klein，1872）的拓展。对于任何 S 集合及其变换群 G 来说，如果对于每个 x 有 $x\in S$ 且 $f\in G$，无论何时 x 有性质 Q，$f(x)$就有 Q，那么我们说变换群 G 保持 Q。同样我们可以说，G 保持一个在 S^n 上定义的关系或函数。由 G 保持的任何性质、关系等，都被认为是 G 不变的。费利克斯·克莱因用这些思想来定义和澄清几何学的概念。令 S 是一个 n 维流形，G 是关于 S 的变换群。通过把 G 加到 S，费利克斯·克莱因定义了关于 S 的一种几何学，它包含在 G 不变的理论中。因此，一种几何学不由定义它的流形的元素的特殊性质确定，而是由定义它的变换群的结构确定。

不是所有的几何学都能被并入费利克斯·克莱因的框架之中。黎曼的流形几何学就不适合于这一框架。如果 S 是一个非常数曲率的流形，弧长可能碰巧就不是由 S 的变换群所保持，而是由单位矩阵单独组成的平凡群所保持。但是，这个平凡群不描述任何东西，更不用说黎曼关于流形 S 的几何学了。

A1.5 张量运算

求微分不变量的一种新方法由里奇开创。里奇受沿着克里斯托费尔的方向工作的路易吉·比安基（Luigi Bianchi）的影响。里奇和他的学生列维–齐维塔一起设计出了新方法，并给出了这个主题一个易于理解的概念，他们称之为绝对微分运算（Ricci and Levi-Civita，1901）。

里奇的思想是：不是把注意力集中在不变微分形式 $G_\mu=\sum(i_1,\cdots,i_\mu)\partial_1 x_{i1}\cdots\partial_\mu y_{i\mu}$ 上，而是应该充分地且更敏捷地处理 n^μ 分量（i_1，…，i_μ）的集合。他把这个集合叫作（协变或逆变）张量，只要它们依照某种（协变或逆变）规则在坐标改变下变换。在一个坐标系中一个张量拥有的物理和几何意义为这一变换所保持，以致能在另一个坐标系中再次获得。在 1901 年的论文中，里奇和列维–齐维塔表明物理定律如何能用张量形式表达，以使它们不依赖于坐标系。因此，正如爱因斯坦在其广义相对论的表述中所做的，张量分析能被用来表达由相应的坐标系表示的所有参考系所拥有的物理定律的数学不变性。

373 张量的运算包括加法、乘法、协变微分和缩并。通过缩并，里奇从黎曼–克里斯托费尔张量中获得了现在所称的里奇张量或爱因斯坦张量。分量 R_{jl} 是 $\sum_{k=1}^{n} R_{jlk}^{k}$，这个 n=4 的张量被爱因斯坦用来表示他的时空黎曼几何的曲率。

附录 2　同伦类与同伦群

374

A2.1　同伦类

令 f_0 和 f_1 是两个从一个拓扑空间 X 进入另一个拓扑空间 Y 的连续映射。如果它们是相互连续可变形的，那么就可以说它们是同伦的。也就是说，当且仅当存在映射 $F(x, t)$，$0 \leqslant t \leqslant 1$ 的一个连续变形，如 $F(x, 0)=f_0(x)$ 且 $F(x, 1)=F_1(x)$，函数 $F(x, t)$ 才被称作同伦的。X 到 Y 的所有映射能被分成同伦类。如果两个映射是同伦的，那它们就属于同一类。

A2.2　同伦群

群结构可以在同伦类的集合上定义。最简单的情形如下。令 S^1 是用角 θ 参数化的单位圆，θ 和 $\theta+2\pi$ 被看成同一的。因此，从 S^1 映射到一个李群 G 的流形中的同伦类的群，被称作 G 的第一同伦群，用 $\Pi_1(G)$ 表示。如果与 S^1 拓扑等价的 G 是用一组幺模复数 $u=\exp(i\alpha)$ 表示的 U(1) 群，那么 $\Pi_1[\mathrm{U}(1)]$（或从 S^1 到 S^1 的连续函数）的元素 $\alpha(\theta)=\exp[i(N\theta+a)]$，对于不同的 a 值和一个确定的整数 N 来说，就形成一个同伦类。$\alpha(\theta)$ 可以看作一个圆到另一个圆的映射，以至于第一个圆的 N 个点被映射到第二个圆的一点（绕第二个圆回转 N 次）。由于这个原因，整数 N 被称作绕数，并且每个同伦类都由它的绕数刻画，其形式为 $\mathrm{N}=-i\int_0^{2\pi}(\mathrm{d}\theta/2\pi)[1/\alpha(\theta)(\mathrm{d}\alpha/\mathrm{d}\theta)]$。因此，$\Pi_1[\mathrm{U}(1)]=\Pi_1(S^1)=Z$，其中 Z 表示一个整数加法群。任何绕数的映射都能通过采用 $\alpha^{(1)}(\theta)=\exp(i\theta)$ 的幂而获得。

通过 $X=S^n$（n 维球面）可以推广这一讨论。$S^n \rightarrow S^m$ 的映射类形成一个群，叫作 S^m 的第 n 同伦群，由 $\Pi_n(S^m)$ 标记。相似于 $\Pi_1(S^1)=Z$，我们有 $\Pi^n(S^n)=Z$。也就是说，映射 $S^n \rightarrow S^n$ 也用一个 n 维球面覆盖另一个球面的次数来分类。在无限远的距离上，所有点都是同一的寻常空间 R^3 与 S^3 等价。由于 SU(2) 群中的任何元素 M 能被写为 $M=a+\mathrm{i}b\cdot\tau$，其中 τ 是泡利矩阵，a 和 b 满足 $a^2+b^2=1$，因此 SU(2) 群元素的流形也与 S^3 拓扑等价。因此，$\Pi_3[\mathrm{U}(2)]=\Pi_3(S^3)=Z$。由于 S^3 到一个任意群 SU(N) 的任何连续映射，能被连续地变形为一个到 SU(N)的亚群 SU(2)的映射，因此一般而言，紧致非阿贝尔规范群［包括 SU(N)］也拥有相同的结果，即 Π_3（紧致非阿贝尔规范群）=Z。

375 对于提供映射 $S^3 \to G$ 的规范变换来说，可以表明，其绕数由 $N=(1/24\pi^2)\int \mathrm{d}r \ \in^{ijk} tr[\mathrm{U}^{-1}(r)\partial_i \mathrm{U}(r)\mathrm{U}^{-1}(r)\ \partial_k \mathrm{U}(r)]$给出，这由规范势的大距离性质确定。只有当群 G 是 U(1)时，S^3 到 U(1)的每个映射才连续可变形为与 N=0 相对应的常数映射。在这种情形中，规范变换被叫作同伦平凡的。所有不可变形到单位矩阵的同伦非平凡规范变换，被叫作有限大的或大的，而平凡规范变换被叫作无限小的或小的。

参考文献

简称

AJP	*American Journal of Physics*
AP	*Annals of Physics* (New York)
CMP	*Communications in Mathematical Physics* (DAN: Doklady Akademii Nauk SSSR)
EA	The Einstein Archives in the Hebrew University of Jerusalem
JETP	Soviet Physics, *Journal of Experimental and Theoretical Physics*
JMP	*Journal of Mathematical Physics* (New York)
NC	*Nuovo Cimento*
NP	*Nuclear Physics*
PL	*Physics Letters*
PR	*Physical Review*
PRL	*Physical Review Letters*
PRS	*Proceedings of the Royal Society of London*
PTP	*Progress of Theoretical Physics*
RMP	*Reviews of Modern Physics*
ZP	*Zeitschrift für Physik*

Abers, E., Zachariasan, F., and Zemach, C. (1963). "Origin of internal symmetries," *PR*, **132**: 1831–1836.

Abrams, G. S., et al. (1974). "Discovery of a second narrow resonance," *PRL*, **33**: 1453–1454.

Achinstein, P. (1968). *Concepts of Science: A Philosophical Analysis* (Johns Hopkins University Press, Baltimore).

Adler, S. L. (1964). "Tests of the conserved vector current and partially conserved axial-vector current hypotheses in high-energy neutrino reactions," *PR*, **B135**: 963–966.

Adler, S. L. (1965a). "Consistency conditions on the strong interactions implied by a partially conserved axial-vector current," *PR*, **137**: B1022–B1033.

Adler, S. L. (1965b). "Consistency conditions on the strong interactions implied by a partially conserved axial-vector current. II," *PR*, **139**: B1638–B1643.

Adler, S. L. (1965c). "Sum-rules for axial-vector coupling-constant renormalization in beta decay," *PR*, **140**: B736–B747.

Adler, S. L. (1965d). "Calculation of the axial-vector coupling constant renormalization in β decay," *PRL*, **14**: 1051–1055.

Adler, S. L. (1966). "Sum rules giving tests of local current commutation relations in high-energy neutrino reactions," *PR*, **143**: 1144–1155.
Adler, S. L. (1969). "Axial-vector vertex in spinor electrodynamics," *PR*, **177**: 2426–2438.
Adler, S. L. (1970). "π^0 decay," in *High-Energy Physics and Nuclear Structure*, ed. Devons, S. (Plenum, New York), 647–655.
Adler, S. L. (1991). Taped interview at Princeton, December 5, 1991.
Adler, S. L., and Bardeen, W. (1969). "Absence of higher-order corrections in the anomalous axial-vector divergence equation," *PR*, **182**: 1517–1532.
Adler, S. L., and Dashen, R. F. (1968). *Current Algebra and Applications to Particle Physics* (Benjamin, New York).
Adler, S. L., and Tung, W.-K. (1969). "Breakdown of asymptotic sum rules in perturbation theory," *PRL*, **22**: 978–981.
Aharonov, Y., and Bohm, D. (1959). "Significance of electromagnetic potentials in quantum theory," *PR*, **115**: 485–491.
Ambarzumian, V., and Iwanenko, D. (1930). "Unobservable electrons and β-rays," *Compt. Rend. Acad. Sci. Paris*, **190**: 582–584.
Amelino-Camelia, G. (2010). "Doubly-special relativity: facts, Myths and some key open issues," *Symmetry*, **2**: 230–271.
Anderson, P. W. (1952). "An approximate quantum theory of the antiferromagnetic ground state," *PR*, **86**: 694–701.
Anderson, P. W. (1958a). "Coherent excited states in the theory of superconductivity: gauge invariance and the Meissner effect," *PR*, **110**: 827–835.
Anderson, P. W. (1958b). "Random phase approximation in the theory of superconductivity," *PR*, **112**: 1900–1916.
Anderson, P. W. (1963). "Plasmons, gauge invariance, and mass," *PR*, **130**: 439–442.
Appelquist, T., and Carazzone, J. (1975). "Infrared singularities and massive fields," *PR*, **D11**: 2856–2861.
Appelquist, T., and Politzer, H. D. (1975). "Heavy quarks and e^+e^- annihilation," *PRL*, **34**: 43–45.
Arnison, G., et al. (1983a). "Experimental observation of isolated large transverse energy electrons with associated missing energy at $\sqrt{s} = 540$ GeV," *PL*, **122B**: 103–116.
Arnison, G., et al. (1983b). "Experimental observation of lepton pairs of invariant mass around 95 GeV/c^2 at the CERN SPS collider," *PL*, **126B**: 398–410.
Arnowitt, R., Friedman, M. H., and Nath, P. (1968). "Hard meson analysis of photon decays of π^0, η and vector mesons," *PL*, **27B**: 657–659.
Ashtekar, A. (1986). "New variables for classical and quantum gravity," *PRL*, **57**: 2244–2247.
Ashtekar, A., and Lewandowski, J. (1997a). "Quantum theory of geometry I: Area operators," *Class. Quant. Grav.*, 14: A55–A81.
Ashtekar, A., and Lewandowski, J. (1997b). "Quantum theory of geometry II: Volume operators," *Adv. Theo. Math. Phys.*, 1: 388–429.
Ashtekar, A., and Lewandowski, J. (2004). "Background independent quantum gravity: a status report," *Class. Quant. Grav.*, **21**: R53–R152.
Aubert, J. J., et al. (1974). "Observation of a heavy particle J," *PRL*, **33**: 1404–1405.
Augustin, J.-E., et al. (1974). "Discovery of a narrow resonance in $e^+ e^-$ annihilation," *PRL*, **33**: 1406–1407.

Bagnaia, P., et al. (1983). "Evidence for $Z^0 \to e^+ e^-$ at the CERN p^+p^- collider," *PL*, **129B**: 130–140.

Baker, M., and Glashow, S. L. (1962). "Spontaneous breakdown of elementary particle symmetries," *PR*, **128**: 2462–2471.

Balzer, W., Pearce, D. A., and Schmidt, H.-J. (1984). *Reduction in Science* (Reidel, Dordrecht).

Bardeen, J. (1955). "Theory of the Meissner effect in superconductors," *PR*, **97**: 1724–1725.

Bardeen, J. (1957). "Gauge invariance and the energy gap model of superconductivity," *NC*, **5**: 1766–1768.

Bardeen, J., Cooper, L. N., and Schrieffer, J. R. (1957). "Theory of superconductivity," *PR*, **108**: 1175–1204.

Bardeen, W. (1969). "Anomalous Ward identities in spinor field theories," *PR*, **184**: 1848–1859.

Bardeen, W. (1985). "Gauge anomalies, gravitational anomalies, and superstrings," talk presented at the INS International Symposium, Tokyo, August 1985; Fermilab preprint: Conf. 85/110-T.

Bardeen, W., Fritzsch, H., and Gell-Mann, M. (1973). "Light cone current algebra, π^0 decay and $e^+ e^-$ annihilation," in *Scale and Conformal Symmetry in Hadron Physics*, ed. Gatto, R. (Wiley, New York), 139–153.

Barnes, B. (1977). *Interests and the Growth of Knowledge* (Routledge and Kegan Paul, London).

Belavin, A. A., Polyakov, A. M., Schwartz, A., and Tyupkin, Y. (1975). "Pseudoparticle solutions of the Yang–Mills equations," *PL*, **59B**: 85–87.

Bell, J. S. (1967a). "Equal-time commutator in a solvable model," *NC*, **47A**: 616–625.

Bell, J. S. (1967b). "Current algebra and gauge invariance," *NC*, **50A**: 129–134.

Bell, J. S., and Berman, S. M. (1967). "On current algebra and CVC in pion beta-decay," *NC*, **47A**: 807–810.

Bell, J. S., and Jackiw, R. (1969). "A PCAC puzzle: $\pi^0 \to \gamma\gamma$ in the σ-model," *NC*, **60A**: 47–61.

Bell, J. S., and van Royen, R. P. (1968). "Pion mass difference and current algebra," *PL*, **25B**: 354–356.

Bell, J. S., and Sutherland, D. G. (1968). "Current algebra and $\eta \to 3\pi$," *NP*, **B4**: 315–325.

Bernstein, J. (1968). *Elementary Particles and Their Currents* (Freeman, San Francisco).

Bernstein, J., Fubini, S., Gell-Mann, M., and Thirring, W. (1960). "On the decay rate of the charged pion," *NC*, **17**: 758–766.

Bethe, H. A. (1947). "The electromagnetic shift of energy levels," *PR*, **72**: 339–341.

Bjorken, J. D. (1966a). "Applications of the chiral $U(6) \otimes U(6)$ algebra of current densities," *PR*, **148**: 1467–1478.

Bjorken, J. D. (1966b). "Inequality for electron and muon scattering from nucleons," *PRL*, **16**: 408–409.

Bjorken, J. D. (1969). "Asymptotic sum rules at infinite momentum," *PR*, **179**: 1547–1553.

Bjorken, J. D. (1997). "Deep-inelastic scattering: from current algebra to partons," in *The Rise of the Standard Model*, eds. Hoddeson, L., Brown, L., Riordan, M., and Dressden, M. (Cambridge University Press, Cambridge), 589–599.

Bjorken, J. D., and Glashow, S. L. (1964). "Elementary particles and SU(4)," *PL*, **11**: 255–257.

Bjorken, J. D., and Paschos, E. A. (1969). "Inelastic electron–proton and γ–proton scattering and the structure of the nucleon," *PR*, **185**: 1975–1982.

Bjorken, J. D., and Paschos, E. A. (1970). "High-energy inelastic neutrino–nucleon interactions," *PR*, **D1**: 3151–3160.

Blankenbecler, R., Cook, L. F., and Goldberger, M. L. (1962). "Is the photon an elementary particle?" *PR*, **8**: 463–165.

Blankenbecler, R., Coon, D. D., and Roy, S. M. (1967). "S-matrix approach to internal symmetry," *PR*, **156**: 1624–1636.

Blatt, J. M., Matsubara, T., and May, R. M. (1959). "Gauge invariance in the theory of superconductivity," *PTP*, **21**: 745–757.

Bloom, E. D., et al. (1969). "High energy inelastic e–p scattering at 6° and 10°," *PRL*, **23**: 930–934.

Bloor, D. (1976). *Knowledge and Social Imagery* (Routledge and Kegan Paul, London).

Bludman, S. A. (1958). "On the universal Fermi interaction," *NC*, **9**: 433–444.

Bogoliubov, N. N. (1958). "A new method in the theory of superconductivity," *JETP*, **34** (7): 41–46, 51–55.

Bohr, N. (1912). In *On the Constitution of Atoms and Molecules*, ed. Rosenfeld, L. (Benjamin, New York, 1963), xxxii.

Bohr, N. (1913a, b, c). "On the constitution of atoms and molecules. I, II, III," *Philos. Mag.*, **26**: 1–25, 476–502, 857–875.

Bohr, N. (1918). *On the Quantum Theory of Line-Spectra*, Kgl. Dan. Vid. Seist Skr. Nat-Mat. Afd. series 8, vol. 4, number 1, Part I–III (Høst, Copenhagen).

Bohr, N. (1927). "Atomic theory and wave mechanics," *Nature*, **119**: 262.

Bohr, N. (1928). "The quantum postulate and the recent development of atomic theory," (aversion of the Como lecture given in 1927), *Nature*, **121**: 580–590.

Bohr, N. (1930). "Philosophical aspects of atomic theory," *Nature*, **125**: 958.

Bohr, N., Kramers, H. A., and Slater, J. C. (1924). "The quantum theory of radiation," *Philos. Mag.*, **47**: 785–802.

Boltzmann, L. (1888). Quoted from R. S. Cohen's "Dialectical materialism and Carnap's logical empiricism," in *The Philosophy of Rudolf Carnap*, ed. Schilpp, P. A. (Open Court, LaSalle, 1963), 109.

Bopp, F. (1940). "Eine lineare theorie des elektrons," *Ann. Phys.*, **38**: 345–384.

Born, M. (1924). "Über Quantenmechanik," *ZP*, **26**: 379–395.

Born, M. (1926a). "Zur Quantenmechanik der Stossvorgange," *ZP*, **37**: 863–867.

Born, M. (1926b). "Quantenmechanik der Stossvorgange," *ZP*, **38**: 803–884.

Born, M. (1949). *Natural Philosophy of Cause and Chance* (Oxford University Press, Oxford).

Born, M. (1956). *Physics in My Generation* (Pergamon, London).

Born, M., and Jordan, P. (1925). "Zur Quantenmechanik," *ZP*, **34**: 858–888.

Born, M., Heisenberg, W., and Jordan, P. (1926). "Zur Quantenmechnik. II," *ZP*, **35**: 557–615.

Borrelli, A. (2012). "The case of the composite Higgs: the model as a 'Rosetta stone' in contemporary high-energy physics," *Stud. Hist. Philos. Mod. Phys.*, **43**: 195–214.

Bose, S. N. (1924). "Plancks Gesetz und Lichtquantenhypothese," *ZP*, **26**: 178–181.

Bouchiat, C., Iliopoulos, J., and Meyer, Ph. (1972). "An anomaly-free version of Weinberg's model," *PL*, **38B**: 519–523.

Boulware, D. (1970). "Renormalizability of massive non-Abelian gauge fields: a functional integral approach," *AP*, **56**: 140–171.

Boyd, R. N. (1979). "Metaphor and theory change," in *Metaphor and Thought*, ed. Ortony, A. (Cambridge University Press, Cambridge).

Boyd, R. N. (1983). "On the current status of scientific realism," *Erkenntnis*, **19**: 45–90.

Brandt, R. A. (1967). "Derivation of renormalized relativistic perturbation theory from finite local field equations," *AP*, **44**: 221–265
Brandt, R. A., and Orzalesi, C. A. (1967). "Equal-time commutator and zero-energy theorem in the Lee model," *PR*, **162**: 1747–1750.
Brans, C. (1962). "Mach's principle and the locally measured gravitational constant in general relativity," *PR*, **125**: 388–396.
Brans, C., and Dicke, R. H. (1961). "Mach's principle and a relativistic theory of gravitation," *PR*, **124**: 925–935.
Braunbeck, W., and Weinmann, E. (1938). "Die Rutherford-Streuung mit Berücksichtigung der Auszahlung," *ZP*, **110**: 360–372.
Breidenbach, M., et al. (1969). "Observed behavior of highly inelastic electron–proton scattering," *PRL*, **23**: 935–999.
Bridgeman, P. W. (1927). *The Logic of Modern Physics* (Macmillan, New York).
Bromberg, J. (1976). "The concept of particle creation before and after quantum mechanics," *Hist. Stud. Phys. Sci.*, **7**: 161–191.
Brown, H. R., and Harré, R. (1988). *Philosophical Foundations of Quantum Field Theory* (Clarendon, Oxford).
Brown, L. M. (1978). "The idea of the neutrino," *Phys. Today*, 31(9): 23–27.
Brown, L. M., and Cao, T. Y. (1991). "Spontaneous breakdown of symmetry: its rediscovery and integration into quantum field theory," *Hist. Stud. Phys. Biol. Sci.*, **21**: 211–235.
Brown, L. M., and Hoddeson, L. (eds.) (1983). *The Birth of Particle Physics* (Cambridge University Press, Cambridge).
Brown, L. M., and Rechenberg, H. (1988). "Landau's work on quantum field theory and high energy physics (1930–1961)," Max Planck Institute, Preprint, MPI-PAE/Pth 42/88 (July 1988).
Brown, L. M., Dresden, M., and Hoddeson, L. (eds.) (1989). *Pions to Quarks* (Cambridge University Press, Cambridge).
Bucella, F., Veneziano, G., Gatto, R., and Okubo, S. (1966). "Necessity of additional unitary-antisymmetric q-number terms in the commutators of spatial current components," *PR*, **149**: 1268–1272.
Buckingham, M. J. (1957). "A note on the energy gap model of superconductivity," *NC*, **5**: 1763–1765.
Burtt, E. A. (1932). *The Metaphysical Foundations of Modern Physical Science* (Doubleday, Garden City). (First edition in 1924, revised version first appeared in 1932.)
Cabibbo, N. (1963). "Unitary symmetry and leptonic decays," *PRL*, **10**: 531–533.
Cabrera, B. (1982). "First results from a superconductive detector for moving magnetic monopoles," *PRL*, **48**: 1378–1381.
Callan, C. (1970). "Bjorken scale invariance in scalar field theory," *PR*, **D2**: 1541–1547.
Callan, C. (1972). "Bjorken scale invariance and asymptotic behavior," *PR*, **D5**: 3202–3210.
Callan, C., and Gross, D. (1968). "Crucial test of a theory of currents," *PRL*, **21**: 311–313.
Callan, C., and Gross, D. (1969). "High-energy electroproduction and the constitution of the electric current," *PRL*, **22**: 156–159.
Callan, C., and Gross, D. (1973). "Bjorken scaling in quantum field theory," *PR*, **D8**: 4383–4394.
Callan, C., Coleman, S., and Jackiw, R. (1970). "A new improved energy-momentum tensor," *AP*, **59**: 42–73.
Callan, C., Dashen, R., and Gross, D. (1976). "The structure of the vacuum," *PL*, **63B**: 334–340.

Carmeli, M. (1976). "Modified gravitational Lagrangian," *PR*, **D14**: 1727.
Carmeli, M. (1977). "SL_{2C} conservation laws of general relativity," *NC*, **18**: 17–20.
Cantor, G. N., and Hodge, M. J. S. (eds.) (1981). *Conceptions of Ether* (Cambridge University Press, Cambridge).
Cao, T. Y. (1991). "The Reggeization program 1962–1982: attempts at reconciling quantum field theory with S-matrix theory," *Arch. Hist. Exact Sci.*, **41**: 239–283.
Cao, T. Y. (1993). "What is meant by social constructivism? A critical exposition," a talk given at the Dibner Institute, MIT, on October 19, 1993.
Cao, T. Y. (1997). *Conceptual Developments of 20th Century Field Theories* (Cambridge University Press, Cambridge).
Cao, T. Y. (1999). *Conceptual Foundations of Quantum Field Theory* (Cambridge University Press, Cambridge).
Cao, T. Y. (2001). "Prerequisites for a consistent framework of quantum gravity," *Stud. Hist. Philos. Mod. Phys.*, **32**(2): 181–204.
Cao, T. Y. (2003a). "Can we dissolve physical entities into mathematical structures?" *Synthese*, **136**(1): 57–71.
Cao, T. Y. (2003b). "What is ontological synthesis? A reply to Simon Saunders," *Synthese*, **136**(1): 107–126.
Cao, T. Y. (2006). "Structural realism and quantum gravity," in *Structural Foundation of Quantum Gravity*, eds. Rickles, D. French, S., and Saatsi, J. (Oxford University Press, Oxford).
Cao, T. Y. (2007). "Conceptual issues in quantum gravity," an invited 50 minute talk delivered, on August 11, 2007, at *The 13th International Congress of Logic, Methodology and Philosophy of Science,* August 9–15, 2007, Beijing, China (unpublished).
Cao, T. Y. (2010). *From Current Algebra to Quantum Chromodynamics—A Case for Structural Realism* (Cambridge University Press, Cambridge).
Cao, T. Y. (2014a). "Key steps toward the creation of QCD—notes on the logic and history of the genesis of QCD," in *What We Would Like LHC to Give Us*, ed. Zichichi, A. (World Scientific, Singapore), 139–153.
Cao, T. Y. (2014b). "Incomplete, but real—a constructivist account of reference," *Epistemol. Philos. Sci.*, **41**(3): 72–81.
Cao, T. Y. (2016). "The hole argument and the nature of spacetime—a critical review from a constructivist perspective," in *Einstein, Tagore and the Nature of Reality*, ed. Ghose, P. (Routledge, New York), 37–44.
Cao, T. Y., and Brown, L. M. (1991). "Spontaneous breakdown of symmetry: its rediscovery and integration into quantum field theory," *Hist. Stud. Phys. Biol. Sci.*, **21**(2): 211–235.
Cao, T. Y., and Schweber, S. S. (1993). "The conceptual foundations and the philosophical aspects of renormalization theory," *Synthese*, **97**: 33–108.
Capps, R. H. (1963). "Prediction of an interaction symmetry from dispersion relations, *PRL*, **10**: 312–314.
Capra, F. (1979). "Quark physics without quarks: a review of recent developments in S-matrix theory," *AJP*, **47**: 11–23.
Capra, F. (1985). "Bootstrap physics: a conversation with Geoffrey Chew," in *A Passion for Physics: Essays in Honour of Geoffrey Chew*, eds. De Tar, C., Finkelstein, J., and Tan, C. I. (Taylor & Francis, Philadelphia), 247–286.
Carnap, R. (1929). *Der Logisches Aufbau der Welt* (Schlachtensee Weltkreis-Verlag, Berlin).

Carnap, R. (1934). *Logische Syntax der Sprache*. (English trans. 1937, *The Logical Syntax of Language*. Kegan Paul).

Carnap, R. (1950). "Empirecism, semantics and ontology," *Revue Internationale de Philosophie*, **4**: 20–40. Also in Carnap (1956), 205–221.

Carnap, R. (1956). *Meaning and Necessity*, enlarged edition (University of Chicago Press, Chicago).

Cartan, E. (1922). "Sur une géneralisation de la notion de courbure de Riemann et les éspaces à torsion," *Compt. Rend. Acad. Sci. Paris*, **174**: 593–595.

Case, K. M. (1949). "Equivalence theorems for meson–nucleon coupling," *PR*, **76**: 1–14.

Cassidy, D. C., and Rechenberg, H. (1985). "Biographical data, Werner Heisenberg (1901–1976)," in *W. Heisenberg, Collected Works*, eds. Blum, W. et al., Series A, part I (Berlin), 1–14.

Castillejo, L., Dalitz, R. H., and Dyson, F. J. (1956). "Low's scattering equation for the charged and neutral scalar theories," *PR*, **101**: 453 – 158.

Cauchy, A. L. (1828). "Sur les équations qui expriment les conditions d'équilibre ou les lois du mouvement intérieur d'un corps solide, élastique ou non élastique," *Exercise de Mathématiques*, 3: 160–187.

Cauchy, A. L. (1830). "Mémoire sur la théorie de la lumière," *Mém. de l'Acad.*, **10**: 293–316.

Chadwick, J. (1914). "Intensitätsvertieilung im magnetischen Spektrum der β-strahlen von Radium B + C," *Ber. Deut. Phys. Gens.*, **12**: 383–391.

Chadwick, J. (1932). "Possible existence of a neutron," *Nature*, **129**: 312.

Chambers, R. G. (1960). "Shift of an electron interference pattern by enclosed magnetic flux," *PRL*, **5**: 3–5.

Chandler, C. (1968). "Causality in S-matrix theory," *PR*, **174**: 1749–1758.

Chandler, C., and Stapp, H. P. (1969). "Macroscopic causality and properties of scattering amplitudes," *JMP*, **10**: 826–859.

Chandrasekhar, S. (1931). "The maximum mass of ideal white dwarfs," *Astrophys. J.*, **74**: 81.

Chandrasekhar, S. (1934). "Stellar configurations with degenerate cores," *Observatory*, **57**: 373–377.

Chanowitz, M. S., Furman, M. A., and Hinchliffe, Z. (1978). "Weak interactions of ultra heavy fermions," *PR*, **B78**: 285–289.

Charap, J. M., and Fubini, S. (1959). "The field theoretic definition of the nuclear potential-I," *NC*, **14**: 540–559.

Chew, G. F. (1953a). "Pion–nucleon scattering when the coupling is weak and extended," *PR*, **89**: 591–593.

Chew, G. F. (1953b). "A new theoretical approach to the pion-nucleaon interaction," *PR*, **89**: 904.

Chew, G. F. (1961). *S-Matrix Theory of Strong Interactions* (Benjamin, New York).

Chew, G. F. (1962a). "S-matrix theory of strong interactions without elementary particles," *RMP*, **34**: 394–401.

Chew, G. F. (1962b). "Reciprocal bootstrap relationship of the nucleon and the (3, 3) resonance," *PRL*, **9**: 233–235.

Chew, G. F. (1962c). "Strong interaction theory without elementary particles," in *Proceedings of the 1962 International Conference on High Energy Physics at CERN*, ed. Prentki, J. (CERN, Geneva), 525–530.

Chew, G. F. (1967). "Closure, locality, and the bootstrap," *PRL*, **19:** 1492.

Chew, G. F. (1989). "Particles as S-matrix poles: hadron democracy," in *Pions to Quarks: Particle Physics in the 1950s*, eds. Brown, L. M., Dresden, M., and Hoddeson, L. (Cambridge University Press, Cambridge), 600–607.
Chew, G. F., and Frautschi, S. C. (1960). "Unified approach to high- and low-energy strong interactions on the basis of the Mandelstam representation," *PRL*, **5**: 580–583.
Chew, G. F., and Frautschi, S. C. (1961a). "Dynamical theory for strong interactions at low momentum transfer but arbitrary energies," *PR*, **123**: 1478–1486.
Chew, G. F., and Frautschi, S. C. (1961b). "Potential scattering as opposed to scattering associated with independent particles in the S-matrix theory of strong interactions," *PR*, **124**: 264–268.
Chew, G. F., and Frautschi, S. C. (1961c). "Principle of equivalence for all strongly interacting particles within the S-matrix framework," *PRL*, **7**: 394–397.
Chew, G. F., and Frautschi, S. C. (1962). "Regge trajectories and the principle of maximum strength for strong interactions," *PRL*, **8**: 41–44.
Chew, G. F., and Low, F. E. (1956). "Effective-range approach to the low-energy *p*-wave pion–nucleon interaction," *PR*, **101**: 1570–1579.
Chew, G. F., and Mandelstam, S. (1960). "Theory of low energy pion-pion interaction," *PR*, **119**: 467–477.
Chew, G. F., Goldberger, M. L., Low, F. E., and Nambu, Y. (1957a). "Application of dispersion relations to low-energy meson-nucleon scattering," *PR*, **106**: 1337–1344.
Chew, G. F., Goldberger, M. L., Low, F. E., and Nambu, Y. (1957b). "Relativistic dispersion relation approach to photomeson production," *PR*, **106**: 1345–1355.
Chihara, C. (1973). *Ontology and the Vicious Circle Principle* (Cornell University Press, Ithaca).
Cho, Y. M. (1975). "Higher-dimensional unifications of gravitation and gauge theories," *JMP*, **16**: 2029–2035.
Cho, Y. M. (1976). "Einstein Lagrangian as the translational Yang-Mills Lagrangian," *PR*, **D14**: 2521–2525.
Christoffel, E. B. (1869a). "Ueber die Transformation der homogenen Differential-ausdrücke zweiten Grades," *J. r. angew. Math.*, **70**: 46–70.
Christoffel, E. B. (1869b). "Ueber ein die Transformation hamogen Differential-ausdrücke zweiten Grades betreffendes Theorem," *J. r. angew. Math.*, **70**: 241–245.
Clifford, W. K. (1876). "On the space-theory of matter," in *Mathematical Papers*, ed. Tucker, R. (Macmillan, London).
Coleman, S. (1965). "Trouble with relativistic SU(6)," *PR*, **B138**: 1262–1267.
Coleman, S. (1977). "The use of instantons," a talk later published in *The Ways in Subnuclear Physics*, ed. Zichichi, A. (Plenum, New York, 1979).
Coleman, S. (1979). "The 1979 Nobel Prize in physics," *Science*, **206**: 1290–1292.
Coleman, S. (1985). *Aspects of Symmetry* (Cambridge University Press, Cambridge).
Coleman, S., and Gross, D. (1973). "Price of asymptotic freedom," *PRL*, **31**: 851–854.
Coleman, S., and Jackiw, R. (1971). "Why dilatation generators do not generate dilatations," *AP*, **67**: 552–598.
Coleman, S., and Mandula, J. (1967). "All possible symmetries of the S matrix," *PR*, **B159**: 1251–1256.
Coleman, S., and Weinberg, E. (1973). "Radiative corrections as the origin of spontaneous symmetry breaking," *PR*, **D7**: 1888–1910.
Collins, C. B., and Hawking, S. W. (1973a). "The rotation and distortion of the universe," *Mon. Not. R. Astron. Soc.*, **162**: 307–320.

Collins, C. B., and Hawking, S. W. (1973b). "Why is the universe isotropic?," *Astrophys. J.*, **180**: 317–334.
Collins, J. C. (1984). *Renormalization* (Cambridge University Press, Cambridge).
Collins, J. C., Wilczek, F., and Zee, A. (1978). "Low-energy manifestations of heavy particles: application to the neutral current," *PR*, **D18**: 242–247.
Collins, P. D. B. (1977). *An Introduction to Regge Theory and High Energy Physics* (Cambridge University Press, Cambridge).
Compton, A. (1923a). "Total reflection of X-rays," *Philos. Mag.*, **45**: 1121–1131.
Compton, A. (1923b). "Quantum theory of the scattering of X-rays by light elements," *PR*, **21**: 483–502.
Coster, J., and Stapp, H. P. (1969). "Physical-region discontinuity equations for many-particle scattering amplitudes. I," *JMP*, **10**: 371–396.
Coster, J., and Stapp, H. P. (1970a). "Physical-region discontinuity equations for many-particle scattering amplitudes. II," *JMP*, **11**: 1441–1463.
Coster, J., and Stapp, H. P. (1970b). "Physical-region discontinuity equations," *JMP*, **11**: 2743–2763.
Creutz, M. (1981). "Roulette wheels and quark confinement," *Comment Nucl. Partic. Phys.*, **10**: 163–173.
Crewther, R. J. (1972). "Nonperturbative evaluation of the anomalies in low-energy theorems," *PRL*, **28:** 142.
Crewther, R., Divecchia, P., Veneziano, G., and Witten, E. (1979). "Chiral estimate of the electric dipole moment of the neutron in quantum chromodynamics," *PL*, **88B**: 123–127.
Curie, P. (1894). "Sur la symetrie dans les phenomenes physiques, symetrie d'un champ electrique et d'un champ magnetique," *J. Phys. (Paris)*, **3**: 393–415.
Cushing, J. T. (1986). "The importance of Heisenberg's S-matrix program for the theoretical high-energy physics of the 1950's," *Centaurus*, **29**: 110–149.
Cushing, J. T. (1990). *Theory Construction and Selection in Modern Physics: The S-Matrix Theory* (Cambridge University Press, Cambridge).
Cutkosky, R. E. (1960). "Singularities and discontinuities of Feynman amplitudes," *JMP*, **1**: 429–433.
Cutkosky, R. E. (1963a). "A model of baryon states," *AP*, **23**: 415–438.
Cutkosky, R. E. (1963b). "A mechanism for the induction of symmetries among the strong interactions," *PR*, **131**: 1888–1890.
Cutkosky, R. E., and Tarjanne, P. (1963). "Self-consistent derivations from unitary symmetry," *PR*, **132**: 1354–1361.
Dalitz, R. (1966). "Quark models for the 'elementary particles," in *High Energy Physics*, eds. DeWitt, C., and Jacob, M. (Gordon and Breach, New York), 251–324.
Dancoff, S. M. (1939). "On radiative corrections for electron scattering," *PR*, **55**: 959–963.
Daniel, M., and Viallet, C. M. (1980). "The geometrical setting of gauge theories of the Yang–Mills type," *RMP*, **52**: 175–197.
de Broglie, L. (1923a). "Ondes et quanta," *Compt. Rend. Acad. Sci. Paris*, **177**: 507–510.
de Broglie, L. (1923b). "Quanta de lumiere, diffraction et interferences," *Compt. Rend. Acad. Sci. Paris*, **177**: 548–550.
de Broglie, L. (1926). "The new undulatory mechanics," *Compt. Rend. Acad. Sci. Paris*, **183**: 272–274.
de Broglie, L. (1927a). "Possibility of relating interference and diffraction phenomena to the theory of light quanta," *Compt. Rend. Acad. Sci. Paris*, **183**: 447–448.

de Broglie, L. (1927b). "La mécanique ondulatoire et la structure atomique de la matiére et du rayonnement," *J. Phys. Radium*, **8**: 225–241.
de Broglie, L. (1960). *Non-linear Wave Mechanics: A Causal Interpretation*, trans. Knobel, A. J., and Miller, J. C. (Elsevier, Amsterdam).
de Broglie, L. (1962). *New Perspectives in Physics*, trans. Pomerans, A. J. (Oliver and Boyd, Edinburgh).
Debye, P. (1910a). Letter to Sommerfeld, March 2, 1910.
Debye, P. (1910b). "Der Wahrscheinlichkeitsbegriff in der Theorie der Strahlung," *Ann. Phys.*, **33**: 1427–1434.
Debye, P. (1923). "Zerstreuung von Röntgenstrahlen und quantentheorie," *Phys. Z.*, **24**: 161–166.
Demopoulos, W., and Friedman, M. (1985). "Critical notice: Bertrand Russell's *The Analysis of Matter:* its historical context and contemporary interest," *Philos. Sci.*, **52**: 621–639.
Deser, S. (1970). "Self-interaction and gauge invariance," *Gen. Relat. Gravit.*, **1**: 9.
de Sitter, W. (1916a). "On the relativity of rotation in Einstein's theory," *Proc. Sect. Sci. (Koninklijke Akademie van Wetenschappen te Amsterdam)*, **19**: 527–532.
de Sitter, W. (1916b). "On Einstein's theory of gravitation and its astronomical consequences. I, II," *Mon. Not. R. Astron. Soc.*, **76**: 699–738; **77**: 155–183.
de Sitter, W. (1917a). "On the relativity of inertia: remarks concerning Einstein's latest hypothesis," *Proc. Sect. Sci. (Koninklijke Akademie van Wetenschappen te Amsterdam)*, **19**: 1217–1225.
de Sitter, W. (1917b). "On the curvature of space," *Proc. Sect. Sci. (Koninklijke Akademie van Wetenschappen te Amsterdam)*, **20**: 229–242.
de Sitter, W. (1917c). "On Einstein's theory of gravitation and its astronomical consequences. Third paper," *Mon. Not. R. Astron. Soc.*, **78**: 3–28.
de Sitter, W. (1917d). "Further remarks on the solutions of the field equations of Einstein's theory of gravitation," *Proc. Sect. Sci. (Koninklijke Akademie van Wetenschappen te Amsterdam)*, **20**: 1309–1312.
de Sitter, W. (1917e). Letter to Einstein, April 1, 1917, EA: 20–551.
de Sitter, W. (1920). Letter to Einstein, November 4, 1920, EA: 20–571.
de Sitter, W. (1931). "Contributions to a British Association discussion on the evolution of the universe," *Nature*, **128**: 706–709.
DeWitt, B. S. (1964). "Theory of radiative corrections for non-Abelian gauge fields," *PRL*, **12**: 742–746.
DeWitt, B. S. (1967a). "Quantum theory of gravity. I. The canonical theory," *PR*, **160**: 1113–1148.
DeWitt, B. S. (1967b). "Quantum theory of gravity. II. The manifestly covariant theory," *PR*, **162**: 1195–1239.
DeWitt, B. S. (1967c). "Quantum theory of gravity. III. Applications of the covariant theory," *PR*, **162**: 1239–1256.
Dirac, P. A. M. (1925). "The fundamental equations of quantum mechanics," *PRS*, **A109**: 642–653.
Dirac, P. A. M. (1926a). "Quantum mechanics and a preliminary investigation of the hydrogen atom," *PRS*, **A110**: 561–579.
Dirac, P. A. M. (1926b). "On the theory of quantum mechanics," *PRS*, **A112**: 661–677.
Dirac, P. A. M. (1927a). "The physical interpretation of the quantum dynamics," *PRS*, **A113**: 621–641.
Dirac, P. A. M. (1927b). "The quantum theory of emission and absorption of radiation," *PRS*, **A114**: 243–265.

Dirac, P. A. M. (1927c). "The quantum theory of dispersion," *PRS*, **A114**: 710–728.
Dirac, P. A. M. (1928a). "The quantum theory of the electron," *PRS*, **A117**: 610–624.
Dirac, P. A. M. (1928b). "The quantum theory of the electron. Part II," *PRS*, **A118**: 351–361.
Dirac, P. A. M. (1930a). "A theory of electrons and protons," *PRS*, **A126**: 360–365.
Dirac, P. A. M. (1930b). *The Principles of Quantum Mechanics* (Clarendon, Oxford).
Dirac, P. A. M. (1931). "Quantized singularities in the electromagnetic field," *PRS*, **A133**: 60–72.
Dirac, P. A. M. (1932). "Relativistic quantum mechanics," *PRS*, **A136**: 453–464.
Dirac, P. A. M. (1933). "Théorie du positron," in *Rapport du Septième Conseil de Solvay Physique, Structure et Propriétés des noyaux atomiques (22–29 Oct. 1933)* (Gauthier-Villars, Paris), 203–212.
Dirac, P. A. M. (1934). "Discussion of the infinite distribution of electrons in the theory of the positron," *Proc. Cam. Philos. Soc.*, **30**: 150–163.
Dirac, P. A. M. (1938). "Classical theory of radiating electrons," *PRS*, **A167**: 148–169.
Dirac, P. A. M. (1939). "La théorie de l'électron et du champ électromagnétique," *Ann.* Inst. *Henri Poincaré*, **9**: 13–49.
Dirac, P. A. M. (1942). "The physical interpretation of quantum mechanics," *PRS*, **A180**: 1–40.
Dirac, P. A. M. (1948). "Quantum theory of localizable dynamic systems," *PR*, **73**: 1092–1103.
Dirac, P. A. M. (1951). "Is there an aether?' *Nature*, **168**: 906–907.
Dirac, P. A. M. (1952). "Is there an aether?' *Nature*, **169**: 146, 702.
Dirac, P. A. M. (1963). "The evolution of the physicist's picture of nature," *Scientific American*, **208**(5): 45–53.
Dirac, P. A. M. (1968). "Methods in theoretical physics," in *Special Supplement of IAEA Bulletin* (IAEA, Vienna, 1969), 21–28.
Dirac, P. A. M. (1969a). "Can equations of motion be used?," in *Coral Gables Conference on Fundamental Interactions at High Energy, Coral Gables, 22–24 Jan. 1969* (Gordon and Breach, New York), 1–18.
Dirac, P. A. M. (1969b). "Hopes and fears," *Eureka*, **32**: 2–4.
Dirac, P. A. M. (1973a). "Relativity and quantum mechanics," in *The Past Decades in Particle Theory*, eds. Sudarshan, C. G., and Neéman, Y. (Gordon and Breach, New York), 741–772.
Dirac, P. A. M. (1973b). "Development of the physicist's conception of nature," in *The Physicist's Conception of Nature*, ed. Mehra, J. (Reidel, Dordrecht), 1–14.
Dirac, P. A. M. (1977). "Recollections of an exciting era," in *History of Twentieth Century Physics*, ed. Weiner, C. (Academic Press, New York), 109–146.
Dirac, P. A. M. (1978). *Directions in Physics* (Wiley, New York).
Dirac, P. A. M. (1981). "Does renormalization make sense?" in *Perturbative Quantum Chromodynamics*, eds. Duke, D. W., and Owen, J. F. (AIP Conference Proceedings No. 74, American Institute of Physics, New York), 129–130.
Dirac, P. A. M. (1983). "The origin of quantum field theory," in *The Birth of Particle Physics*, eds. Brown, L. M., and Hoddeson, L. (Cambridge University Press, Cambridge), 39–55.
Dirac, P. A. M. (1984a). "The future of atomic physics," *Int. J. Theor. Phys.*, **23**(8): 677–681.
Dirac, P. A. M. (1984b). "The requirements of fundamental physical theory," *Eur. J. Phys.*, **5**: 65–67.

Dirac, P. A. M. (1987). "The inadequacies of quantum field theory," in *Reminiscences about a Great Physicist: Paul Adrien Maurice Dirac*, eds. Kursunoglu, B. N., and Wigner, E. P. (Cambridge University Press, Cambridge).

Dolen, R., Horn, O., and Schmid, C. (1967). "Prediction of Regge parameters of ρ poles from low-energy πN data," *PRL*, **19**: 402–407.

Dolen, R., Horn, O., and Schmid, C. (1968). "Finite-energy sum mies and their applications to πN charge exchange," *PR*, **166**: 1768–1781.

Doran, B. G. (1975). "Origins and consolidation of field theory in nineteenth century Britain," *Hist. Stud. Phys. Sci.*, **6**: 133–260.

Dorfman, J. (1930). "Zur Frage über die magnetischen Momente der Atomkerne," *ZP*, **62**: 90–94.

Duane, W. (1923). "The transfer in quanta of radiation momentum to matter," *Proc. Natl. Acad. Sci.*, **9**: 158–164.

Duhem, P. (1906). *The Aim and Structure of Physical Theory* (Princeton University Press, Princeton, 1954).

Dürr, H. P., and Heisenberg, W. (1961). "Zur theorie der "seltsamen" teilchen," *Z. Naturf.*, **16A**: 726–747.

Dürr, H. P., Heisenberg, W., Mitter, H., Schlieder, S., and Yamazaki, K. (1959). "Zur theorie der elementarteilchen," *Z. Naturf.*, **14A**: 441–485.

Dyson, F. J. (1949a). "The radiation theories of Tomonaga, Schwinger and Feynman," *PR*, **75**: 486–502.

Dyson, F. J. (1949b). "The *S*-matrix in quantum electrodynamics," *PR*, **75**: 1736–1755.

Dyson, F. J. (1951). "The renormalization method in quantum electrodynamics," *PRS*, **A207**: 395–401.

Dyson, F. J. (1952). "Divergence of perturbation theory in quantum electrodynamics," *PR*, **85**: 631–632.

Dyson, F. J. (1965). "Old and new fashions in field theory," *Phys. Today*, **18**(6): 21–24.

Earman, J. (1979). "Was Leibniz a relationist?' In *Studies in Metaphysics*, eds. French, P., and Wettstein, H. (University of Minnesota Press, Minneapolis).

Earman, J. (1989). *World-Enough and Space-Time* (MIT Press, Cambridge, MA).

Earman, J. (2004a). "Curie's principle and spontaneous symmetry breaking," *Int. Stud. Philos. Sci.*, **18**: 173–198.

Earman, J. (2004b). "Laws, symmetry, and symmetry breaking: invariance, conservation principles, and objectivity," *Philos. Sci.*, **71**: 1227–1241.

Earman, J., and Norton, J. (1987). "What price space-time substantivalism? The hole story," *Brit. J. Philos. Sci.*, **38**: 515–525.

Earman, J., Glymore, C., and Stachel, J. (eds.) (1977). *Foundations of Space-Time Theories* (University of Minnesota Press, Minneapolis).

Eddington, A. S. (1916). Letter to de Sitter, October 13, 1916, Leiden Observatory, quoted by Kerszberg (1989).

Eddington, A. S. (1918). *Report on the Relativity Theory of Gravitation* (Fleetway, London).

Eddington, A. S. (1921). "A generalization of Weyl's theory of the electromagnetic and gravitational fields," *PRS*, **A99**: 104–122.

Eddington, A. S. (1923). *The Mathematical Theory of Gravitation* (Cambridge University Press, Cambridge).

Eddington, A. S. (1926). *The Internal Constitution of the Stars* (Cambridge University Press, Cambridge).

Eddington, A. S. (1930). "On the instability of Einstein's spherical world," *Mon. Not. R. Astron. Soc.*, **90**: 668–678.

Eddington, A. S. (1935). "Relativistic degeneracy," *Observatory*, **58**: 37–39.
Ehrenfest, P. (1906). "Zur Planckschen Strahlungstheorie," *Phys. Z.*, **7**: 528–532.
Ehrenfest, P. (1911). "Welche Zuge der lichtquantenhypothese spielen in der Theorie die Wärmestrahlung eine wesentliche Rolle?' *Ann. Phys.*, **36**: 91–118.
Ehrenfest, P. (1916). "Adiabatische invarianten und quantentheorie," *Ann. Phys.*, **51**: 327–352.
Ehrenfest, P., and Kamerling-Onnes, H. (1915). "Simplified deduction of the formula from the theory of combinations which Planck uses as the basis for radiation theory," *Proc. Amsterdam Acad.*, **23**: 789–792.
Eichten, E., Gottfried, K., Kinoshita, T., Koght, J., Lane, K. D., and Yan, T.-M. (1975). "Spectrum of charmed quark-antiquark bound states," *PRL*, **34**: 369–372.
Einstein, A. (1905a). "Über einen die Erzeugung und Verwandlung des lichtes betreffenden heuristischen Gesichtspunkt," *Ann. Phys.*, **17**: 132–148.
Einstein, A. (1905b). "Die von der molekulärkinetischen Theorie der Wärme geforderte bewegung von in ruhenden Flüssigkeiten suspendierten Toilchen," *Ann. Phys.*, **17**: 549–560.
Einstein, A. (1905c). "Zur Elektrodynamik bewegter Körper," *Ann. Phys.*, **17**: 891–921.
Einstein, A. (1905d). "Ist die Trägheit eines Körpers von seinem Energiegehalt abhängig?," *Ann. Phys.*, **18**: 639–641.
Einstein, A. (1906a). "Zur Theorie der Lichterzeugung und Lichtabsorption," *Ann. Phys.*, **20**: 199–206.
Einstein, A. (1906b). "Das Prinzip von der Erhaltung der Schwerpunktsbewegung und die Trägheit der Energie," *Ann. Phys.*, **20**: 627–633.
Einstein, A. (1907a). "Die vom Relativitätsprinzip geforderte Trägheit der Energie," *Ann. Phys.*, **23**: 371–384.
Einstein, A. (1907b). "Über das Relativitätsprinzip und aus demselben gezogenen Folgerungen," *Jahrb. Radioakt. Elektron.*, **4**: 411–462.
Einstein, A. (1909a). "Zum gegenwärtigen Stand des Strhlungsproblems," *Phys. Z.*, **10**: 185–193.
Einstein, A. (1909b). "Über die Entwicklung unserer Anschauungen über das wesen und die Konstitution der Strahlung," *Phys. Z.*, **10**: 817–825.
Einstein, A. (1909c). Letter to Lorentz, May 23, 1909.
Einstein, A. (1911). "Über den Einfluss der Schwerkraft aus die Ausbreitung des Lichtes," *Ann. Phys.*, **35**: 898–908.
Einstein, A. (1912a). "Lichtgeschwindigkeit und statik des Gravitationsfeldes," *Ann. Phys.*, **38**: 355–369.
Einstein, A. (1912b). "Zur Theorie des statischen Gravitationsfeldes," *Ann. Phys.*, **38**: 443–458.
Einstein, A. (1913a). "Zum gegenwärtigen Stande des Gravitationsproblems," *Phys. Z.*, **14**: 1249–1266.
Einstein, A. (1913b). "Physikalische Grundlagen einer gravitationstheorie," *Vierteljahrsschr. Naturforsch. Ges. Zürich*, **58**: 284–290.
Einstein, A. (1913c). A letter to Mach, E., June 25, 1913; quoted by Holton, G. (1973).
Einstein, A. (1914a). "Prinzipielles zur verallgeneinerten Relativitästheorie und Gravitationstheorie," *Phys. Z.*, **15**: 176–180.
Einstein, A. (1914b). "Die formale Grundlage der allgemeinen Relativitätstheorie," *Preussische Akad. Wiss. Sitzungsber.*, 1030–1085.
Einstein, A. (1915a). "Zur allgemeinen Relativitätstheorie," *Preussische Akad. Wiss. Sitzungsber.*, 778–786.

Einstein, A. (1915b). "Zur allgemeinen Relativitätstheorie (Nachtrag)," *Preussische Akad. Wiss. Sitzungsber.*, 799–801.
Einstein, A. (1915c). "Erklärung der perihelbewegung des Merkur aus der allgemeinen Relativitätstheorie," *Preussische Akad. Wiss. Sitzungsber.*, 831–839.
Einstein, A. (1915d). "Die Feldgleichungen der Gravitation," *Preussische Akad. Wiss. Sitzungsber.*, 844–847.
Einstein, A. (1915e). Letter to Ehrenfest, P., December 26, 1915. EA: 9–363.
Einstein, A. (1916a). Letter to Besso, M., January 3, 1916, in Speziali, P. (1972).
Einstein, A. (1916b). Letter to Schwarzschild, K., January 9, 1916. EA: 21–516.
Einstein, A. (1916c). "Die Grundlage der allgemeinen Relativitätstheorie," *Ann. Phys.*, **49**: 769–822.
Einstein, A. (1916d). "Ernst Mach," *Phys. Z.*, **17**: 101–104.
Einstein, A. (1917a). "Kosmologische Betrachtungen zur allgemeinen Relativitätstheorie," *Preussische Akad. Wiss. Sitzungsber.*, 142–152.
Einstein, A. (1917b). "Zur quantentheorie der strahlung," *Phys. Z.*, **18**: 121–128.
Einstein, A. (1917c). Letter to de Sitter, March 12, 1917. EA: 20–542.
Einstein, A. (1917d). Letter to de Sitter, June 14, 1917. EA: 20–556.
Einstein, A. (1917e). Letter to de Sitter, August 8, 1917. EA: 20–562.
Einstein, A. (1918a). "Prinzipielles zur allgemeinen Relativitätstheorie," *Ann. Phys.*, **55**: 241–244.
Einstein, A. (1918b). "Kritischen zu einer von Herrn de Sitter gegebenen Lösung der Gravitationsgleichungen," *Preussische Akad. Wiss. Sitzungsber.*, 270–272.
Einstein, A. (1918c). "Dialog über Einwande gegen die Relativitätstheorie," *Naturwissenschaften*, **6**: 197–702.
Einstein, A. (1918d). "'Nachtrag' zu H. Weyl: 'Gravitation und elektrizität'," *Preussische Akad. Wiss. Sitzungsber.*, 478–480.
Einstein, A. (1919). "Spielen Gravitationsfelder im Aufbau der materiellen Elementarteilchen eine wesentliche Rolle?," *Preussische Akad. Wiss. Sitzungsber.*, 349–356.
Einstein, A. (1920a). *Äther und Relativitätstheorie* (Springer, Berlin).
Einstein, A. (1920b). *Relativity* (Methuen, London).
Einstein, A. (1921a). "Geometrie und Erfahrung," *Preussische Akad. Wiss. Sitzungsber.*, 123–130.
Einstein, A. (1921b). "A brief outline of the development of the theory of relativity," *Nature*, **106**: 782–784.
Einstein, A. (1922). *The Meaning of Relativity* (Princeton University Press, Princeton).
Einstein, A. (1923a). "Zur affinen Feldtheorie," *Preussische Akad. Wiss. Sitzungsber.*, 137–140.
Einstein, A. (1923b). "Bietet die Feldtheorie Möglichkeiten für die Lösung des Quanten problems?," *Preussische Akad. Wiss. Sitzungsber.*, 359–364.
Einstein, A. (1923c). "Notiz zu der Arbeit von A. Friedmann 'Über die Krümmung des Raumes'," *ZP*, **16**: 228.
Einstein, A. (1924). "Quantentheorie des einatomigen idealen Gases," *Preussische Akad. Wiss. Sitzungsber.*, 261–267.
Einstein, A. (1925a). "Quantentheorie des einatomigen idealen Gases. Zweite Abhandlung," *Preussische Akad. Wiss. Sitzungsber.*, 3–14.
Einstein, A. (1925b). "Non-Euclidean geometry and physics," *Neue Rundschau*, **1**: 16–20.
Einstein, A. (1927). "The meaning of Newton and influence upon the development of theoretical physics," *Naturwissenschaften*, **15**: 273–276.
Einstein, A. (1929a). "Field: old and new," *New York Times*, February 3, 1929.

Einstein, A. (1929b). "Zur einheitlichen Feldtheorie," *Preussische Akad. Wiss. Sitzungsber.*, 2–7.
Einstein, A. (1929c). "Professor Einstein spricht über das physikalische Raum- und Äther-Problem," *Deutsche Bergwerks-Zeitung*, December 15, 1929, 11.
Einstein, A. (1930a). "Raum-, Feld- und Äther-Problem in der physik," in *Gesamtbericht, Zweite Weltkraftkonferenz, Berlin, 1930*, eds. Neden, F., and Kromer, C. (VDI-Verlag, Berlin), 1–5.
Einstein, A. (1930b). Letter to Weiner, A., September 18, 1930; quoted by Holton (1973).
Einstein, A. (1931). "Zum kosmologischen problem der allgemeinen Relativitätstheorie," *Preussische Akad. Wiss. Sitzungsber.*, 235–237.
Einstein, A. (1933a). *On the Method of Theoretical Physics* (Clarendon, Oxford).
Einstein, A. (1933b). *Origins of the General Theory of Relativity* (Jackson, Glasgow).
Einstein, A. (1936). "Physics and reality," *J. Franklin Inst.*, **221**: 313–347.
Einstein, A. (1945). "A generalization of relativistic theory of gravitation," *Ann. Math.*, **46**: 578–584.
Einstein, A. (1948a). A letter to Barnett, L., June 19, 1948, quoted by Stachel. J. in his "Notes on the Andover conference," in Earman et al. (1977), ix.
Einstein, A. (1948b). "Generalized theory of gravitation," *RMP*, **20**: 35–39.
Einstein, A. (1949). "Autobiographical notes," in *Albert Einstein: Philosopher-Scientist*, ed. Schilpp, P. A. (The Library of Living Philosophers, Evanston), 1–95.
Einstein, A. (1950a). "On the generalized theory of gravitation," *Scientific American*, **182** (4): 13–17.
Einstein, A. (1950b). Letter to Viscount Samuel, October 13, 1950, in In Search of Reality, by Samuel, V. (Blackwell, 1957), 17.
Einstein, A. (1952a). "Relativity and the problem of space," appendix 5 in the 15th edition of *Relativity: The Special and the General Theory* (Methuen, London, 1954), 135–157.
Einstein, A. (1952b). Preface to the fifteenth edition of *Relativity: The Special and the General Theory* (Methuen, London, 1954).
Einstein, A. (1952c). Letter to Seelig, C., April 8, 1952, quoted by Holton, G. (1973).
Einstein, A. (1952d). Letter to Max Born, May 12, 1952, in *The Born–Einstein Letters* (Walker, New York, 1971).
Einstein, A. (1953). *Foreword to Concepts of Space*, by Jammer, M. (Harvard University Press, Cambridge, MA).
Einstein, A. (1954a). Letter to Pirani, F., February 2, 1954.
Einstein, A. (1954b). "Relativity theory of the non-symmetrical field," appendix 2 in *The Meaning of Relativity* (Princeton University Press, Princeton, 1955), 133–166.
Einstein, A., and Grossmann, M. (1913). "Entwurf einer verallgemeinerten Relativitätstheorie und einer Theorie der Gravitation," *Z. Math. Phys.*, **62**: 225–261.
Einstein, A., Infeld, L., and Hoffmann, B. (1938). "Gravitational equations and the problem of motion," *Ann. Math.*, **39**: 65–100.
Ellis, G. (1989). "The expanding universe: a history of cosmology from 1917 to 1960," in *Einstein and the History of General Relativity*, eds. Howard, D., and Stachel, J. (Birkhäuser, Boston/Basel/Berlin), 367–431.
Elsasser, W. (1925). "Bemerkunggen zur Quantenmechanik Elektronen," *Naturwissenschaften*, **13**: 711.
Engler, F. O., and Renn, J. (2013). "Hume, Einstein und Schlick über die Objektivität der Wissenschaft," in *Moritz Schlick – Die Rostocker Jahre und ihr Einfluss auf die Wiener Zeit, 3.* Internationales Rostocker Moritz-Schlick-Symposium, November

2011, eds. Engler, F. O., Iven, M., and Schlickiana (Leipziger Universitätsverlag, Leipzig), vol. 6, 123–156.

Englert, F., and Brout, R. (1964). "Broken symmetry and the mass of gauge vector mesons," *PRL*, **13**: 321–323.

Englert, F., Brout, R., and Thiry, M. F. (1966). "Vector mesons in presence of broken symmetry," *NC*, **43**: 244–257.

Essam, J. W., and Fisher, M. E. (1963). "Padé approximant studies of the lattice gas and Ising ferromagnet below the critical point," *J. Chem. Phys*., **38**: 802–812.

Euler, H. (1936). "Über die Streuung von Licht an Licht nach Diracschen Theorie," *Ann. Phys*., **21**: 398–448.

Faddeev, L. D., and Popov, V. N. (1967). "Feynman diagrams for the Yang–Mills field," *PL*, **25B**: 29–30.

Faraday, M. (1844). "A speculation touching electric conduction and the nature of matter," *Philos. Mag*., **24**: 136–144.

Feinberg, G., and Gürsey, F. (1959). "Space-time properties and internal symmetries of strong interactions," *PR*, **114**: 1153–1170.

Feldman, D. (1949). "On realistic field theories and the polarization of the vacuum," *PR*, **76**: 1369–1375.

Feldman, D. (ed.) (1967). *Proceedings of the Fifth Annual Eastern Theoretical Physics Conference* (Benjamin, New York).

Fermi, E. (1922). "Sopra i fenomeni che avvengono in vicinanza di una linea oraria," *Accad. Lincei*, **311**: 184–187, 306–309.

Fermi, E. (1929). "Sopra l'electrodinamica quantistica. I," *Rend. Lincei*, **9**: 881–887.

Fermi, E. (1930). "Sopra l'electrodinamica quantistica. II," *Rend. Lincei*, **12**: 431–135.

Fermi, E. (1932). "Quantum theory of radiation," *RMP*, **4**: 87–132.

Fermi, E. (1933). "Tentativo di una teoria del l'emissione dei raggi *β*' Ric. *Science*, **4**(2): 491–495.

Fermi, E. (1934). "Versuch einer Theorie der *β*-Strahlen. I," *ZP*, **88**: 161–171.

Feyerabend, P. (1962). "Explanation, reduction and empiricism," in *Scientific Explanation, Space and Time*, eds. Feigl, H., and Maxwell, G. (University of Minnesota Press, Minneapolis), 28–97.

Feynman, R. P. (1948a). "A relativistic cut-off for classical electrodynamics," *PR*, **74**: 939–946.

Feynman, R. P. (1948b). "Relativistic cut-off for quantum electrodynamics," *PR*, **74**: 1430–1438.

Feynman, R. P. (1948c). "Space-time approach to non-relativistic quantum mechanics," *RMP*, **20**: 367–387.

Feynman, R. P. (1949a). "The theory of positrons," *PR*, **76**: 749–768.

Feynman, R.P. (1949b). "The space-time approach to quantum electrodynamics," *PR*, **76**: 769–789.

Feynman, R. P. (1963). "Quantum theory of gravity," *Acta Phys. Polonica*, **24**: 697–722.

Feynman, R. P. (1969). "Very high-energy collisions of hadrons," *PRL*, **23**: 1415–1417.

Feynman, R. P. (1973). "Partons," in *The Past Decade in Particle Theory*, eds. Sudarshan, C. G., and Ne'eman, Y. (Gordon and Breach, New York), 775.

Feynman, R. P., and Gell-Mann, M. (1958). "Theory of the Fermi interaction," *PR*, **109**: 193–198.

Feynman, R. P., and Hibbs, A. R. (1965). *Quantum Mechanics and Path Integrals* (McGraw-Hill, New York).

Finkeistein, D. (1958). "Past-future asymmetry of the gravitational field of a point particle," *PR*, **110**: 965.

Fisher, M. E. (1964). "Correlation functions and the critical region of simple fluids," *JMP*, **5**: 944–962.

FitzGerald, G. E. (1885). "On a model illustrating some properties of the ether," *Proc. Dublin Sci. Soc.*, 4: 407–419. Reprinted in: *The Scientific Writings of the late George Francis FitzGerald*, ed. Larmor, J. (Longmans, Green, & Co, London, 1902), 142–156.

Fock, V. (1927). "Über die invariante from der Wellen- und der Bewegungs- gleichungen für einen geladenen Massenpunkt," *ZP*, **39**: 226–233.

Forman, P. (1971). "Weimar culture, causality, and quantum theory, 1918–27: adaptation by German physicists and mathematicians to a hostile intellectual environment," *Hist. Stud. Phys. Sci.*, **3**: 1–115.

Forman, P. (2011). "Kausalität, Anschaulichkeit, and Individualität, or, How cultural values prescribed the character and the lessons ascribed to quantum mechanics," in *Weimar Culture and Quantum Mechanics*, eds. Carson, C., Kojevnikov, A., and Trischler, H. (World Scientific, Singapore), 203–219.

Fradkin, E. S. (1956). "Concerning some general relations of quantum electrodynamics," *JETP*, **2**: 361–363.

Fradkin, E. S., and Tyutin, I. V. (1970). "S matrix for Yang–Mills and gravitational fields," *PR*, **D2**: 2841–2857.

French, S., and Ladyman, J. (2003a). "Remodelling structural realism: quantum physics and the metaphysics of structure," *Synthese*, **136**: 31–56.

French, S., and Ladyman, J. (2003b). "Between platonism and phenomenalism: Reply to Cao.' *Synthese*, **136**: 73–78.

Frenkel, J. (1925). "Zur elektrodynamik punktfoermiger elektronen," *ZP*, **32**: 518–534.

Friederich, S. (2014). "A philosophical look at the Higgs mechanism," *J. Gen. Philos. Sci.*, **45**(2): 335–350.

Friedlander, F. G. (1976). *The Wave Equation on a Curved Space-Time* (Cambridge University Press, Cambridge).

Friedman, A. (1922). "Über die Krümmung des Raumes," *ZP*, **10**: 377–386.

Friedman, A. (1924). "Über die Möglichkeit einer Welt mit konstant negativer Krümmung des Raumes," *ZP*, **21**: 326–332.

Friedman, M. (1983). *Foundations of Space-Time Theories* (Princeton University Press, Princeton).

Friedman, M. (2001). *Dynamics of Reason: The 1999 Kant Lectures at Stanford University* (CSLI Publications, Stanford, CA).

Friedman, M. (2009). "Einstein, Kant, and the relativized a priori," in *Constituting Objectivity: Transcendental Perspectives on Modern Physics*, eds. Bitbol, M., Kerszberg, P., and Petitot, J. (Springer, New York), 253–267.

Friedman, M. (2010). "Kuhnian approach to the history and philosophy of science," *Monist*, **93**: 497–517.

Friedman, M. (2011). "Extending the dynamics of reason," *Erkenntnis*, **75**: 431–444.

Friedman, M. (2012). "Reconsidering the dynamics of reason," *Stud. Hist. Philos. Sci.*, **43**: 47–53.

Friedman, M. (2013). "Neo-Kantianism, scientific realism, and modern physics," in *Scientific Metaphysics*, eds. Ross, D., Ladyman, J., and Kincaid, H. (Oxford University Press, Oxford), 182–198.

Friedman, M. (2014). *A Post-Kuhnian Philosophy of Science* (Spinoza Lectures, Van Gorcum).
Frishman, Y. (1971). "Operator products at almost light like distances," *AP*, **66**: 373–389.
Fritzsch, H., and Gell-Mann, M. (1971a), "Scale invariance and the lightcone," in *Proceedings of the 1971 Coral Gables Conference on Fundamental Interactions at High Energy*, eds. Dal Cin, M., et al. (Gordon and Breach, New York), 1–53.
Fritzsch, H., and Gell-Mann, M. (1971b). "Light cone current algebra," in *Proceedings of the International Conference on Duality and Symmetry in Hadron Physics*, ed. Gotsman, E. (Weizmann Science Press, Rehovot, Israel), 317–374.
Fritzsch, H., and Gell-Mann, M. (1972). "Current algebra, quarks and what else?" in *Proceedings of the XVI International Conference on High Energy Physics,* September 6–13, 1972, eds. Jackson, J. D., and Roberts, A. (National Accelerator Laboratory, Batavia, IL), vol. 2, 135–165.
Fritzsch, H., and Minkowski, P. (1975). "Unified interactions of leptons and hadrons," *AP*, **93**: 193–266.
Fritzsch, H., Gell-Mann, M., and Leutwyler, H. (1973). "Advantages of the color octet gluon picture," *PL*, **47B**: 365–368.
Fubini, S., and Furlan, G. (1965). "Renormalization effects for partially conserved currents," *Physics*, **1**: 229–247.
Fukuda, H., and Miyamoto, Y. (1949). "On the γ-decay of neutral meson," *PTP*, **4**: 347–357.
Furry, W. H., and Neuman, M. (1949). "Interaction of meson with electromagnetic field," *PR*, **76**: 432.
Furry, W. H., and Oppenheimer, J. R. (1934). "On the theory of the electron and positron," *PR*, **45**: 245–262.
Gasiorowicz, S. G., Yennie, P. R., and Suura, H. (1959). "Magnitude of renormalization constants," *PRL*, **2**: 513–516.
Gauss, C. F. (1827). "Disquisitiones generales circa superficies curvas," *Comm. Soc. reg. Sci. Gött. cl. math.*, **6**: 99–146.
Gauss, C. F. (1845). Letter to Weber, March 19, 1845, quoted by Whittaker (1951), 240.
Gell-Mann, M. (1956). "Dispersion relations in pion–pion and photon–nucleon scattering," in *Proceedings of the Sixth Annual Rochester Conference on High Energy Nuclear Physics* (Interscience, New York), sect. III, 30–36.
Gell-Mann, M. (1958). "Remarks after Heisenberg's paper," in *1958 Annual International Conference on High Energy Physics at CERN* (CERN, Geneva), 126.
Gell-Mann, M. (1960). *Remarks in Proceedings of the 1960 Annual International Conference on High Energy Physics at Rochester* (Interscience, New York), 508.
Gell-Mann, M. (1962a). "Symmetries of baryons and mesons," *PR*, **125**: 1067–1084.
Gell-Mann, M. (1962b). "Applications of Regge poles," in *1962 International Conference on High Energy Physics at CERN* (CERN, Geneva), 533–542.
Gell-Mann, M. (1962c). "Factorization of coupling to Regge poles," *PRL*, **81**: 263–264.
Gell-Mann, M. (1964a). "A schematic model of baryons and mesons," *PL*, **8**: 214–215.
Gell-Mann, M. (1964b). "The symmetry group of vector and axial vector currents," *Physics*, **1**: 63–75.
Gell-Mann, M. (1972a). "Quarks," *Acta Phys. Austr. Suppl.*, **9**: 733–761; CERN-TH-1543.
Gell-Mann, M. (1972b). "General status: summary and outlook," in *Proceedings of the XVI International Conference on High Energy Physics, September 6–13, 1972*, eds. Jackson, J. D., and Roberts, A. (National Accelerator Laboratory), vol. 4, 333–355.

Gell-Mann, M. (1987). "Particle theory from S-matrix to quarks," in *Symmetries in Physics (1600–1980)*, eds. Doncel, M. G., Hermann, A., Michael, L., and Pais, A. (Bellaterra, Barcelona), 474–497.
Gell-Mann, M. (1989). "Progress in elementary particle theory, 1950–1964," in *Pions to Quarks*, eds. Brown, L. M., Dresden, M., and Hoddeson, L. (Cambridge University Press, Cambridge), 694–709.
Gell-Mann, M. (1997). "Quarks, color, and QCD," in *The Rise of the Standard Model*, eds. Hoddeson, L., Brown, L., Riordan, M., and Dresden, M. (Cambridge University Press, Cambridge), 625–633.
Gell-Mann, M., and Goldberger, M. L. (1954). "The scattering of low energy photons by particles of spin 1/2," *PR*, **96**: 1433–1438.
Gell-Mann, M., and Levy, M. (1960). "The axial vector current in beta decay," *NC*, **14**: 705–725.
Gell-Mann, M., and Low, F. E. (1954). "Quantum electrodynamics at small distances," *PR*, **95**: 1300–1312.
Gell-Mann, M., and Ne'eman, Y. (1964). *The Eightfold Way* (Benjamin, New York).
Gell-Mann, M., and Pais, A. (1954). "Theoretical views on the new particles," in *Proceedings of the Glaskow International Conference on Nuclear Physics*, eds. Bellamy, E. H., and Moorhouse, R. G. (Pergamon, Oxford), 342–350.
Gell-Mann, M., Goldberger, M. L., and Thirring, W. (1954). "Use of causality conditions in quantum theory," *PR*, **95**: 1612–1627.
Gell-Mann, M., Ramond, P., and Slansky, R. (1978). "Color embeddings, charge assignments, and proton stability in unified gauge theories," *RMP*, **50**: 721–744.
Georgi, H. (1989a). "Grand unified field theories," in *The New Physics*, ed. Davies, P. (Cambridge University Press, Cambridge), 425–445.
Georgi, H. (1989b). "Effective quantum field theories," in *The New Physics*, ed. Davies, P. (Cambridge University Press, Cambridge), 446–457.
Georgi, H., and Glashow, S. L. (1974). "Unity of all elementary particles," *PRL*, **32**: 438–441.
Georgi, H., Quinn, H. R., and Weinberg, S. (1974). "Hierarchy of interactions in unified gauge theories," *PRL*, **33**: 451–454.
Gershstein, S., and Zel'dovich, J. (1955). "On corrections from mesons to the theory of β-decay," *Zh. Eksp. Teor. Fiz.*, **29**: 698–699. (English trans.: *JETP*, **2**: 576).
Gerstein, I., and Jackiw, R. (1969). "Anomalies in Ward identities for three-point functions," *PR*, **181**: 1955–1963.
Gervais, J. L., and Lee, B. W. (1969). "Renormalization of the σ-model (II) Fermion fields and regularization," *NP*, **B12**: 627–646.
Giedymin, J. (1982). *Science and Convention* (Pergamon, Oxford).
Gilbert, W. (1964). "Broken symmetries and massless particles," *Phys. Rev. Lett.*, **12**: 713–714.
Ginzburg, V. L., and Landau, L. D. (1950). "On the theory of superconductivity," *Zh. Eksp. Teor. Fiz.*, **20**: 1064.
Glashow, S. L. (1959). "The renormalizability of vector meson interactions," *NP*, **10**: 107–117.
Glashow, S. L. (1961). "Partial symmetries of weak interactions," *NP*, **22**: 579–588.
Glashow, S. L. (1980). "Toward a unified theory: threads in a tapestry," *RMP*, **52**: 539–543.
Glashow, S. L., Iliopoulos, J., and Maiani, L. (1970). "Weak interactions with lepton–hadron symmetry," *PR*, **D2**: 1285–1292.

Glauser, R. J. (1953). "On the gauge invariance of the neutral vector meson theory," *PTP*, **9**: 295–298.

Glimm, J., and Jaffe, A. (1987). *Quantum Physics*, section 6.6 (Springer-Verlag).

Gödel, K. (1949). "An example of a new type of cosmological solution of Einstein's field equations of gravitation," *RMP*, **21**: 447–450.

Gödel, K. (1952). "Rotating universes in general relativity theory," *Proceedings of the International Congress of Mathematicians, Cambridge, Mass. 1950* (American Mathematical Society, Providence, RI), vol. I, 175–181.

Goldberger, M. L. (1955a). "Use of causality conditions in quantum theory," *PR*, **97**: 508–510.

Goldberger, M. L. (1955b). "Causality conditions and dispersion relations. I. Boson fields," *PR*, **99**: 979–985.

Goldberger, M. L., and Treiman, S. B. (1958a). "Decay of the pi meson," *PR*, **110**: 1178–1184.

Goldberger, M. L., and Treiman, S. B. (1958b). "Form factors in β decay and ν capture," *PR*, **111**: 354–361.

Goldhaber, G., et al. (1976). Observation in $e^+ e^-$ annihilation of a narrow state at 1865 Mev/c^2 decaying to Kπ and K$\pi\pi\pi$," *PRL*, **37**: 255–259.

Goldstone, J. (1961). "Field theories with "superconductor" solutions," *NC*, **19**: 154–164.

Goldstone, J., Salam, A., and Weinberg, S. (1962). "Broken symmetries," *PR*, **127**: 965–970.

Goto, T., and Imamura, T. (1955). "Note on the non-perturbation-approach to quantum field theory," *PTP*, **14**: 396–397.

Green, M. B. (1985). "Unification of forces and particles in superstring theories," *Nature*, **314**: 409–414.

Green, M. B., and Schwarz, J. H. (1985). "Infinity cancellations in SO(32) superstring theory," *PL*, **151B**: 21–25.

Green, M. B., Schwarz, J. H., and Witten, E. (1987). *Superstring Theory* (Cambridge University Press, Cambridge).

Greenberg, O. W. (1964). "Spin and unitary-spin independence in a paraquark model of baryons and mesons," *PRL*, **13**: 598.

Greenberg, O. W., and Zwanziger, D. (1966). "Saturation in triplet models of hadrons," *PR*, **150:** 1177.

Gross, D. (1985). "Beyond quantum field theory," in *Recent Developments in Quantum Field Theory*, eds. Ambjorn, J. Durhuus, B. J., and Petersen, J. L. (Elsevier, New York), 151–168.

Gross, D. (1992). "Asymptotic freedom and the emergence of QCD' (a talk given at the Third International Symposium on the History of Particle Physics, June 26, 1992; Princeton Preprint PUPT 1329).

Gross, D., and Jackiw, R. (1972). "Effect of anomalies on quasi-renormalizable theories," *PR*, **D6**: 477–493.

Gross, D., and Llewellyn Smith, C. H. (1969). "High-energy neutrino–nucleon scattering, current algebra and partons," *NP*, **B14**: 337–347.

Gross, D., and Treiman, S. (1971). "Light cone structure of current commutators in the gluon–quark model," *PR*, **D4**: 1059–1072.

Gross, D., and Wilczek, F. (1973a). "Ultraviolet behavior of non-Abelian gauge theories," *PRL*, **30**: 1343–1346.

Gross, D., and Wilczek, F. (1973b). "Asymptotic free gauge theories: I," *PR*, **D8**: 3633–3652.

Gross, D., and Wilczek, F. (1973c). "Asymptotically free gauge theories. II," *PR*, **D9**: 980.
Gulmanelli, P. (1954). *Su una Teoria dello Spin Isotropico* (Pubblicazioni della Sezione di Milano dell'istituto Nazionale di Fisica Nucleare, Casa Editrice Pleion, Milano).
Guralnik, G. S. (2011). "The beginnings of spontaneous symmetry breaking in particle physics," *Proceedings of the DPF-2011 Conference, Providence, RI, 8–13, August 2011*. Ar1110.2253v1 [physics, hist-ph].
Guralnik, G. S. (2013). "Heretical ideas that provided the cornerstone for the standard model of particle physics," SPG MITTEILUNGEN March 2013, No. 39 (p. 14).
Guralnik, G. S., Hagen, C. R., and Kibble, T. W. B. (1964). "Global conservation laws and massless particles," *PRL*, **13**: 585–587.
Gürsey, F. (1960a). "On the symmetries of strong and weak interactions," *NC*, **16**: 230–240.
Gürsey, F. (1960b). "On the structure and parity of weak interaction currents," *Proceedings of 10th International High Energy Physics Conference*, 570–577.
Gürsey, F., and Radicati, L. A. (1964). "Spin and unitary spin independence," *PRL*, **13**: 173–175.
Gürsey, F., and Sikivie, P. (1976). "E_7 as a unitary group," *PRL*, **36**: 775–778.
Haag, R. (1958). "Quantum field theories with composite particles and asymptotic conditions," *PR*, **112**: 669–673.
Haas, A. (1910a). "Über die elektrodynamische Bedeutung des Planck'schen strahlungsgesetzes und über eine neue Bestimmung des elektrischen Elementarquantums und der Dimensionen des Wasserstoffatoms," *Wiener Ber II*, **119**: 119–144.
Haas, A. (1910b). "Über eine neue theoretische Methode zur Bestmmung des elektrischen Elementarquantums und des Halbmessers des Wasserstoffatoms," *Phys. Z.*, **11**: 537–538.
Haas, A. (1910c). "Der zusammenhang des Planckschen elementaren Wirkungsquantums mit dem Grundgrössen der Elektronentheorie," *J. Radioakt.*, **7**: 261–268.
Haag, R. (1955). "On quantum field theories," *Det Kongelige Danske Videnskabernes Selskab, Matematisk-fysiske Meddelelser* **29**(12): 1–37.
Hacking, I. (1983). *Representing and Intervening* (Cambridge University Press, Cambridge).
Hamprecht, B. (1967). "Schwinger terms in perturbation theory," *NC*, **50A**: 449–457.
Han, M. Y., and Nambu, Y. (1965). "Three-triplet model with double SU(3) symmetry," *PR*, **B139**: 1006–1010.
Hanson, N. R. (1958). *Patterns of Discovery* (Cambridge University Press, Cambridge).
Hara, Y. (1964). "Unitary triplets and the eightfold way," *PR*, **B134**: 701–704.
Harman, P. M. (1982a). *Energy, Force, and Matter: The Conceptual Development of Nineteenth-Century Physics* (Cambridge University Press, Cambridge).
Harman, P. M. (1982b). *Metaphysics and Natural Philosophy: The Problem of Substance in Classical Physics* (Barnes and Noble, Totowa, NJ).
Harrington, B. J., Park, S. Y., and Yildiz, A. (1975). "Spectrum of heavy mesons in $e^+ e^-$ annihilation," *PRL*, **34**: 168–171.
Hartle, J. B., and Hawking, S. W. (1983). "Wave function of the universe," *PR*, **D28**: 2960–2975.
Hasert, F. J., et al. (1973a). "Search for elastic muon-neutrino electron scattering," *PL*, **46B**: 121–124.
Hasert, F. J., et al. (1973b). "Observation of neutrino-like interactions without muon or electron in the Gargamelle neutrino experiment," *PL*, **46B**: 138–140.
Hawking, S. (1975). "Particle creation by black holes," *CMP*, **43**: 199–220.

Hawking, S. (1979). "The path-integral approach to quantum gravity," in *General Relativity: An Einstein Centenary Survey*, eds. Hawking, S., and Israel, W. (Cambridge University Press, Cambridge).

Hawking, S. (1980). *Is the End in Sight for Theoretical Physics?* (Cambridge University Press, Cambridge).

Hawking, S. (1987). "Quantum cosmology," in *Three Hundred Years of Gravitation*, eds. Hawking, S. W., and Israel, W. (Cambridge University Press, Cambridge), 631.

Hawking, S., and Ellis, G. (1968). "The cosmic black body radiation and the existence of singularities in our universe," *Astrophys. J.*, **152**: 25–36.

Hawking, S., and Penrose, R. (1970). "The singularities of gravitational collapse and cosmology," *PRS*, **A314**: 529–548.

Hayakawa, S. (1983). "The development of meson physics in Japan," in *The Birth of Particle Physics*, eds. Brown, L. M., and Hoddeson, L. (Cambridge University Press, Cambridge), 82–107.

Hayashi, K., and Bregman, A. (1973). "Poincaré gauge invariance and the dynamical role of spin in gravitational theory," *AP*, **75**: 562–600.

Hehl, F. W (2014). "Gauge theory of gravity and spacetime," arXiv:1204.3672.

Hehl, F. W., et al. (1976). "General relativity with spin and torsion: foundations and prospects," *RMP*, **48**: 393–416.

Heilbron, J. L. (1981). "The electric field before Faraday," in *Conceptions of Ether*, eds. Cantor, G. N., and Hodge, M. J. S. (Cambridge University Press, Cambridge), 187–213.

Heisenberg, W. (1925). "Über quantentheoretische Umdeutung kinematischer und mechanischer Beziehung," *ZP*, **33**: 879–883.

Heisenberg, W. (1926a). "Über die spektra von Atomsystemen mit zwei Elektronen," *ZP*, **39**: 499–518.

Heisenberg, W. (1926b). "Schwankungserscheinungen und Quantenmechanik," *ZP*, **40**: 501.

Heisenberg, W. (1926c). "Quantenmechanik," *Naturwissenschaften*, **14**: 989–994.

Heisenberg, W. (1926d). Letters to Pauli, W.: 28 Oct. 1926, 4 Nov. 1926, 23 Nov. 1926, in Pauli, W., *Wissenschaftlicher Briefwechsel mit Bohr, Einstein, Heisenberg, u. A., Band I: 1919–1929*, eds. Hermann, A., Meyenn, K. V., and Weisskopf, V. E. (Springer-Verlag, Berlin, 1979).

Heisenberg, W. (1927). "Über den anschaulichen Inhalt der quantentheoretischen kinematik u. mechanik," *ZP*, **43**: 172–198.

Heisenberg, W. (1928). "Zur Theorie des Ferromagnetismus," *ZP*, **49**: 619–636.

Heisenberg, W. (1932a). "Über den Bau der Atomkerne," *ZP*, **77**: 1–11.

Heisenberg, W. (1932b). "Über den Bau der Atomkerne," *ZP*, **78**: 156–164.

Heisenberg, W. (1933). "Über den Bau der Atomkerne," *ZP*, **80**: 587–596.

Heisenberg, W. (1934). "Remerkung zur Diracschen Theorie des Positrons," *ZP*, **90**: 209–231.

Heisenberg, W. (1943a). "Die "beobachtbaren Grössen" in der Theorie der Elementarteilchen," *ZP*, **120**: 513–538.

Heisenberg, W. (1943b). "Die "beobachtbaren Grössen" in der Theorie der Elementarteilchen. II," *ZP*, **120**: 673–702.

Heisenberg, W. (1944). "Die "beobachtbaren Grössen" in der Theorie der Elementarteilchen. III," *ZP*, **123**: 93–112.

Heisenberg, W. (1955). "The development of the interpretation of the quantum theory," in *Niels Bohr and the Development of Physics*, ed. Pauli, W. (McGraw-Hill, New York), 12–29.

Heisenberg, W. (1957). "Quantum theory of fields and elementary particles," *RMP*, **29**: 269–278.
Heisenberg, W. (1958). "Research on the non-linear spinor theory with indefinite metric in Hilbert space," in *1958 Annual International Conference on High Energy Physics at CERN* (CERN, Geneva), 119–126.
Heisenberg, W. (1960). "Recent research on the nonlinear spinor theory of elementary particles," in *Proceedings of the 1960 Annual International Conference on High Energy Physics at Rochester* (Interscience, New York), 851–857.
Heisenberg, W. (1961). "Planck's discovery and the philosophical problems of atomic physics," in *On Modern Physics* (by Heisenberg and others), trans. Goodman, M., and Binns, J. W. (C. N. Potter, New York).
Heisenberg, W. (1966). *Introduction to the Unified Field Theory of Elementary Particles* (Interscience, New York).
Heisenberg, W. (1971). *Physics and Beyond: Encounters and Conversations* (Harper and Row, New York).
Heisenberg, W., and Pauli, W. (1929). "Zur Quantenelektrodynamik der Wellenfelder. I," *ZP*, **56**: 1–61.
Heisenberg, W., and Pauli, W. (1930). "Zur Quantenelektrodynamik der Wellenfelder. II," *ZP*, **59**: 168–190.
Heisenberg, W., et.al. (1959). "Zur theorie der elementarteilchen," *Z. Naturfor.*, **14A**: 441–485.
Heitler, W. (1936). *The Quantum Theory of Radiation* (Clarendon, Oxford).
Heitler, W. (1961). "Physical aspects in quantum-field theory," in *The Quantum Theory of Fields*, ed. Stoops, R. (Interscience, New York), 37–60.
Heitler, W., and Herzberg, G. (1929). "Gehorchen die Stickstoffkerne der Boseschen Statistik?" *Naturwissenschaften*, **17**: 673.
Hendry, J. (1984). *The Creation of Quantum Mechanics and the Bohr–Pauli Dialogue* (Reidel, Dordrecht/Boston/Lancaster).
Hertz, H. (1894). *Die Prinzipien der Mechanik in neuem Zusammenhang Dargestellt* (Barth, Leipzig).
Hesse, M. B. (1961). *Forces and Fields* (Nelson, London).
Hesse, M. B. (1974). *The Structure of Scientific Inference* (Macmillan, London).
Hesse, M. B. (1980). *Revolutions and Reconstructions in the Philosophy of Science* (Harvester, Brighton, Sussex).
Hesse, M. B. (1981). "The hunt for scientific reason," in *PSA 1980* (Philosophy of Science Association, East Lansing, MI, 1981), vol. 2, 3–22.
Hesse, M. B. (1985). "Science beyond realism and relativism" (unpublished manuscript).
Hessenberg, G. (1917). "Vektorielle Begründung der Differentialgeometrie," *Math. Ann.*, **78**: 187.
Higgs, P. W. (1964a). "Broken symmetries, massless particles and gauge fields," *PL*, **12**: 132–133.
Higgs, P. W. (1964b). "Broken symmetries and the masses of gauge bosons," *PRL*, **13**: 508–509.
Higgs, P. W. (1966). "Spontaneous symmetry breakdown without massless bosons," *Phys. Rev.*, **145**: 1156–1163.
Hilbert, D. (1915). "Die Grundlagen der Physik," *Nachr. Ges. Wiss. Göttingen Math.-phys. Kl.*, 395–407.
Hilbert, D. (1917). "Die Grundlagen der Physik: zweite Mitteilung," *Nachr. Ges. Wiss. Göttingen. Math.-phys. Kl.*, **55–76**(201): 477–480.

Holton, G. (1973). *Thematic Origins of Scientific Thought: Kepler to Einstein* (Harvard University Press, Cambridge, MA).
Hosotani, Y. (1983). "Dynamical gauge symmetry breaking as the Casimir effect," *PL*, **129B**: 193–197.
Houard, J. C., and Jouvet, B. (1960). "Etude d'un modèle de champ à constante de renormalisation nulle," *NC*, **18**: 466–481.
Houtappel, R. M. F., Van Dam, H., and Wigner, E. P. (1965). "The conceptual basis and use of the geometric invariance principles," *RMP*, **37**: 595–632.
Hubble, E. P. (1929). "A relation between distance and radial velocity among extra-galactic nebulae," *Proc. Natl. Acad. Sci. USA*, **15**: 169–173.
Hurst, C. A. (1952). "The enumeration of graphs in the Feynman–Dyson technique," *PRS*, **A214**: 44–61.
Iagolnitzer, D., and Stapp, H. P. (1969). "Macroscopic causality and physical region analyticity in the S-matrix theory," *CMP*, **14**: 15–55.
Isham, C. (1990). "An introduction to general topology and quantum topology," in *Physics, Geometry, and Topology*, ed. Lee, H. C. (Plenum, New York), 129–189.
Ito, D., Koba, Z., and Tomonaga, S. (1948). "Corrections due to the reaction of "cohesive force field" to the elastic scattering of an electron. I," *PTP*, **3**: 276–289.
Iwanenko, D. (1932a). "The neutron hypothesis," *Nature*, **129**: 798.
Iwanenko, D. (1932b). "Sur la constitution des noyaux atomiques," *Compt. Rend. Acad. Sci. Paris*, **195**: 439–141.
Iwanenko, D. (1934). "Interaction of neutrons and protons," *Nature*, **133**: 981–982.
Jackiw, R. (1972). "Field investigations in current algebra," in *Lectures on Current Algebra and Its Applications*, by Treiman, S. B., Jackiw, R., and Gross, D. J. (Princeton University Press, Princeton), 97–254.
Jackiw, R. (1975). "Dynamical symmetry breaking," in *Laws of Hadronic Matter*, ed. Zichichi, A. (Academic Press, New York).
Jackiw, R. (1985). "Topological investigations of quantified gauge theories," in *Current Algebra and Anomalies*, eds. Treiman, S. B., Jackiw, R., Zumino, B., and Witten, E. (Princeton University Press, Princeton), 211–359.
Jackiw, R. (1991). "Breaking of classical symmetries by quantum effects," MIT preprint CTP #1971 (May 1991).
Jackiw, R., and Johnson, K. (1969). "Anomalies of the axial-vector current," *PR*, **182**: 1459–1469.
Jackiw, R., and Preparata, G. (1969). "Probe for the constituents of the electromagnetic current and anomalous commutators," *PRL*, **22**: 975–977.
Jackiw, R., and Rebbi, C. (1976). "Vacuum periodicity in a Yang–Mills quantum theory," *PRL*, **37**: 172–175.
Jackiw, R., Van Royen, R., and West, G. (1970). "Measuring light-cone singularities," *PR*, **D2**: 2473–2485.
Jacob, M. (1974). *Dual Theory* (North-Holland, Amsterdam).
Jaffe, A. (1965). "Divergence of perturbation theory for bosons," *CMP*, **1**: 127–149.
Jaffe, A. (1995). Conversation with Schweber, S. S. and Cao, T. Y. on February 9, 1995.
Jammer, M. (1974). *The Philosophy of Quantum Mechanics* (McGraw-Hill, New York).
Johnson, K. (1961). "Solution of the equations for the Green's functions of a two dimensional relativistic field theory," *NC*, **20**: 773–790.
Johnson, K. (1963). "γ_5 Invariance," *PL*, **5**: 253–254.
Johnson, K., and Low, F. (1966). "Current algebra in a simple model," *PTP*, **37–38**: 74–93.

Jordan, P. (1925). "Über das thermische Gleichgewicht zwischen quantenatomen und Hohlraumstrahlung," *ZP*, **33**: 649–655.
Jordan, P. (1927a). "Zur quantenmechanik der gasentartung," *ZP*, **44**: 473–480.
Jordan, P. (1927b). "Über Wellen und Korpuskeln in der quantenmechanik," *ZP*, **45**: 766–775.
Jordan, P. (1928). "Der Charakter der quantenphysik," *Naturwissenschaften*, **41**: 765–772. (English trans. taken from J. Bromberg, 1976).
Jordan, P. (1973). "Early years of quantum mechanics: some reminiscences," in *The Physicists Conception of Nature*, ed. Mehra (Reidel, Dordrecht), 294–300.
Jordan, P., and Klein, O. (1927). "Zum Mehrkörperproblem der Quantentheorie," *ZP*, **45**: 751–765.
Jordan, P., and Wigner, E. (1928). "Über das Paulische Äquivalenzverbot," *ZP*, **47**: 631–651.
Jost, R. (1947). "Über die falschen Nullstellen der Eigenwerte der S-matrix," *Helv. Phys. Acta.*, **20**: 256–266.
Jost, R. (1965). *The General Theory of Quantum Fields* (American Mathematical Society, Providence, RI).
Jost, R. (1972). "Foundation of quantum field theory," in *Aspects of Quantum Theory*, eds. Salam, A., and Wigner, E. P. (Cambridge University Press, Cambridge), 61–77.
Kadanoff, L. P. (1966). "Scaling laws for Ising models near T_c," *Physics*, **2**: 263–272.
Kadanoff, L. P., Götze, W., Hamblen, D., Hecht, R., Lewis, E., Palciauskas, V., Rayl, M., Swift, J., Aspnes, D., and Kane, J. (1967). "Static phenomena near critical points: theory and experiment," *RMP*, **39**: 395–431.
Källen, G. (1953). "On the magnitude of the renormalization constants in quantum electrodynamics," *Dan. Mat.-Fys. Medd.*, **27**: 1–18.
Källen, G. (1966). "Review of consistency problems in quantum electrodynamics," *Acta Phys. Austr. Suppl.*, **2**: 133–161.
Kaluza, T. (1921). "Zum Unitätsproblem der Physik," *Preussische Akad. Wiss. Sitzungsber*, **54**: 966–972.
Kamefuchi, S. (1951). "Note on the direct interaction between spinor fields," *PTP*, **6**: 175–181.
Kamefuchi, S. (1960). "On Salam's equivalence theorem in vector meson theory," *NC*, **18**: 691–696.
Kant, I. (1783). *Prolegomena zu einer jeden künftigen Metaphysik die als Wissenschaft wird auftreten können* (J. F. Hartknoch, Riga), English trans. revised by Ellington, J. W. (Hackett, Indianapolis, 1977).
Karaca, K. (2013). "The construction of the Higgs mechanism and the emergence of the electroweak theory," *Stud. Hist. Philos. Mod. Phys.*, **44**: 1–16.
Kastrup, H. A. (1966). "Conformal group in space-time," *PR*, **142**: 1060–1071.
Kemmer, N. (1938). "The charge-dependence of nuclear forces," *Proc. Cam. Philos. Soc.*, **34**: 354–364.
Kerr, R. P. (1963). "Gravitational field of a spinning mass as an example of algebraically special metrics," *PRL*, **11**: 237–238.
Kerszberg, P. (1989). "The Einstein–de Sitter controversy of 1916–1917 and the rise of relativistic cosmology," in *Einstein and the History of General Relativity*, eds. Howard, D., and Stachel, J. (Birkhäuser, Boston/Basel/Berlin), 325–366.
Kibble, T. W. B. (1961). "Lorentz invariance and the gravitational field," *JMP*, **2**: 212.
Kibble, T. W. B. (1967). "Symmetry breaking in non-Abelian gauge theories," *PR*, **155**: 1554–1561.

Kinoshita, T. (1950). "A note on the C meson hypothesis," *PTP*, **5**: 535–536.
Klein, A., and Lee, B. W. (1964). "Does spontaneous breakdown of symmetry imply zero-mass particles?" *Phys. Rev. Lett.*, **12**: 266–268.
Klein, F. (1872). "A comparative review of recent researches in geometry," English trans., in *N. Y. Math. Soc. Bull.*, **2**(1893): 215–249.
Klein, O. (1926). "Quantentheorie und fündimentionale Relativitätstheorie," *ZP*, **37**: 895–906.
Klein, O. (1927). "Zur fundimentionalen Darstellung der Relativitästheorie," *ZP*, **46**: 188.
Klein, O. (1939). "On the theory of charged fields," in *New Theories in Physics*, Conference organized in collaboration with the International Union of Physics and the Polish Intellectual Co-operation Committee, Warsaw, May 30–June 3, 1938 (International Institute of Intellectual Cooperation, Paris, 1939), 77–93.
Kline, M. (1972). *Mathematical Thought from Ancient to Modern Times* (Oxford University Press, Oxford).
Koba, Z., and Tomonaga, S. (1947). "Application of the 'self-consistent' subtraction method to the elastic scattering of an electron," *PTP*, **2**: 218.
Koester, D., Sullivan, D., and White, D. H. (1982). "Theory selection in particle physics: a quantitative case study of the evolution of weak-electromagnetic unification theory," *Social Stud. Sci.*, **12**: 73–100.
Kogut, J., and Susskind, L. (1975). "Hamiltonian formulation of Wilson's lattice gauge theories," *PR*, **D11**: 395–408.
Komar, A., and Salam, A. (1960). "Renormalization problem for vector meson theories," *NP*, **21**: 624–630.
Komar, A., and Salam, A. (1962). "Renormalization of gauge theories," *PR*, **127**: 331–334.
Koyré, A. (1965). *Newtonian Studies* (Harvard University Press, Cambridge, MA).
Krajewski, W. (1977). *Correspondence Principle and Growth of Science* (Reidel, Dordrecht).
Kramers, H. (1924). "The law of dispersion and Bohr's theory of spectra," *Nature*, **113**: 673–674.
Kramers, H. (1938a). *Quantentheorie des Elektrons und der Strahlung, part 2 of Hand- und Jahrbuch der Chemische Physik. I* (Akad. Verlag, Leipzig).
Kramers, H. (1938b). "Die Wechselwirkung zwischen geladenen Teilchen und Strahlungsfeld," *NC*, **15**: 108–114.
Kramers, H. (1944). "Fundamental difficulties of a theory of particles," *Ned. Tijdschr. Natuurk.*, **11**: 134–147.
Kramers, H. (1947). A review talk at the Shelter Island conference, June 1947 (unpublished). For its content and significance in the development of renormalization theory, see Schweber, S. S.: "A short history of Shelter Island I," in Shelter Island II, eds. Jackiw, R., Khuri, N. N., Weinberg, S., and Witten, E. (MIT Press, Cambridge, MA, 1985).
Kramers, H., and Heisenberg, W. (1925). "Über die Streuung von Strahlen durch Atome," *ZP*, **31**: 681–708.
Kretschmann, E. (1917). "Über den Physikalischen Sinn der Relativitats-postulaten," *Ann. Phys.*, **53**: 575–614.
Kripke (1972). "Naming and necessity," in *Semantics of Natural Language*, eds. Davidson, D., and Harman, G. (Reidel, Dordrecht).
Kronig, R. (1946). "A supplementary condition in Heisenberg's theory of elementary particles," *Physica*, **12**: 543–544.
Kruskal, M. D. (1960). "Minimal extension of the Schwarzschild metric," *PR*, **119**: 1743–1745.

Kuhn, T. S. (1962). *The Structure of Scientific Revolutions* (University of Chicago Press, Chicago).
Kuhn, T. S. (1970). *The Structure of Scientific Revolutions*, second enlarged edition (University of Chicago Press, Chicago).
Kuhn, T. S. (1976). "Theory-change as structure-change: comments on the Sneed formalism," *Erkenntnis*, **10**: 179–199.
Kuhn, T. S. (1990). "The road since structure," in *PSA 1990* (Philosophy of Science Association, East Lansing, MI), vol. 2, 3–13.
Kuhn, T. S. (1991). "The trouble with the historical philosophy of science," Robert and Maurine Rothschild Distinguished Lecture delivered at Harvard University on 19 November 1991.
Kuhn, T. S. (1993). *Afterwords to World Changes – Thomas Kuhn and the Nature of Science*, ed. Horwich, P. (MIT Press, Cambridge, MA).
Kuhn, T. S. (2000). *The Road since Structure* (University of Chicago Press, Chicago).
Lamb, W. E., and Retherford, R. C. (1947). "Fine structure of the hydrogen atom by a microwave method," *PR*, **72**: 241–243.
Lagrange, J. L. (1788). *Mécanique analytique* (République, Paris).
Lagrange, J. L. (1797). *Théorie des fonctions analytiques* (République, Paris).
Landau, L. D. (1937). "On the theory of phase transitions," *Phys. Z. Sowjetunion,* **11**: 26–47, 545–555; also in *Collected Papers* (of Landau, L. D.), ed. ter Haar, D. (New York, 1965), 193–216.
Landau, L. D. (1955). "On the quantum theory of fields," in *Niels Bohr and the Development of Physics*, ed. Pauli, W. (Pergamon, London), 52–69.
Landau, L. D. (1958). Letter to Heisenberg, Feb. 1958, quoted by Brown, L. M. and Rechenberg, H. (1988): "Landau's work on quantum field theory and high energy physics (1930–1961)," Max Planck Institute Preprint MPI-PAE/Pth 42/88 (July 1988), 30.
Landau, L. D. (1959). "On analytic properties of vertex parts in quantum field theory," *NP*, **13**: 181–192.
Landau, L. D. (1960a). "On analytic properties of vertex parts in quantum field theory," in *Proceedings of the Ninth International Annual Conference on High Energy Physics (Moscow)*, II, 95–101.
Landau, L. D. (1960b). "Fundamental problems," in *Theoretical Physics in the Twentieth Century*, eds. Fierz, M., and Weisskopf, V. F. (Interscience, New York).
Landau, L. D. (1965). *Collected Papers* (Pergamon, Oxford).
Landau, L. D., and Pomeranchuck, I. (1955). "On point interactions in quantum electrodynamics," *DAN*, **102**: 489–491.
Landau, L. D., Abrikosov, A. A., and Khalatnikov, I. M. (1954a). "The removal of infinities in quantum electrodynamics," *DAN*, **95**: 497–499.
Landau, L. D., Abrikosov, A. A., and Khalatnikov, I. M. (1954b). "An asymptotic expression for the electro Green function in quantum electrodynamics," *DAN*, **95**: 773–776.
Landau, L. D., Abrikosov, A. A., and Khalatnikov, I. M. (1954c). "An asymptotic expression for the photon Green function in quantum electrodynamics," *DAN*, **95**: 1117–1120.
Landau, L. D., Abrikosov, A. A., and Khalatnikov, I. M. (1954d). "The electron mass in quantum electrodynamics," *DAN*, **96**: 261–263.
Landau, L. D., Abrikosov, A. A., and Khalatnikov, I. M. (1956). "On the quantum theory of fields," *NC (Suppl.)*, **3**: 80–104.

Larmor, J. (1894). "A dynamical theory of the electric and luminiferous medium," *Philos. Trans. Roy. Soc.*, **185**: 719–822.
Lasenby, A., Doran, C., and Gull, S. (1998). "Gravity, gauge theories and geometric algebra," *Philos. Trans. R. Soc. Lond.*, **A356**: 487–582.
Laudan, L. (1981). "A confutation of convergent realism," *Philos. Sci.*, **48**: 19–49.
Lee, B. W. (1969). "Renormalization of the σ-model," *NP*, **B9**: 649–672.
Lee, B. W. (1972). "Perspectives on theory of weak interactions," In *Proceedings of High Energy Physics Conference (1972)*, ed. Jacob, M. (National Accelerator Laboratory, Batavia, IL), vol. 4, 249–306.
Lee, T. D. (1954). "Some special examples in renormalizable field theory," *PR*, **95**: 1329–1334.
Lee, T. D., and Wick, G. C. (1974). "Vacuum stability and vacuum excitation in a spin-0 field theory," *PR*, **D9**: 2291–2316.
Lee, T. D., and Yang, C. N. (1962). "Theory of charge vector mesons interacting with the electromagnetic field," *PR*, **128**: 885–898.
Lee, Y. K., Mo, L. W., and Wu, C. S. (1963). "Experimental test of the conserved vector current theory on the beta spectra of B^{12} and N^{12}," *PRL*, **10**: 253–258.
Lehmann, H., Symanzik, K., and Zimmerman, W. (1955). "Zur Formalisierung quantisierter Feldtheorie," *NC*, 1(10): 205–225.
Lehmann, H., Symanzik, K., and Zimmerman, W. (1957). "On the formulation of quantized field theories," *NC*, **6**(10): 319–333.
Lemaître, G. (1925). "Note on de Sitter's universe," *J. Math. Phys.*, **4**: 189–192.
Lemaître, G. (1927). "Un univers homogène de masse constante et de rayon croissant, rendant compte de la vitesse radiale des nebuleues extragalactiques," *Ann. Soc. Sci. Bruxelles*, **A47**: 49–59. (English trans.: *Monthly Notices of the Royal Astronomical Society*, **91**(1931): 483–490).
Lemaître, G. (1932). "La expansion de l'espace," *Rev. Quest. Sci.*, **20**: 391–410.
Lemaître, G. (1934). "Evolution of the expanding universe," *Proc. Natl. Acad. Sci.*, **20**: 12–17.
Lense, J., and Thirring, H. (1918). "Ueber den Einfluss der Eigenrotation der Zentralkörper auf die Bewegung der Planeten und Monde nach der Einsteinschen Gravitationstheorie," *Phys. Z.*, **19**: 156–163.
Lepage, G.P. (1989). "What is renormalization?," Cornell University preprint CLNS 89/970, also in *From Action to Answers*, eds. DeGrand, T., and Toussaint, T. (World Scientific, Singapore, 1990), 446–457.
Leutwyler, H. (1968). "Is the group SU(3)l an exact symmetry of one-particle-states?" Preprint, University of Bern, unpublished.
Leutwyler, H., and Stern, J. (1970). "Singularities of current commutators on the light cone," *NP*, **B20**: 77–101.
Levi-Civita, T. (1917). "Nozione di parallelismo in una varietà qualunque," *Rend. Circ. Mat. Palermo*, **42**: 173–205.
Lewis, G. N. (1926). "The conservation of photons," *Nature*, **118**: 874–875.
Lewis, H. W. (1948). "On the reactive terms in quantum electrodynamics," *PR*, **73**: 173–176.
Lie, S., and Engel, F. (1893). *Theorie der Transformationsgruppen* (Teubner, Leipzig).
Lipanov, L. N. (ed.) (2001) *The Creation of Quantum Chromodynamics and the Effective Energy* (World Scientific, Singapore).
Lodge, O. (1883). "The ether and its functions," *Nature*, **27**: 304–306, 328–330.

London, F. (1927). "Quantenmechanische Deutung der Theorie von Weyl," *ZP*, **42**: 375–389.
Lorentz, H. A. (1892). "La théorie électromagnetique de Maxwell et son application aux corps mouvants," *Arch. Néerlandaises*, **25**: 363–552.
Lorentz, H. A. (1895). *Versuch einer Theorie der electrischen und optischen Erscheinungen in bewegten Körpen* (Brill, Leiden).
Lorentz, H. A. (1899). "Théorie simplifiée des phénomènes électriques et optiques dans les corps en mouvement," *Versl. K. Akad. Wet. Amst.*, **7**: 507–522; reprinted in *Collected Papers* (Nijhoff, The Hague, 1934–1939), **5**: 139–155.
Lorentz, H. A. (1904). "Electromagnetic phenomena in a system moving with any velocity less than that of light," *Proc. K. Akad. Amsterdam*, **6**: 809–830.
Lorentz, H. A. (1915). *The Theory of Electrons and Its Applications to the Phenomena of Light and Radiant Heat*, second edition (Dover, New York).
Lorentz, H. A. (1916). *Les Théories Statistiques et Thermodynamique* (Teubner, Leipzig and Berlin).
Low, F. E. (1954). "Scattering of light of very low frequency by system of spin 1/2," *PR*, **96**: 1428–1432.
Low, F. E. (1962). "Bound states and elementary particles," *NC*, **25**: 678–684.
Low, F. E. (1967). "Consistency of current algebra," in *Proceedings of Fifth Annual Eastern Theoretical Physics Conference*, ed. Feldman, D. (Benjamin, New York), 75.
Low, F. E. (1988). An interview at MIT, July 26, 1988.
Ludwig, G. (1968). *Wave Mechanics* (Pergamon, Oxford).
Lyre, H. (2008). "Does the Higgs mechanism exist?" *Int. Stud. Philos. Sci.*, **22**: 119–133.
Mach, E. (1872). *Die Geschichte und die Wurzel des Satzes von der Erhaltung der Arbeit* (Calve, Prague).
Mach, E. (1883). *Die Mechanik in ihrer Entwicklung. Historisch-Kritisch dargestellt* (Brockhaus, Leipzig).
Mack, G. (1968). "Partially conserved dilatation current," *NP*, **B5**: 499–507.
Majorana, E. (1933). "Über die Kerntheorie," *ZP*, **82**: 137–145.
Mandelstam, S. (1958). "Determination of the pion-nucleon scattering amplitude from dispersion relations and unitarity. General theory," *PR*, **112**: 1344–1360.
Mandelstam, S. (1968a). "Feynman rules for electromagnetic and Yang-Mills fields from the gauge-independent field-theoretic formalism," *PR*, **175**: 1580–1603.
Mandelstam, S. (1968b). "Feynman rules for the gravitational field from the coordinate-independent field-theoretic formalism," *PR*, **175**: 1604–1623.
Marciano, W., and Pagels, H. (1978). "Quantum chromodynamics," *Phys. Rep.*, **36**: 137–276.
Marshak, R. E., and Bethe, H. A. (1947). "On the two-meson hypothesis," *PR*, **72**: 506–509.
Massimi, M. (ed.) (2008). *Kant and Philosophy of Science Today* (Cambridge University Press, Cambridge).
Matthews, P. T. (1949). "The S-matrix for meson-nucleon interactions," *PR*, **76**: 1254–1255.
Maxwell, G. (1971). "Structural realism and the meaning of theoretical terms," in *Minnesota Studies in the Philosophy of Science*, vol. 4 (University of Minnesota Press, Minneapolis).
Maxwell, J. C. (1861/62). "On physical lines of force," *Philos. Mag.*, **21**(**4**): 162–175, 281–291, 338–348; **23**: 12–24, 85–95.

Maxwell, J. C. (1864). "A dynamical theory of the electromagnetic field," *Scientific Papers*, **I**: 526–597.
Maxwell, J. C. (1873). *A Treatise on Electricity and Magnetism* (Clarendon, Oxford).
McGlinn, W. D. (1964). "Problem of combining interaction symmetries and relativistic invariance," *PRL*, **12**: 467–469.
McGuire, J. E. (1974). "Forces, powers, aethers and fields," in *Methodological and Historical Essays in the Natural and Social Sciences*, eds. Cohen, R. S., and Wartofsky, M. W. (Reidel, Dordrecht), 119–159.
McMullin, E. (1982). "The motive for metaphor," *Proc. Am. Cathol. Philos. Assoc.*, **55**: 27.
McMullin, E. (1984). "A case for scientific realism," in *Scientific Realism*, ed. Leplin, J. (University of California Press, Berkeley/Los Angeles/London).
Merton, R. (1938). "Science, technology and society in seventeenth century England," *Osiris*, **4**: 360–632.
Merz, J. T. (1904). *A History of European Thought in the Nineteenth Century* (W. Blackwood, Edinburgh, 1904–1912).
Meyerson, É. (1908). *Identité et Reálité* (Labrairie Félix Alcan, Paris).
Michell, J. (1784). "On the means of discovering the distance, magnitude, etc., of the fixed stars," *Philos. Trans. R. Soc. Lond.*, **74**: 35–57.
Mie, G. (1912a, b; 1913). "Grundlagen einer Theorie der Materie," *Ann. Phys.*, 37(4): 511–534; **39**: 1–10; **40**: 1–66.
Miller, A. (1975). "Albert Einstein and Max Wertheimer: a gestalt psychologist's view of the genesis of special relativity theory," *Hist. Sci.*, **13**: 75–103.
Mills, R. L., and Yang, C. N. (1966). "Treatment of overlapping divergences in the photon self-energy function," *PTP (Suppl.)*, **37**/38: 507–511.
Minkowski, H. (1907). "Das Relativitätsprinzip," *Ann. Phys.*, **47**: 921.
Minkowski, H. (1908). "Die grundgleichungen für die elektromagnetischen vorguge in bewegten körper," *Gött. Nachr.*, 53–111.
Minkowski, H. (1909). "Raum und Zeit," *Phys. Z.*, **10**: 104–111.
Misner, C. W., Thorne, K. S., and Wheeler, J. A. (1973). *Gravitation* (Freeman, San Francisco).
Moulines, C. U. (1984). "Ontological reduction in the natural sciences," in *Reduction in Science*, eds. Balzer et al. (Reidel, Dordrecht), 51–70.
Moyer, D. F. (1978). "Continuum mechanics and field theory: Thomson and Maxwell," *Stud. Hist. Philos. Sci.*, **9**: 35–50.
Nagel, E. (1961). *The Structure of Science* (Harcourt, New York).
Nambu, Y. (1955). "Structure of Green's functions in quantum field theory," *PR*, **100**: 394–411.
Nambu, Y. (1956). "Structure of Green's functions in quantum field theory. II," *PR*, **101**: 459–467.
Nambu, Y. (1957). "Parametric representations of general Green's functions. II," *NC*, **6**: 1064–1083.
Nambu, Y. (1957a). "Possible existence of a heavy neutral meson," *PR*, **106**: 1366–1367.
Nambu, Y. (1959). Discussion remarks, *Proceedings of the International Conference on High Energy Physics, IX (1959)* (Academy of Science, Moscow, 1960), vol. 2, 121–122.
Nambu, Y. (1960a). "Dynamical theory of elementary particles suggested by superconductivity," in *Proceedings of the 1960 Annual International Conference on High Energy Physics at Rochester* (Interscience, New York), 858–866.

Nambu, Y. (1960b). "Quasi-particles and gauge invariance in the theory of superconductivity," *PR*, **117**: 648–663.
Nambu, Y. (1960c). "A 'superconductor' model of elementary particles and its consequences," in *Proceedings of the Midwest Conference on Theoretical Physics* (Purdue University, West Lafayette).
Nambu, Y. (1960d). "Axial vector current conservation in weak interactions," *PRL*, **4**: 380–382.
Nambu, Y. (1965). "Dynamical symmetries and fundamental fields," in *Symmetry Principles at High Energies*, eds. Kursunoglu, B., Perlmutter, A., and Sakmar, A. (Freeman, San Francisco and London), 274–285.
Nambu, Y. (1966). "A systematics of hadrons in subnuclear physics," in *Preludes in Theoretical Physics*, eds. De Shalit, A., Feshbach, H., and Van Hove, L. (North-Holland, Amsterdam), 133–142.
Nambu, Y. (1989). "Gauge invariance, vector-meson dominance, and spontaneous symmetry breaking," in *Pions to Quarks*, eds. Brown, L. M., Dresden, M., and Hoddeson, L. (Cambridge University Press, Cambridge), 639–642.
Nambu, Y., and Jona-Lasinio, G. (1961a). "A dynamical model of elementary particles based on an analogy with superconductivity. I," *PR*, **122**: 345–358.
Nambu, Y., and Jona-Lasinio, G. (1961b). "A dynamical model of elementary particles based on an analogy with superconductivity. II," *PR*, **124**: 246–254.
Nambu, Y., and Lurie, D. (1962). "Chirality conservation and soft pion production," *PR*, **125**: 1429–1436.
Navier, C. L. (1821). "Sur les lois de l'equilibre et du mouvement des corps solides elastiques," *Mém. Acad. (Paris)*, **7**: 375.
Nersessian, N. J. (1984). *Faraday to Einstein: Constructing Meaning in Scientific Theories* (Martinus Nijhoff, Dordrecht).
Neumann, C. (1868). "Resultate einer Untersuchung über die Prinzipien der elektrodynamik," *Nachr. Ges. Wiss. Göttingen. Math.-phys. Kl.*, **20**: 223–235.
Neveu, A., and Scherk, J. (1972). "Connection between Yang–Mills fields and dual models," *NP*, **B36**: 155–161.
Neveu, A., and Schwarz, J. H. (1971a). "Factorizable dual model of pions," *NP*, **B31**: 86–112.
Neveu, A., and Schwarz, J. H. (1971b). "Quark model of dual pions," *PR*, **D4**: 1109–1111.
Newman, J. R. (ed.) (1946). *The Common Sense of the Exact Sciences (by W. K. Clifford)* (Simon and Schuster, New York).
Newton, I. (1934). *Sir Isaac Newton's Mathematical Principle of Natural Philosophy and His System of the World*, ed. Cajori, F. (University of California Press, Berkeley).
Newton, I. (1978). *Unpublished Scientific Papers of Isaac Newton*, eds. Hall, A. R., and Hall, M. B. (Cambridge University Press, Cambridge).
Nishijima, K. (1957). "On the asymptotic conditions in quantum field theory," *PTP*, **17**: 765–802.
Nishijima, K. (1958). "Formulation of field theories of composite particles," *PR*, **111**: 995–1011.
Nissani, N. (1984). "SL(2, C) gauge theory of gravitation: conservation laws," *Phys. Rep.*, **109**: 95–130.
Norton, J. (1984). "How Einstein found his field equations, 1912–1915," *Hist. Stud. Phys. Sci.*, **14**: 253–316.
Norton, J. (1985). "What was Einstein's principle of equivalence?" *Stud. Hist. Philos. Sci.*, **16**: 203–246.

Norton, J. (1989). "Coordinates and covariance: Einstein's view of spacetime and the modern view," *Foundat. Phys.*, **19**, 1215–1263.

Okubo, S. (1966). "Impossibility of having the exact U_6 group based upon algebra of currents," *NC*, **42A**: 1029–1034.

Olive, D. I. (1964). "Exploration of S-matrix theory," *PR*, **135B**: 745–760.

Oppenheimer, J. R. (1930a). "Note on the theory of the interaction of field and matter," *PR*, **35**: 461–477.

Oppenheimer, J. R. (1930b). "On the theory of electrons and protons," *PR*, **35**: 562–563.

Oppenheimer, J. R., and Snyder, H. (1939). "On continued gravitational contraction," *PR*, **56**: 455.

Oppenheimer, J. R., and Volkoff, G. (1939). "On massive neutron cores," *PR*, **54**: 540.

O'Raifeartaigh, L. (1965). "Mass difference and Lie algebras of finite order," *PRL*, **14**: 575–577.

Pais, A. (1945). "On the theory of the electron and of the nucleon," *PR*, **68**: 227–228.

Pais, A. (1953). "Isotopic spin and mass quantization," *Physica*, **19**: 869–887.

Pais, A. (1964). "Implications of Spin-Unitary Spin Independence," *PRL*, **13**: 175.

Pais, A. (1966). "Dynamical symmetry in particle physics," *RMP*, **368**: 215–255.

Pais, A. (1986). *Inward Bound* (Oxford University Press, Oxford).

Pais, A., and Treiman, S. (1975). "How many charm quantum numbers are there?," *PRL*, **35**: 1556–1559.

Papapetrou, A. (1949). "Non-symmetric stress-energy-momentum tensor and spin-density," *Philos. Mag.*, **40**: 937.

Parisi, G. (1973). "Deep inelastic scattering in a field theory with computable large-momenta behavior," *NC*, **7**: 84–87.

Pasternack, S. (1938). "Note on the fine structure of H_α and D_α," *PR*, **54**: 1113–1115.

Pati, J. C., and Salam, A. (1973a). "Unified lepton–hadron symmetry and a gauge theory of the basic interactions," *PR*, **D8**: 1240–1251.

Pati, J. C., and Salam, A. (1973b). "Is baryon number conserved?," *PRL*, **31**: 661–664.

Pauli, W. (1926). Letter to Heisenberg, October 19, 1926, in *Wissenschaftlicher Briefwechsel mit Bohr, Einstein, Heisenberg, U. A., Band I: 1919–1929*, eds. Hermann, A., Meyenn, K. V., and Weisskopf, V. E. (Springer-Verlag, Berlin, 1979).

Pauli, W. (1930). A letter of 4 December 1930, in *Collected Scientific Papers*, eds. Kronig, R., and Weisskopf, V. F. (Interscience, New York, 1964), vol. II, 1313.

Pauli, W. (1933). Pauli's remarks at the seventh Solvay conference, Oct. 1933, in *Rapports du Septième Conseil de Physique Solvay, 1933* (Gauthier-Villarw, Paris, 1934).

Pauli, W. (1941). "Relativistic field theories of elementary particles," *RMP*, **13**: 203–232.

Pauli, W. (1953a). Two letters to Abraham Pais, in *Wissenschaftlicher Briefwechsel*, ed. Meyenn, K. V. (Springer-Verlag), vol. IV, Part II. Letter [1614]: to A. Pais (July 25, 1953); letter [1682]: to A. Pais (December 6, 1953).

Pauli, W. (1953b). Two seminar lectures, reported in Paolo Gulmanelli (1954), "Su una Teoria dello Spin Isotropico" (Pubblicazioni della Sezione di Milano dell'istituto Nazionale di Fisica Nucleare, 1999).

Pauli, W., and Fierz, M. (1938). "Zur Theorie der Emission langwelliger Lichtquanten," *NC*, **15**: 167–188.

Pauli, W., and Villars, F. (1949). "On the invariant regularization in relativistic quantum theory," *RMP*, **21**: 434–444.

Pauli, W., and Weisskopf, V. (1934). "Über die quantisierung der skalaren relativistischen wellengleichung," *Helv. Phys. Acta.*, **7**: 709–731.

Pavelle, R. (1975). "Unphysical solutions of Yang's gravitational-field equations," *PRL*, **34**: 1114.
Peierls, R. (1934). "The vacuum in Dirac's theory of the positive electron," *PRS*, **A146**: 420–441.
Penrose, R. (1967a). "Twistor algebra," *JMP*, **8**: 345.
Penrose, R. (1967b). "Twistor quantization and curved space-time," *Int. J. Theor. Phys.*, **1**: 61–99.
Penrose, R. (1968). "Structure of space-time," in *Lectures in Mathematics and Physics* (Battele Rencontres), eds. DeWitt, C. M., and Wheeler, J. A. (Benjamin, New York), 121–235.
Penrose, R. (1969). "Gravitational collapse: the role of general relativity," *NC*, **1**: 252–276.
Penrose, R. (1972). "Black holes and gravitational theory," *Nature*, **236**: 377–380.
Penrose, R. (1975). "Twistor theory," in *Quantum Gravity*, eds. Isham, C. J., Penrose, R., and Sciama, J. W. (Clarendon, Oxford).
Penrose, R. (1987). *Three Hundred Years of Gravitation*, eds. Hawking, S. W., and Israel, W. (Cambridge University Press, Cambridge).
Perez, A. (2003). "Spin foam models for quantum gravity Class," *Quant. Grav.*, **20:** R43–R104.
Perez, A. (2013). "The spin foam approach to quantum gravity," *Living Rev. Rel.*, **16**.
Perring, F. (1933). "Neutral particles of intrinsic mass 0," *Compt. Rend. Acad. Sci. Paris*, **197**: 1625–1627.
Peruzzi, I., et al. (1976). "Observation of a narrow charged state at 1875 Mev/c^2 decaying to an exotic combination of $K\pi\pi$," *PRL*, **37**: 569–571.
Peterman, A. (1953a). "Divergence of perturbation expression," *PR*, **89**: 1160–1161.
Peterman, A. (1953b). "Renormalisation dans les séries divergentes," *Helv. Phys. Acta.*, **26**: 291–299.
Peterman, A., and Stueckelberg, E. C. G. (1951). "Restriction of possible interactions in quantum electrodynamics," *PR*, **82**: 548–549.
Pickering, A. (1984). *Constructing Quarks: A Sociological History of Particle Physics* (Edinburgh University Press, Edinburgh).
Pines, D., and Schrieffer, L. R. (1958). "Gauge invariance in the theory of superconductivity," *NC*, **10**: 407–408.
Planck, M. (1900). "Zur Theorie des Gesetzes der Energieverteilung im Normal-spectrum," *Verh. Deutsch. Phys. Ges.*, **2**: 237–245.
Poincaré, H. (1890). *Electricité et optique: les théories de Maxwell et la théorie électromagnétique de la lumière*, ed. Blondin (G. Carré, Paris).
Poincaré, H. (1895). "A propos de la theorie de M. Larmor," in *Oeuvres* (Gauthier-Villars, Paris), vol. 9, 369–426.
Poincaré, H. (1897). "Les idées de Hertz sur la méchanique," in *Oeuvres* (Gauthier-Villars, Paris), vol. 9, 231–250.
Poincaré, H. (1898). "De la mesure du temps," *Rev. Métaphys. Morale*, **6**: 1–13.
Poincaré, H. (1899). "Des fondements de la géométrie, a propos d'un livre de M. Russell," *Rev. Métaphys. Morale*, **7**: 251–279.
Poincaré, H. (1900). "La théorie de Lorentz et le principe de la réaction," *Arch. Néerlandaises*, **5**: 252–278.
Poincaré, H. (1902). *La science et l'hypothèse* (Flammarion, Paris).
Poincaré, H. (1904). "The principles of mathematical physics," in *Philosophy and Mathematics, Volume I of Congress of Arts and Sciences: Universal Exposition, St. Louis, 1904*, ed. Rogers, H. (H. Mifflin, Boston, 1905), 604–622.

Poincaré, H. (1905). "Sur la dynamique de l'électron," *Compt. Rend. Acad. Sci.*, **140**: 1504–1508.
Poincaré, H. (1906). "Sur la dynamique de l'électron," *Rend. Circ. Mat. Palermo*, **21**: 129–175.
Polchinski, J. (1984). "Renormalization and effective Lagrangians," *NP*, **B231**: 269–295.
Politzer, H. D. (1973). "Reliable perturbative results for strong interactions?," *PRL*, **30**: 1346–1349.
Polkinghorne, J. C. (1958). "Renormalization of axial vector coupling," *NC*, **8**: 179–180, 781.
Polkinghorne, J. C. (1967). "Schwinger terms and the Johnson–Low model," *NC*, **52A**: 351–358.
Polkinghorne, J. C. (1989). Private correspondence, October 24, 1989.
Polyakov, A. M. (1974). "Particle spectrum in quantum field theory," *JETP (Lett.)*, **20**: 194–195.
Popper, K. (1970). "A realist view of logic, physics, and history," in *Physics, Logic, and History*, eds. Yourgrau, W., and Breck, A. D. (Plenum, New York), 1–39.
Popper, K. (1974). "Scientific reduction and the essential incompleteness of all science," in *Studies in the Philosophy of Biology, Reduction and Related Problems*, eds. Ayala, F. J., and Dobzhansky, T. (Macmillan, London), 259–284.
Post, H. R. (1971). "Correspondence, invariance and heuristics," *Stud. Hist. Philos. Sci.*, **2**: 213–255.
Putnam, H. (1975). *Mind, Language and Reality* (Cambridge University Press, Cambridge).
Putnam, H. (1978). *Meaning and the Moral Sciences* (Routledge and Kegan Paul, London).
Putnam, H. (1981). *Reason, Truth and History* (Cambridge University Press, Cambridge).
Radicati, L. A. (1987). "Remarks on the early development of the notion of symmetry breaking," in *Symmetries in Physics (1600–1980)*, eds. Doncel, M. G., Hermann, A., Michael, L., and Pais, A. (Bellaterra, Barcelona), 197–207.
Raine, D. J. (1975). "Mach's principle in general relativity," *Mon. Not. R. Astron. Soc.*, **171**: 507–528.
Raine, D. J. (1981). "Mach's principle and space-time structure," *Rep. Prog. Phys.*, **44**: 1151–1195.
Ramond, P. (1971a). "Dual theory for free fermions," *PR*, **D3**: 2415–2418.
Ramond, P. (1971b). "An interpretation of dual theories," *NC*, **4A**: 544–548.
Rasetti, F. (1929). "On the Raman effect in diatomic gases. II," *Proc. Natl. Acad. Sci.*, **15**: 515–519.
Rayski, J. (1948). "On simultaneous interaction of several fields and the self-energy problem," *Acta Phys. Polonica*, **9**: 129–140.
Redhead, M. L. G. (1983). "Quantum field theory for philosophers," in *PSA 1982* (Philosophy of Science Association, East Lansing, MI, 1983), 57–99.
Redhead, M. L. G. (2001). "The intelligibility of the universe," in *Philosophy at the New Millennium*, ed. O'Hear, A. (Cambridge University Press, Cambridge), 73–90.
Regge, T. (1958a). "Analytic properties of the scattering matrix," *NC*, **8**: 671–679.
Regge, T. (1958b). "On the analytic behavior of the eigenvalue of the S-matrix in the complex plane of the energy," *NC*, **9**: 295–302.
Regge, T. (1959). "Introduction to complex orbital momenta," *NC*, **14**: 951–976.
Regge, T. (1960). "Bound states, shadow states and Mandelstam representation," *NC*, **18**: 947–956.

Reiff, J., and Veltman, M. (1969). "Massive Yang–Mills fields," *NP*, **B13**: 545–564.
Reinhardt, M. (1973). "Mach's principle – a critical review," *Z. Naturf.*, **28A**: 529–537.
Renn, J., and Stachel, J. (2007). "Hilbert's foundation of physics: from a theory of everything to a constituent of general relativity," in *The Genesis of General Relativity*, Vol. 4 *Gravitation in the Twilight of Classical Physics: The Promise of Mathematics*, ed. Renn, J. (Springer, Berlin).
Resnik, M. (1981). "Mathematics as a science of patterns: ontology and reference," *Nous*, **15**: 529–550.
Resnik, M. (1982). "Mathematics as a science of patterns: epistemology," *Nous*, **16**: 95–105.
Riazuddin, A., and Sarker, A. Q. (1968). "Some radiative meson decay processes in current algebra," *PRL*, **20**: 1455–1458.
Ricci, G., and Levi-Civita, T. (1901). "Méthodes de calcul differentiel absolu et leurs applications," *Math. Ann.*, **54**: 125–201.
Rickaysen, J. G. (1958). "Meissner effect and gauge invariance," *PR*, **111**: 817–821.
Riemann, B. (1853, 1858, 1867). In his *Gesammelte Mathematische Werke und Wissenschaftlicher Nachlass.*, ed. Weber, H. (Teubner, Leipzig, 1892).
Riemann, B. (1854). "Über die Hypothesen, welche der Geometrie zu Grunde liegen," *Ges. Wiss. Göttingen. Abhandl.*, **13**(1867): 133–152.
Riemann, B. (1861a). *Schwere, Elektricität, und Magnetismus: nach den Vorlesungen von Bernhard Riemann*, ed. Hattendoff, K. (*Carl Rümpler*, Hannover, 1876).
Riemann, B. (1861b). Quoted by Kline (1972), 894–896.
Rindler, W. (1956). "Visual horizons in world models," *Mon. Not. R. Astron. Soc.*, **116**: 662–677.
Rindler, W. (1977). *Essential Relativity* (Springer-Verlag, New York).
Rivier, D., and Stueckelberg, E. C. G. (1948). "A convergent expression for the magnetic moment of the neutron," *PR*, **74**: 218.
Robertson, H. P. (1939). Lecture notes, printed posthumously in *Relativity and Cosmology*, eds. Robertson, H. P., and Noonan, T. W. (Saunders, Philadelphia, 1968).
Rodichev, V. I. (1961). "Twisted space and non-linear field equations," *Zh. Eksp. Ther. Fiz.*, **40**: 1469.
Rohrlich, F. (1973). "The electron: development of the first elementary particle theory," in *The Physicist's Conception of Nature*, ed. Mehra, J. (Reidel, Dordrecht), 331–369.
Rohrlich, F., and Hardin, L. (1983). "Established theories," *Philos. Sci.*, **50**: 603–617.
Rosenberg, L. (1963). "Electromagnetic interactions of neutrinos," *PR*, **129**: 2786–2788.
Rosenfeld, L. (1963). Interview with Rosenfeld on 1 July 1963; Archive for the History of Quantum Physics.
Rosenfeld, L. (1968). "The structure of quantum theory," in *Selected Papers*, eds. Cohen, R. S., and Stachel, J. J. (Reidel, Dordrecht, 1979).
Rosenfeld, L. (1973). "The wave-particle dilemma," in *The Physicist's Conception of Nature*, ed. Mehra, J. (Reidel, Dordrecht), 251–263.
Rovelli, C. (2004). *Quantum Gravity* (Cambridge University Press, Cambridge).
Rovelli, C., and Vidotto, F. (2014). *Covariant Loop Quantum Gravity* (Cambridge University Press, Cambridge).
Russell, B. (1927). *The Analysis of Matter* (Allen & Unwin, London).
Sakata, S. (1947). "The theory of the interaction of elementary particles," *PTP*, **2**: 145–147.
Sakata, S. (1950). "On the direction of the theory of elementary particles," *Iwanami*, **II**: 100–103. (English trans. *PTP (Suppl.)*, **50**(1971): 155–158).

Sakata, S. (1956). "On the composite model for the new particles," *PTP*, **16**: 686–688.
Sakata, S., and Hara, O. (1947). "The self-energy of the electron and the mass difference of nucleons," *PTP*, **2**: 30–31.
Sakata, S., and Inoue, T. (1943). First published in Japanese in *Report of Symposium on Meson Theory*, then in English, "On the correlations between mesons and Yukawa particles," *PTP*, **1**: 143–150.
Sakata, S., and Tanikawa, Y. (1940). "The spontaneous disintegration of the neutral mesotron (neutretto)," *PR*, **57**: 548.
Sakata, S., Umezawa, H., and Kamefuchi, S. (1952). "On the structure of the interaction of the elementary particles," *PTP*, **7**: 377–390.
Sakita, B. (1964). "Supermultiplets of elementary particles," *PR*, **B136**: 1756–1760.
Sakurai, J. J. (1960). "Theory of strong interactions," *AP*, **11**: 1–48.
Salam, A. (1951a). "Overlapping divergences and the S-matrix," *PR*, **82**: 217–227.
Salam, A. (1951b). "Divergent integrals in renormalizable field theories," *PR*, **84**: 426–431.
Salam, A. (1960). "An equivalence theorem for partially gauge-invariant vector meson interactions," *NP*, **18**: 681–690.
Salam, A. (1962a). "Lagrangian theory of composite particles," *NC*, **25**: 224–227.
Salam, A. (1962b). "Renormalizability of gauge theories," *PR*, **127**: 331–334.
Salam, A. (1968). "Weak and electromagnetic interactions," in *Elementary Particle Theory: Relativistic Group and Analyticity. Proceedings of Nobel Conference VIII*, ed. Svartholm, N. (Almqvist and Wiksell, Stockholm), 367–377.
Salam, A., and Ward, J. C. (1959). "Weak and electromagnetic interactions," *NC*, **11**: 568–577.
Salam, A., and Ward, J. C. (1961). "On a gauge theory of elementary interactions," *NC*, **19**: 165–170.
Salam, A., and Ward, J. C. (1964). "Electromagnetic and weak interactions," *PL*, **13**: 168–171.
Salam, A., and Wigner, E. P. (eds.) (1972). *Aspects of Quantum Theory* (Cambridge University Press, Cambridge).
Scadron, M., and Weinberg, S. (1964b). "Potential theory calculations by the quasi-particle method," *PR*, **B133**: 1589–1596.
Schafroth, M. R. (1951). "Bemerkungen zur Frohlichsen theorie der Supraleitung," *Helv. Phys. Acta.*, **24**: 645–662.
Schafroth, M. R. (1958). "Remark on the Meissner effect," *PR*, **111**: 72–74.
Scherk, J. (1975). "An introduction to the theory of dual models and strings," *RMP*, **47**: 123–164.
Schlick, M. (1918). *General Theory of Knowledge*, trans. Blumberg, A. E. and Feigl, H. (Springer-Verlag, New York).
Schmidt, B. G. (1971). "A new definition of singular points in general relativity," *Gen. Relat. Gravit.*, **1**: 269–280.
Schrödinger, E. (1922). "Über eine bemerkenswerte Eigenschaft der Quantenbahnen eine einzelnen Elektrons," *ZP*, **12**: 13–23.
Schrödinger, E. (1926a). "Zur Einsteinschen Gastheorie," *Phys. Z.*, **27**: 95–101.
Schrödinger, E. (1926b). "Quantisierung als Eigenwertproblem, Erste Mitteilung," *Ann. Phys.*, **79**: 361–376.
Schrödinger, E. (1926c). "Quantisierung, Zweite Mitteilung," *Ann. Phys.*, **79**: 489–527.
Schrödinger, E. (1926d). "Über das Verhältnis der Heisenberg–Born–Jordanschen Quantenmechanik zu der meinen," *Ann. Phys.*, **79**: 734–756.

Schrödinger, E. (1926e). "Quantisierung, Dritte Mitteilung," *Ann. Phys.*, **80**: 437–490.
Schrödinger, E. (1926f). "Quantisierung, Vierte Mitteilung," *Ann. Phys.*, **81**: 109–139.
Schrödinger, E. (1926g). Letter to Max Planck, May 31, 1926, in *Letters on Wave Mechanics*, ed. Przibram, K., trans. Klein, M. (Philosophical Library, New York, 1967), 8–11.
Schrödinger, E. (1950). *Spacetime Structure* (Cambridge University Press, Cambridge).
Schrödinger, E. (1961). "Wave field and particle: their theoretical relationship', "Quantum steps and identity of particles', and 'Wave identity'," in *On Modern Physics* (by Heisenberg and others), trans. Goodman, M., and Binns, J. W. (C. N. Potter, New York), 48–54.
Schwarzschild, K. (1916a). "Über das Gravitationsfeld eines Massenpunktes nach der Einsteinschen Theorie," *Preuss. Akad. Wiss. Sitzungsber.*, 189–196.
Schwarzschild, K. (1916b). "Über das Gravitationsfeld eines Kugel aus inkompressibler Flüssigkeit nach der Einsteinschen Theorie," *Preuss. Akad. Wiss. Sitzungsber.*, 424–434.
Schweber, S. S. (1985). "A short history of Shelter Island I," in *Shelter Island I*, eds. Jackiw, R.; Khuri, N. N.; Weinberg, S., and Witten, E. (MIT Press, Cambridge, MA), 301–343.
Schweber, S. S. (1961). *Relativistic Quantum Field Theory* (Harper and Row, New York).
Schweber, S. S. (1986). "Shelter Island, Pocono, and Oldstone: the emergence of American quantum electrodynamics after World War II," *Osiris, second series*, **2**: 65–302.
Schweber, S. S., Bethe, H. A., and de Hoffmann, F. (1955). *Mesons and Fields*, vol. I (Row, Peterson and Co., New York).
Schwinger, J. (1948a). "On quantum electrodynamics and the magnetic moment of the electron," *PR*, **73**: 416–417.
Schwinger, J. (1948b). "Quantum electrodynamics. I. A covariant formulation," *PR*, **74**: 1439–1461.
Schwinger, J. (1949a). "Quantum electrodynamics. II. Vacuum polarization and self energy," *PR*, **75**: 651–679.
Schwinger, J. (1949b). "Quantum electrodynamics. III. The electromagnetic properties of the electro-radiative corrections to scattering' *PR*, **76**: 790–817.
Schwinger, J. (1951). "On gauge invariance and vacuum polarization," *PR*, **82**: 664–679.
Schwinger, J. (1957). "A theory of the fundamental interactions," *AP*, **2**: 407–434.
Schwinger, J. (1959). "Field theory commutators," *PRL*, **3**: 296–297.
Schwinger, J. (1962a). "Gauge invariance and mass," *PR*, **125**: 397–398.
Schwinger, J. (1962b). "Gauge invariance and mass. II," *PR*, **128**: 2425–2429.
Schwinger, J. (1966). "Relativistic quantum field theory. Nobel lecture," *Science*, **153**: 949–953.
Schwinger, J. (1967). "Chiral dynamics," *PL*, **24B**: 473–176.
Schwinger, J. (1970). *Particles, Sources and Fields* (Addison-Wesley, Reading, MA).
Schwinger, J. (1973a). *Particles, Sources and Fields*, vol. 2 (Addison-Wesley, Reading, MA).
Schwinger, J. (1973b). "A report on quantum electrodynamics," in *The Physicist's Conception of Nature*, ed. Mehra, J. (Reidel, Dordrecht), 413–429.
Schwinger, J. (1983). "Renormalization theory of quantum electrodynamics: an individual view," in *The Birth of Particle Physics*, eds. Brown, L. M., and Hoddeson, L. (Cambridge University Press, Cambridge), 329–375.
Sciama, D. W. (1958). "On a non-symmetric theory of the pure gravitational field," *Proc. Cam. Philos. Soc.*, **54**: 72.

Seelig, C. (1954). *Albert Einstein: Eine dokumentarische Biographie* (Europa-Verlag, Zürich).

Sellars, W. (1961). "The language of theories," in *Current Issues in the Philosophy of Science*, eds. Feigl, H., and Maxwell, G. (Holt, Rinehart, and Winston, New York), 57.

Sellars, W. (1963). "Theoretical explanation," *Philos. Sci.*, **2**: 61.

Sellars, W. (1965). "Scientific realism or irenic instrumentalism," in *Boston Studies in the Philosophy of Science*, eds. Cohen, R. S., and Wortofsky, M. W. (Humanities Press, New York), vol. 2, 171.

Shaw, R. (1955). *Invariance under general isotopic spin transformations*, Part II, chapter III of Cambridge Ph.D. thesis, 34–46 (reprinted in *Gauge Theories in The Twentieth Century*, ed. Taylor, J. C., Imperial College Press, 2001), 100–108.

Shimony, A. (1978). "Metaphysical problems in the foundations of quantum mechanics," *Int. Philos. Quart.*, **18**: 3–17.

Simons, P. (1994). "Particulars in particular clothing: three trope theories of substance," *Philos. Phenomenol. Res.*, **54**(3): 553–575.

Slater, J. C. (1924). "Radiation and atoms," *Nature*, **113**: 307–308.

Slavnov, A. A. (1972). "Ward identities in gauge theories," *Theor. Math. Phys.*, **19**: 99–104.

Slavnov, A. A., and Faddeev, L. D. (1970). "Massless and massive Yang-Mills field," (in Russian) *Theor. Math. Phys.*, 3: 312–316.

Smeenk, C. (2006). "The elusive mechanism," *Philos. Sci.*, **73**: 487–499.

Sneed, J. D. (1971). *The Logical Structure of Mathematical Physics* (Reidel, Dordrecht).

Sneed, J. D. (1979). "Theoritization and invariance principles," in *The Logic and Epistemology of Scientific Change* (North-Holland, Amsterdam), 130–178.

Sommerfeld, A. (1911a). Letter to Planck, M., April 24, 1911.

Sommerfeld, A. (1911b). *Die Theorie der Strahlung und der Quanten*, ed. Eucken, A. (Halle, 1913), 303.

Spector, M. (1978). *Concept of Reduction in Physical Science* (Temple University Press, Philadelphia).

Speziali, P. (ed.) (1972). *Albert Einstein–Michele Besso. Correspondence 1903–1955* (Hermann, Paris).

Stachel, J. (1980a). "Einstein and the rigidly rotating disk," in *General Relativity and Gravitation One Hundred Years after the Birth of Albert Einstein*, ed. Held, A. (Plenum, New York), vol. 1, 1–15.

Stachel, J. (1980b). "Einstein's search for general covariance, 1912–1915," *Paper presented to the 9th International Conference on General Relativity and Gravitation, Jena, 1980; later printed in Einstein and the History of General Relativity*, eds. Howard, D., and Stachel, J. (Birkhäuser, Boston), 63–100.

Stachel, J. (1993). "The meaning of general covariance: the hole story," in *Philosophical Problems of the Internal and External Worlds: Essays Concerning the Philosophy of Adolf Grübaum*, eds. Janis, A. I., Rescher, N., and Massey, G. J. (University of Pittsburgh Press, Pittsburgh), 129–160.

Stachel, J. (1994). "Changes in the concepts of space and time brought about by relativity," in *Artifacts, Representations, and Social Practice*, eds. Gould, C. C., and Cohen, R. S. (Kluwer, Dordrecht/Boston/London), 141–162.

Stapp, H. P. (1962a). "Derivation of the CPT theorem and the connection between spin and statistics from postulated of the S-matrix theory," *PR*, **125**: 2139–2162.

Stapp, H. P. (1962b). "Axiomatic S-matrix theory," *RMP*, **34**: 390–394.

Stapp, H. P. (1965). "Space and time in S-matrix theory," *PR*, **B139**: 257–270.
Stapp, H. P. (1968). "Crossing, Hermitian analyticity, and the connection between spin and statistics," *JMP*, **9**: 1548–1592.
Stark, J. (1909). "Zur experimentellen Entscheidung zwischen Ätherwellen- und Lichtquantenhypothese. I. Röntgenstrahlen," *Phys. Z.*, **10**: 902–913.
Stegmüller, W. (1976). *The Structure and Dynamics of Theories* (Springer-Verlag, New York).
Stegmüller, W. (1979). *The Structuralist View of Theories* (Springer-Verlag, New York).
Stein, H. (1981). "'Subtle forms of matter' in the period following Maxwell," in *Conceptions of Ether*, eds. Cantor, G. N., and Hodge, M. J. S. (Cambridge University Press, Cambridge), 309–340.
Steinberger, J. (1949). "On the use of subtraction fields and the lifetimes of some types of meson decay," *PR*, **70**: 1180–1186.
Strawson, P. T. (1950). "On referring," *Mind*, **54**: 320–344.
Straumann, N. (2000). "On Pauli's invention of non-abelian Kaluza-Klein theory in 1953," in *The Ninth Marcel Grossman Meeting. Proceedings of the MGIXMM Meeting held at the University of Rome "La Sapienza", July 2-8 2000*, eds. Gurzadyan, V. G., Jantzen, R. T., and Remo Ruffini, R. (World Scientific, Singapore), part B, 1063–1066.
Streater, R. F. (1965). "Generalized Goldstone theorem," *Phys. Rev. Lett.*, **15**: 475–476.
Streater, R. F., and Wightman, A. S. (1964). *PTC, Spin and Statistics, and All That* (Benjamin, New York).
Struyve, W. (2011). "Gauge invariant account of the Higgs mechanism," *Stud. Hist. Philos. Mod. Phys.*, **42**: 226–236.
Stueckelberg, E. C. G. (1938). "Die Wechselwirkungskräfte in der Elektrodynamik und in der Feldtheorie der Kern kräfte," *Helv. Phys. Acta.*, **11**: 225–244, 299–329.
Stueckelberg, E. C. G., and Peterman, A. (1953). "La normalisation des constances dans la théorie des quanta," *Helv. Phys. Acta.*, **26**: 499–520.
Sudarshan, E. C. G., and Marshak, R. E. (1958). "Chirality invariance and the universal Fermi interaction," *PR*, **109**: 1860–1862.
Sullivan, D., Koester, D., White, D. H., and Kern, K. (1980). "Understanding rapid theoretical change in particle physics: a month-by-month co-citation analysis," *Scientometrics*, **2**: 309–319.
Susskind, L. (1968). "Model of self-induced strong interactions," *PR*, **165**: 1535.
Susskind, L. (1979). "Dynamics of spontaneous symmetry breaking in the Weinberg-Salam theory," *Phys. Rev. D*, **20**: 2619–2625.
Sutherland, D. G. (1967). "Current algebra and some non-strong mesonic decays," *NP*, **B2**: 473–440.
Symanzik, K. (1969). "Renormalization of certain models with PCAC," *(Lett.) NC*, **2**: 10–12.
Symanzik, K. (1970). "Small distance behavior in field theory and power counting," *CMP*, **18**: 227–246.
Symanzik, K. (1971). "Small-distance behavior analysis and Wilson expansions," *CMP*, **23**: 49–86.
Symanzik, K. (1972). *Renormalization of Yang–Mills Fields and Applications to Particle Physics* (the Proceedings of the Marseille Conference, 19–23 June 1972), ed. Korthals-Altes, C. P. (Centre de Physique Théorique, CNRS, Marseille).
Symanzik, K. (1973). "Infrared singularities and small-distance-behavior analysis," *CMP*, **34**: 7–36.

Symanzik, K. (1983). "Continuum limit and improved action in lattice theories," *NP*, **B226**: 187–227.
Takabayasi, T. (1983). "Some characteristic aspects of early elementary particle theory in Japan," in *The Birth of Particle Physics*, eds. Brown, L. M., and Hoddeson, L. (Cambridge University Press, Cambridge), 294–303.
Takahashi, Y. (1957). "On the generalized Ward Identity," *NC*, **6**: 371–375.
Tamm, I. (1934). "Exchange forces between neutrons and protons, and Fermi's theory," *Nature*, **133**: 981.
Tanikawa, Y. (1943). First published in Japanese in *Report of the Symposium on Meson Theory*, then in English, "On the cosmic-ray meson and the nuclear meson," *PTP*, **2**: 220.
Taylor, J. C. (1958). "Beta decay of the pion," *PR*, **110**: 1216.
Taylor, J. C. (1971). "Ward identities and the Yang–Mills field," *NP*, **B33**: 436–444.
Taylor, J. C. (1976). *Gauge Theories of Weak Interactions* (Cambridge University Press, Cambridge).
Thirring, H. (1918). "Über die Wirkung rotierender ferner Massen in der Einsteinschen Gravitationstheorie," *Phys. Z.*, **19**: 33–39.
Thirring, H. (1921). "Berichtigung zu meiner Arbeit: 'Über die Wirkung rotierender ferner Massen in der Einsteinschen Gravitationstheorie'," *Phys. Z.*, **22**: 29–30.
Thirring, W. (1953). "On the divergence of perturbation theory for quantum fields," *Helv. Phys. Acta.*, **26**: 33–52.
Thomson, J. J. (1881). "On the electric and magnetic effects produced by the motion of electrified bodies," *Philos. Mag.*, **11**: 227–249.
Thomson, J. J. (1904). *Electricity and Matter* (Charles Scribner's Sons, New York).
Thomson, W. (1884). *Notes of Lectures on Molecular Dynamics and the Wave Theory of Light* (Johns Hopkins University, Baltimore).
't Hooft, G. (1971a). "Renormalization of massless Yang–Mills fields," *NP*, **B33**: 173–199.
't Hooft, G. (1971b). "Renormalizable Lagrangians for massive Yang–Mills fields," *NP*, **B35**: 167–188.
't Hooft, G. (1971c). "Prediction for neutrino-electron cross-sections in Weinberg's model of weak interactions," *PL*, **37B**: 195–196.
't Hooft, G. (1972c). Remarks after Symansik's presentation, in *Renormalization of Yang–Mills Fields and Applications to Particle Physics* (the Proceedings of the Marseille Conference, 19–23 June 1972), ed. Korthals-Altes, C. P. (Centre de Physique Théorique, CNRS, Marseille).
't Hooft, G. (1973). "Dimensional regularization and the renormalization group," CERN Preprint Th.1666, May 2, 1973, and *NP*, **B61**: 455, in which his unpublished remarks at the Marseille Conference (1972c) were publicized.
't Hooft, G. (1974). "Magnetic monopoles in unified gauge theories," *NP*, **B79**: 276–284.
't Hooft, G. (1976a). "Symmetry breaking through Bell–Jackiw anomalies," *PRL*, **37**: 8–11.
't Hooft, G. (1976b). "Computation of the quantum effects due to a four-dimensional pseudoparticle," *PR*, **D14**: 3432–3450.
't Hooft and Veltman, M. (1972a). "Renormalization and regularization of gauge fields," *NP*, **B44**: 189–213.
't Hooft and Veltman, M. (1972b). "Combinatorics of gauge fields," *NP*, **B50**: 318–353.
Toll, J. (1952). "The dispersion relation for light and its application to problems involving electron pairs," unpublished PhD dissertation, Princeton University.

Toll, J. (1956). "Causality and the dispersion relation: logical foundations," *PR*, **104**: 1760–1770.
Tomonaga, S. (1943). "On a relativistic reformulation of quantum field theory," *Bull. IPCR (Rikeniko)*, **22**: 545–557. (In Japanese; the English trans. appeared in *PTP*, **1**: 1–13).
Tomonaga, S. (1946). "On a relativistically invariant formulation of the quantum theory of wave fields," *PTP*, **1**: 27–42.
Tomonaga, S. (1948). "On infinite reactions in quantum field theory," *PR*, **74**: 224–225.
Tomonaga, S. (1966). "Development of quantum electrodynamics. Personal recollections," *Noble Lectures (Physics): 1963–1970* (Elsevier, Amsterdam/London/New York), 126–136.
Tomonaga, S., and Koba, Z. (1948). "On radiation reactions in collision processes. I," *PTP*, **3**: 290–303.
Torretti, R. (1983). *Relativity and Geometry* (Pergamon, Oxford).
Toulmin, S. (1961). *Foresight and Understanding* (Hutchinson, London).
Touschek, B. F. (1957). "The mass of the neutrino and the nonconservation of parity," *NC*, **5**: 1281–1291.
Trautman, A. (1980). "Fiber bundles, gauge fields, and gravitation," in *General Relativity and Gravitation*, vol. 1. *One Hundred Years after the Birth of Albert Einstein,* ed. Held, A. (Plenum Press, New York), 287–308.
Umezawa, H. (1952). "On the structure of the interactions of the elementary particles, II," *PTP*, **7**: 551–562.
Umezawa, H., and Kamefuchi, R. (1951). "The vacuum in quantum field theory," *PTP*, **6**: 543–558.
Umezawa, H., and Kamefuchi, S. (1961). "Equivalence theorems and renormalization problem in vector field theory (the Yang–Mills field with non-vanishing masses)," *NP*, **23**: 399–429.
Umezawa, H., and Kawabe, R. (1949a). "Some general formulae relating to vacuum polarization," *PTP*, **4**: 423–442.
Umezawa, H., and Kawabe, R. (1949b). "Vacuum polarization due to various charged particles," *PTP*, **4**: 443–460.
Umezawa, H., Yukawa, J., and Yamada, E. (1948). "The problem of vacuum polarization," *PTP*, **3**: 317–318.
Utiyama, R. (1956). "Invariant theoretical interpretation of interaction," *PR*, **101**: 1597–1607.
Valatin, J. G. (1954a). "Singularities of electron kernel functions in an external electromagnetic field," *PRS*, **A222**: 93–108.
Valatin, J. G. (1954b). "On the Dirac–Heisenberg theory of vacuum polarization," *PRS*, **A222**: 228–239.
Valatin, J. G. (1954c). "On the propagation functions of quantum electrodynamics," *PRS*, **A225**: 535–548.
Valatin, J. G. (1954d). "On the definition of finite operator quantities in quantum electrodynamics," *PRS*, **A226**: 254–265.
van Dam, H., and Veltman, M. (1970). "Massive and massless Yang–Mills and gravitational fields," *NP*, **B22**: 397–411.
van der Waerden, B. L. (1967). *Sources of Quantum Mechanics* (North-Holland, Amsterdam).
van Nieuwenhuizen, P. (1981). "Supergravity," *PL (Rep.)*, **68**: 189–398.
Vaughn, M. T., Aaron, R., and Amado, R. D. (1961). "Elementary and composite particles," *PR*, **124**: 1258–1268.

Veblen, O., and Hoffmann, D. (1930). "Projective relativity," *PR*, **36**: 810–822.
Velo, G., and Wightman, A. (eds.) (1973). *Constructive Quantum Field Theory* (Springer-Verlag, Berlin and New York).
Veltman, M. (1963a). "Higher order corrections to the coherent production of vector bosons in the Coulomb field of a nucleus," *Physica*, **29**: 161–185.
Veltman, M. (1963b). "Unitarity and causality in a renormalizable field theory with unstable particles," *Physica*, **29**: 186–207.
Veltman, M. (1966). "Divergence conditions and sum rules," *PRL*, **17**: 553–556.
Veltman, M. (1967). "Theoretical aspects of high energy neutrino interactions," *PRS*, **A301**: 107–112.
Veltman, M. (1968a). "Relations between the practical results of current algebra techniques and the originating quark model," Copenhagen Lectures, July 1968, reprinted in *Gauge Theory – Past and Future*, eds. Akhoury, R., DeWitt, B., Van Nieuwenhuizen, P., and Veltman, H. (World Scientific, Singapore, 1992).
Veltman, M. (1968b). "Perturbation theory of massive Yang–Mills fields," *NP*, **B7**: 637–650.
Veltman, M. (1969). "Massive Yang-Mills fields," in *Proceedings of Topical Conference on Weak Interactions* (CERN Yellow Report 69–7), 391–393.
Veltman, M. (1970). "Generalized Ward identities and Yang–Mills fields," *NP*, **B21**: 288–302.
Veltman, M. (1973). "Gauge field theories (with an appendix "Historical review and bibliography," in *The Proceedings of the 6th International Symposium on Electron and Photon Interactions at High Energies*, eds. Rollnik, H., and Pheil, W. (North-Holland, Amsterdam).
Veltman, M. (1977). "Large Higgs mass and μ-e universality," *PL*, **70B**: 253–254.
Veltman, M. (1991). Interview with the author, December 9–11, 1991.
Veltman, M. (1992). "The path to renormalizability," a talk given at the *Third International Symposium on the History of Particle Physics, SLAC*, 24–27 June 1992.
Waller, I. (1930). "Bemerküngen über die Rolle der Eigenenergie des Elektrons in der Quantentheorie der Strahlung," *ZP*, **62**: 673–676.
Ward, J. C. (1950). "An identity in quantum electrodynamics," *PR*, **78**: 182.
Ward, J. C. (1951). "On the renormalization of quantum electrodynamics," *Proc. Phys. Soc. London*, **A64**: 54–56.
Ward, J. C., and Salam. A. (1959). "Weak and electromagnetic interaction," *NC*, **11**: 568–577.
Weinberg, S. (1960). "High energy behavior in quantum field theory," *PR*, **118**: 838–849.
Weinberg, S. (1964a). "Systematic solution of multiparticle scattering problems," *PR*, **B133**: 232–256.
Weinberg, S. (1964b). "Derivation of gauge invariance and the equivalence principle from Lorentz invariance of the S-matrix," *PL*, **9**: 357–359.
Weinberg, S. (1964c). "Photons and gravitons in S-matrix theory: derivation of charge conservation and equality of gravitational and inertial mass," *PR*, **B135**: 1049–1056.
Weinberg, S. (1965a). *Lectures on Particles and Field Theories*, eds. Deser, S., and Ford, K. W. (Prentice-Hall, Englewood Cliffs, NJ).
Weinberg, S. (1965b). "Photons and gravitons in perturbation theory: derivation of Maxwell's and Einstein's equations," *PR*, **B138**: 988–1002.
Weinberg, S. (1967a). "Dynamical approach to current algebra," *PRL*, **18**: 188–191.
Weinberg, S. (1967b). "A model of leptons," *PRL*, **19**: 1264–1266.
Weinberg, S. (1968). "Nonlinear realizations of chiral symmetry," *PR*, **166**: 1568–1577.

Weinberg, S. (1976). "Implications of dynamical symmetry breaking," *Phys. Rev. D*, **13**: 974–996.
Weinberg, S. (1977). "The search for unity: notes for a history of quantum field theory," *Daedalus*, **106**: 17–35.
Weinberg, S. (1978). "Critical phenomena for field theorists," in *Understanding the Fundamental Constituents of Matter*, ed. Zichichi, A. (Plenum, New York), 1–52.
Weinberg, S. (1979). "Phenomenological Lagrangian," *Physica*, **96A**: 327–340.
Weinberg, S. (1980a). "Conceptual foundations of the unified theory of weak and electromagnetic interactions," *RMP*, **52**: 515–523.
Weinberg, S. (1980b). "Effective gauge theories," *PL*, **91B**: 51–55.
Weinberg, S. (1983). "Why the renormalization group is a good thing," in *Asymptotic Realms of Physics: Essays in Honor of Francis. E. Low*, eds. Guth, A. H., Huang, K., and Jaffe, R. L. (MIT Press, Cambridge, MA), 1–19.
Weinberg, S. (1985). "The ultimate structure of matter," in *A Passion for Physics: Essays in Honor of Jeffrey Chew*, eds. De Tar, C., Finkelstein, J., and Tan, C. I. (Taylor & Francis, Philadelphia), 114–127.
Weinberg, S. (1986a). "Particle physics: past and future," *Int. J. Mod. Phys.* **A1**/1: 135–145.
Weinberg, S. (1986b). "Particles, fields, and now strings," in *The Lesson of Quantum Theory*, eds. De Boer, J., Dal, E., and Ulfbeck, O. (Elsevier, Amsterdam), 227–239.
Weinberg, S. (1987). "Newtonianism, reductionism and the art of congressional testimony," in *Three Hundred Years of Gravitation*, eds. Hawking, S. W., and Israel, W. (Cambridge University Press, Cambridge).
Weinberg, S. (1992). *Dreams of a Final Theory* (Pantheon, New York).
Weinberg, S. (1995). *The Quantum Theory of Fields* (Cambridge University Press, Cambridge).
Weinberg, S. (1996). *The Quantum Theory of Fields* (Cambridge University Press), sections 19.2 and 21.1, especially 299–300.
Weisberger, W. I. (1965). "Renormalization of the weak axial-vector coupling constant," *PRL*, **14**: 1047–1055.
Weisberger, W. I. (1966). "Unsubstracted dispersion relations and the renormalization of the weak axial-vector coupling constants," *PR*, **143**: 1302–1309.
Weisskopf, V. F. (1934). "Über die Selbstenergie des Elektrons," *ZP*, **89**: 27–39.
Weisskopf, V. F. (1936). "Über die Elektrodynamic des Vakuums auf Grund der Quantentheorie des Elektrons," *K. Danske Vidensk. Selsk., Mat.-Fys. Medd.*, **14**: 1–39.
Weisskopf, V. F. (1939). "On the self-energy and the electromagnetic field of the electron," *PR*, **56**: 72–85.
Weisskopf, V. F. (1949). "Recent developments in the theory of the electron," *RMP*, **21**: 305–328.
Weisskopf, V. F. (1972). *Physics in the Twentieth Century* (MIT Press, Cambridge, MA).
Weisskopf, V. F. (1983). "Growing up with field theory: the development of quantum electrodynamics," in *The Birth of Particle Physics*, eds. Brown, L. M., and Hoddeson, L. (Cambridge University Press, Cambridge), 56–81.
Welton, T. A. (1948). "Some observable effects of the quantum-mechanical fluctuations of the electromagnetic field," *PR*, **74**: 1157–1167.
Wentzel, G. (1933a, b; 1934). "Über die Eigenkräfte der Elementarteilchen. I, II and III," *ZP*, **86**: 479–494, 635–645; **87**: 726–733.
Wentzel, G. (1943). *Einführung in der Quantentheorie der Wellenfelder* (Franz Deuticke, Vienna); English trans.: *Quantum Theory of Fields* (Interscience, New York, 1949).

Wentzel, G. (1956). "Discussion remark," in *Proceedings of 6th Rochester Conference on High Energy Nuclear Physics* (Interscience Publishers, New York), VIII-15 to VIII-17.
Wentzel, G. (1958). "Meissner effect," *PR*, **112**: 1488–1492.
Wentzel, G. (1959). "Problem of gauge invariance in the theory of the Meissner effect," *PRL*, **2**: 33–34.
Wentzel, G. (1960). "Quantum theory of fields (until 1947)," in *Theoretical Physics in the Twentieth Century: A Memorial Volume to Wolfgang Pauli* (Interscience, New York), 44–67.
Wess, J. (1960). "The conformal invariance in quantum field theory," *NC*, **13**: 1086.
Wess, J., and Zumino, B. (1971). "Consequences of anomalous Ward identities," *PL*, **37B**: 95–97.
Wess, J., and Zumino, B. (1974). "Supergauge transformations in four dimensions," *NP*, **B70**: 39–50.
Weyl, H. (1918a). *Raum-Zeit-Materie* (Springer, Berlin).
Weyl, H. (1918b). "Gravitation und Elektrizität," *Preussische Akad. Wiss. Sitzungsber.*, 465–478.
Weyl, H. (1921). "Electricity and gravitation," *Nature*, **106**: 800–802.
Weyl, H. (1922). "Gravitation and electricity," in *The Principle of Relativity* (Methuen, London, 1923), 201–216.
Weyl, H. (1929). "Elektron und Gravitation. I," *ZP*, **56**: 330–352.
Weyl, H. (1930). *Gruppentheorie und Quantenmechanik* (translated by Robertson as *The Theory of Groups and Quantum Mechanics* (E. P. Dutton, New York, 1931).
Wheeler, J. (1962). *Geometrodynamics* (Academic Press, New York).
Wheeler, J. (1964a). "Mach's principle as a boundary condition for Einstein's equations," in *Gravitation and Relativity*, eds. Chiu, H.-Y., and Hoffman, W. F. (Benjamin, New York), 303–349.
Wheeler, J. (1964b). "Geometrodynamics and the issue of the final state," in *Relativity, Group and Topology*, eds. DeWitt, C., and DeWitt, B. (Gordon and Breach, New York), 315.
Wheeler, J. (1973). "From relativity to mutability," in *The Physicist's Conception of Nature*, ed. Mehra, J. (Reidel, Dordrecht), 202–247.
Whewell, W. (1847). *The Philosophy of the Inductive Sciences, second edition* (Parker & Son, London).
Whittaker, E. (1951). *A History of the Theories of Aether and Electricity* (Nelson, London).
Widom, B. (1965a). "Surface tension and molecular correlations near the critical point," *J. Chem. Phys.*, **43**: 3892–3897.
Widom, B. (1965b). "Equation of state in the neighborhood of the critical point," *J. Chem. Phys.*, **43**: 3898–3905.
Wien, W. (1909). *Encykl. der Math. Wiss* (B. G. Teubner, Leipzig), vol. 3, 356.
Wightman, A. S. (1956). "Quantum field theories in terms of expectation values," *PR*, **101**: 860–866.
Wightman, A. S. (1976). "Hilbert's sixth problem: mathematical treatment of the axioms of physics," in *Mathematical Developments Arising from Hilbert Problems*, ed. Browder, F. E. (American Mathematical Society, Providence, RI), 147–240.
Wightman, A. S. (1978). "Field theory, Axiomatic," in the *Encyclopedia of Physics* (McGraw-Hill, New York), 318–321.
Wightman, A. S. (1986). "Some lessons of renormalization theory," in *The Lesson of Quantum Theory*, eds. de Boer, J., Dal, E., and Ulfbeck, D. (Elsevier, Amsterdam), 201–225.

Wightman, A. S. (1989). "The general theory of quantized fields in the 1950s," in *Pions to Quarks*, eds. Brown, L. M., Dresden, M., and Hoddeson, L. (Cambridge University Press, Cambridge), 608–629.

Wightman, A. S. (1992). Interview with the author on July 15 and 16, 1992 in Professor Wightman's Office, Princeton University.

Wigner, E. P. (1931). *Gruppentheorie und ihre Anwendung auf die Quantenmechanik der Atomspektren* (Friedr.Vieweg & Sohn Akt. Ges., Braunschweig).

Wigner, E. (1937). "On the consequences of the symmetry of the nuclear Hamiltonian on the spectroscopy of nuclei," *PR*, **51**: 106–119.

Wigner, E. (1949). "Invariance in physical theory," *Proc. Amer. Philos. Soc.*, **93**: 521–526.

Wigner, E. (1960). "The unreasonable effectiveness of mathematics in the natural sciences," *Commun. Pure. Appl. Math.*, **13**: 1–14.

Wigner, E. (1963). Interview with Wigner on 4 Dec 1963; Archive for the History of Quantum Physics.

Wigner, E. (1964a). "Symmetry and conservation laws," *Proc. Natl. Acad. Sci.*, **5**: 956–965.

Wigner, E. (1964b). "The role of invariance principles in natural philosophy," in *Proceedings of the Enrico Fermi International School of Physics (XXIX)*, ed. Wigner, E. (Academic Press, New York), ix–xvi.

Wigner, E. P., and Witmer, E. E. (1928). "Über die Struktur der zweiatomigen Molekulspektren nach der Quantenmechanik," *ZP*, **51**: 859–886.

Wilson, K. G. (1965). "Model Hamiltonians for local quantum field theory," *PR*, **B140**: 445–457.

Wilson, K. G. (1969). "Non-Lagrangian models of current algebra," *PR*, **179**: 1499–1512.

Wilson, K. G. (1970a). "Model of coupling-constant renormalization," *PR*, **D2**: 1438–1472.

Wilson, K. G. (1970b). "Operator-product expansions and anomalous dimensions in the Thirring model," *PR*, **D2**: 1473–1477.

Wilson, K. G. (1970c). "Anomalous dimensions and the breakdown of scale invariance in perturbation theory," *PR*, **D2**: 1478–1493.

Wilson, K. G. (1971a). "The renormalization group and strong interactions," *PR*, **D3**: 1818–1846.

Wilson, K. G. (1971b). "Renormalization group and critical phenomena. I. Renormalization group and the Kadanoff scaling picture," *PR*, **B4**: 3174–3183.

Wilson, K. G. (1971c). "Renormalization group and critical phenomena. II. Phase-space cell analysis of critical behavior," *PR*, **B4**: 3184–3205.

Wilson, K. G. (1972). "Renormalization of a scalar field in strong coupling," *PR*, **D6**: 419–426.

Wilson, K. G. (1974). "Confinement of quarks," *PR*, **D10**: 2445–2459.

Wilson, K. G. (1975). "The renormalization group: critical phenomena and the Kondo problem," *RMP*, **47**: 773–840.

Wilson, K. G. (1979). "Problems in physics with many scales of length," *Scientific American*, **241**(2): 140–157.

Wilson, K. G. (1983). "The renormalization group and critical phenomena," *RMP*, **55**: 583–600.

Wilson, K. G., and Fisher, M. E. (1972). "Critical exponents in 3.99 dimensions," *PRL*, **28**: 240–243.

Wilson, K. G., and Kogut, J. (1974). "The renormalization group and the ϵ expansion," *PL (Rep.)*, **12C**: 75–199.

Wimsatt, W.C. (2003). "Evolution, entrenchnebt, and innateness," in *Reductionism and the Development of Knowledge*, ed. Brown, T., and Smith, L. (Mahwah).

Wise, N. (1981). "German concepts of force, energy and the electromagnetic ether: 1845–1880," in Contor and Hodge (1981), 269–308.

Worrall, J. (1989). "Structural realism: the best of both worlds?" *Dialectica*, **43**: 99–124.

Worrall, J. (2007). *Reason in Revolution: A Study of Theory-Change in Science* (Oxford University Press, Oxford).

Wu, T. T., and Yang, C. N. (1967). "Some solutions of the classical isotopic gauge field equations," in *Properties of Matter under Unusual Conditions*, eds. Mark, H., and Fernbach, S. (Wiley, New York), 349–354.

Wu, T. T., and Yang, C. N. (1975). "Concept of nonintegrable phase factors and global formulation of gauge fields," *PR*, **D12**: 3845–3857.

Wuthrich, A. (2012). "Eating Goldstone bosons in a phase transition: a critical review of Lyre's analysis of the Higgs mechanism," *J. Gen. Philos. Sci.*, **43**: 281–287.

Yang, C. N. (1970). "Charge quantization of the gauge group, and flux quantization," *PR*, **D1**: 8.

Yang, C. N. (1974). "Integral formalism for gauge fields," *PRL*, **33**: 445–447.

Yang, C. N. (1977). "Magnetic monopoles, fiber bundles, and gauge fields," *Ann. N. Y. Acad. Sci.*, **294**: 86–97.

Yang, C. N. (1980). "Einstein's impact on theoretical physics," *Phys. Today*, **33**(6): 42–49.

Yang, C. N. (1983). *Selected Papers (1945–1980)* (Freeman, New York).

Yang, C. N., and Mills, R. L. (1954a). "Isotopic spin conservation and a generalized gauge invariance," *PR*, **95**: 631.

Yang, C. N., and Mills, R. L. (1954b). "Conservation of isotopic spin and isotopic gauge invariance," *PR*, **96**: 191–195.

Yates, F. (1964). *Giordano Bruno and the Hermetic Tradition* (Routledge and Kegan Paul, London).

Yoshida, R. (1977). *Reduction in the Physical Sciences*. (Dalhousie University Press, Halifax).

Yoshida, R. (1981). "Reduction as replacement," *Brit. J. Philos. Sci.*, **32**: 400.

Yukawa, H. (1935). "On the interaction of elementary particles," *Proc. Phys.-Math. Soc. Japan*, **17**: 48–57.

Yukawa, H., and Sakata, S. (1935a). "On the theory of internal pair production," *Proc. Phys.-Math. Soc. Japan*, **17**: 397–407.

Yukawa, H., and Sakata, S. (1935b). "On the theory of the β-disintegration and the allied phenomenon," *Proc. Phys.-Math. Soc. Japan*, **17**: 467–479.

Zachariasen, F., and Zemach, C. (1962). "Pion resonances," *PR*, **128**: 849–858.

Zahar, E. (1982). "Poincaré et la découverte du Principe de Relativité," LSE-Preprint, February 6, 1982.

Zilsel, E. (1942). "The sociological roots of science," *Amer. J. Sociology*, **47**: 544–562.

Zimmermann, W. (1958). "On the bound state problem in quantum field theory," *NC*, **10**: 597–614.

Zimmermann, W. (1967). "Local field equation for A^4-coupling in renormalized perturbation theory," *CMP*, **6**: 161–188.

Zumino, B. (1975). "Supersymmetry and the vacuum," *NP*, **B89**: 535–546.

Zweig, G. (1964a). "An SU_3 model for strong interaction symmetry and its breaking: I and II," CERN preprint TH401 (January 17, 1964) and TH 412 (February 21, 1964).

Zweig, G. (1964b). "Fractionally charged particles and SU(6)," in *Symmetries in Elementary Particle Physics*, ed. Zichichi, A. (Academic Press, New York), 192–243.

Zwicky, F. (1935). "Stellar guests," *Scientific Monthly*, **40**: 461.

Zwicky, F. (1939). "On the theory and observation of highly collapsed stars," *PR*, **55**: 726–743.

人名索引

主 题 索 引

译　后　记

曹天予教授的《20世纪场论的概念发展》（原书第二版）的中译本即将付梓，作为译者，回顾过往，感触颇多。时间回到2019年岁末，曹天予教授从波士顿休假回国，到中国科学院大学人文学院作学术报告，我去他在毛家湾的居所接他，他把随身带回来的刚刚在英国剑桥大学出版社出版的第二版著作交给我。书装帧精美，十分厚重，我翻开硬皮封面，看到书的扉页上写着，“宏芳：今后的合作必将与以前的同样，或更为，富有成果，天予 2019年12月17日”。我不记得当时是否表达了感激之情，可能什么也没说，但我心里高兴是自然的。虽然早在几个月前，曹天予教授就把电子版发给了我，但电子版远不及纸质版来得真切、有质感，何况还有曹天予教授的寄语和签名。

在随后的几年里，我开始了认真的研读和翻译工作。我之前参与过2008年由上海世纪出版集团出版的《20世纪场论的概念发展》第一版的翻译工作，当时承担的是第6、第7、第8章，也就是第二部分基本相互作用的量子场纲领的翻译工作。其他章节是由吴新忠和李继堂两位完成的，全书的校对工作是由一年前刚离我们而去的令人尊敬的桂起权教授整合完成的。有了前期基础就有了良好的参考。我自然也没有偷懒，新版本积极响应过去20年中量子场论领域的研究新进展，对第一版中的一些内容进行了根本性的修订和重新阐述，并增加了一些内容。如在分析量子场论的概念基础方面，对第7章做了重要改进：强调了二次量子化在量子场这一新的自然类的发现中的历史性作用，以及它作为粒子物理学的概念框架在量子场论演进发展中的重要性，并新增第7.2节阐释了量子场的局域性和全域性问题，这些都是需要我仔细研读和翻译的。

此外，第二版还有两个主要变化。第一个变化是对第三部分基本相互作用的规范场纲领进行了根本性的修订。在史学研究上，重新分析和评估了非阿贝尔规范理论的兴起、恩格勒特-布鲁特-希格斯（EBH）机制的出现，以及量子色动力学（QCD）的建构。在概念上，分开讨论了背景无关的量子引力理论中可实现的本体论综合和在规范理论纲领（作为几何纲领和量子场纲领的综合）中实现的概念综合。第二个变化是重新考虑了第12章本体论综合与科学实在论的内容，提出了一种超越结构主义和历史主义的新进路，曹天予教授称之为“一种结构主义的、具有历史构成性和建构性的科学实在论进路”（SHASR）。这里，“超越”意味着“包含”，但比“包含”有更多内容。这些新内容的翻译有助于我们更深入地理解20世纪基本场论的概念基础和历史根基，基础物理学中的根本问题、逻辑和动力学。

读者在阅读新版时可能会发现，我对第一版中的一些翻译做了修正。对于新版拿不准的地方，我多半会写信求助于曹天予教授，曹天予教授的回复全然是具有建设性的意见和建议。如第xi页第一段第8行“if the gauge field is revealed to have a geometrical interpretation in the language of the fiber bundle theory”，我最初译为“如果规范场具有用纤维丛理论表述的几何解释”，曹天予教授建议改为“如果规范场可用纤维丛语言作几何解读”，并加括号说，注意，interpretation以译为解读为好，译作解释会与explanation相混。再如第3页第一段第4行“mathematical symbolism”，我问译为“数学象征主义”还是“数学符号主义”？曹天予教授说此处以译为数学象征主义为好。第21页第二段中“mechanical system”译为“力学体系”好还是“机械体系”好？回复说：力学体系。第290页最后一段中“GFP too seems to have stagnated”这句话译为“规范场纲领似乎停滞了”吗？回复说：应译为“规范场纲领似乎也停滞了”，注意，别把too漏掉了。第305页“The Final Touch”是什么意思？译为“最终的解决”还是“最后一击”？回复说：最终的解决，也可以译成，最后一笔。substantial译为“实质性的”还是“实体性的”？还是“物质性的”？回复说：这要看上下文。substantiality指实体还是物质？回复说：都不是，这里指实体性（不是形容词，而是名词）。第351页“a structuralist and historically constitutive and constructive approach to scientific realism（SHASR）”译为“一种结构主义的、具有历史构成性和建构性的科学实在论方法”还是“科学实在论的具有历史构成性和建构性的结构方法”？回复说：可用第一种译法，但approach似以译为“进路”更好，“进路”比“方法”更为灵活一点。我从曹天予教授那里学到了许多，曹天予教授让我翻译他的著作，其实是给我学习的机会，这种机会在人生中并不会很多，我当倍感珍惜。

需要说明的是，新版本译完后，遵照曹天予教授的建议，我请了桂起权老师来校对，桂老师也高兴地答应了，我于2022年10月18日把译稿发给了桂老师。2022年11月7日我接到桂老师电话，说他最近身体不大好，看完译稿可能还需一段时间，我绝没有想到两个月后病魔竟将他带走了，人生路上少了一位博学多识的师长，译稿少了一位极好的校对者，这不能不说是一大憾事！

从2019年年末算起，第二版翻译出版周期长达4年多。对此，我应负全责。由于工作和其他琐碎的事务，翻译和后续的校对工作时常会中断，加之我有时会犯纠结于某个词句而反复修改的毛病，这无疑耽误了时间。我感谢曹天予教授的宽容；感谢科学出版社邹聪和各位编辑的耐心和辛勤付出。在三审三校这个烦琐的出版过程中，她们忍耐了我对校对稿的反复的大量修改，这无疑增加了她们的工作量，也延迟了译稿的出版。我也特别感谢中国科学院大学马克思主义学院的出版资助，感谢时任副院长任定成老师的鼎力支持。感谢我在中国科学院大学人文学院的博士研究生何坤，他在译著前期的翻译和校对中做了大量工作。

最后，还要感谢我的学术同道和在我学术成长道路上得遇的各位老师。2023年11月在山西大学科学技术史研究所召开的一个学术会议上我就第二版的翻译和新增内容做过一个简短的报告。报告后，上海社会科学院哲学研究所成素梅教授提议新版译著出版后召开一个新书发布研讨会，组织大家撰写文章展开研讨，所以大家十分期待第二版译著的早日出版。希望这本译著的出版能对国内的相关研究者有所裨益，但因本人学识有限，翻译难免会有很多不足或错误，欢迎大家批评指正！

2024 年 3 月 12 日于北京